现代光学与光子学理论和进展丛书

丛书主编：李　林
名誉主编：周立伟

光学基本原理

Basic Principles of Optics

［德］弗兰克·特雷格（Frank Träger）**主**编
李林 北京永利信息技术有限公司 **译**
陈瑶 **审**

北京理工大学出版社
BEIJING INSTITUTE OF TECHNOLOGY PRESS

图书在版编目（ＣＩＰ）数据

光学基本原理 /（德）弗兰克·特雷格主编；李林，
北京永利信息技术有限公司译. --北京：北京理工大学
出版社，2022.6
书名原文：Springer Handbook of Lasers and
Optics 2nd Edition
ISBN 978–7–5763–1401–4

Ⅰ. ①光… Ⅱ. ①弗… ②李… ③北… Ⅲ. ①光学–
高等学校–教材 Ⅳ. ①O43

中国版本图书馆 CIP 数据核字（2022）第 102356 号

北京市版权局著作权合同登记号 图字：01–2022–1757号

First published in English under the title

Springer Handbook of Lasers and Optics, edition: 2

edited by Frank Träger

Copyright © Springer Berlin Heidelberg, 2012

This edition has been translated and published under licence from

Springer-Verlag GmbH, part of Springer Nature.

出版发行 / 北京理工大学出版社有限责任公司
社　　址 / 北京市海淀区中关村南大街 5 号
邮　　编 / 100081
电　　话 /（010）68914775（总编室）
　　　　　（010）82562903（教材售后服务热线）
　　　　　（010）68944723（其他图书服务热线）
网　　址 / http://www.bitpress.com.cn
经　　销 / 全国各地新华书店
印　　刷 / 三河市华骏印务包装有限公司
开　　本 / 710 毫米×1000 毫米　1/16
印　　张 / 23.5
字　　数 / 471 千字
版　　次 / 2022 年 6 月第 1 版　2022 年 6 月第 1 次印刷
定　　价 / 98.00 元

责任编辑 / 刘　派
文案编辑 / 李丁一
责任校对 / 周瑞红
责任印制 / 李志强

丛书序

　　光学与光子学是当今最具活力和发展最迅速的前沿学科之一。近半个世纪尤其是进入 21 世纪以来，光学和光子学技术已经发展成为跨越各行各业，独立于物理学、化学、电子科学与技术、能源技术的一个大学科、大产业。组织编撰一套全面总结光学与光子学领域最新研究成果的现代光学与光子学理论和进展丛书，全面展现光学与光子学的理论和整体概貌，梳理学科的发展思路，对于我国的相关学科的科学研究、学科发展以及产业发展具有非常重要的理论意义和实用价值。

　　为此，我们编撰了《现代光学与光子学理论和进展》丛书，作者包括了德国、美国、日本、澳大利亚、意大利、瑞士、印度、加拿大、挪威、中国等数十位国际和国内光学与光子学领域的顶级专家，集世界光学与光子学研究之大成，反映了现代光学和光子学技术及其各分支领域的理论和应用发展，囊括了国际及国内光学与光子学研究领域的最新研究成果，总结了近年来现代光学和光子学技术在各分支领域的新理论、新技术、新经验和新方法。本丛书包括了光学基本原理、光学设计与光学元件、现代激光理论与技术、光谱与光纤技术、现代光学与光子学技术、光信息处理、光学系统像质评价与检测以及先进光学制造技术等内容。

　　《现代光学与光子学理论和进展》丛书获批"十三五"国家重点图书出版规划项目。本丛书不仅是光学与光子学领域研究者之所需，更是物理学、电子科学与技术、航空航天技术、信息科学技术、控制科学技术、能源技术、生物技术等各相关研究领域专业人员的重要理论与技术书籍，同时也可作为高等院校相关专业的教学参考书。

光学与光子学将是未来最具活力和发展最迅速的前沿学科，随之不断发展，丛书中难免存在不足之处，敬请读者不吝指正。

作　者
于北京

作者简介

Richard F. Haglund　　　第 1 章

范德堡大学
物理与天文系
美国田纳西州纳什维尔
*richard.haglund@vander
bilt.edu*

Haglund 教授的实验核物理学博士学位是从教堂山北卡罗来纳大学获得的。在 1975—1984 年，他是洛斯·阿拉莫斯国家实验室的工作人员。自 1984 年以来，他一直是范德堡大学的物理教授。在 2003 年，他获得了"亚历山大·冯·洪堡奖"。他还是美国物理学会的会员。他目前的研究活动包括：等离子体、超材料和激子-等离子体振子耦合；在金属绝缘体相变中的尺寸效应；聚合物材料和有机材料的中红外激光加工。

Gerd Leuchs　　　第 2 和 3 章

埃朗根-纽伦堡大学
光学、信息与光子学研究所
德国埃朗根
*Gerd.leuchs@physik.unier-
langen.de*

Gerd Leuchs 曾在科隆大学就读物理和数学专业，并于 1978 年在慕尼黑大学获得博士学位。在美国从事多年的研究之后，他成为德国重力波探测小组的组长，后来担任瑞士 Nanomach 公司的技术总监。自 1994 年以来，他成为埃朗根大学的物理系教授。自 2009 年以来，他还是新成立的德国埃朗根马克斯-普朗克光科学研究所（MPL）的所长。

Norbert Lindlein　　第 2 和 3 章

埃朗根－纽伦堡大学
光学、信息与光子学研
究所
德国埃朗根
norbert.lindlein@physik.
uni-erlangen.de

在 1996 年，Norbert Lindlein 从埃朗根－纽伦堡－弗里德里希－亚历山大大学（德国）获得博士学位。在 2002 年，他完成了他的物理系教授论文，由此成为埃朗根－纽伦堡大学物理系的老师。在 2009 年，他被任命为埃朗根－纽伦堡大学的"编外"教授。他的研究方向包括：模拟及设计光学系统、衍射光学、微光学以及基于干涉测量法或夏克－哈特曼波前传感器的光学测量法。

Aleksei Zheltikov　　第 4 章 4.1 – 4.3 节

国立罗蒙诺索夫莫斯科
大学
物理系
俄罗斯莫斯科
zheltikov@phys.msu.ru

Aleksei Zheltikov 当前的研究领域与光子晶体光纤和纳米结构中的非线性光学过程有关。

Anne L'Huillier　　第 4 章 4.4 节

隆德大学
物理系
瑞典隆德
anne.lhuillier@fysik.lth.se

在 1986 年，Anne L'Huillier 进行了博士论文答辩。在 1995 年之前，她一直在法国萨克雷原子能委员会工作。在 1995 年，她进入瑞典隆德大学，并于 1997 年成为教授。她目前的研究课题是激光在气体中生成高阶谐波以及激光在阿秒科学中的应用。在 2003年，她与费伦克·克劳兹（Ferenc Krausz）一起获得了"朱利叶斯·施普林格应用物理学奖"。在 2004 年，她成为瑞典皇家科学院的院士。

Ferenc Krausz

马克斯-普朗克量子光
学研究所
德国加尔兴

*ferenc.krausz@mpq.mpg.
de*

第 4 章 4.5 节

Ferenc Krausz 于 1985 年在布达佩斯科技大学获得电气工程硕士学位，1991 年在维也纳科技大学获得量子电子学博士学位，1993 年在维也纳科技大学获得量子电子学"教授"资格。他 1998 年成为电气工程系的副教授，1999 年成为这个系的正教授。在 2003 年，他被任命为德国加尔兴马克斯-普朗克量子光学研究所（MPQ）的所长。在 2004 年 10 月之后，他还成为慕尼黑大学的物理系教授兼实验物理系教授。他的研究领域包括：非线性光-物质相互作用；在红外线到 X 射线光谱范围内的超短光脉冲生成；超快过程的研究。通过利用啁啾多层反射镜，他的团队使得由几个波循环组成的强光脉冲可用于多种用途，并利用这些光脉冲把超快科学的前沿推入阿秒机制。他最近的研究焦点是阿秒物理学。自 2006 年以来，他一直是慕尼黑先进光子学中心的主任。他是专门制造飞秒激光源的维也纳飞秒激光器有限公司的联合创始人。他还发起了超快创新有限公司的创建工作，这是由慕尼黑大学和 MPQ 共同成立的一家总部在慕尼黑的公司，其宗旨是为全世界的科研小组提供阿秒技术及装置。

目　录

第 1 章

光的性质

每种文化中都有以光明之谜为核心的文学故事，至少在公元前 5 世纪，光就已经引起了哲学家们的热切关注。他们所关注的问题范围很广泛，从我们为什么能够看到物体和我们究竟看到了什么，到光与物质实体的相互作用，最后到光的本质。因此，本章以古希腊到 19 世纪末对光的简要知识史为切入点。在介绍了标准单位的光的物理参数之后，介绍了光的三个概念：光作为波动、光作为量子粒子、光作为量子场。在突出介绍了各种光源（热辐射、原子和分子发光以及同步加速器光源）所发出光束的显著特征之后，本章还对光束的独特物理特性进行了详细研究。本章总结了对光束的统计学和量子力学特性的概括研究。在有限的篇幅下，这样安排不仅可以涵盖光波的经典描述和光作为量子流的半经典观点，而且可以给出经典理论中没有可类比的量子现象的一致表述，例如：单光子所产生的干涉现象。

|1.1 历 史 概 述|

1.1.1 从古希腊和古罗马到约翰内斯·开普勒（Johannes Kepler）

通过从公元前 5 世纪到公元前 17 世纪漫长不懈的研究，人类首先定性然后定量地探索出了光的性质，揭示了其传播、反射和折射的现象。

已知最早的关于光性质的理论起源于阿格里琴托城邦的恩培多克勒（Empedocles of Agrigentum）（公元前 5 世纪）以及其同时代的留基伯（Leucippus）。后者归纳出了那些被幻象所包围的外部对象的概念，他将包络着主体并在其表面上振动的一种阴影或某些材料仿形物与其本体分离开来，以便将从其躯体所散发出的形状、颜色以及所有其他品质传递给灵魂[1.1]。一个世纪以后，柏拉图（Plato）和他开办的柏拉图学院将光看作火元素的一种变体，并由此推理出，表象是所观察对象所发出的光线与观察人眼睛所发出的视线相结合时的产物[1.2]。这种描述从一开始就有争议：柏拉图的学生亚里士多德（Aristotle）像古人一样反对说，"那些我们所看到的颜色是发射出来的，这也太荒谬了"[1.1]。对发射理论的争论一直持续到 16 世纪。

柏拉图的另一位学生，数学家欧几里得（Euclid）所写的关于光学和反射光学的论文在 7 个世纪后仍被翻译。欧几里得的著作与其前辈从假设中推断出的结论不同；在"光学"中，他提出了一种可以转换成几何光学的已知原理的光线光学模型，其中包括平面反射定律、眼的近点的概念，以及通过凹面聚焦光线[1.3]。古罗马哲学家卢克雷修斯（Lucretius）（公元前 1 世纪前叶）在他的著作《物性论》（De Rerum Natura）中极其详细地给出了古代人对光的传播几何学原理和亮度对观察者的影响的理解。

历史上另外两个重要的两个古文献是由希罗（Hero）（公元 1 世纪）和托勒密（Ptolemy）（公元 2 世纪）编写的，两人同姓，都姓亚历山大。希罗以与费马最短时间定理极其相似的方法提出了反射定律。希罗的同乡托勒密则写了一篇关于光学的文章，其中结合曲面反射的实验研究使用了公理体系，试图由此来推导折射定律。关于折射的数据是非常准确的[1.4]，尽管不成功，但托勒密尝试提供数学模型的做法在当代研究工作中仍然起着重要的作用。

在亚里士多德所主张的哲学基础上，中世纪的光学研究者将精力主要集中在折射现象上，并对光的性质做出了重要的预测[1.1]。公元 9 世纪的巴格达哲学家阿布·胡夫·阿奎斯·伊本·伊斯姆（Alkindi）根据可见光线对眼睛有生理作用的要求改进了可见光线的概念。在《光学》一书（De Aspectibus）中，他第一次通过由观测结果支持的光线是一种类像流的理论严肃地抨击了先前的理论。阿布·阿里·哈桑·伊本·海什木（拉丁名阿尔哈曾（Alhazen）则应是广为人知的）在公元 11 世纪出版了《光学》一书（De Aspectibus，或译为《关于视觉》）。这个文本被翻译成拉丁文，直到 17 世纪初仍在使用。他设计的人类视觉器官图表纠正了一些 Galen 仅从动物解剖工作中得出的图表的错误（尽管不是全部）。因为阿尔哈曾了解到目镜如何折射入射的光线，因此他可以说明眼睛视野中物体表面上的每个点都映射到视神经上的一个点上，从而形成比例缩小的复制对象，这是一个与现代神经科学一致的模型。

到 12 世纪初，西欧的学者既拥有古希腊人的著作，又拥有穆斯林学者的著作。接下来的几个世纪，可以见到英国、法国和意大利的中世纪晚期思想家描述这些竞争的观点中所固有的矛盾，文献［1.5］中包括罗伯特·格罗斯特斯特（Robert Grosseteste）和罗杰·培根（Roger Bacon）等这些不愿接受学术教条的学者。特别是，他们将彩虹现象视为理解折射和反射的关键。在 19 世纪，弗莱堡的狄奥多里克（Theodoric）首次正确解释了彩虹的成因。

1.1.2　从笛卡儿到牛顿

在约翰内斯·开普勒逝世的 17 世纪中叶时期，光线的概念被牢固地定义为从物体发出并被眼睛收集的几何射线，并且将重点转移到关于只能通过了解光的属性来回答的折射和反射机制理论问题。此外，自 17 世纪中期起，从简单的观察越来越多地转移到强调精心控制的实验。与数学模型相结合，这个实验方法被证明是在最牢固的基础上建立光学知识的方法[1.6]。

雷内·笛卡儿及其所领导的笛卡儿主义思想家们通过他的折射光学和著述建立了光学作为一种比物理学更普通的数学理论[1.7]。笛卡儿理论的特征在于，光的概念被定义为透明介质中的振动，并由此像波一样从物体传递到眼睛，是一种在嵌入介质的颗粒中的运动倾向。罗伯特·胡克（Robert Hooke）、托马斯·霍布斯（Thomas Hobbes）和克里斯蒂安·惠更斯（Christiaan Huygens）同样致力于振动光学理论研究。1658 年，随着格里马尔迪（Grimaldi）第一个关于衍射的研究报告的出炉，第一次通过实验证据证实了波动光学理论的最终证据。

皮埃尔·费尔马（Pierre Fermat，1601－1665）解决了错误理解折射光学的一个问题，并且是通过后来被牛顿称之为数学哲学的特征方法来完成的。费尔马的简单想法基于光的直线传播，并假设光在致密材料介质中要比在空气中传播得慢。由此，他推测，光线始终遵循可使其以最短时间传输的给定轨迹的路径进行传输。根据此最短时间原理可以推导出斯涅耳折射定律[1.8]。

费尔马在他的理论基础上假设光速是有限的，并且其在物质实体内要比在空气或真空中慢。这显然与笛卡儿理论相互矛盾，笛卡儿认为光的速度是无限的。卡西尼（Cassini）在 1675 年和奥勒·罗默（Ole Römer）在此一年后通过木星运行时间的观察测出了光线穿过地球轨道的时间：约 11 min，由此也证明了笛卡儿假设是错误的。测量师（卡西尼在巴黎和让·里奇（Jean Richer）在圭亚那测量了地球的轨道。路易十四的宫廷天文学家克里斯蒂安·惠更斯提出了轨道直径为 12 000 个地球直径的数字，从而在其关于光的论文中估计光速为 2.3×10^8 m/s，这与现在公认的值的误差在 25% 以内，已经非常接近牛顿所计算出的值[1,9]。格里马尔迪在 1658 年发现了衍射现象，其解释也使波动说在那个时期占了上风。在这一时期，微积分的巨大发展以及诸如望远镜、显微镜和光谱仪等透镜、棱镜和光学仪器所用高品质透明玻璃的创新也使光学得到了长足进步[1,10]。

1.1.3　牛顿和惠更斯

18 世纪早期关于光的性质兴起了两种相互竞争的理论，它们在下一个世纪的时间里主宰了人类的科学。这些体现在以下两位主要人物的生活和工作中：艾萨克·牛顿（Isaac Newton，1642 – 1728）和克里斯蒂安·惠更斯（Christiaan Huygens，1629 – 1695）。

早在年轻的艾萨克·牛顿尝试用棱镜来产生著名的颜色现象之前，光在棱镜中的散射就已众所周知了。牛顿的实验设计旨在证明白光可以分解成根据粒子模型分散的颜色成分[1,11]。然而，牛顿在 1710 年出版《光学》一书时，这本书还是一个混合了抛射体或微粒观念与粗糙波动理论的难以理解的组合。牛顿认为大气是支持抛射体的必需介质，并预料到大气会在光粒子穿过时发生波动。然而，他的理论建立在物质媒介中光线传播更快的微粒模型的基础上，直到福柯（Foucault）在 1850 年的实验之前，这一假设尚未被最终定论为是错误的。

牛顿微粒说的挑战来自将光视作一种或另一种振动运动的运动学理论：这种运动可以是由大气支持的振动（Hooke，1665）；或在大气中传播脉冲状干扰（Huygens，1690）[1,12]。Leonhard Euler 基于振动理论解释了界面上的折射，认为色散是由颜色振动运动的变化引起的[1,13]。至少在德国，欧拉被视为可以取代牛顿微粒说的波动模型的创始人。在法国，惠更斯开发的次级子波几何结构可以及时跟踪波动的传播，为 19 世纪初的干涉和衍射实验奠定了基础，而通过这些实验也最终摧毁了微粒假说。

1.1.4　19 世纪：波动理论的胜利

到 18 世纪最后一刻，明确了牛顿微粒说与材料中实验测得的光速不符；此外，Malus 和 Arago 所做的实验表明，光具有一种被称为极化的新属性，这根本就不在微粒学说的范围内。为了响应巴黎学院关于冰洲晶石（方解石）双折射现象数学描述的有奖竞赛，Ètienne Malus（马吕斯）于 1808 年最早对与光波传播相关的极化现象进行了系统研究。马吕斯的发现使人们认识到光是一种横向电磁波，其中，电场和磁场彼此垂直并且与传播方向垂直。1807 年，马吕斯利用其精巧的折光仪证明了双折射现象可以用惠更斯的数学方法来解释。菲涅耳在赢得其衍射理论的有奖竞赛十几年后，甚至预见了泊松的挑战，即光线在一个微小的不透明物体周围衍射会在几何阴影的中间产生一个亮点——这就是后来著名的泊松亮斑[1,4]。此外，伦敦的博学家托马斯·杨和菲涅耳还将越来越强大的数学方法[1,14]应用于研究干涉和衍射现象的实验中。最后终于将光定性为一种新型波，其中振动方向垂直于光的传播方向[1.15]。事实上，杨在 1812 年给 Arago 的一封信中首先提出了振动的横向特征，这也表示托马斯·杨已经以与之前基于类似声波的思维方式大相径庭的方式重新诠释了他的干涉实验[1.16]。

几乎在同一时间，Biot 和 Savart，Ampère 和 Faraday 正在为最终统一光学和电磁学而创建实验基础。伽尼（Galvani）对动物电刺激的实验已经将注意力从 18 世纪主要关注的静电转移到与电力相关的时间依赖现象。但是，亚历山德罗·沃尔塔（Alessandro Volta）成功地证明，这种现象并不是由于一些重要的磁力，而是与普通磁力没有什么不同。虽然生理电学继续是生物学家和医学学生的主要关注点，但是它最初是与物理学家所研究的其他电磁现象相关的。通过显示放置在载流电线旁边的罗盘偏转，Oersted 指明了电和磁现象的内在联系。而在 1845 年，法拉第则展示了通过对光传播的介质施加强磁场可以使光的偏振旋转。

因此，这个阶段是经典电磁理论的广泛综合。第一步是詹姆斯·克莱克·麦克斯韦（James Clerk Maxwell）在 1869 年发表电磁理论。海因里希·赫兹（Heinrich Hertz）在 1888 年通过实验证实了麦克斯韦的电磁辐射理论预测，实验中发现的赫兹波现在也称其为频谱的射频范围。洛伦兹（Lorentz）所发明的电子学经典理论则是创造 19 世纪一切理论的下一步。唯一的阻碍就剩下黑体辐射和光电效应这两个未解决的问题了，其解决方案导致了量子物理学的发展，以及基于其波动和粒子双重特征的新视角的演变，并在后来将其完全纳入了量子力场理论予以解决。

1.2 光的参数化

可以通过相似的方式对光的属性在光的经典波动理论和半经典光子理论中进行参数化。电磁波的基本物理性质是其波长 λ、频率 ν 和极化状态。这些特性中的前两个可以以波数 $k=2\pi\lambda$ 和角频率 $\omega=2\pi\nu$ 的形式来表示。在与个体光量子相关的光子模型中，光子能量 $E_{光子}=\hbar\omega$，动量 $p_{光子}=\hbar k$，其中，$h=2\pi\hbar$ 是普朗克常数。光子也与波极化相关的 ±1 的螺旋度（光子自旋）相关。

光的属性已由国际委员会根据要强调的哪些属性在现在普遍使用的四个单元族中进行了定义：基于物理单位（如能量和功率）的辐射度学单位常被用于描述电磁波或光子的性质；光度学单位，指的是人眼所识别的光的性质；类似于辐射度学单位的光子单位则被统一归为光子能量；光子单位则被用于根据其在特定频率或波长处的性质对光进行参数化描述。

1.2.1 光谱区及其分类

电磁频谱在从低频无线电波长振动到极高能量的短波长和伽马辐射的巨大频率和波长范围内延伸。图 1.1 显示了将波长、频率、波数和光子能量与光学中感兴趣的光谱区域的常用名称关联在一起的典型分类图表，光学部分从真空紫外线一直延伸到远红外线。有些单位符合"国际单位制（SI）公约"的规定，其他单位则为专门学科或技术群体中的习惯用法。

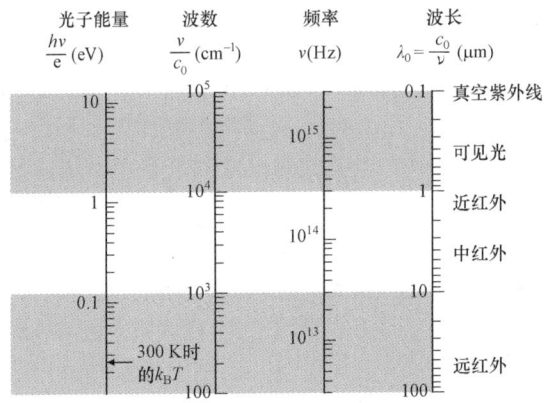

图 1.1　显示了光学中感兴趣的电磁辐射的波长、频率、波数和
光子能量的图表（根据文献 [1.17]）

1.2.2　辐射测量基本量

辐射测量基本量（表 1.1）用于在不考虑波长的情况下根据能量和功率的物理单位来计量光的特性，因此，它是用于描述光的最基本参数[1.19, 20]。辐射测量的基本量包括：辐射亮度，用矢量 L 表示，定义为通过一个单位面积的表面射入一个与表面垂直的单位立体角的功率；辐射照度是另一个矢量，用 E 表示，定义为单位光谱间隔通过单位面积表面辐射出的总功率。如图 1.2 所示，辐射亮度和辐射照度的大小取决于辐射体整体的表面形状，即：投影面积 $A_\perp$，以及发射光的立体角 $d\Omega$ 和探测器的垂直投影面积。光谱间隔的定义并不统一，根据所需的分辨率或参数化，它可能以 Å，nm，cm^{-1}（不等于 1/cm！）或 Hz 给出。为了将任何辐射度单位 X 转换成相应的光谱辐射度单位 X_v，可应用公式 $X=X_v dv$，v 和 $v+dv$ 之间的频率差值为 dv。

表 1.1　辐射测量基本量

基本量	符号	国际单位	定义
辐射能	Q_e	J＝W・s	—
辐射能密度	w_e	J・m^{-3}	$w_e=<dQ_e/dV>$
辐射通量（功率）	Φ_e	W	$\Phi_e=<dQ_e/dt>$
辐射出射度	M_e	W・m^{-2}	$M_e=<d\Phi_e/dA>$
辐照度	E_e	W・m^{-2}	$E_e=<dQ_e/dt>$
辐射强度	I_e	W・sr^{-1}	$I_e=<d\Phi_e/d\Omega>$
辐射度	L_e	W・m^{-2}・sr^{-1}	$L_e=I_e/\Delta A=<d^2\Phi_e/d\Omega・dA>$

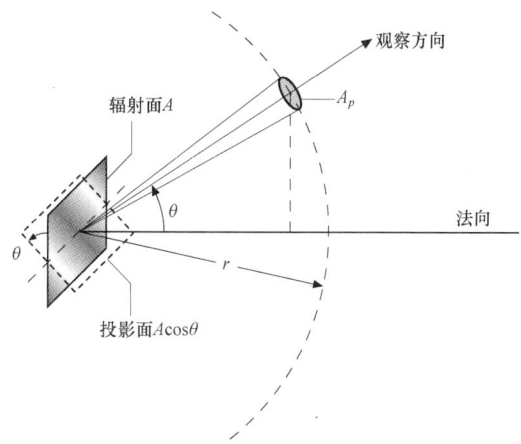

图 1.2 用于根据发射面积、检测面积和发射立体角来确定辐射照度和辐射测量基本量的
几何结构。在给定角度方向 θ 上的投影表面积为 $A_\perp = A\cos\theta$，而辐射测量基本量中的立体角是
由垂直于观察方向的投影探测器面积 A_p 确定的，$d\Omega = A_p/r^2$（根据文献［1.18］）

1.2.3 光度学单位

光度是指人眼感觉到的光的量度，因此，这些单位主要涉及波长为 380～760 nm
的光。在天文学中，光度测量还指天体物体视在星等的测量。由于这些量取决于光
的振幅谱，因此不可能将光度值直接转换为能量值。光度学单位使用与辐射测量基
本量相同的术语和符号，但加上下标"V"。

表 1.2 中列出了四种基础光度量：发光强度，光源发出的光量；光通量，在给
定方向上传送的光量；光照度，在表面上所接收的光通量；光亮度，用于测量被认
为是光源的表面的亮度。标准光源或国际标准烛光被定义为加热到铂熔点的面积为
1/60 cm² 的黑体辐射体的强度。两个辅助量，即光能和光能密度对应于类似的辐射
测量系统。光度学单位带有代表视觉的下标"V"，以区别于辐射度学所对应的部
分；表 1.2 – 表 1.4 中的上划线表示为平均值。

表 1.2 光度学单位

光度量	符号	国际单位	光度单位	定义
光能	Q_V	J=W·s	lm·s (talbot)	–
光能密度	W_V	J·m⁻³	lms·m⁻³	$w_V = \overline{dQ_V/dV}$
发光强度	I_V	W·sr⁻¹	lm·sr⁻¹=candela (cd)	$I_V = \overline{d\Phi_V/d\Omega}$
光通量	Φ_V	W	lm (lumen)	$\Phi_V = \overline{dQ_V/dt}$
光出射度	M_V	W·m⁻²	lm·m⁻²	$M_V = d\Phi_V/dA$
光照度	E_V	W·sr⁻¹	lux (lx)=lm m⁻²	$E_V = d\Phi_V/dA$
光亮度（apostilb）	L_V	W·m⁻²·sr⁻¹	asb=1/πcdm²	$L_V = \overline{d^2\Phi_V/dA·d\Omega}$

国际照明委员会（CIE）已经制定了与光度学单位相对应的人眼标准发光效能曲线（图 1.3）。流明被定义为：一般眼睛的适光（光适应）可见色谱的峰值具有 683 lm/W 的发光效率。

1.2.4　光子和光谱单位

在光子学中，存在有与光子能量或光子数量大量归一化描述不同的集合，如表 1.3 所示。带上划线的量表示光子波长以及面积和立体角的平均值。

在某些情况下，例如，当讨论激光或同步加速器光源的光谱亮度时，可用其频率 ν 来区分物理量。例如，在大多数情况下，包括频谱学或用激光进行处理的材料在内，感兴趣的量不仅仅是亮度或辐射度，还有可用于确定激光材料相互作用的有效区域的某个光谱带宽内的亮度或辐射度，即光谱亮度。在表 1.4 中，带上划线的量表示时间、空间或立体角上的平均值，而不是频率上的平均值。同样，为了将任何辐射度单位 X 转换成相应的光谱辐射度单位 X_ν，ν 和 $\nu+\mathrm{d}\nu$ 之间的频率值可使用公式 $X=X_\nu\,\mathrm{d}\nu$。

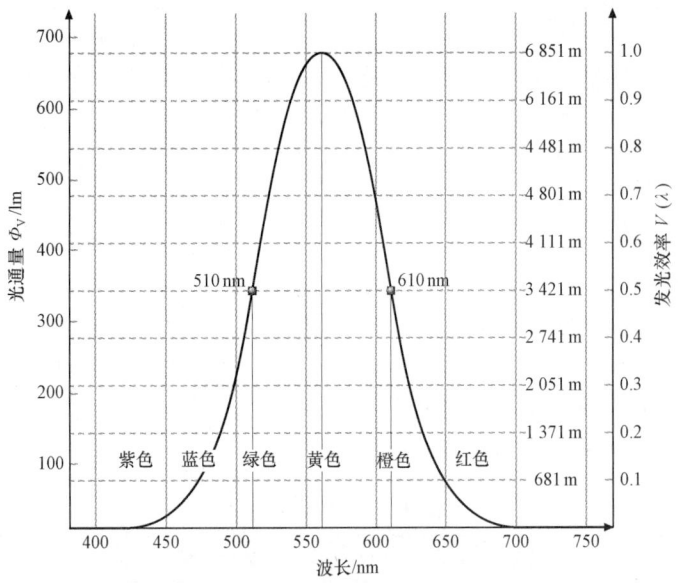

图 1.3　被用作光度和辐射测量系统之间转换基础的人眼标准 CIE 发光效能曲线

表 1.3　光子的单位

名称	符号	国际单位	定义
光子数量	$\bar{n}$	数量	$\bar{n}=Q_\surd/\hbar\bar{\omega}$
光子密度	w_n	m^{-3}	$w_n=\overline{\mathrm{d}\bar{n}/\mathrm{d}V}$
光子通量（功率）	Φ_n	s^{-1}	$\Phi_n=\overline{\mathrm{d}\bar{n}/\mathrm{d}t}$

名称	符号	国际单位	定义
光子辐射度	E_n	$s^{-1} \cdot m^{-2}$	$E_n = \overline{d\Phi_n / dA}$
光子强度	I_n	$s^{-1} \cdot sr^{-1}$	$I_n = \overline{d\Phi_n / d\Omega}$
光子辐射亮度	L_n	$s^{-1} \cdot m^{-2} \cdot sr^{-1}$	$L_n = \overline{d^2\Phi_n / dA \cdot d\Omega}$

表 1.4 光谱辐射测量系统

名称	符号	国际单位	定义
光谱辐射能量	Q_v	$J \cdot Hz^{-1} = W \cdot s \cdot Hz^{-1}$	—
光谱辐射能量密度	w_v	$J \cdot Hz^{-1} \cdot m^{-3}$	$w_v = \overline{dQ_v / dV}$
光谱辐射通量（功率）	Φ_v	$W \cdot Hz^{-1}$	$\Phi_v = \overline{dQ_v / dt}$
光谱辐射出射度	M_v	$W \cdot m^{-2} \cdot Hz^{-1}$	$M_v = \overline{d\Phi_v dA}$
光谱辐照度	E_v	$W \cdot m^{-2} \cdot Hz^{-1}$	$E_v = \overline{dQ_v / dt}$
光谱辐射强度	I_v	$W \cdot sr^{-1} \cdot Hz^{-1}$	$I_v = \overline{d\Phi_v / d\Omega}$
光谱辐射度	L_v	$W \cdot m^{-2} \cdot sr^{-1} \cdot Hz^{-1}$	$L_v = \overline{d^2\Phi_v / d\Omega \cdot dA}$

1.3 光的物理模型

到 19 世纪末，人们普遍认为，微粒理论（或发射理论）与波动理论之间争斗的天平已经倾向于后者。然而，实验发展以及古典电动力学和统计力学无法解释光电效应或黑体光谱，这些都驱使普朗克、爱因斯坦和德布罗意发展出光量子的半经典理论（最终被刘易斯在其论著《光子》中证明[1.21]）。20 世纪下半叶，因为能够通过实验来研究与少量光子相关的现象，统计学上可区分的光子集合以及原子级联所发射光子之间的空间-时间相关性，所以还出现了作为量子场的光量子。下面，我们将对光的经典、半经典和量子模型的基本概念加以讨论。

1.3.1 电磁波理论

麦克斯韦的经典电磁学理论[1.22]基于以下定律：高斯定律（一种调整有源或无源矢量场空间属性的数学关系的定律）、法拉第磁感应定律，以及将电流与磁场的空间变化联系起来的安培定律。麦克斯韦对位移电流（由于随时间变化的电磁场所引起感应电流）的认识使得最终可以建立起电场 E（每单位电荷的力）和磁感应 B（每单位电流的力）之间的静态和动态关系。结合电位移和磁场的本构关系，麦克斯韦以微分和积分形式给出了下面四个涵盖包括电磁波在内的所有经典电磁现象的方程。

$$
\begin{cases}
\nabla \cdot \boldsymbol{D} \equiv \nabla \cdot (\varepsilon_0 \boldsymbol{E} + 4\pi\varepsilon_0 \boldsymbol{P}) = \rho \\
\int_{体积} \nabla \cdot \boldsymbol{D}\,\mathrm{d}V = \dfrac{Q}{\varepsilon_0} \\
\nabla \cdot \boldsymbol{B} = 0 \\
\int_{体积} \nabla \cdot \boldsymbol{B}\,\mathrm{d}V = 0 \\
\nabla \times \boldsymbol{E} = -\dfrac{\partial \boldsymbol{B}}{\partial t} \\
\oint_{开放表面} (\nabla \times \boldsymbol{E}) \cdot \mathrm{d}\boldsymbol{S} = -\dfrac{\partial}{\partial t} \oint_{循环} \boldsymbol{B} \cdot \mathrm{d}\boldsymbol{s} \\
\nabla \times \boldsymbol{H} = \left(J + \dfrac{\partial \boldsymbol{D}}{\partial t} \right) \\
\oint_{表面} (\nabla \times \boldsymbol{E}) \cdot \mathrm{d}\boldsymbol{S} = \oint_{循环} \left(J + \dfrac{\partial D}{\partial t} \right) \cdot \mathrm{d}\boldsymbol{s}
\end{cases}
\tag{1.1}
$$

式中，ρ 为电荷密度；Q 为所包含的电荷。电位移矢量 D 和磁场 H 的本构关系为

$$
\begin{cases}
D_\alpha = \varepsilon_0 E_\alpha + \left(P_\alpha - \sum_\beta \dfrac{\partial}{\partial x_\beta} Q_{\alpha\beta}^{(2)} + \cdots \right) \\
H_\alpha = \dfrac{1}{\mu_0} B_\alpha - (M_\alpha + \cdots)
\end{cases}
\tag{1.2}
$$

式中，括号中的项分别代表电介质和磁性材料所产生的电场（例如：线偏振 P_α，四极电场 $Q_{\alpha\beta}^{(2)}$ 等）和磁感应（例如：体磁化 M_α）。介电功能和磁化率是材料的特性，它们在真空中消失。包括其相对形式在内的本构关系的进一步信息可以在教科书中找到[1.23, 24]。

如果忽略这个位移电流，则会存在由麦克斯韦从电磁场和磁场之间不对称性推导出来的安培定律（四个麦克斯韦方程组中的最后一个）中的第二项。这些方程中的最后两个可以使用恒等向量 $\nabla \times (\nabla \times V) = \nabla(\nabla \cdot V) - \nabla^2 V$ 来得出描述横向电磁波在介质函数 $\varepsilon = n^2$ 和磁化率为 μ_0 的介质中传播的波动方程

$$
\begin{cases}
\nabla^2 \boldsymbol{E} - \dfrac{n^2}{c^2} \dfrac{\partial^2 \boldsymbol{E}}{\partial t^2} = 0 \\
\nabla^2 \boldsymbol{B} - \dfrac{n^2}{c^2} \dfrac{\partial^2 \boldsymbol{B}}{\partial t^2} = 0 \\
c^2 = (\varepsilon_0 \mu_0)^{-1}
\end{cases}
\tag{1.3}
$$

这个方程的解包括近场或其减小到 $1/r^3$ 的静态场项、存在于感应区中的中等范围振荡场项，以及振幅降低为 $1/r$ 的传播波项。

为了满足赫尔姆霍兹波动方程，可以通过如下方法以角频率 ω_i，$i=0$，1，2，3，…将满足无源区域中波动方程的时间相关标量场分解为傅里叶分量：

$$\begin{cases} E_\alpha(\boldsymbol{r},t) = \int_{-\infty}^{\infty} E_\alpha(\boldsymbol{r},\omega_i)\,\mathrm{e}^{-\mathrm{i}\omega_i t}\,\mathrm{d}\omega_i \\ \Rightarrow (\nabla^2 + k_i^2) E_\alpha(\boldsymbol{r},\omega_i) = 0 \\ k_i^2 = \dfrac{\omega_i^2}{c^2} \end{cases} \tag{1.4}$$

麦克斯韦方程通常以力场 $\boldsymbol{E}$ 和 $\boldsymbol{B}$ 来表示。然而，根据矢量和标量电位来表示电磁波通常更为方便；这对于经典和量子场图之间的转换尤其如此。如果给定了两个单一的麦克斯韦方程，我们就可以确定出与电场、电位和磁感应相关的向量电位。此外，由于磁感应在标量函数梯度增大时保持不变，所以我们有额外的自由度，在这种情况下，在选择规范时可以方便地选择所谓的洛伦兹规范：

$$\begin{cases} \boldsymbol{B} = \nabla \times \boldsymbol{A} \\ \boldsymbol{E} + \dfrac{\partial \boldsymbol{A}}{\partial t} = -\nabla \varPhi \\ \nabla \cdot \boldsymbol{A} + \dfrac{1}{c^2}\dfrac{\partial \varPhi}{\partial t} = 0 \end{cases} \tag{1.5}$$

选择这个规范，可以将非齐次麦克斯韦方程拆分，以组成一对电位场中的非均匀波方程，其中，波场的源是电荷和电流密度[1.24]。

$$\begin{cases} \nabla^2 \varPhi - \dfrac{1}{c^2}\dfrac{\partial^2 \varPhi}{\partial t^2} = -\dfrac{\rho}{\varepsilon_0} \\ \nabla^2 \boldsymbol{A} - \dfrac{1}{c^2}\dfrac{\partial^2 \boldsymbol{A}}{\partial t^2} = -\mu_0 \boldsymbol{J} \end{cases} \tag{1.6}$$

其他常见的规范还有库仑规范或横波规范，所有这些被如此命名是因为源项仅有电流密度 J 的横向分量。可以单独通过向量势来确定辐射场；库仑势仅有助于光学近场。尽管在这里将不再对此进行进一步的讨论，但光学近场对于纳米级现象的调查具有非常重要的意义，因为已经存在有用于对其进行采样并可将样本耦合到可以传输和观察的远场辐射中的光学技术[1.25, 26]。

从平面波的麦克斯韦方程推导出的电场与磁场振幅的比值为 $|E(r,t)| = c|B(r,t)|$，事实上，这也给出了电磁波的一般特性。这意味着，几乎所有电磁波特性描述的实际目的仅仅可靠地集中于电场。

针对大多数应用来说，标量波方程的三个行波解足以涵盖最常见的波动光学现象：从点源发出的典型光球面波；平面波是距离源足够远的球面波的波面渐近形式；以及描述被激光谐振器限制在两个空间维度上的激光源所发射光的高斯光束。

1. 球面波

在球面坐标中，从点源所发射电磁辐射的标量解采用球形波的形式：

$$E(r,\omega) = \sum_{l,m}\left[A_{lm}^{(1)}h_l^{(1)}(kr) + A_{lm}^{(2)}h_l^{(2)}(kr) \right] \times Y_{lm}(\upsilon,\varphi)\mathrm{e}^{\mathrm{i}\omega t} \tag{1.7}$$

式中，$h_l^{(i)}(kr)$, $i=1,2$ 为第一类和第二类汉克尔函数；$Y_{lm}(\upsilon,\varphi)$ 为球谐函数；系数 $A_{lm}^{(i)}$, $i=1,2$ 是由边界条件确定的。由于电场一般是矢量，通解要复杂得多，但在教科书中可以很容易地找到系统的表达式[1.24]。

2. 平面波

麦克斯韦方程最简单的可能解是平面波，其中相位面是垂直于传播方向的无限平面。在笛卡儿坐标中，假设波在 z 方向上传播，可通过以下方程来描述频率为 ω 的傅里叶分量的平面波：

$$\boldsymbol{E}(r,t) = \boldsymbol{E}_0(x,y)\exp[\mathrm{i}(k_z z - \omega t)] \tag{1.8}$$

即使是点源处的球面波前有非常大的曲率半径，平面波也可以方便地近似到远离点源的电磁波的一小部分。

3. 高斯光束

由激光器发射的光束具有由激光器光学谐振器几何形状所确定的特性，并且可使用文献［1.23］的过程函数描述在 z 方向上传播的对称圆柱光束：

$$\begin{cases} E(r) = E_0(r,z)\exp\left(-\dfrac{r^2}{w^2(z)}\right) \\ w^2(z) = w_0^2\left[1+\left(\dfrac{\lambda z}{\pi w_0^2}\right)^2\right] \\ E_0(r,z) = \dfrac{1}{w(z)}\left[\dfrac{\sqrt{2}r}{w(z)}\right]^m L_l^m\left(\dfrac{2r^2}{w^2(z)}\right)\times \mathrm{e}^{\mathrm{i}m\varphi}\exp\left[\mathrm{i}\left(\varPhi(z)+\dfrac{kr^2}{2R(z)}\right)\right] \end{cases} \tag{1.9}$$

$$\begin{cases} \varPhi(z) = -(2l+m+1)\arctan\left(\dfrac{z-z_0}{z_R}\right) \\ R(z) = z\left(1+\dfrac{z_R^2}{z^2}\right) \\ z_R = \dfrac{\pi w_0^2}{\lambda} \end{cases} \tag{1.10}$$

式中，函数 $L_l^m(r,z)$ 为广义拉盖尔多项式，一个完整的正交函数集。指数 $\{l, m\}$ 表示高斯光束的不同空间模式。对于大多数激光实验来说，人们很难得到基本高斯模中的光束，其中 {$l=0$, $m=0$}。w_0 通常称为光束束腰，其表示沿着传播轴在某个点将达到的最小焦斑尺寸。

强度从中心的最大值呈指数级下降，发生下降时的速率由给定 z 坐标处的光束束腰决定。在这一点上，波前是平面的，垂直于传播轴。高斯光束的特征通常是通过瑞利范围 z_R（或共焦光束参数 $b=2z_R$）和发散角 Θ 确定的，如图 1.4 所示；这些分别由以下公式给定：

$$b = \frac{2\pi w_0^2}{\lambda}, \quad \Theta = \frac{2\lambda}{\pi w_0^2} \tag{1.11}$$

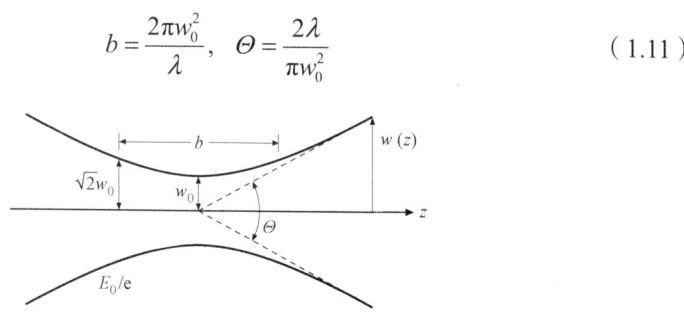

图 1.4　靠近光束腰部的高斯光束的空间分布示意图，其显示了瑞利范围或共聚焦束参数和发散角 Θ。光束的包络表示光束轴上的场减小到 1/e 其最大值的点

4. 波包

尽管麦克斯韦方程的所有这些解都是简谐波，实际上，光束通常是不同频率波的混合。这是因为白光源的波长扩散、均匀光谱纯原子源的固有线宽、许多原子或分子光源的典型扩展机制（例如：多普勒展宽），以及由于激光源中从一个频率到另一个频率的模式跳变。在数学上，这种情况当然不会因为谐波函数的叠加原理而导致任何困难。术语"波包"是指许多不同模式波的叠加。不能将其与在许多基础研究文献中所发现的所谓光子波段模型混为一谈，这种模型通常被认为是对波粒二象性的一种思路，模型提出了一些哲学和教学问题[1.27]。

对于相干光源来说，对脉冲持续时间和带宽有一个额外的约束，而不是像量子力学中的测不准原理，有时还可以通过它进行推导。该约束表明，对于持续时间为 $\Delta\tau$ 的源，频谱带宽满足条件 $\Delta\tau \cdot \Delta\nu \geqslant 1$，其中 ν 为频率。因此，来自连续波相干源的光可能具有非常窄的带宽（即，高光谱纯度）。到目前为止，最好可达到 1 kHz 级的带宽。到目前为止，持续时间为 4 fs 的最短激光脉冲的光谱带宽为 200 nm 以上。

5. 结构化光束

近来人们对相位、空间或时间特征已被改变以产生新特性的光束的关注日益激增[1.28]。其中最著名的例子之一就是贝塞尔光束，其空间特征具有一阶贝塞尔函数的形式[1.29]。该光束不同于高斯光束，因为它不会衍射，如果部分被阻挡，则可以在一定距离之后重构其自身。贝塞尔光束被广泛应用于光学捕获以及需要将声学冲击转移到物体的应用中。涡旋光束能够向从其吸收光的分子或原子施加角动量，而且可包含另一组这种结构化光束，以便用于各种各样的实验，值得注意的是，绝非仅仅用于显微术中[1.30, 31]。

1.3.2 半经典理论：光量子

普朗克和爱因斯坦发展出的光量子理论解释了半经典理论中量化辐射允许频率下的黑体辐射光谱的显著特征，但其是以经典场为依据来处理电磁辐射的[1.32]。这种理论被并入了由 Schrödinger，Heisenberg，特别是 Dirac 开发的量子理论中，重要的是，它避免了在那个时期对电磁辐射进行全量子力学处理中出现的麻烦的数学发散问题。正如海特勒（Heitler）在经典论文中所指出的，这些困难主要是由 Dyson，Feynman，Schwinger 和 Tomonaga[1.34]在现代版的量子电动力学中以数学工具加以最终解决[1.33]。

在经典理论的基础上建模时，来自温度 T 下热平衡本体的光谱辐射在紫外线波长下，没有产生预计的辐射强度，发生了灾难性的发散。普朗克通过将辐射场作为谐振腔（德语：Hohlraumstrahlung，空腔辐射）中的简单谐波振荡器的集合解决了这个问题，然后采用一种新方法来计算基于玻耳兹曼统计的模密度[1.35]。由于辐射场必须满足麦克斯韦波动方程，所以电场的三个分量必须满足以下方程：

$$
\begin{cases}
E_x(\boldsymbol{r},t) = E_x(t)\cos(k_x x)\sin(k_y y)\sin(k_z z) \\
k_x = \pi v_x L, \ v_x = 0,1,2,3,\cdots \\
E_y(\boldsymbol{r},t) = E_x(t)\sin(k_x x)\cos(k_y y)\sin(k_z z) \\
k_y = \pi v_y L, \ v_y = 0,1,2,3,\cdots \\
E_z(\boldsymbol{r},t) = E_x(t)\sin(k_x x)\sin(k_y y)\cos(k_z z) \\
k_z = \pi v_z L, \ v_z = 0,1,2,3,\cdots
\end{cases}
\tag{1.12}
$$

任何可能的辐射场必须被表示为这些谐振腔模式的总和，这里的空间量化是适于麦克斯韦方程的腔壁边界条件的结果。模密度被简单地计算为

$$
\rho_k \mathrm{d}k = \frac{k^2 \mathrm{d}k}{\pi^2}
$$

$$
\Rightarrow \rho_\omega \mathrm{d}\omega = \frac{\omega^2 \mathrm{d}\omega}{\pi^2 c^3}
\tag{1.13}
$$

在热平衡谐波振荡器的一个系统中，振荡器被激发到第 n 个模式的几率是由玻耳兹曼概率给定的：

$$P_n = \frac{\exp(-E_n / k_{\mathrm{B}}T)}{\sum_m \exp(-E_m / k_{\mathrm{B}}T)}$$

$$= \frac{\exp[-(n+1/2)\hbar\omega / k_{\mathrm{B}}T]}{\sum_{m=0}^m \exp[-(m+1/2)\hbar\omega / k_{\mathrm{B}}T]}$$

$$= \frac{\exp(-n\hbar\omega)k_{\mathrm{B}}T}{\sum_{m=0}^m \exp -(-m\hbar\omega / k_{\mathrm{B}}T)} \qquad (1.14)$$

式中，$\hbar$ 为普朗克常数。由此，代入 $U \equiv \exp(-\hbar\omega / k_{\mathrm{B}}T)$，一个偏振方向的空腔辐射模的平均占据数可被计算为

$$\langle n \rangle = \sum_m m P_m = (1-U)\sum_m m U^m$$

$$= (1-U)U \frac{\partial}{\partial U} \sum_m U^m$$

$$= \frac{1}{\exp(\hbar\omega, k_{\mathrm{B}}T)-1} \qquad (1.15)$$

这个分布函数正确地再现了仍然存在的用于光谱测量的黑体辐射，以及通过经验导出的维恩位移定律，给出了波长相关测定的最大亮度偏移。

黑体发射空腔或空腔辐射器中每单位角频率的能量密度与辐射的辐照度（或辐亮度）成正比，等于单位量子能量乘以平均占据数倍的辐射模密度[1.13]

$$U(\omega)\mathrm{d}\omega = \hbar\omega\rho_\omega \langle n \rangle \mathrm{d}\omega$$

$$= \frac{\hbar\omega^3}{\pi^2 c^3} \frac{1}{\exp(\hbar\omega / k_{\mathrm{B}}T)-1} \mathrm{d}\omega \qquad (1.16)$$

1.3.3　光作为量子场

黑体辐射的普朗克解释和爱因斯坦光电效应理论都不需要将光视为量子对象。在他们的半经典方法中，光被视为经典电磁波，且与物质的相互作用（例如：吸收或发射）才会以量子的观点来描述。然而，克劳泽（Clauser）通过对科克（Kocher）和康明斯（Commins）[1.36]实验数据的研究，指出无法通过半经典理论来解释级联原子跃迁发射光子的极化相关性[1.37]。事实证明，这只是那些现在被理解的情况：没有辐射场的全量子力学理论也无法恰当描述的高阶光子的相关性、单光子实验、光子纠缠和光子挤压等问题。

这样的一个理论首先需要一个将经典辐射理论的场变量 E 和 B 转换成量子力学算子的方法[1.38]。这可以通过在库仑规范中引入向量势 A 来实现，其必须满足以下条件：

$$\begin{cases} \boldsymbol{B} = \nabla \times \boldsymbol{A} \\ \boldsymbol{E} = -\nabla \phi \\ \nabla \cdot \boldsymbol{A} = 0 \end{cases} \tag{1.17}$$

在自由空间中，向量势满足相同的波动方程，即电场和磁场满足的波动方程。对于周期边界条件适用的行波，向量势可以以傅里叶级数展开。与辐射场的第 k 个频率模式相关联的向量势可以表示为与第 k 个振荡模式相关联的广义位置和动量变量，即 Q_k 和 P_k，如

$$\begin{cases} \boldsymbol{A}_k = \dfrac{1}{4\pi\varepsilon_0\omega_k^2}\dfrac{1}{V}(\omega_k Q_k + \mathrm{i}P_k)\varepsilon_k \\[2mm] \boldsymbol{A}_k^* = \dfrac{1}{4\pi\varepsilon_0\omega_k^2}\dfrac{1}{V}(\omega_k Q_k - \mathrm{i}P_k)\varepsilon_k \Rightarrow \\[2mm] \overline{E}_k = \dfrac{1}{2}\displaystyle\int_{\text{谐振腔}}(\varepsilon_0\overline{\boldsymbol{E}_k^2} + \mu_0^{-1}\overline{\boldsymbol{B}_k^2})\mathrm{d}V \\[2mm] \qquad = \dfrac{1}{2}(P_k^2 + \omega_k^2 Q_k^2) \end{cases} \tag{1.18}$$

式中，上划线表示空间和时间平均值。因此，光的量子力学描述与频率为 ω_k 的振荡器辐射场的每个模式相关，并且同样将量子标准坐标与电场和磁场联系在一起。

可通过将动力学变量 $\{Q_k, P_k\}$ 转换为相应的算子 $\{\hat{q}_k, \hat{p}_k\}$，并将这些算子插入场的相应哈密顿算子中来获得量子化的辐射场。质量 $m=1$（某些自然单位）的谐振子的哈密顿算子为 $\hat{H} = (\hat{p}^2 + \omega^2\hat{q}^2)$，算子遵守对易关系 $[\hat{q}, \hat{p}] = \mathrm{i}\hbar$。

事实证明，使用这些人工坐标和动量并没有用，而是需要使用所确定的振动子与它们对易子的产生及湮没算符：

$$\begin{cases} \hat{a} = \left(\dfrac{1}{2\omega\hbar}\right)^{1/2}(\omega\hat{q} + \mathrm{i}\hat{p}) \\[2mm] \hat{a}^\dagger = \left(\dfrac{1}{2\omega\hbar}\right)^{1/2}(\omega\hat{q} - \mathrm{i}\hat{p}) \\[2mm] [\hat{a}, \hat{a}^\dagger] = 1 \end{cases} \tag{1.19}$$

通过这些定义，可得出辐射场的谐振子哈密顿算子：

$$\begin{aligned} \hat{H} &= \frac{1}{2}(\hat{p}^2 + \omega^2\hat{q}^2) \\ &= \frac{1}{2}\left[\mathrm{i}^2\left(\frac{\hbar\omega}{2}\right)(\hat{a} - \hat{a}^\dagger)^2 + \omega^2\left(\frac{\hbar}{2\omega}\right)(\hat{a} - \hat{a}^+)^2\right] \\ &= \hbar\omega\left(\hat{a}^+\hat{a} + \frac{1}{2}\right) \end{aligned} \tag{1.20}$$

这些运算符的一个特别重要的组合是由 $\hat{n} = \hat{a}^{\dagger}\hat{a}$ 给定的数字运算符。根据湮没和产生算符重写辐射场哈密顿算符和相应特征值方程，可得到：

$$\hat{H} = \hbar\omega\left(\hat{a}^{\dagger}\hat{a} + \frac{1}{2}\right) = \hbar\omega\left(\hat{n} + \frac{1}{2}\right) \Rightarrow$$

$$\hat{H}|n\rangle = E_n|n\rangle = \hbar\omega\left(n + \frac{1}{2}\right)|n\rangle \tag{1.21}$$

如预期的那样，真空（没有量子（$n=0$）的状态）仍然具有相关的零点能量。通过将湮灭和产生算符代入向量势和电磁场的表达式找出与数态相对应的场运算符；例如，电场运算符为[1.39]

$$\hat{E}_k = \mathrm{i}\left(\frac{\hbar\omega_k}{2\varepsilon_0 V}\right)^{1/2} \times \hat{\varepsilon}_k[\hat{a}_k\exp(-\mathrm{i}\omega_k t + \mathrm{i}\boldsymbol{k}\cdot\boldsymbol{r}) - \hat{a}^{\dagger}\exp(\mathrm{i}\omega_k t - \mathrm{i}\boldsymbol{k}\cdot\boldsymbol{r})] \tag{1.22}$$

式中，$\hat{\varepsilon}_k$ 为与波矢 k 相对应的单位极化矢量；距离矢量 r 具有其通常的含义。这同样就得出了经典电磁矢量场与量子场论所需场算符之间所需的对应关系。

在这个量子力学模型中，光子不再被视为具有一定能量、动量和螺旋度的经典粒子，而是被看作由波矢 $\boldsymbol{k}$ 和极化 $\boldsymbol{\varepsilon}$ 所指定电磁场简正模相关的量子激励。并非像任何其他的状态量子力学叠加一样，而是通过引入单光子 Fock 状态 $||1, \boldsymbol{k}, \boldsymbol{\varepsilon}\rangle$（具有明确定义数量的光子状态）的线性叠加来达到光子局域态——在本质上确定了包括光子的波包。

$$|\psi\rangle = C\sum_k \exp[-(\boldsymbol{k}-\boldsymbol{k}_0)^2/2\sigma^2] \times \exp[-\mathrm{i}\boldsymbol{k}\cdot\boldsymbol{r}_0]|1, \boldsymbol{k}, \boldsymbol{\varepsilon}\rangle \tag{1.23}$$

式中，C 为归一化常数。该波函数可以被认为是前述经典波包的量子力学模拟。

| 1.4　热和非热光源 |

普朗克和爱因斯坦关于光量子的早期论文隐含地假设，既可以将光作为经典电磁波来处理，同时也可以通过物理量子力学来处理。这种方法成功地提供了许多重要现象的理论认识，其中包括黑体辐射光谱、自发辐射、受激吸收和受激辐射、共振荧光、光电效应、兰姆位移和真空极化。在这种情况下，应当注意来自热、非热（或发光）和粒子束源（例如：同步回旋加速器和自由电子激光器）光的不同特性。

热和非热光都源自原子或分子从较高能态到低能态的跃迁，按照惯例其被标记为从状态 2 到状态 1 的转变。在半经典理论中，这些转变可能是自发或受激量子过程的结果，跃迁率可使用爱因斯坦系数 A 和 B 来描述：

$$\begin{cases} A_{2\to1} = \dfrac{1}{\tau} \\[3mm] B_{2\to1} = \dfrac{\pi^2 c^3}{\hbar\omega^3} A_{2\to1} \dfrac{\pi^2 c^3}{\hbar\omega^3 \tau} \end{cases} \tag{1.24}$$

式中，τ 为给定物种的平均寿命。由于原子或分子衰变而使量子力学中的平均寿命具有不确定性，在文献［1.41］的洛伦兹线性函数所描述的频率分布中也存在相应的不确定性：

$$|E(\omega)|^2 = \frac{E_0^2}{(\omega-\omega_0)^2+\gamma^2}, \ \gamma \equiv 1/\tau \tag{1.25}$$

还可以预测通过固有频率 ω_0 驱动的经典谐振子的洛伦兹线性形状。然而，在这种情况下，寿命并不取决于单个原子的特性，在量子理论中，是由以下公式所定义的经典辐射寿命函数确定的：

$$\tau = (6\pi\varepsilon_0 m_e c^2)/e^2\omega^2 \tag{1.26}$$

式中，m_e 为电子的质量。经证明，这个经典寿命是纳秒数量级的，可见光中许多原子跃迁的典型寿命是通过量子理论计算并使用光谱技术测量出的。

1.4.1 热光

热或混沌光源的代表是理想化的黑体辐射体，是一个彼此之间并且与周围环境具有热平衡的发射体。从式（1.16）中计算出的几种不同温度下的黑体强度谱如图 1.5 所示。式（1.16）中的普朗克分布公式给出了黑体辐射定律中光谱和热力学性质之间的两个重要经验关系式。维恩位移定律描述了黑体谱的波长峰值，其表明分布函数最大时的波长 λ_{max} 与温度倒数成比例：

$$\lambda_{max} = \frac{2.897\,8\times10^{-6}}{T} \tag{1.27}$$

式中，T 为绝对温度。此定律可通过代入式（1.16）并找到极值来导出。

波耳兹曼定律给出了在温度 T 下热动力平衡辐射的限定范围中通过小孔辐射的面积功率密度。该定律是由约瑟夫·斯忒藩（Josephf Stefan）于 1879 年根据经验发现，并在 1884 年由路德维希·波耳兹曼（Ludwig Boltzmann）在热力学基础上进行了确定。该定律表明了单位面积的辐射功率为

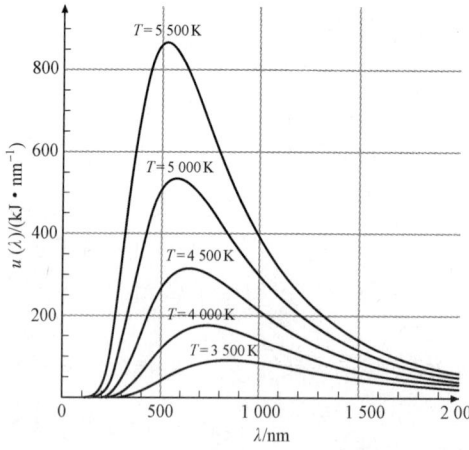

图 1.5　基于式（1.16）计算出的几种不同温度下的黑体发射体光谱

$$\begin{cases} \dfrac{P(T)}{A} \equiv E(T) = \sigma T^4 \\ \sigma = \dfrac{\pi^2}{60} \dfrac{k_B^4}{h^3 c^2} \\ = 5.67 \times 10^{-8} \ [\mathrm{W/(m^2 \cdot K^4)}] \end{cases} \tag{1.28}$$

这种关系要求将所有波长的原子整体的辐射功率积分，然后再进行普朗克分布。该积分可以通过变量变换 $x = \hbar\omega/k_B T$ 在式（1.25）的帮助下进行，以得出所需的结果：

$$\begin{aligned} E(T) &= \frac{c}{4} \int_0^\infty \frac{\hbar\omega^3}{\pi^2 c^3} \frac{\mathrm{d}\omega}{\exp(\hbar\omega/k_B T) - 1} \\ &= \frac{\hbar}{4\pi^2 c^2} \left(\frac{k_B T}{h}\right)^4 \int_0^\infty \frac{x^4 \mathrm{d}x}{e^x - 1} \propto T^4 \end{aligned} \tag{1.29}$$

1.4.2 冷光

由激发原子和分子发射的电磁辐射通常表现出比黑体辐射更窄的光谱，被称为冷光。激发可能来自许多能源：高能电子（阴极发光），光（光致发光），施加的电场（电致发光），声波（声致发光）或化学反应（化学发光）。以这种方式产生的光显示出具有其自然频率和线宽以及其环境特征的光谱。由于局部电子环境的均匀或非均匀展宽而产生[1.43]的佛克脱线型，诸如固体中的杂质原子或在中等压力下气体放电管中的激发原子将显示固有（洛伦兹）线宽与高斯分布相交的线宽。

光源也可以通过耦合平衡和非平衡过程同时产生热光和冷光。例如，通过高强度激光照射材料所产生的光通常具有这种特性。图 1.6 显示了由激光所产生等离子体发射的光的光谱，其在稍后的时间显示出在更广泛的逐渐减少的黑体背景上按曲线运动的较窄发光线。在这种情况下，发光具有来自单个原子（具有围绕固有线宽、多普勒效应和压致增宽的线型）和黑体辐射（由于局部热力学平衡中的热消融材料）的辐射特征。

1.4.3 源自同步辐射的光

近年来，加速器驱动光源在科技上占有重要的地位。诸如同步加速器存储环[1.42, 44]和自由电子激光器[1.45, 46]等源可以通过用偶极子磁体或称为波动器或摆动器的插入装置弯曲相对论电子束来产生光。从这样的源中可以产生出从 X 射线到光谱亮度远超任何热源的红外区域的极宽光谱。这种辐射的时间和空间特性与原子或分子性质无关，而与相关联的电子加速器或偏转磁铁特性相关。偏转磁铁产生相对窄带但不相干的辐射，并且通过使用单色器来实现波长的可选择性。波荡器和摆动器可产生极高光谱亮度的相干光束。在自由电子激光器中，通过将摆动器放置在光学谐振器内来产生准单色光谱。

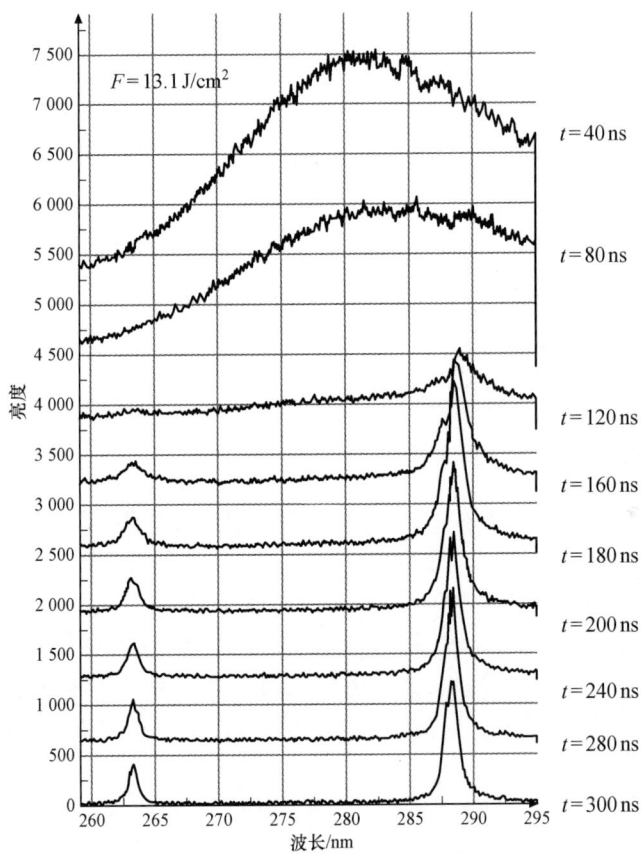

图 1.6　Nd:YAG 激光器以 13.1 J/cm² 的能量密度照射硅所产生激光生成等离子体的延时光谱。在早期阶段，只观察到从表面烧蚀掉大量材料的黑体辐射。黑体辐射曲线的峰值随时间移动到长波区域，这表明等离子体温度有所降低。在稍后的时间里，光谱表现出叠加在逐渐消失的黑体背景上的硅原子中的原子跃迁的发光线（根据 [1.40]）

来自同步加速器源的光的光谱曲线遵循电子在圆弧上移动的经典辐射理论所得出的普适曲线。此分布与绝对黑体辐射显著不同，如图 1.7（a）所示，图中将从多个同步加速器源测定的光子通量与恒定的电子电流进行了比较。一些相同源的光谱亮度如图 1.7（b）所示，说明即使是具有类似光子数量的光源，该数量的变化也非常剧烈。除了很宽的光谱分布之外，摆动器和波荡器（插入装置）产生的同步光束流还可以具有高度的光谱相干性。

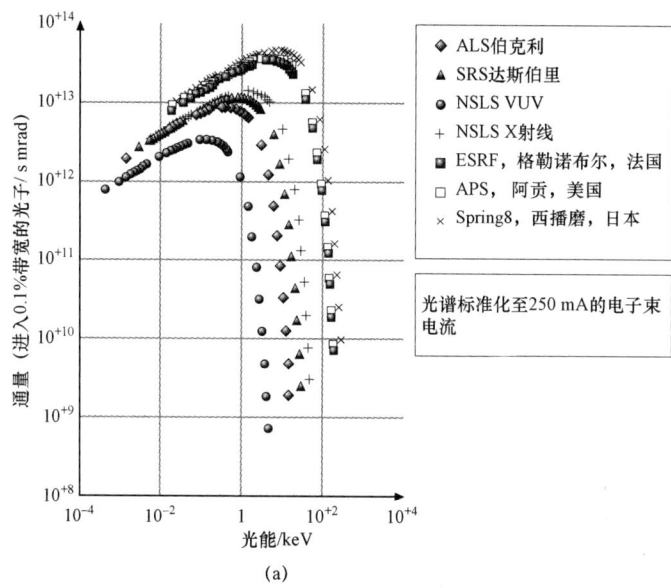

(a)

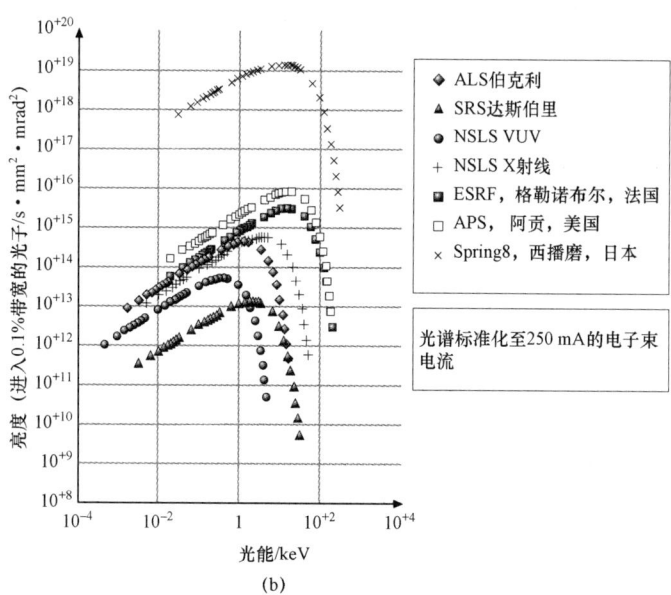

(b)

图 1.7　标题中所标识各种同步光源的光谱分布

（a）从同步光源测定的光子通量；

（b）几个同步加速辐射源测定的光谱亮度（根据文献 [1.42]）

|1.5   光的物理特性|

本节概述了与波动和光子理论相关的光的可测量物理性质，包括辐射亮度或辐照度、传播速度、极化、能量、功率和动量传输。光的辐射度、光度和光谱特征构成的基础特性已经在 1.2 节中介绍了。

1.5.1   强度

几乎所有光与物质相互作用效应的测量都取决于单位体积的入射能量、单位面积的入射能量（积分通量）、单位面积的功率（辐亮度或辐照度）或这些量的组合。由电场矢量 $E(r,t) \equiv E_0(r)\mathrm{e}^{\pm i\omega t}$ 描述的谐波电磁波的时间平均强度或辐照度为

$$
\begin{aligned}
I(r) &= \frac{1}{T}c\varepsilon_0 \int_0^T |E(r,t)|^2 \, \mathrm{d}t \\
&= c\varepsilon_0 \langle |E(r,t)|^2 \rangle \\
&= \frac{c\varepsilon_0}{2}|E_0(r)|^2
\end{aligned}
\tag{1.30}
$$

在光子理论中，辐照度定义为单位时间光子面积数量密度或光子通量；它与 $I(\omega)=cU(\omega)/4$ 所确定的能量密度有关，因此，

$$
\begin{aligned}
I(\omega) &= \frac{cU(\omega)}{4} \\
&= \frac{\hbar\omega^3}{4\pi^2 c^2}\frac{1}{\exp(\hbar\omega/k_{\mathrm{B}}T)-1}
\end{aligned}
\tag{1.31}
$$

积分通量是相应时间间隔内的能量积分，就激光光束而论，该间隔通常大约是激光脉冲的持续时间。

1.5.2   传播速度

两种不同的速度概念都与电磁辐射概念有关。相速是指波前上具有相同相位的点的传播；而波群速通常是指波包中能量或信息的传播速度。在折射率为 n 的介质中频率为 v 和真空波长 λ 的波的相速为

$$
v_{\mathrm{p}} = \frac{c}{n} = \frac{\lambda}{n}v = \frac{\omega}{kn} \Rightarrow \omega = v_{\mathrm{p}}kn
\tag{1.32}
$$

虽然这个速度代表了相位波前的运动，但并不是能量或信息传播的速度，这需要与构成波的振荡进行一些相互作用。通常根据这些量和波传播介质的折射率来确定波群速 v_{g}。

$$\frac{\mathrm{d}\omega}{\mathrm{d}k} = \frac{c}{n}\left(1 - \frac{k}{n}\frac{\mathrm{d}n}{\mathrm{d}k}\right)$$

$$= v_{\mathrm{p}}\left(1 - \frac{k}{n}\frac{\mathrm{d}n}{\mathrm{d}k}\right) \tag{1.33}$$

显然，在折射率恒定的介质中，相速度和波群速是相等的，而在表现出正常色散（$\mathrm{d}n/\mathrm{d}k>0$）的介质中，最大波群速才能等于相速。然而，在异常色散（$\mathrm{d}n/\mathrm{d}k<0$）的情况下，波群速实际上可能会超过真空中的光速 c。在这种情况下，可以证明波群速不是信息或能量传播的速度。例如，在截止频率为 ω_0 的空腔波导管中，其中的色散为 $k = \sqrt{\omega^2 - \omega_0^2}\,/c$，以及许多原子共振的蓝色侧也是这种情况。

1.5.3 偏振

在各种光谱技术中，光波的偏振被广泛地用作标记和诊断[1.41]，特别是在激光光谱学中[1.43]，并且通常会通过三种形式来描述：缪勒（Mueller）算法、琼斯计算法和庞加莱球（Poincaré sphere）。

缪勒算法基于最初由斯托克斯给出的用于测量光束可见偏振的方案，它使用四分矢量来描述测定亮度（所有实数），使用 4×4 矩阵来描述光与各种偏振元件或材料的相互作用。琼斯计算法在计算上稍微简单一些，因为它仅使用了双分矢量和 2×2 矩阵来计算光束中的偏振。然而，琼斯矢量中的参数是复杂的。其实，斯托克斯向量并没有构成线性向量空间的基础，而琼斯向量则构成了线性向量空间的基础。庞加莱球方法不是基于偏振光的数值参数化，而是基于将不同偏振形式与球体上的点相关联的数学方法，通过球体的旋转来实现从一个偏振形式到另一个偏振形式的转换。这是一个有用的定性结构，特别是在进行相位延迟效应而不是强度变化相关的实验判断中。图1.8 示意性地示出了各种偏振状态。在大多数光学教科书中可以找到表示材料偏振器（如琼斯或缪勒矢量上的波片和相位延迟器）的运算矩阵。

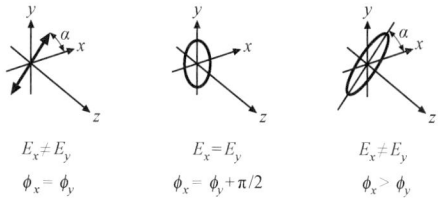

图 1.8　偏振的线性、右旋圆和椭圆偏振状态的示意图。传播方向取为笛卡儿坐标系的 z 轴。各种偏振状态的特征在于电场振幅 E_x 和 E_y 以及相移 ϕ_x 和 ϕ_y 的不同相对值

1. 琼斯算法

考虑光波在 z 方向上传播，因此可使电场仅在 $x - y$ 平面中具有分量。在以前的标记法中，电场就是

$$\begin{aligned}
\boldsymbol{E} &= E_{0x}\exp[\mathrm{i}(kz-\omega t+\phi x)]\hat{x} \\
&\quad + E_{0y}\exp[\mathrm{i}(kz-\omega t+\phi_y)]\hat{y}
\end{aligned} \tag{1.34}$$

分解成时间和 z 相关项，并将电场的 x 和 y 分量写成列向量，可以得到

$$\begin{aligned}
\boldsymbol{E} &= \exp[\mathrm{i}(kz-\omega t)]\begin{bmatrix} E_{0x}\mathrm{e}^{\mathrm{i}\phi x} \\ E_{0y}\mathrm{e}^{\mathrm{i}\phi y} \end{bmatrix} \\
&= \exp[\mathrm{i}(kz-\omega t)]\boldsymbol{J}
\end{aligned} \tag{1.35}$$

省略了 z 和 t 相关项的列向量称为光波的完整琼斯向量 $\boldsymbol{J}$（在一些文献中，也称其为麦克斯韦列）。在光学中使用与电流密度相同的符号很少会出现问题，这是因为其中的电流通常可忽略不计。

由于琼斯矢量形成了向量空间的基，因此可直接通过矩阵乘法计算出偏振装置对具有给定偏振状态光的作用。例如，偏振可使用线偏振光与 1/4 波片（QWP）的 x 轴和 y 轴成 45° 角。电场 x 和 y 轴向分量之间引入 1/4 波相位延迟 QWP 的作用可表示为矩阵（$\boldsymbol{M}$）$_{\mathrm{QWP}}$。如下所示，出射光束是正圆偏振的。

$$\begin{aligned}
\boldsymbol{E}_{\mathrm{out}} &= (\boldsymbol{M})_{\mathrm{QWP}}(\boldsymbol{J})_{\mathrm{in}} \\
&= \exp[\mathrm{i}(kz-\omega t)]\begin{pmatrix} 1 & \mathrm{O} \\ 0 & \mathrm{i} \end{pmatrix}\begin{pmatrix} E_{0x} \\ E_{0y} \end{pmatrix} \\
&\equiv \exp[\mathrm{i}(kz-\omega t)]\begin{pmatrix} E_{0x} \\ \mathrm{e}^{\mathrm{i}\pi/2}E_{0y} \end{pmatrix}
\end{aligned} \tag{1.36}$$

2. 缪勒矩阵

用于描述光束偏振的缪勒算法基于斯托克斯（Stokes）开发的偏振测量方案[1.47]。斯托克斯参数化的列向量可表示为

$$\boldsymbol{S} = \begin{pmatrix} I \\ Q \\ U \\ V \end{pmatrix} = \begin{pmatrix} I \\ I_{0^\circ}-I_{90^\circ} \\ I_{+45^\circ}-I_{-45^\circ} \\ I_{\mathrm{rcp}}-I_{\mathrm{lcp}} \end{pmatrix} = \begin{pmatrix} E_{0x}^2+E_{0y}^2 \\ E_{0x}^2-E_{0y}^2 \\ 2E_{0x}E_{0y}\cos\Delta \\ 2E_{0x}E_{0y}\sin\Delta \end{pmatrix} \tag{1.37}$$

斯托克斯参数 I 是总亮度；量 I_φ 是在角 φ 测得的亮度；相位差 Δ 满足 $-\pi\leqslant\Delta=\varphi_y-\varphi_x\leqslant\pi$；并且 rcp/lcp 是指右旋圆/左旋圆偏振光。上述第二列向量中关系的推导非常复杂，但可以在相关文献中找到[1.41]。缪勒算法的一个重要优点是，这种形式能够通过采用斯托克斯参数的时间平均值描述非偏振光或部分偏振光[1.48]。对于非偏振光，只有 I 是非零的；对于部分偏振光，剩余的斯托克斯参数必须满足 $0<(Q^2+U^2+V^2)<I$；对于完全偏振的光束，$(Q^2+U^2+V^2)=I$，可使点位于一个代表明确的偏振状态的单位球面上（Q，U，V）。

3. 庞加莱球

一般来说,光波的偏振可通过椭圆来描述,椭圆可以用描述椭圆相对于极轴的倾角角度 α 及其椭圆率 ε 来表征。这些量可以通过以下公式与斯托克斯参数建立起关系:

$$\begin{cases} S_1 \equiv Q / I = \cos(2\varepsilon)\cos(2\alpha) \\ S_2 \equiv U / I = \cos(2\varepsilon)\sin(2\alpha) \\ S_3 \equiv V / I = \sin(2\varepsilon) \end{cases} \tag{1.38}$$

利用这些定义,任何期望的偏振状态都可以被表示为球体上的点或集合,如图 1.9 所示[1.49]。椭圆率恒定不变的状态通过平行于赤道平面的圆上的点轨迹来表示,赤道平面本身代表线性偏振的点轨迹。圆偏振光的状态由极轴来表示,非偏振光由构成球面的点来表示,而部分偏振光将由聚集有代表最高偏振度的特定点表面上的点子集来表示。

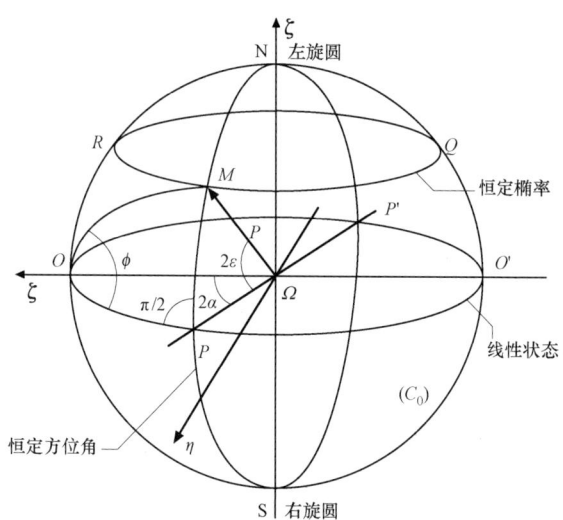

图 1.9 庞加莱球表面极化状态示意图

4. 光子的自旋和偏振

在经典电磁理论中,光波的偏振是由电磁场中的振动横向特征决定的。在光子的量子理论中,有必要赋予光子以角动量的属性,就像对电子一样,但是这个概念也应该与偏振的波形描述一致。光子是一种玻色子,具有单位旋转。由于光子是无质量的,所以它只有其固有自旋 $s=1$,没有轨道角动量。旋转 -1 粒子可能具有相对于一些给定轴线的自旋投影 $+1$,0 和 -1。然而,由于光波是横向的,因此排除了零分量。

从量子电动力学中已知具有 ± 1 的螺旋度的光子与左旋和右旋圆偏振态的关

系。假设量化轴是传播方向，则光子的基础螺旋态可以表示为列向量：

$$|s=1\rangle \equiv |+\rangle = \begin{pmatrix} 1 \\ 0 \end{pmatrix}, |s=-1\rangle \equiv |-\rangle = \begin{pmatrix} 0 \\ 1 \end{pmatrix} \quad (1.39)$$

将量化轴作为 z 轴以及光波传播的方向，我们可以从这些基态构造出 x 和 y 方向的如下线性偏振光：

$$\begin{cases} |e_x\rangle = \dfrac{1}{\sqrt{2}}(|+\rangle + |-\rangle) \\ |e_y\rangle = \dfrac{1}{\sqrt{2}}(|+\rangle - |-\rangle) \end{cases} \quad (1.40)$$

一旦建立起这个对应关系，就像在光束中一样，可以与密度矩阵形式中其他量子粒子群的相同方式对光子群的整体偏振进行处理[1.50]。假设有一束由两个光束混合而成的光子，分别对这两个光束制备状态向量 e_a 和 e_b 以及亮度 I_a 和 I_b 的偏振状态特征。如果使用式（1.39）的向量作为基态，则表征偏振的状态矢量分别为

$$\begin{cases} |e_a\rangle = c_+^{(a)}|+\rangle + c_-^{(a)}|-\rangle \\ |e_b\rangle = c_+^{(b)}|+\rangle + c_-^{(b)}|-\rangle \end{cases} \quad (1.41)$$

这个看似相当抽象的表达式直接对应于使用量子力学运算符形式体系中标准投影所确定的经典光束的斯托克斯参数。在两种可能状态下，两光束的该系统的归一化密度矩阵为

$$\begin{aligned} \rho &= I_a |e_a\rangle\langle e_a| + I_b |e_b\rangle\langle e_b| \\ &= \begin{pmatrix} \langle +1|+1\rangle & \langle +1|-1\rangle \\ \langle -1|+1\rangle & \langle -1|-1\rangle \end{pmatrix} \\ &= \begin{pmatrix} \rho+1,+1 & \rho+1,-1 \\ \rho-1,+1 & \rho-1,-1 \end{pmatrix} \end{aligned} \quad (1.42)$$

现在，可以将斯托克斯参数 V 定义为右旋圆偏振亮度和左旋圆偏振亮度之差 $I_{rcp} - I_{lcp}$。从光子螺旋度的定义可以看出，显然可通过 $IV = -(\rho_{1,-1} + \rho_{-1,1})$ 将 V 和密度矩阵元素相关联。采用相同的方法，其他斯托克斯参数可以从以下公式中得出：

$$\rho = \frac{I}{2}\begin{pmatrix} 1+U & -V+iQ \\ -V-iQ & 1-U \end{pmatrix} \quad (1.43)$$

从而清楚地给出光波和/或光子极化的经典描述和量子描述之间的联系。很显然，斯托克斯参数（经典观察值）也可用作量子力学处理中的参数。

1.5.4 能量和功率传输

通常,可以通过下式给出由电场 E 和磁场 B 所占据自由空间区域中的能量密度:

$$
\begin{aligned}
u &= \frac{1}{2}\left(\frac{B^2}{\mu_0} + \varepsilon_0 E^2\right) \\
&= \frac{\varepsilon_0}{2}\left(\frac{B^2}{\varepsilon_0 \mu_0} + E^2\right) \\
&= \frac{\varepsilon_0}{2}(c^2 B^2 + E^2)
\end{aligned}
\tag{1.44}
$$

在材料介质中,该能量密度可通过用材料中的值即 ε 和 μ 代替介电常数和磁导率的真空值来改变。如果现在只想确定平面电磁波在 z 方向上的输送,则电场和磁场可分别表示为以下形式:

$$
\begin{cases}
\boldsymbol{E}_y = \boldsymbol{E}_{0y}\cos(kz - \omega t + \phi) \\
\boldsymbol{B}_x = -\boldsymbol{B}_{0x}\cos(kz - \omega t + \phi)
\end{cases}
\tag{1.45}
$$

因此,可通过下式给出与该波相关联的时间相关体积能量密度:

$$
u = \frac{\varepsilon_0}{2}(c^2 \boldsymbol{B}_{0x}^2 + \boldsymbol{E}_{0y}^2)\cos^2(kz - \omega t + \phi)
\tag{1.46}
$$

该方程明确给出了与所存在电磁波相关联的波动能量传输。

与辐射场相关的总能量和功率可以通过引入一个假设(即,场中的能量与平均经典场能相关)通过下式计算得出:

$$
\begin{aligned}
\langle U \rangle_{场} &= \frac{1}{2}\int_{空腔} \varepsilon_0 \, |\boldsymbol{E}_\omega(\boldsymbol{r},t)|^2 \, \mathrm{d}V \\
&= (n + 1/2)\hbar\omega
\end{aligned}
\tag{1.47}
$$

1.5.5 动量输送:坡印廷定理和光压

可以从包含在光束中能量的定义推导出光束所产生的动量和辐射压力。在时间 Δt 中由光束传递的总能量 U 与传递的辐射动量和辐射压力 $p_{辐射}$ 的变化具有以下关系:

$$
\begin{aligned}
U &= uAc\Delta t \\
\Rightarrow \Delta p_{辐射} &= \frac{U}{c} = uA\Delta t \\
\Rightarrow F_{辐射} &= \frac{\Delta p_{辐射}}{\Delta t} = uA \\
\Rightarrow P_{辐射} &= \frac{F_{辐射}}{A} = u
\end{aligned}
\tag{1.48}
$$

电磁波携带的能量流和动量流可通过坡印廷定理（Poynting Theorem）描述为向量 $S = E \times B / \mu_0$，其单位为能量/（时间×面积）。根据这一定义，电磁场 U 的能量密度和动量密度 $g = \varepsilon_0 E \times B$ 满足以下公式：

$$\begin{cases} \dfrac{\partial U}{\partial t} = -\nabla \cdot S \\ \dfrac{\partial g}{\partial t} = -\rho E - \overset{\leftrightarrow}{T}^{(M)} \cdot \hat{n} \end{cases} \qquad (1.49)$$

式中，ρE 为单位体积的洛伦兹力；$\overset{\leftrightarrow}{T}^{(M)}$ 为麦克斯韦应力张量，并且单位向量的方向沿着包围相关体积的表面法线方向向外。在真空中，除了因子 $1/c$ 之外，能量密度和动量密度是相等的；在物质媒介中，情况则要复杂得多[1.23]。

普朗克量子假说认为光子能量与电磁波角频率 ω 的关系为 $E = \hbar\omega$，其中，$\hbar \equiv h/2\pi$，h 为普朗克常数 6.67×10^{-34} J·s。类似地，光子的动量可以表示为 $p = h/\lambda = \hbar k$。当然，通过德布罗意公式也可以得出物质粒子动量的类似关系，并且其已经在电子、离子、原子和分子的实验中被验证。

1.5.6 谱线形状

光波流的最重要物理特性之一就是它的谱线形状，其给出了亮度或辐照度的概率密度与波长或频率的函数关系。线形也是发光源的唯一目标显示特征。

热源或混沌源的线形是通过普朗克辐照函数描述的黑体光谱线形［式（1.16）］。该频谱中峰值位置的特征在于温度，而其整体形式是由玻色-爱因斯坦分布决定的，即式（1.16）中的第二个因子。图1.7（a）通过图形显示了几种温度下该函数的形状。每个温度下波长峰值的移动位置都遵循维恩位移定律（1.4.1 小节）。

通过非相互作用原子群（例如：在稀薄气体中）中能位 E_2 和 E_1 之间的电子跃迁得到的光具有标准形式的共振线形或洛伦兹线形：

$$L(\omega, \omega_0, \gamma) = \frac{\gamma}{\pi[(\omega - \omega_0)^2 + \gamma^2]} \qquad (1.50)$$

式中，ω 为光的角频率；$\omega_0 = (E_2 - E_1)/\hbar$ 为线形心曲线上的频率；γ 为固有线宽。固有线宽 γ 与原子 τ_0 的固有寿命的关系为 $\gamma = 1/2\tau_0$。

如果这些相同的原子处于其中原子源光谱由于诸如碰撞或多普勒效应等而变宽的环境中，线形通常具有高斯亮度分布的特征。其标准形式为

$$G(\omega, \omega_0, \sigma) = \frac{1}{\sigma\sqrt{\pi}} \exp\left(-\frac{(\omega-\omega_0)^2}{2\sigma^2}\right) \tag{1.51}$$

式中，角频率具有与之前相同的含义；σ 为线形的方差。对于质量为 m_0 的原子在温度 T 下的多普勒展宽，方差为 $\sigma = \omega_0 \sqrt{k_B T m_0 c^2}$，其中，$k_B$ 为玻耳兹曼常数。当原子发射都采用相同的展宽机制进行时，线形被认为是均匀展宽的；当群中的展宽机制不同时，例如：当发光原子占据固体中不同种类的晶格位置时，发射线被称为不均匀展宽。

当然，在大多数实际情况下，原子或分子线的展宽都属于洛伦兹机理和高斯机理的组合。在这种情况下，线形被认为是通常所说的佛克脱线型，即高斯和洛伦兹函数的卷积：

$$\begin{aligned} V(\omega, \omega_0; \sigma, \gamma) &= \int_{-\infty}^{\infty} G(\omega', \omega_0; \sigma) L(\omega', \omega_0; \gamma) \mathrm{d}\omega' \\ &= \frac{1}{\sigma\sqrt{2\pi}} \mathrm{Re}\left[\mathrm{erf}\left(\frac{\omega-\omega_0+\mathrm{i}\gamma}{\sigma\sqrt{2}}\right)\right] \end{aligned} \tag{1.52}$$

式中，erf 为复合误差函数。对比图 1.10（a）所示线形，可以看出，越远离谱线中心频率 ω_0 的高斯函数的振幅越大。

分子光发射可能是由电子、振动和/或旋转跃迁产生的，而这也会产生复杂的光谱，其中单个谱线与原子的相似，但其会以相当规则的间隔以群组或者条带出现。图 1.10（b）示出了双原子分子 HBr 的一个例子。线间距由旋转或振动能级之间转换的选择规则确定。在这个例子中，间距近似地由以下公式给出：

$$\Delta E(v, J) = \begin{cases} \hbar\omega_v - 2BJ \\ J = 1, 2, 3, \cdots (P \text{支}) \\ \hbar\omega_v - 2B(J+1) \\ J = 0, 1, 2, \cdots (R \text{支}) \end{cases} \tag{1.53}$$

式中，B 为分子的旋转常数；J 为旋转量子数；ω_v 为振动跃迁的角频率。实际上，分子光谱会由于非均匀性、拉伸引起的旋转常数改变等而变得复杂，这些问题在许多专著[1.51]中得到了阐述。

激光源产生的相干光则表现出另一种特征线形现象，在激光作用下发射线开始变窄。如图 1.10（c）所示，这条线变窄是由于靠近谱线中心的波长具有更高的发射概率（因此优先增强）。然而，根据线展宽机制，当增强达到饱和状态时，实际上窄化效应可能会被逆转。

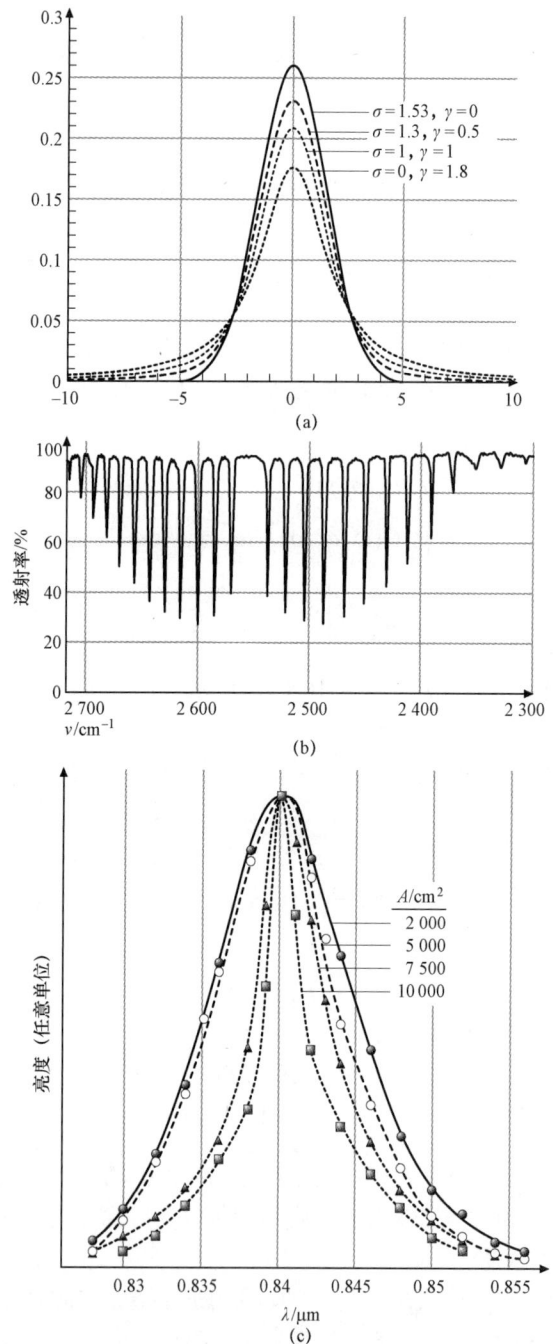

图 1.10　各种光源的光谱特征

（a）孤立原子或分子（洛伦兹）、碰撞展宽源（高斯）以及表现出两个特征的源（佛克脱线型）
的谱线形状比较；（b）HBr 分子的振旋光谱，说明甚至非常简单分子所产生辐射的带状结构
（根据文献［1.52］）；（c）激励电流相关 GaAs 半导体激光器所发光的光谱，
其显示了超过激光阈值时的光谱变窄（根据文献［1.53］）

1.5.7 光学相干

与光的基本性质相关的相干现象可以分为空间和时间相干性[1.54]。前者是指对有限源所发射电磁辐射的影响，后者是指有限带宽源所发射的辐射。

当波前上点的相位差在时间上保持恒定时，相位在任何给定的点上随机波动，光束都被称为空间相干。因此，如果来自附近点源的干涉条纹偶尔重叠，则包括随机波动点源的群在内的展宽源就会产生空间相干光。例如，波长λ的星光在由下式给定的直径d_{coh}的点上是相干的：

$$d_{coh} = 0.16 \frac{\lambda R}{\rho} = 0.16 \frac{\lambda}{\vartheta} \quad\quad (1.54)$$

式中，ρ为星直径；R为到观察点的距离；ϑ为星相对于观察点的角度。与该直径相关联的相干面积为$A_{coh} = \pi (d_{coh}/2)^2$。

其中波前上的点之间相位差在时间上保持不变的光束被认为是时间相干的。如果给定时间和频率之间的傅里叶变换关系，这也就意味着，时间相干光束具有高度的光谱纯度。如果光源发射光束的频率范围为$v \sim v$的光源，则其光谱带宽为δv，光束中的极限频率将在相对较短的时间内失去时间同步，此时间称为相干时间，可由下式给出：

$$\tau_{coh} = \frac{1}{2\pi \delta v} \quad\quad (1.55)$$

与该相干时间相关联的相干长度为$l_{coh} = c \cdot \tau_{coh}$。具有给定相干特性的光源的相干体积为$V_{coh} = A_{coh} l_{coh}$。

引起发光的物理过程很大程度上决定了光源的相干性。在诸如气体放电灯或白炽灯泡等热源中，通过微小粒子甚至原子光源自发发射，并由此在相对于彼此的随机时间内产生光。来自不同发射事件的波包基本上是不相关的，时间和空间相干性尽管不是零，但其程度也很低[1.55]。另外，在激光源中，光是通过受激辐射产生的，并且相干程度高。然而，由于时间和空间上独立的横向和纵向模式可以同时共存，所以只有单模激光器可以实现最高程度的时间相干性。

光源的相干性可以通过干涉测量来定量表征[1.56]。例如，在双狭缝干涉实验（杨氏实验）中，间距为d的狭缝在受到波长λ的单色光照射后，会在屏幕上产生距离为L的亮度最大值和最小值，其间隔距离为$\Delta y = \lambda L / d$。最大值和最小值之间的对比可以通过根据测得的亮度所确定的条纹可见度来表征：

$$V = \frac{I_{max} - I_{min}}{I_{max} + I_{min}} \qu\quad (1.56)$$

半个世纪以来的一个重要发展就是，认识到相干性和偏振是密不可分的[1.57]。这种融合使得光的经典理论和量子理论之间形成了深刻和详细的联系。它还使人们发现，偏振的奇点描述（例如：由琼斯或缪勒算法得出的那些）不足以解释即使是在真空空间中传播期间发生的偏振变化的实验观察[1.58, 59]。这些发现导致了矢量电磁理论中广义相干矩阵的发展，它正确描述了这些相互关联的相干性和偏振现象。这种厄米特相干矩阵的形式类似于琼斯算法中发现的矩阵：

$$J = \begin{bmatrix} \langle E_x(\boldsymbol{r},t)E_x^*(\boldsymbol{r},t) \rangle & \langle E_x(\boldsymbol{r},t)E_y^*(\boldsymbol{r},t) \rangle \\ \langle E_x(\boldsymbol{r},t)E(\boldsymbol{r},t) \rangle & \langle E_y(\boldsymbol{r},t)E_y^*(\boldsymbol{r},t) \rangle \end{bmatrix}, \operatorname{tr}(\boldsymbol{J}) = \overline{I} \qquad (1.57)$$

然而，在这种情况下，相干矩阵的元素并不是像琼斯矩阵中那样的复杂标量，而是广义相干张量的分量。

|1.6 光的统计学特性|

上述讨论基于具有波长和频率、偏振、动量和能量明确特性的光线或单光子相关模型。然而，所有真实光源在频率和偏振方面都会有波动，并且对光特性的全面处理需要通过概率密度函数、相关函数和诸如方差等标准统计测量来衡量其统计学特征。

在下一个段落中，我们将介绍热源（有时也被称为混沌源）或黑体源、相干光源（如激光）和非经典光源的统计特征。许多最新的教科书和论文都对其进行了更详细的讨论。

1.6.1 作为强度函数的概率密度

假定热源产生的非偏振光束在坐标系中的 z 方向上传播。这样的光束包括 x 和 y 偏振分量的等价混合，具有随机的振幅和相位，其中的每个都表现出符合由文献 [1.60] 给出的瑞利概率分布。

$$\begin{cases} p(I_x) = \dfrac{2}{\overline{I}} \exp\left(-2\dfrac{I_x}{\overline{I}}\right) \\ p(I_y) = \dfrac{2}{\overline{I}} \exp\left(-2\dfrac{I_y}{\overline{I}}\right) \end{cases} \qquad (1.58)$$

在此，平均强度 $\overline{I}$ 与标准偏差 σ_I 的关系为 $\sigma_I = \overline{I}\sqrt{2}$。两个独立随机变量 I_x 和 I_y 的联合密度函数可从概率论的标准定理中找到，其等于

$$p(I) = \frac{2}{\overline{I}} \int_0^I \exp\left(-2\frac{\xi}{\overline{I}}\right) \exp\left(-2\frac{I-\xi}{\overline{I}}\right) d\xi = \left(\frac{2}{\overline{I}}\right)^2 I \exp\left(-2\frac{I}{\overline{I}}\right) \qquad (1.59)$$

图 1.11 显示了该函数；其物理解释是，概率的最大值为 0.5，而曲线下的积分与所有概率函数一样具有值 1。应用相同的概括性分析方法，可由下式给出不同极

化度 P 的热源光的概率分布：

$$p_I(I) = \frac{1}{P\overline{I}}\left[\exp-\left(\frac{2I}{(1+P)\overline{I}}\right) - \exp\left(\frac{2I}{(1-P)\overline{I}}\right)\right] \qquad (1.60)$$

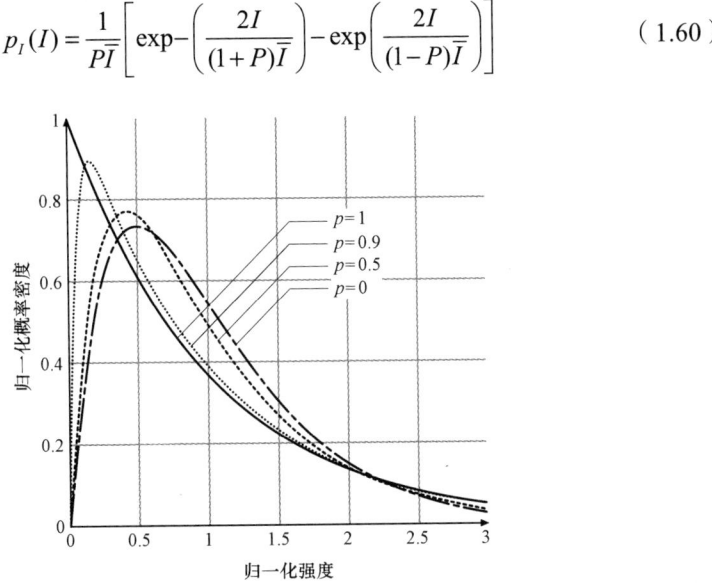

图 1.11　根据式（1.58）和式（1.59）计算出的不同极化度热源或混沌源产生的光的概率密度 $p（I）$

　　将该分布函数与激光源所发光的分布函数进行比较是非常有启发性的。众所周知，激光是高度系统化的光源，但其统计学特性会因为激光器是否在低于、接近或远高于激光振荡阈值下运行而发生显著变化[1.61]。对于处于稳定状态的激光，曼德尔（Mandel）和沃尔夫（Wolf）指出，作为强度函数的概率密度 $p（I）$ 可以写成[1.62]

$$p(I) = C\exp\left[-\frac{1}{4}(I-a)^2\right] \qquad (1.61)$$

式中，a 为泵参数；C 为归一化常数。低于阈值（$a<0$）时，激光器的热输出或混沌输出遵循玻色-爱因斯坦统计学原理，概率密度呈指数下降。在阈值 $a=0$ 处，并且概率密度具有半高斯分布在 $I=0$ 处截断的形式。高于阈值（$a>0$）时，概率密度更像相干振荡器的高斯分布特征。远高于阈值时，其与我们能够制成的全相干光源最接近。图 1.12 通过图示显示了这几种情况的概率密度。

1.6.2　统计相关函数

　　一组特别有用的统计测量是经典场变量或量子场算子之间的相关函数。一阶经典和量子力学相关函数的形式相同，其由下式给出：

$$g^{(1)}(r_1t_1, r_2t_2) \equiv \frac{\langle E^*(\boldsymbol{r}_1, t_1)E(\boldsymbol{r}_2, t_2)\rangle}{[\langle |E(\boldsymbol{r}_1, t_1)|^2 |E(\boldsymbol{r}_2, t_2)|^2\rangle]^{1/2}} \qquad (1.62)$$

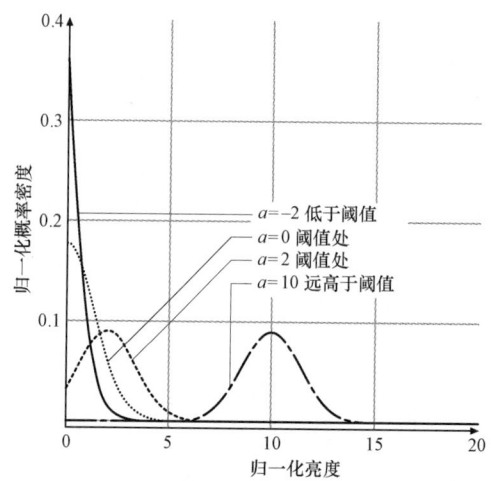

图 1.12 作为各种泵参数的函数的上述激光的概率密度 $p(I)$

式中，(r_1t_1, r_2t_2) 为确定两个电磁场的时空变量。使用式（1.62）中确定的场算符代替经典场变量可类似地构建出量子力学的表达式。函数 $g^{(1)}(r_1t_1, r_2t_2)$ 的意义在于，它落在 0～1 的间隔中，其中，1 表示相干光，0 表示不相干光或混沌光，中间值表示不同程度的部分相干光。无论是选择经典理论还是量子力学进行说明，光的一阶相干性的结果是相同的，例如：杨氏实验结果。这符合 $0 \leqslant |g^{(1)}| \leqslant 1$ 的事实。实际上，这等于说，经典理论与量子力学观察到相同种类的干涉现象。

另外，二阶相干函数会导致量子与经典情况之间产生相当明显且意料之外的差异。通过与经典量的类比来确定量子场的二阶相干性，其为

$$
\begin{aligned}
&g^{(2)}(r_1t_1, r_2t_2; r_2t_2, r_1t_1) \\
&\equiv \frac{\langle E^-(r_1t_1)E^-(r_2t_2)E^+(r_2t_2)E^+(r_1t_1)\rangle}{[\langle E^-(r_1t_1)E^+(r_2t_2)\rangle\langle E^-(r_2t_2)E^+(r_1t_1)\rangle]}
\end{aligned}
\tag{1.63}
$$

通过用相应的经典场代替算子可生成经典方程，于是发现，经典二阶相关函数满足 $1 \leqslant g^{(2)}(0) \leqslant \infty$，$g^{(2)}(\tau) \leqslant g^{(2)}(0)$。要了解这意味着什么，可假定一个具有多普勒加宽线和高斯线形的热源简单模型，例如：原子放电灯。其二阶相关函数已被证明为

$$
g^{(2)}(\tau) = 1 + \exp\left[-(\tau/\tau_{coll})^2\right]
\tag{1.64}
$$

式中，τ_{coll} 为碰撞之间的平均时间。对于完全相干光，很容易证明，在所有 τ 值上，式（1.54）可表示为 $g^{(2)}(\tau) = 1$。图 1.13 说明了两个相关函数之间的差异。放电灯和激光器的这种比较的实验验证首先出现在 1966 年发表的文献 [1.63] 中。

然而，除了这些相当直接的例子之外，还存在与量子力学二阶相干现象对应而经典类中没有等价的 $0 \leq g^{(2)}(0) < 1$，$g^{(2)}(0) < g^{(2)}(\tau)$ 的值范围，最常见的就是具有小的、明确光子数的光子流[1.64]。

1.6.3 光源的分子数分布函数

对光束的统计特性进行分级的另一种方法是通过比较入射到检测器上的光子数量分布函数，并比较不同光源的分布方差。

到达探测器的光子数的统计分布取决于光源。通常可以识别出热光，其中产生光子的过程是随机的；如果不是，

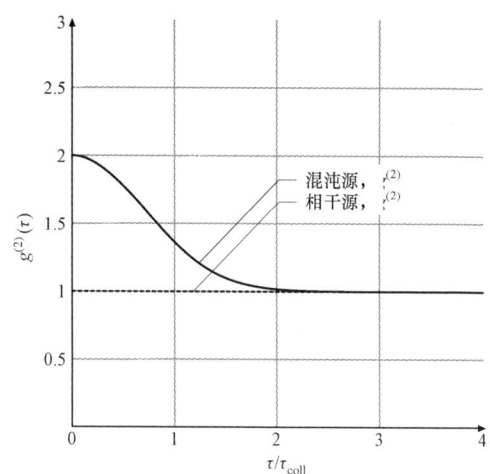

图 1.13 多普勒扩展原子放电灯产生的完全相干光和混沌光的二阶相关函数 $g^{(2)}$

则为相干光。相干光场可以被看作在量子领域中可以获得的最接近完美经典态的场，这些状态在激光器中很容易实现，如上一节所述[1.65]。如果光流中光子的到达和探测是独立事件，则 n 个光子的概率分布 $p(n)$ 可通过下式给出的平均值和标准偏差由泊松分布给出：

$$p(n) = \frac{\overline{n}^n \mathrm{e}^{-\overline{n}}}{n!}, \ \sigma_n^2 = \overline{n} \qquad (1.65)$$

换句话说，对于泊松分布来说，平均光子数等于方差。

另外，混沌光可以被描述为超泊松分布函数，其可以从与其周围热平衡的光子玻色–爱因斯坦或普朗克分布导出。该分布函数很容易地表示为[1.17]

$$p(n) = \frac{1}{\overline{n}+1}\left(\frac{\overline{n}}{\overline{n}+1}\right)^n \propto (\mathrm{e}^{-\hbar\omega/k_{\mathrm{B}}T})^n,$$

$$\overline{n} = \frac{1}{\mathrm{e}^{\hbar\omega/k_{\mathrm{B}}T}-1} \qquad (1.66)$$

玻色–爱因斯坦分布的方差为 $\sigma_n^2 = \overline{n}+\overline{n}^2$，其总是大于泊松分布的方差。有意思的是，这种热光的另一个特征是信噪比总是小于 1，这使得热光不能用于传输数字信息。两种情况之间的差异如图 1.14 所示。

在非经典光的情况下，存在如

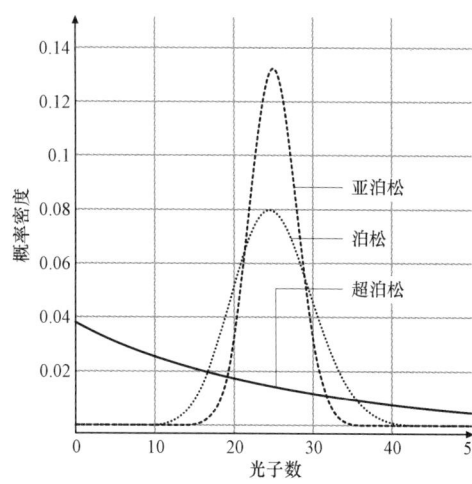

图 1.14 泊松（相干）、亚泊松（非经典）和超泊松（混沌）光源平均光子数相关的概率密度

图 1.14 所示的状态 $\sigma_n^2 < \bar{n}$；压缩态光（下面将更详细地对其进行讨论）就是一个例子。

表征各种光源统计特性的单个参数方法是由下式所确定的曼德尔 Q 参数：

$$Q \equiv \frac{\langle(\hat{n})^2\rangle - \langle\hat{n}\rangle}{\langle\hat{n}\rangle} = \frac{\langle(\hat{n})^2\rangle}{\langle\hat{n}\rangle} - 1 \qquad (1.67)$$

显然，混沌光或热光的情况对应于 $Q > 0$，相干光则为 $Q = 0$，而在 $0 > Q > -1$ 时，应为亚泊松光。非经典光可以通过多种不同的方式进行创建；其中的例子包括电磁阱[1.66]中由单个离子发出的荧光、捕获的原子[1.67]和半导体量子点[1.68, 69]以及通过腔体量子电动力学产生的基本上随机的光子流[1.70 - 72]发出的荧光。

|1.7　非经典光的特性和应用|

尽管如今不论是在电磁波或者光子（半经典）模型中，经典光的应用无处不在，然而在大学教科书和非经典光研究中，量子场模型仍然是非常活跃的研究领域。本节将描述更多的非经典光的细节，并提到其多种有趣的应用。

1.7.1　聚束光

光的一种特别有趣的统计特性是在前面描述过的来自不同来源的光子到达的时间分布[1.73, 74]。很早以前的实验曾观察到，来自热源的光子有形成聚束的倾向，也就是说，探测到一个光子后，立即再次撞击探测器的可能性高于随机探测事件[1.75]。与此相反，来自相干源的光子的到达时间是随机的，与激光发射过程的泊松分布性质一致。然而，有些光源产生的到达时间分布呈反聚束状态，即每隔一段时间就探测到光子。这种反聚束现象首先在钠原子产生的荧光中探测到[1.76]，之后在量子点[1.77]、原子[1.67]和离子阱，甚至原子激光器[1.78]中都曾观察到。也曾观察到聚束和反聚束特性之间的转换[1.79, 80]。然而，亚泊松统计分布和反聚束之间显然没有联系[1.81]，因此这两种统计特征背后的物理学原理很可能也是不同的[1.82]。

1.7.2　压缩光

在经典波动中，相位和振幅是独立变量。然而在量子力学中，由于定义量子场的算符遵守不确定性原理，这些量会发生耦合。压缩态是最小不确定性的状态，该状态下一个或多个变量——数量密度或相位——降低到泊松水平下[1.83 - 85]。可以通过对式（1.22）进行如下改写，对该状态的来源进行定量理解：

$$\bar{E}_k = \mathrm{i}\left(\frac{\hbar\omega_k}{2\varepsilon_0 V}\right)^{1/2} \times \bar{\varepsilon}_k[\hat{q}_k\cos(\boldsymbol{k}\cdot\boldsymbol{r} - \omega_k t) - \hat{p}_k\sin(\boldsymbol{k}\cdot\boldsymbol{r} - \omega_k t)] \qquad (1.68)$$

其中，算符或者正则变量 $\{\hat{q}_k, \hat{p}_k\}$ 是电磁场算符能够被分解成为的正交幅度。因此，推断出必须满足它们的波动乘积 $\langle(\Delta\hat{q}_k)^2\rangle\langle(\Delta\hat{p}_k)^2\rangle \geqslant 1$。

按照惯常的做法，重新定义式（1.60）中的复合电场算符，以产生如下所谓的无量纲场正交 X_1 和 X_2：

$$
\begin{cases}
\hat{X}_1(t) \equiv \left(\dfrac{\varepsilon_0 V}{4\hbar\omega}\right)^{1/2} \hat{E}_{k0}\sin(\omega t) \\[2mm]
\qquad = \left(\dfrac{\hbar}{2\omega}\right)^{1/2} \hat{q}_k(t) \\[2mm]
\hat{X}_2(t) \equiv \left(\dfrac{\varepsilon_0 V}{4\hbar\omega}\right)^{1/2} \hat{E}_{k0}\cos(\omega t) \\[2mm]
\qquad = \left(\dfrac{\hbar}{2\omega}\right)^{1/2} \overline{p}_k(t)
\end{cases} \tag{1.69}
$$

在这个形式体系中，显而易见的是，场正交遵循与量子谐振子相同的不确定性关系。真空态和相干态都具有最小不确定性，并且这两个场正交分量的不确定性大体上可能相等。

$$
\Delta X_1 = \Delta X_2 = \frac{1}{2} \tag{1.70}
$$

不过，不确定性关系只要求不确定性的乘积为最小值。因此，可以想象并建立最小不确定性状态，通过一个场正交不确定性的增长，使另一个场正交的不确定性下降[1.86]。具有这样特征的相干光称作正交压缩，这种状态的特性在文献[1.62]中有详细探讨。

另一种相干光是通过电磁场的数态形成的。另一种相干光的生成是通过电磁场的数态进行的。这些数态，最初被 Glauber[1.87 - 89] 和 Sudarshan [1.90] 用于描述光学相关，事实上可以显示出数压缩光或振幅压缩光的特性。此外，数态共轭相变量的压缩也是可能的。图 1.15 图示了多种压缩光中正交的不同关系。由于这些相关光子态在光量子论中的深远意义，2006 年 Glauber 获得了诺贝尔物理学奖[1.91]。

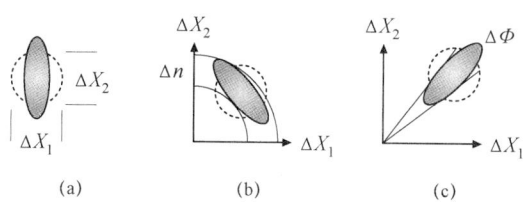

图 1.15　光的多种正交态之间的关系

（a）真空状态下的正交压缩；（b）数压缩；（c）相位压缩

最后，应该注意对压缩单光子态最新的论证，发现者之一将其命名为"薛定谔的猫"[1.94]。这些状态，实际上是压缩真空和压缩光子态的叠加，包含了正交基态的叠加，可以放大进入更大的"薛定谔的猫"，这些"薛定谔的猫"有可能被用作量子计算的量子位[1.95, 96]。与偏振态十分相似，这些状态是离散变量和连续变量的结合，举例来说，后者可以是光束的相位正交，可以用庞加莱球上的数个点表示[1.97]。

1.7.3 纠缠光

1935 年，爱因斯坦、波多尔斯基和罗森（EPR）发表了评论：对于纠缠态（薛定谔提出的术语[1.98]）来说，量子力学预计对相距很远的物体的测量可能具有相关性。既然如此，爱因斯坦质疑，如果定域测量结果可能受到远距离外的量子相关性的影响，量子力学有可能是对现实的完备的因果描述吗？30 年后，通过证明对于建立在严格的定域因果原则上的系统，量子力学对一对相互作用的自旋 1/2 粒子的预言与 EPR 悖论的预言不一致，贝尔将这个哲学问题转化成了可以通过实验证明的问题[1.99, 100]。

最终发现，使用自旋为 1 的光子对这些预言进行实验比自旋 1/2 粒子容易，随之 Clauser 和 Shimony 提出了实验步骤[1.101]。Aspect[1.102]和随后 Zeilinger 等人的实验[1.102]令人信服地说明了从单一来源发射的光子违背了贝尔不等式，因而受到和 EPR 佯谬主张的完全一样的一段距离外的相关性纠缠是不可能的。

图 1.16 为该实验示意图。两个光子从同一来源发射，通过偏振测量设备对以垂直于 z 轴的方向 a 和 b 发射的光子进行测量。在实验的每个终点有一台电脑监测测量到的偏振方向和一台原子钟提供的精确时间信号。在 Zeilinger 的实验中，偏振测量的间隔达 400m，这个间距排除了依靠使用超短光脉冲和随机切换检偏振镜的优先定向的半经典相关性。

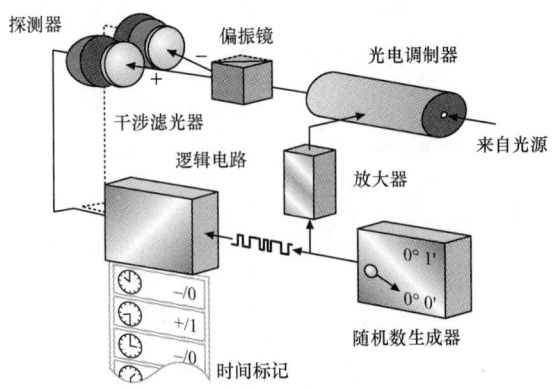

图 1.16　一段距离外的相关性下的光子纠缠的实验示意图（依据文献［1.92］）。实验细节在文中描述

这些结果似乎清楚地证明了远强于经典理论所允许的量子相关性是量子物理的最新现状之一。这些相关性在量子密码学[1.103, 104]和量子隐形传态[1.105, 106]中也有应用。最近，四波混频被用于创建空间分区独立纠缠的图像[1.107]，如图 1.17 所示。这些空间相关的纠缠图像说明光子的位置和动量是共轭变量，正如同对于物质粒子一样[1.108]。在另一相关开发中，带有轨道角动量的光线——例如之前描述的拉盖尔–高斯（Gauss-Laguerre）光束——显示出轨道角动量离散值和持续变量角位置之间的特殊纠缠[1.109]。这些 EPR 关联是一种对这些变量施加的强于不定关系的数量级。

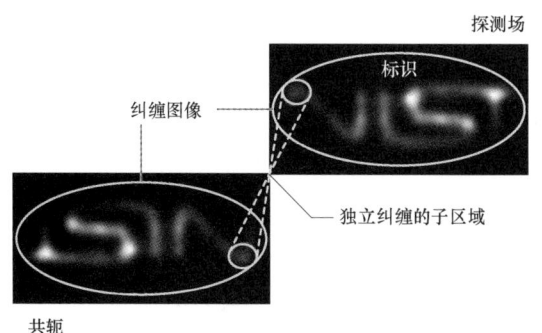

图 1.17 使用简并四波混频过程生成的美国国家标准技术研究所（NIST）标识的纠缠相位共轭图像。短线连接的圆圈与相干区域大小一致，说明共轭的子区域和正立像也受到了纠缠（依据文献 [1.93]）

1.7.4 光子计数

量子计算领域的关注度的增加引出了大量关于单光子态（Fock）湮灭和产生算符应用的最新研究。这些研究首先证实了光子遵循预期的量子物理的对量定则[1.110]。在某些条件下，湮没算符的应用实际上能够增加一个综集的平均光子数[1.111]。应注意任何情况下能量守恒都不危险。相反，结果显示：对于也可以用于概率方法的量子力学算符来说，产生和湮灭算符总是简单地创造或毁灭量子的幼稚想法一般来说并不是事实。此外，从量子光学向经典光学的过渡以及湮灭算符的应用下光的类波状态的恒定，在这个形式体系中可以以直觉上令人满意的方式发展[1.112]。

|1.8 总   结|

在光学历史上，光的特性与光的生成和探测方法一样多种多样。产生光的来源包括了从经典的热（混沌）源和相干源，例如激光、扭摆器和波荡器，到最近的通过对单量子能级光发射过程的精巧控制产生的非经典光源。尽管一阶相关所决定的光的统计特性对于经典和量子光源来说几乎没有区别，而二阶相关显示出显著的区别，特别是不同光源产生的光的统计特性。这些研究的广泛影响，尤其是最近诺贝尔奖授予量子相干理论，不仅说明这个领域已经成为物理学的重要组成部分，也说明其重要性显著增加，并且在未来很可能继续这个趋势。

2005 年，世界物理年的一篇评论[1.113]中写道，爱因斯坦在"奇迹年"发表的三篇著名论文中的两篇与光的特性有着深刻的知识关联。关于狭义相对论的论文来自对于经典电磁理论的富于深刻洞见的批判[1.114]。在第二篇论文中，爱因斯坦确实稳固了光量子（后来命名为光子）的概念，对此普朗克认为只是一种探索，一种维持体面的数学课件[1.114]。爱因斯坦根据普朗克分布、黑体辐射的熵与理想气体的熵具有相等的体积关系，推断出，将光量子看作粒子是恰当的。但是爱因斯坦对他所在的时代的量子物理学也进行了深刻的批判，尽管如此，也可能是因为，他自己对量子现象的解释，如同在 EPR 悖论中那样，结果证明与实验事实不符。尽管爱因斯坦表示了反对，经典光学和量子光学的现代研究仍在产生对量子物理的大范围的批判以及令人兴奋的新阐释，而爱因斯坦也对量子物理基础的奠定做出了贡献，对此他本人可能也会觉得有意思。

∣ 参 考 文 献 ∣

［1.1］ V. Ronchi: *The Nature of Light: An Historical Survey* (Heinemann, London 1970)

［1.2］ Plato: *Timaeus* (Bobbs-Merrill, Indianapolis 1959) p. 117

［1.3］ D.C. Lindberg: *The Beginnings of Western Science: The European Scientific Tradition in Philosphical, Religious, and Institutional Context, 600 B.C. to A.D. 1450* (Univ. Chicago Press, Chicago 1992) p. 455

［1.4］ D. Park: *The Fire Within the Eye: A Historical Essay on the Nature and Meaning of Light* (Princeton Univ. Press, Princeton 1997)

［1.5］ D.C. Lindberg: *Studies in the History of Medieval Optics* (Variorum Reprints, London 1983)

［1.6］ A.R. Hall: *The Revolution in Science 1500－1750*, 2nd edn. (Longman, London 1984)

［1.7］ A.I. Sabra: *Theories of Light from Descartes to Newton* (Cambridge Univ. Press, Cambridge 1981)

［1.8］ L. Davidovich: Sub-Poissonian processes in quantum optics, Rev. Mod. Phys. **68**(1), 127－173 (1996)

［1.9］ E. Hecht: *Optics*, 3rd edn. (Addison-Wesley, Reading 1998)

［1.10］ X. Chen: *Instrumental Traditions and Theories of Light: The Uses of Instruments in the Optical Revolution* (Kluwer, Dordrecht 2000)

[1.11] I. Newton: A new theory about light and colors, Am. J. Phys. **61**(2), 108 – 112 (1993)

[1.12] G.N. Cantor: *Optics After Newton: Theories of Light in Britain and Ireland, 1704 – 1840* (Manchester Univ. Press, Manchester 1983)

[1.13] C. Hakfoort: *Optics in the Age of Euler: Conceptions of the Nature of Light, 1700 – 1795* (Cambride Univ. Press, Cambridge 1995)

[1.14] J.Z. Buchwald: *The Rise of the Wave Theory of Light: Optical Theory and Experiment in the Early Nineteenth Century* (Univ. Chicago Press, Chicago 1989)

[1.15] E. Frankel: Corpuscular optics and wave theory of light-Science and politics of a revolution in physics, Soc. Stud. Sci. **6**(2), 141 – 184 (1976)

[1.16] E.T. Whittaker: *A History of the Theories of Aether and Electricity* (Thomas Nelson, London 1951)

[1.17] B.E.A. Saleh, M.C. Teich: *Fundamentals of Photonics*, Wiley Ser. Pure Appl. Opt. (Wiley, New York 1991)

[1.18] L.S. Pedrotti, F.L. Pedrotti: *Optics and Vision* (Prentice Hall, Upper Saddle River 1998)

[1.19] L.S. Pedrotti, F.L. Pedrotti: *Optics and Vision* (Prentice Hall, Saddle River 1998) p. 395

[1.20] F.E. Nicodemus: Optical resource letter on radiometry, Am. J. Phys. **38**(1), 43 (1970)

[1.21] G.N. Lewis: The conservation of photons, Nature **118**, 874 – 875 (1926)

[1.22] W.T. Scott: Resource letter FC – 1 on the evolution of the electromagnetic field cocncept, Am. J. Phys. **31**(11), 819 – 826 (1963)

[1.23] C.A. Brau: *Modern Problems in Classical Electrodynamics* (Oxford Univ. Press, Oxford 2004)

[1.24] J.D. Jackson: *Classical Electrodynamics*, 3rd edn. (Wiley, New York 1999)

[1.25] M.A. Paesler, P.J. Moyer: *Near-Field Optics: Theory, Instrumentation and Applications* (Wiley – Interscience, New York 1996) p. 355

[1.26] L. Novotny, B. Hecht: *Principles of Nano-Optics* (Cambridge Univ. Press, Cambridge 2006)

[1.27] R. Kidd, J. Ardini, A. Anton: Evolution of the modern photon, Am. J. Phys. **57**(1), 27 – 35 (1989)

[1.28] D.L. Andrews: *Structured Light and Its Applications: An Introduction to Phase-Structured Beams and Nanoscale Optical Forces* (Academic, Burlington 2008)

［1.29］ J. Turunen, A.T. Friberg: Propagation-invariant optical fields, Prog. Opt. **54**, 1－88 (2010)

［1.30］ M.R. Dennis, K. O'Holleran, M.J. Padgett: Singular optics: Optical vortices and polarization singularities, Prog. Opt. **53**, 293－363 (2009)

［1.31］ A.S. Desyatnikov, Y.S. Kivshar, L. Torner: Optical vortices and vortexsolitons, Prog. Opt. **47**, 291－391 (2005)

［1.32］ M. Planck: Deduktion der Strahlungs-Entropie aus dem zweiten Hauptsatz der Thermodynamik, Verh. Dtsch. Phys. Ges. **2**, 37－43 (1900)

［1.33］ W. Heitler: *The Quantum Theory of Radiation* (Oxford Univ. Press, Oxford 1954)

［1.34］ S.S. Schweber: *QED and the Men Who Made It* (Princeton Univ. Press, Princeton 1994) p. 732

［1.35］ T.S. Kuhn: *Blackbody Theory and the Quantum Discontinuity, 1894－1912* (Oxford Univ. Press, Oxford 1978) p. 378

［1.36］ C.A. Kocher, E.D. Commins: Polarization correlation of photons emitted in an atomic cascade, Phys. Rev. Lett. **18**(15), 575 (1967)

［1.37］ J.F. Clauser: Experimental limitations to validity of semiclassical radiation theories, Phys. Rev. A **6**(1), 49 (1972)

［1.38］ R. Loudon: *The Quantum Theory of Light*, 3rd edn. (Oxford Univ. Press, Oxford 2000)

［1.39］ R. Loudon: *The Quantum Theory of Light*, 2nd edn. (Oxford Univ. Press, Oxford 1983)

［1.40］ X.L. Mao, A.J. Fernandez, R.E. Russo: Behavior of laser induced emission intensity versus laser power density during breakdown of opticalmaterials, Proc. SPIE **2428**, 271－280 (2002)

［1.41］ D.S. Kliger, J.W. Lewis, C.E. Randall: *Polarized Light in Optics and Spectroscopy* (Academic, San Diego 1990)

［1.42］ P.J. Duke: *Synchrotron Radiation: Production and Properties* (Oxford Univ. Press, New York 2000) p. 251

［1.43］ W. Demtröder: *Laser Spectroscopy*, Advanced Text in Physics, 3rd edn. (Springer, Berlin Heidelberg 2002)

［1.44］ A. Hofmann: *The Physics of Snchrotron Radiation* (Cambridge Univ. Press, Cambridge 2004)

［1.45］ E.L. Saldin, E.V. Scheidmiller, M.V. Yurkov: *The Physics of Free Electron Lasers* (Springer, Berlin Heidelberg 2000)

［1.46］ P. Schmüser, J. Rossbach, M. Dohlus: *Ultraviolet and Soft X-Ray Free Electron Lasers*, Springer Tracts in Modern Physics, Vol. 229 (Springer, Berlin

2008)

[1.47] G.G. Stokes: On the composition and resolution of streams of polarized light from different sources, Trans. Camb. Philos. Soc. **9**, 399 (1852)

[1.48] W.S. Bickel, W.M. Bailey: Stokes vectors, Muellermatrices, and polarized scattered light, Am. J. Phys. **53**(5), 468 – 478 (1985)

[1.49] S. Huard: *Polarization of Light* (Wiley, Chichester 1997)

[1.50] K. Blum: *Density Matrix Theory and Applications* (Plenum, New York 1981)

[1.51] P. Atkins, R. Friedman: *Molecular Quantum Mechanics*, 4th edn. (Oxford Univ. Press, Oxford 2005)

[1.52] U. Fano, L. Fano: *Physics of Atoms and Molecules: An Introduction to the Structure of Matter* (Univ. Chicago Press, Chicago 1972)

[1.53] A. Yariv, R.C.C. Leite: Superradiant narrowing in fluorescence radiation of inverted populations, J. Appl. Phys. **34**(11), 3410 – 3411 (1963)

[1.54] M. Born, E. Wolf: *Principles of Optics*, 7th edn. (Cambridge Univ. Press, Cambridge 2005)

[1.55] G.S. Agarwal, G. Gbur, E. Wolf: Coherence properties of sunlight, Opt. Lett. **29**(5), 459 – 461 (2004)

[1.56] H.F. Schouten, T.D. Visser, E. Wolf: New effects in Young's interference experiment with partially coherent light, Opt. Lett. **28**(14), 1182 – 1184 (2003)

[1.57] L. Mandel, E. Wolf: Coherence properties of optical fields, Rev. Mod. Phys. **37**(2), 231 (1965)

[1.58] E. Wolf: Unified theory of coherence and polarization of random electromagnetic beams, Phys. Lett. A **312**(5 – 6), 263 – 267 (2003)

[1.59] E. Wolf: Correlation-induced changes in the degree of polarization, the degree of coherence, and the spectrum of random electromagnetic beams on propagation, Opt. Lett. **28**(13), 1078 – 1080 (2003)

[1.60] J.W. Goodman: *Statistical Optics*, Wiley Classics (Wiley, New York 2000)

[1.61] H. Risken: Statistical properties of laser light, Prog. Opt. **8**, 241 – 296 (1970)

[1.62] L. Mandel, E. Wolf: *Optical Coherence and Quantum Optics* (Cambridge Univ. Press, Cambridge 1995) p. 1166

[1.63] F.T. Arecchi, E. Gatti, A. Sona: Time distribution of photons from coherent and gaussian sources, Phys. Lett. **20**(1), 27 (1966)

[1.64] R. Loudon: Non-classical effects in the statistical properties of light, Rep. Prog. Phys. **43**(7), 913 – 949 (1980)

[1.65] W.H. Zurek, S. Habib, J.P. Paz: Coherent states via decoherence, Phys. Rev.

Lett. **70**(9), 1187 – 1190 (1993)

[1.66] F. Diedrich, H. Walther: Nonclassical radiation of a single stored ion, Phys. Rev. Lett. **58**(3), 203 – 206 (1987)

[1.67] B. Darquie, M.P.A. Jones, J.J. Dingjan, J. Beugnon, S. Bergamini, Y. Sortais, G. Messin, A. Browaeys, P. Grangier: Controlled single-photon emission from a single trapped two-level atom, Science **309**(5733), 454 – 456 (2005)

[1.68] G. Messin, J.P. Hermier, E. Giacobino, P. Desbiolles, M. Dahan: Bunching and antibunching in the fluorescence of semiconductor nanocrystals, Opt. Lett. **26**(23), 1891 – 1893 (2001)

[1.69] E. Moreau, I. Robert, L. Manin, V. Thierry-Mieg, J.M. Gerard, I. Abram: Quantum cascade of photons in semiconductor quantum dots, Phys. Rev. Lett. **8718**, 18 (2001)

[1.70] H. Walther: Generation of photons on demand using cavity quantum electrodynamics, Ann. Phys. **14**(1 – 3), 7 – 19 (2005)

[1.71] A.S. Parkins, P. Marte, P. Zoller, H.J. Kimble: Synthesis of arbitrary quantum states via adiabatic transfer of zeeman coherence, Phys. Rev. Lett. **71**(19), 3095 – 3098 (1993)

[1.72] B.T.H. Varcoe, S. Brattke, M. Weidinger, H. Walther: Preparing pure photon number states of the radiation field, Nature **403**(6771), 743 – 746 (2000)

[1.73] M. Fox: *Quantum Optics: An Introduction*, Oxford Master Series in Atomic, Optical and Laser Physics (Oxford Univ. Press, Oxford 2006)

[1.74] M.C. Teich, B.E.A. Saleh: Photon bunching and antibunching. In: *Progress in Optics*, ed. by E. Wolf (Elsevier, Amsterdam 1988) pp. 1 – 106

[1.75] B.L. Morgan, L. Mandel: Measurement of photon bunching in a thermal light beam, Phys. Rev. Lett. **16**(22), 1012 (1966)

[1.76] H.J. Kimble, M. Dagenais, L. Mandel: Photon antibunching in resonance fluorescence, Phys. Rev. Lett. **39**(11), 691 – 695 (1977)

[1.77] Z.L. Yuan, B.E. Kardynal, R.M. Stevenson, A.J. Shields, C.J. Lobo, K. Cooper, N.S. Beattie, D.A. Ritchie, M. Pepper: Electrically driven single-photon source, Science **295**(5552), 102 – 105 (2002)

[1.78] J. McKeever, A. Boca, A.D. Boozer, J.R. Buck, H.J. Kimble: Experimental realization of a oneatom laser in the regime of strong coupling, Nature **425**(6955), 268 – 271 (2003)

[1.79] M. Hennrich, A. Kuhn, G. Rempe: Transition from antibunching to bunching in cavity QED, Phys. Rev. Lett. **94**(5), 0536034 (2005)

[1.80] A. Beige, G.C. Hegerfeldt: Transition from antibunching to bunching for two dipole-interacting atoms, Phys. Rev. A **58**(5), 4133 – 4139 (1998)

[1.81] X.T. Zou, L. Mandel: Photon-antibunching and subpoissonian photon statistics, Phys. Rev. A **41**(1), 475 – 476 (1990)

[1.82] M.I. Kolobov: The spatial behavior of nonclassical light, Rev. Mod. Phys. **71**(5), 1539 – 1589 (1999)

[1.83] D.F. Walls: Squeezed states of light, Nature **306**(5939), 141 – 146 (1983)

[1.84] R.W. Henry, S.C. Glotzer: A squeezed-state primer, Am. J. Phys. **56**(4), 318 – 328 (1988)

[1.85] M.C. Teich, B.E.A. Saleh: Squeezed and antibunche light, Phys. Today **43**(6), 26 – 34 (1990)

[1.86] R.E. Slusher, L.W. Hollberg, B. Yurke, J.C. Mertz, J.F. Valley: Observation of squeezed states generated by 4 – wave mixing in an optical cavity, Phys. Rev. Lett. **55**(22), 2409 – 2412 (1985)

[1.87] R.J. Glauber: Photon correlations, Phys. Rev. Lett. **10**(3), 84 – 86 (1963)

[1.88] R.J. Glauber: Coherent and incoherent states of the radiation field, Phys. Rev. **131**(6), 2766 – 2788 (1963)

[1.89] R.J. Glauber: The quantum theory of optical coherence, Phys. Rev. **130**(6), 2529 – 2539 (1963)

[1.90] E.C.G. Sudarshan: Equivalence of semiclassical and quantum mechanical descriptions of statistical light beams, Phys. Rev. Lett. **10**(7), 277 – 279 (1963)

[1.91] R.J. Glauber: Nobel lecture: 100 years of light quanta, Rev. Mod. Phys. **78**(4), 1267 – 1278 (2006)

[1.92] G. Weihs, T. Jennewein, C. Simon, H. Weinfurter, A. Zeilinger: Violation of Bell's inequality under strict Einstein locality conditions, Phys. Rev. Lett. **81**(23), 5039 – 5043 (1998)

[1.93] A.M. Marino, V. Boyer, R.C. Pooser, P.D. Lett: Production of entangled images by four-wave mixing, Opt. Photon. News **19**(12), 45 (2008)

[1.94] A. Ourjoumtsev, H. Jeong, R. Tualle-Brouri, P. Grangier: Generation of optical "Schrödinger cats" from photon number states, Nature **448** (7155), 784 – 786 (2007)

[1.95] J.S. Neergaard-Nielsen, M. Takeuchi, K. Wakui, H. Takahashi, K. Hayasaka, M. Takeoka, M. Sasaki: Optical continuous-variable qubit, Phys. Rev. Lett. **105**(5), 053602 (2010)

[1.96] J.S. Neergaard-Nielsen, B.M. Nielsen, C. Hettlich, K. Molmer, E.S. Polzik: Generation of a superposition of odd photon number states for quantum information networks, Phys. Rev. Lett. **97**(8), 083604 (2006)

［1.97］ J.S. Neergaard-Nielsen, M. Takeuchi, K. Wakui, H. Takahashi, K. Hayasaka, M. Takeoka, K. Sasaki: Bridging discrete and continuous variables in quantum information, Opt. Photon. News **21**(12), 46 (2010)

［1.98］ E. Schrödinger: Die gegenwärtige Situation in der Quantenmechanik, Naturwissenschaften **23**, 807 – 812 (1935)

［1.99］ J.S. Bell: On the Einstein-Podolsky-Rosen paradox, Physics **1**, 195 – 200 (1964)

［1.100］ J.S. Bell: *Speakable and Unspeakable in Quantum Mechanics* (Cambridge Univ. Press, Cambridge 1993)

［1.101］ J.F. Clauser, A. Shimony: Bells theorem – Experimental tests and implications, Rep. Prog. Phys. **41**(12), 1881 – 1927 (1978)

［1.102］ A. Aspect, J. Dalibard, G. Roger: Experimental test of Bell inequalities using time-varying analyzers, Phys. Rev. Lett. **49**(25), 1804 – 1807 (1982)

［1.103］ E. Knill, R. Laflamme, G.J. Milburn: A scheme for efficient quantum computation with linear optics, Nature **409**(6816), 46 – 52 (2001)

［1.104］ T. Jennewein, C. Simon, G. Weihs, H. Weinfurter, A. Zeilinger: Quantum cryptography with entangled photons, Phys. Rev. Lett. **84**(20), 4729 – 4732 (2000)

［1.105］ A. Kitagawa, K. Yamamoto: Teleportation-based number-state manipulation with number-sum measurement, Phys. Rev. A **68**(4), 042324 (2003)

［1.106］ D. Bouwmeester, J.W. Pan, K. Mattle, M. Eibl, H. Weinfurter, A. Zeilinger: Experimental quantum teleportation, Nature **390**(6660), 575 – 579 (1997)

［1.107］ V. Boyer, A.M. Marino, R.C. Pooser, P.D. Lett: Entangled images from four-wave mixing, Science **321**(5888), 544 – 547 (2008)

［1.108］ K. Wagner, J. Janousek, V. Delaubert, H.X. Zou, C. Harb, N. Treps, J.F. Morizur, P.K. Lam, H.A. Bachor: Entangling the spatial properties of laser beams, Science **321**(5888), 541 – 543 (2008)

［1.109］ J. Leach, B. Jack, J. Romero, A.K. Jha, A.M. Yao, S. Franke-Arnold, D.G. Ireland, R.W. Boyd, S.M. Barnett, M.J. Padgett: Quantum correlations in optical angle-orbital angular momentum variables, Science **329**(5992), 662 – 665 (2010)

［1.110］ V. Parigi, A. Zavatta, M. Kim, M. Bellini: Probing quantum commutation rules by addition and subtraction of single photons to/from a light field, Science **317**(5846), 1890 – 1893 (2007)

［1.111］ A. Zavatta, V. Parigi, M.S. Kim, M. Bellini: Subtracting photons from arbitrary light fields: Experimental test of coherent state invariance by single-photon annihilation, New J. Phys. **10**, 123006 (2008)

[1.112] A. Zavatta, S. Viciani, M. Bellini: Quantum-toclassical transition with single-photon-added coherent states of light, Science **306**(5696), 660 − 662 (2004)

[1.113] A. Zeilinger, G. Weihs, T. Jennewein, M. Aspelmeyer: Happy centenary, photon, Nature **433**(7023), 230 − 238 (2005)

[1.114] A. Einstein: Über einen die Erzeugung und Verwandlung des Lichtes betreffenden heuristischen Gesichtspunkt, Ann. Phys. **17**, 132 − 148 (1905)

[1.115] A. Pais: Einstein and the quantum theory, Rev. Mod. Phys. **51**, 863 − 914 (1979)

第 2 章

几何光学

本章将探讨几何光学方法在现代光学中的基础和应用。几何光学的历史很悠久，一些思想产生于很多个世纪以前。然而，每秒可进行数百万次浮点运算的现代个人电脑发明后，几何光学方法也发生了革命，一些分析方法失去重要性的同时，数值方法（例如光线追迹）变得十分重要。因此，本章的重点也放在现代数值方法（例如光学追迹）和一些其他系统性方法（例如近轴矩阵理论）。

2.1 节中，我们将首先展示从波动光学到几何光学的转换，以及由此产生的几何光学有效性的局限性。然后，我们将使用近轴矩阵理论引入传统参数，例如成像光学系统的焦距和主点。同时，将简要讨论近轴矩阵理论向包含离轴元件的光学系统的扩展。用一节介绍光阑和光瞳后，随后一节将讨论光线追迹及其对成像和非成像光学系统的一些扩展。2.5 节关于光学系统像差的介绍将给这个问题带来比系统讨论更生动的理解。2.6 节将介绍通常使用几何光学进行描述的最重要的几种光学仪器，包括消色差透镜、照相机、人眼、望远镜和显微镜。

几何光学基础的更多信息可参考教科书，例如文献 [2.1−8]。

|2.1　几何光学的基础和局限性|

2.1.1　程函方程

几何光学通常定义为波动光学中波长很小的极限情况，即 $\lambda \to 0$。事实上，波长 λ 较大的电磁波，例如无线电波，一般不能用几何光学方法处理。另外，X 射线和伽马射线的传播近似于光线的传播。如果光学元件的尺寸（特别是光阑）不低于几百个波长，则通常可以用几何光学方法很好地描述。如果光学元件的尺寸相对于所使用的光的波长增大，几何光学计算的精确度也会随之提高。

几何光学基本方程[2.1, 7]是直接通过麦克斯韦方程组推导出来的。在这种情况下，局限性仅考虑线性和各向同性材料。此外，假设电荷密度为 0。

这种情况下，四个麦克斯韦方程为（1.3，4.11 节）

$$\nabla \times \boldsymbol{E}(\boldsymbol{r},t) = -\frac{\partial \boldsymbol{B}(\boldsymbol{r},t)}{\partial t} \qquad (2.1)$$

$$\nabla \times \boldsymbol{H}(\boldsymbol{r},t) = \frac{\partial \boldsymbol{D}(\boldsymbol{r},t)}{\partial t} + \boldsymbol{j}(\boldsymbol{r},t) \qquad (2.2)$$

$$\nabla \cdot \boldsymbol{B}(\boldsymbol{r},t) = 0 \qquad (2.3)$$

$$\nabla \cdot \boldsymbol{D}(\boldsymbol{r},t) = 0 \qquad (2.4)$$

式中涉及以下电磁场量：电场矢量 $\boldsymbol{E}$、磁场矢量 $\boldsymbol{H}$、电位移 $\boldsymbol{D}$、磁感应强度 $\boldsymbol{B}$ 和电流密度 $\boldsymbol{j}$。自变量显示了所有这些量都是由空间坐标 x，y，z 构成的位置矢量 $\boldsymbol{r} = (x, y, z)$ 和时间 t 的函数。在这里使用所谓的微分算子：

$$\nabla = \begin{pmatrix} \dfrac{\partial}{\partial x} \\[2mm] \dfrac{\partial}{\partial y} \\[2mm] \dfrac{\partial}{\partial z} \end{pmatrix} \qquad (2.5)$$

符号"×"表示两个矢量的矢积，"·"表示两个矢量的数积。

线性和各向同性材料的物质方程将这些电磁场量相互联系起来：

$$\boldsymbol{D}(\boldsymbol{r},t) = \varepsilon(\boldsymbol{r})\varepsilon_0 \boldsymbol{E}(\boldsymbol{r},t) \qquad (2.6)$$

$$\boldsymbol{B}(\boldsymbol{r},t) = \mu(\boldsymbol{r})\mu_0 \boldsymbol{H}(\boldsymbol{r},t) \qquad (2.7)$$

$$\boldsymbol{j}(\boldsymbol{r},t) = \sigma(\boldsymbol{r})\boldsymbol{E}(\boldsymbol{r},t) \qquad (2.8)$$

式中，ε 为介电函数；μ 为磁导率；σ 为电导率；常数 ε_0 和 μ_0 分别为真空的介电常数和真空磁导率常数。用于单色驻波的一种十分普遍的方法被用于描述电场和磁场：

$$E(r,t) = e(r)e^{ik_0L(r)}e^{-i\omega t} \tag{2.9}$$

$$H(r,t) = h(r)e^{ik_0L(r)}e^{-i\omega t} \tag{2.10}$$

式中，实值函数 L 为光程；矢量 e 和 h 一般情况下使用复数以表示所有的偏振态。恒定光程 L 的波面为波前，项 $\Phi(r) = k_0L(r)$ 为波相位，e 和 h 是位置矢量 r 的缓慢变化函数，而项 $\exp(ik_0L)$ 则变化迅速，因为 k_0 定义为 $k_0 = 2\pi/\lambda$，λ 为真空中的波长。波的角频率 ω 与 λ 的关系为 $\omega = 2\pi c/\lambda = ck_0$，其中 c 为光在真空中的速度。

将这些方程应用到麦克斯韦方程组，所谓的时间无关麦克斯韦方程组结果为

$$\nabla \times [e(r)e^{ik_0L(r)}] = i\omega\mu(r)\mu_0 h(r) \times e^{ik_0L(r)} \tag{2.11}$$

$$\nabla \times [h(r)e^{ik_0L(r)}] = [-i\omega\varepsilon(r)\varepsilon_0 + \sigma(r)] \times e(r)e^{ik_0L(r)} \tag{2.12}$$

$$\nabla \cdot [\mu(r)\mu_0 h(r)e^{ik_0L(r)}] = 0 \tag{2.13}$$

$$\nabla \cdot [\varepsilon(r)\varepsilon_0 e(r)e^{ik_0L(r)}] = 0 \tag{2.14}$$

方程（2.13）不能独立于方程（2.11），因为任意矢量函数 f 的量 $\nabla \cdot (\nabla \times f)$ 总是为 0[2.9]。因此，如果方程（2.11）满足，则方程（2.13）也满足。在绝缘介质的情况下，即 $\sigma = 0$，方程（2.12）和（2.14）具有相同的关系。更普遍的情况是 $\sigma \neq 0$，方程（2.12）和（2.14）要求

$$\nabla \cdot [\sigma(r)e(r)e^{ik_0L(r)}] = 0 \tag{2.15}$$

使用微分算子的法则，方程（2.11）和（2.12）的左边可以转化为

$$\nabla \times [e(r)e^{ik_0L(r)}] = \nabla(e^{ik_0L(r)}) \times e(r) + e^{ik_0L(r)}\nabla \times e(r)$$
$$= [ik_0\nabla L(r) \times e(r) + \nabla \times e(r)]e^{ik_0L(r)} \tag{2.16}$$

$$\nabla \times [h(r)e^{ik_0L(r)}] = [ik_0\nabla L(r) \times h(r) + \nabla \times h(r)]e^{ik_0L(r)} \tag{2.17}$$

因此，通过方程（2.11）和（2.12）可以得出

$$\nabla L(r) \times e(r) - c\mu(r)\mu_0 h(r) = \frac{i}{k_0}\nabla \times e(r) \tag{2.18}$$

$$\nabla L(r) \times h(r) + c\varepsilon(r)\varepsilon_0 e(r) = \frac{i}{k_0}[\nabla \times h(r) - \sigma(r)e(r)] \tag{2.19}$$

对于极限情况 $\lambda \to 0$，即 $k_0 \to \infty$，两个方程的右边都变为 0。

$$\nabla L(\boldsymbol{r}) \times \boldsymbol{e}(\boldsymbol{r}) - c\mu(\boldsymbol{r})\mu_0 \boldsymbol{h}(\boldsymbol{r}) = 0 \qquad (2.20)$$

$$\nabla L(\boldsymbol{r}) \times \boldsymbol{h}(\boldsymbol{r}) + c\varepsilon(\boldsymbol{r})\varepsilon_0 \boldsymbol{e}(\boldsymbol{r}) = 0 \qquad (2.21)$$

现在，将方程（2.20）代入（2.21），并使用二重向量积的微积分：

$$\frac{1}{c\mu(\boldsymbol{r})\mu_0}\nabla L(\boldsymbol{r}) \times [\nabla L(\boldsymbol{r}) \times \boldsymbol{e}(\boldsymbol{r})] + c\varepsilon(\boldsymbol{r})\varepsilon_0 \boldsymbol{e}(\boldsymbol{r}) = 0$$

$$\Rightarrow [\nabla L(\boldsymbol{r}) \cdot \boldsymbol{e}(\boldsymbol{r})]\nabla L(\boldsymbol{r}) - [\nabla L(\boldsymbol{r})]^2 \boldsymbol{e}(\boldsymbol{r}) + n^2(\boldsymbol{r})\boldsymbol{e}(\boldsymbol{r}) = 0 \qquad (2.22)$$

这里使用了 $\mu_0\varepsilon_0 = 1/c^2$ 和 $\mu\varepsilon = n^2$ 方程（2.21）显示，数量积 $\nabla L \cdot \boldsymbol{e}$ 为 0 且最终结果为众所周知的程函方程：

$$[\nabla L(\boldsymbol{r})]^2 = n^2(\boldsymbol{r}) \qquad (2.23)$$

这是几何光学的基本方程，它提供了光波射线概念的基础。光线的定义总是垂直于波前的轨迹，波前为相等光程 L 的波面（图 2.1）。因此，光线指向 ∇L 的方向。方程（2.23）被称为程函方程（eikonal equation），因为光程 L 由于历史原因有时也被称为程函（eikonal）[2.1]。

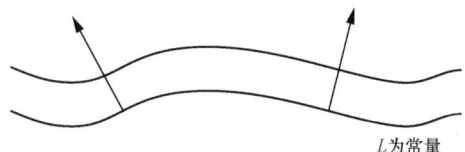

L 为常量

图 2.1　光波射线：轨迹垂直于相等光程 L 的波面

2.1.2　几何光学的正交条件

求解方程（2.20）和（2.21）中的 $\boldsymbol{e}$ 和 $\boldsymbol{h}$ 为

$$\boldsymbol{h}(\boldsymbol{r}) = \frac{1}{c\mu(\boldsymbol{r})\mu_0}\nabla L(\boldsymbol{r}) \times \boldsymbol{e}(\boldsymbol{r}) \qquad (2.24)$$

$$\boldsymbol{e}(\boldsymbol{r}) = -\frac{1}{c\varepsilon(\boldsymbol{r})\varepsilon_0}\nabla L(\boldsymbol{r}) \times \boldsymbol{h}(\boldsymbol{r}) \qquad (2.25)$$

这表示一方面 $\boldsymbol{h}$ 垂直于 $\boldsymbol{e}$ 和 ∇L，另一方面 $\boldsymbol{e}$ 垂直于 $\boldsymbol{h}$ 和 ∇L。因此，在极限情况 $\lambda \to 0 \nabla L$ 下，$\boldsymbol{e}$ 和 $\boldsymbol{h}$ 必须构成矢量的正交坐标轴。这证实了众所周知的事实，即电磁波是横波。

在上一节的末尾，光线被定义为平行于 ∇L，在 2.4 节中，将对光线追迹的方法进行说明。光线追迹的一个扩展方法是偏振光线追迹，这种情况下局部表现为波的光线的偏振态和每一束光线一同传播[2.10, 11]。根据本节的结论，显然表示光线偏振（振幅）的矢量 $\boldsymbol{e}$ 必须垂直于光线方向 ∇L。

2.1.3 光线方程

恒定值 L 的波面为相等光程的波面。于是，光线被定义为起始于空间中某一点的垂直于相等光程的波面的轨迹。因此，∇L 指向光线的方向。我们使用光线定义的曲线的弧长 s 如图 2.2 所示。那么，如果 r 描述了光线上一点的位置矢量，$\mathrm{d}r/\mathrm{d}s$ 即为相切于光线曲线的单位矢量，程函方程（2.23）表示为

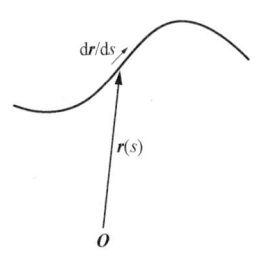

图 2.2 一般（非均匀）材料中的弯曲光线。r（s）为光线上一点的位置矢量，这里 s 为曲线的弧长，O 为坐标系统的原点。因此，矢量 $\mathrm{d}r/\mathrm{d}s$ 为相切于光线的单位矢量

$$\nabla L = n\frac{\mathrm{d}r}{\mathrm{d}s} \qquad (2.26)$$

此处及下文中的 L 和 n 并不明确表示位置的函数，以减少使用的符号。再次使用方程（2.23）和定义为 ∇L 和 $\mathrm{d}r/\mathrm{d}s$ 的方向导数的 $\mathrm{d}\nabla L/\mathrm{d}s$，从方程（2.26）中可以推导出一个光线的微分方程：

$$\begin{aligned}
\frac{\mathrm{d}}{\mathrm{d}s}\left(n\frac{\mathrm{d}r}{\mathrm{d}s}\right) &= \frac{\mathrm{d}}{\mathrm{d}s}\nabla L = \frac{\mathrm{d}r}{\mathrm{d}s}\cdot\nabla(\nabla L) \\
&= \frac{1}{n}\nabla L\cdot\nabla(\nabla L) = \frac{1}{2n}\nabla(\nabla L)^2 \\
&= \frac{1}{2n}\nabla n^2 = \nabla n
\end{aligned}$$

$$\Rightarrow \frac{\mathrm{d}}{\mathrm{d}s}\left(n\frac{\mathrm{d}r}{\mathrm{d}s}\right) = \nabla n \qquad (2.27)$$

这是光线在普通非均匀各向同性或线性物质中的微分方程。这些介质的折射率是位置矢量的函数，常被称为梯度折射率（GRIN）介质。在这种情况下微分方程的解可能是一条很复杂的曲线。

不过，最重要的情况是 n 独立于位置矢量，即光线在均质材料中传播。这样就得到了光线的一个简单微分方程：

$$\frac{\mathrm{d}^2 r}{\mathrm{d}s^2} = 0 \qquad (2.28)$$

这个方程的解是一条直线。所以，均匀介质中的光线方程为

$$r = sa + p \qquad (2.29)$$

式中，a 和 p 为常向量。这表示如果程函方程有效，光线在均匀和各向同性介质中直线传播。并且，a 必须为单位矢量，即 $|a|=1$，因为 s 是沿着光线的几何路线长度。因此，对于两点 P_1 和 P_2 之间的距离及其位置矢量 r_1 和 r_2，存在 $s_2 > s_1$。

$|\boldsymbol{r}_2 - \boldsymbol{r}_1| = (s_2 - s_1)|\boldsymbol{a}| = s_2 - s_1 \Rightarrow |\boldsymbol{a}| = 1$。下一节将研究程函方程有效性的局限性。

2.1.4　程函方程的局限性

除了直接使用麦克斯韦方程组，程函方程还可以从波动方程以及在单色波的情况下，从亥姆霍兹方程中推导出。下面将按照均匀同向性导电介质的情况进行推导，即 n 为恒定值且 $\sigma=0$。并且，要假定标量情况是有效的，即偏振效应可以忽略，并且只须考虑电场和磁场矢量中的一个分量。在这种极限情况下，直接从标量亥姆霍兹方程（4.5.1 节）开始，比在 2.1.1 节中那样从麦克斯韦方程组开始，再转换到标量情况更容易。

标量亥姆霍兹方程为

$$[\nabla \cdot \nabla + (nk_0)^2]u(\boldsymbol{r}) = 0 \tag{2.30}$$

类似于方程（2.9）或（2.10），对 u 使用以下方法：

$$u(\boldsymbol{r}) = A(\boldsymbol{r})\mathrm{e}^{\mathrm{i}k_0 L(\boldsymbol{r})} \tag{2.31}$$

其中，振幅 A 和光程 L 都是位置矢量的实值函数，A 只随着位置矢量缓慢变化。

接下来，省略掉函数的自变量，可以得出

$$\nabla u = \nabla(A\mathrm{e}^{\mathrm{i}k_0 L}) = \mathrm{e}^{\mathrm{i}k_0 L}\nabla A + \mathrm{i}k_0 A \mathrm{e}^{\mathrm{i}k_0 L}\nabla L = \left(\frac{\nabla A}{A} + \mathrm{i}k_0 \nabla L\right)u,$$

$$\nabla u = \nabla \cdot \left[\left(\frac{\nabla A}{A} + \mathrm{i}k_0 \nabla L\right)u\right] = \left(\frac{\nabla A}{A} + \mathrm{i}K_0 \nabla L\right)^2 u + \left[\frac{\Delta A}{A} - \frac{(\nabla A)^2}{A^2} + \mathrm{i}k_0 \Delta L\right]u$$

$$= \left[\frac{\Delta A}{A} - k_0^2(\nabla L)^2 + 2\mathrm{i}k_0\frac{\nabla A \cdot \nabla L}{A} + \mathrm{i}k_0 \Delta L\right]u$$

式中，$\Delta := \nabla \cdot \nabla$ 为拉普拉斯运算子或调和算子。因此，在亥姆霍兹方程代入 Δu 的表达并除以 u，结果为

$$\frac{\Delta A}{A} - k_0^2(\nabla L)^2 + n^2 k_0^2 + 2\mathrm{i}k_0\frac{\nabla A \cdot \nabla L}{A} + \mathrm{i}k_0 \Delta L = 0 \tag{2.32}$$

由于 A，L，k_0 和 n 都是实量，方程（2.32）的实部和虚部可以简单地分开，且两者都必须为 0。

要得到程函方程，则只考虑实部：

$$\frac{\Delta A}{A} - k_0^2(\nabla L)^2 + n^2 k_0^2 = 0$$

$$\Rightarrow (\nabla L)^2 = n^2 + \underbrace{\frac{1}{k_0^2}\frac{\Delta A}{A}}_{=:\gamma} \tag{2.33}$$

在极限情况 $\lambda \to 0 \Rightarrow k_0 \to \infty$ 下，γ 项可以忽略，这样就又一次得到了程函方程：

$$(\nabla L)^2 = n^2$$

但是方程（2.33）显示，由于 n^2 的数量级一般来说介于 1（真空）和 12（红外线在硅中的传播）之间，只要 γ 项远小于 1，程函方程也可以通过准确估值 λ 的极限值满足，因此，所需条件为

$$\gamma \leqslant 1 \Rightarrow \frac{\lambda^2}{4\pi^2} \frac{\Delta A}{A} \ll 1 \qquad (2.34)$$

这个条件的满足需要准确估计 A 是否是位置矢量的慢化函数，即 A 在一个波长的距离上的相对曲率是否很小。如果 γ 项不太小，即使 n 为恒定，方程（2.33）的右边将取决于位置矢量（因为 A 大致取决于 r）。在形式上这相当于折射率 n 由位置矢量决定的程函方程，因而形式上光线会在振幅快速变化的区域弯曲，例如焦点处。因此，由于光线追迹假设了光在均匀介质中按直线传播，其计算结果（2.4节）在振幅快速变化的焦点附近是不正确的。如果存在像差，聚焦区振幅的变化则不会那么严重，几何光学计算的精确度也会随着像差的增加而改善。在实践中，一种经验法则是如果光学追迹计算出的焦点是相应的受衍射限制的焦点（艾里斑）大小的数倍，则光学追迹计算出的有像差的波的聚焦区十分接近事实上的焦点。

也存在完全满足程函方程的标量波，因此 γ 项正好为 0。一个例子是满足 $u(\boldsymbol{r}) = u_0 \exp(ink_0 \boldsymbol{a} \bullet \boldsymbol{r})$ 的平面波，$\boldsymbol{a}$ 为传播方向上的恒定单位矢量且 u_0 也为恒量。因此，可得出

$$A = u_0 \Rightarrow \Delta A = 0 \Rightarrow \gamma = 0,$$
$$L = n\boldsymbol{a} \bullet \boldsymbol{r} \Rightarrow \nabla L = n\boldsymbol{a} \Rightarrow (\nabla L)^2 = n^2$$

当然，平面波也是麦克斯韦方程组的一个解。

另一个例子是球面波，这是标量亥姆霍兹方程的一个解，但不是麦克斯韦方程组本身的解，因为正交条件方程（2.24）和（2.25）不能对整个空间的球面波满足。然而，满足 $u(r) = u_0 \exp(ink_0 r)/r$，$r = |\boldsymbol{r}|$ 的球面波在很多情况下是很重要的近似值，并且偶极辐射在远场垂直于偶极轴的平面内的行为与球面波相似。对球面波可以得出

$$A = \frac{u_0}{r} \Rightarrow \Delta A = u_0 \nabla \bullet \left(-\frac{\boldsymbol{r}}{r^3} \right)$$
$$= -\frac{3u_0}{r^3} + \frac{3u_0 \boldsymbol{r} \bullet \boldsymbol{r}}{r^5} = 0 \Rightarrow \gamma = 0,$$
$$L = nr \Rightarrow \nabla L = n\frac{\boldsymbol{r}}{r} \Rightarrow (\nabla L)^2 = n^2$$

这里，坐标系统的选择使球面波的曲率中心落在原点。当然，通过用 $|r - r_0|$ 代替 r，使用任意曲率中心 r_0 将球面波用公式表示的做法是十分直接的。

因此，在几何光学中十分重要的平面波和球面波，都在 $\lambda \to 0$ 的极限情况和波长 λ 有限的情况下满足程函方程（2.23）。

2.1.5 几何光学中的能量守恒

方程（2.32）的虚部给出了传播的光量的强度信息：

$$\Delta L + 2\nabla L \cdot \frac{\nabla A}{A} = 0 \qquad (2.35)$$

由于光波的强度 I 与振幅的平方 A^2 成正比，以下等式成立：

$$\frac{\nabla I}{I} = \frac{\nabla(A^2)}{A^2} = \frac{2A\nabla A}{A^2} = 2\frac{\nabla A}{A}$$

因此，方程（2.35）可表达为

$$I\Delta L + \nabla L \cdot \nabla I = 0$$

或

$$\nabla \cdot (I\nabla L) = 0 \qquad (2.36)$$

现在可以使用高斯积分定理

$$\int_V \nabla \cdot (I\nabla L)\mathrm{d}V = \oint_S I\nabla L \cdot \mathrm{d}S = 0 \qquad (2.37)$$

式中，左边的积分项表示体积 V 的体积积分，右边的积分项表示界定体积 V 的封闭曲面 S 的面积分。

光管（图 2.3）是由光线形成覆盖面的管状物体（形状较简单，例如圆柱或圆锥）。因此，在覆盖面上矢量 ∇L（光线方向）和 $\mathrm{d}S$（面法线）相互垂直，因而 $\nabla L \cdot \mathrm{d}S = 0$。在光管的两个表面（折射率为 n）上，假定两个面法线矢量 $\mathrm{d}S_1$ 和 $\mathrm{d}S_2$ 为极小，电磁功率通量 P_1 和 P_2 可通过以下公式给出：

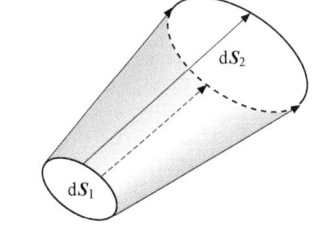

图 2.3 一束光线界定的光管示意图

$$P_j = \frac{I_j}{n}|\nabla L_j \cdot \mathrm{d}S_j|; \quad j \in \{1,2\}$$

使用方程（2.37），结果为

$$\int_S I\nabla L \cdot \mathrm{d}S = 0 = I_1\nabla L_1 \cdot \mathrm{d}S_1 + I_2\nabla L_2 \cdot \mathrm{d}S_2 \qquad (2.38)$$

据此，表面法线 $\mathrm{d}S_1$ 或 $\mathrm{d}S_2$ 总是指向封闭曲面 S 以外，因而 $\nabla L_1 \cdot \mathrm{d}S_1$ 和 $\nabla L_2 \cdot \mathrm{d}S_2$

具有相反的代数符号。总体上，从左边进入光管的功率通量等于从右边离开光管的功率通量，即 $P_1 = -I_1 \nabla L_1 \cdot dS_1/n$，$P_2 = I_2 \nabla L_2 \cdot dS_2/n$，$P_1=P_2$。这说明能量守恒，并且我们可以得出以下引理：

在几何光学的范围内，电磁能（功）沿着光线传播，如果没有光被吸收，光管中的总光能守恒。

2.1.6 折射定律

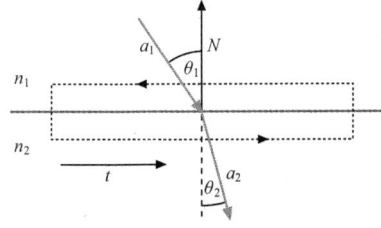

图 2.4 斯涅耳定律使用的参数

现在考虑折射率分别为 n_1 和 n_2 的两种介质之间的界面。假设这个界面被替换为一个非常薄的层，折射率在其中迅速地从 n_1 和 n_2 连续变化。在界面中放置一个极小的矩形闭合环 C，使环的两条边平行于界面，另两条边平行于界面的面法线 N（$|N|=1$），N 从材料 2 指向材料 1（图 2.4）。由于光线的方向矢量 a 可以表达为标量函数（2.26）的梯度，以下恒等式成立：

$$\nabla \times \left(n\frac{dr}{ds} \right) = \nabla \times \nabla L = 0 \qquad (2.39)$$

以下光线的方向矢量写作 $a=dr/ds$。

使用斯托克斯方程的积分定理，方程（2.39）表达为

$$\int_S \nabla \times (na) \cdot dS = \oint_C na \cdot dr = 0$$

式中，左边的积分项为闭合环 C 界定的极小矩形平面 S 的面积分，右边的积分项是闭合环 C 的线积分。

那么如果平行于 N 的闭环 C 的边线长度趋向于 0，线积分为

$$0 = lt \cdot (n_2 a_2 - n_1 a_1) \qquad (2.40)$$

式中，l 为闭环平行于界面的边线长度；t 为平行于界面的单位矢量。另一个单位矢量 b 定义为同时垂直于 N 和 t，因此也垂直于面 S。这表示 N, t 和 b 构成 $t = b \times N$ 的单位矢量的正交坐标轴，因此以下等式成立：

$$(b \times N) \cdot (n_2 a_2 - n_1 a_1) = 0, \Rightarrow [N \times (n_2 a_2 - n_1 a_1)] \cdot b = 0$$

但是，矩形积分区域可以以 N 为轴旋转。因此，垂直于 N, b 的方向可以任意选择。通过使用任意矢量 b 满足以上方程，得出以下方程，这是折射定律的矢量公式：

$$N \times (n_2 a_2 - n_1 a_1) = 0 \qquad (2.41)$$

这意味着 $n_2\boldsymbol{a}_2-n_1\boldsymbol{a}_1$ 平行于 N 或 $n_2\boldsymbol{a}_2-n_1\boldsymbol{a}_1=0$ ，这只有在最简单的 $n_1=n_2$ 的情况才有可能，因此所有三个向量 $\boldsymbol{a}_1$，$\boldsymbol{a}_2$ 和 N 必须位于同一平面。特别地，这表示具有方向矢量 $\boldsymbol{a}_2$ 的折射光线位于 N 和 $\boldsymbol{a}_1$ 组成的入射面内。

将 θ_j 定义为光线 $\boldsymbol{a}_j(j\in\{1,2\})$ 和面法线 N 之间的锐角（图 2.4），得到方程（2.41）模数的结果：

$$n_1\sin\theta_1=n_2\sin\theta_2 \qquad (2.42)$$

这就是著名的斯涅耳定律。

如果 $n_2>n_1$，对于给定的角 θ_1，总能解出 θ_2。然而，如果 $n_2<n_1$，就存在被称为全内反射的临界角 θ_1，这时折射光线平行擦过界面，即 $\theta_2=\pi/2$。

$$n_1\sin\theta_{1,\,\text{critical}}=n_2\sin\theta_2=n_2\Rightarrow\theta_{1,\,\text{critical}}=\arcsin\frac{n_2}{n_1} \qquad (2.43)$$

对于 $\theta_1>\theta_{1,\text{临界}}$ 的情况，由于正弦函数不能大于 1，因此不存在折射光线。所有的光都在界面反射，只存在反射光线。

2.1.7　反射定律

平面波进入两种介质之间的界面，会产生折射波和反射波。全反射的情况下，只有反射波。光线在局部表现为平面波，形式上反射定律通过在方程（2.41）中设 $n_2=n_1$ 得出。当然，为了得出反射光线，数量积 $N\cdot\boldsymbol{a}_1$ 和 $N\cdot\boldsymbol{a}_2$ 的代数符号必须不同；相反，为了得出折射光线则必须相同。这将在 2.4 节中通过方程（2.41）的显式解进行讨论。

到这里我们已经讨论了几何光学的基础，在下一节中将使用矩阵理论，通过光学系统处理近轴光线追迹[2.12-15]。

|2.2　近轴几何光学|

2.2.1　均匀介质中的近轴光线

1. 一些基本定义

在均质材料中，折射率 n 是恒定的，因此根据光线方程（2.29），光线传播为直线。这表示可以使用光线上一点的位置矢量 $\boldsymbol{p}$ 和光线方向矢量 $\boldsymbol{a}$ 对光线进行明确的描述。所以，六个标量参数（每个向量有三个分量）是必要的。原则上 $\boldsymbol{a}$ 的一个分量是冗余的（除了这个分量的代数符号），因为 $\boldsymbol{a}$ 是一个单位向量

（$a_x^2 + a_y^2 + a_z^2 = 1$）。如果定义了参考平面，则可以保存另一个分量，在 $z=0$ 处的 $x-y$ 平面。光线与该平面的交点的 x 和 y 分量是足够的。不过，在非近轴光线追迹（2.4 节）的情况下，由于不是所有光线都始于同一平面，矢量 $\boldsymbol{p}$ 和 $\boldsymbol{a}$ 的所有分量都要存储和使用，$\boldsymbol{a}$ 的每一个分量的代数符号也都需要。而且，多存储一个参数比通过其他参数进行计算效率更高。

最常见的光学系统由一系列旋转对称的折射和反射元件构成。该旋转轴为光线系统的光轴。对于有两个球面的简单透镜，可以通过球面的曲率中心 C_1 和 C_2 来确定光轴（图 2.5）。通过方程（2.41）可知，折射光线（还有反射光线）都在入射面中。因此需要定义子午面，其为包含物点 P 和光轴的平面（图 2.6）。所有来自物点 P 并位于子午面内的光线称作子午光线。垂直于子午面且包含特殊参考光线，主要是主光线的平面（2.3 节）称为弧矢面，其中的光线称为弧矢光线。本节中只讨论子午光线并且只考虑所谓的近轴光线。近轴光线是满足以下条件的光线：

- 光线与光轴的距离 x 相比光学系统每个光学元件的焦距而言较小。
- 光线与光轴的夹角 φ 较小，即 $\varphi \ll 1$。对于其他角度这个条件也必须有效，例如透镜处的折射角。

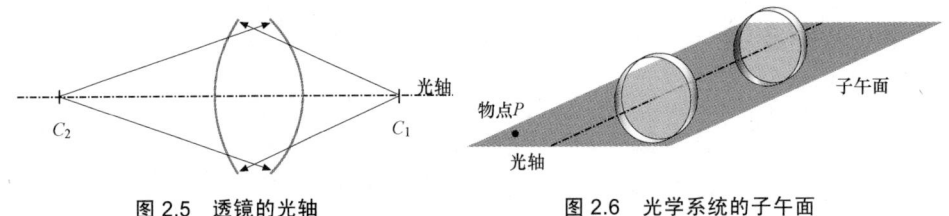

图 2.5　透镜的光轴　　　　　图 2.6　光学系统的子午面

这表示对于这些角，以下近似必须满足：
$\sin\varphi \approx \tan\varphi, \cos\varphi \approx 1$。最重要的光学系统包括分段嵌入均匀介质的光学元件（折射、反射或衍射元件）。因此，通过光学系统进行的光线追迹（包括近轴和非近轴的情况）由在元件处均质材料中传播的交错序列和折射（或反射、衍射）组成。

2. 光学成像

在这里，必须对"光学成像"这个术语进行一些解释。要么由外界光照亮，要么自身发光，物点会发出光线扇面，即在几何光学里，物点是光线扇面的源极。另一方面，像点是光线扇面的漏极，在理想情况下，扇面的所有光线应该在像点处交于一点［图 2.7（a）］。因而在理想情况下，像点可以通过两条光线的交点确定。不过，这只适用于近轴光线追迹的情况，这里光学系统的所有像差都被忽略了。如果必须考虑光学系统的像差，则必须使用非近轴光线追迹（2.4 节），也简称为光线追迹。这时像点就有多个定义，因为总体来说不再存在来自物点的光线扇面中的所有光线的单一交点［图 2.7（b）］。光线与像平面的实际交叉点和理想像点的横向偏差称为光线像差。

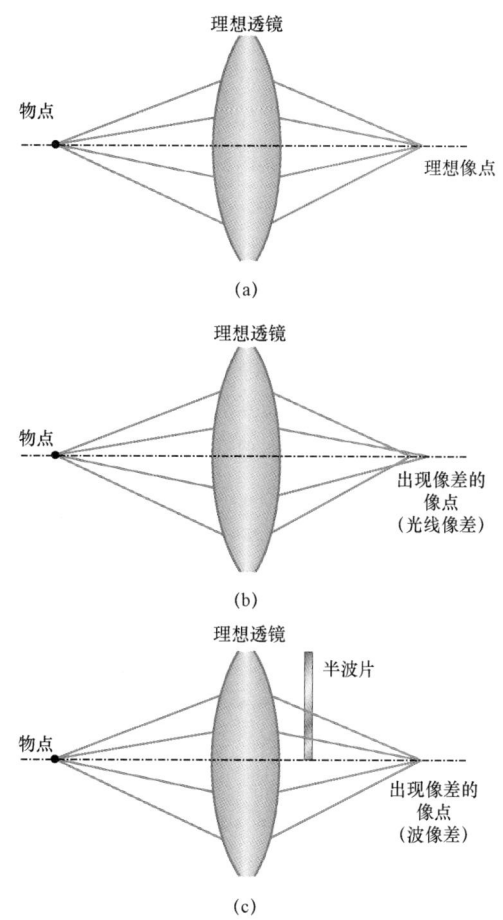

图 2.7　光学成像三种不同情况的图示

（a）理想成像；（b）像点显示了光线像差（当然也有波像差）；

（c）像点显示没有光线像差但有波像差

　　由于像点是多光束的干涉现象，光学成像的一个更先进的定义自然是考虑了来自物点的不同光线的干涉作用。基于光线的简单模型失效的一个典型例子是在半孔径中使用了半波片的理想球面波［图 2.7（c）］。这时，光线方向不会改变，所有光线相交的理想点存在，即没有光线像差。不过，像点将受到巨大的干扰，这是因为光线的不同光程，在像点中心存在相消干涉。因此，更先进的基于光线的模型额外计算了每一道光线的光程。光线的光程与理想光程的偏差称为波像差。

　　不过，本节中我们将处理近轴光线追迹的简单模型，既没有考虑光线像差也没有考虑波像差。像差将在 2.4 节考虑非近轴光线追迹时加入。

3. 近轴近似有效性的注意事项

$\sin\varphi$对φ的近似意味着泰勒级数的下一项$-\varphi^3/6$与其他更高次项都被忽略了。对于$\tan\varphi$，泰勒级数被忽略的下一项为$+\varphi^3/3$。因此，$\sin\varphi$和$\tan\varphi$的相等只有在两个三次项$\varphi^3/2$都小到足以忽略时才有效。如果忽略此项后，物点到像点的光程偏差小于$\lambda/4$的瑞利准则（λ为波长），就满足这种情况。两条光线光程相差$\lambda/4$的情况下，相位差为$\Delta\Phi=\pi/2$，即光线成相位正交，由于此时干涉项$\cos(\Delta\Phi)$为0，光强度必然叠加。如果光程差为$\lambda/2$，相位差为$\Delta\Phi=\pi$，则两条光线的振幅互相抵消（如果振幅具有相等的模量）。此时，像点产生强烈的像差。因此，瑞利准则可用于确定近轴近似法的极限。

在实践中，近轴理论使得重要参数（例如透镜或光学系统的焦点、焦距或主点）能够被定义，因此十分重要。光学设计师[2.16-19]总是首先使用近轴矩阵理论（或者说另一种近轴方法）设计光学系统，以满足近轴参数的正确；之后再尝试使用光线追迹优化非近轴参数，以修正系统的像差。

4. 近轴光线的定义

在近轴理论中，只有子午面中的光线（这里定义为$x-z$平面）会被考虑。这样，光线方向向量的y轴分量和光线起点p的y轴分量均为0：$a_y=0$且$p_y=0$，定义光线方向向量的x轴分量为$a_x=\sin\varphi\approx\tan\varphi\approx\varphi$。那么在近轴近似中光线方向向量的$z$轴分量为$a_z=\cos\varphi\approx1$。因此，$z$轴某个位置$z$上的子午面近轴光线可以用与光轴的夹角$\varphi$和光线高度$x$来描述，$x$当然是光线起点$p$的$x$轴分量$p_x$。在近轴矩阵理论中，光线的$z$轴分量$p_z$只进行外部标记，因为在许多情况下需要考虑起始于同一z轴位置$z=P_z$，但x和φ值不同的几条光线。

因此，近轴光线总共使用了x和φ来进行描述。由于矩阵法在光学中具有重要的地位[2.12, 13]，这两个参数作为矢量的分量记作

$$\begin{pmatrix} x \\ \varphi \end{pmatrix}$$

这样我们将要讨论的光学操作就可以表示为2×2的矩阵。

5. 传输方程

相距为d且垂直于光轴的两个平面之间的近轴光线追迹是基本操作之一。稍后我们将不太规范地使用术语"平面"，这里只考虑了这两个平面与子午面的相交直线（图2.8）。设第一个平面的光线参数为x和φ，另一个为x'和φ'。那么，从第一个平面向相距为d的第二个平面的传输可以表示为

$$\begin{pmatrix} x' \\ \varphi' \end{pmatrix} = \begin{pmatrix} x+\varphi d \\ \varphi \end{pmatrix} \tag{2.44}$$

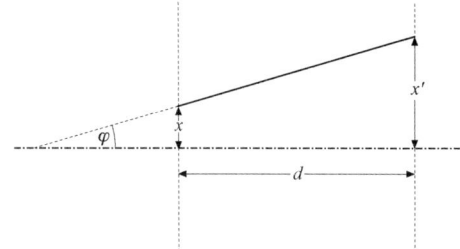

图 2.8　相距为 d 的两个平行平面之间的传输的近轴光线追迹示意图

这表示近轴光线在均匀介质中传播时，光线方向不变。方程（2.44）还可以写作 2×2 的矩阵[2.12-15]：

$$\begin{pmatrix} x' \\ \varphi' \end{pmatrix} = \begin{pmatrix} 1 & d \\ 0 & 1 \end{pmatrix} \begin{pmatrix} x \\ \varphi \end{pmatrix} = M_T \begin{pmatrix} x \\ \varphi \end{pmatrix} \qquad （2.45）$$

式中，M_T 为均匀介质中的近轴传输矩阵。

2.2.2　近轴情况下的折射

1. 近轴折射定律

折射定律将入射光线与表面法线之间的夹角 i 和折射光线与表面法线之间的夹角 i' 联系了起来（图 2.9）。折射定律［方程（2.42）］的近轴表示为

$$ni = n'i' \qquad （2.46）$$

式中，n 和 n' 分别为界面前后的两种均匀介质的折射率。

2. 平面折射

参数为 x 和 φ 的近轴光线射入垂直于光轴的平面（图 2.9）。该平面前面的折射率为 n，后面的为 n'。那么，光线高度 x 不变，只有光线参数 φ 根据近轴折射定律变化［方程（2.46）］。

$$\begin{pmatrix} x' \\ \varphi' \end{pmatrix} = \begin{pmatrix} 1 & 0 \\ 0 & \dfrac{n}{n'} \end{pmatrix} \begin{pmatrix} x \\ \varphi \end{pmatrix} = M_R \begin{pmatrix} x \\ \varphi \end{pmatrix} \qquad （2.47）$$

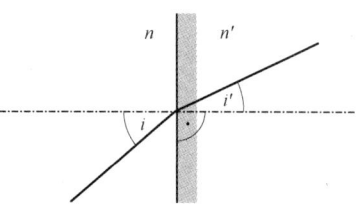

图 2.9　平面（局部）上的近轴折射

式中，M_R 为平面折射的近轴矩阵。

3. 平板玻璃折射

平板玻璃是一列表面最简单的情况，可用来演示使用近轴矩阵理论通过光学系统进行近轴光线追迹的原理。众所周知，两个矩阵 A 和 B 相乘时，顺序十分重要，即

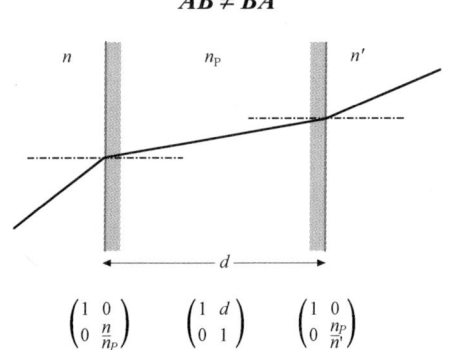

图 2.10 近轴矩阵理论在平板玻璃上的使用。矩阵相乘的顺序必须是相反的，因为第一个矩阵必须直接位于近轴光线矢量的左边，第二个矩阵位于第一个矩阵的右边，依此类推

因此，第一项操作的矩阵必须紧靠通过系统追踪的近轴光线矢量 (x, φ) 的左边，下一项操作的矩阵必须从左边相乘，其后的其他矩阵也一样。使用图 2.10 中的符号，近轴光线在厚度为 d，折射率为 n_P 的平板玻璃右侧的参数为

$$\begin{pmatrix} x' \\ \varphi' \end{pmatrix} = \begin{pmatrix} 1 & 0 \\ 0 & \dfrac{n_P}{n'} \end{pmatrix} \begin{pmatrix} 1 & d \\ 0 & 1 \end{pmatrix} \begin{pmatrix} 1 & 0 \\ 0 & \dfrac{n}{n_P} \end{pmatrix} \begin{pmatrix} x \\ \varphi \end{pmatrix}$$

$$= \begin{pmatrix} 1 & d \\ 0 & \dfrac{n_P}{n'} \end{pmatrix} \begin{pmatrix} 1 & 0 \\ 0 & \dfrac{n}{n_P} \end{pmatrix} \begin{pmatrix} x \\ \varphi \end{pmatrix}$$

$$= \begin{pmatrix} 1 & d\dfrac{n}{n_P} \\ 0 & \dfrac{n}{n'} \end{pmatrix} \begin{pmatrix} x \\ \varphi \end{pmatrix}$$

式中，n 为平板玻璃左边的折射率；n' 为平板玻璃右边的折射率。

总的来说，紧挨平板玻璃之后的近轴光线参数 x' 和 φ' 是通过紧靠平板玻璃之前的入射光线参数 x 和 φ 与平板玻璃矩阵 M_P 相乘得出的：

$$\begin{pmatrix} x' \\ \varphi' \end{pmatrix} = \begin{pmatrix} 1 & d\dfrac{n}{n_P} \\ 0 & \dfrac{n}{n'} \end{pmatrix} \begin{pmatrix} x \\ \varphi \end{pmatrix} = M_P \begin{pmatrix} x \\ \varphi \end{pmatrix} \tag{2.48}$$

实践中最重要的情况是空气中的平板玻璃（$n = n' = 1$）。这时以下方程成立：

$$\begin{pmatrix} x' \\ \varphi' \end{pmatrix} = \begin{pmatrix} 1 & \dfrac{d}{n_P} \\ 0 & 1 \end{pmatrix} \begin{pmatrix} x \\ \varphi \end{pmatrix} \tag{2.49}$$

这表示将均匀介质中的传输矩阵中，均匀介质中的距离 d 替换为项 d/n_P 后，得到的结果与平板玻璃的矩阵相同。厚度为 d 的平板玻璃和在空气中距离为 d 的传播相比，引起的光线横向位移 $\Delta x = x_{无板} - x_{有板}$ 为

$$\Delta x = x + \varphi d - \left(x + \varphi \frac{d}{n_P} \right) = \varphi d \frac{n_P - 1}{n_P}$$

对于 $n_P \approx 1.5$ 的普通玻璃，光线的横向位移为 $\Delta x = \varphi d/3$。光学系统中使用这种效应引入横向位移，位移大小随着光线角度 φ 的增加而增加。因此实践中为了引入横向位移，将平板玻璃相对于系统光轴倾斜 φ 角。但是，如果入射波不是平面波，平板玻璃还可能引起像差。因此使用平板玻璃引入横向位移时必须小心。

4. 符号规则的一些注意事项

目前为止我们对近轴矩阵理论还未做出符号规则。现在将在这里做出规定并在图 2.11 中进行图示：

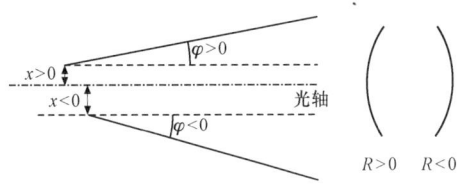

- 如果光轴和光线之间的锐角为数学上的正值，则光线角 φ 为正角。

- 折射角全部视为正角。

- 所有角都为锐角。

图 2.11　近轴矩阵理论的符号规则

- 光线总是从左向右传播，传播距离 d 为正。负的 d 值表示光线从右向左传播，且只用于虚光线。

- 光线高度向上为正。

- 曲率中心在表面顶点右侧时，曲率半径 R 为正。

5. 球面折射

参数为 x 和 φ 的近轴光线射入曲率半径为 R、球面前折射率为 n、球面后为 n' 的球面。在近轴近似中，光线与球面交点处的光线高度 x 与平面顶点处的一致，这是由于假设曲率半径 R 大于 x。根据图 2.12 和近轴折射定律〔方程 (2.46)〕，以下关系成立：

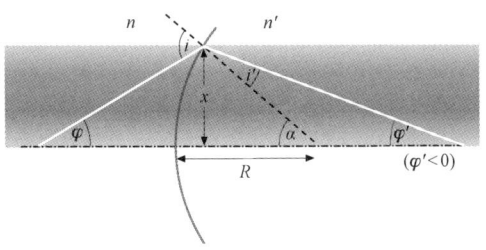

图 2.12　球面折射参数

$$\varphi' + \alpha = i', \varphi + \alpha = i, \quad \Rightarrow \quad \varphi' = i' - \alpha = \frac{n}{n'}(\varphi + \alpha) - \alpha$$

$$n'i' = ni$$

此外，球面曲率中心和光线与球面交点的连线与光轴的夹角 α 在近轴近似中的

定义为

$$\sin\alpha = \frac{x}{R} \Rightarrow \alpha = \frac{x}{R}$$

这些结果一起使折射近轴光线的光线角度可以表达为入射光线和球面参数的函数：

$$\varphi' = \frac{n}{n'}\varphi - \frac{n'-n}{n'}\frac{x}{R} \qquad (2.50)$$

光线高度 x 本身在折射时保持恒定。因此，球面折射矩阵 $\boldsymbol{M}_\mathrm{S}$ 定义为

$$\begin{pmatrix} x' \\ \varphi' \end{pmatrix} = \begin{pmatrix} 1 & 0 \\ -\dfrac{n'-n}{n'R} & \dfrac{n}{n'} \end{pmatrix} \begin{pmatrix} x \\ \varphi \end{pmatrix} = \boldsymbol{M}_\mathrm{S}\begin{pmatrix} x \\ \varphi \end{pmatrix} \qquad (2.51)$$

符号规则的有效性可以通过一些具体情况显示：

● 当 $\varphi=0$，$n'>n>1$ 且 $R>0$（凸面）时，入射光线的光线高度为正，导致折射光线角度 φ' 为负。这表示左侧折射率具有较低的正折射光焦度，且能够聚焦平面波。

● 当 $\varphi=0$，$n'>n>1$ 且 $R<0$（凹面）时，如果入射光线高度 x 为正，则折射光线的角度 φ' 也为正。这表示两条光线只能在透镜前虚交。因此，具有左侧折射率较低的负折射光焦度。

2.2.3 光学系统的基点

光学成像系统具有多个基点[2.1, 3]，通过对这些值的了解，可以清楚地确定光学系统的近轴特性。这些基点为主点、节点和焦点，它们都位于光轴上。为了对它们进行定义，需要先做一些额外定义。

在本节中，将使用近轴矩阵理论对一般光学系统的基点进行计算[2.6]。本节结尾将对最简单的光学系统——折射球面的基点进行详细计算，以演示该方法。

假设一个如图 2.13 所示的普通光学成像系统。与光轴的横向距离为 x_O（称为物高）的物点 P_O，由光学系统在横向距离为 x_I（称为像高）的像点 P_I 处成像。物空间折射率为 n，像空间折射率为 n'。

成像系统的垂轴放大率 β 定义为像高 x_I 与物高 x_O 的比。

$$\beta := \frac{x_I}{x_O} \qquad (2.52)$$

根据符号规则，x_O 为正，x_I 为负，因此图 2.13 中的垂轴放大率为负。

1. 主点

物空间的主平面或单位平面 u 是垂直于光轴，且具有如下性质的平面：该主平面中的物点在像空间的主平面 u' 中的成像的垂轴放大率 $\beta=+1$。物空间和像方主平面与

光轴的交点分别称为主点或单位点 U 和 U'。因此，U' 是 U 的成像。

由定义得出的主平面的一个重要实际特性是，与物方主平面 u 在高度 x 相交的光线传输到像方主平面 u' 上时高度不变（图 2.13）。这种特性被用于绘图构建近轴光线的光路等。

2. 节点

光学系统的第二个基点为节点 N（物空间）和 N'（像空间）。在物空间节点 N 以角度 φ 与光轴相交的光线，在像空间节点 N' 以相等的角度 $\varphi'=\varphi$ 与光轴相交。因此，定义如下的角放大率 γ：

$$\gamma := \frac{\varphi'}{\varphi} \tag{2.53}$$

在光线通过节点时有 $\gamma=1$。此外，由于对任意角 φ' 都成立，节点 N' 是节点 N 的成像。

3. 焦点

焦点 F（物空间）和 F'（像空间），也称为主焦点，具有以下特性：起始于物方焦点 F 的光线在像空间变化为平行于光轴的光线。反之亦然，在物空间平行于光轴的光线在像空间经过焦点 F'。垂直于光轴且与光轴在焦点相交的平面称为焦平面。物空间主点 U 和焦点 F 的距离称为物方焦距 f，像空间主点 U' 和焦点 F' 的距离称为像方焦距 f'。几何光学中，焦距的符号规则通常为焦点在主点右侧时为正。例如在图 2.13 中，这表示物空间物方焦距 f 为负，反之像空间像方焦距 f' 为正。

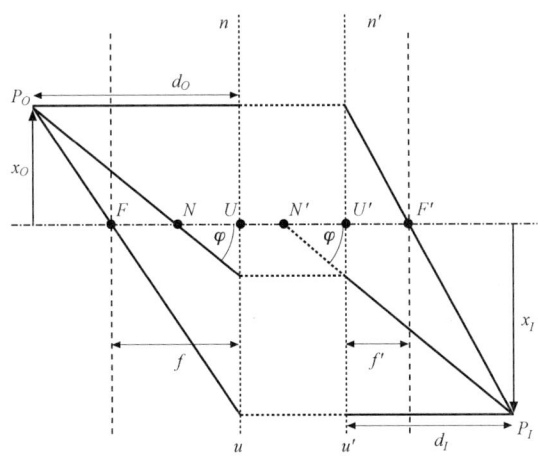

图 2.13　光学系统的基点：F 和 F' 分别为物方和像方焦点，N 和 N' 为物方和像方节点，U 和 U' 为物空间和像空间的基点或单位点

焦平面的一个更普遍的性质是，起始于物空间焦平面内物高为 x_o 的点的光线

在像空间中形成一束与光轴成角度$\phi'=-x_O/f'$ 的平行光线。通过从平行于光轴的物点起始的光线在相同高度 x_O 的主平面上从主平面 u 转移到 u'，然后在像空间中距离 f' 之后经过焦点 F'，可以很容易理解 ϕ' 的关系式。由于符号规则，必须加上负号。

4. 一般光学系统基点的计算

假设一个由位于常见光轴上的任意一组折射球面和平面组成的一般光学系统（图 2.14）。那么，该系统可以用 2×2 矩阵 M 表示，M 为一列矩阵 M_T、M_R 和 M_S 的乘积（如有其他光学元件再加入更多矩阵）。矩阵

$$M=\begin{pmatrix} A & B \\ C & D \end{pmatrix}=M_{S,m}\cdot M_{T,m-1}\cdot M_{S,m-1}\cdots M_{T,2}\cdot M_{S,2}\cdot M_{T,1}\cdot M_{S,1} \quad （2.54）$$

表示光线从紧靠第一个表面（表面 1）顶点之前的平面向紧靠最后一个表面（表面 m）顶点之后的平面传播。这里只使用了折射球面的矩阵 M_S，因为带矩阵 M_R 的平面可以表示为曲率半径为 $R=\infty$ 的球面。此外，在每个表面后侧（除上一个表面外），向下一个表面的传播用矩阵 $M_{T,i}$ 表示。薄透镜的特殊情况下（现实中并不存在，然而是几何光学中重要的理想化条件），传播距离可以设置为 0，这时传输矩阵与单位矩阵相同。

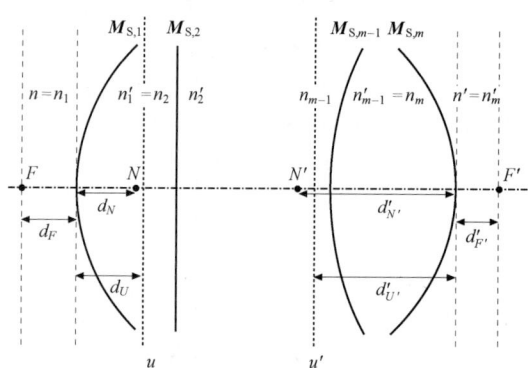

图 2.14　由折射表面构成的一般光学系统物空间基点与第一个表面顶点之间的距离（不带'的量）和最后一个表面顶点与像空间基点之间的距离（带'的量）。d_U 和 d'_U 在图中为负，d_F 和 d'_F 为正，d_N 和 d'_N 为负。n 和 n' 为整个系统前后的折射率，n_i 和 n'_i 为第 i 个折射表面前后的折射率

这里对球面的限制并不严格，因为在近轴光学中，如果一个非球面顶点的曲率半径与一个球面的曲率半径一致，则非球面与这个球面相等。从数学的角度来看，近轴系统中这两种情况下曲率半径的确定只意味着需要使用抛物线项。此外，如果采用选定的 $x-z$ 轴平面中的曲率半径，圆柱面也可以用这种方法计算。对于包含圆柱轴的平面，圆柱面的特性和平面一致；反之，如果圆柱轴垂直于选取的 $x-z$ 轴平面，则圆柱面的特性和球面一样。

光线从光学系统前折射率 $n:=n_1$ 的介质中出发，到达光学系统后折射率 $n':=n'_m$

的介质（图 2.14）。n_i 和 n_i'（$i \in \{1,2,\cdots,m\}$）为每一个折射表面前后的折射率，该折射面用矩阵 $\boldsymbol{M}_{S,i}$ 表示。当然，存在以下关系：

$$n_i = n_{i-1}', \quad i \in \{2,3,\cdots,m\} \tag{2.55}$$

现在，计算矩阵 $\boldsymbol{M}'$，表示光线从平面 P 经过光学系统向平面 P' 的传播。设平面 P 到光学系统第一个表面顶点的距离为 d，光学系统最后一个表面顶点到平面 P' 的距离为 d'。根据近轴符号规则，如果 P 在第一个表面之前（即左侧），则 d 为正值。类似地，如果 P' 位于最后一个表面之后（即右侧），则 d' 为正值。需要牢记的是：d 是从平面 P 向第一个表面顶点测量的，而 d' 则是从最后一个表面的顶点向平面 P' 测量的。对于这些量来说，通常的符号规则有效，即光线从左向右传播时它们均为正值，沿反方向传播时则为负值。

由方程（2.45）得到 $\boldsymbol{M}'$ 为

$$\boldsymbol{M}' = \begin{pmatrix} A' & B' \\ C' & D' \end{pmatrix} = \boldsymbol{M}_{T'}\boldsymbol{M}\boldsymbol{M}_T$$

$$= \begin{pmatrix} 1 & d' \\ 0 & 1 \end{pmatrix} \begin{pmatrix} A & B \\ C & D \end{pmatrix} \begin{pmatrix} 1 & d \\ 0 & 1 \end{pmatrix}$$

$$= \begin{pmatrix} A+Cd' & Ad+B+Cdd'+Dd' \\ C & Cd+D \end{pmatrix} \tag{2.56}$$

（1）主点。计算系统的主平面 u 和 u' 需要使用主平面的定义。如果 P 与主平面 u 一致，P' 与主平面 u' 一致，则 P 中的物点必须以垂轴放大率 $\beta=+1$ 在 P' 中成像。成像意味着任意角度 ϕ 的所有光线从高度为 x 的物点出发，到达 P' 时的高度 x' 保持不变，与 ϕ 无关。由于以下关系：

$$\begin{pmatrix} x' \\ \varphi' \end{pmatrix} = \begin{pmatrix} A' & B' \\ C' & D' \end{pmatrix} \begin{pmatrix} x \\ \varphi \end{pmatrix} = \begin{pmatrix} A'x+B'\varphi \\ C'x+D'\varphi \end{pmatrix} \tag{2.57}$$

成立，这意味着平面 P 和 P' 之间如果能成像，则矩阵元素 B' 必须为 0。因此，我们得到第一个条件：

$$B' = Ad+B+Cdd'+Dd' = 0 \tag{2.58}$$

第二个条件为 $\beta=1$，代入 $B'=0$，则有

$$x' = A'x+B'\varphi = (A+Cd')x = x$$

$$\Rightarrow A+Cd' = 1 \Rightarrow d_{U'}' = \frac{1-A}{C} \tag{2.59}$$

这里，使用了 $d_{U'}':=d'$（图 2.14）以表示这是从光学系统最后一个表面的定点到主点 U' 的距离。然后，使用第一个条件得出主点 U 到第一个表面的距离 $d_U:=d$ 为

$$B' = Ad + B + (1-A)d + D\frac{1-A}{C} = 0, \Rightarrow d_U = \frac{D}{C}(A-1) - B \qquad (2.60)$$

必须指出，在光学成像的情况下，矩阵 $\boldsymbol{M}'$ 的系数 A' 具有具体的含义。即

$$x' = A'x \Rightarrow \beta = \frac{x'}{x} = A' \qquad (2.61)$$

因此，系数 A' 与方程（2.52）定义的垂轴放大率 β 相等。

（2）节点。如果 P 包含节点 N，P' 包含节点 N'，则其光线参数应满足 $x=x'=0$ 且 $\varphi'=\varphi$。使用方程（2.57）可得

$$\begin{cases} 0 = x' = A'x + B'\varphi = B'\varphi \\ \Rightarrow B' = Ad + B + Cdd' + Dd' = 0 \\ \varphi' = C'x + D'\varphi = D'\varphi = \varphi \\ \Rightarrow D' = Cd + D = 1 \end{cases} \qquad (2.62)$$

因此得出节点 N 到光学系统第一个表面顶点的距离 $d_N := d$，光学系统最后一个表面顶点到节点 N' 的距离 $d'_{N'} := d'$ 为

$$d_N = \frac{1-D}{C} \qquad (2.63)$$

$$d'_{N'} = \frac{A}{C}(D-1) - B \qquad (2.64)$$

（3）焦点和焦距。对于物方焦点 F 的计算，假设 F 位于平面 p 内。那么，所有起点高度 $x=0$ 的光线必然在像空间平行于光轴，即 $\varphi'=0$。由于这对像空间内的所有平面都有效，因此将方程（2.56）中的距离 d' 设为 0。因此，焦点 F 与光学系统第一个表面顶点的距离 $d_F := d$ 满足条件

$$\varphi' = C'x + D'\varphi = D'\varphi = 0$$

$$\Rightarrow D' = Cd + D = 0 \Rightarrow d_F = -\frac{D}{C} \qquad (2.65)$$

物方焦距 f 定义为主点 U 与焦点 F 之间的距离，按照几何光学的符号规则，如果 F 位于 U 的右侧，则 f 为正值。因此，借助 d_U 和 d_F 的符号规则得出

$$f = d_U - d_F = \frac{D}{C}(A-1) - B + \frac{D}{C} = \frac{AD}{C} - B$$

$$= \frac{AD - BC}{C} \qquad (2.66)$$

类似地，可以对像方焦点 F' 进行计算。这时，在光学系统前任意平面 P 内（例如，$d=0$）平行于光轴（即 $\varphi=0$）的光线，必然在像焦点 F' 处在 $x'=0$ 处聚焦。如果像方焦点 F' 位于平面 p' 内，使用方程（2.57）得出光学系统最后一个表面 p' 的

顶点和焦点 F' 之间的距离 $d'_{F'} := d'$ 和焦点 F' 为

$$x' = A'x + B'\varphi = A'x = 0$$

$$\Rightarrow A' = A + Cd' = 0 \Rightarrow d'_{F'} = -\frac{A}{C} \qquad (2.67)$$

类似地，当 F' 位于 U' 右侧时焦距 f' 为正值，可以通过下式计算：

$$f' = d'_{F'} - d'_{U'} = -\frac{A}{C} - \frac{1-A}{C} = -\frac{1}{C} \Rightarrow C = -\frac{1}{f'} \qquad (2.68)$$

可知，矩阵元素 C 的具体含义为像方焦距 f' 的负倒数。

汇总方程（2.59）、（2.60）、（2.63）–（2.65）和（2.67），物空间基点和光学系统第一个表面顶点的距离以及光学系统最后一个表面顶点和像空间基点的距离为

$$\begin{cases} d_U = \dfrac{D}{C}(A-1) - B \\[2mm] d_N = \dfrac{1-D}{C} \\[2mm] d_F = -\dfrac{D}{C} \\[2mm] d'_{U'} = \dfrac{1-A}{C} \\[2mm] d'_{N'} = \dfrac{A}{C}(D-1) - B \\[2mm] d'_F = -\dfrac{A}{C} \end{cases} \qquad (2.69)$$

而且，总结方程（2.66）和（2.68），现在可以把焦距表示为矩阵 $\boldsymbol{M}$ 的系数 A，B，C，D 的函数，即

$$\begin{cases} f = \dfrac{AD - BC}{C} = \dfrac{\det(\boldsymbol{M})}{C} \\[3mm] f' = -\dfrac{1}{C} \end{cases} \qquad (2.70)$$

5. 物方和像方焦距的关系

物方焦距 f 和像方焦距 f' 之间的关系很有意思。使用方程（2.66）和（2.68）推导出 f'/f 为

$$\frac{f'}{f} = \frac{-1/C}{(AD-BC)/C} = -\frac{1}{AD-BC} = -\frac{1}{\det(\boldsymbol{M})} \qquad (2.71)$$

这里使用了方程（2.54）定义的矩阵 M 的行列式 $\det(M)$。

根据线性代数的微积分，几个矩阵乘积的行列式等于这些矩阵行列式的乘积。因此，以下等式成立：

$$\det(M) = \det(M_{S,m}) \cdot \det(M_{T,m-1}) \cdot$$
$$\det(M_{S,m-1}) \cdot \cdots \cdot \det(M_{T,1}) \cdot \det(M_{S,1}) \tag{2.72}$$

先计算方程（2.45）和（2.51）中的两个初等矩阵的行列式：

$$M_{T,i} = \begin{pmatrix} 1 & d_i \\ 0 & 1 \end{pmatrix} \Rightarrow \det(M_{T,i}) = 1 \tag{2.73}$$

$$M_{S,i} = \begin{pmatrix} 1 & 0 \\ -\dfrac{n_i' - n_i}{n_i' R_i} & \dfrac{n_i}{n_i'} \end{pmatrix} \Rightarrow \det(M_{S,i}) = \frac{n_i}{n_i'} \tag{2.74}$$

同样，n_i 和 n_i' 为相应表面前后的折射率，d_i 为表面 i 和 $i+1$（$i \in \{1, 2, \cdots, m-1\}$）之间的距离，$R_i$ 为表面 i 的曲率半径。

现在，我们重新定义第一个表面前的折射率 $n := n_1$，最后一个表面后的折射率 $n' := n_m'$。由于传输矩阵 $M_{T,i}$ 的行列式为 1，M 的行列式为

$$\det(M) = \prod_{i=1}^{m} \det(M_{S,m+1-i}) = \prod_{i=1}^{m} \frac{n_{m+1-i}}{n_{m+1-i}'}$$

$$= \frac{n_m}{n_m'} \cdot \frac{n_{m-1}}{n_{m-1}'} \cdot \cdots \cdot \frac{n_2}{n_2'} \cdot \frac{n_1}{n_1'}$$

$$= \frac{n_{m-1}'}{n'} \cdot \frac{n_{m-2}'}{n_{m-1}'} \cdot \cdots \cdot \frac{n_1'}{n_2'} \cdot \frac{n_1}{n_1'} = \frac{n}{n'} \tag{2.75}$$

这里使用了方程（2.55）中相邻表面的折射率关系。

因此，根据方程（2.71），焦距 f' 和 f 的比为

$$\frac{f'}{f} = -\frac{1}{\det(M)} = -\frac{n'}{n} \quad \text{或} \quad \frac{f'}{n'} = -\frac{f}{n} \tag{2.76}$$

6. 物像空间折射率相等的光学系统的基点

一个有趣的特殊情况是，光学系统第一个表面前的折射率 n 等于光学系统最后一个表面后的折射率 n'：$n=n'$。那么根据方程（2.75），矩阵 M 的行列式 $\det(M)=1$。因此，根据方程（2.76），物方和像方的焦距绝对值相等，正负相反（由于几何光学的符号规则）。

$$f' = -f \tag{2.77}$$

第一个表面前和最后一个表面后的折射率相等的光学系统的另一个非常有趣

的特性是，主点和节点重合。使用 $\det(\boldsymbol{M})=AD-BC=1$，从方程（2.59）、（2.60）、（2.63）和（2.64）可以容易地推导出

$$d_U = \frac{D}{C}(A-1) - B = \frac{AD-D-BC}{C}$$

$$= \frac{1-D}{C} = d_N \tag{2.78}$$

和

$$d'_{N'} = \frac{A}{C}(D-1) - B = \frac{AD-A-BC}{C} = \frac{1-A}{C} = d'_{U'} \tag{2.79}$$

7. 球形折射面的基点

最简单的光学成像系统是单个的球形折射面。通过运用方程（2.69）和（2.70）可以确定球形折射面的基点。

在这种特殊情况下，根据方程（2.51），矩阵 $\boldsymbol{M}$ 为

$$\boldsymbol{M} = \begin{pmatrix} A & B \\ C & D \end{pmatrix} := \boldsymbol{M}_s = \begin{pmatrix} 1 & 0 \\ -\dfrac{n'-n}{n'R} & \dfrac{n}{n'} \end{pmatrix} \tag{2.80}$$

那么，根据方程（2.69）得出

$$\begin{cases} d_U = \dfrac{D}{C}(A-1) - B = 0 \\ d_N = \dfrac{1-D}{C} = -R \\ d_F = -\dfrac{D}{C} = \dfrac{nR}{n'-n} \\ d'_U = \dfrac{1-A}{C} = 0 \\ d'_{N'} = \dfrac{A}{C}(D-1) - B = R \\ d'_{F'} = -\dfrac{A}{C} = \dfrac{n'R}{n'-n} \end{cases} \tag{2.81}$$

这说明（图 2.15）：

（1）两个主点都与球面顶点重合（$d_U = d'_{U'} = 0$）。

（2）两个节点都与球面曲率中心重合（$-d_N = d'_{N'} = R$）。为理解上述关系，需注意符号规则：如果球面顶点位于节点 N 右侧，则为 d_N 正值；反之，如果球面顶点位于节点 N 左侧，则 $d'_{N'}$ 为正值。

（3）对于凸面（$R>0$）且 $n'>n$ 的情况，球面的光焦度为正，焦点 F 位于球面

的前侧，F'位于球面后侧。对于凹面（$R>0$）且 $n'>n$ 仍成立的情况，球面的光焦度为负，且焦点的位置改变，即 F 位于球面顶点右侧，F'位于左侧。

同样地，使用方程（2.70）计算焦距：

$$\begin{cases} f = \dfrac{AD-BC}{C} = \dfrac{\det(\boldsymbol{M})}{C} = -\dfrac{nR}{n'-n} \\ f' = -\dfrac{1}{C} = \dfrac{n'R}{n'-n} \end{cases} \quad (2.82)$$

由于主点和球面顶点重合，焦距 f 当然也等于 $-d_F$，焦距 f' 有 $f'=d'_{F'}$。一般方程（2.76）$f'/n' = -f/n$ 自然也成立。

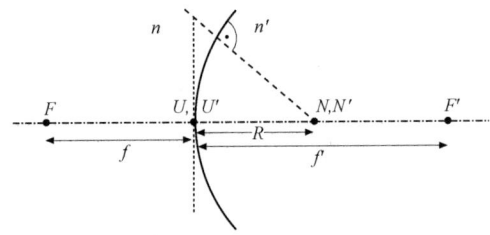

图 2.15　球形折射面的基点和参数（F 和 F'的位置针对 $n=1$ 且 $n'=1.8$ 的例子绘出）

2.2.4　几何光学成像方程

1. 透镜方程

之前已经说明了成像的含义。一个光学系统第一个表面顶点前距离为 d 的平面 P 内矩阵为 $\boldsymbol{M}$ 的点 P_O，在光线系统最后一个表面顶点距离为 d' 的平面 P' 内成像为点 P_I。只有当表示从 P 到 P' 的完整光线传播的矩阵 $\boldsymbol{M}'$元素 B' 为 0，才能够成像。

$$B' = Ad + B + Cdd' + Dd' = 0 \quad (2.83)$$

然后，所有从物点 P_O 发出的光线会在像点 P_I 相交。将物点与物方主平面 u 的距离命名为 d_O，像方主平面 u' 与像点 P_I 的距离命名为 d_I（图 2.16）。根据几何光学的符号规则，如果物点位于 u 的右侧，则 d_O 为正值（图 2.16 中 d_O 为负值）；如果像点位于 u' 右侧，则 d_I 为正值（图 2.16 中 d_I 为正值）。

那么，d，d_O 和 d_U（u 和第一个表面的顶点之间的距离）的关系及 d'，$d'_{O'}$ 和 $d'_{U'}$（最后一个表面和 u' 的顶点之间的距离）的关系为

$$\begin{cases} d_O = d_U - d \\ d_I = d' - d'_{U'} \end{cases} \quad \begin{matrix}(2.84)\\[1em](2.85)\end{matrix}$$

这里考虑了 d_O（d_I），（$d'_{U'}$）和 d（d'）的不同符号规则。将方程（2.84）和（2.85）代入方程（2.83）得

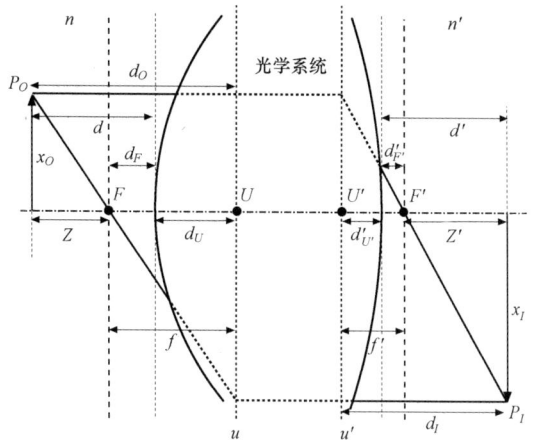

图 2.16   物点 P_O 通过一般光学系统向像点 P_I 成像的参数。该光学系统用第一个和最后一个表面的顶点及基点（不包括节点）表示。文中提到的符号规则适用于典型几何光学参数：$x_O > 0$，$x_I < 0$，$d_O < 0$，$d_I > 0$，$Z < 0$，$Z' > 0$，$f < 0$，$f' > 0$。但对于只用于近轴矩阵理论的其他参数来说，有：$d > 0$，$d' > 0$，$d_F > 0$，$d'_F > 0$，$d_U < 0$，$d'_U < 0$

$$A(d_U - d_O) + B + C(d_U - d_O)(d_I + d'_{U'}) + D(d_I + d'_{U'}) = 0 \qquad (2.86)$$

使用方程（2.59）和（2.60）将 d_U 和 $d'_{U'}$ 表达为矩阵 M 的系数 A，B，C，D 和其他运算的函数，结果为

$$A\left[\frac{D}{C}(A-1) - B - d_O\right] + B + \left\{C\left[\frac{D}{C}(A-1) - B - d_O\right] + D\right\} \times \left(d_I + \frac{1-A}{C}\right)$$

$$= \frac{AD}{C}(A-1) - AB - Ad_O + B + (AD - BC - Cd_O)\left(d_I + \frac{1-A}{C}\right)$$

$$= -Ad_O + B + ADd_I - BCd_I - Cd_Od_I - B - (1-A)d_O$$

$$= (AD - BC)d_I - Cd_Od_I - d_O$$

$$= \det(M)d_I - Cd_Od_I - d_O = 0 \qquad (2.87)$$

根据方程（2.75），M 的行列式为 $\det(M) = n/n'$，n 为物空间折射率，n' 为像空间中的折射率。此外，根据方程（2.68），$C = -1/f'$，其中 f' 为像方焦距。因此，最终结果为

$$d_O - \frac{n}{n'}d_I = \frac{d_Od_I}{f'} \quad \text{或} \quad \frac{d_O}{n} - \frac{d_I}{n'} = \frac{d_Od_I}{nf'} \qquad (2.88)$$

该方程的一个等价公式是著名的几何光学成像方程，称为透镜方程，其适用于十分复杂的光学成像系统。

$$\frac{n'}{d_I} - \frac{n}{d_O} = \frac{n'}{f'} = -\frac{n}{f} \qquad (2.89)$$

方程（2.89）的右侧使用了方程（2.76）。

如果折射率 n 和 n' 相等，则该方程为

$$\frac{1}{d_I} - \frac{1}{d_O} = \frac{1}{f'} \tag{2.90}$$

按照以上定义，物距 d_O 和像距 d_I 在透镜方程中是相对于主平面测量的。

2. 牛顿方程

成像方程的另一个表达式是牛顿方程，在这种情况下，相对于焦点测量物距和像距。因此，将物方焦点 F 与物点的距离 P_O 定义为 Z。类似地，Z' 为像方焦点 F' 与像点 P_I 的距离。如果物点/像点在焦点 F/F' 右侧，这两个量又变成正值。图 2.16 中，Z 为负值，Z' 为正值。根据该图，使用符号规则和方程（2.84）和（2.85），显然，以下关系成立：

$$Z = d_F - d = d_F + d_O - d_U$$
$$\Rightarrow d_O = Z + d_U - d_F = Z + f \tag{2.91}$$

$$Z' = d' - d_F' = d_I + d_{U'}' - d_{F'}'$$
$$\Rightarrow d_I = Z' - d_{U'}' + d_{F'}' = Z' + f' \tag{2.92}$$

这里使用了方程（2.66）和（2.68）。

将这些方程代入透镜方程（2.88），并使用方程（2.76）得出

$$\frac{Z+f}{n} - \frac{Z'+f'}{n'} = \frac{(Z+f)(Z'+f')}{nf'}$$
$$\Rightarrow \frac{Z}{n} + \frac{f}{n} - \frac{Z'}{n'} - \frac{f'}{n'} = \frac{ZZ'}{nf'} + \frac{Z}{n} + \frac{Z'f}{nf'} + \frac{f}{n}$$
$$\Rightarrow -\frac{f'}{n'} = \frac{ZZ'}{nf'}$$

最后得出

$$ZZ' = ff' \tag{2.93}$$

这是著名的物点成像为像点的牛顿方程。牛顿方程的优点是非常简单对称，不明确依赖于 n 和 n'。当然，对物空间和像空间折射率的依赖其实隐藏在 f 和 f' 的比值中。

3. 垂轴和轴向放大率的关系

借助图 2.17 可以轻松地解释牛顿方程。由于相似三角形的关系，以下物空间和像空间的关系成立，要注意正负符号。

$$\begin{cases} \dfrac{x_O}{-Z} = \dfrac{x_I}{f} \Rightarrow \beta = \dfrac{x_I}{x_O} = -\dfrac{f}{Z} \\[3mm] \dfrac{-x_I}{Z'} = \dfrac{x_O}{f'} \Rightarrow \beta = \dfrac{x_I}{x_O} = -\dfrac{Z'}{f'} \Rightarrow ZZ' = ff' \end{cases} \qquad (2.94)$$

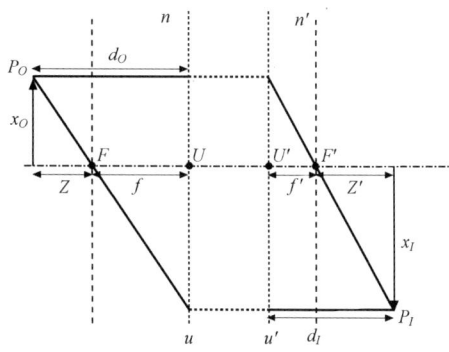

图 2.17　牛顿方程示意图。由于符号规则，图中距离的正负符号为：
$d_O < 0$，$d_I > 0$，$Z < 0$，$Z' > 0$，$f < 0$，$f' > 0$，$x_O > 0$，$x_I < 0$

这里使用了方程（2.52）中定义的垂轴放大率 β。

轴向放大率定义为 $\mathrm{d}Z'/\mathrm{d}Z$，即像平面轴（纵向）位移与物平面轴位移的比。根据牛顿方程（2.93）和方程（2.76）中 f 和 f' 的关系，以下等式成立：

$$Z' = \frac{ff'}{Z} \Rightarrow \frac{\mathrm{d}Z'}{\mathrm{d}Z} = -\frac{ff'}{Z^2} = \frac{n'}{n}\left(\frac{f}{Z}\right)^2 = \frac{n'}{n}\beta^2 \qquad (2.95)$$

这说明轴向放大率与垂轴放大率的平方成正比。

2.2.5　薄透镜

近轴理论中一个非常重要的元件是薄透镜[2.2 - 4, 20]。这意味着从第一个表面向第二个的传输被忽略了（假设透镜厚度 d_1 为 0），以光线高度 x 与第一个表面相交的近轴光线，紧靠第二个表面之后的高度 x' 不变，即

$$x' = x。$$

第一个表面前折射率为 $n = n_1$，两个表面之间有 $n_L := n_1' = n_2$，第二个表面后有 $n' = n_2'$。第一个球面曲率半径为 R_1，第二个为 R_2（图 2.18）。薄透镜在现实中当然不存在，但对于厚度相对焦距较小的透镜是一个很好的近似。

薄透镜的矩阵 $\boldsymbol{M}_{L0}$ 使用 $m=2$ 和 $d_1=0$（$\Rightarrow \boldsymbol{M}_{T,1}$ 为单位矩阵）通过方程（2.54）

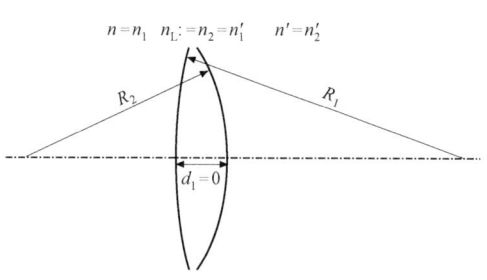

图 2.18　一个薄透镜的参数

将两个球面处的折射矩阵 $\boldsymbol{M}_{S,1}$ 和 $\boldsymbol{M}_{S,2}$ 相乘得出：

$$\boldsymbol{M}_{L0} = \boldsymbol{M}_{S,2}\boldsymbol{M}_{S,1} = \begin{pmatrix} 1 & 0 \\ -\dfrac{n'-n_L}{n'R_2} & \dfrac{n_L}{n'} \end{pmatrix} \begin{pmatrix} 1 & 0 \\ -\dfrac{n_L-n}{n_L R_1} & \dfrac{n}{n_L} \end{pmatrix}$$

$$= \begin{pmatrix} 1 & 0 \\ -\dfrac{n'-n_L}{n'R_2} - \dfrac{n_L-n}{n'R_1} & \dfrac{n}{n'} \end{pmatrix} \tag{2.96}$$

考虑了以下透镜的外部介质相同的重要情况中，即 $n'=n$。这样，矩阵为

$$\boldsymbol{M}_{L0} = \begin{pmatrix} 1 & 0 \\ -\dfrac{n-n_L}{nR_2} - \dfrac{n_L-n}{nR_1} & 1 \end{pmatrix} = \begin{bmatrix} 1 & 0 \\ -\dfrac{n_L-n}{n}\left(\dfrac{1}{R_1} - \dfrac{1}{R_2} \right) & 1 \end{bmatrix}$$

$$\Rightarrow \boldsymbol{M}_{L0} = \begin{pmatrix} 1 & 0 \\ -\dfrac{1}{f'} & 1 \end{pmatrix} \tag{2.97}$$

$$\frac{1}{f'} = \frac{n_L-n}{n}\left(\frac{1}{R_1} - \frac{1}{R_2} \right) \tag{2.98}$$

薄透镜的像方焦距 f' 已经根据方程（2.70）中进行了定义，则物方焦距 f 当然为 $f=-f'$。通过方程（2.69）（$d_U = d'_{U'} = 0$）可以看出，薄透镜主点 U 和 U' 与两个表面的顶点重合，两个表面的顶点自身也重合。由于 $n=n'$，节点与主点重合，节点当然也与顶点重合。

总的来说，紧靠薄透镜后面的光线参数与薄透镜前面的参数的关系为

$$x' = x \tag{2.99}$$

$$\varphi' = \varphi - \frac{x}{f'} \tag{2.100}$$

对于一个光焦度为正的透镜，焦距 f' 也为正，且光线相交于透镜后的实焦点。对于光焦度为负的透镜，焦距 f' 也为负，这表示原本平行于光轴的光线相交于透镜前所谓的虚焦点。虚焦点的得名当然是因为现实中透镜前的这个位置上并没有焦点，只是透镜后的光线看起来是从虚焦点发出的。

根据曲率半径的不同，有几种不同的透镜（图2.19）：

- 双凸面透镜：$R_1 > 0$ 且 $R_2 < 0$。
- 平凸透镜：$R_1 > 0$ 且 $R_2 = \infty$（或 $R_1 = \infty$，$R_2 < 0$）。
- 凸凹透镜（弯月形透镜）：$R_1 > 0$ 且 $R_2 > 0$（或都为负）。
- 平凹透镜：$R_1 < 0$ 且 $R_2 = \infty$（或 $R_1 = \infty$，$R_2 > 0$）。

- 双凹面透镜：$R_1 < 0$ 且 $R_2 > 0$。

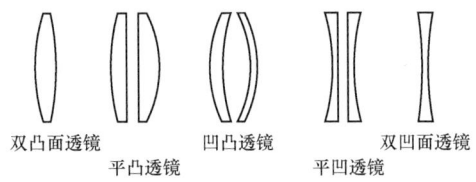

双凸面透镜　　　凹凸透镜　　　双凹面透镜
　　平凸透镜　　　　平凹透镜

图 2.19　不同类型的透镜

这些透镜具有不同的光焦度。对于 $n_L > n$ 的（例如，空气中的玻璃透镜）双凸面和平凸透镜，一般焦距为正，即它们为正透镜。双凹面和平凹透镜焦距为负，即它们为负透镜。凹凸透镜可能为正（如果凸面曲率半径较小）或负（如果凸面曲率半径较大）。需要注意的是，对于 $n_L < n$ 的情况（可以通过薄塑料制成、充满空气并放置在水中的空心透镜实现），不同种类透镜的特性是相反的。例如这种情况下，双凸面透镜焦距为负。

2.2.6　厚透镜

在厚透镜的情况下，需要考虑两个球面之间的厚度 $d = d_1$ 上的光线传输（图2.20）。当然，仍假定两个球面的曲率半径十分大，以致近轴光线与球面的交点和球面顶点处于同一个平面内。厚透镜矩阵 $\boldsymbol{M}_{Ld}$ 是三个单一矩阵的乘积：曲率半径为 $\boldsymbol{R}_1$ 的第一个球面上的折射矩阵 $\boldsymbol{M}_{S,1}$，两个球面之间距离 d 上的传输矩阵 $\boldsymbol{M}_{T,1}$ 和曲率半径为 R_2 的第二个球面上的折射矩阵 $\boldsymbol{M}_{S,2}$。透镜前、透镜中和透镜后的折射率分别为 $n = n_1$，$n_L := n_1' = n_2$ 和 $n' = n_2'$。那么厚透镜矩阵 $\boldsymbol{M}_{Ld}$ 为

$$
\boldsymbol{M}_{Ld} = \begin{pmatrix} 1 & 0 \\ -\dfrac{n' - n_L}{n' R_2} & \dfrac{n_L}{n'} \end{pmatrix} \begin{pmatrix} 1 & d \\ 0 & 1 \end{pmatrix} \begin{pmatrix} 1 & 0 \\ -\dfrac{n_L - n}{n_L R_1} & \dfrac{n}{n_L} \end{pmatrix}
$$

$$
= \begin{pmatrix} 1 & 0 \\ -\dfrac{n' - n_L}{n' R_2} & \dfrac{n_L}{n'} \end{pmatrix} \begin{pmatrix} 1 - \dfrac{n_L - n}{n_L R_1} d & \dfrac{n}{n_L} d \\ -\dfrac{n_L - n}{n_L R_1} & \dfrac{n}{n_L} \end{pmatrix}
$$

$$
= \begin{bmatrix} 1 - \dfrac{n_L - n}{n_L R_1} d & \dfrac{n}{n_L} d \\ -\dfrac{n_L - n}{n' R_1} - \dfrac{n' - n_L'}{n' R_2} + \dfrac{(n' - n_L)(n_L - n)}{n_L n' R_1 R_2} d & \dfrac{n}{n'} - \dfrac{n(n' - n_L)}{n_L n' R_2} d \end{bmatrix} \tag{2.101}
$$

在最重要的情况下，即外部介质相同时，方程（2.101）简化为

$$M_{Ld} = \left\{ \begin{array}{cc} 1 - \dfrac{n_1 - n}{n_L R_1} d & \dfrac{n}{n_L} d \\ \underbrace{-\dfrac{n_L - n}{n}\left[\left(\dfrac{1}{R_1} - \dfrac{1}{R_2}\right) + \dfrac{n_L - n}{n_L}\dfrac{d}{R_1 R_2}\right]}_{=-1/f'} \cdots\cdots & 1 + \dfrac{n_L - n}{n_L R_2} d \end{array} \right\} \quad (2.102)$$

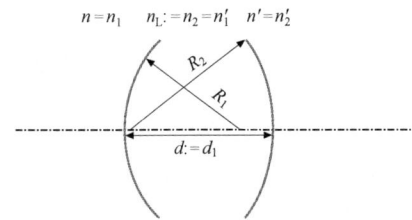

$n=n_1 \quad n_L:=n_2=n_1' \quad n'=n_2'$

图 2.20 厚透镜参数

根据方程（2.70），第二行第一列的矩阵元素 C 被定义为 $-1/f'$，f' 为厚透镜的像方焦距。

$$f' = \frac{n n_L R_1 R_2}{(n_L - n)[n_L(R_2 - R_1) + (n_L - n)d]} \quad (2.103)$$

由于 $n=n'$，物方焦距 f 为 $f=-f'$，节点和主点重合，因此有必要计算主点 U 和 U' 的位置（图 2.21）。使用方程（2.69）可得出

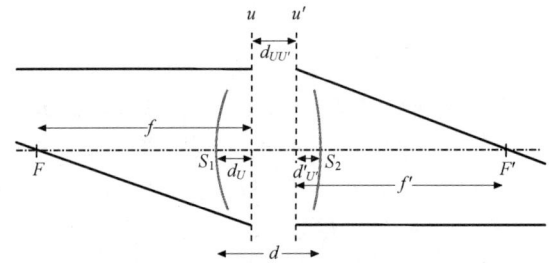

图 2.21　厚透镜主平面注意由于符号规则，图中 d_U 和 d_U' 均为负

$$\left\{ \begin{array}{l} d_U = \dfrac{D}{C}(A-1) - B = \dfrac{AD - D - BC}{C} = \dfrac{1-D}{C} \\[4mm] \quad = \dfrac{-\dfrac{n_L - n}{n_L R_2}d}{-\dfrac{n_L - n}{n}\left(\dfrac{1}{R_1} - \dfrac{1}{R_2} + \dfrac{n_L - n}{n_L}\dfrac{d}{R_1 R_2}\right)} \\[6mm] \quad = \dfrac{n d R_1}{n_L(R_2 - R_1) + (n_L - n)d}, \\[4mm] d_{U'}' = \dfrac{1-A}{C} = \dfrac{\dfrac{n_L - n}{n_L R_1}d}{-\dfrac{n_L - n}{n}\left(\dfrac{1}{R_1} - \dfrac{1}{R_2} + \dfrac{n_L - n}{n_L}\dfrac{d}{R_1 R_2}\right)} \\[6mm] \quad = -\dfrac{n d R_2}{n_L(R_2 - R_1) + (n_L - n)d} \end{array} \right. \quad (2.104)$$

u' 位于 u 右侧时，两个主平面之间的距离 $d_{UU'}$ 为正值，即

$$d_{UU'} = d + d_U + d'_{U'}$$

$$= d\left[1 - \frac{n(R_2 - R_1)}{n_L(R_2 - R_1) + (n_L - n)d}\right] \tag{2.105}$$

1. 空气中的厚透镜

由于空气中的厚透镜（$n=1$）的特殊情况在实践中最重要，这种情况下需要重复使用方程（2.102）中的 $1/f'$，方程（2.104）中的 d_U 和方程（2.105）中的 $d_{UU'}$。

$$\frac{1}{f'_1} = (n_L - 1)\left[\left(\frac{1}{R_1} - \frac{1}{R_2}\right) + \frac{n_L - 1}{n_L}\frac{d}{R_1 R_2}\right] \tag{2.106}$$

$$d_U = \frac{dR_1}{n_L(R_2 - R_1) + (n_L - 1)d} \tag{2.107}$$

$$d'_{U'} = -\frac{dR_2}{n_L(R_2 - R_1) + (n_L - 1)d} \tag{2.108}$$

$$d_{UU'} = d\left[1 - \frac{R_2 - R_1}{n_L(R_2 - R_1) + (n_L - 1)d}\right] \tag{2.109}$$

在下文中，将描述空气中的厚透镜三种最重要的情况，以对透镜的光学参数进行说明。

2. 空气中厚透镜的特殊情况

球透镜。曲率半径 $R>0$，折射率为 n_L 的球透镜的透镜参数为（图 2.22）。

$$R_1 = R, R_2 = -R, d = 2R$$

根据方程（2.106 – 2.109），意味着该透镜在空气中的参数为

$$\begin{cases} \dfrac{1}{f'} = \dfrac{2(n_L - 1)}{Rn_L} \Rightarrow f' = \dfrac{n_L R}{2(n_L - 1)} \\ d_U = -R \\ d'_{U'} = -R \\ d_{UU'} = 0 \end{cases} \tag{2.110}$$

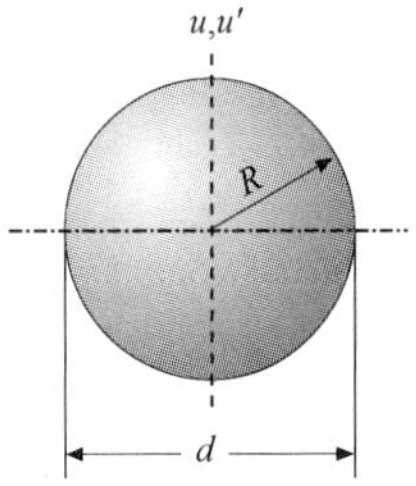

图 2.22　球透镜参数

即两个主点重合，且位于球透镜的曲率中心。对于 $n_L=2$ 的特殊情况，焦距与曲率半径相等 $f'=R$，因此像方焦点位于球面的背面上。对于 $n_L<2$（例如几乎所有的玻璃）的情况，焦点在球面外侧；反之，对于 $n_L>2$（例如红外线照射下的硅球透镜），焦点位于球面内。

埃米列·冯·豪伊（Hoegh）设计的凹凸透镜，折射率为 n_L，厚度为 d 的 Hoegh 凹凸透镜（图 2.23）的两个曲率半径相等，即 $R_1=R_2=R$。那么从方程（2.106）–（2.109）可以推出

$$\begin{cases} \dfrac{1}{f'} = \dfrac{(n_L-1)^2 d}{n_L R^2} \\[3mm] d_U = \dfrac{R}{n_L-1} \\[3mm] d'_{U'} = -\dfrac{R}{n_L-1} \\[3mm] d_{UU'} = d \end{cases}$$

（2.111）

曲率半径相等的薄凹凸透镜不会产生光学效应。相反，厚的 Hoegh 凹凸透镜的光焦度为正。总是至少有一个主点位于透镜外侧，且主点间的距离等于透镜厚度（图 2.23）。

平凸或平凹透镜。现在假设折射率为 n_L，厚度为 d 的厚透镜的第一个表面为曲面（凸面，即 $R_1>0$ 或凹面），第二个表面为平面（$R_2=\infty$）。这种情况下方程（2.106）–（2.109）为（图 2.24）

$$\begin{cases} \dfrac{1}{f'} = \dfrac{n_L-1}{R_1} \\[3mm] d_U = 0 \\[3mm] d'_{U'} = -\dfrac{d}{n_L} \\[3mm] d_{UU'} = d\left(1-\dfrac{1}{n_L}\right) = \dfrac{(n_L-1)d}{n_L} \end{cases}$$

（2.112）

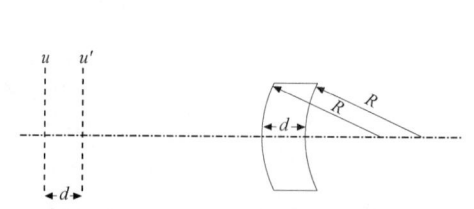
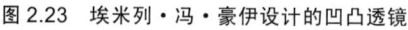
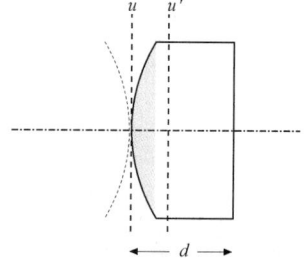

图 2.23　埃米列·冯·豪伊设计的凹凸透镜　　图 2.24　一个平凸或平凹透镜的主平面

这意味着第一个主点与曲面顶点重合。此外，有一个平面表面的透镜的焦距计算方法与薄透镜相同。这并不奇怪，因为平凸/平凹透镜可以被理解为焦距为 f' 的薄透镜和厚度为 d，折射率为 n_L 的平板玻璃的组合。通过计算矩阵 $\boldsymbol{M}=\boldsymbol{M}_P\boldsymbol{M}_{L0}$ 并将其与方程（2.102）中 $R_2=\infty$ 时的 $\boldsymbol{M}_{Ld}$ 比较，很容易看出这一点。

2.2.7　反射光学表面

到目前为止只探讨了折射面，这些表面构成了透镜并实现了目标。不过当然还有反射面，其对于例如天文望远镜[2.21]，及不远的未来，波长 13 nm 的超紫外（EUV）光刻系统[2.22]都十分重要。但是，通过计算其 2×2 矩阵并用以替代方程（2.54）中的折射面矩阵，很容易将反射面包括到近轴设计中。我们将看到，反射面矩阵的行列式为 1，因此关于焦距 f 和 f' 的关系的一般讨论成立。

1. 平面反射面

图 2.25 显示了垂直于光轴的平面上的反射。反射定律说明反射光线与面法线的夹角 i' 和入射光线的夹角 i 相等，即 $i=i'$。近轴理论的惯例是不考虑反射光线，光会从右向左传播。作为替代，考虑了未经弯折的光路，这是通过在反射面上做反射光线的镜像得到的。这样就得到了图 2.25 中的虚线光线，

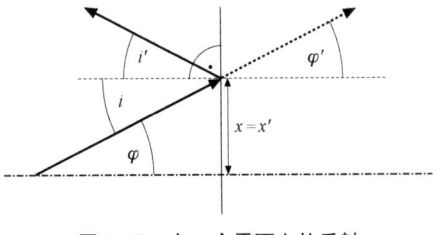

图 2.25　在一个平面上的反射

近轴光线参数 x 和 ϕ 不变。因此，垂直于光轴的反射平面的近轴光线矩阵 $\boldsymbol{M}_{RP}$ 正好就是单位矩阵。

$$\boldsymbol{M}_{RP} = \begin{pmatrix} 1 & 0 \\ 0 & 1 \end{pmatrix} \tag{2.113}$$

其行列式当然为 1。

2. 球面反射面

球面上的反射与平面的情况类似，在图 2.26 中用凸面镜表示。在经过球面顶点且垂直于光轴的平面上对球面的反射光线做镜像，就得到了图 2.26 中的虚线光线。图 2.26 中的所有角度均为正，因此以下关系成立：

$$\left.\begin{array}{l} i=\varphi+\alpha \\ \alpha+i'=\varphi' \\ i=i' \\ \alpha=\dfrac{x}{R} \end{array}\right\} \Rightarrow \varphi'=\varphi+2\alpha=\varphi+2\dfrac{x}{R} \tag{2.114}$$

由于在反射过程中光线高度 x 恒定，因此近轴光线矩阵 $\boldsymbol{M}_{RS}$ 为

$$\boldsymbol{M}_{RS} = \begin{pmatrix} 1 & 0 \\ \dfrac{2}{R} & 1 \end{pmatrix} \tag{2.115}$$

行列式同样为 1。

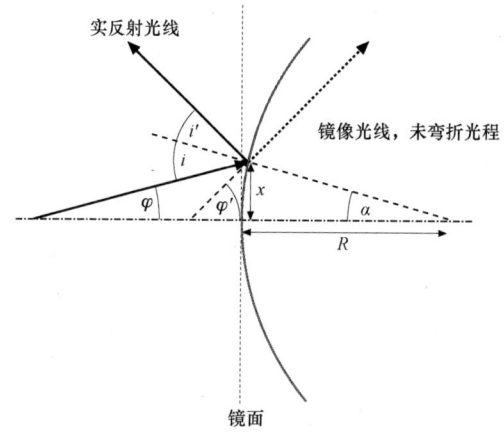

图 2.26　在一个球面上的反射

矩阵（2.115）同样适用于凹面镜。这时，曲率半径 R 为负。因此对于正的光线高度 x，角 φ' 小于角 φ。这正是光焦度为正的凹面镜的作用。

作为一种应用，应使用方程（2.69）和（2.70）计算一个球面镜的基点为

$$\begin{cases} d_U = \dfrac{D}{C}(A-1) - B = 0 \\[2mm] d_N = \dfrac{1-D}{C} = 0 \\[2mm] d_F = -\dfrac{D}{C} = -\dfrac{R}{2} \\[2mm] d_U' = \dfrac{1-A}{C} = 0 \\[2mm] d_{N'}' = \dfrac{A}{C}(D-1) - B = 0 \\[2mm] d_{F'}' = -\dfrac{A}{C} = -\dfrac{R}{2} \\[2mm] f = \dfrac{AD-BC}{C} = \dfrac{\det(\boldsymbol{M})}{C} = \dfrac{R}{2} \\[2mm] f' = -\dfrac{1}{C} = -\dfrac{R}{2} \end{cases} \qquad (2.116)$$

因此，主点 U、U' 和节点 N、N' 均与球面镜顶点重合（图 2.27）。物方焦点 F 位于球面曲率中心和顶点之间的一半间距处。另外，像方焦点 F' 与实反射光线的焦点 F 重合。不过由于采用了镜像光线未弯折的光路，在通过顶点且垂直于光轴的主平面上也做出了镜像焦点 $F'_{镜像}$，其焦距当然是曲率半径的 1/2，凸面镜焦度为负，凹面镜焦度为正。

如果必须对包含折射面和反射面的光学系统进行分析,由于光线可能通过同一个透镜两次或以上,在光线返回的路径上有必要改变表面和折射率的顺序,以及曲率半径的正负。

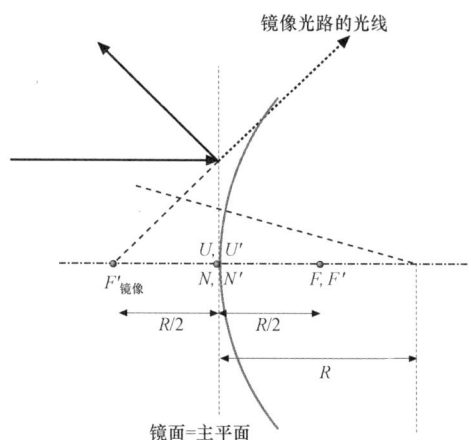

图 2.27　一个凸面镜的基点。来自左侧平行于光轴的光线必然经过焦点 $F'_{镜像}$ 进入像空间(虚线光线)。$F'_{镜像}$ 是在顶点平面上成镜像的未弯折光路的焦点。现实中的反射光线将沿虚线光线经过与焦点 F 重合的 F'

2.2.8　近轴矩阵理论向 3×3 矩阵的扩展

近轴 2×2 矩阵理论只有在所有元件都以光轴为中心且沿光轴对称时才能使用。例如倾斜的折射平面或衍射光栅,由于会对所有光线造成整体倾斜,则不能囊括在 2×2 矩阵理论中,但是使用 3×3 矩阵可以对这种方法进行扩展[2.15]。以下将对此进行描述。

1. 衍射光栅的近轴光线跟踪

根据著名的光栅方程,波长为 λ 的以周期 Λ 撞击衍射光栅的表现为平面波的光线发生了衍射[2.1](图 2.28)。

$$\sin \varphi' = \sin \varphi + m \frac{\lambda}{\Lambda} \qquad (2.117)$$

式中,整数 m 是光栅的衍射级数,根据光栅种类的不同,可能只有一个有效级数(例如闪耀光栅或体积全息光栅)或多个效率非零的级数(例如二元相位光栅或振幅光栅)[2.23 - 25]。在多个衍射级的情况下,每一级必须单独计

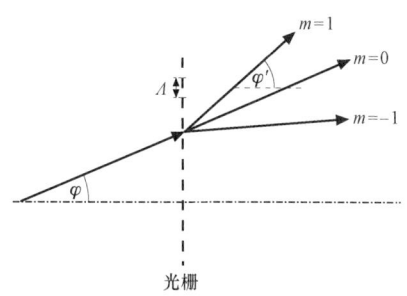

图 2.28　这里用周期为 Λ 的振幅光栅表示光栅的衍射。图中给出了三种不同的衍射级

算。角度 φ 和 φ' 分别为入射和衍射光线的角度。

在近轴近似中，角度的正弦值可替换为角度本身，那么光栅方程为

$$\varphi' = \varphi + m\frac{\lambda}{\varLambda} \tag{2.118}$$

加上光线高度 x 的方程 $x'=x$，即 x 在光栅衍射的情况下不变，光栅衍射前后的光线参数通过两个方程联系了起来。但是，无法再用纯 2×2 矩阵符号写出这两个方程，因为那会是

$$\begin{pmatrix} x' \\ \varphi' \end{pmatrix} = \begin{pmatrix} 1 & 0 \\ 0 & 1 \end{pmatrix}\begin{pmatrix} x \\ \varphi \end{pmatrix} + \begin{pmatrix} 0 \\ m\dfrac{\lambda}{\varLambda} \end{pmatrix} \tag{2.119}$$

因此，在末尾总要加上矢量，因而不可能使用一个 2×2 矩阵计算包含一个或多个衍射光栅及其他光学元件的完整光学系统。但是，可以使用 3×3 矩阵取代 2×2 矩阵、使用含三个分量的近轴光线矢量取代含两个分量的矢量，这里第三个分量始终为 1。该 3×3 矩阵和近轴光线矢量形式如下：

$$\boldsymbol{M}_{3\times3} = \begin{pmatrix} A & B & \Delta x \\ C & D & \Delta\varphi \\ 0 & 0 & 1 \end{pmatrix} \Rightarrow \begin{pmatrix} x' \\ \varphi' \\ 1 \end{pmatrix} = \boldsymbol{M}_{3\times3}\begin{pmatrix} x \\ \varphi \\ 1 \end{pmatrix} = \begin{bmatrix} \boldsymbol{M}\begin{pmatrix} x \\ \varphi \end{pmatrix} + \begin{pmatrix} \Delta x \\ \Delta\varphi \end{pmatrix} \\ 1 \end{bmatrix} \tag{2.120}$$

式中，$\boldsymbol{M}$ 为系数为 A，B，C，D 的正规近轴 2×2 矩阵；系数 Δx 和 $\Delta\varphi$ 为恒定值，分别代表光学元件施加在入射近轴光线上的横向位移或倾斜度。要得到在纯近轴 2×2 矩阵上附加的 3×3 矩阵，只须将系数 Δx 和 $\Delta\varphi$ 设为 0。

现在，用来定义近轴 3×3 矩阵的最初例子——衍射光栅（未倾斜）的矩阵 $\boldsymbol{M}_{G,3\times3}$ 就很容易解了。

$$\boldsymbol{M}_{G,3\times3} = \begin{pmatrix} 1 & 0 & 0 \\ 0 & 1 & m\dfrac{\lambda}{\varLambda} \\ 0 & 0 & 1 \end{pmatrix} \tag{2.121}$$

2. 倾斜的折射平面

一个折射平面应具有一个法线矢量，其绕光轴以小角度 α 倾斜。光线参数为 x 和 φ 的近轴光线撞击到前后折射率分别为 n 和 n' 的平面上（图 2.29）。由于倾角 α 和光线高度 x 都必须很小，高度 x 不同的光线和倾斜平面交点的 z 坐标的变化量可以忽略。

$$\Delta z = x\tan\alpha \approx x\alpha \approx 0 \tag{1.222}$$

也就是说 Δz 为二阶项，而近轴近似中只考虑一阶项。

此外，发生折射时，光线高度 x 保持恒定。光线角度、倾斜角和折射角通过以下方程互相相关：

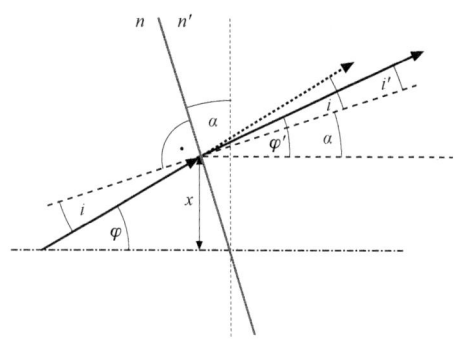

图 2.29　倾角为 α 的倾斜平面上的折射

$$\left.\begin{array}{r}\varphi' = i' + \alpha \\ \varphi = i + \alpha \\ ni = n'i'\end{array}\right\} \Rightarrow \varphi' = \frac{n}{n'}i + \alpha = \frac{n}{n'}(\varphi - \alpha) + \alpha$$

$$= \frac{n}{n'}\varphi + \frac{n'-n}{n'}\alpha \qquad （2.123）$$

因此，倾斜平面上的折射的 3×3 矩阵 $M_{R,\alpha,3 \times 3}$ 为

$$M_{R,\alpha,3\times3} = \begin{pmatrix} 1 & 0 & 0 \\ 0 & \dfrac{n}{n'} & \dfrac{n'-n}{n'}\alpha \\ 0 & 0 & 1 \end{pmatrix} \qquad （2.124）$$

作为应用，并为了解如何确定完整光学系统的矩阵，下面将计算薄棱镜的矩阵。

3. 薄棱镜

薄棱镜由两个倾斜折射面组成，假设棱镜由折射率为 n' 的材料制成，且棱镜外两侧的折射率均为 n（图 2.30）。由于假设棱镜很薄，忽略了两个折射面之间的传播，棱镜的总矩阵 $M_{棱镜,3\times3}$ 可通过将单个折射面的 3×3 矩阵简单地相乘得出。设两个折射面的倾斜角为 α_1 和 α_2，得出

$$M_{棱镜,3\times3} = M_{R,\alpha_2,3\times3} M_{R,\alpha_1,3\times3}$$

$$= \begin{pmatrix} 1 & 0 & 0 \\ 0 & \dfrac{n'}{n} & \dfrac{n-n'}{n}\alpha_2 \\ 0 & 0 & 1 \end{pmatrix}\begin{pmatrix} 1 & 0 & 0 \\ 0 & \dfrac{n}{n'} & \dfrac{n'-n}{n'}\alpha_1 \\ 0 & 0 & 1 \end{pmatrix}$$

$$= \begin{bmatrix} 1 & 0 & 0 \\ 0 & 1 & \dfrac{n'-n}{n}(\alpha_1 - \alpha_2) \\ 0 & 0 & 1 \end{bmatrix} \qquad （2.125）$$

定义棱镜顶角 $\gamma = \alpha_1 - \alpha_2$ 时，顶角为 γ 的薄棱镜的总偏转角 δ 为 $\delta = (n'-n)\gamma/n$。对于最重要的薄棱镜在空气中的情况（$n=1$），偏转角为 $\delta = (n'-1)\gamma$。

4. 转换矩阵

可以通过引入两个坐标系之间的近轴转换矩阵，对倾斜平面或其他倾斜并造成横向位移的表面进行计算。将第一个包含 x 轴和 z 轴的坐标系命名为全局坐标系。第二个包含 x' 轴和 z' 轴的坐标系统称为局部坐标系，因为在该坐标系统中，折射面具有简单的形式，即在局部坐标系内无倾斜和位移。局部坐标系是将全局坐标系按照微小距离 Δx 在 x 轴方向横向位移，并按照角 $\Delta \varphi$ 进行旋转得到的（图 2.31）。因此，全局坐标系中光线参数为（x，φ）的近轴光线在局部坐标系中的光线参数为（x'，φ'），且以下关系式成立：

$$x' = (x - \Delta x)\cos(\Delta\varphi) \approx x - \Delta x \qquad (2.126)$$

$$z' = (x - \Delta x)\sin(\Delta\varphi) \approx (x - \Delta x)\Delta\varphi \approx 0 \qquad (2.127)$$

$$\varphi' = \varphi - \Delta\varphi \qquad (2.128)$$

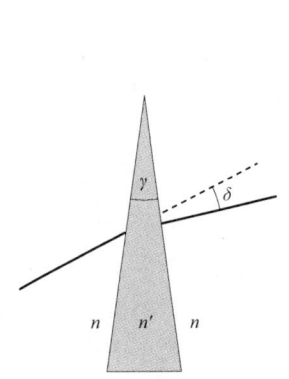

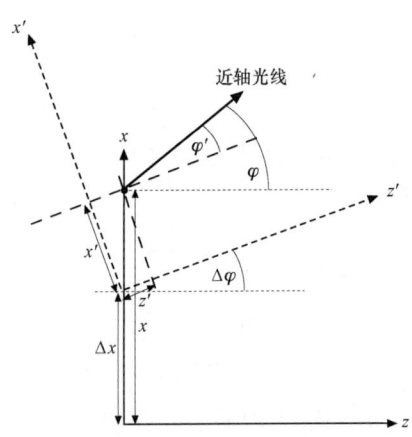

图 2.30　棱镜角为 γ 的薄棱镜上的折射。入射光的偏转角 δ

图 2.31　相对倾斜且有位移的两个坐标系统之间的转换。局部 x' 轴-z' 轴坐标系统相对于整体 x 轴 z 轴坐标系统的位移为 Δx 且倾斜角为 $\Delta\varphi$

这里使用了近轴近似，且由于 Δx、$\Delta\varphi$、x 和 φ 均为近轴量（即较小），只考虑了一次项，将二次项例如（$x - \Delta x$）、$\Delta\varphi$ 均设为 0。因此，如果光线的全局坐标系为 $z=0$，则其在 z' 轴上也为 0，根据情况选取全局坐标系后通常是这样。

因此，近轴光线从全局坐标系向局部坐标系的转换的矩阵 $M_{G\to L,3\times3}$ 为

$$M_{G\to L,3\times3} = \begin{pmatrix} 1 & 0 & -\Delta x \\ 0 & 1 & -\Delta\varphi \\ 0 & 0 & 1 \end{pmatrix} \qquad (2.129)$$

反之亦然，近轴光线从局部坐标系向全局坐标系转换的矩阵 $M_{L\to G,3\times3}$ 是 $M_{G\to L,3\times3}$ 的逆矩阵：

$$M_{L \to G,3\times3} = M_{G \to L,3\times3}^{-1} = \begin{pmatrix} 1 & 0 & \Delta x \\ 0 & 1 & \Delta\varphi \\ 0 & 0 & 1 \end{pmatrix} \quad （2.130）$$

需要注意的要点还有，在使用微小位移 Δx 和微小倾角 $\Delta\varphi$ 的近轴近似中，位移和倾斜的顺序可以是随意的；相反，对于有限量这种情况不成立。从数学角度来说，可以通过将只有位移（即 $\Delta\varphi=0$）和只有倾斜（即 $\Delta x=0$）的矩阵交换顺序进行计算得到证明。

$$\begin{pmatrix} 1 & 0 & \Delta x \\ 0 & 1 & 0 \\ 0 & 0 & 1 \end{pmatrix}\begin{pmatrix} 1 & 0 & 0 \\ 0 & 1 & \Delta\varphi \\ 0 & 0 & 1 \end{pmatrix} = \begin{pmatrix} 1 & 0 & \Delta x \\ 0 & 1 & \Delta\varphi \\ 0 & 0 & 1 \end{pmatrix} = \begin{pmatrix} 1 & 0 & 0 \\ 0 & 1 & \Delta\varphi \\ 0 & 0 & 1 \end{pmatrix}\begin{pmatrix} 1 & 0 & \Delta x \\ 0 & 1 & 0 \\ 0 & 0 & 1 \end{pmatrix} \quad （2.131）$$

这意味着，在近轴近似中，坐标系统先倾斜后位移和先位移后倾斜得出的结果是一样的。因此，可以对整个转换使用一个矩阵，不必考虑单个转换的顺序。

作为对转换矩阵的应用，须对曲率半径为 R、且带有倾斜和位移的球面折射的 3×3 矩阵进行计算。再次将球面前的折射率设为 n，球面后为 n'。球面顶点按照距离 Δx 相对于光轴（全局坐标系）作横向位移，然后围绕垂直于子午面的轴旋转 $\Delta\varphi$。局部坐标系当然是球面在其中既没有倾斜也没有旋转的坐标系。那么，局部坐标系中的光线可以通过将入射光线（全局坐标系）与转换矩阵 $M_{G \to L,3\times3}$ 相乘进行计算。在局部坐标系中，将光线与常规的既没有倾斜也没有位移的球面矩阵 $M_{S,3\times3}$ 相乘。之后，通过将局部坐标系中的光线与 $M_{L \to G,3\times3}$ 相乘转换回全局坐标系。因此，全局坐标系内带有倾斜和位移的球面上的折射矩阵 $M_{S,\Delta x,\Delta\phi,3\times3}$ 正好是这三个矩阵的乘积。

$$M_{S,\Delta x,\Delta\varphi,3\times3} = M_{L \to G,3\times3} M_{S,3\times3} M_{G \to L,3\times3}$$

$$= \begin{pmatrix} 1 & 0 & \Delta x \\ 0 & 1 & \Delta\varphi \\ 0 & 0 & 1 \end{pmatrix}\begin{pmatrix} 1 & 0 & 0 \\ -\dfrac{n'-n}{n'R} & \dfrac{n}{n'} & 0 \\ 0 & 0 & 1 \end{pmatrix}\begin{pmatrix} 1 & 0 & -\Delta x \\ 0 & 1 & -\Delta\varphi \\ 0 & 0 & 1 \end{pmatrix}$$

$$= \begin{pmatrix} 1 & 0 & \Delta x \\ 0 & 1 & \Delta\varphi \\ 0 & 0 & 1 \end{pmatrix}\begin{pmatrix} 1 & 0 & -\Delta x \\ -\dfrac{n'-n}{n'R} & \dfrac{n}{n'} & \dfrac{n'-n}{n'R}\Delta x - \dfrac{n}{n'}\Delta\varphi \\ 0 & 0 & 1 \end{pmatrix}$$

$$= \begin{pmatrix} 1 & 0 & 0 \\ -\dfrac{n'-n}{n'R} & \dfrac{n}{n'} & \dfrac{n'-n}{n'R}\Delta x + \dfrac{n'-n}{n'}\Delta\varphi \\ 0 & 0 & 1 \end{pmatrix} \quad （2.132）$$

结果显示光线高度 x 如预料的那样，在球面折射后并不变（$x'=x$）；对于光线角度φ，除了球面通常的项，还产生了与入射角无关而与位移Δx和倾角$\Delta \varphi$相关的额外的项。还可以看出，如果满足条件$\Delta x/R = -\Delta \varphi$，该额外项为0。这就是众所周知的事实，即球面的横向位移可以被倾斜抵消。

特殊情况为$R \to \infty$，球面转化为平面。在这种情况下，矩阵（2.132）变为

$$M_{S,\Delta x,\Delta \varphi,3\times 3} \stackrel{R\to\infty}{\Longrightarrow} \begin{pmatrix} 1 & 0 & 0 \\ 0 & \dfrac{n}{n'} & \dfrac{n'-n}{n'}\Delta\varphi \\ 0 & 0 & 1 \end{pmatrix} = M_{R,\Delta\varphi,3\times 3} \quad (2.133)$$

我们直接从图2.29中推出的方程（2.124）中得到倾斜平面上的折射矩阵$M_{R,\alpha,3\times 3}$，在$\Delta\varphi = \alpha$时得到的结果当然也是一样的。

| 2.3 光阑和光瞳 |

在之前关于近轴光学的一节中，只考虑了邻近光轴的光线和物点。因此，在近轴计算中光阑不会产生影响。然而这在非近轴光学中发生了很大的变化。在这种情况下，光阑是非常重要的光学元件，其决定了光学系统的聚光本领、分辨率、像差量、视场等。下文只能给出光阑和光瞳的一些初步定义，更多的知识可参阅相关文献［2.1, 3, 8, 20］。有两种光阑特别重要——孔径光阑和视场光阑。

2.3.1 孔径光阑

首先假设一个向各个方向发射光线的发光物点。那么，孔径光阑就是限制成像光束横截面的实际光阑。为了确定孔径光阑，必须计算系统中所有光阑（例如透镜孔径或实际光阑）通过相应光阑前的系统所成像的尺寸和位置。可以借助上一节的近轴矩阵理论进行计算。如果从物点到光阑i的像的距离为l_i，光阑所成的像的直径为d_i，则能够通过光阑的孔径角ϕ_i为

$$\tan \varphi_i = \frac{d_i}{2l_i} \quad (2.134)$$

现在，孔径光阑就是给出φ_i最小值φ_O的元件光孔i。孔径光阑通过光学系统在孔径光阑前的部分所成的像称为入射光瞳，孔径光阑通过光学系统在孔径光阑后的部分所成的像称为出射光瞳。全孔径角$2\varphi_O$称为物方孔径角，像方相应的量$2\varphi_I$称为像方孔径角。计算出射光瞳直径d_I和出射光瞳与像点的距离l_I，再次使用方程（2.134），将d_i替换为d_I，l_i替换为l_I，可以确定φ_I。

如果孔径光阑位于光学系统之前，则孔径光阑和入射光瞳相等。相反，如果孔径光阑位于整个光学系统之后，则孔径光阑和出射光瞳相等。一般情况下，孔径光阑位于光学系统中不确定的某处，入射光瞳和出射光瞳也位于不确定的某处，且可

能为孔径光阑的实像或虚像。如果光学系统只由一个（薄）单透镜组成，孔径光阑、入射光瞳和出射光瞳当然都等于透镜本身的孔径。另一种有趣的情况是，孔径光阑位于其之前的光学系统的后焦面上。这时入射光瞳在无穷远处，该系统称为物方远心。这种情况下，所有物方主光线（参见本节稍后）均平行于光轴。同样地，如果孔径光阑位于其后的光学系统部分的前焦面上，则出射光瞳在无穷远处，且该系统称为像方远心。两方都远心的光学系统在光学计量中十分重要，因为在这种情况下，由于物空间和像空间的主光线都平行于光轴，不同物平面的物点具有相同的垂轴放大率。因此，尽管物体可能在能够清晰成像的物平面以外，在给定的像平面中测量的物体大小也还是准确的。

标志光学系统特性的一个非常重要的量是数值孔径 NA。将物方数值孔径 NA_O 定义为

$$NA_O = n_O \sin \varphi_O \qquad (2.135)$$

将像方数值孔径 NA_I 定义为

$$NA_I = n_I \sin \varphi_I \qquad (2.136)$$

式中，n_O 和 n_I 分别为物空间和像空间的折射率。如果满足正弦条件，NA_O 和 NA_I 通过垂轴放大率 β［方程（2.52）］相互联系是光学成像系统的基本特性。

$$NA_I = \frac{NA_O}{\beta} \qquad (2.137)$$

实际上，将 β 替换为成像尺寸与物体尺寸的比 x_I/x_O，该方程式可表达为

$$x_I n_I \sin \varphi_I = x_O n_O \sin \varphi_O \qquad (2.138)$$

这是正弦条件[2.1]的通常表达。在近轴情况下该不变量简化为亥姆霍兹不变量。

$$x_I n_I \varphi_I = x_O n_O \varphi_O \qquad (2.139)$$

数值孔径决定了光学系统能聚集多少来自物体的光线，其也决定了（在无像差的情况下）该系统由衍射决定的分辨率。在 2.5.3 节中我们将看到许多像差取决于数值孔径。光学系统中孔径光阑的位置也对像差有影响[2.26]。

几何光学另一个非常重要的定义是所谓的主光线，是指来自物点（当然可以是离轴）且通过孔径光阑中心的光线。由于入射光瞳和出射光瞳都是孔径光阑的像，主光线也通过入射光瞳和出射光瞳的中心。如果系统中有很大的像差，离轴较远的物点不一定完全符合这种情况。

2.3.2　视场光阑

第二个非常重要的光阑是视场光阑，其限制了能够通过一个光学系统成像的物方直径。为了找到视场光阑，我们再次计算所有光阑通过相应光阑之前的光学系统

部分的成像。我们仍然假设第 i 个光阑的像直径为 d_i，光阑的像和系统入射光瞳之间的距离为 L_i。那么视场光阑为使 φ_i 取最小值 φ_O 的光阑，有

$$\tan \phi_i = \frac{d_i}{2L_i} \qquad (2.140)$$

$2\varphi_O$ 称为视场角。视场光阑通过光学系统在视场光阑前的部分所成的像称为入射窗，视场光阑通过光学系统在其后的部分所成的像称为出射窗。

如果物点（离轴）和入射光瞳中心的连线被入射窗阻挡，则主光线不能通过视场光阑，因此该物点在多数情况下无法成像。但是，有些情况下来自物点的其他光线都能够通过光阑，这时物面没有清晰边界，但物面之外的部分以较低的亮度成像。这种效应称为渐晕。

|2.4 光 线 追 迹|

2.1.3 节显示，只要几何光学是近似有效的，就可以用光线对光进行描述。通过光学系统对这些光线进行传播，对于光学系统的开发及其预期质量的计算是十分重要的工具。光线经过光学系统的传播称为光线追迹[2.27, 28]，这是光学设计的基本工具，即针对成像质量和其他特性（系统对偏差的容许度或元件的制造误差）对光学系统进行设计和优化。本节将对光线追迹的原理和一些应用进行说明。当然，本书将不使用过多的篇幅来讨论有关光学设计本身的基础知识，相关内容可以参阅文献［2.16 – 19］。

2.4.1 原理

根据方程（2.29），光线在均匀各向同性介质中沿直线传播。到达与另一种介质的界面上时，取决于界面特性，光线部分被折射，部分被反射。如果介质是非均匀的（例如梯度折射率（GRIN）透镜或不同温度的空气膜），光线在传播中会弯曲，多数情况下需要通过方程（2.27）计算光路[2.29, 30]。不过，本节假设光学系统由被折射或反射界面隔开的均匀介质构成。

光线追迹意味着一束光线的光路，例如从一个物点发出或形成一个平面波（即无限远处的物点），由光学系统决定（参见图 2.32 通过一个显微物镜跟踪光线）。在几何光学近似中，计算是精确的且不进行其他近似，例如近轴近似。由于使用计算机自动进行光线追迹十分容易，如今它成了设计透镜、望远镜和整个光学系统最重要的工具[2.16 – 19]。对于复杂的光学系统，即使今天在现代计算机的帮助下，仍无法用纯波动光学的方法取代光线追迹。此外，对于大多数宏观光学系统来说，光线追迹连同波动光学估值法，例如假设只有系统的出射光瞳引起衍射的点扩散函数[2.18]，对于成像系统分析是足够精确的方法。光线追迹的另一种十分现代的应用是使用

非相干光对照明系统进行分析。将在关于非序列光线追迹的 2.4.8 节中对此进行讨论。

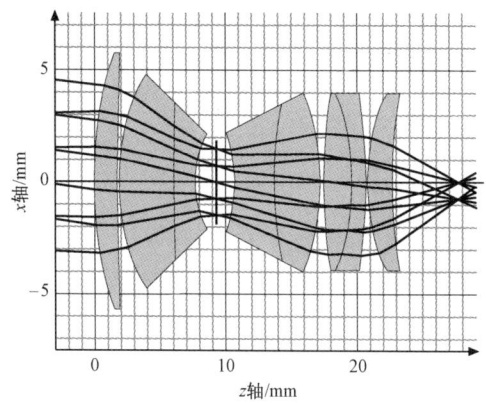

图 2.32　使用内部软件 RAYTRACE 计算一些光线在典型显微物镜中的传播
（NA=0.4，放大倍数 20 ×，焦距 f'=11.5 mm）。
这种情况下按相反的顺序使用显微物镜，即聚光

光线追迹的一个前提条件是要十分了解光学系统。只知道一些近轴参数是不够的，需要知道表面和介质的以下数据：

- 表面类型，例如平面、球面、抛物面、圆柱形表面、复曲面或其他非球面。
- 表面本身的特性数据，例如球面的曲率半径或非球面的非球面系数。
- 表面边缘的形状和尺寸，例如某一半径的圆形、具有两个边长的矩形或和具有内外半径的环形。
- 表面在三个空间方向上的位置和方向。
- 所有介质的折射率及其与波长的相关性。

通过光学系统对给定光线的追迹具有下列结构：

（1）确定光线与下一个光学表面的交点。如果没有交点或射入吸光的表面，则标记光线为无效，光线追迹结束。根据光线追迹的类型，这种情况下也可能需要保持光线不变，并跳到步骤（4）。如果有交点，则进行步骤（2）。

（2）计算交点的面法线。

（3）使用折射定律和反射定律（或者在折射光学元件的情况下使用其他定律[2.31, 32]），得出偏折光线的新方向，与表面的交点为光线的新起点。

（4）如果光学系统中还有其他表面，则回到步骤（1）；否则，结束光线追迹。

在步骤（1）中，下一个表面可以是光线事实上到达的光学系统中的下一个实体表面（即非序列光线追迹），或计算机表面列表中的下一个表面，列表顺序由用户决定（即序列光线追迹）。

下一节中将描述光线追迹中不同步骤在数学上的实现。

2.4.2 光线的数学描述

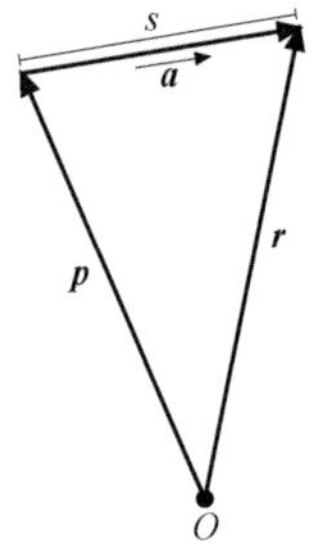

一束光线（均匀介质中）在数学上可以描述为具有起点 p 和与光线平行的方向矢量 a 的一条直线（图 2.33）。这里 a 为单位矢量，即 $|a|=1$。根据方程（2.29），光线上位置矢量为 r 的一点可描述为

$$r = p + sa \qquad (2.141)$$

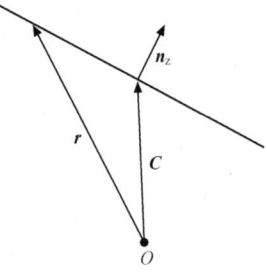

图 2.33 光线作为直线时的数学表示 O 代表坐标系原点

标量参数 s 为光线的弧长，在这种直线射线光下就是 r 和 p 之间的距离。光线的虚光部分表示为 $s<0$，相反，对于确实有光的部分有 $s\geq 0$。实际情况下，如果光线射入使其发生偏折的表面，则存在最大值 s_{max}。

2.4.3 表面交点的确定

方程（2.141）描述的光线与表面交点的确定当然需要表面的数学描述。从数学角度可以知道，一个表面可以通过满足函数 F 的隐形式来描述：

$$F(r) = 0 \qquad (2.142)$$

通过将方程（2.141）和（2.142）联立，表面交点的确定等同于在数学上求变量 s 的函数 G 的根：

$$G(s_0) := F(p + s_0 a) = 0 \qquad (2.143)$$

确定了函数根 s_0 的值以后，交点的方向矢量 r_0 本身可以通过将 s_0 用于方程（2.141）得出。

许多情况下 G 可能有多个根，只需检查交点是否在表面的有效范围内，这在实际中通过边界限定。然后，取表面有效范围内的最小正值 s_0。这些查询在电脑程序中可能相当复杂。

对于一般的非球面，方程（2.143）将只能是数值解，对于一些简单情况将在下面给出解析解。

1. 平面

一个平面可以用平面上一点的位置矢量 C（一般取位于平面中心的点）和面法线 n_z 描述（图 2.34）。因此，平面上的每一点 r 满足

$$F(r) = (r - C) \cdot n_z = 0 \qquad (2.144)$$

这种情况下方程（2.143）的解为

图 2.34 一个平面的数学描述

$$(p-C) \cdot n_z + s_0 a \cdot n_z = 0$$

$$\Rightarrow s_0 = \frac{(C-p) \cdot n_z}{a \cdot n_z} \qquad (2.145)$$

当 $a \cdot n_z = 0$ 时，与表面没有确定的交点。

当然，方程（2.144）描述了一个无限表面，而光学系统的表面是有限的。因此，必须检查交点是否在表面的有效范围内。

对于一个半径为 R、圆心为 C 的圆形表面，这意味着交点 r_0 必须满足条件 $|r_0 - C| \leqslant R$。

对于矩形表面，必须额外确定沿矩形一边的第二个矢量 n_x（$n_x \cdot n_z = 0$ 且 $|n_x|=1$）和矩形边长 l_x 和 l_y。然后，必须检查条件 $|(r_0 - C) \cdot n_x| \leqslant l_x/2$ 和 $(r_0 - C) \cdot n_y \leqslant l_y/2$ 是否满足。

2. 球面

曲率中心位置矢量为 C、半径为 R 的球被描述为

$$F(r) = |r - C|^2 - R^2 = 0 \qquad (2.146)$$

因此，从方程（2.143）得出了 s_0 的二次方程：

$$s_0^2 + 2s_0(p-C) \cdot a + |p-C|^2 - R^2 = 0$$

两个解为

$$\begin{cases} s_0^{1,2} = (C-p) \cdot a \pm \\ \sqrt{[(C-p) \cdot a]^2 - |C-p|^2 + R^2} \end{cases} \qquad (2.147)$$

其中，上标 1, 2 是标记这两个解的指数。根据平方根参数，可能无解（如果参数为负）、有一个解（如果参数为 0）或两个解（如果参数为正）。

确定与整个球面的交点后，必须检查交点是否在球面的有效范围内。为此必须额外定义沿局部光轴的矢量 n_z（$|n_z|=1$）和表面的横向直径 D（图 2.35）。如果矢量 n_z 由顶点指向曲率中心，则曲率半径 R 为正。例如在图 2.35 中，R 为正。通过使用一些三角关系不难看出以下条件：

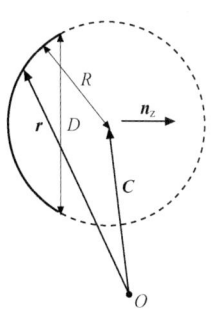

$$\frac{(C-r_0) \cdot n_z}{R} \geqslant \sqrt{1 - \frac{D^2}{4R^2}}$$

必须由交点 r_0 满足，如果其在有效球面内。

图 2.35 实心球（实线和虚线）的一部分——球面（实线）的数学表示。O 代表坐标系统的原点

3. 一般表面 $z=f(x,y)$

光学中有许多重要的表面，例如非球面，它们都可以通过函数 f 和方程 $z=f(x,y)$ 表示。那么函数 f 的隐式表达式为

$$F(r) = z - f(x,y) = 0 \qquad (2.148)$$

式中，$r=(x,y,z)$。

对于一般函数 f，光线和这样一个表面的交点无法用解析方法计算。但可以使用数值方法，例如牛顿法与括号法的结合[2.33]，确定方程（2.143）的根，这里使用了方程（2.148）中的 F。

一种重要的情况是，例如使用方程（2.18）将沿 z 轴旋转对称的非球面描述为

$$z = f(x,y) = f(h) = \frac{ch^2}{1+\sqrt{1-(K+1)c^2h^2}} + \sum_{i=1}^{i_{max}} a_i h^i \qquad (2.149)$$

式中，$h=\sqrt{x^2+y^2}$；$c=1/R$ 为表面圆锥部分的曲率；K 为圆锥常数（双曲面 $K<-1$，抛物面 $K=-1$，椭圆面 $K>-1$，特殊情况时 $K=0$ 为平面）；a_i 为描述 h 的多项式的非球面系数。多数情况下只使用满足 $i \geqslant 4$ 的偶数，且小于或等于 10。不过在现代非球表面中也会有奇数项 i 或 $i_{max}>10$ 的情况。

4. 坐标转换

很多情况下，会在局部坐标系中对表面进行非常简单的描述（例如使用方程（2.149）描述旋转对称的非球面），但如果表面发生了倾斜，即使在全局坐标系中找到隐式函数 F 也没有用。这时将光线参数 p 和 a 从全局坐标系转换到局部坐标系更有作用。因此，首先在局部坐标系中找到表面交点和折射或反射（或衍射，如果有衍射光学元件）。之后，再将新光线转换回全局坐标系。

假设局部坐标系原点在全局坐标系中的位置矢量为 C，且局部坐标系沿坐标轴的三个单位矢量在全局坐标系中为 n_x，n_y 和 n_z（图 2.36）。全局坐标系的位置矢量 $p=(p_x, p_y, p_z)$ 和局部坐标系的矢量 $p'=(p'_x, p'_y, p'_z)$ 之间的转换使用方程

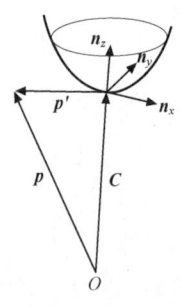

图 2.36　全局坐标系定义的矢量 p 向局部坐标系定义的矢量 p' 转换的参数。O 表示全局坐标系的原点

$$p = C + p'_x n_x + p'_y n_y + p'_z n_z \qquad (2.150)$$

和

$$\begin{cases} p'_x = (p-C) \cdot n_x \\ p'_y = (p-C) \cdot n_y \\ p'_z = (p-C) \cdot n_z \end{cases} \qquad (2.151)$$

对于全局坐标系中坐标为 $a=(a_x, a_y, a_z)$，局部坐标系中坐标为 $a'=(a'_x, a'_y, a'_z)$ 的光线方向矢量来说，类似的方程也适用（但有 $C=0$，因为方向矢量是从相应坐标系统的原点计量的，可以任意移位）。

$$a = a'_x \boldsymbol{n}_x + a'_y \boldsymbol{n}_y + a'_z \boldsymbol{n}_z \qquad （2.152）$$

和

$$\begin{cases} a'_x = \boldsymbol{a} \cdot \boldsymbol{n}_x \\ a'_y = \boldsymbol{a} \cdot \boldsymbol{n}_y \\ a'_z = \boldsymbol{a} \cdot \boldsymbol{n}_z \end{cases} \qquad （2.153）$$

当然使用以矢量 $\boldsymbol{n}_x$，$\boldsymbol{n}_y$ 和 $\boldsymbol{n}_z$ 为列或行矢量的 3×3 矩阵写出坐标系转换也是可能的，但在这里更倾向于使用矢量符号。

2.4.4　光程的计算

沿着光线位于与下一个表面交点处的光程是通过将光线在起点 $\boldsymbol{p}$ 处的初始光程加上光线起点和与下一个表面交点之间的距离 s_0 乘以光线传播的介质的折射率 n 得出的。因此，光程为

$$L = L_0 + ns_0 \qquad （2.154）$$

如果需要计算光线上另一点 $\boldsymbol{r}=\boldsymbol{p}+s\boldsymbol{a}$ 的光程，只需将方程（2.154）中的 s_0 替换为 s。

2.4.5　曲面法线的确定

如果已知表面的隐式表达函数 F，交点处曲面法线 $\boldsymbol{N}$ 可定义为在交点 $\boldsymbol{r}_0$ 处的归一化梯度：

$$N = \frac{\nabla F}{|\nabla F|} \qquad （2.155）$$

以下给出了一些曲面法线的例子。

1. 平面

根据方程（2.144），可知

$$F(\boldsymbol{r}) = (\boldsymbol{r} - \boldsymbol{C}) \cdot \boldsymbol{n}_z = 0 \Rightarrow \boldsymbol{N} = \boldsymbol{n}_z \qquad （2.156）$$

2. 球面

方程（2.146）将球面描述为

$$F(\boldsymbol{r}) = |\, \boldsymbol{r} - \boldsymbol{C}\,|^2 - R^2 = 0$$

$$\Rightarrow \boldsymbol{N} = \frac{\boldsymbol{r}_0 - \boldsymbol{C}}{|\, \boldsymbol{r}_0 - \boldsymbol{C}\,|} \tag{2.157}$$

一般表面 $z = f(x, y)$，则

$$F(\boldsymbol{r}) = z - f(x,y) = 0, \Rightarrow \boldsymbol{N} = \frac{(-f_x, -f_y, 1)}{-\sqrt{1 + f_x^2 + f_y^2}} \tag{2.158}$$

式中，$f_x := \partial f/\partial x$ 和 $f_y := \partial f/\partial y$ 为 f 在与表面交点 $\boldsymbol{r}_0$ 处的偏导数。

2.4.6 折射定律

折射定律的矢量公式对于光线追迹是必要的。方程（2.41）给出了折射定律（也是反射定律）的隐式表达：

$$\boldsymbol{N} \times (n_2 \boldsymbol{a}_2 - n_1 \boldsymbol{a}_1) = 0$$

式中，n_1 和 n_2 分别为两种介质的折射率；$\boldsymbol{a}_1$ 和 $\boldsymbol{a}_2$ 分别为入射和折射光线的单位方向矢量（图 2.37）；$\boldsymbol{N}$ 为入射光线与表面交点的局部曲面法线。

依下列步骤解方程为

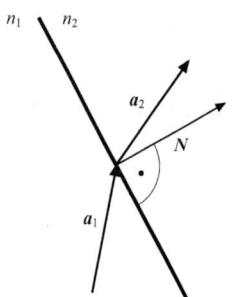

$$\left(\boldsymbol{a}_2 - \frac{n_1}{n_2} \boldsymbol{a}_1 \right) \times \boldsymbol{N} = 0$$

这表示括号内的项必须与 $\boldsymbol{N}$ 为平行关系或本身为 0。后一种情况只有在 $n_1 = n_2$ 可能，因此当 $n_1 \neq n_2$ 时，可以得到

$$\boldsymbol{a}_2 = \frac{n_1}{n_2} \boldsymbol{a}_1 + \gamma \boldsymbol{N}$$

图 2.37 光线在表面上的折射参数

式中，γ 为实值。对两边进行平方得到（由于 $\boldsymbol{a}_1$、$\boldsymbol{a}_2$ 和 $\boldsymbol{N}$ 均为单位矢量，即 $|\boldsymbol{a}_1| = |\boldsymbol{a}_2| = |\boldsymbol{N}| = 1$）

$$1 = \left(\frac{n_1}{n_2} \right)^2 + \gamma^2 + 2\gamma \frac{n_1}{n_2} \boldsymbol{a}_1 \cdot \boldsymbol{N}$$

因此，

$$\gamma_{1,2} = -\frac{n_1}{n_2} \boldsymbol{a}_1 \cdot \boldsymbol{N} \pm \sqrt{1 - \left(\frac{n_1}{n_2} \right)^2 [1 - (\boldsymbol{a}_1 \cdot \boldsymbol{N})^2]}$$

总的来说，结果为

$$a_2 = \frac{n_1}{n_2} a_1 - \frac{n_1}{n_2}(a_1 \cdot N)N \pm \sqrt{1 - \left(\frac{n_1}{n_2}\right)^2 [1-(a_1 \cdot N)^2]} N \qquad (2.159)$$

平方根前的矢量项平行于表面（与 N 的标积为 0）。这表示平方根前的正负号决定了 a_2 的分量与 N 为同向还是反向。由于是折射光线，a_1 沿 N 的分量符号必须与 a_2 沿 N 的分量符号相同。

$$\text{sign}(a_1 \cdot N) = \text{sign}(a_2 \cdot N) \qquad (2.160)$$

如果根号内为正，则符号函数为+1；如果根号内为负，则为 −1。

因此，方程（2.159）可以根据 N 相对于 a_1 的方向单独表达为

$$a_2 = \frac{n_1}{n_2} a_1 - \frac{n_1}{n_2}(a_1 \cdot N)N + \text{sign}(a_1 \cdot N)$$
$$\times \sqrt{1 - \left(\frac{n_1}{n_2}\right)^2 [1-(a_1 \cdot N)^2]} N \qquad (2.161)$$

因此，该方程使得在入射光线（方向矢量为 a_1）、局部曲面法线 N 和两个折射率 n_1 和 n_2 已知的情况下，能够计算出折射光线的方向矢量 a_2。

2.4.7　反射定律

反射定律形式上也可以用方程（2.41）表达，因此也可以用方程（2.159）表达。但是在反射的情况下，首先，入射光线和反射光线折射率相同，即 $n_1 = n_2$；其次，a_2 沿 N 的分量与 a_1 沿 N 的分量符号相反（图 2.38）。这表示平方根前的符号必须相反，从方程（2.159）得出的结果为

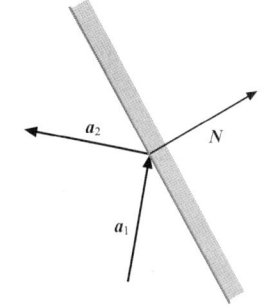

$$a_2 = a_1 - (a_1 \cdot N)N - \text{sign}(a_1 \cdot N)$$
$$\times \sqrt{(a_1 \cdot N)^2} N = a_1 - 2(a_1 \cdot N)N \qquad (2.162)$$

图 2.38　光线在表面上的反射参数

很容易证明该方程正确描述了光线在表面上的反射，因为所有三个矢量处于同一平面内（线性相关矢量）且入射角与反射角相等。这一点可以通过计算方程（2.162）与 N 矢量积的模得出。另外，a_2 确实描述了反射光线，因为 a_2 是由 a_1 减去 a_1 沿 N 的分量的 2 倍得出的。

除了折射和反射定律，光线在表面的偏折还有第三个很重要的定律——矢量局部光栅方程，其被用于全息光学元件和更通用的折射光学元件上的光线追迹。关于这个方程和它的解可参阅文献［2.31，32，34，35］。

2.4.8 非序列光线追迹和其他类型的光线追迹

大多数光线追迹电脑程序的标准模式是所谓的序列光线追迹，即由用户来定义光线经过光学系统不同表面的顺序。但是这种方法对于照明系统的分析不太有用，因为光路和表面的顺序对每一条光线都是不同的。激光谐振器的稳定性分析[2.14, 15]使用序列模式会很费劲，因为使用者知道表面的顺序，但不知道同一条光线会射入表面多少次。当然，光线会以无限多个周期穿过稳定的谐振器。对于不稳定的谐振器，光线离开谐振器之前，周期数是有限的。

因此，这些情况下就会使用非序列光线追迹。这时，电脑会自动计算每一条光线实际射入的下一个表面。这一步的方法是计算光线与所有表面的交点，然后取具有最小正距离 s_0 的表面。如果没有满足 $s_0>0$ 的交点，则光线未射入系统的任何表面。当然，以电脑计算的时间来看，非序列光线追迹是昂贵的，因此一般只有真正有必要时才会使用。

非序列光线追迹的另一个特点是光线可能在一个表面上分成折射光线和反射光线（在衍射光学元件的情况下，还可能由于不同的衍射级分为两条以上的光线）。这时需要在光学系统中对每一条光线进行递归追迹。

一些令人关注的现代光学系统，例如沙克－哈特曼波前传感器[2.36]或光束均化器[2.37]利用的是微透镜阵列和宏观光学。这些阵列系统也可以使用序列或非序列光学追迹进行分析，以获得初步认识[2.38, 39]。当然，这些情况下必须小心，因为有些情况下无法忽略衍射和干涉效应（相干和部分相干照明）[2.40]。

用于序列或非序列光线追迹的成熟的现代电脑程序还可以进行偏振光线追迹[2.10, 11]。其中考虑了每一条光线的局部偏振态，例如，根据菲涅耳方程计算了每一条光线在表面折射/反射时，向折射和反射光线传递的局部能量的分离[2.1]。

第三种光线追迹称为微分光线追迹或广义光线追迹[2.28, 35, 41]。这种情况假设每一条光线表现为有两条主曲线和两个主方向的局部波前。除一般的光线参数外，还对每一条光线在经过光学系统的传播过程中的这些参数进行了追迹。这样就能够通过对一条光线的追迹计算其波前的局部像散，还能够计算传播中波的局部强度的变化。

|2.5 像 差|

近轴情况下光学系统的成像质量是理想的，而实际的光学系统存在像差，并因此导致成像质量下降[2.1, 6, 8, 26, 42]。关于像差性质的说明参见图 2.39。光学系统的出射光瞳处存在实际波前（实线），即相等光程构成的平面，与出射光瞳在光轴上相交且其近轴焦点位于光学系统焦平面内的点 P。但是，曲率中心位于 P 的理想球波面（虚线）与非近轴区域内的实际波前存在偏差。因此，从出射光瞳上的点（x', y'）出发的光线在实际波前和理想的球波面上的光程不同，称为波像差

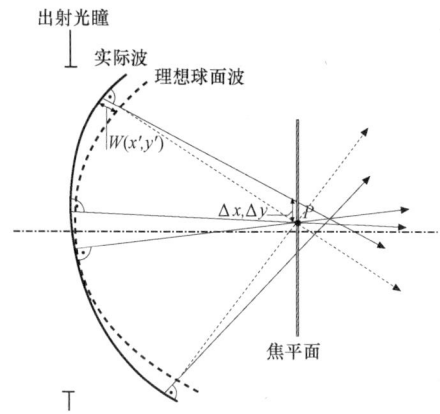

图 2.39　对波像差 W 和光线像差 Δx、Δy 的说明。实曲线为实际波前，虚曲线为理想的球波面。实光线为实际波前出发，虚光线从理想球波面出发，P 为波前（近轴）焦点

$W(x', y')$。此外，有像差的光线与焦平面不在焦点 P 相交，实际交点在 x 轴和 y 轴方向具有横向位移 Δx 和 Δy。这些与近轴焦点 P 的偏差称为光线像差。当然，波像差和光线像差并不是彼此独立的[2.43]，光线像差具有良好的近似，其与波像差关于 x' 和 y' 的偏导数成正比。

2.5.1　波像差的计算

波像差可以通过光学追迹进行计算。为此需要定义一个与出射光瞳在光轴上相交且曲率中心位于（近轴）焦点 P 的球面。然后，使用方程（2.147）和（2.154）计算该参考球面与来自出射光瞳上的点 (x', y') 的光线的交点之间的光程 $L(x', y')$。从其他光线的光程值中减去主光线的光程 $L(0, 0)$，得到波像差 $W(x', y')$。

$$W(x', y') = L(x', y') - L(0, 0) \qquad (2.163)$$

因此，波像差因光线的网格闻名，即出射光瞳上的点 (x', y')。

一些情况下，取所谓的最佳焦点更为有用，而不应取近轴焦点 P。最佳焦点为波像差或光学像差具有最小平均值的点（图 2.40）。因此，事实上最佳焦点有两个不同的定义。例如，如果存在像场弯曲，则最佳焦点不在焦平面内，而是在与焦平面相交于光轴的球面内。

2.5.2　光线像差和点列图

光线像差也可以通过光线追迹进行计算。焦点 P 本身（可以是近轴焦点或最佳焦点）与光线和通过焦点平面的交点之间的横向偏差 Δx 和 Δy 就是光线像差。假设该平面的面法线为 n_z（多数情况下 n_z 平行于光轴），且焦点 P 的位置矢量为 P。此外，已知单位矢量 n_x 和 n_y 位于该平面内且定义了局部 x 轴和 y 轴（n_x、n_y 和 n_z 构成单位矢量的正交坐标轴）。根据方程（2.141）和（2.145），起点为 p_i、方向矢量为 a_i 的光线 i 与平面的交点 r_i 为

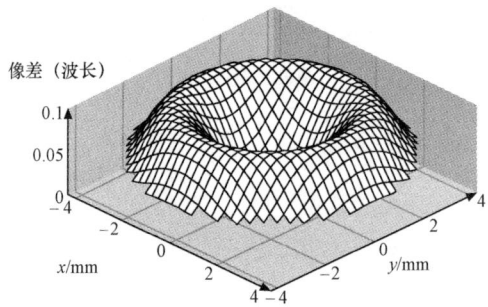

图 2.40　图 2.32 中的显微物镜轴上点的波像差（数值孔径=0.4，放大率 20×，焦距 f'=11.5 mm）。参考球面围绕波像差的最佳焦点。峰谷值仅为 0.1 个波长（波长为 587.6 nm），可见焦斑受到了衍射限制

$$r_i = p_i + \frac{(P - p_i) \cdot n_z}{a_i \cdot n_z} a_i \qquad (2.164)$$

因此光线像差定义为

$$\begin{cases} \Delta x = (r_i - P) \cdot n_x & (2.165) \\ \Delta y = (r_i - P) \cdot n_y & (2.166) \end{cases}$$

光线像差的一个直观的表现形式是点列图。在此，直接画点以表示光线与平面的交点（图 2.41）。这说明点列图是光线像差（Δx，Δy）的图形表示。点列图有时可用于确定通过焦点的平面以及其他平面内的光斑直径，以追迹光线的聚焦情况。

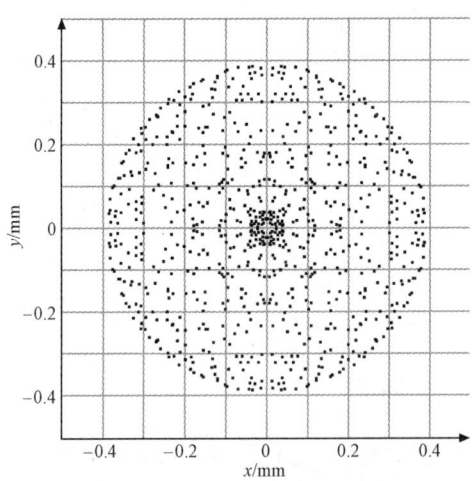

图 2.41　图 2.32 中的显微物镜轴上点的点列图（数值孔径=0.4，放大率 20×，焦距 f'=11.5 mm）。由于用于聚光的透镜的像方数值孔径为 0.4，且波长 λ=587.6 nm，受衍射限制的艾里斑直径应为 1.22 λ/NA=1.8 μm，即大于光线像差。因此，如图 2.40 所示，也可以从光线像差中看出该透镜的轴上点受到了衍射的限制

2.5.3 赛德尔系数和泽尼克多项式

经典像差理论[2.1, 3]中赛德尔（Seidel）的初级像差系数（四级波像差系数或三级光线像差系数）十分重要。这些系数包括：球差、彗差、像散、场曲和畸变。前三个系数为点像差，即产生模糊像点的像差；而后两个系数则仅造成像点相对理想的近轴像点的位移，像点本身是清晰的。本章没有说明细节或进行数学推导，只介绍这些像差系数的一些事实。下文中称物点到光轴的距离为物高 r_O，反之将出射光瞳中光线与光轴的距离称为 r_A（来源于孔径（aperture）高度）。对于数值孔径较小的透镜，r_A 的最大值与成像光束的数值孔径 NA 成正比。因此，下文中将使用数值孔径 NA 和物高 r_O 描述赛德尔系数的函数性。

1. 球差

球差是唯一一个旋转对称的光学系统内的光轴上的物点，即 $r_O=0$，也会出现的经典像差（图 2.40）。普通单透镜的球差使得透镜出射光瞳内高度 r_A 较大的光线折射更明显，因而光线与光轴的交点在近轴焦点之前。一般光学系统中离轴光线也可能与光轴相交于近轴焦点之后。球差的一个典型特点是其波像差随着成像光束数值孔径 NA 的四次方增加（相应地光线像差随着 NA 的三次方增加）。

$$球差 \propto (NA)^4 \tag{2.167}$$

上文已经提过，球差独立于物高 r_O。

2. 彗差

彗差是只有离轴点（旋转对称的光学系统内的，即 $r_O \neq 0$）才会出现的像差。彗差的名称是由于像点的变形看起来像彗星的图形。彗差作为波像差，与数值孔径的三次方相关，且与物高线性相关（相应地光线像差依赖于 NA 的二次方，且与物高 r_O 线性相关）。

$$彗差 \propto r_O (NA)^3 \tag{2.168}$$

这就是为什么彗差在数值孔径较大时更容易出现，而像散在较大和较小的数值孔径下都存在（见以下内容）。

彗差可以通过将图 2.32 中的显微物镜的第一个透镜横向移动来生成。图 2.42 中的像差是由 0.1 mm 的位移造成的，其中以彗差为主，但原始透镜的球差仍然存在。

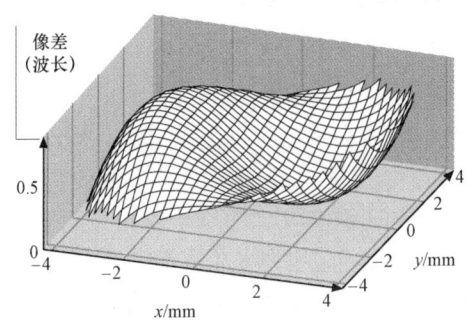

图 2.42　图 2.32 中的显微物镜的第一个透镜横向位移 0.1 mm 后，调偏的显微物镜轴上点的波像差（数值孔径 NA=0.4，放大率 20×，焦距 f'=11.5 mm）。此时不再是轴上点的像点表现出的主要是彗差，当然图 2.40 中的球差仍然混合在其中

3. 像散

像散表示子午面和弧矢面的光线聚焦于垂直于光轴的不同平面内。因此，像点的几何形状通常为椭圆。在两个特殊平面上，分别称为子午焦面和弧矢焦面，椭圆退化为两条焦线，这两条焦线互相垂直。在子午焦面和弧矢焦面之间，还有一个像点在其上呈圆形的平面，不过当然这个圆形也是扩散的，因为几何光学的理想像点应该是数学上的一个点。光学系统的波像差像散与数值孔径的平方和物高的平方都成正比（相应地光线像差与 NA 和 r_O 的平方成正比）：

$$像散 \propto r_O^2 (\mathrm{NA})^2 \tag{2.169}$$

如上文提到的，该函数的性质是很细的光束也会产生像散的原因。如果光学系统中有圆柱面或环面，光轴上也会产生像散；而对于一般的旋转对称的光学系统，只有离轴点会产生像散。

仍以图 2.32 中的显微物镜为例，不过现在离轴物点（物高 15 mm，由于场曲的作用，产生的像高为 0.74 mm）产生的主要像差为像散，且呈典型的鞍形。当然，轴上点出现的球差仍然存在，因此实际上图 2.43 中显示的结果是峰谷值约为一个波长的像散与 0.1 个波长的球差混合的结果。由于显微物镜满足正弦条件［式（2.138）］，离轴点几乎不会出现彗差，这保证了邻近光轴的物点成像不会出现彗差。

4. 场曲

如上文所述，场曲不是点像差，而是场像差，即像点可能是清晰的，但像点位置相对于理想近轴值发生了横向位移。在发生场曲的情况下，像点位于一个球面上，且由于像散的关系，子午面和弧矢面内的光线甚至可能形成两个不同的球面。

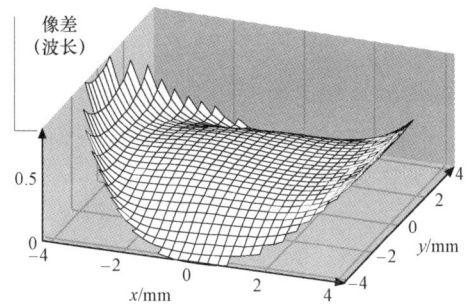

图 2.43　图 2.32 中的显微物镜离轴点的波像差（数值孔径 NA=0.4，放大率 20×，
焦距 *f*'=11.5 mm）。这种情况下，像点主要表现出像散，不过当然是与图 2.40 中的
球差混合在一起的。由于校正良好的显微目镜满足正弦条件，几乎没有彗差出现

图 2.44 显示了图 2.32 中的显微物镜像面内的场曲。对于离轴点，像点的最佳
焦点位于焦平面之后（和通常情况下一样，光线来自左侧）。当然，离轴点也产生
了像散，因而像点是模糊的。

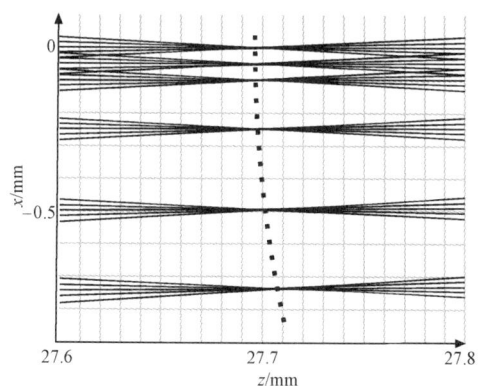

图 2.44　场曲：图 2.32 中的显微镜（数值孔径 NA=0.4，放大率 20×，焦距 *f*'=11.5 mm）
在相反方向上使用，即成像的尺寸缩小时，不同视场点形成的像点的光线追迹图片。
可以看出像点位于一条曲线（打点的曲线）上，这条曲线实际上是球体的一部分。
注意 *x* 轴和 *z* 轴的缩放比例相差很大，由此可以看出场曲的效果

5. 畸变

最后一个赛德尔系数是畸变，这是一个场像差而不是点像差。畸变表示对所
有离轴点，成像的垂轴放大率不是固定的，而是在一定程度上取决于物高 r_O。其
结果是物平面内不经过光轴的每一条直线光线 *A* 在像平面中都发生了弯曲。
图 2.45（b）中的规则网格不是发生枕形畸变 [（图 2.45（a）] 就是桶形畸变
[（图 2.45（c）]。

6. 泽尼克多项式

计算光学系统不同种类的波像差的一个很重要的方法是运用泽尼克（Zernike）多项式[2.1, 44, 45]。用于这个程序的波像差数据可以通过理论确定，例如光学追迹；也可以通过实验确定，例如干涉测量法。

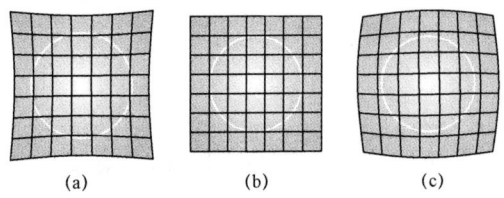

图 2.45　畸变效应示意图
（a）垂轴放大率随着物高的增加而增加的枕形畸变；（b）没有畸变；
（c）垂轴放大率随着物高的增加而减小的桶形畸变

使用泽尼克多项式的条件是光学系统的孔径为圆形，因为泽尼克多项式只有在单位圆上成正交。这种情况下，使用泽尼克多项式可建立完整的正交多项式组，其中一些系数与赛德尔经典系数相应，例如球差、彗差和像散。除此之外，还有三叶草形和四叶草形像差等其他系数，这是通过将光学元件固定在三或四个点上承受压力获得的。由于泽尼克多项式只能表示点像差，而不能表示场像差，因此必须强调泽尼克多项式中没有系数对应赛德尔系数中的场曲和畸变。

2.5.4　色像差

直到目前，虽然没有明确地做出假设，事实上只考虑了单一波长的光线，因此出现的像差均为单色像差。除此以外，还有所谓的色像差，其是介质色散的结果，即介质折射率与波长的相关性（或者，系统中有衍射光学元件，色散是由光栅方程与波长强烈的相关性造成的）。色散改变了透镜焦距的近轴参数。对于空气中的折射率为 n 的薄透镜，以方程（2.98）为例，可得出

$$\frac{1}{f'} = (n-1)\left(\frac{1}{R_1} - \frac{1}{R_2}\right) \quad (2.170)$$

如果 n 取决于波长 λ，则有

$$\frac{\mathrm{d}}{\mathrm{d}\lambda}\left(\frac{1}{f'}\right) = -\frac{\mathrm{d}f'/\mathrm{d}\lambda}{f'^2} = \frac{\mathrm{d}n}{\mathrm{d}\lambda}\left(\frac{1}{R_1} - \frac{1}{R_2}\right)$$

$$= \frac{\mathrm{d}n/\mathrm{d}\lambda}{n-1}\frac{1}{f'} \quad (2.171)$$

将微分替换为有限差，可以得出以下近似性很好的方程：

$$\frac{\Delta f'}{f'} = -\frac{\Delta n}{n-1} \qquad (2.172)$$

描述介质的色散程度要用到所谓的阿贝（Abbe）数 V_d，其定义为

$$V_d = \frac{n_d - 1}{n_F - n_C}$$

$$= \frac{n(\lambda_d = 587.6\,\text{nm}) - 1}{n(\lambda_F = 486.1\,\text{nm}) - n(\lambda_C = 656.3\,\text{nm})} \qquad (2.173)$$

因此，我们可以取很好的近似值

$$\frac{f'(\lambda_C = 656.3\,\text{nm}) - f'(\lambda_F = 486.1\,\text{nm})}{f'(\lambda_d = 587.6\,\text{nm})} = \frac{1}{V_d} \qquad (2.174)$$

对于具有普通色散度的玻璃，阿贝数是一个正值常量，对于高色散的介质（如重火石玻璃 SF10）值较小，低色散的介质（如硼硅酸盐玻璃 BK7）值较大。正号表示透镜焦距随着波长的增加而增加。

2.6　一些重要的光学仪器

本节将讨论一些重要的光学仪器，包括消色差透镜、照相机、人眼、望远镜和显微镜。不过有些内容会一带而过，因为有许多几何光学的教材对这些仪器已经讲解得十分详细了[2.3, 5, 8]。

2.6.1　消色差透镜

2.5.4 节介绍了某个单透镜的色差，即焦距与波长的相关性。在理想情况下，消色差透镜不应出现色差。然而，实践中最重要的消色差透镜是由两片透镜胶合而成的消色差双胶合透镜，只有在两种特定不同的波长下焦距才相等。因此在技术光学中，消色差透镜通常是指两种波长不同但焦距相等的透镜。应用于可见光范围内时，这两种波长一般为接近可见光边缘的 $\lambda_F = 486.1$ nm（氢原子的蓝色谱线）和 $\lambda_C = 656.3$ nm（氢原子的红色谱线）。如果一个透镜，其在三种波长下，焦距一致，则该透镜称为复消色差透镜。

为了理解双胶合透镜消色差的原理，需要计算空气中两片零距离接触的薄透镜（近轴矩阵为 M_1 和 M_2）构成的近轴矩阵 M。这当然是一种简化，因为实际上并不存在薄透镜，而且如果参考厚透镜的主点，两片透镜之间的距离一般不会为零。不过，通过对零距离接触的薄透镜的计算还是可以解释这个原理，根据式（2.97），得出

$$M = M_2 M_1 = \begin{pmatrix} 1 & 0 \\ -\dfrac{1}{f_2'} & 1 \end{pmatrix} \begin{pmatrix} 1 & 0 \\ -\dfrac{1}{f_1'} & 1 \end{pmatrix} = \begin{pmatrix} 1 & 0 \\ -\dfrac{1}{f_1'} - \dfrac{1}{f_2'} & 1 \end{pmatrix} \quad (2.175)$$

式中，f_1' 和 f_2' 为两片薄透镜的焦距。因此，这两片透镜组合的焦距 f' 为

$$\frac{1}{f'} = \frac{1}{f_1'} + \frac{1}{f_2'} \quad (2.176)$$

也就是说，两片透镜组合后的光焦度可以直接相加。

第一片透镜的折射率为 n_1，第二片为 n_2，且两片透镜都处于空气中。根据式（2.98），折射薄透镜组合后的光焦度 $1/f_i'(i \in \{1,2\})$ 为

$$\frac{1}{f_i'(\lambda)} = [n_i(\lambda) - 1]\left(\frac{1}{R_{i,1}} - \frac{1}{R_{i,2}} \right) =: [n_i(\lambda) - 1]C_i \quad (2.177)$$

其中，C_i 项只取决于两片薄透镜的曲率半径 $R_{i,1}$ 和 $R_{i,2}$，而与波长无关，而折射率 n_i 则与波长相关。

对于消色差透镜，波长 λ_F 和 λ_C（或根据应用的其他波长）下的光焦度必须一致。根据式（2.176）和（2.177），这意味着

$$\frac{1}{f_1'(\lambda_F)} + \frac{1}{f_2'(\lambda_F)} = \frac{1}{f_1'(\lambda_C)} + \frac{1}{f_2'(\lambda_C)}$$
$$\Rightarrow [n_1(\lambda_F) - 1]C_1 + [n_2(\lambda_F) - 1]C_2$$
$$= [n_1(\lambda_C) - 1]C_1 + [n_2(\lambda_C) - 1]C_2,$$
$$\Rightarrow [n_1(\lambda_F) - n_1(\lambda_C)]C_1$$
$$= -[n_2(\lambda_F) - n_2(\lambda_C)]C_2$$

再次使用式（2.177），C_1 和 C_2 项可以用 λ_F 和 λ_C 之间的一个波长表示，本例中已知 $\lambda_d = 587.6$ nm（氦的黄色谱线）及该波长下的焦距，得出

$$\frac{n_1(\lambda_F) - n_1(\lambda_C)}{[n_1(\lambda_d) - 1]f_1'(\lambda_d)} = \frac{n_2(\lambda_F) - n_2(\lambda_C)}{[n_2(\lambda_d) - 1]f_2'(\lambda_d)} \quad (2.178)$$
$$\Rightarrow V_{1,d} f_1'(\lambda_d) = -V_{2,d} f_2'(\lambda_d)$$

其中，折射率为 n_i 的介质的阿贝数 $V_{i,d}(i \in \{1,2\})$ 在式（2.173）中进行了定义。

由于折射介质的阿贝数始终为正，为满足式（2.178），两片折射薄透镜必须为一片正透镜和一片负透镜。但是，如果两片薄透镜之一不是折射透镜，而是衍射透镜，则其阿贝数通常为恒定负值 $V_d = -3.453$（见文献 [2.23] 及第 10 章）。因此，对于包含一片折射透镜和一片衍射透镜的折衍混合消色差透镜，由于两片透镜的光焦度正负符号相同，因此正混合消色差透镜由两片正透镜组成，即一片高光焦度、高阿贝数的折射透镜和一片低光焦度、阿贝数为负且模较小的衍射透镜。

不同的是，纯折射正消色差透镜由一片高光焦度、高阿贝数的正透镜（例如由BK7冕玻璃制成）和一片低光焦度、低阿贝数的负透镜（例如由SF10的高色散火石玻璃制成）组成，因此总焦度为正。

这里的数学描述中只考虑了两片零距离接触的薄透镜的情况。但是使用近轴矩阵理论计算由两片胶合透镜构成的实际消色差双胶合透镜，即相隔距离为有限值、填充两种不同介质的三个反射球面，也是没有问题的。在这种情况下，焦距不仅与波长相关，在一定程度上还取决于主平面的位置。因此，尽管对于两种波长 λ_F 和 λ_C 来说焦距相等，但焦点本身的位置可能会出现一点变化。

实践中，能够买到的折射消色差双胶合透镜不只校正色差，还满足正弦条件[式（2.138）]。由于存在三个不同曲率半径的表面，而满足这个近轴特性只需要其中的两个，这是可以实现的。

消色差双胶合透镜设计的例子

以下将计算不同消色差双胶合透镜的近轴特性，并与折射单透镜的特性进行比较。如上文，假设消色差双胶合透镜的两片透镜为零距离接触的薄透镜。这当然是种简化，但是对于多数情况来说具有良好的近似性。

根据式（2.178），消色差双胶合透镜的两片透镜的焦距 $f_1'(\lambda_d)$ 和 $f_2'(\lambda_d)$ 必须满足以下条件：

$$V_{1,d} f_1'(\lambda_d) = -V_{2,d} f_2'(\lambda_d),$$

$$\Rightarrow \begin{aligned} f_1'(\lambda_d) &= -\frac{V_{2,d}}{V_{1,d}} f_2'(\lambda_d) \\ f_2'(\lambda_d) &= -\frac{V_{1,d}}{V_{2,d}} f_1'(\lambda_d) \end{aligned}$$

式中，$V_{1,d}$ 和 $V_{2,d}$ 为两片透镜材质的阿贝数。此外，消色差双胶合透镜的焦距可以根据式（2.176）进行计算：

$$\frac{1}{f'} = \frac{1}{f_1'} + \frac{1}{f_2'}$$

将两个方程联立，两片单透镜的焦距可以表达为消色差双胶合透镜焦距的函数：

$$\begin{cases} f_1'(\lambda_d) = \dfrac{V_{1,d} - V_{2,d}}{V_{1,d}} f'(\lambda_d) \\ f_2'(\lambda_d) = \dfrac{V_{2,d} - V_{1,d}}{V_{2,d}} f'(\lambda_d) \end{cases} \quad (2.179)$$

举例来说，由BK7和SF10制成的折射消色差双胶合透镜，阿贝数为 $V_{1,d}$=64.17（BK7）和 $V_{2,d}$=28.41（SF10）。因此，根据式（2.179），这种情况下两片单透镜的焦距为：

BK7 制成的透镜： $f_1'(\lambda_d) = 0.557 f'(\lambda_d)$ ；

SF10 制成的透镜： $f_2'(\lambda_d) = -1.259 f'(\lambda_d)$ 。

因此如果消色差双胶合透镜本身是一个正透镜，则由高色散介质 SF10 制成的第二片透镜为负透镜。

如之前提到的，一片衍射透镜(DOE)可以用与材料相关的负阿贝数 $V_d = -3.453$ 进行描述。因此，以下将计算由一片折射透镜和一片 DOE 构成的折衍混合消色差双胶合透镜中两片单透镜各自的焦距。首先，折射透镜焦距为 f_1' ，由 BK7 制成；第二片折射率为 f_2' 的透镜是衍射透镜为(DOE)。根据式（2.179），其焦距为：

BK7 制成的透镜： $f_1'(\lambda_d) = 1.054 f'(\lambda_d)$ ；

DOE： $f_2'(\lambda_d) = 19.588 f'(\lambda_d)$ 。

因此，如之前提到的，如果消色差双胶合透镜的光焦度为正，则两片透镜均为正透镜。当然，大部分光焦度是由折射透镜造成的。

第二个折衍混合消色差双胶合透镜可以是一个由 SF10 制成的折射透镜或是一个 DOE。

SF10 制成的透镜： $f_1'(\lambda_d) = 1.122 f'(\lambda_d)$ ；

DOE： $f_2'(\lambda_d) = 9.230 f'(\lambda_d)$ 。

折衍混合消色差双胶合透镜的残余色差，即照明光波长下焦距的变化，可以使用式（2.176）计算。在该方程中，使用式（2.177）计算作为波长函数的折射透镜光焦度，且作为波长函数的衍射透镜的光焦度为。

$$\frac{1}{f_{DOE}'(\lambda)} = \frac{\lambda}{\lambda_d f_{DOE}'(\lambda_d)} =: C\lambda$$

式中， $C = 1/[\lambda_d f_{DOE}'(\lambda_d)]$ 为恒定值，其与波长 $\lambda_d = 587.6$ nm 下 DOE 的焦距 $f_{DOE}'(\lambda_d)$ 相关。因此，DOE 的光焦度随波长成线性增长。这很容易解释，因为根据近轴光栅方程（2.118），衍射光线的角度也随着波长成线性增长。

图 2.46 给出了不同类型的消色差双胶合透镜的色差。图 2.47 给出了折射单透镜（由 BK7 或 SF10 制成）的色差与折射消色差双胶合透镜（由 BK7 和 SF10 制成）色差的对比。结果是折射消色差双胶合透镜的校正效果最好。不过，一片由 BK7 制成的透镜和一片 DOE 制成的折衍混合消色差双胶合透镜色差也很低。但是，所有类型的消色差双胶合透镜（纯折射或混合）都比折射单透镜的色差低，比单 DOE 更低，DOE 的情况在图中未显示。

2.6.2 照相机

照相机是最简单的光学仪器之一。当然，现代照相机是高度成熟的技术设备，具备复杂的广角或变焦镜头。不过，照相机的基本原理（图 2.48）都是通过透镜在感光表面上形成物体的倒立实像，感光表面可以是胶片或感光耦合元件（CCD）芯片的电子探测器。此外，每一台相机的镜头前都有快门。

微型照相机的标准物镜的焦距为 f' =50 mm，因此可以假设几米以外的物体在无限远处，并且透镜方程（2.89）中的物距 $d_O \to -\infty$。那么，图像实际上成像在镜头焦平面内，即 $d_I \approx f'$。因此物体成像的尺寸 x 取决于物体的视场角 φ，有

$$x \approx \varphi f' \qquad\qquad (2.180)$$

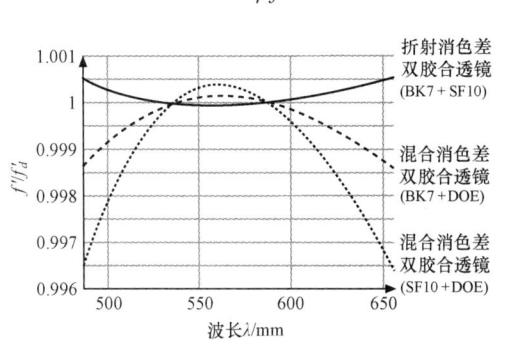

图 2.46　不同消色差双胶合透镜（由 BK7 和 SF10 制成的折射消色差双胶合透镜、BK7 折射透镜和衍射透镜（DOE）构成的混合消色差双胶合透镜以及 SF10 折射透镜和衍射透镜（DOE）构成的混合消色差双胶合透镜）的焦距 f' 为波长 λ 的函数，使用波长 λ_d=587.6 nm 下的焦距 f_d 进行归一化

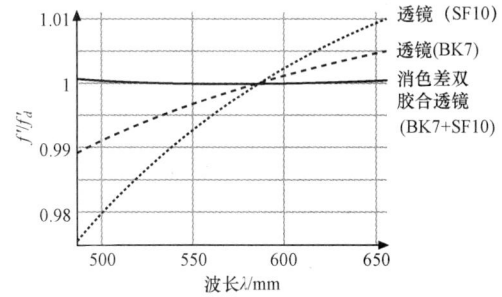

图 2.47　两片单透镜（分别由 BK7 和 SF10 制成）以及折射消色差双胶合透镜（由 BK7 和 SF10 制成）的焦距 f' 为波长 λ 的函数，使用波长 λ_d=587.6 nm 下的焦距 f_d 进行归一化

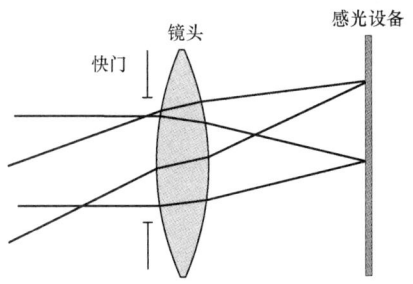

图 2.48　照相机的原理。在如图展示的情况中，照相机镜头和物体的距离与镜头焦距相比十分大，因而可以假设物体在无限远处

举例来说，从地球上观察，月亮的视场角约为 0.5°，因此其在标准照相机的成像仅为 $x=0.44$ mm。这就是为什么小型照相机拍摄的胶片尺寸为 24 mm × 36 mm 的照片中的月亮非常小，且细节无法看清。不过，在照相机前放置一个望远镜（2.6.4 节）可以改变物体的视场角 φ，从而可以解决这个问题。天文观测相机一般去掉了望远镜的目镜，探测器直接位于物镜或镜面的焦平面上作为照相机镜头，且焦距 f' 很大。不过，这种设备仍称为天文望远镜。

景深

在几何光学中，理想照相机镜头（无像差）可以将物平面在感光像平面上清晰成像。但事实上每一个像点都是不完美的，这有两个原因：第一，由于光具有波动性，成像不会是理想的数学上的点，而是一个艾里斑；第二，很多情况下探测器的分辨率小于光的波动性决定的最大可能分辨率。理想物平面以外的其他平面内的物点在探测器平面之前或之后的平面上成像（图 2.49）。因此，在探测器平面上将形成小的像斑，如果像斑直径小于探测器像素 p，这些平面也可以在探测器平面上成像而无损分辨率，这时分辨率取决于探测器。

在探测器上清晰成像的理想物平面的物距为 d_O，而探测器面的像距为 d_I（在相机中成实像时 $d_O<0$ 且 $d_I>0$）。与相机镜头距离小于 $|d_O|$ 且物点光线在探测器平面的像斑直径正好为 p 的物平面是在探测器上以最大分辨率成像的最近物平面，其中最大分辨率与像素 p 相关。其物距为 $d_{O,N}$（下角标 N 表示"近"），像距为 $d_{I,N}$（图 2.49）。类似地，与相机镜头距离大于 $|d_O|$ 且物点光线在探测器平面的像斑直径正好为 p 的物平面是以探测器上的最大分辨率成像的最远物平面，其物距为 $d_{O,F}$，像距为 $d_{I,F}$（下角标 F 表示"远"）。

那么景深的定义为正好达到探测器最大分辨率的最近物平面和最远物平面之间的物空间在光轴上的延伸范围。景深当然由孔径光阑直径 D 和探测器分辨率（即像素 p）决定。以下假设在像方有一个焦距为 f' 的理想薄透镜，且孔径光阑就在透镜所在的平面上。那么，孔径光阑也是入射光瞳和出射光瞳。

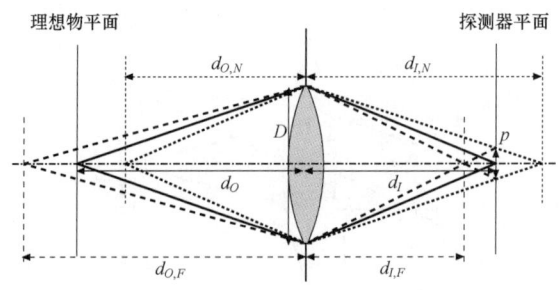

图 2.49　镜头为薄透镜的相机的景深计算

所谓的 F 数即焦比数 $f\#$ 是透镜的一个重要的量,定义为透镜焦距 f' 与入射光瞳直径 D 之比:

$$f\# = \frac{f'}{D} \tag{2.181}$$

如果在焦平面成像,这与照相机对远距离物体成像的情况很接近,且如果直径 D 相比焦距 f' 很小,光圈和式(2.136)定义的像方数值孔径具有以下良好的近似关系:

$$\mathrm{NA}_I = n_I \sin \varphi_I \approx n_I \frac{D}{2f'} = n_I \frac{1}{2f\#} \tag{2.182}$$

式中, φ_I 为像方光线圆锥的孔径角的 1/2; n_I 为像方折射率。多数情况下像方是空气,即 $n_I=1$。但是对于一些类似于照相机的系统,比如人眼, n_I 并不等于 1(2.6.3 节)。

根据透镜方程(2.89),有以下三个不同物距和像距的方程,其中 n_O 和 n_I 分别为物方和像方的折射率:

$$\frac{n_I}{d_I} - \frac{n_O}{d_O} = \frac{n_I}{f'} \Rightarrow d_I = \frac{n_I f' d_O}{n_O f' + n_I d_O} \tag{2.183}$$

$$\frac{n_I}{d_{I,N}} - \frac{n_O}{d_{O,N}} = \frac{n_I}{f'} \Rightarrow d_{I,N} = \frac{n_I f' d_{O,N}}{n_O f' + n_I d_{O,N}} \tag{2.184}$$

$$\frac{n_I}{d_{I,F}} - \frac{n_O}{d_{O,F}} = \frac{n_I}{f'} \Rightarrow d_{I,F} = \frac{n_I f' d_{O,F}}{n_O f' + n_I d_{O,F}} \tag{2.185}$$

此外,根据相交线定理,还可以得出两个方程(图 2.49):

$$\frac{D}{d_{I,N}} = \frac{p}{d_{I,N} - d_I} \Rightarrow d_{I,N} - d_I = \frac{p}{D} d_{I,N} \tag{2.186}$$

$$\frac{D}{d_{I,F}} = \frac{p}{d_I - d_{I,F}} \Rightarrow d_I - d_{I,F} = \frac{p}{D} d_{I,F} \tag{2.187}$$

将式(2.183)和(2.184)代入式(2.186)并解 $d_{O,N}$,结果为

$$d_{O,N} = \frac{n_O f' d_O}{n_O f' - \frac{p}{D}(n_O f' + n_I d_O)}$$

$$= \frac{d_O}{1 - \frac{p}{D}\left(1 + \frac{n_I d_O}{n_O f'}\right)} \tag{2.188}$$

用同样的方法将式（2.183）、（2.185）和（2.187）联立，$d_{O,F}$ 的结果为

$$d_{O,F} = \frac{n_O f' d_O}{n_O f' + \dfrac{p}{D}(n_O f' + n_I d_O)}$$

$$= \frac{d_O}{1 + \dfrac{p}{D}\left(1 + \dfrac{n_I d_O}{n_O f'}\right)} \qquad (2.189)$$

摄影中的惯常做法是使用垂轴放大率 β，式（2.52）将其定义为像高 x_I 和物高 x_O 的比。对于满足正弦条件［式（2.138）］的透镜，主平面实际上是围绕物点和像点的主球面。这一点也适用于入射光瞳和出射光瞳[2,3]。因此，使用式（2.138），垂轴放大率可表示为

$$\beta = \frac{x_I}{x_O} = \frac{n_O \sin\varphi_O}{n_I \sin\varphi_I} = \frac{n_O D/(2d_O)}{n_I D/(2d_I)} = \frac{n_O}{n_I}\frac{d_I}{d_O} \qquad (2.190)$$

将式（2.183）与 d_O/n_O 相乘，则下式成立：

$$\frac{n_I d_O}{n_O d_I} - 1 = \frac{n_I d_O}{n_O f'} \Rightarrow \frac{1}{\beta} = 1 + \frac{n_I d_O}{n_O f'} \qquad (2.191)$$

因此，式（2.188）和（2.189）可表示为

$$d_{O,N} = \frac{d_O}{1 - \dfrac{p}{D\beta}} = \frac{d_O}{1 - \dfrac{pf\#}{f'\beta}} \qquad (2.192)$$

$$d_{O,F} = \frac{d_O}{1 + \dfrac{p}{D\beta}} = \frac{d_O}{1 + \dfrac{pf\#}{f'\beta}} \qquad (2.193)$$

最后一步中使用了式（2.181）定义的 F 数，即焦比数 $f\#$。

对于焦距 f' 为正的照相机，由于形成了实像，垂轴放大率 β 总是为负，即 $\beta<0$。一个有趣的特殊情况是，式（2.193）的分母可以为零：

$$1 + \frac{p}{D\beta} = 0 \Rightarrow \beta = -\frac{p}{D}$$

$$\Rightarrow d_{O,C} = -\frac{n_O f'}{n_I}\left(1 + \frac{D}{p}\right)$$

$$= -\frac{n_O f'}{n_I}\left(1 + \frac{f'}{pf\#}\right) \qquad (2.194)$$

方程（2.194）右边使用式（2.191）来解 d_O。因此，如果照相机聚焦于方程（2.194）得出的临界物距 $d_{O,C}$，则 $|d_{O,F}|\to\infty$ 成立，且所有与照相机的距离超过 $|d_{O,N}|=|d_{O,C}|/2$

[（根据式（2.192）]的物体都将在探测器上以最大分辨率成像，即成像清晰。当然，如果实际物距的模$|d_O|$大于式（2.194）得出的临界值的模$|d_{O,C}|$，则$d_{O,F}$形式上为正。这表示镜头后距离为$d_{O,F}$的虚拟物体也能在探测器上清晰成像，该虚拟物体可以使用一些辅助光学仪器产生。这意味着，所有与镜头距离超过$|d_{O,N}|$的实物都可以在探测器上清晰成像。

如果有一个f'=50 mm、最小 F 数$f\#$=2.8、$n_O=n_I=1$ 且像素p=11 μm（高动态范围 CCD 片的典型像素），则式（2.194）中的临界物距为$d_{O,C}$=−81.2 m。因此当相机聚焦于$d_{O,C}$时，所有与相机的距离超过$|d_{O,N}|=|d_{O,C}|/2$=40.6 m 的物体将清晰成像。如果 F 数$f\#$=16，则所有距离超过 7.1 m 的物体将在聚焦距离为$|d_{O,C}|$=14.3 m 时清晰成像。不过，对于更大的光圈，由于受衍射限制的点的半径r_{diff}在长λ=550 nm 且$f\#$=16时为r_{diff}=0.61λ/NA≈1.22$\lambda f\#$=10.7 μm≈p，由于光的波动性将开始限制分辨率。

当然，由于探测器上的光强度与聚光镜头的有效进光面积$\pi D^2/4$成正比，因而也与$1/f\#^2=D^2/f'^2$成正比，更大的 F 数表示探测器上的光强度下降。因此，更大的 F 数表示曝光时间必须和$f\#^2$成正比增加。所有这些事实在摄影中是众所周知的。

如果$d_{O,F}$为有限值，例如如果相机聚焦于近处的物体，计算物空间清晰成像的轴上延伸范围$\Delta d=d_{O,N}-d_{O,F}$是有用的。使用式（2.192）和（2.193），结果为

$$\Delta d = d_{O,N} - d_{O,F} = 2d_O \frac{\dfrac{pf\#}{f'\beta}}{1-\left(\dfrac{pf\#}{f'\beta}\right)^2}$$

$$= 2\frac{n_O}{n_I} pf\# \frac{\left(\dfrac{1}{\beta}-1\right)\dfrac{1}{\beta}}{1-\left(\dfrac{pf\#}{f'\beta}\right)^2} \tag{2.195}$$

最后一步式（2.191）中使用了通过垂轴放大率β表达的物距d_O，这是由于这两个量是耦合的。

在式（2.195）中，我们再一次看到分母接近零[（如果满足式（2.194）]时的极限情况，这时可推出景深的范围为无限。但是对于近距离物体（例如$|d_O|\leqslant 1$ m），一般有$f'|\beta\gg pf\#$，其中Δd为正有限值。于是，近景摄影中有一个经常使用的很好的近似为

$$\Delta d = 2\frac{n_O}{n_I} pf\# \frac{\left(\dfrac{1}{\beta}-1\right)\dfrac{1}{\beta}}{1-\left(\dfrac{pf\#}{f'\beta}\right)^2}$$

$$\approx 2\frac{n_O}{n_I} pf\# \left(\frac{1}{\beta}-1\right)\frac{1}{\beta} = 2\frac{n_O}{n_I} pf\# \frac{1-\beta}{\beta^2} \tag{2.196}$$

再次以 f'=50 mm，p=11 μm 且 n_O=n_i=1 的电子照相机为例。假设 $f\#$=10 且物体位于 d_O=−1 m。那么，根据式（2.191），垂轴放大率 β = − 0.052 63。景深的延伸范围 Δd 根据式（2.195）的精确值为 Δd=83.75 mm，根据式（2.196）的近似值为 Δd=83.60 mm。因此，该近似方程的误差约为 0.2%，且景深范围约为 8.4 cm，即轴上的延伸在这个范围内的物体（中间物距$|d_O|$=1 m）将在探测器上无损分辨率地清晰成像。

2.6.3 人眼

人眼与照相机原理相同，即在视网膜上对周围环境成倒立实像[2.1,8]。不过，人眼的实际结构和功能都十分复杂[2.46−48]，因此本节中只能讨论一般正常人眼最重要的特点。

眼球的屈光能力是由角膜和可变形的晶状体带来的（图 2.50）。大部分屈光度（约 43 dpt）是角膜带来的，这是因为在第一个表面处空气和角膜的折射率相差很大（角膜折射率为 1.376）。晶状体的折射率在外层的 1.386 到内核的 1.406 之间，一面浸在水状液体内，另一面浸在玻璃体里，两者的折射率均为 1.336。因此，晶状体在远视的情况下屈光度为 19 dpt。由于角膜和晶状体的距离为有限值，眼球总的屈光度在远视的情况下约为 53 dpt。眼球通过晶状体对近距离物体进行调节，年轻时屈光度改变约为 14 dpt，50 岁以后由于晶状体随着年龄增加逐渐丧失弹性，屈光度逐变接近 0 dpt。由于一般阅读距离为 25～30 cm，晶状体调节如低于 3～4 dpt，则需要在阅读时佩戴眼镜以进行矫正。

眼球的感光表面是弯曲的视网膜，眼球的光圈为虹膜，其直径能够在 2～8 mm 之间调节，以根据照明光的强度控制视网膜上的光照量。眼球如上文提到的是一个浸入系统，其有效焦距 f'/n'≈1/（59 dpt）≈17 mm（n'=1.336 是晶状体与视网膜之间的玻璃体的折射率）。成人眼球明视距离约为 25 cm，需要的屈光度调节为 4 dpt。

正常眼球的角分辨率 $\Delta\varphi$ ≈ 1′（一弧分），在最佳条件下可达 30″。后者对应的视网膜上的距离为 Δx=$\Delta\varphi f'/n'$=2.5 μm。因此视网膜中央凹（直径约 200 μm），即视网膜的中心部位中的感光细胞（视锥细胞）的直径和距离必须等于或小于 2.5 μm。视网膜上主要是对色彩敏感的视锥状细胞，而在外缘对光更敏感，但不能区分色彩的视杆状细胞占据了主要地位。

有趣的是，视力正常的人眼接近于受衍射限制的光瞳直径最高达 3 mm（视觉最清晰时的直径）的光学系统。根据瑞利准则（5.1.8 节）可以看到这一点：这种情况下，艾里斑的半径 r 在波长 λ=0.55 μm 和数值孔径 NA≈1.5 mm/17 mm≈0.088 时约为 r=0.61λ/NA=3.8 μm。瑞利准则假设光照下降达到 26%时能够被发觉。因此，前面提到的视网膜上可分辨距离的最小值 Δx=2.5 μm 甚至会略小于根据瑞利准则衍射所造成的距离 r。原因是瑞利准则具有轻微的任意性，在最佳条件下人眼可以发觉两个相邻点之间更小的光照下降。对于直径超过 3～4 mm 的光瞳，眼球的球差和色差导致分辨率的下降。因此，在夜晚或照明较差的房间内，人眼分辨率下降，所有需要高分辨率的活动，例如阅读，都会因为视网膜上的光照在最大的光瞳直径下仍然过低而变得更加困难甚至无法进行。

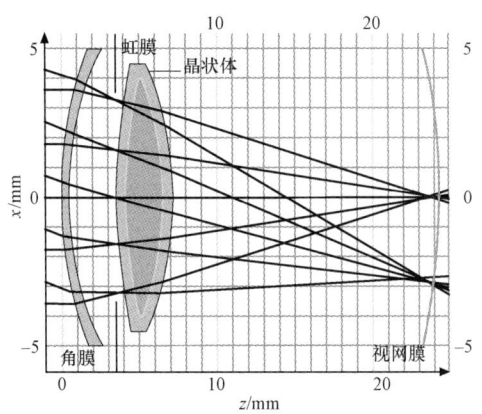

图 2.50　眼科使用的眼球模型中的光线追迹。这里，晶状体由折射率较高的晶状体核（1.406）和折射率较低的皮质（1.386）构成。角膜的第一个表面和晶状体的所有表面均为非球面。从焦点可以看出大光瞳（虹膜）直径下出现的像差。图中像差很高的离轴点当然远在视网膜中央凹之外，因此眼球只能发现物体的运动而无法成像

2.6.4　望远镜

望远镜是最重要的光学仪器之一[2.1,3,8]，它在天文观察和地面观察中具有广泛的应用[2.21]。不过它在光学中至少还有一个同样重要的应用：扩大或压缩准直（激光）光束、过滤光学系统中的空间频率、将中间光学成像传递到另一个平面等。

望远镜的组成主要包括两个透镜和两个其他聚光光学元件，例如球面镜或非球面镜。这里为了演示其原理，假设其由两个焦距为 f_1' 和 f_2' 的透镜组成，且透镜间的距离为 d。为了构成望远镜，第一个透镜的像方焦点 F_1' 和第二个透镜的物方焦点 F_2 必须重合（图 2.51）。此外，假设两个透镜位于空气中，则对于像方和物方焦距有 $f_2' = -f_2$。那么，考虑到焦距的符号规则，望远镜两个透镜之间的距离应满足

$$d = f_1' - f_2 = f_1' + f_2' \tag{2.197}$$

从第一个透镜物方主平面 u_1 到第二个透镜像方主平面 u_2' 的望远镜近轴矩阵 $\boldsymbol{M}$ 为

$$M = \begin{pmatrix} 1 & 0 \\ -\dfrac{1}{f_2'} & 1 \end{pmatrix} \begin{pmatrix} 1 & d \\ 0 & 1 \end{pmatrix} \begin{pmatrix} 1 & 0 \\ -\dfrac{1}{f_1'} & 1 \end{pmatrix}$$

$$= \begin{pmatrix} 1 - \dfrac{d}{f_1'} & d \\ -\dfrac{1}{f_1'} - \dfrac{1}{f_2'} + \dfrac{d}{f_1' f_2'} & 1 - \dfrac{d}{f_2'} \end{pmatrix}$$

$$= \begin{pmatrix} -\dfrac{f_2'}{f_1'} & f_1' + f_2' \\ 0 & -\dfrac{f_1'}{f_2'} \end{pmatrix} \qquad (2.198)$$

因此根据式（2.68），光焦度为负值，则 $ABCD$ – 矩阵 M 的系数 C 为 0，因此望远镜的焦距为无限大。像这样光焦度为零的系统称为无焦系统。因此望远镜也可以定义为无焦系统，这里排除了所有透镜自身光焦度为零，即 $1/f_1' = 1/f_2' = 0$ 的情况。

1. 作为光束扩束器和远距离物体成像系统的望远镜

无焦系统的一个重要特性是将一束准直光线转化为另一束准直光线。将望远镜前的两条近轴参数为（x_1，φ_1）和（x_2，φ_2）的近轴光线（$\varphi_2 = \varphi_1$）用到式（2.198）中，很容易看出其作为准直光束扩束器或远距离物体成像系统的应用。则望远镜后的光线近轴参数 (x_1', φ_1') 和 (x_2', φ_2') 为

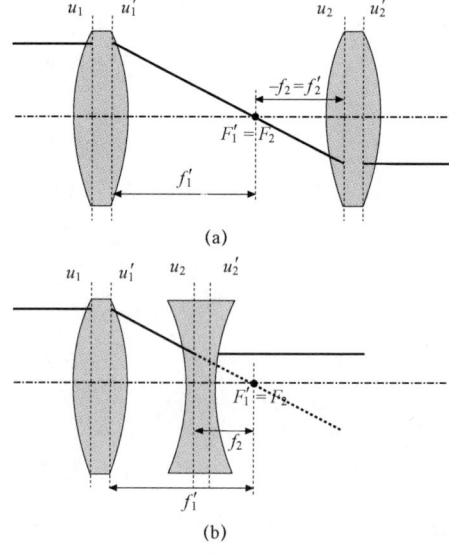

图 2.51 天文望远镜（a）和伽利略望远镜（b）的原理建立

$$\begin{pmatrix} x_i' \\ \varphi_i' \end{pmatrix} = \begin{pmatrix} -\dfrac{f_2'}{f_1'} & f_1' + f_2' \\ 0 & -\dfrac{f_1'}{f_2'} \end{pmatrix} \begin{pmatrix} x_i \\ \varphi_i \end{pmatrix} = \begin{pmatrix} -\dfrac{f_2'}{f_1'} x_i + (f_1' + f_2')\varphi_i \\ -\dfrac{f_1'}{f_2'} \varphi_i \end{pmatrix} \quad (2.199)$$

式中，$i \in \{1, 2\}$。

式（2.53）定义的角放大率 γ，即无焦系统后的光束与光轴的角度 $\varphi' := \varphi_1' = \varphi_2'$ 和系统前的角度 $\varphi_i := \varphi_1 = \varphi_2$ 之比，在近轴情况下为

$$\gamma = \frac{\varphi'}{\varphi} = -\frac{f_1'}{f_2'} \quad (2.200)$$

因此，决定远距离物体成像的角度大小的角放大率，只取决于两个透镜焦距的比值。

计算望远镜前方两条近轴光线（$\varphi_2 = \varphi_1$）之间的距离 Δx 和望远镜后的距离 $\Delta x'$，可以看出望远镜扩大光束的特性。

$$\Delta x' = x_2' - x_1' = -\frac{f_2'}{f_1'}(x_2 - x_1) = -\frac{f_2'}{f_1'} \Delta x \quad (2.201)$$

因此，光束放大率 $\Delta x'/\Delta x$ 与角放大率成反比。

2. 望远镜对有限距离的物体的成像特性

尽管望远镜光焦度为零，仍可以将物体从一个平面向另一个平面成像。计算从与第一个透镜主平面 u_1 距离为 d_1 的物平面（记住与通常的近轴光线符号规则相反，在近轴矩阵理论中如果物平面在 u_1 前，则为 d_1 正；反之 d_1 为负）到第二个透镜的主平面 u_2' 后距离为 d_2 的像平面（如果像平面为实且位于 u_2' 后，则 d_2 为正；如果是位于 u_2' 前的虚像面，则 d_2 为负）的矩阵可以看出这一点。图 2.52 给出了用于计算 M' 的参数。

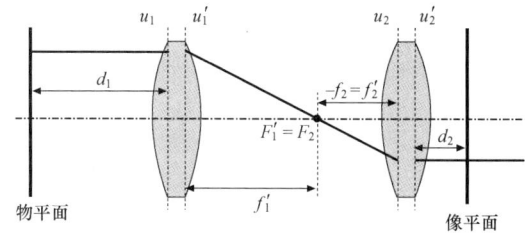

图 2.52　望远镜从物点到像点成像的近轴矩阵 M' 计算所需的参数

$$M' = \begin{pmatrix} 1 & d_2 \\ 0 & 1 \end{pmatrix} \begin{pmatrix} -\dfrac{f_2'}{f_1'} & f_1' + f_2' \\ 0 & -\dfrac{f_1'}{f_2'} \end{pmatrix} \begin{pmatrix} 1 & d_1 \\ 0 & 1 \end{pmatrix}$$

$$= \begin{pmatrix} -\dfrac{f_2'}{f_1'} & f_1' + f_2' - d_1\dfrac{f_2'}{f_1'} - d_2\dfrac{f_1'}{f_2'} \\ 0 & -\dfrac{f_1'}{f_2'} \end{pmatrix} \qquad (2.202)$$

在成像的情况下，矩阵的参数 B 必须为零。因此，距离 d_1 和 d_2 满足

$$f_1' + f_2' - d_1\frac{f_2'}{f_1'} - d_2\frac{f_1'}{f_2'} = 0,$$

$$\Rightarrow d_2 = f_2' + \frac{(f_2')^2}{f_1'} - d_1\frac{(f_2')^2}{(f_1')^2} \qquad (2.203)$$

如前所述，如果 d_2 为正，则成像为实像，d_2 为负时为虚像。因此，实物点（即 $d_1 \geqslant 0$）成实像意味着

$$d_2 \geqslant 0 \Rightarrow f_1' + \frac{f_1'^2}{f_2'} \geqslant d_1 \geqslant 0 \Rightarrow \frac{1}{f_1'} + \frac{1}{f_2'} \geqslant 0 \qquad (2.204)$$

可见伽利略望远镜（参见下一段）无法对实物点成实像，而天文望远镜只要满足 $0 \leqslant d_1 \leqslant f_1' + f_1'^2 / f_2'$ 就能成实像。

望远镜成像系统的一个有趣的特征是垂轴放大率 β[式（2.52）]。根据式（2.202）成像时的情况，即矩阵系数 $B=0$，其等于矩阵系数 A。

$$\beta = \frac{x'}{x} = -\frac{f_2'}{f_1'} \qquad (2.205)$$

因此望远镜系统的垂轴放大率只取决于两个透镜的焦距，而不取决于物点相对于光轴的位置。如果在第一个透镜的焦平面内加入孔径光阑（只适于天文望远镜），则望远镜成像系统为远心光路系统（2.3.1 节）。

满足 $f := f_1' = f_2' > 0$ 的所谓 $4f$ 系统是一个十分重要的系统。这时根据式（2.203），得到

$$d_2 = f + f - d_1 \Rightarrow d_1 + d_2 = 2f \qquad (2.206)$$

式（2.206）表示两个距离 d_1 和 d_2 的和总是为 $2f$，且物平面到像平面的总距离为 $4f$（在薄透镜的情况下，透镜的厚度可以忽略，因而不为 $4f$），这是因为必须加入望远镜的长度。这也表示对于 $4f$ 系统，像平面的位移等于物平面的位移，因此望远镜本身可以相对物平面和像平面位移而不改变成像情况。当然，如果移动 $4f$

系统的望远镜，非近轴领域的像差会改变成像质量，这是因为像差取决于望远镜相对于物平面和像平面的实际位置。

3. 天文望远镜和伽利略望远镜

有两种不同类型的望远镜（图 2.51），即天文望远镜（也称开普勒望远镜）和伽利略望远镜（也称荷兰望远镜）。

（1）天文望远镜（图 2.51（a）或图 2.53）由两个正透镜组成，第一个透镜（称为物镜）对远距离的物体在焦平面附近成实像（对于无限远的物体正好在焦平面内成像）。接着，第二个透镜（称为目镜）也成无限远的像，但角放大率可能增大或减小。由于焦距 f_1' 和 f_2' 均为正，角放大率 γ 根据式（2.200）为 $\gamma = -f_1'/f_2' < 0$。因此，所成的像上下颠倒，没有加装倒像系统的天文望远镜对于地面观察是不实用的。不过，对于天文学目标或光学系统中的成像传递则没有任何不利。此外，天文望远镜的优势在于对无限远处的物体成像时，入射光瞳与物镜重合。这表示对于满足角放大率 $|\gamma| \gg 1$ 的 $f_1' \gg f_2'$，物镜对目镜的成像，即出射光瞳，通常位于焦平面附近。因此，观察眼可以位于望远镜出射光瞳，且进入望远镜的所有离轴角度相等的光线（即来自无限远处的同一物点）都可以在观察眼的视网膜上成像。如前面提到的，天文望远镜的另一个优势是，可以传递无限远处的物体的远心实像。

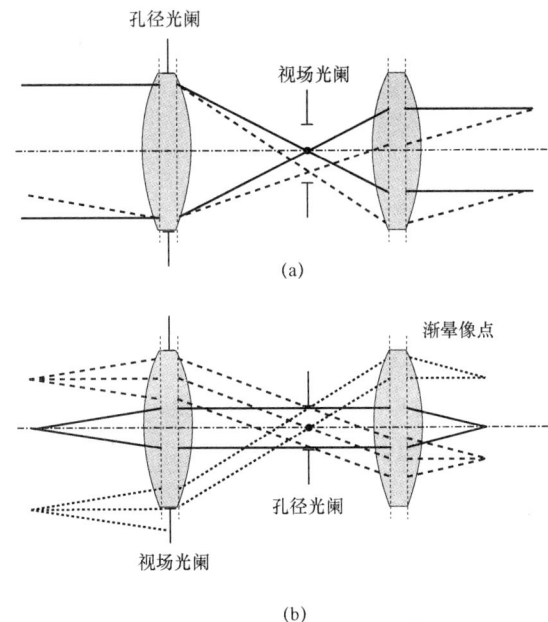

图 2.53　无限远处的物体（a）和有限远处的物体；（b）通过天文望远镜成像的孔径光阑和视场光阑（这里举出的例子是物平面位于第一个透镜前焦平面内）

对无限远和有限远的物体成像的两种情况下孔径光阑和视场光阑的位置稍加思考会十分有趣（图 2.53）。如同提到过的，无限远处的物体成像的孔径光阑［图 2.53（a）］是第一个透镜的孔径，这种情况下视场光阑位于第一个透镜的后焦面上。对于有限远处的物体成像的情况［（图 2.53（b）］则有所不同，为了对所有离光轴不远的物点获取界定清晰的数值孔径，将孔径光阑放置在第一个透镜的后焦面是有帮助的。这时，第一个透镜的孔径可以成为视场光阑。当然，这种情况下，由于当孔径光阑足够大时，与光轴距离相近且大于第一个透镜半径的多个点发出的光锥能够部分通过系统，视场光阑没有清晰的边缘。这时将出现一种渐晕。所以，需要在物平面或像平面直接加入额外的光阑作为视场光阑。

多数现代望远镜在天文观察中使用反射镜面取代透镜作为聚光元件[2.21]。有的望远镜主镜直径 $D=8$ m。根据波动光学，如果它们的角距大于或等于 $\Delta\varphi$，两个（无限远的）物点可以通过主镜直径为 D 的无像差望远镜和波长为 λ 的观察光分辨。

$$\Delta\varphi = k\frac{\lambda}{D} \qquad\qquad (2.207)$$

式中，k 为常量，$k\approx 1$（对于全圆孔径有 $k=1.22$）。k 的精确值取决于设备的实际设计，因为在很多情况下，由于第二反射镜及支架在主镜中央或其他部分造成阴影，折射望远镜具有环形孔径或更复杂的孔径。因此，主镜直径大的望远镜当然聚光能力更强、角分辨率更大。

（2）伽利略望远镜由一个焦距 $f_1' > 0$ 的正透镜（物镜）和一个焦距满足 $f_2' < 0$ 或 $f_2 = -f_2' > 0$ 且 $|f_2'| < |f_1'|$ 的负透镜（目镜）组成。当然，可以将望远镜旋转 180° 以减少角放大率。假设 $f_1' > 0$ 且 $f_2' < 0$。相比天文望远镜的 $|f_1'| + |f_2'|$，伽利略望远镜的总长度仅为 $|f_1'| - |f_2'|$（薄透镜的情况）（尽管 f_1' 总是为正且只有 f_2' 对天文望远镜和伽利略望远镜符号不同，这里还是使用了焦距的绝对值）。伽利略望远镜的另一个优势是角放大率 γ 根据式（2.200）为正，有 $\gamma = -f_1'/f_2' > 0$。因此，成像是正立的，可以直接用于地面观察。伽利略望远镜的缺点是物镜通过第二个透镜的成像在两个透镜之间。因此，观察眼无法接触伽利略望远镜的出射光瞳，观察眼自身的光瞳作为整个系统的孔径光阑，反而物体的直径限制了视场。因此，伽利略望远镜视场有限，且只能使用 2～5 倍的较小放大率。另一个缺点是伽利略望远镜无法传递实物的实像。因此，伽利略望远镜无法用于将中间实像传递到光学系统的另一个平面。

然而，紧凑的总长度和正的角放大率使伽利略望远镜能够用作光束扩束器或长柄眼镜那样的地面望远镜。

2.6.5 显微镜

本节讨论的最后一种重要光学仪器是显微镜[2.1,3,8]。望远镜，尤其是天文望远镜，是为了实现远距离物体的角放大率，而显微镜是为了获取很小的近距离物体的放大成像。

1. 放大镜

如果我们想要看清一个小物体的细节，会尽量把眼睛靠近它，因为这样物体在眼球视网膜上的成像会更大。不过，一般人眼对物体清晰成像的最近距离只有约 d_S=25 cm，这也是标准的明视距离。因此很显然，对于离眼睛的距离 $|d_O|$ 小于标准明视距离 d_S 的物体，需使用直接放置在眼前的正透镜，称为放大镜，可在距离 $|d_I|$=d_S 处获取物体的放大虚像。与焦距为 f' 的透镜像方主平面距离为 d_I 的像必须满足成像方程（2.89），这里像方折射率必须为 n'=1，因为人眼一般只会在空气中使用，也只有这时才能清晰成像。因此，这种情况下的成像方程为

$$\frac{1}{d_I} - \frac{n}{d_O} = \frac{1}{f'} \qquad (2.208)$$

式中，n 为物方折射率，一般也为 1（空气中的物体），不过如果物体浸入液体（例如水或油），有时会大于 1。根据几何光学的符号规则，由于物体位于透镜前，d_O 为负。对于虚像，像距 d_I 也为负。因此，根据式（2.52）、式（2.208）和图 2.54，成像的垂轴放大率为

$$\beta = \frac{x_I}{x_O} = \frac{\varphi_I d_I}{\varphi_O d_O} = n\frac{d_I}{d_O} = 1 - \frac{d_I}{f'} = 1 + \frac{d_S}{f'} \qquad (2.209)$$

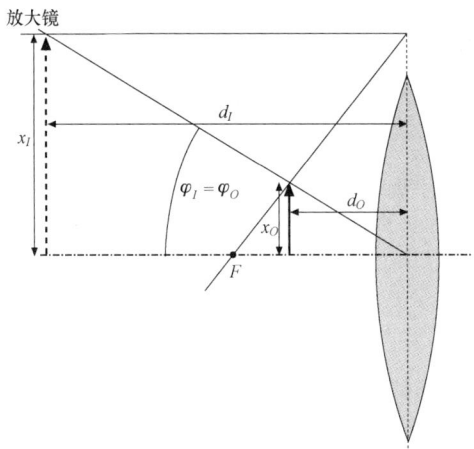

图 2.54 放大镜原理。这里使用了薄透镜并假设物空间和像空间的折射率相等，因此 $\varphi_I = \varphi_O$

在此用到了近轴情况下角 φ_I 和 φ_O 必须满足的条件 $n'\varphi_I = n\varphi_O$，其中 n'=1 在这种情况下成立。此外，还用到了虚像位于标准明视距离的情况，因此负的像距 d_I 由 $-d_S$ 代替，d_S 为标准明视距离的绝对值。

例如，如果透镜焦距 f'=5 cm，则可以获得 β=1+25/5=6 的垂轴放大率。为了获取无像差，特别是无色差的更大视场，实践中的放大镜并不是单透镜，而是由多个

单透镜组成的消色差透镜。

2. 显微镜

由于为了获取更大的垂轴放大率，物体必须十分靠近放大镜和眼睛，放大镜能达到的垂轴放大率当然是有限的，因此才发明了分两级放大物体的显微镜（图2.55）。首先通过一个小焦距的透镜形成放大率为$\beta_{物镜}$的放大实像，这个透镜称为物镜。这个实像当然是倒立的。然后，使用焦距更大（多数情况下）的放大镜，称之为目镜，形成中间实像的放大虚像，该虚像位于人眼的标准明视距离处。第二步操作的垂轴放大率为$\beta_{目镜}$。这表示两步操作的垂轴放大率相乘得到的显微镜的垂轴放大率$\beta_{显微镜}$为

$$\beta_{显微镜} = \beta_{物体}\beta_{人眼} \tag{2.210}$$

在实践中，显微镜的物镜是由许多单透镜构成的一种复杂镜头，用来校正物体的像差（特别是球差、彗差和色差）并保证大视场[2.8]。并且，现代显微镜的物镜校正是为无限远服务的。这就是说只有当物体精确地位于物方焦平面内时，才会校正像差。因此成像会在无限远处，必须使用固定焦距（称为镜筒长度，通常为160 mm）的额外透镜（称为镜筒透镜）获取满足物镜上标记的放大率的实像。对于生物学研究，由于物体上通常盖着薄盖玻片，因此对穿过平板玻璃的高数值孔径球面波所造成的球差也必须进行校正。

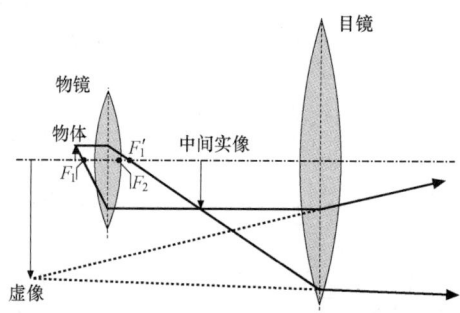

图 2.55　使用薄透镜演示的显微镜原理。物镜形成物体的放大中间实像，
接着由目镜转换为进一步放大的虚像。该虚像与目镜和紧靠目镜后的人眼的
距离必须为标准明视距离

物镜的另一个十分重要的参数是数值孔径 NA［式（2.135）］。这一方面决定了物镜的聚光能力，另一方面决定了可能的分辨率。根据波动光学可知显微镜能分辨的两点之间的最小距离Δx为

$$\Delta x = k\frac{\lambda}{NA} \tag{2.211}$$

式中，λ为所使用的光的波长；k为与照明条件（相干性）和物镜的精确孔径形状

（通常为圆形）相关的常量（通常约为 0.5）。

　　如果显微镜成像必须位于照相机芯片上（例如 CCD 芯片），则必须在相机芯片上成实像。因此不能使用产生虚像的目镜，只要把 CCD 芯片放置在物镜（以及镜筒）所成的实像的位置就足够了。对于像素为典型值 11 μm 的 CCD 芯片，空气中高数值孔径的物镜的典型放大率，例如 $|\beta|$=50，就足够了。这表示物体上 0.22 μm 的结构尺寸将被放大至 CCD 芯片像素的大小。但是根据式（2.211），0.22 μm 接近于 NA＜1 的物镜在可见光谱范围内波长下的分辨率。在物体和物镜之间使用浸镜油（物镜必须是特殊的油浸物镜）可以将 NA 增加至约 1.4，分辨率也会相应增加。另一种可行的办法是降低波长。用于集成电路检测的现代显微镜就使用了波长为 248 nm 的紫外光。

| 参 考 文 献 |

［2.1］　M. Born, E. Wolf: *Principles of Optics*, 6th edn. (CambridgeUniv. Press, Cambridge 1997)

［2.2］　R. Ditteon: *Modern Geometrical Optics* (Wiley, NewYork 1998)

［2.3］　H. Haferkorn: *Optik*, 4th edn. (Wiley-VCH, Weinheim2003)

［2.4］　E. Hecht: *Optics*, 3rd edn. (Addison-Wesley, Reading1998)

［2.5］　R.S. Longhurst: *Geometrical and Physical Optics*, 3rdedn. (Longman, New York 1973)

［2.6］　V.N. Mahajan: *Optical Imaging and Aberrations,Part I: Ray Geometrical Optics* (SPIE, Bellingham1998)

［2.7］　D. Marcuse: *Light Transmission Optics*, 3rd edn. (VanNostrand, New York 1982)

［2.8］　H. Naumann, G. Schröder: *Bauelemente der Optik*,5th edn. (Hanser, München 1987), In German

［2.9］　I.N. Bronstein, K.A. Semendjajew: *Taschenbuch derMathematik*, 23rd edn. (Thun, Frankfurt/Main 1987),in German

［2.10］　R.A. Chipman: Mechanics of polarization ray tracing,Opt. Eng. **34**, 1636－1645 (1995)

［2.11］　E. Waluschka: Polarization ray trace, Opt. Eng. **28**,86－89 (1989)

［2.12］　W. Brouwer: *Matrix Methods in Optical InstrumentDesign* (Benjamin, New York 1964)

［2.13］　A. Gerrard, J.M. Burch: *Introduction to Matrix Methodsin Optics* (Wiley, London 1975)

［2.14］　H. Kogelnik, T. Li: Laser beams and resonators, Appl.Opt. **5**, 1550－1567

(1966)

［2.15］ A.E. Siegman: *Lasers* (Univ. Science Books, Mill Valley1986)

［2.16］ R. Kingslake: *Lens Design Fundamentals* (Academic,San Diego 1978)

［2.17］ R. Kingslake: *Optical System Design* (Academic, NewYork 1983)

［2.18］ D. Malacara, Z. Malacara: *Handbook of Lens Design*(Dekker, New York 1994)

［2.19］ D.C. O'Shea: *Elements of Modern Optical Design* (Wiley,New York 1985)

［2.20］ M.V. Klein, T.E. Furtak: *Optics*, 3rd edn. (Wiley, NewYork 1986)

［2.21］ R. Riekher: *Fernrohre und ihre Meister*, 3rd edn.(Verlag Technik, Berlin 1990), in German

［2.22］ H.J. Levinson: *Principles of Lithography* (SPIE,Bellingham 2001)

［2.23］ H.P. Herzig: *Micro-Optics* (Taylor Francis, London1997)

［2.24］ B. Kress, P. Meyrueis: *Digital Diffractive Optics* (Wiley,Chicester 2000)

［2.25］ S. Sinzinger, J. Jahns: *Microoptics* (Wiley-VCH, Weinheim1999)

［2.26］ B. Dörband: Abbildungsfehler und optische Systeme.In: *Technische Optik in der Praxis*, ed. by G. Litfin(Springer, Berlin Heidelberg New York 1997) pp. 73 – 101, in German

［2.27］ G.H. Spencer, M.V.R.K. Murty: General ray tracingprocedure, J. Opt. Soc. Am. **52**, 672 – 678 (1962)

［2.28］ O.N. Stavroudis: *The Optics of Rays, Wavefronts, andCaustics* (Academic, New York 1972)

［2.29］ A. Sharma, D.V. Kumar, A.K. Ghatak: Tracing raysthrough graded-index media: a new method, Appl.Opt. **21**, 984 – 987 (1982)

［2.30］ A. Sharma: Computing optical path length ingradient-index media: a fast and accurate method, Appl. Opt. **24**, 4367 – 4370 (1985)

［2.31］ R.W. Smith: A note on practical formulae forfinite ray tracing through holograms and diffractiveoptical elements, Opt. Commun. **55**, 11 – 12(1985)

［2.32］ W.T. Welford: A vector raytracing equation for hologramlenses of arbitrary shape, Opt. Commun. **14**,322 – 323 (1975)

［2.33］ W.H. Press, B.P. Flannery, S.A. Teukolsky, W.T. Vetterling:*Root Finding and Nonlinear Sets of Equations,Numerical Recipes in C* (Cambridge Univ. Press,Cambridge 1988) pp. 255 – 289

［2.34］ J.N. Latta: Computer-based analysis of holographyusing ray tracing, Appl. Opt. **10**, 2698 – 2710 (1971)

［2.35］ N. Lindlein, J. Schwider: Local wave fronts at diffractiveelements, J. Opt. Soc. Am. A **10**, 2563 – 2572 (1993)

［2.36］ I. Ghozeil: Hartmann and other screen tests. In: *OpticalShop Testing*, ed. by D. Malacara (Wiley, NewYork 1978) pp. 323 – 349

[2.37]   Z. Chen, W. Yu, R. Ma, X. Deng, X. Liang: Uniformillumination of large
          targets using a lens array, Appl.Opt. **25**, 377 (1986)

[2.38]   N. Lindlein, F. Simon, J. Schwider: Simulation ofmicro-optical array systems
          with RAYTRACE, Opt. Eng.**37**, 1809 – 1816 (1998)

[2.39]   N. Lindlein: Simulation of micro-optical systems includingmicrolens arrays, J.
          Opt. A: Pure Appl. Opt.**4**, S1 – S9 (2002)

[2.40]   A. Büttner, U.D. Zeitner: Wave optical analysis oflight-emitting diode beam
          shaping using microlensarray, Opt. Eng. **41**, 2393 – 2401 (2002)

[2.41]   J.A. Kneisly: Local curvature of wavefronts in anoptical system, J. Opt. Soc.
          Am. **54**, 229 – 235 (1964)

[2.42]   W.T. Welford: *Aberrations of Optical Systems* (Hilger,Bristol 1986)

[2.43]   J.L. Rayces: Exact relation between wave aberrationand ray aberration, Opt.
          Acta **11**, 85 – 88 (1964)

[2.44]   C.J. Kim, R.R. Shannon: *Catalog of Zernike Polynomials,*Applied Optics and
          Optical Engineering, Vol. X,ed. by R.R. Shannon, J.C. Wyant (Academic,
          SanDiego 1987) pp. 193 – 221

[2.45]   F.M. Küchel, T. Schmieder, H.J. Tiziani: Beitrag zurVerwendung von
          Zernike-Polynomen bei der automatischenInterferenzstreifenauswertung,
          Optik**65**, 123 – 142 (1983), in German

[2.46]   W.N. Charman: Optics of the Eye. In: *Handbook ofOptics*, Vol. I, 3rd edn., ed.
          by M. Bass (McGraw-Hill, New York 1995) pp. 24.3 – 24.54

[2.47]   W.S. Geisler, M.S. Banks: Visual Performance. In:*Handbook of Optics*, Vol. I,
          3rd edn., ed. by M. Bass(McGraw-Hill, New York 1995) pp. 25.1 – 25.55

[2.48]   P.L. Kaufman, A. Alm: *Adler's Physiology of the Eye,*10th edn. (Mosby, St.
          Louis 2002)

第 3 章

波动光学

人类对于光的本质的追求已延续数个世纪之久，现在根据实验方法的不同，对这个问题至少有三种答案：① 光由光线构成，光线的传播，例如在均匀介质中，是沿直线行进的；② 光是一种电磁波；③ 光含有少量的能量，即所谓的光子。第一种特性可以解释为波动光学中波长很小的特殊情况，在第 2 章的几何光学中进行了探讨。但是，波动光学无法解释光子，首先光子的阐释和波动光学就是矛盾的。只有量子力学理论和量子场论能够同时解释光作为光子和电磁波的性质。研究这个题目的光学领域统称为量子光学。

本章讲述波动光学，将对光的电磁性质进行探讨，描述所有相关电磁特性的基本方程是麦克斯韦方程。从麦克斯韦方程开始，将推导出波动方程和亥姆霍兹方程。这里我们将在理论正确性和实际近似之间进行折中，精确的分析可以参见文献 [3.1]。之后，将描述一些光波的基本特性，例如偏振、干涉和衍射。光学中相干标量波的传播特别重要，因此，关于衍射的一节将探讨几种传播的研究方法，例如平面波的角谱方法，这很容易在电脑上操作；以及众所周知的菲涅耳－基尔霍夫衍射积分公式、菲涅耳衍射和夫琅禾费衍射。在现代物理学和工程学中，激光非常重要，因此相干激光束意义特殊。激光束的一个很好的近似是厄米－高斯模式，如果近轴光学的一些近似有效，基本高斯光束的传播就很容易得出。本章最后一节将探讨这些公式。

| 3.1 | 麦克斯韦方程和波动方程 |

3.1.1 麦克斯韦方程

关于电动力学的著名的麦克斯韦方程[3.1]是探讨的基础，这里将使用国际单位制表示。以下是用到的物理量：

- E: 电（场）矢量，单位：$[E] = 1$ V/m
- D: 电位移，单位：$[D] = 1$ As/m^2
- H: 磁（场）矢量，单位：$[H] = 1$ A/m
- B: 磁感应，单位：$[B] = 1$ Vs/m$^2 = 1$ T
- j: 电流密度，单位：$[j] = 1$ A/m^2
- ρ: 电荷密度，单位：$[\rho] = 1$ As/m^3

所有量都可以是位置矢量为 $r = (x,y,z)$ 的空间坐标和时间 t 的函数。下文中如果文字描述足够清晰，多数时候在方程中将省去明确的函数性。

通过使用微分算子，麦克斯韦方程有不同的表达式：

$$\nabla := \begin{pmatrix} \dfrac{\partial}{\partial x} \\[2mm] \dfrac{\partial}{\partial y} \\[2mm] \dfrac{\partial}{\partial z} \end{pmatrix} \tag{3.1}$$

四个麦克斯韦方程及其物理阐释为

$$\nabla \times E(r,t) = -\frac{\partial B(r,t)}{\partial t} \tag{3.2}$$

电场 E 的涡旋由磁感应 B 的暂时变化引起。

$$\nabla \times H(r,t) = \frac{\partial D(r,t)}{\partial t} + j(r,t) \tag{3.3}$$

磁场 H 的涡旋由密度为 j 的电流或电场位移 D 的暂时变化引起。量 $\partial D / \partial t$ 称为电位移电流。

$$\nabla \cdot D(r,t) = \rho(r,t) \tag{3.4}$$

电位移 D 的来源是密度为 ρ 的电荷。

$$\nabla \cdot B(r,t) = 0 \tag{3.5}$$

磁场（感应）为螺线矢量场，即不存在磁荷。

1. 连续性方程

使用恒等式 $\nabla \cdot (\nabla \times H)=0$，从式（3.3）和（3.4）可得出电荷守恒定律

$$\frac{\partial \rho}{\partial t}+\nabla \cdot j = 0 \qquad (3.6)$$

该方程称为电动力学的连续性方程，因为它与流体力学的连续性方程很相似。通过对封闭曲面 A 界定的体积 V 进行积分，并使用高斯定理，得到以下方程：

$$\int_V \frac{\partial \rho}{\partial t}\,dV = -\int_V \nabla \cdot j\,dV = -\oint_A j \cdot dA \qquad (3.7)$$

注意积分 $\int_V f\,dV$ 总是表示标量函数 f 对体积 V 的体积积分，而符号 $\oint_A a \cdot dA$ 总是表示矢量函数 a 对界定体积 V 的封闭曲面 A 的面积分，矢量总是指向封闭曲面外。

因此，式（3.7）的左边是总电荷量 Q 的暂时变化，式（3.7）的右边是通过封闭曲面 A 的净电流 $I_{净}$（即流向表面外的正电荷电流与流进表面的负电荷电流相加，然后减去流进表面的正电荷电流，再减去流出表面的负电荷电流）。

$$\frac{\partial Q}{\partial t}=-I_{net} \qquad (3.8)$$

如果净电流为正，体积内的总电荷随着时间减少，即总电荷会更低。

2. 电动力学的能量守恒

通过式（3.2）和（3.3）可推出电动力学的能量守恒定律，计算 E 与式（3.3）的数积，减去 H 与式（3.2）的数积得

$$E \cdot (\nabla \times H) - H \cdot (\nabla \times E)$$
$$= E \cdot \frac{\partial D}{\partial t}+E \cdot j + H \cdot \frac{\partial B}{\partial t}$$

根据微分算子的计算法则，得出以下方程：
$$\nabla \cdot S = \nabla \cdot (E \times H)$$
$$= -[E \cdot (\nabla \times H) - H \cdot (\nabla \times E)]$$

量 S 为

$$S = E \times H \qquad (3.9)$$

称为坡印廷矢量，使用强度的物理单位：$[S] = 1\ VA/m^2 = 1\ W/m^2$，即单位表面积的能量。由于同时垂直于电矢量和磁矢量的两个矢量的矢量积的性质，导致了坡印廷矢量的产生。其绝对值描述了垂直于坡印廷矢量的表面上单位时间内单位面积的能量流，因此其描述了电磁场的能量输送。

S 的来源与电位移或磁感应的暂时变化相关，或者与显式电流有关。

$$\nabla \cdot S = -\left(E \cdot \frac{\partial D}{\partial t}+E \cdot j + H \cdot \frac{\partial B}{\partial t}\right) \qquad (3.10)$$

下一节中我们将看到各向同性介电质材料的特殊情况下，该方程可以阐释为能

量守恒方程。

3. 各向同性介电质材料的特殊情况下的能量守恒

3.1.3 节中我们将看到各向同性介电质材料使用以下方程描述。电荷密度和电流均为零。

$$\rho = 0, \quad j = 0 \tag{3.11}$$

此外，电量和磁量之间还存在以下线性关系：

$$\begin{cases} D(r,t) = \varepsilon_0 \varepsilon(r) E(r,t) \\ B(r,t) = \mu_0 \mu(r) H(r,t) \end{cases} \tag{3.12}$$

式中，ε 为材料的介电函数；μ 为磁导率。两者均为位置矢量 r 的函数。真空介电常数 $\varepsilon_0 = 8.854\,2 \times 10^{-12}$ A·s·V^{-1}·m^{-1} 和真空磁导率 $\mu_0 = 4\pi \times 10^{-7}$ V·s·A^{-1}·m^{-1} 与光在真空中的速度 c 有以下关系：

$$c = \frac{1}{\sqrt{\varepsilon_0 \mu_0}} \tag{3.13}$$

式中，$c = 2.997\,924\,58 \times 10^8$ m/s。实际上在国际单位制中，光在真空中的速度是作为自然界的基本常量定义为这个精确值的，这样长度的基本单位（1 m）和时间的基本单位（1 s）就可以关联起来。真空磁导率的定义也是为了将国际单位制中电流的基本单位（1 A）和质量（1 kg）、长度（1 m）、时间（1 s）等力学基本单位联系起来。因此，只有真空介电常数必须通过实验确定，而 c 和 μ_0 都是国际单位制中的常量。

在介电质中，使用式（3.11）和（3.12），式（3.10）简化为

$$\nabla \cdot S = -\left(\varepsilon_0 \varepsilon E \cdot \frac{\partial E}{\partial t} + \mu_0 \mu H \cdot \frac{\partial H}{\partial t} \right)$$

$$= -\frac{1}{2} \frac{\partial}{\partial t} (\varepsilon_0 \varepsilon E \cdot E + \mu_0 \mu H \cdot H) \tag{3.14}$$

在式（3.14）的等号两边对由封闭曲面 A 界定（图 3.1）的体积 V 进行积分，运用高斯定理可以得出

$$P_{\text{net}} := \oint_A S \cdot \mathrm{d}A = \int_V \nabla \cdot S \mathrm{d}V$$

$$= \int_V \left[-\frac{1}{2} \frac{\partial}{\partial t} (\varepsilon_0 \varepsilon E \cdot E + \mu_0 \mu H \cdot H) \right] \mathrm{d}V$$

$$= -\frac{\partial}{\partial t} \int_V \left(\frac{1}{2} \varepsilon_0 \varepsilon E \cdot E + \frac{1}{2} \mu_0 \mu H \cdot H \right) \mathrm{d}V$$

$$= -\frac{\partial}{\partial t} \int_V w \, \mathrm{d}V \tag{3.15}$$

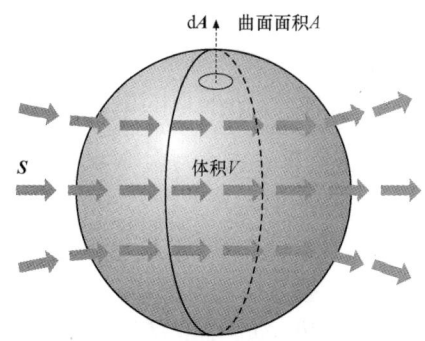

图 3.1　曲面 A 不一定是体积为 V 的球面，而是可以为任意封闭曲面。
细的虚箭头表示无限小的表面矢量 dA，其他箭头表示
固定时间上的局部坡印廷矢量 S 的矢量场

积分 $\int_V \nabla \cdot S \, \mathrm{d}V$ 表示 $\nabla \cdot S$ 对体积 V 的体积积分，而 $\int_A S \cdot \mathrm{d}A$ 表示坡印廷矢量对
闭曲面 A 的面积分。积分中的矢量 dA 在封闭曲面的情况下总是指向曲面外。因此，
$P_净$ 等于通过封闭曲面的净电磁能量（流出封闭曲面的能量和流入封闭曲面的能量的
差）。因此，正的 $P_净$ 值表示从曲面流入系统的能量更多。由于方程（3.15）的右边
也因此必须为能量的物理单位（1 W=1 J/s），显然，

$$w := \frac{1}{2}(\varepsilon_0 \varepsilon E \cdot E + \mu_0 \mu H \cdot H) = w_e + w_m \tag{3.16}$$

为各向同性介电质材料中的电磁场能量密度，单位为 1 J/m³。第一项

$$w_e = \frac{1}{2}\varepsilon_0 \varepsilon E \cdot E \tag{3.17}$$

为电能密度，第二项

$$w_m = \frac{1}{2}\mu_0 \mu H \cdot H \tag{3.18}$$

为磁能密度。方程（3.15）右边的负号正是说明了如果通过曲面的能量 $P_净$ 为正，则
体积内的能量随着时间减少，这意味着总体上能量在流出封闭曲面外。如果通过
曲面的净电磁能为零，即 $P_净=0$，则体积内的总电磁能 $\int_V w \, \mathrm{d}V$ 守恒。这又一次说明
了将 w 解释为能量密度是有必要的。

4. 均匀介电质的波动方程

本节将讨论光在均匀介电质材料中的特性。在均质材料中，介电函数 ε 和磁导率
μ 均为常量。在真空的特殊情况下，两个常量都为 1。电磁波可以存在于没有任何物质
的真空中，这一结论是 19 世纪最重要的物理学发现之一。

均匀介电质中的麦克斯韦方程（3.2）–（3.5）可以使用 ε 和 μ 为常量的式（3.11）
和（3.12）简化为

$$\nabla \times \boldsymbol{E}(\boldsymbol{r},t) = -\mu_0 \mu \frac{\partial \boldsymbol{H}(\boldsymbol{r},t)}{\partial t} \tag{3.19}$$

$$\nabla \times \boldsymbol{H}(\boldsymbol{r},t) = \varepsilon_0 \varepsilon \frac{\partial \boldsymbol{E}(\boldsymbol{r},t)}{\partial t} \tag{3.20}$$

$$\nabla \cdot \boldsymbol{E}(\boldsymbol{r},t) = 0 \tag{3.21}$$

$$\nabla \cdot \boldsymbol{H}(\boldsymbol{r},t) = 0 \tag{3.22}$$

同时将 $\boldsymbol{E}$ 替换为 $\boldsymbol{H}$，$\varepsilon_0 \varepsilon$ 替换为 $\mu_0 \mu$，得到的方程组是完全对称的。

下文中，必须使用矢量恒等式

$$\begin{aligned} \nabla \times (\nabla \times \boldsymbol{E}) &= \nabla(\nabla \cdot \boldsymbol{E}) - (\nabla \cdot \nabla)\boldsymbol{E} \\ &= \nabla(\nabla \cdot \boldsymbol{E}) - \Delta \boldsymbol{E} \end{aligned} \tag{3.23}$$

因此，必须对 $\boldsymbol{E}$ 的每一个分量使用拉普拉斯算子 $\Delta = \partial^2/\partial x^2 + \partial^2/\partial y^2 + \partial^2/\partial z^2$。

将方程（3.19）和（3.21）联立得出

$$\begin{aligned} \nabla \times (\nabla \times \boldsymbol{E}) &= -\Delta \boldsymbol{E} = -\mu_0 \mu \nabla \times \frac{\partial \boldsymbol{H}}{\partial t} \\ &= -\mu_0 \mu \frac{\partial}{\partial t}(\nabla \times \boldsymbol{H}) \end{aligned} \tag{3.24}$$

使用式（3.20）得到均匀介电质中电矢量的波动方程

$$-\Delta \boldsymbol{E} = -\mu_0 \mu \frac{\partial}{\partial t}\left(\varepsilon_0 \varepsilon \frac{\partial \boldsymbol{E}}{\partial t}\right)$$

$$\Rightarrow \Delta \boldsymbol{E} - \varepsilon_0 \mu_0 \varepsilon \mu \frac{\partial^2 \boldsymbol{E}}{\partial t^2} = 0 \tag{3.25}$$

使用式（3.13），该方程可以写作

$$\Delta \boldsymbol{E} - \frac{n^2}{c^2} \frac{\partial^2 \boldsymbol{E}}{\partial t^2} = 0 \tag{3.26}$$

均匀介电质的折射率 n 定义为

$$n = \sqrt{\varepsilon \mu} \tag{3.27}$$

由于均匀介电质的麦克斯韦方程（3.19）–（3.22）中 $\boldsymbol{E}$ 和 $\boldsymbol{H}$ 具有对称性，同样的方程对磁矢量也成立。

$$\Delta \boldsymbol{H} - \frac{n^2}{c^2} \frac{\partial^2 \boldsymbol{H}}{\partial t^2} = 0 \tag{3.28}$$

5. 均匀介电质中的平面波

通过定义以下所谓的相速度：

$$v = \frac{c}{n} \quad\quad\quad (3.29)$$

方程（3.26）和（3.28）的一个解为

$$\boldsymbol{E}(\boldsymbol{r},t) = \boldsymbol{f}(\boldsymbol{e} \cdot \boldsymbol{r} \mp vt) \quad\quad\quad (3.30)$$

$$\boldsymbol{H}(\boldsymbol{r},t) = \boldsymbol{g}(\boldsymbol{e} \cdot \boldsymbol{r} \mp vt) \quad\quad\quad (3.31)$$

通过使用满足 $e_x^2 + e_y^2 + e_z^2 = 1$ 的等式

$$u := \boldsymbol{e} \cdot \boldsymbol{r} \mp vt = e_x x + e_y y + e_z z \mp vt \quad\quad\quad (3.32)$$

可以得出

$$\Delta \boldsymbol{E} = \left(\frac{\partial^2}{\partial x^2} + \frac{\partial^2}{\partial y^2} + \frac{\partial^2}{\partial z^2} \right) \begin{pmatrix} E_x \\ E_y \\ E_z \end{pmatrix}$$

$$= (e_x^2 + e_y^2 + e_z^2) \frac{\partial^2 \boldsymbol{f}(u)}{\partial u^2} = \frac{\partial^2 \boldsymbol{f}(u)}{\partial u^2}$$

$$\frac{\partial^2 \boldsymbol{E}}{\partial t^2} = v^2 \frac{\partial^2 \boldsymbol{f}(u)}{\partial u^2}$$

同样的方程对式（3.31）中的 $\boldsymbol{H}$ 也成立。量 nu 具有光路的物理单位，第一个项 $n\boldsymbol{e} \cdot \boldsymbol{r}$ 称为光程差（OPD），因为它是几何光路与折射率 n 的乘积。

由于以下原因，方程（3.30）或（3.31）的解称为平面波。对于方程（3.32）定义的恒定自变量 $u = u_0$，$\boldsymbol{E}$ 保持恒定。同样的情况对 $\boldsymbol{H}$ 也成立。现在如果考虑 $u = u_0 = 0$，并在方程（3.32）中取负号，则得到

$$u = 0 \quad \Rightarrow \quad \boldsymbol{e} \cdot \boldsymbol{r} = vt \quad\quad\quad (3.33)$$

$t = 0$ 时的几何光路必须也为零，这表示平面经过坐标系的原点。对于固定值 t_0，方程（3.33）描述了与原点的距离为 vt_0 的空间中的一个平面（图 3.2）。在时间 $t_0 + \Delta t$ 上，方程（3.33）描述的是平行于 $t = 0$ 时，且与原点距离为 $v(t_0 + \Delta t)$ 的平面。如果方程（3.32）中使用了负号（这里和下文都是这样），单位矢量 $\boldsymbol{e}$ 垂直于这些平面且指向传播方向；如果取正号，则指向相反的方向。

6. 均匀介电质中的平面波的正交条件

麦克斯韦方程（3.19）-（3.22）不允许所有电磁矢量的方向都与平面波的传播方向 $\boldsymbol{e}$ 有关。通过方程（3.30）和（3.32）得到

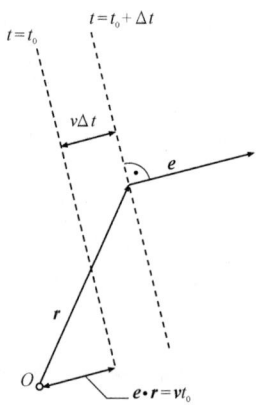

图 3.2　平面波的情况下恒定光路形成的平面

O 为坐标系原点，虚线表示固定值 $u=0$ 下两个不同时间上的平面

$$\frac{\partial \boldsymbol{E}}{\partial t} = \mp v \frac{\partial \boldsymbol{f}}{\partial u}$$

和

$$(\nabla \times \boldsymbol{E})_x = \frac{\partial E_z}{\partial y} - \frac{\partial E_y}{\partial z} = \frac{\partial f_z}{\partial u} e_y - \frac{\partial f_y}{\partial u} e_z$$

$$= \left(\boldsymbol{e} \times \frac{\partial \boldsymbol{f}}{\partial u} \right)_x \Rightarrow \nabla \times \boldsymbol{E} = \boldsymbol{e} \times \frac{\partial \boldsymbol{f}}{\partial u}$$

类似的表达式对于 $\boldsymbol{H}$ 也成立。

因此，由麦克斯韦方程（3.19）和（3.20）推导出

$$\boldsymbol{e} \times \frac{\partial \boldsymbol{f}}{\partial u} = \pm \mu_0 \mu v \frac{\partial \boldsymbol{g}}{\partial u} \tag{3.34}$$

$$\boldsymbol{e} \times \frac{\partial \boldsymbol{g}}{\partial u} = \mp \varepsilon_0 \varepsilon v \frac{\partial \boldsymbol{f}}{\partial u} \tag{3.35}$$

可以根据变量 u 对这些方程进行积分，设积分常数为零，使用方程（3.13）、（3.27）和（3.29），结果为

$$\boldsymbol{E} = \boldsymbol{f} = \mp \sqrt{\frac{\mu_0 \mu}{\varepsilon_0 \varepsilon}} \boldsymbol{e} \times \boldsymbol{H} \tag{3.36}$$

$$\boldsymbol{H} = \boldsymbol{g} = \pm \sqrt{\frac{\varepsilon_0 \varepsilon}{\mu_0 \mu}} \boldsymbol{e} \times \boldsymbol{E} \tag{3.37}$$

这两个方程显示 $\boldsymbol{E}$ 垂直于 $\boldsymbol{e}$ 和 $\boldsymbol{H}$，$\boldsymbol{H}$ 垂直于 $\boldsymbol{e}$ 和 $\boldsymbol{E}$，$\boldsymbol{e}$，$\boldsymbol{E}$ 和 $\boldsymbol{H}$ 必然构成矢量的正交坐标轴。因此，均匀介电质中的平面波总是为横波。

7. 平面波的坡印廷矢量

本节将介绍平面波的坡印廷矢量的物理解释。式（3.9）中定义的坡印廷矢量平行于 $\boldsymbol{e}$。

$$\boldsymbol{S} = \boldsymbol{E} \times \boldsymbol{H} = \left(\mp \sqrt{\frac{\mu_0 \mu}{\varepsilon_0 \varepsilon}} \boldsymbol{e} \times \boldsymbol{H} \right) \times \left(\pm \sqrt{\frac{\varepsilon_0 \varepsilon}{\mu_0 \mu}} \boldsymbol{e} \times \boldsymbol{E} \right)$$

$$= -[(\boldsymbol{e} \times \boldsymbol{H}) \cdot \boldsymbol{E}] \boldsymbol{e} + [(\boldsymbol{e} \times \boldsymbol{H}) \cdot \boldsymbol{e}] \boldsymbol{E} \tag{3.38}$$

第二项的标量积为零，因此只保留第一项。如果使用式（3.36），则最终结果为

$$\boldsymbol{S} = -[(\boldsymbol{e} \times \boldsymbol{H}) \cdot \boldsymbol{E}] \boldsymbol{e} = \pm \sqrt{\frac{\varepsilon_0 \varepsilon}{\mu_0 \mu}} (\boldsymbol{E} \cdot \boldsymbol{E}) \boldsymbol{e} \tag{3.39}$$

这表示能量的传输沿着平面波的传播方向进行，坡印廷矢量的绝对值（即光波强度）与 $|\boldsymbol{E}|^2$ 成正比。

如果使用矢量恒等式 $(\boldsymbol{a} \times \boldsymbol{b}) \cdot \boldsymbol{c} = -(\boldsymbol{a} \times \boldsymbol{c}) \cdot \boldsymbol{b}$ 和式（3.37），还可以写出

$$S = -[(e \times H) \cdot E]e = [(e \times E) \cdot H]e$$

$$= \pm \sqrt{\frac{\mu_0 \mu}{\varepsilon_0 \varepsilon}} (H \cdot H)e \qquad (3.40)$$

这表示坡印廷矢量的绝对值也与$|H|^2$成正比，且以下等式成立：

$$\sqrt{\frac{\mu_0 \mu}{\varepsilon_0 \varepsilon}} |H|^2 = \sqrt{\frac{\varepsilon_0 \varepsilon}{\mu_0 \mu}} |E|^2$$

$$\Rightarrow \mu_0 \mu |H|^2 = \varepsilon_0 \varepsilon |E|^2 \qquad (3.41)$$

将式（3.41）与式（3.16）–（3.18）中的电磁场能量密度比较，对于均匀介电质中的平面波有

$$w_e = w_m = \frac{1}{2}w$$

$$\Rightarrow w = \varepsilon_0 \varepsilon |E|^2 = \mu_0 \mu |H|^2 \qquad (3.42)$$

再次使用式（3.13）、（3.27）和（3.29），方程（3.39）和（3.40）可转化为

$$S = \pm v\mu_0 \mu |H|^2 e = \pm v\varepsilon_0 \varepsilon |E|^2 e = \pm vwe \qquad (3.43)$$

这表示在均匀介电质中，坡印廷矢量的绝对值是电磁场能量密度（一定体积内的能量）和光的相速度的乘积。这就证明了坡印廷矢量的解释，即以光的相速度传递电磁场能量的电磁波的矢量。图 3.3 给出了相应图示。在极微小的时间间隔 dt 内，光通过了极微小的距离 d$z = v$ dt。假设距离 dz 非常小，以致电磁场的局部能量密度 w 在体积 d$V = A$ dz 内为恒定，其中 A 为垂直于坡印廷矢量的一小块表面的面积。因此，极微小的体积 dV 内包含的总能量 d$W = w$ dV 在时间内 dt 通过表面 A，对于密度 I（一定面积上的电磁能），有

$$I = \frac{dW}{Adt} = \frac{wdV}{Adt} = \frac{wAvdt}{Adt} = wv = |S| \qquad (3.44)$$

这正是坡印廷矢量 S 的绝对值。不垂直于坡印廷矢量方向的表面上的光强度通过以下方程计算：

$$I = S \cdot N \qquad (3.45)$$

式中，N 为垂直于表面的局部单位矢量。

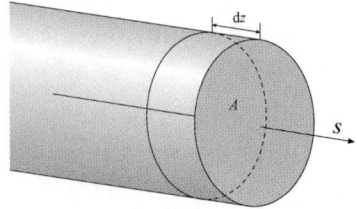

图 3.3　坡印廷矢量传递电磁场能量的图示。A 为圆面的面积

8. 时间谐波平面波

到目前为止，平面波通过式（3.30）和（3.31）定义为 $E(r,t)=f(u)$ 和 $H(r,t)=g(u)$。自变量 u 通过式（3.32）定义为 $u=e \cdot r-vt$。这表示所有位置矢量为 r 的点在固定时间点 t 上以常量 u 位于一个平面内。此外，我们看到 e，E 和 H 必然构成矢量的正交坐标轴［式（3.36），（3.37）］。不过，满足这些条件的函数 f 和 g 的具体形式可以十分随意。在光学中形式简单却十分重要的一种波是时间谐波。并且，时间谐波为线偏振，即电矢量和磁矢量的方向均为恒定。可用以下方程表示一个线偏振时间谐波平面波：

$$E(r,t) = E_0 \cos\left(\frac{2\pi n}{\lambda}u\right)$$

$$= E_0 \cos\left[\frac{2\pi n}{\lambda}(e \cdot r-vt)\right] \qquad (3.46)$$

$$H(r,t) = H_0 \cos\left(\frac{2\pi n}{\lambda}u\right)$$

$$= H_0 \cos\left[\frac{2\pi n}{\lambda}(e \cdot r-vt)\right] \qquad (3.47)$$

这里引入了变量 λ，其具有长度的物理单位，因此余弦函数的自变量没有物理单位。

时间谐波的特点是对于固定点 r，在某一时间间隔后周期性地出现相同的值。满足这种情况的最小时间间隔称为周期 T。

$$E(r,t+T) = E_0 \cos\left\{\frac{2\pi n}{\lambda}[e \cdot r-v(t+T)]\right\}$$

$$= E_0 \cos\left[\frac{2\pi n}{\lambda}(e \cdot r-vt)\right] = E(r,t)$$

$$\Rightarrow \frac{2\pi n}{\lambda}vT = 2\pi$$

$$\Rightarrow vT = \frac{\lambda}{n} \quad 或 \quad cT = \lambda \qquad (3.48)$$

因此，λ/n 为光在周期 T 内在介质中经过的距离，称为时间谐波在介质中的波长。λ 本身是真空中的波长。T 的倒数称为波的频率 v，且 $2\pi v=2\pi/T$ 称为波的角频率 ω。因此，以下两个方程成立：

$$cT = \lambda \Rightarrow c = \lambda v \qquad (3.49)$$

$$\frac{2\pi}{\lambda}c = \frac{2\pi}{T} = 2\pi v = \omega \qquad (3.50)$$

此外，我们引入波矢量 k，其定义为

$$k = \frac{2\pi n}{\lambda}e \qquad (3.51)$$

那么针对 E 和 H，式（3.46）和（3.47）可以写作

$$E(r,t) = E_0 \cos(k \cdot r - \omega t) \tag{3.52}$$

$$H(r,t) = H_0 \cos(k \cdot r - \omega t) \tag{3.53}$$

由于正交条件，k（或平行于 k 的 e），E_0 和 H_0 必须形成正交坐标系。使用麦克斯韦方程的第一个方程（3.19）在均匀介电质中的情况和微分算子的数学法则可以清楚地看到这一点：

$$
\begin{cases}
\nabla \times E = \nabla \times [E_0 \cos(k \cdot r - \omega t)] \\
\quad\quad = [\nabla \cos(k \cdot r - \omega t)] \times E_0 \\
\quad\quad = -k \times E_0 \sin(k \cdot r - \omega t) \\
-\mu_0 \mu \dfrac{\partial H}{\partial t} = -\omega \mu_0 \mu H_0 \sin(k \cdot r - \omega t) \\
\Rightarrow \quad \omega \mu_0 \mu H_0 = k \times E_0 \\
\Rightarrow H_0 = \dfrac{1}{\omega \mu_0 \mu} k \times E_0 = \dfrac{\lambda}{2\pi c \mu_0 \mu} k \times E_0 \\
\quad\quad = \sqrt{\dfrac{\varepsilon_0 \varepsilon}{\mu_0 \mu}} e \times E_0
\end{cases}
\tag{3.54}
$$

最后一步使用了方程（3.50）、（3.13）和（3.27），最终结果的几何解释为 H_0 同时垂直于 e 和 E_0。从麦克斯韦方程的第三个方程（3.21）推出

$$
\begin{aligned}
\nabla \cdot E &= \nabla \cdot [E_0 \cos(k \cdot r - \omega t)] \\
&= E_0 \cdot [\nabla \cos(k \cdot r - \omega t)] \\
&= -E_0 \cdot k \sin(k \cdot r - \omega t) = 0 \\
\Rightarrow \quad E_0 \cdot k &= 0
\end{aligned}
\tag{3.55}
$$

这也说明 k（或 e）和 E_0 互相垂直。由于 E 和 H 的对称性，另外两个麦克斯韦方程（3.20）和（3.22）也自动满足。

3.1.2 时间谐波的复数表示

3.1.1 节平面时间谐波一段中，使用了电矢量和磁矢量的实余弦函数表示线偏振时间谐波平面波。由于 E 和 H 是能观察到的物理量，它们当然必须用实函数表示。虽然通常的探测器的速度无法直接探测到光波的电矢量和磁矢量，这一事实在这里并不重要。但是，复变指数函数的计算比实余弦或正弦函数的计算更方便。麦克斯韦方程（3.2）–（3.5）为线性。因此，如果函数 E_1，D_1，H_1，B_1，j_1 和 ρ_1 与 E_2，D_2，H_2，B_2，j_2 以及 ρ_2 都是麦克斯韦方程的解，那么这些函数的线性组合也是方程的解。因此，使用复变函数表示波是通常的做法，尽管只会用到函数的实部表示实际物理量。此外，复变函数的减法、积分和微分也为线性运算，这样我们最后能建立实部并得到实数解：

$$\begin{cases} z_1(x) = a_1(x) + ib_1(x) \\ z_2(x) = a_2(x) + ib_2(x) \\ \operatorname{Re}(z_1 + z_2) = \operatorname{Re}(z_1) + \operatorname{Re}(z_2) \\ \operatorname{Re}(z_1 - z_2) = \operatorname{Re}(z_1) - \operatorname{Re}(z_2) \\ \Rightarrow \operatorname{Re}\left(\dfrac{\mathrm{d}z_1}{\mathrm{d}x}\right) = \dfrac{\mathrm{d}}{\mathrm{d}x}\operatorname{Re}(z_1) \\ \operatorname{Re}\left(\displaystyle\int z_1\,\mathrm{d}x\right) = \displaystyle\int \operatorname{Re}(z_1)\,\mathrm{d}x \\ \operatorname{Re}(fz_1) = f\operatorname{Re}(z_1) \end{cases} \tag{3.56}$$

式中，f 为任意实函数或常量。只有当两个复变函数相乘或相除，或建立绝对值时，需要注意：

$$\begin{cases} \operatorname{Re}(z_1 z_2) = a_1 a_2 - b_1 b_2 \neq a_1 a_2 = \operatorname{Re}(z_1)\operatorname{Re}(z_2) \\ \operatorname{Re}\left(\dfrac{z_1}{z_2}\right) = \dfrac{a_1 a_2 + b_1 b_2}{a_2^2 + b_2^2} \neq \dfrac{a_1}{a_2} = \dfrac{\operatorname{Re}(z_1)}{\operatorname{Re}(z_2)} \\ \operatorname{Re}(z_1 z_1) = a_1^2 - b_1^2 \neq a_1^2 + b_1^2 = |z_1|^2 \end{cases} \tag{3.57}$$

因此，如果必须计算坡印廷矢量或电矢量与磁矢量的乘积，不允许直接将复变函数引入所求的物理量的定义得出实函数。不过，复数记法有一些有用的应用。如之前提到的，光波的频率很高，因此普通探测器无法直接观测到振动。对于可见光的典型波长 500 nm，波在真空中的频率可以根据式（3.49）确定：

$$\begin{cases} v = \dfrac{c}{\lambda} = \dfrac{2.998 \times 10^8\,\mathrm{ms}^{-1}}{5.0 \times 10^{-7}\,\mathrm{m}} = 5.996 \times 10^{14}\,\mathrm{s}^{-1} \\ \Rightarrow\quad T = \dfrac{1}{v} = 1.668 \times 10^{-15}\,\mathrm{s} = 1.668\,\mathrm{fs} \end{cases}$$

因此，其周期仅略大于 1 fs。这说明多数情况下只能测量多个周期的平均光强度。

角频率为 ω 的一般时间谐波的电场可以表示为

$$\begin{aligned} E(r,t) &= \begin{pmatrix} A_x(r)\cos[\Phi_x(r) - \omega t] \\ A_y(r)\cos[\Phi_y(r) - \omega t] \\ A_z(r)\cos[\Phi_y(r) - \omega t] \end{pmatrix} \\[2mm] &= \operatorname{Re}\left\{ \begin{pmatrix} A_x(r)\mathrm{e}^{i\Phi_x(r) - i\omega t} \\ A_y(r)\mathrm{e}^{i\Phi_y(r) - i\omega t} \\ A_z(r)\mathrm{e}^{i\Phi_z(r) - i\omega t} \end{pmatrix} \right\} \\[2mm] &= \operatorname{Re}\left\{ \mathrm{e}^{-i\omega t}\begin{pmatrix} A_x(r)\mathrm{e}^{i\Phi_x(r)} \\ A_y(r)\mathrm{e}^{i\Phi_y(r)} \\ A_z(r)\mathrm{e}^{i\Phi_z(r)} \end{pmatrix} \right\} \\[2mm] &=: \operatorname{Re}\{\mathrm{e}^{-i\omega t}\hat{E}(r)\} \end{aligned} \tag{3.58}$$

式中，A_x，A_y，A_z，Φ_x，Φ_y 和 Φ_z 都是只取决于位置 r 的实函数；A_x，A_y 和 A_z 为振幅的分量，为位置的慢化函数；相位分量 Φ_x，Φ_y 和 Φ_z 的指数项为位置的快速变化函数；复矢量的分量 $\hat{E}(r)$ 经常被称为波的电矢量的复振幅。

方程（3.39）给出了坡印廷矢量和平面波电矢量的关系：

$$S = \sqrt{\frac{\varepsilon_0 \varepsilon}{\mu_0 \mu}} (E \cdot E) e$$

现在假设方程（3.39）在更普遍的情况下仍有效。对于一般时间谐波计算，在实际中通过普通探测器测量的坡印廷矢量绝对值的时间平均值 $\overline{S}$，即强度。因此，必须对一个周期 T 内的坡印廷矢量的绝对值 S 进行积分，并除以 T：

$$\overline{S}(r) := \frac{1}{T} \int_0^T |S(r,t)| \, dt$$

$$= \sqrt{\frac{\varepsilon_0 \varepsilon}{\mu_0 \mu}} \frac{1}{T} \int_0^T E(r,t) \cdot E(r,t) dt \qquad (3.59)$$

在一般时间谐波情况下使用式（3.58）和（3.13），可以得到

$$\overline{S} = \frac{\varepsilon_0 c}{T} \sqrt{\frac{\varepsilon}{\mu}} \int_0^T [A_x^2 \cos^2(\Phi_x - \omega t) + A_y^2 \cos^2(\Phi_y - \omega t) + A_z^2 \cos^2(\Phi_z - \omega t)] dt$$

$$= \sqrt{\frac{\varepsilon}{\mu}} \frac{\varepsilon_0 c}{2} (A_x^2 + A_y^2 + A_z^2) \qquad (3.60)$$

但是，如果直接计算与时间无关的矢量 $\hat{E}$ 绝对值的平方也能得到

$$|\hat{E}|^2 = \hat{E} \cdot \hat{E}^* = A_x^2 + A_y^2 + A_z^2 \qquad (3.61)$$

联立式（3.60）和（3.61），最终得到

$$\overline{S}(r) = \sqrt{\frac{\varepsilon}{\mu}} \frac{\varepsilon_0 c}{2} |\hat{E}(r)|^2$$

$$= \sqrt{\frac{\varepsilon}{\mu}} \frac{\varepsilon_0 c}{2} \hat{E}(r) \cdot [\hat{E}(r)]^* \qquad (3.62)$$

因此，使用时间谐波的复数表示能够快速计算坡印廷矢量的时间平均值，即光波强度。

以上推导中我们使用了严格按照平面波的情况推出的方程（3.39）。对于一般的时间谐波（例如在高数值孔径的透镜的焦点上）还是可以视同电场 E 和磁场 H 推导出坡印廷矢量的时间平均值。再次，假设对时间谐波的复数表示中有两个场，因此有

$$E(r,t) = \text{Re}\{e^{-i\omega t} \hat{E}(r)\} \qquad (3.63)$$

$$H(r,t) = \text{Re}\{e^{-i\omega t} \hat{H}(r)\} \qquad (3.64)$$

式中，$\hat{E}$ 和 $\hat{H}$ 为只依赖于空间中位置 r 的时间谐波的复数电矢量和磁矢量。

那么，坡印廷矢量的时间平均值 $\bar{S}$ 可以写作

$$
\begin{aligned}
\bar{S}(r) &= \frac{1}{T}\int_0^T S(r,t)\mathrm{d}t = \frac{1}{T}\int_0^T E(r,t)\times H(r,t)\mathrm{d}t \\
&= \frac{1}{T}\int_0^T \mathrm{Re}\{\mathrm{e}^{-\mathrm{i}\omega t}\hat{E}(r)\}\times \mathrm{Re}\{\mathrm{e}^{-\mathrm{i}\omega t}\hat{H}(r)\}\mathrm{d}t \\
&= \frac{1}{T}\int_0^T [\mathrm{Re}\{\hat{E}\}\cos(\omega t)+\mathrm{Im}\{\hat{E}\}\sin(\omega t)] \\
&\quad\times [\mathrm{Re}\{\hat{H}\}\cos(\omega t)+\mathrm{Im}\{\hat{H}\}\sin(\omega t)]\mathrm{d}t \\
&= \frac{1}{2}[\,\mathrm{Re}\{\hat{E}\}\times\mathrm{Re}\{\hat{H}\}+\mathrm{Im}\{\hat{E}\}\times\mathrm{Im}\{\hat{H}\}] \\
&= \frac{1}{2}\mathrm{Re}\{\hat{E}\times\hat{H}^*\} \qquad\qquad (3.65)
\end{aligned}
$$

坡印廷矢量的时间平均值的这个定义适用于所有时间谐波。这意味着，在大数值孔径的透镜的焦点上也适用。

3.1.3　介质方程

前两节中我们主要集中讨论了各向同性和均匀介电质材料中的电磁场，这时麦克斯韦方程简化为方程（3.19）-（3.22）。在其他介质中则必须使用一般的麦克斯韦方程（3.2）-（3.5），并将出现电位移和电矢量、磁感应和磁矢量之间更复杂的相互关系。由于原子间的距离相比光的波长很小，可以使用光滑函数进行宏观描述。为了计算介质的影响，首先考虑 D 和 E 以及 B 和 H 在真空中的相互关系。在 $\mu=\varepsilon=1$ 的情况下从式（3.12）可获得这些真空中的方程。然后，在真空方程中加入其他项。由以下方程引入电极化强度 P 和磁化强度 M：

$$
D(r,t) = \varepsilon_0 E(r,t) + P(r,t) \qquad\qquad (3.66)
$$

$$
B(r,t) = \mu_0 H(r,t) + M(r,t) \qquad\qquad (3.67)
$$

原子理论远远超出了我们的范围，但在宏观理论中原子（主要是原子的电子）对电极化的作用是电矢量的函数。同样，磁化是磁矢量的函数。最普通的方程为

$$
\begin{aligned}
P_i(r,t) &= P_0(r,t) + \varepsilon_0\sum_{j=1}^3 \eta_{ij}^{(1)}(r,t)E_j(r,t) \\
&\quad + \sum_{j=1}^3\sum_{k=1}^3 \eta_{ijk}^{(2)}(r,t)E_j(r,t)E_k(r,t) \\
&\quad + \sum_{j=1}^3\sum_{k=1}^3\sum_{l=1}^3 \eta_{ijkl}^{(3)}(r,t)E_j(r,t)E_k(r,t)E_l(r,t)+\cdots \qquad (3.68)
\end{aligned}
$$

$$M_i(\boldsymbol{r},t) = M_0(\boldsymbol{r},t) + \mu_0 \sum_{j=1}^{3} \chi_{ij}^{(1)}(\boldsymbol{r},t)H_j(\boldsymbol{r},t)$$

$$+ \sum_{j=1}^{3}\sum_{k=1}^{3} \chi_{ijk}^{(2)}(\boldsymbol{r},t)H_j(\boldsymbol{r},t)H_k(\boldsymbol{r},t)$$

$$+ \sum_{j=1}^{3}\sum_{k=1}^{3}\sum_{l=1}^{3} \chi_{ijkl}^{(3)}(\boldsymbol{r},t)H_j(\boldsymbol{r},t)H_k(\boldsymbol{r},t)H_l(\boldsymbol{r},t) + \cdots \quad (3.69)$$

其中，下标 1～3 表示相应电磁矢量的分量，即 $E_1 := E_x$，$E_2 := E_y$，$E_3 := E_z$；张量函数 $\eta_{ij}^{(1)}$，$\eta_{iijk}^{(2)}$，$\cdots$ 描述了电矢量对电极化的影响；同样，张量函数 $\chi_{ij}^{(1)}$，$\chi_{ijk}^{(2)}$，$\cdots$ 也适用于磁化的情况。张量函数在这里的定义没有物理单位，而是纯数字。但是，更高次的张量函数具有不同的物理单位。张量 $\eta_{ij}^{(1)}$，$\eta_{iijk}^{(2)}$，$\cdots$ 称为介电极化率张量，$\chi_{ij}^{(1)}$，$\chi_{ijk}^{(2)}$，$\cdots$ 称为磁化率张量。方程（3.68）假设存在极化偏差 P_0，对磁化也是一样。在一般介质方程中，不同的项可以取决于位置 $\boldsymbol{r}$ 和时间 t。但是多数情况下，介质方程不显式依赖于时间 t。

此外，电流密度 $\boldsymbol{j}$ 和电荷密度 ρ 也要有方程。光学中最重要的介质不是介电质就是金属（例如对于镜面），两种情况下都可以假设 $\rho=0$。

对于电流密度，多数情况下可以使用方程

$$\boldsymbol{j} = \sigma\boldsymbol{E} \quad (3.70)$$

式中，电导率 σ 表示介质传导电流的能力，物理单位为 $[\sigma] = 1\mathrm{AV^{-1}m^{-1}}$。对于理想各向同性介质来说，$\sigma$ 为零，因此有 $\boldsymbol{j}=0$，这时介质不吸收光。对于金属，σ 当然不为零，对于理想导体则为无穷大，因此光会被立即吸收或反射。此外还有非各向同性吸光介质，例如特殊晶体，其 σ 不是标量而是张量[3.1]，但这超出了目前的探讨范围。

1. 一般介质方程的讨论

（1）极化。方程（3.68）中的 $\sum_{j=1}^{3}\eta_{ij}^{(1)}E_j$ 项造成了电极化对电矢量的线性响应。其后的项和偏差项造成了非线性作用，属于非线性光学的范围[3.2]（例如二次谐波发生和自聚焦效应）。由于本章只探讨线性光学，以下偏差项和所有上标为 2 和 2 以上的介电极化率张量 $\eta_{ijk}^{(2)}$，$\eta_{ijkl}^{(3)}$，$\cdots$ 全部设为零。对于通常的介质，例如各种玻璃，线性情况为通常的情况。只有电磁场电矢量的绝对值处于原子电场的范围内时，这些介质中才会出现非线性效应。

（2）原子电场和光波电场的估算是有帮助的。典型原子中外层电子的电场可以用库仑定律估算，假设原子核的有效电荷为一个基本电荷，电子距离为 $r=10^{-10}$ m。

$$\begin{cases} E = |\boldsymbol{E}| = \dfrac{e}{4\pi\varepsilon_0 r^2} \\ r = 10^{-10}\,\mathrm{m} \\ e = 1.602\,2 \times 10^{-19}\,\mathrm{A \cdot s} \\ \varepsilon_0 = 8.854\,2 \times 10^{-12}\,\mathrm{A \cdot s \cdot V^{-1} \cdot m^{-1}} \\ \Rightarrow E \approx 1.4 \times 10^{11}\,\mathrm{V \cdot m^{-1}} \end{cases} \tag{3.71}$$

（3）电场在光波中振荡十分迅速。因此，估算光波电场（真空中）需要计算依赖于时间的复数电场的模的振幅 $|\hat{E}|$。这可以使用方程（3.62）中坡印廷矢量模的时间平均值 $\overline{S}$ 和依赖于时间的复数电场的模之间的关系进行计算。这里应计算真空中的值（$\varepsilon=\mu=1$）：

$$\overline{S} = \frac{c\varepsilon_0}{2}|\hat{E}|^2 \quad \Rightarrow \quad |\hat{E}| = \sqrt{\frac{2\overline{S}}{c\varepsilon_0}} \tag{3.72}$$

地球上太阳直接光照的电场为

$$\overline{S} \approx 1\,\mathrm{kW/m^2} \quad \Rightarrow \quad |\hat{E}| \approx 868\,\mathrm{V/m}$$

例如，对于中等能量的连续波（CW）激光束的焦斑，有

$$\overline{S} \approx 1\,\mathrm{W/\mu m^2} = 10^{12}\,\mathrm{W/m^2}$$

$$\Rightarrow \quad |\hat{E}| \approx 2.74 \times 10^{7}\,\mathrm{V/m}$$

这表示对于普通光强度下的普通介质，光波电场相比原子电场来说非常小。因此电子的移动是轻微的，这一般会造成介电函数对光波激发电场的线性响应。当然，也有所谓的非线性介质，对于较小的电场发生非线性效应。此外，超短脉冲激光，例如所谓的飞秒激光，在焦点可以达到很高的强度，因此产生的电场相当于或高于原子电场。因此响应当然是非线性的。

（4）磁化。实际上，几乎没有和光学有关的介质显示出磁化效应，因此 $\chi_{ijk}^{(2)}$ 和更高次张量为零。事实上多数与光学相关的介质没有任何磁性，因此剩余的磁化率 $\chi_{ij}^{(1)}$ 也为零。一些介质中 $\chi_{ij}^{(1)}$ 不为零，但可以写作标量常量 χ 与 3×3 矩阵的相乘。χ 对于抗磁性介质为负常量，顺磁性介质为正常量。介质的磁导率 μ 为没有物理单位的纯实数，其定义为

$$\mu := 1 + \chi \tag{3.73}$$

根据方程（3.67）和（3.69），有

$$\boldsymbol{B} = \mu\mu_0\boldsymbol{H} \tag{3.74}$$

这个方程已经在式（3.12）中使用，在本章的其余部分将继续使用，许多情况下 μ 为不依赖位置 r 的常量。

2. 线性和非磁性介质方程的特殊性

对于线性介质，只有最低次的 $\eta_{ij}^{(1)}$ 介电极化率不等于零，可以用矩阵表示为

$$\begin{pmatrix} \eta_{11}^{(1)} & \eta_{12}^{(1)} & \eta_{13}^{(1)} \\ \eta_{21}^{(1)} & \eta_{22}^{(1)} & \eta_{23}^{(1)} \\ \eta_{31}^{(1)} & \eta_{32}^{(1)} & \eta_{33}^{(1)} \end{pmatrix} \tag{3.75}$$

介电极化率张量定义为

$$\begin{pmatrix} \varepsilon_{11} & \varepsilon_{12} & \varepsilon_{13} \\ \varepsilon_{21} & \varepsilon_{22} & \varepsilon_{23} \\ \varepsilon_{31} & \varepsilon_{32} & \varepsilon_{33} \end{pmatrix} := \begin{pmatrix} 1+\eta_{11}^{(1)} & \eta_{12}^{(1)} & \eta_{13}^{(1)} \\ \eta_{21}^{(1)} & 1+\eta_{22}^{(1)} & \eta_{23}^{(1)} \\ \eta_{31}^{(1)} & \eta_{32}^{(1)} & 1+\eta_{33}^{(1)} \end{pmatrix} \tag{3.76}$$

使用方程（3.66）和（3.68），介电位移和电矢量的关系为

$$\begin{pmatrix} D_x \\ D_y \\ D_z \end{pmatrix} = \varepsilon_0 \begin{pmatrix} \varepsilon_{11} & \varepsilon_{12} & \varepsilon_{13} \\ \varepsilon_{21} & \varepsilon_{22} & \varepsilon_{23} \\ \varepsilon_{31} & \varepsilon_{32} & \varepsilon_{33} \end{pmatrix} \begin{pmatrix} E_x \\ E_y \\ E_z \end{pmatrix} \tag{3.77}$$

对于各向异性介质，例如非立方晶体或受到机械应力的各向同性介质，介电张量具有这样的一般矩阵形式，产生的效应为双折射[3.1, 3]。可以证明介电张量具有对称性，即 $\varepsilon_{ij} = \varepsilon_{ji}$。但是，对各向异性介质的探讨不在本章的范围内，因此以下只考虑各向同性介质。那么，介电张量简化为标量 ε 乘以单位矢量，通常为位置 r 的函数。

3. 线性和各向同性介质的介质方程

如果介质具有各向同性，则介电张量和其他所有介质的相关量均为标量与单位矩阵的乘积。根据方程（3.77）和（3.74），在这种情况下可以使用众所周知的电位移和电矢量之间的关系，也可以使用在方程（3.12）中已经使用过的磁感应和磁矢量之间的关系：

$$\begin{cases} D(r,t) = \varepsilon_0 \varepsilon(r) E(r,t), \\ B(r,t) = \mu_0 \mu(r) H(r,t) \end{cases} \tag{3.78}$$

式中，$\varepsilon(r)$ 和 $\mu(r)$ 表示介质函数一般取决于位置，一般与时间没有显式依赖，因此可以省略。

此外，假设电荷密度为零，且（3.70）成立。

$$\begin{cases} \rho = 0 & (3.79) \\ j(r,t) = \sigma(r) E(r,t) & (3.80) \end{cases}$$

如果 ε，μ 和 σ 为常量，即与位置无关，则该介质称为均匀介质。

根据本书不详细讨论的色散理论，介质函数一般将依赖于激发电场或磁场的频率。因此，必须单独计算和讨论电场和磁场的傅里叶分量。电矢量和电位移写作傅里叶积分，即角频率为 ω 的时间谐波的叠加：

$$\begin{cases} \boldsymbol{E}(\boldsymbol{r},t) = \dfrac{1}{\sqrt{2\pi}} \displaystyle\int_{-\infty}^{+\infty} \tilde{\boldsymbol{E}}(\boldsymbol{r},\omega)\mathrm{e}^{\mathrm{i}\omega t}\mathrm{d}\omega \\[4mm] \boldsymbol{D}(\boldsymbol{r},t) = \dfrac{1}{\sqrt{2\pi}} \displaystyle\int_{-\infty}^{+\infty} \tilde{\boldsymbol{D}}(\boldsymbol{r},\omega)\mathrm{e}^{\mathrm{i}\omega t}\mathrm{d}\omega \end{cases} \tag{3.81}$$

磁矢量和磁感应的计算方法相同，因此在此不再进行说明。如果已知函数 $\boldsymbol{E}$，$\tilde{\boldsymbol{E}}$ 的计算为

$$\tilde{\boldsymbol{E}}(\boldsymbol{r},\omega) = \frac{1}{\sqrt{2\pi}} \int_{-\infty}^{+\infty} \boldsymbol{E}(\boldsymbol{r},t)\mathrm{e}^{\mathrm{i}\omega t}\mathrm{d}t \tag{3.82}$$

由于 $\boldsymbol{E}$ 为实函数，复数傅里叶分量必须满足以下条件：

$$\tilde{\boldsymbol{E}}(\boldsymbol{r},-w) = \tilde{\boldsymbol{E}}^{*}(\boldsymbol{r},w) \tag{3.83}$$

这同样适用于电位移、磁矢量和磁感应。

总之，各向同性介质和线性介质的介质方程可以使用四个电磁矢量的傅里叶分量写作：

$$\begin{cases} \tilde{\boldsymbol{D}}(\boldsymbol{r},\omega) = \varepsilon_0 \varepsilon(\boldsymbol{r},\omega) \tilde{\boldsymbol{E}}(\boldsymbol{r},\omega) \\[2mm] \tilde{\boldsymbol{B}}(\boldsymbol{r},\omega) = \mu_0 \mu(\boldsymbol{r},\omega) \tilde{\boldsymbol{H}}(\boldsymbol{r},\omega) \end{cases} \tag{3.84}$$

为了简化符号，下文多数情况将省略各个量的波浪符。这相当于只讨论角频率为 ω 的时间谐波，其中量 ε 和 μ 为 ω 的函数。

3.1.4　波动方程

麦克斯韦方程（3.2）–（3.5）包括五个矢量场 $\boldsymbol{E}$，$\boldsymbol{D}$，$\boldsymbol{H}$，$\boldsymbol{B}$ 和 $\boldsymbol{j}$ 和标量场 ρ，这些量通过介质方程互相关联。这里只探讨各向同性、线性、不带电荷（$\rho = 0$）的介质。此外，所有介质参数，例如 ε，μ 和 σ，均不依赖于时间 t 且为位置 $\boldsymbol{r}$（以及光的频率或波长）的函数。以下将省略函数对 $\boldsymbol{r}$ 和 t 的依赖，但具有以下函数性：

对这种情况使用方程（3.78）和（3.80），得出以下的特殊麦克斯韦方程：

$$\nabla \times \boldsymbol{E} = -\mu_0 \mu \frac{\partial \boldsymbol{H}}{\partial t} \tag{3.85}$$

$$\nabla \times \boldsymbol{H} = \varepsilon_0 \varepsilon \frac{\partial \boldsymbol{E}}{\partial t} + \sigma \boldsymbol{E} \tag{3.86}$$

$$\nabla \cdot (\varepsilon \boldsymbol{E}) = 0 \tag{3.87}$$

$$\nabla \cdot (\mu \boldsymbol{H}) = 0 \tag{3.88}$$

对于已知的介质函数 ε，μ 和 σ，这些方程只包括电矢量和磁矢量。为了消除磁矢量，使用微分算符的矢量积和方程（3.85）。

$$\nabla \times (\nabla \times \boldsymbol{E}) = -\mu_0 \nabla \times \left(\mu \frac{\partial \boldsymbol{H}}{\partial t} \right)$$

$$= -\mu_0 \mu \frac{\partial}{\partial t} (\nabla \times \boldsymbol{H}) - \mu_0 (\nabla \mu) \times \frac{\partial \boldsymbol{H}}{\partial t} \tag{3.89}$$

使用方程（3.85）和（3.86）并且对双重矢量积使用微分算子，结果为

$$\nabla(\nabla \cdot E) - \Delta E = -\varepsilon_0 \mu_0 \varepsilon \mu \frac{\partial^2 E}{\partial t^2} - \mu_0 \mu \sigma \frac{\partial E}{\partial t}$$
$$+ [\nabla(\ln \mu)] \times (\nabla \times E) \tag{3.90}$$

式中，$\Delta = \nabla \cdot \nabla$ 为拉普拉斯算子，必须对 E 的所有分量使用。可使用方程（3.87）在（3.90）中消除项 $\nabla \cdot E$：

$$\nabla \cdot (\varepsilon E) = E \cdot \nabla \varepsilon + \varepsilon \nabla \cdot E = 0$$

$$\Rightarrow \quad \nabla \cdot E = -\frac{1}{\varepsilon} E \cdot \nabla \varepsilon = -E \cdot \nabla(\ln \varepsilon)$$

这样，从方程（3.90）得出最终的电矢量 E 的波动方程：

$$\Delta E + \nabla[E \cdot \nabla(\ln \varepsilon)] - \frac{\varepsilon \mu}{c^2} \frac{\partial^2 E}{\partial t^2} - \mu_0 \mu \sigma \frac{\partial E}{\partial t}$$
$$+ [\nabla(\ln \mu)] \times (\nabla \times E) = 0 \tag{3.91}$$

此外，使用了方程（3.13）将 $\varepsilon_0 \mu_0$ 替换为 $1/c^2$。

使用方程（3.85）、（3.86）和（3.88）可得出关于磁矢量的类似方程：

$$\nabla \times (\nabla \times H) = \nabla \underbrace{(\nabla \cdot H)}_{=-H \cdot \nabla(\ln \mu)} - \Delta H$$

$$= -\nabla[H \cdot \nabla(\ln \mu)] - \Delta H$$

$$= \varepsilon_0 \nabla \times \left(\varepsilon \frac{\partial E}{\partial t} \right) + \nabla \times (\sigma E)$$

$$= \varepsilon_0 \varepsilon \nabla \times \frac{\partial E}{\partial t} + \varepsilon_0 (\nabla \varepsilon) \times \frac{\partial E}{\partial t} + \sigma \nabla \times E + (\nabla \sigma) \times E$$

$$= -\varepsilon_0 \mu_0 \varepsilon \mu \frac{\partial^2 H}{\partial t^2} + \varepsilon_0 (\nabla \varepsilon) \times \frac{\partial E}{\partial t} - \mu_0 \mu \sigma \frac{\partial H}{\partial t} + (\nabla \sigma) \times E \tag{3.92}$$

再次使用方程（3.86），可用下列方程求解 $\partial E / \partial t$：

$$\nabla \times H = \varepsilon_0 \varepsilon \frac{\partial E}{\partial t} + \sigma E$$

$$\Rightarrow \quad \frac{\partial E}{\partial t} = \frac{1}{\varepsilon_0 \varepsilon} (\nabla \times H - \sigma E)$$

这样，在方程（3.92）中可以消去 $\partial E / \partial t$，结果为

$$\Delta H + \nabla[H \cdot \nabla(\ln \mu)] - \frac{\varepsilon \mu}{c^2} \frac{\partial^2 H}{\partial t^2}$$
$$- \mu_0 \mu \sigma \frac{\partial H}{\partial t} + [\nabla(\ln \varepsilon)] \times (\nabla \times H)$$
$$+ [\nabla \sigma - \sigma \nabla(\ln \varepsilon)] \times E = 0 \tag{3.93}$$

可惜的是，不可能从磁场的这个波动方程中完全消去电矢量。

将 E 替换为 H，ε 替换为 μ，方程（3.91）和（3.93）接近于对称。只有包含电导率 σ 的项是不对称的。不过，在两种重要的特殊情况下，电矢量和磁矢量的波动方程是对称的。

1. 纯介电质的波动方程

如果介质为纯介电质，则负责光吸收的电导率 σ 为零。因此，方程（3.91）和（3.93）简化为

$$\Delta E + \nabla[E \cdot \nabla(\ln \varepsilon)] - \frac{\varepsilon\mu}{c^2}\frac{\partial^2 E}{\partial t^2}$$
$$+ [\nabla(\ln \mu)] \times (\nabla \times E) = 0 \qquad (3.94)$$

$$\Delta H + \nabla[H \cdot \nabla(\ln \mu)] - \frac{\varepsilon\mu}{c^2}\frac{\partial^2 H}{\partial t^2}$$
$$+ [\nabla(\ln \varepsilon)] \times (\nabla \times H) = 0 \qquad (3.95)$$

这里的方程在将 E 替换为 H，ε 替换为 μ 时是完全对称的。实践中当然没有介质对光是完全透明的。不过，在可见光和红外光范围内可以假设多数玻璃十分近似于介电质。

2. 均匀介质的波动方程

第二个有趣的特殊情况是均匀介质。这时 ε，μ 和 σ 为常量，因而不依赖于 r 且梯度为零。这种情况下方程（3.91）和（3.93）可简化为

$$\Delta E - \frac{\varepsilon\mu}{c^2}\frac{\partial^2 E}{\partial t^2} - \mu_0\mu\sigma\frac{\partial E}{\partial t} = 0 \qquad (3.96)$$

$$\Delta H - \frac{\varepsilon\mu}{c^2}\frac{\partial^2 H}{\partial t^2} - \mu_0\mu\sigma\frac{\partial H}{\partial t} = 0 \qquad (3.97)$$

将 E 替换为 H，这些方程对称。实践中均匀介质是最重要的情况，因为所有传统透镜（除了梯度折射率（GRIN）透镜）都是由均匀玻璃，或至少是均匀性很高的玻璃制成的。

3.1.5　亥姆霍兹方程

假设角频率为 ω 的时间谐波，在方程（3.58）中用复数记法将其表示为

$$E(r,t) = \hat{E}(r)e^{-i\omega t} \qquad (3.98)$$

$$H(r,t) = \hat{H}(r)e^{-i\omega t} \qquad (3.99)$$

只要使用线性运算，使用复数表示是允许的。关于 t 的偏导数可以直接进行计算，这里我们再一次省略了函数符号。

$$\frac{\partial E}{\partial t} = -i\omega\hat{E}e^{-i\omega t}$$

$$\frac{\partial H}{\partial t} = -i\omega\hat{H}e^{-i\omega t}$$

$$\frac{\partial^2 E}{\partial t^2} = -\omega^2\hat{E}e^{-i\omega t}$$

$$\frac{\partial^2 H}{\partial t^2} = -\omega^2\hat{H}e^{-i\omega t}$$

这些方程可以用于线性和各向同性介质的波动方程（3.91）和（3.93）。结果为

$$\Delta \hat{E} + \nabla[\hat{E} \cdot \nabla(\ln \varepsilon)] + \omega^2 \frac{\varepsilon \mu}{c^2} \hat{E} + i\omega\mu_0\mu\sigma\hat{E}$$

$$+ [\nabla(\ln \mu)] \times (\nabla \times \hat{E}) = 0 \qquad (3.100)$$

$$\Delta \hat{H} + \nabla[\hat{H} \cdot \nabla(\ln \mu)] + \omega^2 \frac{\varepsilon \mu}{c^2} \hat{H} + i\omega\mu_0\mu\sigma\hat{H}$$

$$+ [\nabla(\ln \varepsilon)] \times (\nabla \times \hat{H}) + [\nabla\sigma - \sigma\nabla(\ln \varepsilon)] \times \hat{E} = 0 \qquad (3.101)$$

这两个不依赖于时间的函数称为电矢量和磁矢量的亥姆霍兹方程。由于只使用了不依赖于位置的复数电矢量 $\hat{E}$ 和磁矢量 $\hat{H}$，通过亥姆霍兹方程只能计算这些量的时间平均值。这里又有两个有趣的特殊情况。

1. 纯介电质的亥姆霍兹方程

纯介电质的电导率为零（$\sigma=0$）。在这种情况下，方程（3.100）和（3.101）的结果为

$$\Delta \hat{E} + \nabla[\hat{E} \cdot \nabla(\ln \varepsilon)] + \omega^2 \frac{\varepsilon \mu}{c^2} \hat{E}$$

$$+ [\nabla(\ln \mu)] \times (\nabla \times \hat{E}) = 0 \qquad (3.102)$$

$$\Delta \hat{H} + \nabla[\hat{H} \cdot \nabla(\ln \mu)] + \omega^2 \frac{\varepsilon \mu}{c^2} \hat{H}$$

$$+ [\nabla(\ln \varepsilon)] \times (\nabla \times \hat{H}) = 0 \qquad (3.103)$$

将 E 替换为 H，ε 替换为 μ，两个方程再次对称。

2. 均匀介质的亥姆霍兹方程

对于均匀介质 ε，μ 和 σ 的梯度为零，这时方程（3.100）和（3.101）的形式十分简单。

$$\Delta \hat{E} + \omega^2 \frac{\varepsilon \mu}{c^2} \hat{E} + i\omega\mu_0\mu\sigma\hat{E} = 0 \qquad (3.104)$$

$$\Delta \hat{H} + \omega^2 \frac{\varepsilon \mu}{c^2} \hat{H} + i\omega\mu_0\mu\sigma\hat{H} = 0 \qquad (3.105)$$

两个方程都对 $\hat{E}$ 和 $\hat{H}$ 完全对称。角频率 ω 定义为 $2\pi\nu$，频率 ν 和真空中的波长 λ 通过方程（3.49）互相联系，即 $\nu\lambda=c$。因此，方程（3.104）和（3.105）可以写作

$$(\Delta + \hat{k}^2)\hat{E} = 0 \qquad (3.106)$$

$$(\Delta + \hat{k}^2)\hat{H} = 0 \qquad (3.107)$$

有

$$\hat{k}^2 = \omega^2 \frac{\varepsilon \mu}{c^2} + i\omega\mu_0\mu\sigma$$

$$= \left(\frac{2\pi}{\lambda}\right)^2 \left(\varepsilon\mu + i\frac{\lambda}{2\pi c\varepsilon_0}\mu\sigma\right) = \left(\frac{2\pi\hat{n}}{\lambda}\right)^2 \qquad (3.108)$$

其中，折射率 $\hat{n}$ 的定义为

$$\hat{n}^2 = \varepsilon\mu + \mathrm{i}\frac{\lambda}{2\pi c\varepsilon_0}\mu\sigma \qquad (3.109)$$

这表示如果电导率 σ 不为零，则 $\hat{n}$ 为复数。因此，$\hat{n}$ 的实部 n 和虚部 n_1 可以计算为

$$\hat{n} = n + \mathrm{i}n_1 \Rightarrow \hat{n}^2 = n^2 - n_1^2 + 2\mathrm{i}nn_1 \qquad (3.110)$$

$$\Rightarrow \quad n^2 - n_1^2 = \varepsilon\mu \quad , \quad 2nn_1 = \frac{\lambda}{2\pi c\varepsilon_0}\mu\sigma$$

$$\Rightarrow \quad n_1^2 = \left(\frac{\lambda}{4\pi c\varepsilon_0 n}\mu\sigma\right)^2$$

$$\Rightarrow \quad n^4 - \varepsilon\mu n^2 - \left(\frac{\lambda}{4\pi c\varepsilon_0}\mu\sigma\right)^2 = 0$$

$$\Rightarrow \quad n = \sqrt{\frac{\varepsilon\mu + \sqrt{\varepsilon^2\mu^2 + \dfrac{\lambda^2\mu^2\sigma^2}{4\pi^2 c^2\varepsilon_0^2}}}{2}} \qquad (3.111)$$

$$n_1 = \frac{\lambda}{4\pi c\varepsilon_0}\mu\sigma\sqrt{\frac{2}{\varepsilon\mu + \sqrt{\varepsilon^2\mu^2 + \dfrac{\lambda^2\mu^2\sigma^2}{4\pi^2 c^2\varepsilon_0^2}}}} \qquad (3.112)$$

由于 n 应为实数，只取了变量 n^2 的二次方程的两个解中的正解；此外，由于 n 应为正实数，只取了 n^2 的正平方根。纯介电质（$\sigma=0$）没有虚部，折射率如方程（3.27）的定义为实数。

$$\sigma = 0 \Rightarrow \hat{n} = n = \sqrt{\varepsilon\mu} \qquad (3.113)$$

3. 均匀介质的亥姆霍兹方程的一个简单解

例如，方程（3.106）的简单解为以方向 z 传播的线偏振平面波。

$$\hat{\boldsymbol{E}} = \hat{\boldsymbol{E}}_0 \mathrm{e}^{\mathrm{i}\hat{k}z} = \hat{\boldsymbol{E}}_0 \mathrm{e}^{\mathrm{i}2\pi\hat{n}z/\lambda} \qquad (3.114)$$

式中，$\hat{\boldsymbol{E}}_0$ 为常矢量，它的模表示电矢量在 $z=0$ 上的振幅。如果 $\hat{n}$ 是复数，与位置相关的有效振幅呈指数下降，即

$$\hat{n} = n + \mathrm{i}n_1 \Rightarrow \hat{\boldsymbol{E}} = \hat{\boldsymbol{E}}_0 \mathrm{e}^{-2\pi n_1 z/\lambda}\mathrm{e}^{\mathrm{i}2\pi nz/\lambda} \qquad (3.115)$$

假设存在复折射率，使用复指数项表示波，其标记形式上可以包括波的消减。该复折射率的实部负责常规的折射性质，虚部负责吸收。对于金属来说，n_1 可以大于 1，因此在电（磁）矢量消失前只有一部分波长可以进入金属。

经常使用的是吸收系数 α，而不是折射率的虚部 n_1。吸收系数 α 定义为

$$\alpha := \frac{4\pi}{\lambda}n_1 \Rightarrow \hat{\boldsymbol{E}} = \hat{\boldsymbol{E}}_0 \mathrm{e}^{-\alpha z/2}\mathrm{e}^{\mathrm{i}2\pi nz/\lambda} \qquad (3.116)$$

完成距离为 $z=1/\alpha$ 的传播后，与 $|\hat{E}|^2$ 成正比的波的电能密度下降到初始值的 $1/e$。

根据定义，有损耗介质的 α 总是为正。不过还例外，如激光中的活性增益介质，其系数 α 为负值。因此，α 不只是一个吸收系数，还是一个放大或增益系数。

4. 不均匀平面波

方程（3.115）定义的均匀有损耗介质的亥姆霍兹方程（3.106）的解是不均匀平面波的最简单形式。一般不均匀平面波可以使用方程（3.106）从（3.106）得出：

$$\hat{E} = \hat{E}_0 e^{i\hat{k} \cdot r} = \hat{E}_0 e^{-g \cdot r} e^{ik \cdot r}$$
$$\Rightarrow \quad -\hat{k} \cdot \hat{k} + \hat{k}^2 = 0 \tag{3.117}$$

式中，$\hat{k} = k + ig$ 是一个实部为 k，虚部为 g 的复波矢量常数。一般情况下，$\hat{E}_0$ 也为复电矢量常数，因此可以表示所有的偏振态（3.2.3 节）。

使用方程（3.108）、（3.110）和（3.116），复量 $\hat{k}$ 的定义为

$$\hat{k} = \frac{2\pi}{\lambda}\hat{n} = \frac{2\pi}{\lambda}(n + in_1) = \frac{2\pi n}{\lambda} + i\frac{\alpha}{2}$$
$$\Rightarrow \quad \hat{k}^2 = \frac{4\pi^2 n^2}{\lambda^2} - \frac{\alpha^2}{4} + i\frac{2\pi n\alpha}{\lambda} \tag{3.118}$$

这表示矢量 k 和 g 必须满足

$$\hat{k} \cdot \hat{k} = (k + ig) \cdot (k + ig)$$
$$= |k|^2 - |g|^2 + 2ig \cdot k$$
$$= \hat{k}^2$$
$$= \frac{4\pi^2 n^2}{\lambda^2} - \frac{\alpha^2}{4} + i\frac{2\pi n\alpha}{\lambda} \tag{3.119}$$

将实部和虚部分开得到

$$|k|^2 - |g|^2 = \frac{4\pi^2 n^2}{\lambda^2} - \frac{\alpha^2}{4} \tag{3.120}$$

$$g \cdot k = \frac{\pi n\alpha}{\lambda} \tag{3.121}$$

因此，矢量 g 对 k 的投影必须满足第二个条件。一种重要而有趣的情况是无损耗介质，即 $\alpha=0$。这时 g 和 k 必须互相垂直，这表示垂直于 k 的恒定相位的平面和垂直于 g 的恒定振幅的平面，也是互相垂直的。

不均匀平面波不存在于整个空间中，由于振幅沿 g 的方向呈指数下降，而振幅将沿平行于 g 且与 g 相反的方向呈指数增长，并将趋于无穷大。因此现实世界中只存在呈指数下降的那一部分半空间，且在相反方向上存在极限。不均匀平面波的一个例子是不同折射率的两种介电质介质界面上的全内反射的倏逝波。这种情况下，

平面波在折射率较高的介质中传播,界面上的入射角大于全内反射临界角并发生了反射。但是除了反射波,折射率较低的介质中还存在倏逝波。其矢量 k 平行于两种介质的界面,振幅随着与界面距离的增加呈指数下降。倏逝波向折射率较低的介质没有能量传递,全部能量存于反射波中。

下一节中将介绍光波的一些基本特性。更多的信息可参阅光学教科书,例如文献［3.1, 5–11］。

|3.2　偏　　振|

3.1.1 节中显示了线偏振平面波是麦克斯韦方程的一个解。这种情况下,电矢量具有界定清晰的方向且在波的传播中保持恒定。麦克斯韦方程还有其他解,电矢量的方向在传播中不保持恒定,但在特定时间特定的点上能够清晰界定。所有这些解称为偏振光。

与此相反,电灯泡发出的光是非偏振光。这表示存在许多光波,它们之间具有随机分配的相位关系,即偏振随时间变化的非相干光。因此这些光波的叠加是非相干的,电矢量没有偏重的方向。实际上,光通常是部分偏振的,即一部分光为非偏振光,其余的是偏振光。例如,由于大气对原本是非偏振的阳光的影响,地球上的自然光线就是部分偏振的。

这里只研究均匀介电质介质中的全偏振平面波。在“均匀介电质中的平面波的正交条件”一段中显示了均匀线性各向同性介质中的平面波的电矢量 E 和磁矢量 H 总是互相垂直且都垂直于平面波的传播方向 e。因此对于给定的传播方向 e,只考虑电矢量就足够了。磁矢量因而根据方程（3.37）自动定义为

$$H = \pm\sqrt{\frac{\varepsilon_0\varepsilon}{\mu_0\mu}}e \times E$$

电矢量 E 必须满足 $\sigma=0$ 时的波动方程（3.96）。

$$\Delta E - \frac{n^2}{c^2}\frac{\partial^2 E}{\partial t^2} = 0$$

为了不失普遍性,设传播方向平行于 z 轴,即 $e=(0,0,1)$。由于正交关系,E 只能具有 x 或 y 分量。这时波动方程的一种十分普遍的平面波的解为

$$E(z,t) = \begin{pmatrix} E_x(z,t) \\ E_y(z,t) \\ E_z(z,t) \end{pmatrix} = \begin{pmatrix} A_x\cos(kz-\omega t+\delta_x) \\ A_y\cos(kz-\omega t+\delta_y) \\ 0 \end{pmatrix} \tag{3.122}$$

式中，$k=2\pi n/\lambda=\omega n/c$［式（3.50）］为波矢量 $\boldsymbol{k}=2\pi n\boldsymbol{e}/\lambda$ 的模。$A_x\geq 0$ 和 $A_y\geq 0$ 成立。使用三角定理，引入参数 $\alpha:=kz-\omega t+\delta_x$ 和相位差 $\delta:=\delta_y-\delta_x$，该方程可以写作

$$\begin{pmatrix} E_x(\alpha) \\ E_y(\alpha) \end{pmatrix} = \begin{pmatrix} A_x\cos\alpha \\ A_y\cos(\alpha+\delta) \end{pmatrix}$$
$$= \begin{pmatrix} A_x\cos\alpha \\ A_y\cos\alpha\cos\delta - A_y\sin\alpha\sin\delta \end{pmatrix} \quad（3.123）$$

该方程是参数 α 的不同值在 xy 平面中的二维矢量（E_x，E_y）的顶点所构成的椭圆的参数表示。但是一般来说，椭圆的主轴关于 x 轴和 y 轴旋转对称。因此，必须进行转换以计算长度为 $2a$ 和 $2b$ 的椭圆主轴。为此需要计算以下量，其中省略了 E_x 和 E_y 的自变量 α 的符号。

$$\left(\frac{E_x}{A_x}\right)^2 + \left(\frac{E_y}{A_y}\right)^2 - 2\frac{E_xE_y}{A_xA_y}\cos\delta$$
$$= \cos^2\alpha + (\cos\alpha\cos\delta - \sin\alpha\sin\delta)^2$$
$$- 2\cos\alpha\cos\delta(\cos\alpha\cos\delta - \sin\alpha\sin\delta)$$
$$= \cos^2\alpha + (\cos\alpha\cos\delta - \sin\alpha\sin\delta)\times$$
$$(-\cos\alpha\cos\delta - \sin\alpha\sin\delta)$$
$$= \cos^2\alpha(1-\cos^2\delta) + \sin^2\alpha\sin^2\delta = \sin^2\delta$$
$$\Rightarrow \left(\frac{E_x}{A_x\sin\delta}\right)^2 + \left(\frac{E_y}{A_y\sin\delta}\right)^2 - 2\frac{E_xE_y}{A_xA_y\sin^2\delta}\cos\delta = 1 \quad（3.124）$$

这是关于 x 轴和 y 轴旋转对称的椭圆的隐式表示（图 3.4）。另外，半轴 a 和 b 平行于坐标轴 x' 和 y' 且电矢量坐标为 E_x' 和 E_y' 的椭圆写作

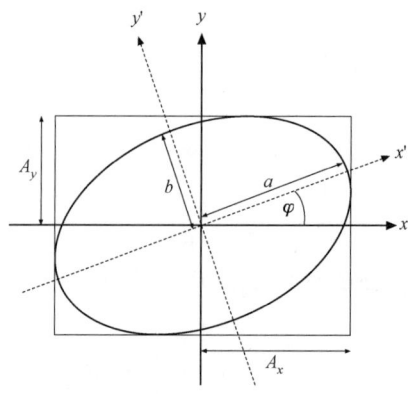

图 3.4　电矢量顶点随时间 t 和坐标 z 的变化移动形成的偏振椭圆

$$\left(\frac{E_x'}{a}\right)^2+\left(\frac{E_y'}{b}\right)^2=1 \qquad (3.125)$$

使用旋转矩阵将坐标系（x'，y'）按照其相对坐标系（x，y）的角 φ 进行旋转，可以将该方程转换到 x 轴和 y 轴构成的坐标系中：

$$\begin{pmatrix} E_x' \\ E_y' \end{pmatrix}=\begin{pmatrix} \cos\varphi & \sin\varphi \\ -\sin\varphi & \cos\varphi \end{pmatrix}\begin{pmatrix} E_x \\ E_y \end{pmatrix}=\begin{pmatrix} E_x\cos\varphi+E_y\sin\varphi \\ -E_x\sin\varphi+E_y\cos\varphi \end{pmatrix}$$

因此，由 E_x^2，E_y^2 和 E_xE_y 项构成的坐标系（x，y）中的旋转椭圆的方程为

$$E_x^2\left(\frac{\cos^2\varphi}{a^2}+\frac{\sin^2\varphi}{b^2}\right)$$
$$+E_y^2\left(\frac{\sin^2\varphi}{a^2}+\frac{\cos^2\varphi}{b^2}\right)$$
$$+E_xE_y\sin(2\varphi)\left(\frac{1}{a^2}-\frac{1}{b^2}\right)=1$$

最后一步中使用了三角恒等式 $\sin(2\varphi)=2\sin\varphi\cos\varphi$。

将这个方程与方程（3.124）对比，为了计算旋转角 φ 和主轴，E_x^2，E_y^2 和 E_xE_y 项的系数必须相等。这样得到三个方程：

$$\begin{cases} \dfrac{\cos^2\varphi}{a^2}+\dfrac{\sin^2\varphi}{b^2}=\dfrac{1}{A_x^2\sin^2\delta} \\[2mm] \dfrac{\sin^2\varphi}{a^2}+\dfrac{\cos^2\varphi}{b^2}=\dfrac{1}{A_y^2\sin^2\delta} \\[2mm] \sin(2\varphi)\left(\dfrac{1}{a^2}-\dfrac{1}{b^2}\right)=-2\dfrac{\cos\delta}{A_xA_y\sin^2\delta} \end{cases}$$

将第一个方程与第二个相加，从第一个方程减去第二个方程，使用三角方程 $\cos(2\varphi)=\cos^2\varphi-\sin^2\varphi$，得出两个新的方程，和原来的第三个方程一起写作

$$\begin{cases} \dfrac{1}{a^2}+\dfrac{1}{b^2}=\dfrac{1}{\sin^2\delta}\left(\dfrac{1}{A_x^2}+\dfrac{1}{A_y^2}\right) \\[2mm] \cos(2\varphi)\left(\dfrac{1}{a^2}-\dfrac{1}{b^2}\right)=\dfrac{1}{\sin^2\delta}\left(\dfrac{1}{A_x^2}-\dfrac{1}{A_y^2}\right) \\[2mm] \sin(2\varphi)\left(\dfrac{1}{a^2}-\dfrac{1}{b^2}\right)=-2\dfrac{\cos\delta}{A_xA_y\sin^2\delta} \end{cases}$$

将第三个方程除以第二个方程得到椭圆旋转角两边的正切为

$$\tan(2\varphi)=\frac{-2\cos\delta}{A_xA_y\left(\dfrac{1}{A_x^2}-\dfrac{1}{A_y^2}\right)}=\frac{-2A_xA_y\cos\delta}{A_y^2-A_x^2} \qquad (3.126)$$

因此，可以通过已知变量 A_x，A_y 和 δ 计算出旋转角 φ。当 $A_x=A_y$ 时分母为零。这时正切的幅角为 $2\varphi=\pm\pi/2$，即 $\varphi=\pm\pi/4$。只有分子也为零，即 $\cos\delta=0$，因此 $\delta=(2n+1)\pi/2$ 时，无法确定角度 φ。这种情况下椭圆退化为圆，旋转角这时当然无法确定。必须提到的是，旋转角 φ 只定义在 $-\pi/4\sim\pi/4$ 之间，因此 2φ 在 $-\pi/2\sim\pi/2$，由此定义反正切函数。这样就足够了，因为第一，椭圆按 $\pi(=180°)$ 旋转不会发生任何变化；第二，可以任意选择 a 或 b 作为较大的椭圆主轴。因此，旋转角 φ 必须定义在大小为 $\pi/2$ 的长度区间内，即 $[-\pi/4;\pi/4]$。

计算出 φ 后，偏振椭圆的半轴长 a 和 b 也可以使用上面的前两个方程计算。

$$\begin{cases}(i)\ \dfrac{1}{a^2}+\dfrac{1}{b^2}=\dfrac{1}{\sin^2\delta}\left(\dfrac{1}{A_x^2}+\dfrac{1}{A_y^2}\right)\\[2mm](ii)\ \dfrac{1}{a^2}-\dfrac{1}{b^2}=\dfrac{1}{\cos(2\varphi)\sin^2\delta}\left(\dfrac{1}{A_x^2}-\dfrac{1}{A_y^2}\right)\\[2mm](i)-(ii)\Rightarrow\dfrac{1}{a^2}\\[2mm]=\dfrac{1}{2\sin^2\delta}\left[\dfrac{1}{A_x^2}+\dfrac{1}{A_y^2}-\dfrac{1}{\cos(2\varphi)}\left(\dfrac{1}{A_x^2}-\dfrac{1}{A_y^2}\right)\right]\\[2mm](i)-(ii)\Rightarrow\dfrac{1}{b^2}\\[2mm]=\dfrac{1}{2\sin^2\delta}\left[\dfrac{1}{A_x^2}+\dfrac{1}{A_y^2}-\dfrac{1}{\cos(2\varphi)}\left(\dfrac{1}{A_x^2}-\dfrac{1}{A_y^2}\right)\right]\end{cases} \qquad \begin{matrix}(3.127)\\[20mm](3.128)\end{matrix}$$

使用三角关系和方程（3.126），以下公式成立：

$$\frac{1}{\cos(2\varphi)}=\sqrt{1+\tan^2(2\varphi)}=\sqrt{1+4\frac{A_x^2A_y^2\cos^2\delta}{(A_y^2-A_x^2)^2}}$$

$$=\frac{\sqrt{(A_y^2-A_x^2)^2+4A_x^2A_y^2\cos^2\delta}}{\left|A_y^2-A_x^2\right|}$$

由于 2φ 只定义在 $-\pi/2\sim\pi/2$ 之间，因此 $\cos(2\varphi)\geqslant0$。s 的定义为

$$s=\begin{cases}+1,\ A_y^2-A_x^2\geqslant0\\-1,\ A_y^2-A_x^2<0\end{cases} \qquad (3.129)$$

半轴长平方的倒数值可以明确表示为

$$\frac{1}{a^2} = \frac{1}{2A_x^2 A_y^2 \sin^2 \delta}$$

$$\times \left[A_y^2 + A_x^2 + s\sqrt{(A_y^2 - A_x^2)^2 + 4A_x^2 A_y^2 \cos^2 \delta} \right] \tag{3.130}$$

$$\frac{1}{b^2} = \frac{1}{2A_x^2 A_y^2 \sin^2 \delta}$$

$$\times \left[A_y^2 + A_x^2 - s\sqrt{(A_y^2 - A_x^2)^2 + 4A_x^2 A_y^2 \cos^2 \delta} \right] \tag{3.131}$$

现在，使用等式 $\cos^2\delta - 1 = -\sin^2\delta$ 很容易计算半轴平方的比：

$$\frac{b^2}{a^2} = \frac{A_y^2 + A_x^2 + s\sqrt{(A_y^2 + A_x^2)^2 - 4A_x^2 A_y^2 \sin^2 \delta}}{A_y^2 + A_x^2 - s\sqrt{(A_y^2 + A_x^2)^2 - 4A_x^2 A_y^2 \sin^2 \delta}}$$

$$= \frac{1 + s\sqrt{1 - 4\sin^2 \delta \dfrac{A_x^2 A_y^2}{(A_y^2 + A_x^2)^2}}}{1 - s\sqrt{1 - 4\sin^2 \delta \dfrac{A_x^2 A_y^2}{(A_y^2 + A_x^2)^2}}} \tag{3.132}$$

因此，对于给定的参数 A_x，A_y 和 δ，椭圆半轴长 a 和 b 可以使用方程（3.130）和（3.131）进行计算。旋转角可以通过方程（3.126）计算，半轴的比可以通过方程（3.132）计算。偏振态的一些有趣的特殊情况将在下文中谈论。

3.2.1　不同的偏振态

1. 线偏振

一种重要而十分简单的偏振态是线偏振。这种情况下偏振椭圆退化为一条线段，且电矢量顶点在线段上振荡。如果（3.132）的分子或分母为零，因此 a 或 b 为零时就会出现这种情况。这意味着：

$$1 - \sqrt{1 - 4\sin^2 \delta \frac{A_x^2 A_y^2}{(A_y^2 + A_x^2)^2}} = 0 \Rightarrow \sin\delta = 0 \tag{3.133}$$

$$\text{或 } A_x = 0 \text{ 或 } A_y = 0$$

$A_x = 0$ 或 $A_y = 0$ 这两种情况很明显，因为此时电矢量只有一个分量 x 或 y。如果两个分量均不为零，但电矢量两个分量的相位差 $\delta = 0$ 或 $\delta = \pi$，仍会出现线偏振。

2. 圆偏振

如果电矢量的顶点在圆上移动，该偏振态称为圆偏振。这表示两个半轴相等：$a = b$。根据方程（3.132），这要求：

$$\frac{b^2}{a^2} = 1 \Rightarrow 2\sin\delta \frac{A_x A_y}{A_y^2 + A_x^2} = \pm 1$$

由于 $|\sin\delta| \leqslant 1$，则要求（A_x 和 A_y 均为正）。

$$\frac{A_x A_y}{A_y^2 + A_x^2} \geqslant \frac{1}{2} \Rightarrow 2A_x A_y \geqslant A_x^2 + A_y^2$$

$$\Rightarrow 0 \geqslant (A_x - A_y)^2$$

只有 $A_x=A_y$ 时才能满足这个条件，还有一个条件是 $\sin\delta=\pm 1$。因此，圆偏振的条件为

$$A_x = A_y \wedge \delta = \frac{\pm\pi}{2} \tag{3.134}$$

使用最初的方程（3.122），这表示对于电矢量：

$$\begin{pmatrix} E_x(z,t) \\ E_y(z,t) \end{pmatrix} = \begin{pmatrix} A_x \cos(kz - \omega t + \delta_x) \\ A_x \cos\left(kz - \omega t + \delta_x \pm \frac{\pi}{2}\right) \end{pmatrix}$$

$$= \begin{pmatrix} A_x \cos(kz - \omega t + \delta_x) \\ \mp A_x \sin(kz - \omega t + \delta_x) \end{pmatrix} \tag{3.135}$$

因此，两个不同符号的相位差 δ 对应于电矢量顶点旋转的不同方向。这两种情况分别称为右旋圆偏振（$\delta=-\pi/2$）和左旋圆偏振（$\delta=+\pi/2$）。右旋和左旋的定义在教科书中并不总是很明确，因此我们使用右旋圆偏振的定义：

$$\begin{pmatrix} E_x(z,t) \\ E_y(z,t) \end{pmatrix} = \begin{pmatrix} A_x \cos(kz - \omega t + \delta_x) \\ A_x \cos\left(kz - \omega t + \delta_x - \frac{\pi}{2}\right) \end{pmatrix}$$

$$= \begin{pmatrix} A_x \cos(kz - \omega t + \delta_x) \\ A_x \sin(kz - \omega t + \delta_x) \end{pmatrix} \tag{3.136}$$

取空间的一个固定点，例如 $z=0$，如果从观察平面向入射光束望去，即平行于 z 的方向或光束传播方向且与之相反，电矢量随时间顺时针旋转成右旋圆偏振。如果向传播方向望去并取一个固定的时间点，电矢量将形成空间中的一个螺旋。对于右旋圆偏振，右手拇指指向传播方向时，其他手指显示了螺旋的手性，因此其被称为右旋螺线。必须对这些定义十分小心，因为电矢量是否取自固定的时间点或空间点是非常重要的，并且 x，y 和 z 轴的方向必须一起构成右手坐标系。

3. 椭圆偏振

一般偏振态当然是所谓的椭圆偏振，这时电矢量的顶点随着时间 t 或位置 z 的变化在椭圆上移动。如果既没有 $\delta=0$ 或 $\delta=\pi$，也没有 $\delta=\pm\pi/2$ 就会出现这样的偏振态。同时，如果 $\delta=\pm\pi/2$ 且 $A_x \neq A_y$，光也将椭圆偏振。这种情况下仍然要区分右

旋或左旋椭圆偏振。

3.2.2　庞加莱球

使不同的偏振态形象化的一个方法称为庞加莱球，这是昂利·庞加莱（Henri Poincaré）于 1892 年提出的。通过将式（3.123）作为电场的定义，平面单色波的斯托克斯参量可以定义为

$$\begin{cases} s_0 := A_x^2 + A_y^2 \\ s_1 := A_x^2 - A_y^2 \\ s_2 := 2A_x A_y \cos\delta \\ s_3 := 2A_x A_y \sin\delta \end{cases} \qquad (3.137)$$

显然，以上四个量存在以下关系：

$$\begin{aligned} s_1^2 + s_2^2 + s_3^3 &= A_x^4 + A_y^4 - 2A_x^2 A_y^2 + 4A_x^2 A_y^2 \\ &= A_x^4 + A_y^4 + 2A_x^2 A_y^2 = s_0^2 \end{aligned} \qquad (3.138)$$

因此，只有三个参数是独立的，参数 s_0 与波密度成正比。如果将 s_1，s_2 和 s_3 作为空间中一个点的笛卡儿坐标，根据方程（3.138），所有的组合将形成半径为 s_0 的球。半径 s_0 与波密度成正比，且这个球称作庞加莱球（图 3.5）。

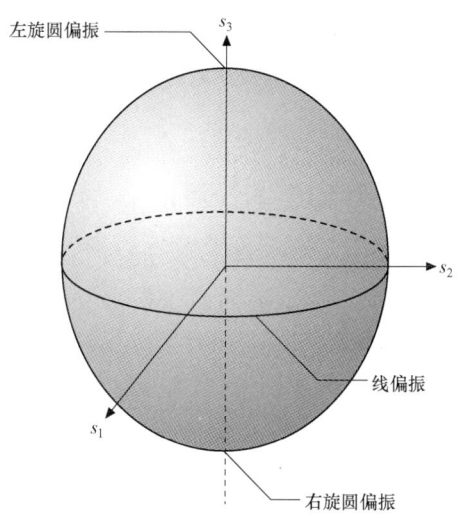

图 3.5　庞加莱球和不同偏振态的形象化描述

不同的偏振态对应庞加莱球上不同的点。例如，对于线偏振光，有 $A_x=0$ 或 $A_y=0$ 或 $\delta=0$ 或 $\delta=\pi$。所有四种情况下参数 s_3 均为零。这说明位于庞加莱球赤道面上的点表示线偏振。另一个有趣的情况是圆偏振。这时的情况是，根据方程（3.134），$A_x=A_y$ 且 $\delta=\pm\pi/2$。因此，s_1 和 s_2 均为零，且圆偏振对应庞加莱球的两极。北极（$s_1=s_2=0$

且 $s_3=s_0$ ）为光的左旋偏振（ $\delta=\pi/2$ ）。南极（ $s_1=s_2=0$ 且 $s_3=-s_0$ ）为光的右旋偏振
（ $\delta=-\pi/2$ ）。所有其他偏振态（椭圆偏振）对应庞加莱球上的其他点。在庞加莱球的上半球（ $s_3>0$ ），光为左旋偏振，下半球（ $s_3<0$ ）的光为右旋偏振。

3.2.3 偏振波的复数表示

方程（3.122）中电矢量表示为实数量。在其他章节中我们已经看到，许多情况下使用复数表示法是有用的，虽然只有实部具有物理意义［方程（3.122）］。

$$\boldsymbol{E}(z,t)=\begin{pmatrix}E_x(z,t)\\E_y(z,t)\\E_z(z,t)\end{pmatrix}=\begin{pmatrix}A_x\cos(kz-\omega t+\delta_x)\\A_y\cos(kz-\omega t+\delta_y)\\0\end{pmatrix}$$

$$=\mathrm{Re}\left[\begin{pmatrix}A_x\mathrm{e}^{\mathrm{i}\delta_x}\\A_y\mathrm{e}^{\mathrm{i}\delta_y}\\0\end{pmatrix}\mathrm{e}^{\mathrm{i}kz}\mathrm{e}^{-\mathrm{i}\omega t}\right]=\mathrm{Re}\left(\hat{A}\mathrm{e}^{\mathrm{i}kz}\mathrm{e}^{-\mathrm{i}\omega t}\right) \qquad (3.139)$$

这种情况下为表示所有可能的偏振态，矢量 $\hat{A}$ 为常量，但为复数矢量。使用实矢量只能表示线偏振。复数表示法的优势是很容易计算密度的时间平均值。根据方程（3.62），密度 $\boldsymbol{I}$ 的时间平均值与不依赖于时间的复电矢量 $\hat{\boldsymbol{E}}$ 的绝对值的平方成正比。

$$\hat{\boldsymbol{E}}(z)=\hat{A}\mathrm{e}^{\mathrm{i}kz}\Rightarrow I\propto\hat{\boldsymbol{E}}\cdot\hat{\boldsymbol{E}}^*=A_x^2+A_y^2 \qquad (3.140)$$

因此，可以明确，只对光波密度敏感的探测器无法区分不同的偏振态。

3.2.4 简单偏振光学元件和琼斯计算法

当然有能够影响偏振态的光学元件，例如偏振片、1/4 波片、半波片等。这里只讨论它们作用的基本原理。更多关于偏振光学元件的探讨可参见文献［3.12－14］。本节只探讨全偏振光。使用偏振片可以从非偏振的自然光生成全偏振光。以下使用术语"偏振片"代表偏振滤光器，其他偏振元件简单地称作"偏振元件"或"光学偏振元件"。这里不探讨部分偏振光。

探讨全偏振光的一种十分有用的算法称为琼斯计算法，它是琼斯（Jones）发明的[3.15]。还是假设有沿 z 方向传播的平面波。其偏振态的描述可以使用包含方程（3.139）中的矢量 $\hat{A}$ 的 x 分量和 y 分量的 x 和 y 方向上的二维矢量 $\boldsymbol{J}$ 。

$$\boldsymbol{J}=\begin{pmatrix}J_x\\J_y\end{pmatrix}=\begin{pmatrix}A_x\mathrm{e}^{\mathrm{i}\delta x}\\A_y\mathrm{e}^{\mathrm{i}\delta y}\end{pmatrix} \qquad (3.141)$$

该矢量称为琼斯矢量，表 3.1 中列出了一些重要偏振态的琼斯矢量。

表 3.1　一些重要偏振态的琼斯矢量。所有情况的绝对值均等于|E_0|，
E_0 本身在一般情况下为了表示相位偏移可以是复值量

偏振态	琼斯矢量
x 方向的线偏振	$E_0 \begin{pmatrix} 1 \\ 0 \end{pmatrix}$
y 方向的线偏振	$E_0 \begin{pmatrix} 0 \\ 1 \end{pmatrix}$
$45°$ 旋转的线偏振	$\dfrac{E_0}{\sqrt{2}} \begin{pmatrix} 1 \\ 1 \end{pmatrix}$
右旋圆偏振	$\dfrac{E_0}{\sqrt{2}} \begin{pmatrix} 1 \\ -i \end{pmatrix}$
左旋圆偏振	$\dfrac{E_0}{\sqrt{2}} \begin{pmatrix} 1 \\ i \end{pmatrix}$

现在所有偏振光学元件可以用 2×2 矩阵表示，即琼斯矩阵。经过偏振光学元件的光的琼斯矢量可以将入射光的琼斯矢量和琼斯矩阵相乘进行计算。经过几个偏振光学元件的情况只需将这些元件的琼斯矢量相乘即可。

1. 偏振片

偏振片是从任意偏振态的光产生线偏振光的设备。如果偏振片只产生 x 方向上的线偏振光，则其琼斯矩阵为

$$P_x = \begin{pmatrix} 1 & 0 \\ 0 & 0 \end{pmatrix} \tag{3.142}$$

类似地，其他方向（y 方向，$45°$ 或 $-45°$）的偏振片的琼斯矩阵可表示为

$$P_y = \begin{pmatrix} 0 & 0 \\ 0 & 1 \end{pmatrix}, \quad P_{45°} = \frac{1}{2}\begin{pmatrix} 1 & 1 \\ 1 & 1 \end{pmatrix}, \quad P_{-45°} = \frac{1}{2}\begin{pmatrix} 1 & -1 \\ -1 & 1 \end{pmatrix} \tag{3.143}$$

举例来说，考虑在 x 方向线偏振的平面波，依次经过 x 方向的偏振片和 $45°$ 方向的偏振片。结果的矢量为

$$
\begin{aligned}
J_{最终} &= \frac{1}{2}\begin{pmatrix} 1 & 1 \\ 1 & 1 \end{pmatrix}\begin{pmatrix} 1 & 0 \\ 0 & 0 \end{pmatrix}\begin{pmatrix} E_0 \\ 0 \end{pmatrix} \\
&= \frac{1}{2}\begin{pmatrix} 1 & 1 \\ 1 & 1 \end{pmatrix}\begin{pmatrix} E_0 \\ 0 \end{pmatrix} = \frac{1}{2}\begin{pmatrix} E_0 \\ E_0 \end{pmatrix}
\end{aligned}
$$

当然，x 方向的第一个偏振片没有起到作用，第二个偏振片选择了 $45°$ 方向的电矢量分量。这样产生的波密度与 $|J_{最终}|^2 = E_0^2/2$ 成正比，即密度的一半被吸收了。另一个众所周知的作用是两个正交偏振片的组合（例如，x 和 y 方向）。它们的矢量

当然为

$$P_{正交}P_yP_x = \begin{pmatrix} 0 & 0 \\ 0 & 1 \end{pmatrix}\begin{pmatrix} 1 & 0 \\ 0 & 0 \end{pmatrix} = \begin{pmatrix} 0 & 0 \\ 0 & 0 \end{pmatrix}$$

这说明没有光能通过这个组合。除非有其他偏振元件位于两个正交偏振片之间,光才可能通过。例如,在两个正交偏振片之间插入 45° 方向的偏振片,如果光原本在 x 方向具有分量,就能通过这个组合,产生的光当然只有 y 分量。

$$P_{正交+45°} = P_yP_{45°}P_x$$
$$= \begin{pmatrix} 0 & 0 \\ 0 & 1 \end{pmatrix}\frac{1}{2}\begin{pmatrix} 1 & 1 \\ 1 & 1 \end{pmatrix}\begin{pmatrix} 1 & 0 \\ 0 & 0 \end{pmatrix}$$
$$= \frac{1}{2}\begin{pmatrix} 0 & 0 \\ 1 & 0 \end{pmatrix}$$

这是一典型的例子,说明偏振光学元件通过插入附加元件可以产生相当惊人的结果。

2. 1/4 波片

另一种基本偏振光学元件是 1/4 波片($\lambda/4$ 波片),其含有双折射介质。如果介质的轴方向正确,例如沿 x 方向偏振的光的折射率不同于 y 方向偏振的光的折射率,产生的作用是琼斯矢量的两个分量 $\pi/2$ 的相位差。例如,y 方向上更高相速度的琼斯矩阵为

$$P_{\lambda/4} = e^{i\pi/4}\begin{pmatrix} 1 & 0 \\ 0 & i \end{pmatrix} \tag{3.144}$$

这说明只有 x 或 y 方向上的分量的线偏振光将保持线偏振且密度不变(实际上当然有一些光被吸收了)。但是,对于线偏振且 x 和 y 方向上的分量相等的光(即 45° 方向的线偏振),产生的偏振态为圆偏振:

$$J_{最终} = e^{i\pi/4}\begin{pmatrix} 1 & 0 \\ 0 & i \end{pmatrix}\frac{1}{\sqrt{2}}\begin{pmatrix} E_0 \\ E_0 \end{pmatrix}$$
$$= \frac{1}{\sqrt{2}}e^{i\pi/4}\begin{pmatrix} E_0 \\ iE_0 \end{pmatrix}$$

光的密度仍为不变,改变的只有偏振态。其他方向偏振的线偏振入射光将产生椭圆偏振光。

3. 半波片

第三种有意思的情况是圆偏振光再次通过相同的 1/4 波片。这时琼斯矢量为

$$J_{最终} = e^{i\pi/4} \begin{pmatrix} 1 & 0 \\ 0 & i \end{pmatrix} \frac{1}{\sqrt{2}} e^{i\pi/4} \begin{pmatrix} E_0 \\ iE_0 \end{pmatrix}$$

$$= \frac{1}{\sqrt{2}} e^{i\pi/2} \begin{pmatrix} E_0 \\ -E_0 \end{pmatrix}$$

结果仍为线偏振光，但偏振方向旋转了 90°。两个相同的 1/4 波片的作用当然等于一个半波片（$\lambda/2$ 波片）的作用。因此，如果入射光在 45° 方向偏振，半波片将线偏振光的偏振方向旋转 90°。如果入射光在 x 或 y 方向偏振，将不会有任何改变。半波片的矩阵为

$$P_{\lambda/2} = e^{j\pi/4} \begin{pmatrix} 1 & 0 \\ 0 & i \end{pmatrix} \frac{1}{\sqrt{2}} e^{j\pi/4} \begin{pmatrix} 1 & 0 \\ 0 & i \end{pmatrix}$$

$$= e^{j\pi/2} \begin{pmatrix} 1 & 0 \\ 0 & -1 \end{pmatrix} \tag{3.145}$$

对于相对半波片的一个轴旋转任意角 φ（$|\varphi| \le \pi/4$）的线偏振光来说，波片后的光仍为线偏振，但旋转了 2φ。

|3.3　干　　涉|

干涉是所有种类的波由于两束或更多的波的叠加，形成特有的固定密度变化的特性。当然在光的作用下必须满足一些条件，因为来自太阳的自然光或灯泡的光很难产生干涉效应。使用激光获取干涉效应则完全没有问题。事实上，光的干涉的条件为光必须是相干光或至少部分相干[3.16]。干涉效应及其在干涉度量学领域的应用有完整的书籍介绍[3.17-20]，因此本节中只探讨基本原理。

3.3.1　两束平面波的干涉

首先探讨均匀各向同性介质中两束单色平面波的干涉，这两束角频率为 ω 的平面波沿各自波矢量的方向 $\boldsymbol{k}_1$ 和 $\boldsymbol{k}_2$ 传播。传播方向上对应的单位矢量为 $\boldsymbol{e}_1 = \boldsymbol{k}_1/|\boldsymbol{k}_1|$ 和 $\boldsymbol{e}_2 = \boldsymbol{k}_2/|\boldsymbol{k}_2|$，其偏振态可为任意。3.2 节中我们研究了不同的偏振态，并应用了关于平面波的一个事实，即由于满足正交条件，可以合理选择坐标系，使传播方向位于 z 方向，这样电矢量就只具有 x 和 y 分量。对于不是平行传播的两束平面波，必须找到更普遍的描述。因此，定义垂直于传播矢量 $\boldsymbol{e}_1$ 和 $\boldsymbol{e}_2$ 构成的平面的单位矢量为 $\boldsymbol{e}_\perp$：

$$\boldsymbol{e}_\perp := \frac{\boldsymbol{e}_1 \times \boldsymbol{e}_2}{|\boldsymbol{e}_1 \times \boldsymbol{e}_2|} \tag{3.146}$$

只有当 $\boldsymbol{e}_1$ 和 $\boldsymbol{e}_2$ 平行或平行但方向相反，即 $\boldsymbol{e}_2 = \pm \boldsymbol{e}_1$ 时，无法定义 $\boldsymbol{e}_\perp$，这时定义 $\boldsymbol{e}_1 := (0,0,1)$ 和 $\boldsymbol{e}_\perp = (0,1,0)$。不过，以下假定式（3.146）或其他公式已经很好地定义了 $\boldsymbol{e}_\perp$ 就足够了。因此，对于每一束波，我们可以规定位于两束波的传播方向定义的平面内但垂直于各自的传播矢量的单位矢量 $\boldsymbol{e}_{\|,1}$ 或 $\boldsymbol{e}_{\|,2}$：

$$e_{\parallel,1} := e_{\perp} \times e_1 \qquad (3.147)$$

$$e_{\parallel,2} := e_{\perp} \times e_2 \qquad (3.148)$$

现在，每一束平面波只具有沿 $e_{\perp}$ 的电场分量和各自的矢量 $e_{\parallel,1}$ 或 $e_{\parallel,2}$。沿 $e_{\perp}$ 的分量称为横电波（TE）分量，沿 $e_{\parallel,1}$ 或 $e_{\parallel,2}$ 的分量称为横磁波（TM）分量，因为在这种情况下磁矢量的相应分量垂直于传播平面。

因此，使用式（3.139），两束平面波的电矢量可表示为

$$\begin{aligned}
E_1(r,t) &= \mathrm{Re}\left[\left(A_{\parallel,1}e^{i\delta_{\parallel,1}}e_{\parallel,1} + A_{\perp,1}e^{i\delta_{\perp,1}}e_{\perp}\right) \times e^{ik_1 \cdot r}e^{-i\omega t}\right] \\
&= \mathrm{Re}\left[\left(\hat{A}_{\parallel,1} + \hat{A}_{\perp,1}\right)\right]e^{ik_1 \cdot r}e^{-i\omega t}
\end{aligned} \qquad (3.149)$$

$$\begin{aligned}
E_2(r,t) &= \mathrm{Re}\left[\left(A_{\parallel,2}e^{i\delta_{\parallel,2}}e_{\parallel,2} + A_{\perp,2}e^{i\delta_{\perp,2}}e_{\perp}\right) \times e^{ik_2 \cdot r}e^{-i\omega t}\right] \\
&= \mathrm{Re}\left[\left(\hat{A}_{\parallel,2} + \hat{A}_{\perp,2}\right)e^{ik_2 \cdot r}e^{-i\omega t}\right]
\end{aligned} \qquad (3.150)$$

式中，带尖角符号的量为复数，其余为实数。使用这种表示方法自动满足了电磁波的正交条件。磁矢量在这里没有明确标记，因为方程（3.37）已自动对其定义。另外，电磁波与物质的相互作用一般是由于电场，因此我们的计算中使用了电矢量。

这两束平面波的干涉只表示电矢量的相加。由于所做的是线性运算，最后我们只对强度的时间平均值感兴趣，将不依赖时间的复电矢量 $\hat{E}_1$ 和 $\hat{E}_2$ 相加就足够了。得到的电矢量 $\hat{E}_{1+2}$

$$\hat{E}_{1+2} = \hat{E}_1 + \hat{E}_2 = \left(\hat{A}_{\parallel,1} + \hat{A}_{\perp,1}\right)e^{ik_1 \cdot r} + \left(\hat{A}_{\parallel,2} + \hat{A}_{\perp,2}\right)e^{ik_2 \cdot r} \qquad (3.151)$$

垂直于传播方向的表面上测量到的平面波强度，根据方程（3.62）与 $|\hat{E}|^2$ 成正比，比例系数为 $\sqrt{\varepsilon/\mu\varepsilon_0}c/2$。不垂直于能量流动方向平面上的平面波强度按入射角的余弦值减小。以下我们在其上定义干涉图样强度的平面垂直于能量传播的有效方向，即如果两束波不是反向平行，则垂直于 $k_1 + k_2$；如果 $k_1 = -k_2$，则垂直于 k_1。这样两束波的余弦因子相等，密度 I_{1+2} 和得到的电矢量的模的平方 $|\hat{E}_{1+2}|^2$ 互成正比，比例系数为常量 a。因此对于干涉图样，以下公式成立：

$$\begin{aligned}
|\hat{E}_{1+2}|^2 &= \hat{E}_{1+2} \cdot \hat{E}_{1+2}^* \\
&= \left[\left(\hat{A}_{\parallel,1} + \hat{A}_{\perp,1}\right)e^{ik_1 \cdot r} + \left(\hat{A}_{\parallel,2} + \hat{A}_{\perp,2}\right)e^{ik_2 \cdot r}\right] \\
&\quad \times \left[\left(\hat{A}_{\parallel,1}^* + \hat{A}_{\perp,1}^*\right)e^{-ik_1 \cdot r} + \left(\hat{A}_{\parallel,2}^* + \hat{A}_{\perp,2}^*\right)e^{-ik_2 \cdot r}\right] \\
&= \hat{A}_{\parallel,1} \cdot \hat{A}_{\parallel,1}^* + \hat{A}_{\perp,1} \cdot \hat{A}_{\perp,1}^* \\
&\quad + \hat{A}_{\parallel,2} \cdot \hat{A}_{\parallel,2}^* + \hat{A}_{\perp,2} \cdot \hat{A}_{\perp,2}^* \\
&\quad + \left(\hat{A}_{\parallel,1} \cdot \hat{A}_{\parallel,2}^* + \hat{A}_{\perp,1} \cdot \hat{A}_{\perp,2}^*\right)e^{i(k_1-k_2) \cdot r} \\
&\quad + \left(\hat{A}_{\parallel,1}^* \cdot \hat{A}_{\parallel,2} + \hat{A}_{\perp,1}^* \cdot \hat{A}_{\perp,2}\right)e^{-i(k_1-k_2) \cdot r}
\end{aligned} \qquad (3.152)$$

所有其他项由于相应矢量的正交而消除。进一步对方程求解需要计算 $e_{\parallel,1}$ 和 $e_{\parallel,2}$

的标量积：

$$
\begin{aligned}
e_{\parallel,1} \cdot e_{\parallel,2} &= (e_\perp \times e_1) \cdot (e_\perp \times e_2) \\
&= [e_1 \times (e_\perp \times e_2)] \cdot e_\perp \\
&= [(e_1 \cdot e_2)e_\perp - (e_1 \cdot e_\perp)e_2] \cdot e_\perp \\
&= e_1 \cdot e_2
\end{aligned}
\tag{3.153}
$$

这个关系当然很明显，我们可以用来对干涉图样求值。为了简化符号，两束波的相位差定义为 $\delta_\parallel := \delta_{\parallel,1} - \delta_{\parallel,2}$ 和 $\delta_\perp := \delta_{\perp,1} - \delta_{\perp,2}$，因此，

$$
\begin{aligned}
\left| \hat{E}_{1+2} \right|^2 &= A_{\parallel,1}^2 + A_{\perp,1}^2 + A_{\parallel,2}^2 + A_{\perp,2}^2 \\
&\quad + \left[A_{\parallel,1}A_{\parallel,2}e^{i\delta_\parallel}(e_1 \cdot e_2) + A_{\perp,1}A_{\perp,2}e^{i\delta_\perp} \right] e^{i(k_1-k_2)\cdot r} \\
&\quad + \left[A_{\parallel,1}A_{\parallel,2}e^{-i\delta_\parallel}(e_1 \cdot e_2) + A_{\perp,1}A_{\perp,2}e^{-i\delta_\perp} \right] e^{-i(k_1-k_2)\cdot r} \\
&= A_{\parallel,1}^2 + A_{\parallel,2}^2 + 2A_{\parallel,1}A_{\parallel,2}(e_1 \cdot e_2) \\
&\quad \times \cos[(k_1-k_2)\cdot r + \delta_\parallel] \\
&\quad + A_{\perp,1}^2 + A_{\perp,2}^2 + 2A_{\perp,1}A_{\perp,2} \\
&\quad \times \cos[(k_1-k_2)\cdot r + \delta_\perp]
\end{aligned}
\tag{3.154}
$$

对两束波的参数都依赖且为位置的函数的两项称为干涉项。这些干涉项区分了相干波和非相干波的叠加。对于非相干波的情况，相干项消除，得到的强度就是两束波各自强度的和。

可以看出，干涉图样可分解为只依赖于 TM 的分量和只依赖于 TE 的分量。由于这些分量互相垂直，两束波的强度也可以分为 TM 强度和 TE 强度的和。

$$
\begin{cases}
I_1 = a(A_{\parallel,1}^2 + A_{\perp,1}^2) = I_{\parallel,1} + I_{\perp,1} \\
I_2 = a(A_{\parallel,2}^2 + A_{\perp,2}^2) = I_{\parallel,2} + I_{\perp,2}
\end{cases}
\tag{3.155}
$$

这种情况下使用了上面讲解过的比例常数 a。那么，干涉图样的强度为

$$
\begin{aligned}
I_{1+2} &= I_{\parallel,1} + I_{\parallel,2} \\
&\quad + 2\sqrt{I_{\parallel,1}I_{\parallel,2}}(e_1 \cdot e_2)\cos[(k_1-k_2)\cdot r + \delta_\parallel] \\
&\quad + I_{\perp,1} + I_{\perp,2} \\
&\quad + 2\sqrt{I_{\perp,1}I_{\perp,2}}\cos[(k_1-k_2)\cdot r + \delta_\perp]
\end{aligned}
\tag{3.156}
$$

光栅周期和条纹周期

方程（3.156）显示恒定强度的表面为满足以下条件的表面：

$$
(k_1 - k_2)\cdot r = \text{const}
\tag{3.157}
$$

这些平面垂直于光栅矢量 G（图 3.6）且

$$
G = k_1 - k_2
\tag{3.158}
$$

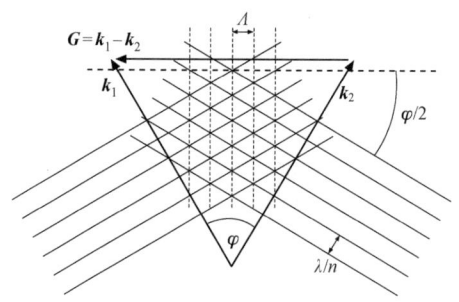

图 3.6 两束平面波的干涉。实线表示固定时间上两束平面波相位为恒定的平面之间的
距离为 λ/n，虚线表示强度恒定的干涉平面距离为 Λ。这些平面垂直于纸面

　　由于余弦函数的周期性，强度相等的相邻平面之间的距离称为干涉图样的光栅周期 Λ。计算 Λ 可以在第一个平面上取点 r_1，相邻的第二个平面上取点 r_2，这样矢量 $\Delta r := r_2 - r_1$ 平行于 G 并垂直于平面。它的模为光栅周期。

$$\cos[(k_1 - k_2) \cdot r_2] = \cos[(k_1 - k_2) \cdot r_1]$$
$$\Rightarrow (k_1 - k_2) \cdot r_2 = (k_1 - k_2) \cdot r_1 + 2\pi$$
$$\Rightarrow G \cdot \Delta r = |G| \| \Delta r \| = 2\pi$$
$$\Rightarrow \Lambda = |\Delta r| = \frac{2\pi}{|G|} = \frac{2\pi}{\frac{2\pi n}{\lambda}|e_1 - e_2|} = \frac{\lambda}{n|e_1 - e_2|} \qquad (3.159)$$

式中，n 为波在其中传播的介质的折射率；$\lambda = 2\pi c/\omega$ 为真空中的波长。因此，如果两束波平行传播，即 $e_1 = e_2$，则光栅周期为无穷大；如果两束波反向平行传播，即 $e_1 = -e_2$，则可以求出最小光栅周期。这时的光栅周期 Λ_{min} 为

$$\Lambda_{min} = \frac{\lambda}{2n}$$

　　一般情况下，光栅周期可以使用两个波矢量的夹角 φ（图 3.6）表达为

$$|e_1 - e_2| = \sqrt{(e_1 - e_2) \cdot (e_1 - e_2)}$$
$$= \sqrt{2 - 2e_1 \cdot e_2}$$
$$\Rightarrow \Lambda = \frac{\lambda}{n\sqrt{2(1 - \cos\varphi)}} \qquad (3.160)$$

　　这一结论可以从图 3.6 中看到，并使用了三角恒等式 $\sqrt{2(1 - \cos\varphi)} = 2\sin(\varphi/2)$。
　　实际可以观察到的是恒定强度的平面与探测器平面的相交线，这些线称为干涉条纹。在两束平面波的干涉下，干涉条纹是相距为 p 的等距的平行直线，p 称为条纹周期。只有在光栅矢量 G 平行于探测器平面的情况下，条纹周期 p 才与光栅周期 Λ 相等。一般情况下，只有光栅矢量平行于探测器平面的分量用于计算条纹周期。将平面 $z=0$ 作为探测器平面很容易看出这个关系。那么类似于方程（3.157），xy 平面中的条纹可描述为

$$(k_{x,1} - k_{x,2})x + (k_{y,1} - k_{y,2})y = G_{\|} \cdot r = \text{const} \qquad (3.161)$$

类似于方程（3.159），结果为

$$p = \frac{2\pi}{|\mathbf{G}_{\parallel}|} = \frac{2\pi}{|\mathbf{G} - (\mathbf{G} \cdot \mathbf{N})\mathbf{N}|} \qquad (3.162)$$

式中，$\mathbf{N}$ 为垂直于探测器平面的单位矢量。定义平面波在探测器平面上的入射角 β_1 和 β_2 为

$$\cos\beta_1 := \mathbf{e}_1 \cdot \mathbf{N}, \quad \cos\beta_2 := \mathbf{e}_2 \cdot \mathbf{N}$$

条纹周期 p 可以写作

$$
\begin{aligned}
p &= \frac{2\pi}{\sqrt{[\mathbf{G} - (\mathbf{G} \cdot \mathbf{N})\mathbf{N}]^2}} = \frac{2\pi}{\sqrt{|\mathbf{G}|^2 - (\mathbf{G} \cdot \mathbf{N})^2}} \\
&= \frac{2\pi}{\sqrt{|\mathbf{k}_1 - \mathbf{k}_2|^2 - [(\mathbf{k}_1 - \mathbf{k}_2) \cdot \mathbf{N}]^2}} \\
&= \frac{\lambda}{n\sqrt{2(1 - \cos\varphi) - (\cos\beta_1 - \cos\beta_2)^2}}
\end{aligned}
$$

或

$$
\begin{aligned}
p &= \frac{2\pi}{\sqrt{|\mathbf{G}|^2 - (\mathbf{G} \cdot \mathbf{N})^2}} = \frac{\Lambda}{\sqrt{1 - \cos^2\alpha}} \\
&= \frac{\Lambda}{\sin\alpha} = \frac{\lambda}{n\sqrt{2(1 - \cos\varphi)}\sin\alpha} \qquad (3.163)
\end{aligned}
$$

最后一个方程中光栅矢量 $\mathbf{G}$ 和表面法向矢量 $\mathbf{N}$ 之间的夹角 α，即光栅平面和探测器平面之间的夹角 α，定义为 $\cos\alpha = (\mathbf{G} \cdot \mathbf{N})/|\mathbf{G}|$。从方程（3.163）可以看出，如果光栅平面平行于探测器平面，则条纹周期为无限大；如果光栅平面垂直于探测器平面，即 $\mathbf{G}$ 平行于探测器平面，则条纹周期为最小值，这时条纹周期 p 等于光栅周期 Λ。

3.3.2 不同偏振态平面波的干涉效应

计算光栅周期和条纹周期时，假定方程（3.156）中的干涉项不为零，因此发生了干涉。不过情况并不总是这样。

干涉中很有意思的一个量是干涉条纹的可见度 V。其定义为

$$V := \frac{I_{\max} - I_{\min}}{I_{\max} + I_{\min}} \qquad (3.164)$$

式中，$I_{\max}$ 为当干涉项相位（即余弦函数的自变量）在 2π 的范围内变化时，干涉图样一个点上的最大强度；$I_{\min}$ 为最小强度。对于平面波干涉，由于此时两束波单独的强度不依赖于位置，可以在不同的点上取最大和最小值。可见度可以在 $I_{\min} = I_{\max}$ 时的 0（即未发生干涉），和 $I_{\min} = 0$ 时的 1 之间变化。

1. 线偏振平面波

对于线偏振平面波的情况，每一束波的相位常量$\delta_{\parallel,1}$和$\delta_{\perp,1}$以及$\delta_{\parallel,2}$和$\delta_{\perp,2}$，要么相等，要么相差π。实际上有两种不同的情况：

$$\begin{cases}\delta_{\parallel,1}=\delta_{\perp,1}\wedge\delta_{\parallel,2}=\delta_{\parallel,2}\\ \delta_{\parallel,1}=\delta_{\perp,1}+\pi\wedge\delta_{\parallel,2}=\delta_{\perp,2}+\pi\end{cases}$$

$$\delta_{\perp}=\delta_{\perp,1}-\delta_{\perp,2}$$

$$\Rightarrow=\delta_{\parallel,1}-\delta_{\parallel,2}=\delta_{\parallel}$$

$$=:\delta \text{ 和 } s:=+1 \tag{3.165}$$

$$\begin{cases}\delta_{\parallel,1}=\delta_{\perp,1}+\pi\wedge\delta_{\parallel,2}=\delta_{\perp,2}\\ \delta_{\parallel,1}=\delta_{\perp,1}\wedge\delta_{\parallel,2}=\delta_{\perp,2}+\pi\end{cases}$$

$$\delta_{\perp}=\delta_{\perp,1}-\delta_{\perp,2}$$

$$\Rightarrow=\delta_{\parallel,1}-\delta_{\parallel,2}\mp\pi=\delta_{\parallel}\mp\pi$$

$$=:\delta\mp\pi \text{ 和 } s:=-1 \tag{3.166}$$

参数$s=+1$或-1，代表了不同的情况。因此干涉图样的强度［方程（3.156）］可以表达为

$$\begin{aligned}I_{1+2}&=I_{\parallel,1}+I_{\parallel,2}\\ &+2\sqrt{I_{\parallel,1}I\parallel}_2\cos\varphi\cos[(\boldsymbol{k}_1-\boldsymbol{k}_2)\cdot\boldsymbol{r}+\delta]\\ &+I_{\perp,1}+I_{\perp,2}\\ &+2s\sqrt{I_{\perp,1}I_{\perp,2}}\cos[(\boldsymbol{k}_1-\boldsymbol{k}_2)\cdot\boldsymbol{r}+\delta]\end{aligned} \tag{3.167}$$

其中，使用了两束波传播方向之间的角φ。因此方程（3.167）的特殊情况：

（1）两束波都只有 TE 分量，即$I_{\parallel,1}=I_{\parallel,2}=0$，$I_{\perp,1}\neq0$且$I_{\perp,2}\neq0$。可知：

$$\begin{aligned}I_{\text{TE,TE}}&=I_{\perp,1}+I_{\perp,2}\\ &+2s\sqrt{I_{\perp,1}I_{\perp,2}}\\ &\times\cos[(\boldsymbol{k}_1-\boldsymbol{k}_2)\cdot\boldsymbol{r}+\delta]\end{aligned} \tag{3.168}$$

这就是著名的干涉方程，其用于标量波，这时需要考虑电矢量的任意一个分量，除了波的两个波矢量之间夹角φ较小时。这种情况下干涉图样的可见度$V_{\text{TE,TE}}$［方程（3.164）中定义］为

$$V_{\text{TE,TE}}=\frac{2\sqrt{I_{\perp,1}+I_{\perp,2}}}{I_{\perp,1}+I_{\perp,2}} \tag{3.169}$$

如果两束波的强度相等，则可见度为 1。

（2）一束波只有一个 TE 分量，即$I_{\parallel,1}=0$且$I_{\perp,1}\neq0$，另一束波只有一个 TM 分量，即$I_{\parallel,2}\neq0$且$I_{\perp,2}=0$。这时干涉项消除，强度为恒定。

$$I_{\text{TE,TM}}=I_{\perp,1}+I_{\parallel,2}=\text{const} \tag{3.170}$$

这正说明了正交偏振波不会发生干涉。

（3）两束波都只有 TM 分量，即 $I_{\perp,1}=I_{\perp,2}=0$，$I_{\|,1}\neq0$ 且 $I_{\|,2}\neq0$。这时可以得到

$$
\begin{aligned}
I_{\mathrm{TM,TM}} = &\, I_{\|,1}+I_{\|,2}\\
&+2\sqrt{I_{\|,1}I_{\|,2}}\\
&\times\cos\varphi\cos[(\boldsymbol{k}_1-\boldsymbol{k}_2)\cdot\boldsymbol{r}+\delta]
\end{aligned}
\tag{3.171}
$$

这种情况下的可见度 $V_{\mathrm{TM,TM}}$ 为

$$
V_{\mathrm{TM,TM}}=\frac{2\sqrt{I_{\|,1}+I_{,2}}\cos\varphi}{I_{\|,1}+I_{\|,2}}
\tag{3.172}
$$

因此，可见度总是小于 1，且当两束波互相垂直传播，即 $\boldsymbol{e}_1\cdot\boldsymbol{e}_2=\cos\varphi=0$ 时，干涉项消除。对于 $I_{\|,1}=I_{\|,2}$ 的情况，在 TE 偏振时可见度为 1，TM 偏振时的可见度 $V_{\mathrm{TM,TM}}=\cos\varphi$。只有两束平面波的传播方向之间的夹角较小时，可见度较高。当然角度较小时，TE 和 TM 偏振光之间没有太大区别；对于 $\varphi=0$ 或 $\varphi=\pi$，TE 和 TM 之间没有差别。

（4）两束波都具有 TE 和 TM 分量。这时常量 s 的值很重要。对于 $s=+1$，相干项符号相同并相加；对于 $s=-1$，相干项符号相反且在以下情况下互相抵消：

$$
\sqrt{I_{\|,1}+I_{\|,2}}\cos\varphi=\sqrt{I_{\perp,1}I_{\perp,2}}
\tag{3.173}
$$

这说明 $s=-1$ 的情况下，两束波的电矢量在不同象限内振荡。如果以上方程满足，它们互相垂直且不发生相干。这在图 3.7 中进行了解释。

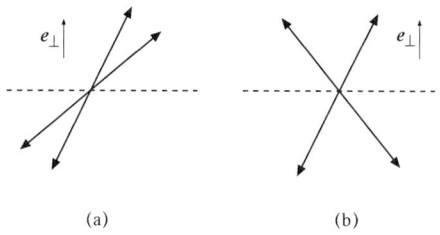

图 3.7　线偏振波的干涉的各种可能

（a）$s=+1$，即两个电矢量在同一象限内振荡；

（b）$s=-1$，即两个电矢量在不同象限内振荡。虚线表示两束波的波矢量所在的平面

2. 圆偏振平面波

根据方程（3.134），只有以下成立时存在圆偏振平面波：

$$
I_{\|,1}=I_{\perp,1}=\frac{1}{2}I_1,\quad \delta_{\|,1}-\delta_{\perp,1}=\pm\frac{\pi}{2}
$$

$$
I_{\|,2}=I_{\perp,2}=\frac{1}{2}I_2,\quad \delta_{\|,2}-\delta_{\perp,2}=\pm\frac{\pi}{2}
$$

根据方程（3.156），干涉图样的强度为

$$I_{1+2} = \frac{1}{2}\{I_1 + I_2 + 2\sqrt{I_1 I_2} \times \cos\varphi \cos[(\boldsymbol{k}_1 - \boldsymbol{k}_2) \cdot \boldsymbol{r} + \delta_\parallel]\}$$

$$+ \frac{1}{2}\{I_1 + I_2 + 2\sqrt{I_1 I_2} \times \cos[(\boldsymbol{k}_1 - \boldsymbol{k}_2) \cdot \boldsymbol{r} + \delta_\perp]\}$$

$$= I_1 + I_2 + \sqrt{I_1 I_2} \times \{\cos\varphi \cos[(\boldsymbol{k}_1 - \boldsymbol{k}_2) \cdot \boldsymbol{r} + \delta_\parallel] + \cos[(\boldsymbol{k}_1 - \boldsymbol{k}_2) \cdot \boldsymbol{r} + \delta_\perp]\}$$

$$(3.174)$$

现在，必须区分以下情况：

（1）两束波手性相同，即 $\delta_{\parallel,1} - \delta_{\perp,1} = \pi/2$ 且 $\delta_{\parallel,2} - \delta_{\perp,2} = \pi/2$ 或 $\delta_{\parallel,1} - \delta_{\perp,1} = -\pi/2$ 且 $\delta_{\parallel,2} - \delta_{\perp,2} = -\pi/2$。那么相位差为

$$\delta_\parallel = \delta_{\parallel,1} - \delta_{\parallel,2}; \quad \delta_\perp = \delta_{\perp,1} - \delta_{\perp,2} = \delta_\parallel =: \delta$$

方程（3.174）简化为

$$I_{\uparrow\uparrow} = I_1 + I_2 + \sqrt{I_1 I_2}$$
$$\times (\cos\varphi + 1)\cos[(\boldsymbol{k}_1 - \boldsymbol{k}_2) \cdot \boldsymbol{r} + \delta] \qquad (3.175)$$

可见度［方程（3.164）］为

$$V_{\uparrow\uparrow} = \frac{\sqrt{I_1 I_2}(\cos\varphi + 1)}{I_1 + I_2} \qquad (3.176)$$

两束波传播方向之间的夹角 φ 较小时，强度等于两束 TE 线偏振波的干涉图样，对于两束波强度相等的情况可见度可以达到 1。如果两束波相互垂直传播，则相干项只有一半的大小，可见度仅相当于强度的 1/2。如果角度 ϕ 大于 $\pi/2$ 并且接近 π，则相干项和可见度消失。这意味着传播反平行和相同手性的波不能干涉。

（2）两束波手性不同，即 $\delta_{\parallel,1} - \delta_{\perp,1} = \pi/2$ 且 $\delta_{\parallel,2} - \delta_{\perp,2} = -\pi/2$ 或 $\delta_{\parallel,1} - \delta_{\perp,1} = -\pi/2$ 且 $\delta_{\parallel,2} - \delta_{\perp,2} = \pi/2$。这时相位差为

$$\begin{cases} \delta_\parallel = \delta_{\parallel,1} - \delta_{\parallel,2} =: \delta \\ \delta_\perp = \delta_{\perp,1} - \delta_{\perp,2} = \delta_\parallel \pm \pi = \delta \pm \pi \end{cases}$$

方程（3.174）简化为

$$I_{\uparrow\downarrow} = I_1 + I_2 + \sqrt{I_1 I_2}$$
$$\times (\cos\varphi - 1)\cos[(\boldsymbol{k}_1 - \boldsymbol{k}_2) \cdot \boldsymbol{r} + \delta] \qquad (3.177)$$

可见度［方程（3.164）］为

$$V_{\uparrow\downarrow} = \frac{\sqrt{I_1 I_2}(1 - \cos\varphi)}{I_1 + I_2} \qquad (3.178)$$

因此，不同手性的表现与相同手性相反。不同手性平行传播的波（$\varphi=0$）不发生干涉，而不同手性平行反向传播的波（$\varphi=0$）干涉明显。

3. 电子加速器双光束干涉的应用

两束波干涉的一个十分有意思的现代应用是激光驱动的电子加速器[3.21, 22]。原则上

这类加速器也可以用于其他任意带电粒子，当粒子速度接近光速时效率更高。因此重粒子使用激光进行效率较高的加速需要大量动能（最好是其静止能量 m_0c^2 的数倍）。这里只讨论基本原理。

图 3.8 显示了 z 轴上的点上 TM 线偏振、振幅相等、相位差为 π 的两束干涉波，首先假设这些波为平面波，z 轴平分两束波的波矢量 $\boldsymbol{k}_1$ 和 $\boldsymbol{k}_2$ 之间的夹角 2θ，因此 θ 为 z 轴与其中一个波矢量的夹角。那么电矢量 $\boldsymbol{E}_1$ 和 $\boldsymbol{E}_2$ 的指向如图所示，其分量垂直于 z 轴，即平行于 x 轴，且互相抵消。两束波的磁矢量垂直于纸面，即平行于 y 轴，由于方向相反，在沿 z 轴上的点上也互相抵消。不过，由于两束波的相互位置，其在 z 轴上的点上产生了电矢量的纵向分量 $\boldsymbol{E}_z$。按照数学的观点，我们对电矢量使用了图 3.8 中的坐标系。

$$\boldsymbol{E}_1(x,z,t) = \begin{pmatrix} E_0\cos\theta\cos\left[\dfrac{2\pi}{\lambda}(-x\sin\theta+z\cos\theta)-\omega t\right] \\ 0 \\ E_0\sin\theta\cos\left[\dfrac{2\pi}{\lambda}(-x\sin\theta+z\cos\theta)-\omega t\right] \end{pmatrix}$$

$$\boldsymbol{E}_2(x,z,t) = \begin{pmatrix} -E_0\cos\theta\cos\left[\dfrac{2\pi}{\lambda}(x\sin\theta+z\cos\theta)-\omega t\right] \\ 0 \\ E_0\sin\theta\cos\left[\dfrac{2\pi}{\lambda}(x\sin\theta+z\cos\theta)-\omega t\right] \end{pmatrix}$$

$$\Rightarrow \boldsymbol{E}_z(x=0,z,t) = \boldsymbol{E}_1(x=0,z,t) + \boldsymbol{E}_2(x=0,z,t)$$

$$= \begin{pmatrix} 0 \\ 0 \\ 2E_0\sin\theta\cos\left(\dfrac{2\pi}{\lambda}z\cos\theta-\omega t\right) =: E_z(0,z,t) \end{pmatrix} \quad （3.179）$$

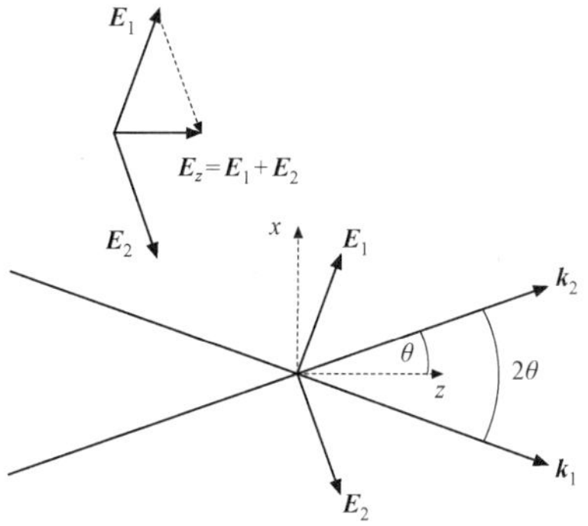

图 3.8　具有 TM 偏振且相位差为 π 的线偏振波产生的纵向电场分量 E_z

式中，E_0 为两束干涉波其中之一的电矢量的最大振幅（$E_0=\max|\boldsymbol{E}_1|=\max|\boldsymbol{E}_2|$）；$\lambda$ 为波的波长；ω 为角频率。因此可以看到，沿着 z 轴且 $x=0$ 处只存在电场平行于 z 轴的一个分量，使用关系式 $\lambda\nu=c$ 和 $\omega=2\pi\nu=2\pi c/\lambda$（$\nu$ 为频率），对于真空中的波可以得出

$$E_z(x=0,z,t)$$
$$=2E_0\sin\theta\cos\left[2\pi\frac{c}{\lambda}\left(z\frac{\cos\theta}{c}-t\right)\right] \tag{3.180}$$

现在，假设一个相对论电子，即速度 v 接近于光速 c，沿 z 轴从左向右运动。它应当满足 $E_z=-2E_0\sin\theta$ 的时间，并经过我们考虑的点。这时由于带负电荷，电子将获得沿 z 轴方向的最大加速度。但是，最大干涉 $E_z=-2E_0\sin\theta$ 看起来似乎在以相速度 $c/\cos\theta$ 沿 z 轴传播，当 $\theta>0$ 时是超过光速的。当然，这与狭义相对论并不矛盾，因为没有信息或能量在按这个速度传递。因此，对于较小的角度 θ，相对论下 $v\approx c$（但 $v<c$）的电子在加速电场下几乎在相位中运动了一定距离后，由于 $c/\cos\theta>c>v$ 离开了相位。电子离开相位前经过的距离很容易计算。在实验室参考系中，电子在时间间隔 t 内运动距离 $z=vt$，即 $t=z/v$。加速过程中的速度 v 可以假设为恒定，因为其接近光速，不会明显改变，尽管电子可能获得大量动能。将这个关系代入方程（3.180），余弦函数的自变量 $\varPhi$ 作为沿 z 轴的位置 z 的函数为

$$\varPhi(z)=2\pi\frac{c}{\lambda}\left(z\frac{\cos\theta}{c}-t\right)=2\pi\frac{c}{\lambda}z\left(\frac{\cos\theta}{c}-\frac{1}{v}\right) \tag{3.181}$$

影响电子的电场相位变化为 $\pm\pi$，对电子加速的电场还会使其减速。那么，在被电场加速和减速之间 z 轴上的距离 Δz 为

$$\Delta\varPhi=2\pi\frac{c}{\lambda}\Delta z\left(\frac{\cos\theta}{c}-\frac{1}{v}\right)$$
$$=\pm\pi\Rightarrow\Delta z=\pm\frac{\lambda}{(\cos\theta-c/v)} \tag{3.182}$$

对于 $v\approx c$，在 $\theta=0$ 时达到在相位中的最大距离。但此时由于方程（3.180）中的因子 $\sin\theta$，电场本身为零。因此实践中必须在 $\sin\theta$ 的最大值和类似 $\cos\theta$ 的最大值之间找到一个折中。此外，电子（或其他带电粒子）速度必须接近光速。

但是，对于两束无限延伸的平面波的干涉，电子呈周期性地加速和减速。不过我们可以使用聚焦激光束，即高斯光束（3.5 节）取代平面波，这样高电场区域的长度十分有限（小于 Δz）。为了达到电矢量的高振幅，每束激光束的光束腰应位于两束高斯光束与 z 轴的交点上。这样电场振幅 E_0 在 z 轴不为常量，而是类似高斯曲线在光束腰外减小。因此如果在经过光束束腰时电子与激光束的电场相位协调，就可以实现其净加速。如果电子与激光束的相位不协调，也可能出现减速。高斯光束情况下的具体计算当然比平面波略为复杂，因为波矢量，因此还有电矢量，在高斯光束的情况下会发生局部变化。使用超短波聚焦激光脉冲，产生的光束束腰内加速

电子的电场可达 1 TV/m 或更高。当然，加速距离只有光束束腰的长度，即对于强聚焦激光束只有几个微米。因此，电子可能获得几百万电子伏特的动能。不过，重复使用一列多个加速设备（相位当然是协调的），有效加速距离可以延长，因此未来激光驱动的电子加速器也许能够取代传统粒子加速器。

3.3.3 任意标量波的干涉

干涉现象当然不仅限于平面波，任意波都可能出现。由于对于任意波，可能局部出现偏振。在本节中将忽略偏振，集中讨论标量波。

1. 标量波的一些知识

对于标量波的情况，只需要考虑电（或磁）矢量的一个笛卡儿分量，忽略了完整的偏振态。不过，对于两束均为 TE 偏振的线偏振的干涉波，标量计算的结果与精确结果一致。由于对标量波忽略了正交条件，标量波方程的结果并不自动构成麦克斯韦方程的解。

光学中经常使用的标量波是一种球面波，曲率中心位于点 $\boldsymbol{r}_0$，复振幅为

$$u(\boldsymbol{r}) = a\frac{\mathrm{e}^{\mathrm{i}k|\boldsymbol{r}-\boldsymbol{r}_0|}}{|\boldsymbol{r}-\boldsymbol{r}_0|} \qquad (3.183)$$

式中，波矢量的模为 $k=2\pi n/\lambda$，也称为波数；a 为常量。应当提到，球面波是均匀介质的标量亥姆霍兹方程（3.1.5 节）的一个解，这时只考虑了电矢量或磁矢量的一个分量。要注意由于违反了电磁波的正交条件，球面波不是麦克斯韦方程的解。但在远场和垂直于偶极轴的平面，偶极辐射是对球面波很好的近似。

这里引入了标量波的复振幅 u，除了比例常量，可以代表不依赖时间的复电矢量或磁矢量 $\hat{\boldsymbol{E}}$ 或 $\hat{\boldsymbol{H}}$ 的一个分量。同时，该标量波的强度至少与 u 的模的平方成正比，以下仅为标量波定义：

$$I := uu^* \qquad (3.184)$$

普通标量波可以描述为

$$u(\boldsymbol{r}) = A(\boldsymbol{r})\mathrm{e}^{\mathrm{i}\Phi(\boldsymbol{r})} \qquad (3.185)$$

在这种情况下，A 为仅随着位置 $\boldsymbol{r}$ 缓慢变化的实函数，Φ 也是实函数，但复指数因子 $\exp(\mathrm{i}\Phi)$ 随着位置迅速变化。

2. 标量波的干涉方程

使用方程（3.185）将两个标量波表示为

$$u_1(\boldsymbol{r}) = A_1(\boldsymbol{r})\mathrm{e}^{\mathrm{i}\Phi_1(\boldsymbol{r})},\ u_2(\boldsymbol{r}) = A_2(\boldsymbol{r})\mathrm{e}^{\mathrm{i}\Phi_2(\boldsymbol{r})}$$

代替方程（3.156）或（3.168）中的平面波，得到标量波的干涉方程：

$$I_{1+2} = I_1 + I_2 + 2\sqrt{I_1 I_2}\cos\Phi \qquad (3.186)$$

式中，$I_1 = A_1^2$；$I_2 = A_2^2$；$\varPhi = \varPhi_1 - \varPhi_2$。有些情况下将该方程写作以下形式更为简便：

$$I_{1+2} = I_0(1 + V\cos\varPhi) \qquad (3.187)$$

这里定义 $I_0 = I_1 + I_2$ 为产生的非相干光强度，只需要将单一波的强度进行相加。可见度在方程（3.164）中进行了定义，在这里为

$$V = \frac{I_{\max} - I_{\min}}{I_{\max} + I_{\min}} = \frac{2\sqrt{I_1 I_2}}{I_1 + I_2} = \frac{2\sqrt{I_1 I_2}}{I_0} \qquad (3.188)$$

对于普通标量波，坐标为（x, y）的探测器平面中的条纹周期会发生变化，不为恒定。但是，固定点（x_0, y_0）附近的点（x, y）处，相位函数 $\varPhi$ 可以写作忽略所有二次和更高次项的泰勒展开式：

$$\varPhi(x, y) \approx \varPhi(x_0, y_0) + \begin{pmatrix} \dfrac{\partial \varPhi(x_0, y_0)}{\partial x} \\[2mm] \dfrac{\partial \varPhi(x_0, y_0)}{\partial y} \end{pmatrix} \cdot \begin{pmatrix} x - x_0 \\ y - y_0 \end{pmatrix}$$

$$= \varPhi(x_0, y_0) + \nabla_\perp \varPhi(x_0, y_0) \cdot \Delta r$$

这里引入了二维微分算子 $\nabla_\perp$。将局部条纹周期 p 定义为两条条纹之间的距离，即沿平行于局部相位梯度的路径相位函数增加或减小 2π 的距离。因此，在位置（x_0, y_0）上从一条条纹指向相邻的下一条条纹的矢量 Δr 为

$$\Delta r = p\frac{\nabla_\perp \varPhi}{|\nabla_\perp \varPhi|} \Rightarrow \nabla_\perp \varPhi \cdot \Delta r = p|\nabla_\perp \varPhi| = 2\pi;$$

$$\Rightarrow p = \frac{2\pi}{|\nabla_\perp \varPhi|} = \frac{2\pi}{\sqrt{\left(\dfrac{\partial \varPhi}{\partial x}\right)^2 + \left(\dfrac{\partial \varPhi}{\partial y}\right)^2}} \qquad (3.189)$$

所有量必须在点（x_0, y_0）处计算。将该方程与（3.162）比较，xy 平面中的光栅矢量分量 $\boldsymbol{G}_\parallel$ 可定义为

$$\boldsymbol{G}_\parallel = \begin{pmatrix} \dfrac{\partial \varPhi}{\partial x} \\[2mm] \dfrac{\partial \varPhi}{\partial y} \\[2mm] 0 \end{pmatrix} \qquad (3.190)$$

光栅矢量 $\boldsymbol{G}$ 本身定义为

$$\boldsymbol{G} = \nabla \varPhi = \begin{pmatrix} \dfrac{\partial \varPhi}{\partial x} \\[2mm] \dfrac{\partial \varPhi}{\partial y} \\[2mm] \dfrac{\partial \varPhi}{\partial z} \end{pmatrix} \qquad (3.191)$$

式中，Φ 定义为（x,y,z）的函数。

局部条纹频率 v 定义为局部条纹周期的倒数：

$$v = \frac{1}{p} = \frac{\sqrt{\left(\dfrac{\partial \Phi}{\partial x}\right)^2 + \left(\dfrac{\partial \Phi}{\partial y}\right)^2}}{2\pi} \tag{3.192}$$

描述单位长度上的条纹数量。如果条纹频率过高，由于感光耦合元件（CCD）相机的普通探测器阵列在单位长度上只有有限数量的像素且只整合像素面积上的光强度，干涉图样在实际中无法分辨。

3. 标量球面波和平面波的干涉

上一节详细研究了一般偏振态的两束平面波的干涉。两束标量波干涉的简单例子是一束球面波和一束平面波或两束球面波的干涉。原则上只要数值孔径不太高，对不同偏振态效应的一般表述对球面波也成立。因此对标量波的研究实际上并不是一种限制。

波长为 λ 且波数 $k=2\pi n/\lambda$ 的两束球面波的曲率中心分别位于点 $\boldsymbol{r}_1 = (x_1, y_1, z_1)$ 和 $\boldsymbol{r}_2 = (x_2, y_2, z_2)$，复振幅函数为

$$u_1(\boldsymbol{r}) = a_1 \frac{\mathrm{e}^{\mathrm{i}k|\boldsymbol{r}-\boldsymbol{r}_1|}}{|\boldsymbol{r}-\boldsymbol{r}_1|}, \ u_2(\boldsymbol{r}) = a_2 \frac{\mathrm{e}^{\mathrm{i}k|\boldsymbol{r}-\boldsymbol{r}_2|}}{|\boldsymbol{r}-\boldsymbol{r}_2|}$$

下文中只讨论 xy 平面内 $z=0$ 处围绕坐标系原点 $x=y=z=0$ 的区域内的干涉图样。此外，两束球面波的曲率中心到坐标系原点的距离 $|\boldsymbol{r}_i|$（$i=1,2$）相比坐标系原点到讨论的干涉图样孔径内一点的最大距离 $|\boldsymbol{r}| = \sqrt{x^2+y^2}$ 应当是较大的。那么假设球面波的振幅为恒定，因为

$$|\boldsymbol{r}_i| \gg |\boldsymbol{r}| \Rightarrow$$
$$|\boldsymbol{r}-\boldsymbol{r}_i| = \sqrt{(\boldsymbol{r}-\boldsymbol{r}_i) \bullet (\boldsymbol{r}-\boldsymbol{r}_i)}$$
$$= \sqrt{|\boldsymbol{r}_i|^2 + |\boldsymbol{r}|^2 - 2|\boldsymbol{r}_i||\boldsymbol{r}|\cos\alpha} \approx |\boldsymbol{r}_i|$$

式中，α 为两个矢量 $\boldsymbol{r}$ 和 $\boldsymbol{r}_i$ 之间的夹角。因此，这两束球面波可以写作

$$u_1(\boldsymbol{r}) = A_1 \mathrm{e}^{\mathrm{i}k|\boldsymbol{r}-\boldsymbol{r}_1|}, \ u_2(\boldsymbol{r}) = A_2 \mathrm{e}^{\mathrm{i}k|\boldsymbol{r}-\boldsymbol{r}_2|}$$

振幅 $A_1 = a_1/|\boldsymbol{r}_1|$ 和 $A_2 = a_2/|\boldsymbol{r}_2|$ 为恒定。由于这些函数振荡很快，复指数函数的自变量当然可以替换为常数项 $|\boldsymbol{r}_i|$。那么根据方程（3.186），干涉图样的强度 I_{1+2} 为

$$I_{1+2}(x,y) = I_1 + I_2 + 2\sqrt{I_1 I_2} \cos\Phi(x,y)$$

其中，$I_1 = A_1^2$；$I_2 = A_2^2$。且

$$\Phi(x,y) = k(|\,r - r_1\,| - |\,r - r_2\,|)$$

$$= k\left(|\,r_1\,|\sqrt{1 + \frac{x^2 + y^2 - 2xx_1 - 2yy_1}{|\,r_1\,|^2}} - |\,r_2\,|\sqrt{1 + \frac{x^2 + y^2 - 2xx_2 - 2yy_2}{|\,r_2\,|^2}}\right)$$

（3.193）

根据 $x \ll 1$ 时的 $\sqrt{1+x} \approx 1 + x/2 - x^2/8$，平方根可以变成泰勒级数。由于 $|\,r_i\,| \gg |\,r\,|$，最重要的项为

$$|\,r_i\,|\sqrt{1 + \frac{x^2 + y^2 - 2xx_i - 2yy_i}{|\,r_i\,|^2}}$$

$$\approx |\,r_i\,| + \frac{x^2 + y^2}{2|\,r_i\,|} - \frac{xx_i + yy_i}{|\,r_i\,|}$$

$$- \frac{(x^2 + y^2 - 2xx_i - 2yy_i)^2}{8|\,r_i\,|^3}$$

（3.194）

最后一项可以忽略，因为

$$k\frac{(x^2 + y^2 - 2xx_i - 2yy_i)^2}{8|\,r_i\,|^3} \ll 1$$

$$\Rightarrow \frac{(x^2 + y^2 - 2xx_i - 2yy_i)^2}{8|\,r_i\,|^3} \ll \frac{\lambda}{2\pi n}$$

（3.195）

对于 r_i，通过使用球面坐标 r_i，ϑ_i，φ_i，其中 r_i 为到原点的距离，ϑ_i 为极角，φ_i 为方位角。

$$x_i = r_i \cos\varphi_i \sin\vartheta_i \tag{3.196}$$

$$y_i = r_i \cos\varphi_i \sin\vartheta_i \tag{3.197}$$

$$z_i = r_i \cos\vartheta_i \tag{3.198}$$

忽略最后一项的条件为

$$\frac{(x^2 + y^2)^2}{4r_i^3} - \frac{(x^2 + y^2)(x\cos\varphi_i + y\sin\varphi_i)\sin\vartheta_i}{r_i^2}$$

$$+ \frac{(x\cos\varphi_i + y\sin\varphi_i)^2 \sin^2\vartheta_i}{r_i} \ll \frac{\lambda}{\pi n}$$

（3.199）

如果该条件对两束球面波都满足，干涉图样的相位函数可以写作

$$\Phi(x,y) \approx \delta + \frac{\pi n}{\lambda}\left(\frac{1}{r_1} - \frac{1}{r_2}\right)(x^2 + y^2)$$

$$- \frac{2\pi n}{\lambda}(\cos\varphi_1 \sin\vartheta_1 - \cos\varphi_2 \sin\vartheta_2)x$$

$$- \frac{2\pi n}{\lambda}(\sin\varphi_1 \sin\vartheta_1 - \sin\varphi_2 \sin\vartheta_2)y$$

（3.200）

式中，δ 为相位常量，$\delta = 2\pi n\,(r_1 - r_2)/\lambda$。

与 x^2+y^2 相关的项称为离焦，其与两束球面波曲率的差成正比。x 和 y 的线性项称为倾斜，只有两束球面波的曲率中心和原点不在一条直线上时存在。在球面的干涉测量或透镜波像差的测量中，由于测量对象的轴偏差（ ⇒ 离焦）或横向偏差（ ⇒ 倾斜）经常出现离焦和倾斜。那么，这些项的系数取决于函数

$$\Phi_{偏差} = a + bx + cy + d(x^2 + y^2) \qquad (3.201)$$

对测量相位函数 $\Phi_{测量}$ 的最小二乘拟合。之后，使用拟合系数 a，b，c，d 计算摆脱失调像差的相位函数 $\Phi_{减少}$ 为

$$\Phi_{减少} = \Phi_{测量} - \Phi_{偏差} \qquad (3.202)$$

这样相位函数 $\Phi_{减少}$ 只包含所需的波像差或所需的对理想表面和实验装置的系统误差的表面偏差。

当其中一束波为平面波时，出现了方程（3.200）的一个特殊情况。不失一般性，将第二束波看作平面波。这表示参数 r_2 为无限大。那么，方程（3.200）简化为

$$\Phi(x, y) \approx \delta + \frac{\pi n}{\lambda r_1}(x^2 + y^2)$$

$$- \frac{2\pi n}{\lambda}(\cos\varphi_1 \sin\vartheta_1 - e_{x,2})x$$

$$- \frac{2\pi n}{\lambda}(\sin\varphi_1 \sin\vartheta_1 - e_{y,2})y \qquad (3.203)$$

式中，$e_{x,2} := \cos\varphi_2 \sin\vartheta_2$ 和 $e_{y,2} := \sin\varphi_2 \sin\vartheta_2$ 为平行于平面波波矢量 $\boldsymbol{k}_2$ 的单位矢量 $\boldsymbol{e}_2 = \boldsymbol{k}_2/|\boldsymbol{k}_2|$ 的 x 和 y 分量。当然，相位常数 δ 定义为模 2π，因此不是无限，而是具有依赖于 r_1 和平面波在（$x=0, y=0, z=0$）处的相位偏移的某个值。在一束球面波和一束平面波干涉的情况下，离焦项直接与球面波的曲率成正比。倾斜项仍依赖于两束波，但在球面的曲率中心位于 $x=y=0$（ ⇒ $\sin\vartheta_1=0$）或平面波垂直于 xy 平面（ ⇒ $e_{x,2}=e_{y,2}=0$）的情况下，倾斜项只依赖于其中一束波的参数。

4. 干涉图样的两个例子

假设有两束波长 $\lambda=0.5\mu m$ 的干涉单色波，并且第一束波为平行于光轴传播的平面波，光轴定义为平行于探测器表面法向矢量并与探测器在中心相交。那么，方程（3.200）中第一束波的参数为 $r_1 \to \infty$，$\vartheta_1=0$ 且 $\varphi_1=0$，干涉图样的相位函数 Φ 只依赖于第二束波的参数：

$$\Phi(x, y) \approx \delta - \frac{\pi n}{\lambda r_2}(x^2 + y^2)$$

$$+ \frac{2\pi}{\lambda}\cos\varphi_2 \sin\vartheta_2 x + \frac{2\pi}{\lambda}\sin\varphi_2 \sin\vartheta_2 y \qquad (3.204)$$

因为测量在空气中进行，因此将折射率 n 设置为 1。

假设检测到图 3.9 显示的干涉图样，这样的干涉图样通常称为干涉图，这种情况下其具有平行于 y 轴的直平行等距条纹。因此，第二束波必须为平面波（$r_2 \to \infty$），可以用两个角 φ_2 和 ϑ_2 描述。干涉图样只沿 x 轴变化，这里的周期 p 为 0.2 mm。因此相位函数 Φ 必须是 $\Phi(x,y)=ax$ 的形式，$a=2\pi/p=10\pi/mm$。与方程（3.204）的结果比较，有

$$\delta + \frac{2\pi}{\lambda}\cos\varphi_2\sin\vartheta_2 x + \frac{2\pi}{\lambda}\sin\varphi_2\sin\vartheta_2 y = ax$$

$$\Rightarrow \ \delta = 0 \wedge \varphi_2 = 0 \wedge \sin\vartheta_2 = \frac{a\lambda}{2\pi} = 0.002\,5 \tag{3.205}$$

观察强度图案可知可见度有最大值 $V=(I_{max}-I_{min})/(I_{max}+I_{min})=(2-0)/(2+0)=1$。因此，第二束平面波与第一束强度相等。

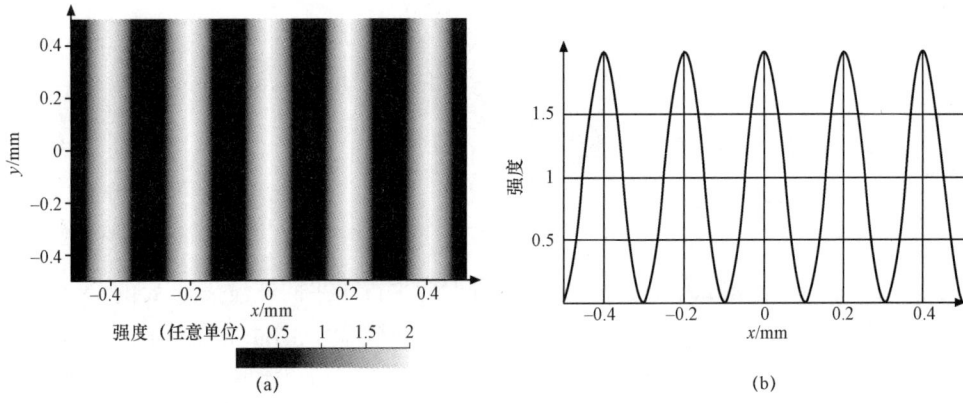

图 3.9 干涉图样的一个例子（干涉图），具有直平行等距条纹。
（a）（模拟）相片，也可用人眼直接看见；（b）强度函数截面

第二次（模拟）测量得到了图 3.10 中的干涉图。可以估计局部条纹频率随着到中心的距离线性增长，因此离焦项具有二次相位函数。没有出现线性相位函数，因此第二束波的倾斜角 ϑ_2 为零。使用干涉方程（3.186）对干涉图样更详细的研究证实了相位函数为 $\Phi(x,y)=b(x^2+y^2)$，$b=20\pi/mm^2$。此外，可见度为 $V=(1.28-0.72)/(1.28+0.72)=0.28$。

使用方程（3.204）计算第二束波的曲率半径 r_2，结果为

$$\Phi(x,y) \approx -\frac{\pi}{\lambda r_2}(x^2+y^2) = b(x^2+y^2)$$

$$\Rightarrow |r_2| = \frac{\pi}{b\lambda} = 100 \text{ mm} \tag{3.206}$$

这种情况下只知道一个没有载波频率的干涉图，r_2 的符号无法获取。因为余弦函数为偶函数，所以有 $\cos\Phi = \cos(-\Phi)$。

使用方程（3.188）和 $I_2 = \alpha I_1$，可以通过可见度 V 计算系数 α：

$$V = \frac{2\sqrt{\alpha}}{1+\alpha}$$

$$\Rightarrow \alpha = \frac{2}{V^2} - 1 \pm \sqrt{\left(\frac{2}{V^2} - 1\right)^2 - 1} = \begin{cases} 49 \\ 0.02 \end{cases}$$

（3.207）

这表示第二束波的强度或者比第一束波高 50 倍，或者小 50 倍。确定是哪一种情况可以首先单独测量第一束波的强度 I_1，然后测量干涉图样的强度，因此也就是 I_1+I_2。这个例子还显示当强度差因子 α 增加时，可见度下降十分缓慢。这就是为什么（比如相比照明的相干波强度很小的尘粒散射的球面波）很多情况下产生了干扰测量的对比度很高的条纹。

这两个例子十分简单，可以手动计算。但是从第二个例子中可以看出，确定离焦项是纯离焦项还是混合了其他项并不那么容易。因此在实践中，必须应用干涉图样的自动评估[3.20]。其中的一个步骤是移相技术，这将在移相干涉测量术一节中简单介绍。

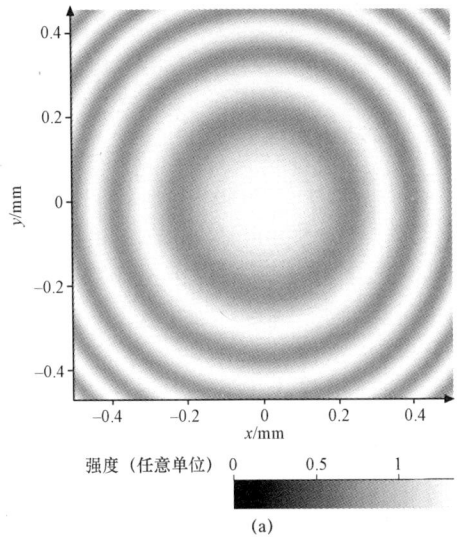

强度（任意单位）

(a)

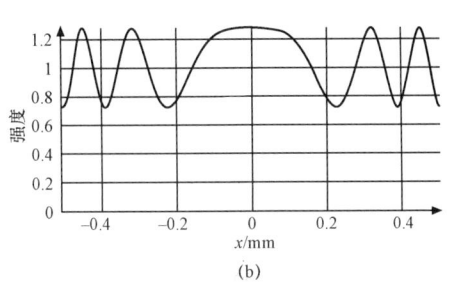

(b)

图 3.10　显示低对比离焦项的干涉图样例子

（a）（模拟）相片，也可用人眼直接看见；

（b）强度函数截面

3.3.4　干涉测量法的一些基本概念

干涉仪的基本原理是入射波分成的两束波的相互干涉。多数干涉仪中，例如迈克尔逊干涉仪或马赫－曾德干涉仪，都具有参考臂和物臂。物臂通常包含会改变物波的待测物体。连同参考臂中未改变的波，一起形成干涉图样，其中包含测试物体的信息。不过还有其他干涉仪，例如剪切干涉仪没有参考臂和物臂，而是两束发生干涉的相同物波。

干涉仪可用于测量表面偏差或光学元件的像差和波前特性。另一种应用是高精度长度测量。下文中描述了最重要的单色光双光束干涉仪的原理。本书未对其他类型的干涉仪进行讨论，例如两个或多个波长的干涉仪或包含广泛的波长光谱的白光干涉仪。此外，还有进行三束或更多光束干涉的多光束干涉仪，例如法布里－珀罗干涉仪。关于干涉仪的更多信息可参阅文献［3.17－20，23－28］。

1. 迈克尔逊干涉仪

迈克尔逊干涉仪是一种最简单的干涉仪（图 3.11）。一束平面波由分束器分为两束平面波。其中一束平面波撞击参考镜面，另一束撞击物镜面。因此，迈克尔逊干涉仪包含两个出口，其中一个等同于入口，所以实际使用的只有另一个出口。如果将分束器精确对准到与入射平面波成 45°角，且两个镜面都正好垂直两束平面波，则出口处的两束平面波的波矢量 $\boldsymbol{k}_1$ 和 $\boldsymbol{k}_2$ 互相平行，即 $\boldsymbol{k}_1 = \boldsymbol{k}_2$。那么，根据同样适用于标量波的方程（3.168），出口后的整个

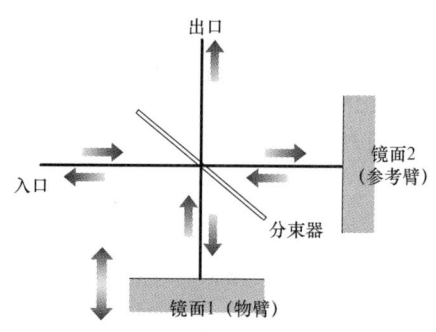

图 3.11　迈克尔逊干涉仪的基本原理

空间内的强度，例如垂直于 z 轴的探测器平面内，仅取决于相位差 δ，δ 在整个出射光瞳中为恒定。

$$I_{1+2} = I_1 + I_2 + 2\sqrt{I_1 I_2}\cos[(\boldsymbol{k}_1 - \boldsymbol{k}_2)\cdot\boldsymbol{r} + \delta]$$
$$= I_1 + I_2 + 2\sqrt{I_1 I_2}\cos\delta \tag{3.208}$$

这种情况称为"蓬松条纹"，因为没有出现干涉条纹。强度与参考臂和物臂的光程差 δ 有关，具有最大值和最小值。如果物镜面沿轴位移，则探测器上的强度呈周期性变化，每个周期对应折射率为 n 的介质内（通常为空气）半个波长的轴位移为

$$\Delta z = \frac{\lambda}{2n} \tag{3.209}$$

如果分束器或其中一个镜面倾斜，探测器上将出现干涉条纹。这时沿轴移动物镜面，将造成条纹横向移动。仍然是沿轴移动 $\lambda/(2n)$ 时，条纹移动一个周期。迈克尔逊干涉仪的一个典型应用是对物镜面的相对位移进行长度测量。

迈克尔逊干涉仪有多种变型。其中一种为泰曼－格林（Twyman-Green）干涉仪，其物臂中放置了一片透镜，物镜面使用的不是平面镜，而是球面镜。干涉仪调整至理想状态时，透镜焦点和球面镜曲率半径中心重合。如果已知透镜或球面镜（以及所有其他干涉仪部件）之一的精度误差，就可以根据得到的干涉图样确定另一部件的误差。

2. 马赫 – 曾德干涉仪

另一种十分重要的干涉仪是马赫 – 曾德（Mach-Zehnder）干涉仪（图 3.12）。在这种设计中，入射平面波的光仍然被分束器分为两束波。随后，透射的平面波在上镜面发生反射，并通过第二个分束器或在分束器上反射。第一个分束器反射的平面波在下镜面发生反射后，穿过选择放置的可透射待测物体。这束波将穿过第二个分束器或发生反射。因此，马赫 – 曾德干涉仪有两个出口可以使用。类似于迈克尔逊干涉仪的情况，如果所有镜面和分束器精确调整到

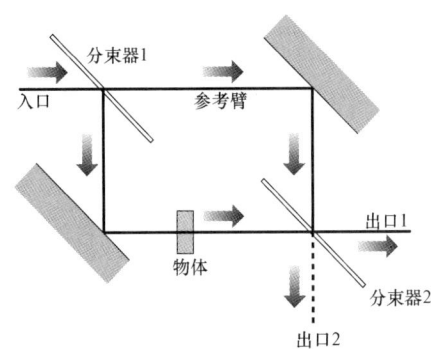

图 3.12　马赫-曾德干涉仪的基本原理

相对入射平面波成 45°，将出现"蓬松条纹"。如果倾斜其中一个镜面或分束器，探测器上将出现条纹。

马赫 – 曾德干涉仪可用于探测物臂中放置的物体的不均匀性。一种特殊类型是，干涉仪中放置的物体是充满气体的管子，改变管内的温度和气压，折射率 n 就会改变。这样，物臂和参考臂的光程差也会改变，条纹发生移动；或者在"蓬松条纹"的情况下，整体强度改变。这样就可以测量气体折射率与气压和温度的相关性。另一类马赫 – 曾德干涉仪中，测试物体是一片性质了解得很清楚的透镜和一片待测透镜，两者组合成一副望远镜。使用移相干涉测量术（参见下文）移动其中一个镜面，可以确定测试透镜的误差。当然，实践中总是存在必须从测量结果中消除的调整误差，还存在装置中其他部件的系统误差。此外，一个十分重要的事实是，必须使用辅助光学器件使待测物体在探测器上成像。也就是，测量到的误差对应于某一点上的物体的误差。这当然也适用于泰曼 – 格林干涉仪以及所有其他用于测量深度有限的光学物体的干涉仪。如果使用干涉仪测量很长的物体的折射率变化，则无法使整个物体在探测器上清晰成像。

3. 剪切干涉仪

剪切干涉仪是一种不需要外部参考臂的有意思的干涉仪。在这种设计中，通过一些方式对物波进行复制，并对生成的波进行横向或径向剪切[3.19, 29]。这里只讨论横向剪切的情况。选取坐标系时，使剪切沿 x 轴按距离 Δx 进行。这样，两束波的相位分别为 $\Phi_1(x,y) = \Phi_0(x+\Delta x, y)$ 和 $\Phi_2(x,y) = \Phi_0(x,y)$，其中 Φ_0 是物波本身的相位。这样出现在干涉中的干涉项［方程（3.186）］的相位差 Φ 为

$$\begin{aligned}
\Phi(x, y) &= \Phi_1(x, y) - \Phi_2(x, y) \\
&= \Phi_0(x + \Delta x, y) - \Phi_0(x, y) \\
&\approx \Delta x \frac{\partial \Phi_0(x, y)}{\partial x}
\end{aligned} \tag{3.210}$$

在点（x, y）取第一个偏导数适用于小的剪切距离 Δx。对剪切干涉仪可以像其他干涉仪一样使用相位位移和相位展开技术进行分析，得出连续函数 $\Phi \approx \Delta x \partial \Phi_0 / \partial x$。为了得出波前本身的相位 Φ_0，需要应用一种积分[3.19, 30]。为了得出明确的波前，进行积分前必须同时确定 Φ_0 在 x 和 y 方向的偏导数。

4. 移相干涉测量术

从测量到的强度值中提取物相位的一种典型技术是移相干涉测量术[3.25, 31]。这种方法中，参考镜面（或物体）按照一小段已知的距离沿轴向位移，且必须至少观测三种不同的已知参考相位下不同的强度分布，通过这种方法还有可能测量其他的相位位移[3.32]。参考相位按照定义明确的 $\pi/2$ 的整数 m 倍乘积 $\delta\varphi$ 进行移动后，根据方程（3.186），干涉图样 $I_{1+2}^{(m)}$ 的强度变化为

$$\begin{aligned}
I_{1+2}^{(m)} &= I_1 + I_2 + 2\sqrt{I_1 I_2} \cos(\Phi + \delta\phi) \\
&= I_1 + I_2 + 2\sqrt{I_1 I_2} \cos\left(\Phi + m\frac{\pi}{2}\right)
\end{aligned} \tag{3.211}$$

不同参考相位的三次测量原则上是足够的，因为方程（3.211）包含三个未知量：I_1、I_2 和要求的相位 Φ。结合测量到的三个 m 不同值的强度分布 $I_{1+2}^{(0)}$、$I_{1+2}^{(1)}$ 和 $I_{1+2}^{(2)}$ 计算 Φ 十分容易：

$$\begin{cases}
I_{1+2}^{(0)} = I_1 + I_2 + 2\sqrt{I_1 I_2} \cos\Phi \\
I_{1+2}^{(1)} = I_1 + I_2 + 2\sqrt{I_1 I_2} \cos\left(\Phi + \frac{\pi}{2}\right) \\
\qquad\; = I_1 + I_2 - 2\sqrt{I_1 I_2} \sin\Phi \\
I_{1+2}^{(2)} = I_1 + I_2 + 2\sqrt{I_1 I_2} \cos(\Phi + \pi) \\
\qquad\; = I_1 + I_2 - 2\sqrt{I_1 I_2} \cos\Phi
\end{cases}$$

$$\begin{cases}
\Rightarrow I_{1+2}^{(0)} + I_{1+2}^{(2)} = 2(I_1 + I_2) \\
I_{1+2}^{(0)} - I_{1+2}^{(2)} = 4\sqrt{I_1 I_2} \cos\Phi \\
I_{1+2}^{(0)} + I_{1+2}^{(2)} - 2I_{1+2}^{(1)} = 4\sqrt{I_1 I_2} \sin\Phi \\
\Rightarrow \tan\Phi = \dfrac{I_{1+2}^{(0)} + I_{1+2}^{(2)} - 2I_{1+2}^{(1)}}{I_{1+2}^{(0)} - I_{1+2}^{(2)}}
\end{cases} \tag{3.212}$$

不过，如果相位位移不是 $\pi/2$ 的整数倍，这种只进行三次测量的简单移相算法对移相误差很敏感。进行更多的测量可以纠正移相误差[3.20, 26, 31]。

双光束干涉度量学的一个主要问题是通过移相算法，即方程（3.212）获取的相位值只定义为模 2π（注意反正切函数本身明确定义在 $-\pi/2\sim+\pi/2$ 之间，得出方程（3.212）分子和分母的符号可以明确计算 $-\pi\sim+\pi$ 之间的相位 $\varPhi$）。因此，必须使用相位展开算法[3.20]获取透镜的连续相位特性曲线，即表面偏差或波像差。

5. 关于干涉仪中能量守恒的一些观点

由于光学中必须处处满足能量守恒定律，这里给出了一些关于干涉仪中能量守恒的观点。

设想，图 3.12 中的马赫－曾德干涉仪。假设每个分束器的分束比为 1:1，即一半的光能透射，一半的光能反射。那么，如果入射平面波的强度在入口处为 I_0，则透射和反射平面波的强度各为 $I_0/2$。假设两个镜面反射所有的光而没有损失（由于使用的是平面波，孔径处的衍射效应也进行了忽略），那么，在第二个分束器上每束平面波仍分为两束强度相等的波，即四束波每束的强度均为 $I_0/4$。其中两束波在出口 1 发生干涉，假设这两束波之间的相位差 $\varPhi$ 为零或 2π 的整数倍。那么根据方程（3.186），产生的强度 I_{1+2} 为

$$I_{1+2} = I_1 + I_2 + 2\sqrt{I_1 I_2}\cos\varPhi$$
$$= \frac{I_0}{4} + \frac{I_0}{4} + 2\sqrt{\frac{I_0^2}{16}} = I_0 \tag{3.213}$$

这表示入射光的所有能量都在出口 1，因此出口 2 的强度 I'_{1+2} 为零。由于在出口 2 发生干涉的两束波各自的强度也为 $I_0/4$，这只有在相位差 $\varPhi'$ 为 π 的奇数倍时才有可能。

$$I'_{1+2} = \frac{I_0}{4} + \frac{I_0}{4} + 2\sqrt{\frac{I_0^2}{16}}\cos\varPhi'$$
$$= 0 \Rightarrow \varPhi' = (2m+1)\pi \tag{3.214}$$

式中，m 为整数。那么，如果取基本的解 $\varPhi'=\pi$，这就要求出口 2 处的两束干涉波之间的相位位移为 π，而出口 1 处的干涉波之间没有相位位移。这样，满足了能量守恒定律。

进一步解释这种情况需要考虑图 3.12。由于几何路径的原因，出口 1 和 2 处的干涉波之间的相位差相等。由于每束波恰好在镜面上反射一次，这也适用于镜面上的反射。因此，为了满足能量守恒定律，出口 1 和 2 之间由于两个分束器上的反射或透射必然存在相位位移。出口 1（对称出口）处发生干涉的两束波各自在分束器发生一次反射并穿过分束器一次。但是，在出口 2（反对称出口）处，第一束波穿过了两个分束器，而另一束波由两个分束器反射。因此，为了满足能量守恒定律，相比出口 1，出口 2 处发生干涉的两束波之间必然存在相位差：

$$\varPhi' = \varPhi + \pi \tag{3.215}$$

这确保了两个出口处的强度和 $I_{1+2}+I'_{1+2}$ 等于入口处的强度。

$$I_{1+2} + I'_{1+2} = \left(\frac{I_0}{4} + \frac{I_0}{4} + 2\sqrt{\frac{I_0^2}{16}}\cos\varPhi \right) + \left(\frac{I_0}{4} + \frac{I_0}{4} + 2\sqrt{\frac{I_0^2}{16}}\cos\varPhi' \right)$$

$$= \frac{I_0}{2}(1+\cos\varPhi) + \frac{I_0}{2}(1-\cos\varPhi) = I_0 \qquad (3.216)$$

这里不再详细分析分束器的构造和工作原理。但是，与构造无关，对于迈克尔逊或马赫－曾德干涉仪这样的双光束干涉仪，为了保持能量守恒，两个出口处的干涉波之间必须存在相位差π。

图 3.13 描绘了包含某种分束器的马赫－曾德干涉仪的一个例子。每个分束器包含一个一面镀银的玻璃板，相比普通电介质界面增强了反射性。光从光疏介质（空气）到光密介质（玻璃）的界面上发生反射时，存在相位位移π，而从光密介质到光疏介质的界面上的反射则不存在相位位移，这在本章中没有计算。这样，波在分束器的哪一面发生反射是很重要的。图 3.13 中，由于每个出口的两束光线光路分别相等，对两个出口处的每束光线标出的相位位移只由于分束器的反射造成。分束器上的粗线表示发生反射的镀银面。图中对玻璃板中由于折射造成的光线倾斜进行了忽略。箭头显示光线的不同光路。例如，出口 2 处在两个分束器上发生了反射的光线，相位位移仅为π，这是因为只有第一个光束器上由于从光疏介质到光密介质的界面上反射而产生了相位位移。第二个分束器上没有相位位移，因为反射发生在从光密介质到光疏介质的界面上。出口 2 的第二束光线穿过了两个分束器，因此没有相位位移。出口 1 的两束光线相位位移均为π，因为两束光都在分束器从光疏介质到光密介质的界面上发生了一次位移。因此总的来说，两个出口处存在相位位移差π。如果第二个分束器旋转 180°，每束光束的相位位移当然会发生改变，但两个出口处仍然存在相位位移差π。

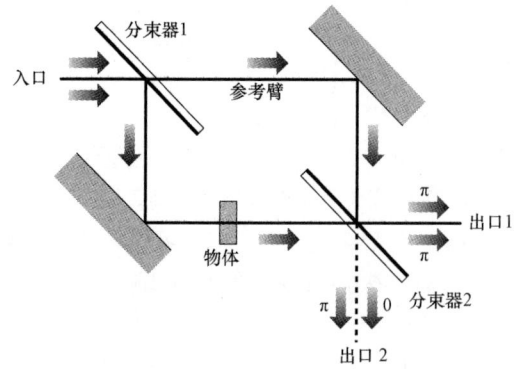

图 3.13　马赫－曾德干涉仪中的能量守恒图示

|3.4　衍　　射|

到目前为止，主要研究了没有受到任何限制孔径影响的平面波和其他波的传播。例如平面波，具有无限的空间延伸，因此在现实世界中是不存在的。但是，如果限制孔径的直径比光的波长大很多，在传播距离不太长的情况下平面波是一种很好的近似。但是在这种情况下，波的边缘会出现干扰，这称作衍射效应。本节主要讨论标量波的衍射理论，只在本节末会讨论偏振效应对透镜焦点区的电能强度的影响[3.33, 34]。与大多数如文献[3.1, 35]的光学教科书相比，我们不从历史上的惠更斯－菲涅耳原理或亥姆霍兹和基尔霍夫的积分定理开始，而是从平面波的角谱入手。将只用到基尔霍夫的边界条件，即有一个带孔洞的吸收屏上的入射波在孔洞区域不会受到干扰，而在屏幕的其他区域被完全吸收。从平面波的角谱开始，将对菲涅耳－基尔霍夫衍射积分进行推导，将看到两个公式几乎相等[3.36 - 38]。之后将讨论菲涅耳衍射的近似和夫琅和费衍射。夫琅和费衍射的一个十分有意思的应用实例是计算透镜焦点区的强度分布[3.1, 39]。随后给出了一些有关标量衍射公式的数值实现的思想[3.38]。本节末将使用平面波的叠加，简单地思考偏振和衍射的结合，将平面波的偏振态考虑进来。这将用于计算偏振效应对透镜焦点区的电能强度的影响。

衍射和干涉效应在光线全息摄影[3.40 - 43]和计算机生成衍射光学[3.44 - 50]中有许多现代应用。但本章没有足够的篇幅涉及这些领域，可以参阅参考文献。

3.4.1　平面波的角谱

平面波角谱的知识能够使复振幅函数 u 在折射率为 n 的均匀各向同性介质中从一个平面（按照垂直于 z 轴选取）向另一个距离为 z_0 的平行平面精确地传播。这里使用的唯一近似是假设 u 为标量函数。但是，由于将偏振考虑进来，可以很容易地定义平面波（3.2 节），因此将这种公式形式进行拓展是可能的，但在这里不做讨论。

根据方程（3.52），平面波

$$u(\boldsymbol{r}) = u_0 \mathrm{e}^{\mathrm{i} \boldsymbol{k} \cdot \boldsymbol{r}} \tag{3.217}$$

满足亥姆霍兹方程（3.106），对于标量波，可以写作

$$(\nabla^2 + k^2) u(x, y, z) = 0 \tag{3.218}$$

波矢量的模 $|\boldsymbol{k}| = k$ 的条件是

$$|\boldsymbol{k}| = \sqrt{k_x^2 + k_y^2 + k_z^2} = \frac{2\pi n}{\lambda} \tag{3.219}$$

根据亥姆霍兹方程的线性性，传播方向不同的平面波的和也是亥姆霍兹方程的解，极限情况下平面波的连续频谱也是解（图 3.14）。这里必须对两个角度使用积分，或者更准确地说，对波矢量的两个分量。这样，如果只考虑沿 z 轴正方向传播的平面波，第三个分量可以根据方程（3.219）自动定义，我们在这里使用的就是

这种情况。由于总是将复振幅看作位于垂直于 z 轴的平面内，用到的波矢量的两个分量将是 x 和 y 分量。为了得到对称方程，引入空间频率的矢量 v，有

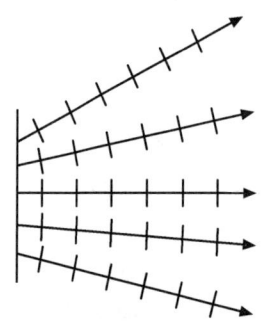

图 3.14　作为平面波叠加的任意标量波

$$\begin{cases} v = \dfrac{1}{2\pi}k = \begin{pmatrix} v_x \\ v_y \\ v_z \end{pmatrix} \\ |v| = \sqrt{v_x^2 + v_y^2 + v_z^2} = \dfrac{n}{\lambda} \end{cases} \quad (3.220)$$

波的复振幅 $u(r)$ 可以写作平面波的叠加。

$$u(r) = \int_{-\infty}^{+\infty}\int_{-\infty}^{+\infty} \tilde{u}(v_x, v_y)\mathrm{e}^{2\pi \mathrm{i} v \cdot r}\mathrm{d}v_x \mathrm{d}v_y \quad (3.221)$$

该积分考虑了任意空间频率 v_x 和 v_y，因此随后可以使用傅里叶变换的数学公式[3.51, 52]。为了满足方程（3.220），空间频率矢量的 z 分量由 x 和 y 分量定义，由于波总是沿 z 轴正方向传播，因此，

$$v_z = \sqrt{\dfrac{n^2}{\lambda^2} - v_x^2 - v_y^2} \quad (3.222)$$

但是，平方根只有在参数为正时才有实数解。因此，必须区分两种情况：

$$v_x^2 + v_y^2 \leqslant \dfrac{n^2}{\lambda^2} \Rightarrow \mathrm{e}^{2\pi \mathrm{i} v_z z} = \mathrm{e}^{2\pi \mathrm{i} z \sqrt{\frac{n^2}{\lambda^2}v_x^2 - v_y^2}} \quad (3.223)$$

$$v_x^2 + v_y^2 > \dfrac{n^2}{\lambda^2} \Rightarrow \mathrm{e}^{2\pi \mathrm{i} v_z z} = \mathrm{e}^{-2\pi z \sqrt{v_x^2 + v_y^2 - \frac{n^2}{\lambda^2}}} \quad (3.224)$$

这两种情况下平方根的结果都是实数。第二种情况对应一个呈指数下降的振幅，因此空间频率如此高的波在一些波长范围下仅沿 z 轴传播很短的距离，称作倏逝波。

如果已知波的复振幅 u_0 位于某一平面内，坐标系的选取使该平面垂直于 z 轴且位于 $z=0$ 处，根据方程（3.221），以下等式成立：

$$u(r) = \int_{-\infty}^{+\infty}\int_{-\infty}^{+\infty} \tilde{u}(v_x, v_y, 0)\mathrm{e}^{2\pi \mathrm{i}(v_x x + v_y y)}\mathrm{d}v_x \mathrm{d}v_y \quad (3.225)$$

式中，$\tilde{u}_0(v_x, v_y, 0)$ 为 u_0 在 $z=0$ 处的平面内的傅里叶变换，可以使用傅里叶关系计算。

$$\tilde{u}_0(v_x, v_y, 0) = \int_{-\infty}^{+\infty}\int_{-\infty}^{+\infty} u_0(x, y, 0)\mathrm{e}^{-2\pi \mathrm{i}(v_x x + v_y y)}\mathrm{d}x\mathrm{d}y \quad (3.226)$$

由于现在 $\tilde{u}_0$ 为已知，可以使用方程（3.221）和（3.222）计算 $z=z_0$ 处的另一平行平面内的复振幅 u 如下：

$$u(x, y, z_0)$$
$$= \int_{-\infty}^{+\infty} \int_{-\infty}^{+\infty} \tilde{u}_0(v_x, v_y, 0) e^{2\pi i(v_x x + v_y y)} \times e^{2\pi i v_z z_0} dv_x dv_y$$
$$\Rightarrow u(x, y, z_0)$$
$$= \int_{-\infty}^{+\infty} \int_{-\infty}^{+\infty} \tilde{u}_0(v_x, v_y, 0) \times e^{2\pi i \frac{n z_0}{\lambda} \sqrt{1 - \frac{\lambda^2}{n^2}(v_x^2 + v_y^2)}} \times e^{2\pi i(v_x x + v_y y)} dv_x dv_y \qquad (3.227)$$

因此，这是一个傅里叶逆变换，其中函数

$$\tilde{u}(v_x, v_y, z_0) = \tilde{u}_0(v_x, v_y, 0) e^{2\pi i \frac{n z_0}{\lambda} \sqrt{1 - \frac{\lambda^2}{n^2}(v_x^2 + v_y^2)}} \qquad (3.228)$$

必须为傅里叶变换。总的来说，使用傅里叶变换［方程（3.226）］，将 $\tilde{u}_0$ 与传播因子 $\exp(2\pi i v_z z_0)$ 相乘，并使用傅里叶逆变换（对两个方程使用方程（3.227）），可以计算与原始平面距离为 z_0 的平行平面内的复振幅。这种情况下，根据方程（3.223）和（3.224），必须考虑传播因子 $\exp(2\pi i v_z z_0)$ 既可能为纯相位因子（当 $v_x^2 + v_y^2 \leqslant n^2/\lambda^2$ 时），也可能为呈指数下降的实数项。

传播因子也被看作自由空间 H 的传递函数：

$$H(v_x, v_y, z_0) = e^{2\pi i \frac{n z_0}{\lambda} \sqrt{1 - \frac{\lambda^2}{n^2}(v_x^2 + v_y^2)}} \qquad (3.229)$$

因此，方程（3.227）可以写作

$$u(x, y, z_0) = \int_{-\infty}^{+\infty} \int_{-\infty}^{+\infty} \tilde{u}_0(v_x, v_y, 0) H(v_x, v_y, z_0) \times e^{2\pi i(v_x x + v_y y)} dv_x dv_y \qquad (3.230)$$

3.4.2　瑞利 – 索末菲衍射公式和平面波角谱的等价性

根据傅里叶数学中的卷积定理，方程（3.230）可以写作两个函数的卷积，这两个函数为 $\tilde{u}_0$ 和 H 的傅里叶逆变换。根据方程（3.225），$\tilde{u}_0$ 的傅里叶逆变换是 $z = 0$ 处的复振幅分布 u_0。另一项不是这么明显。但是，由文献［3.36］和［3.37］可以看出以下关系成立：

$$\int_{-\infty}^{+\infty} \int_{-\infty}^{+\infty} e^{2\pi i \frac{n z_0}{\lambda} \sqrt{1 - \frac{\lambda^2}{n^2}(v_x^2 + v_y^2)}}$$
$$\times e^{2\pi i(v_x x + v_y y)} dv_x dv_y$$
$$= -\frac{1}{2\pi} \frac{\partial}{\partial z_0} \left(\frac{e^{2\pi i \frac{n r}{\lambda}}}{r} \right) = -\frac{1}{2\pi} \frac{\partial}{\partial z_0} \left(\frac{e^{i k r}}{r} \right)$$
$$= -\frac{1}{2\pi} \left(i k - \frac{1}{r} \right) \frac{z_0}{r} \frac{e^{i k r}}{r} \qquad (3.231)$$

式中，$r := \sqrt{x^2 + y^2 + z_0^2}$；$k := 2\pi n/\lambda$。

因此，合在一起，（3.227）可以写作

$$u(x, y, z_0) = \int_{-\infty}^{+\infty} \int_{-\infty}^{+\infty} \tilde{u}_0(v_x, v_y, 0)$$

$$\times e^{ikz_0 \sqrt{1 - \frac{\lambda^2}{n^2}(v_x^2 + v_y^2)}} \times e^{2\pi i(v_x x + v_y y)} dv_x dv_y$$

$$= -\frac{1}{2\pi} \int_{-\infty}^{+\infty} \int_{-\infty}^{+\infty} \tilde{u}_0(x', y', 0) \left(ik - \frac{1}{l} \right)$$

$$\times \frac{z_0}{l} \frac{e^{ikl}}{l} dx' dy' \qquad (3.232)$$

其中，

$$l := \sqrt{(x - x')^2 + (y - y')^2 + z_0^2} \qquad (3.233)$$

方程（3.232）的右侧称作瑞利 – 索末菲（Rayleigh-Sommerfeld）衍射的一般公式。因此，复振幅 $u(x, y, z_0)$ 既可以表达为平面波的叠加，也可以表达为用方程（3.232）中以球面惠更斯子波 h 表示的原始复振幅 $u_0(x, y, 0)$ 的一个卷积，即

$$h(x, y, z_0) = -\frac{1}{2\pi} \left(ik - \frac{1}{r} \right) \frac{z_0}{r} \frac{e^{ikr}}{r} \qquad (3.234)$$

这是自由空间 H 的传递函数的傅里叶逆变换；由于 h 是在激励复振幅 $u_0(x, y, 0)$ 采用 δ 函数的公式时产生，因此 h 也称为冲激响应。方程（3.232）是惠更斯 – 菲涅耳原理的一种数学表达式。z_0/l 项为余弦倾斜因子。通过使用方程（3.232）和（3.234），复振幅可以写作

$$u(x, y, z_0) = \int_{-\infty}^{+\infty} \int_{-\infty}^{+\infty} u_0(x', y', 0) h(x - x', y - y', z_0) dx' dy' \qquad (3.235)$$

即作为第一个平面内的原始复振幅 u_0 和冲激响应 h 的一个卷积。

多数情况下 r 远大于介质中的波长 λ/n。因此关系 $k \gg 1/r$ 成立，方程（3.234）中的冲激响应可以写作

$$h(x, y, z_0) = -\frac{1}{2\pi} \left(ik - \frac{1}{r} \right) \frac{z_0}{r} \frac{e^{ikr}}{r}$$

$$\approx -i \frac{n}{r} \frac{z_0}{r} \frac{e^{ikr}}{r} \qquad (3.236)$$

这样从方程（3.232）得出我们更熟悉但不常用的瑞利 – 索末菲衍射公式。

$$u(x, y, z_0) \approx -i \frac{n}{r} \int_{-\infty}^{+\infty} \int_{-\infty}^{+\infty} u_0(x', y', 0) \frac{z_0}{r} \frac{e^{ikr}}{r} dx' dy' \qquad (3.237)$$

如果复振幅 u_0 在孔径 A 内不等于零，在孔径 A 外等于零，方程（3.237）也称作瑞利 – 索末菲衍射积分[3.1]。这样，有效积分不在 $-\infty \sim +\infty$ 之间，而是在孔径 A 的区域上。

必须提到，方程（3.232）还可以写作一种类似的形式，这种形式不明确。假

设现在命名为 $u_0(r')$ 的原始复振幅在一个平面内，并且必须计算的复振幅 $u(r)$ 也定义在一个平面内。这种一般形式为

$$u(r) = -\frac{1}{2\pi} \iint_A u_0(r')\left(ik - \frac{1}{l}\right) \times \frac{N \cdot (r - r')}{l} \frac{e^{ikl}}{l} dS \qquad (3.238)$$

式中，$r' = (x', y', z')$ 表示定义原始复振幅 u_0 所在曲面（孔径 A）上的任意一点；$r=(x, y, z)$ 为必须计算的复振幅 u 所在的第二个曲面上的任意一点；N 为在点 r' 上垂直于孔径 A 的单位矢量。积分在孔径 A 上进行，积分要素 dS 表示二维积分。此外，距离 l 定义为

$$l := \sqrt{|r - r'|^2} \qquad (3.239)$$

假设复振幅 u_0 和 u 定义在平行平面内。在下一节我们将看到，这样能够使用快速傅里叶变换对菲涅耳衍射积分这样的近似积分进行数值计算。

3.4.3　菲涅耳和夫琅和费衍射积分

假设衍射积分在其上进行的平面孔径 A 为有限，且最大直径为 D。对于孔径的形状没有其他限制，可以是圆形、矩形或不规则形状。因此参数 D 是包含孔径且围绕 z 轴的圆的直径。复振幅 $u_0 = (x', y', 0)$ 仍然位于 $z=0$ 处的第一个平面内，在孔径外为零。此外，第二个平行平面到第一个平面的距离 z_0 远大于孔径 A 的直径 D，即 $D \ll z_0$。

因此，第一个平面内的点 $P' = (x', y', 0)$ 和第二个平面内的点 $P = (x, y, z_0)$ 的距离 l［参见方程（3.233）］可以写作（图 3.15）

$$\begin{aligned}
l &= \sqrt{(x-x')^2 + (y-y')^2 + z_0^2} \\
&= \sqrt{x^2 + y^2 + z_0^2 + x'^2 + y'^2 - 2xx' - 2yy'} \\
&= \sqrt{x^2 + y^2 + z_0^2}\sqrt{1 + \frac{x'^2 + y'^2 - 2xx' - 2yy'}{x^2 + y^2 + z_0^2}}
\end{aligned} \qquad (3.240)$$

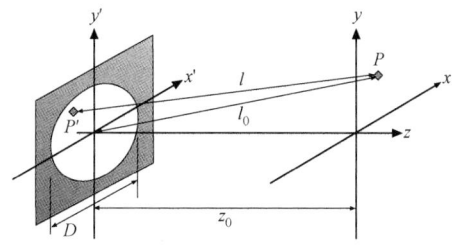

图 3.15　用于计算不同衍射积分的坐标系统

l_0 定义为

$$l_0 := \sqrt{x^2 + y^2 + z_0^2} \gg 0 \Rightarrow \frac{D}{l_0} \ll 1 \qquad (3.241)$$

由于 $x' \leqslant D/2$，$y' \leqslant D/2$，以及方程（3.241），所有次数等于或高于 x'^3/l_0^3，y'^3/l_0^3 的项都可以忽略。这样，l 可以使用其泰勒展开式第一项近似为

$$
\begin{aligned}
l &= l_0 \sqrt{1 + \frac{x'^2 + y'^2 - 2xx' - 2yy'}{l_0^2}} \\
&\approx l_0 \left[1 + \frac{x'^2 + y'^2}{2l_0^2} - \frac{xx' + yy'}{l_0^2} - \frac{(x'^2 + y'^2 - 2xx' - 2yy')^2}{8l_0^4} \right] \\
&= l_0 + \frac{x'^2 + y'^2}{2l_0} - \frac{xx' + yy'}{l_0} - \frac{(xx' + yy')^2}{2l_0^3} + \frac{(x'^2 + y'^2)(xx' + yy')}{2l_0^3} - \frac{(x'^2 + y'^2)^2}{8l_0^3}
\end{aligned}
$$

$$\qquad (3.242)$$

最后两项的次数等于或高于 x'^3/l_0^3，y'^3/l_0^3。因此，可以对它们进行忽略，得出

$$l \approx l_0 + \frac{x'^2 + y'^2}{2l_0} - \frac{xx' + yy'}{l_0} - \frac{(xx' + yy')^2}{2l_0^3} \qquad (3.243)$$

式中式（3.237）中的惠更斯子波 $\exp(ikl)/l$ 的分母 l 可以用泰勒展开式第一项，即 l_0，作为很好的近似进行替换，余弦倾斜因子 z_0/l 可以替换为项 z_0/l_0。这意味着菲涅耳–基尔霍夫衍射积分式（3.237）可以近似地表示为

$$u(x, y, z_0) \approx -\mathrm{i} \frac{n}{\lambda l_0} \frac{z_0}{l_0} \int_{-\infty}^{+\infty} \int_{-\infty}^{+\infty} u_0(x', y', 0) \mathrm{e}^{ikl} \mathrm{d}x' \mathrm{d}y' \qquad (3.244)$$

式中的 l 通过方程（3.243）定义。只要方程（3.242）的最后两项在指数因子 $\exp(ikl)$ 中可以忽略，这个方程就成立。因此必须满足两个条件：

$$
\begin{aligned}
& k \frac{(x'^2 + y'^2)(xx' + yy')}{2l_0^3} \ll \pi \\
& \Rightarrow n \frac{(x'^2 + y'^2)(xx' + yy')}{\lambda l_0^3} \ll 1,
\end{aligned}
\qquad (3.245)
$$

$$k \frac{(x'^2 + y'^2)^2}{8l_0^3} \ll \pi \Rightarrow n \frac{(x'^2 + y'^2)^2}{4\lambda l_0^3} \ll 1 \qquad (3.246)$$

菲涅耳–基尔霍夫衍射积分有两个特别有意思的近似。一个是菲涅耳衍射积分，其中只考虑邻近轴的点 P，即傍轴条件；另一个是夫琅和费衍射积分，其中只考虑远场或透镜焦平面内的点。

1. 菲涅耳衍射积分

在傍轴条件下，即 $x^2 + y^2 \leqslant D^2$，可以写作

$$x^2 + y^2 \leqslant D^2 \ll z_0^2$$

$$\Rightarrow l_0 = z_0 \sqrt{1 + \frac{x^2 + y^2}{z_0^2}} \approx z_0 + \frac{x^2 + y^2}{2z_0} \tag{3.247}$$

第二项只有在快速振荡的指数因子 $\exp(ikl_0)$ 中才需要关注，其他情况下可以写作 $l_0 \approx z_0$ 或 $z_0/l_0 \approx 1$。此外，需要对指数因子的一些项中的 $1/l_0$ 进行近似：

$$\frac{1}{l_0} = \frac{1}{z_0}\left(1 + \frac{x^2 + y^2}{z_0^2}\right)^{-1/2} \approx \frac{1}{z_0} - \frac{x^2 + y^2}{2z_0^3} \tag{3.248}$$

由于 $1/l_0$ 项只出现在次数等于 x'^2, y'^2 或 xx', yy' 的项中，会导致更高次项，因此第二项 $(x^2 + y^2)/(2z_0^3)$ 可以忽略。傍轴条件下，方程（3.243）的最后一项也可以忽略。最后，从方程（3.244）得到

$$u(x, y, z_0)$$
$$= -i\frac{n}{\lambda z_0} e^{i\frac{2\pi n z_0}{\lambda}} e^{i\pi n \frac{x^2 + y^2}{\lambda z_0}}$$
$$\times \iint_A u_0(x', y', 0) e^{i\pi n \frac{x'^2 + y'^2}{\lambda z_0}}$$
$$\times e^{-2\pi i n \frac{xx' + yy'}{\lambda z_0}} \, dx' dy' \tag{3.249}$$

这就是在孔径 A 上进行的菲涅耳衍射积分。根据方程（3.245）和（3.246），菲涅耳衍射积分的成立条件为

$$n\frac{(x'^2 + y'^2)(xx' + yy')}{\lambda l_0^3} \ll 1$$

$$\text{且 } n\frac{(x'^2 + y'^2)^2}{4\lambda l_0^3} \ll 1$$

$$\Rightarrow Q_{\text{菲涅耳}} := \frac{n(D/2)^4}{\lambda z_0^3} = \frac{nD^4}{16\lambda z_0^3} \ll 1 \tag{3.250}$$

为了估算有效因子 $Q_{\text{菲涅耳}}$，取坐标系的最大值 $D/2$。实践中，即使因子 $Q_{\text{菲涅耳}}$ 并不远小于 1，菲涅耳衍射积分也可以适用于一个很好的近似。但是，如果 $Q_{\text{菲涅耳}}$ 远小于 1，可以确定菲涅耳衍射积分肯定适用于一个很好的近似。

举例来说，取 $n=1$，$\lambda=0.5$ μm，$D=10$ mm 和 $z_0=1$ m。那么，$Q_{\text{菲涅耳}}=0.001\,25$，很好地满足了菲涅耳衍射积分的成立条件。如果距离 z_0 只有 0.1 m，$Q_{\text{菲涅耳}}=1.25$，菲涅耳近似则处于成立条件的极限。这表示菲涅耳衍射积分对近场和远场之间的距离是很好的近似。在近场中（范围从 $z_0=0$ 到 D 的数倍的距离 z_0），必须使用菲涅耳－基尔霍夫衍射积分或平面波的角谱。在远场中，存在类似的更简单的近似，即夫琅和费衍射公式，下一节将对此进行讨论。但是还要再进一步讨

论方程（3.249）的菲涅耳衍射积分。

方程（3.249）说明积分本身是以下函数的傅里叶变换：

$$f(x',y') = \begin{cases} u_0(x',y',0) \quad \exp\left(\mathrm{i}\pi n\dfrac{x'^2 + y'^2}{\lambda z_0}\right) \\ \qquad\qquad\qquad , (x',y') \in A \\ 0 \qquad\qquad\quad , (x',y') \notin A \end{cases} \qquad (3.251)$$

这给出了使用快速傅里叶变换（FFT）来进行积分的可能性。但是，方程（3.249）还可以写作不同的形式：

$$u(x,y,z_0) = -\mathrm{i}\frac{n}{\lambda z_0}\mathrm{e}^{\mathrm{i}\frac{2\pi n z_0}{\lambda}} \times \iint\limits_A u_0(x',y',0)\mathrm{e}^{\mathrm{i}\pi n\frac{(x-x')^2 + (y-y')^2}{\lambda z_0}}\,\mathrm{d}x'\mathrm{d}y' \qquad (3.252)$$

上式表示菲涅耳衍射积分是函数 u_0 和 $\exp[\mathrm{i}\pi n(x'^2 + y'^2)/(\lambda z_0)]$ 的一个卷积。根据卷积定理，菲涅耳衍射积分形式上可以写作

$$u(x,y,z_0) = -\mathrm{i}\frac{n}{\lambda z_0}\mathrm{e}^{\mathrm{i}\frac{2\pi n z_0}{\lambda}}$$

$$\times \mathrm{FT}^{-1}\left\{\mathrm{FT}\{u_0(x',y',0)\} \bullet \mathrm{FT}\left\{\mathrm{e}^{\mathrm{i}\pi n\frac{x'^2 + y'^2}{\lambda z_0}}\right\}\right\} \qquad (3.253)$$

现在，根据方程（3.226），有

$$\tilde{u}_0(v_x, v_y, 0)$$
$$= \int_{-\infty}^{+\infty}\int_{-\infty}^{+\infty} u_{0(x',y',0)}\mathrm{e}^{-2\pi\mathrm{i}(v_x x' + v_y y')}\mathrm{d}x'\mathrm{d}y'$$
$$= \mathrm{FT}\{u_0(x',y',0)\} \qquad (3.254)$$

第二个傅里叶对为

$$\mathrm{FT}\left\{\mathrm{e}^{\mathrm{i}\pi n\frac{x'^2 + y'^2}{\lambda z_0}}\right\}$$

$$= \int_{-\infty}^{+\infty}\int_{-\infty}^{+\infty} \mathrm{e}^{\mathrm{i}\pi n\frac{x'^2 + y'^2}{\lambda z_0}}\mathrm{e}^{-2\pi\mathrm{i}(v_x x' + v_y y')}\mathrm{d}x'\mathrm{d}y'$$

$$= \mathrm{i}\frac{\lambda z_0}{n}\mathrm{e}^{-\mathrm{i}\pi\frac{\lambda z_0}{n}\left(v_x^2 + v_y^2\right)} \qquad (3.255)$$

合在一起，从方程（3.253）得出

$$u(x,y,z_0) = \mathrm{e}^{\mathrm{i}\frac{2\pi n z_0}{\lambda}}\int_{-\infty}^{+\infty}\int_{-\infty}^{+\infty}\tilde{u}_0(v_x, v_y, 0)$$

$$\times \mathrm{e}^{-\mathrm{i}\pi\frac{\lambda z_0}{n}\left(v_x^2 + v_y^2\right)}$$

$$\times \mathrm{e}^{2\pi\mathrm{i}}(v_x x + v_y y)\mathrm{d}v_x\mathrm{d}v_y \qquad (3.256)$$

这就是菲涅耳衍射积分在傅里叶域内的表达。同样的方程可以通过将自由空间的传递函数的平方根按泰勒级数展开，从平面波的角谱方程（3.227）获得。

$$\sqrt{1-\frac{\lambda^2}{n^2}\left(v_x^2+v_y^2\right)}\approx 1-\frac{\lambda^2}{2n^2}\left(v_x^2+v_y^2\right)$$

$$\Rightarrow \mathrm{e}^{2\pi\mathrm{i}\frac{nz_0}{\lambda}\sqrt{1-\frac{\lambda^2}{n^2}\left(v_x^2+v_y^2\right)}}$$

$$\approx \mathrm{e}^{2\pi\mathrm{i}\frac{nz_0}{\lambda}}\mathrm{e}^{-\mathrm{i}\pi\frac{\lambda z_0}{n}\left(v_x^2+v_y^2\right)} \tag{3.257}$$

只要更高次项不会引起指数因子的重大变化，这种近似就成立。需要满足的条件是

$$2\pi\frac{nz_0}{\lambda}\frac{\lambda^4}{8n^4}\left(v_x^2+v_y^2\right)^2=\pi\frac{\lambda^3 z_0}{4n^3}\left(v_x^2+v_y^2\right)^2\ll\pi$$

$$\Rightarrow Q_{\text{菲涅耳,傅里叶}}:=\frac{\lambda^3 z_0}{4n^3}\left(v_x^2+v_y^2\right)^2\ll 1 \tag{3.258}$$

为了估算该项，要考虑半孔径角为 φ 的球面波。那么，球面波的最大空间频率为 $n\sin\varphi/\lambda$。只有对满足 $v_x^2+v_y^2<n^2\sin^2\varphi/\lambda^2$ 的空间频率，函数 $\tilde{u}_0$ 明显不同于零。因此，条件（3.258）可以转换为

$$Q_{\text{菲涅耳,傅里叶}}=\frac{nz_0}{4\lambda}\sin^4\varphi\ll 1 \tag{3.259}$$

很明显，误差项 $Q_{\text{菲涅耳,傅里叶}}$ 随着距离 z_0 的增加而增加，而方程（3.250）的误差项 $Q_{\text{菲涅耳}}$ 随着距离 z_0 的增加而减小。

因此，傅里叶域内的菲涅耳衍射积分公式（3.256）更适用于近场，而方程（3.249）的菲涅耳衍射积分更适用于中远场。因此，两种公式是互补的。可以使用 FFT 对两种衍射积分进行数值计算。对方程（3.249）的形式需要使用一次 FFT，方程（3.256）的形式需要使用两次 FFT（计算 $\tilde{u}_0$ 一次，积分本身一次）。

2. 夫琅和费衍射公式

远场的菲涅耳 – 基尔霍夫衍射积分的一个近似可以通过方程（3.243）和（3.244）得出。首先，定义方向余弦 α 和 β 为

$$\alpha=\frac{x}{l_0};\quad \beta:=\frac{y}{l_0} \tag{3.260}$$

因此方程（3.243）可以写作

$$l\approx l_0+\frac{x'^2+y'^2}{2l_0}-\left(\alpha x'+\beta y'\right)-\frac{\left(\alpha x'+\beta y'\right)^2}{2l_0} \tag{3.261}$$

随着 l_0 的增加，第二和第四项越来越小，只有第一和第三项仍然不变。必须考虑这两项的条件是其他项不明显改变方程（3.244）中的指数因子。上述条件成立，

如果

$$\pi n \frac{x'^2 + y'^2}{\lambda l_0} \ll \pi \Rightarrow Q_{\text{夫琅和费}} := \frac{nD^2}{4\lambda z_0} \ll 1 \qquad (3.262)$$

最后一步要求孔径 A 的所有点满足条件 $x'^2 + y'^2 \leqslant (D/2)^2$，$D$ 仍为孔径的最大直径。根据方程（3.241）使用了 $l_0 \geqslant z_0$。$n(D/2)^2/(\lambda z_0) = Q_{\text{夫琅和费}}$ 的表达也称为菲涅耳数。

这样，方程（3.244）可以写作

$$u(\alpha, \beta, z_0) = -\mathrm{i} \frac{n}{\lambda l_0} \frac{z_0}{l_0} \mathrm{e}^{\mathrm{i}k l_0}$$

$$\times \iint\limits_A u_0(x', y', 0) \mathrm{e}^{-2\pi \mathrm{i} \frac{n}{\lambda}(\alpha x' + \beta y')} \mathrm{d}x' \mathrm{d}y' \qquad (3.263)$$

这就是众所周知的夫琅和费衍射积分。这说明远场的复振幅是 $z=0$ 处的复振幅的傅里叶变换。

如果只对远场有效，则方程（3.263）将不太重要，这可以通过以下例子看出。假设 $n=1$，$\lambda=0.5\ \mu\mathrm{m}$ 且 $D=10\ \mathrm{mm}$。那么，方程（3.262）将要求

$$z_0 \gg \frac{nD^2}{4\lambda} = 50\ \mathrm{m} \qquad (3.264)$$

但是，还有一个十分重要的情况：一个透镜的焦平面内的复振幅。

3. 透镜焦平面内的复振幅

假设定义的初始平面内的复振幅 u_0 在孔径 A 内不为零，孔径外为零。置于初始平面内的理想薄透镜造成的影响将是 u_0 必须与透镜的投射函数 $t_{\text{理想透镜}}$ 相乘，该函数为以下公式的一个指数相位因子：

$$t_{\text{透镜, 理想}}(x', y') = \mathrm{e}^{-\mathrm{i}k\left(f\sqrt{1 + \frac{x'^2 + y'^2}{f^2}} - f\right)}$$

$$=: \mathrm{e}^{-\mathrm{i}k l_{\text{透镜}}} \qquad (3.265)$$

式中，f 为透镜的焦距；f 的正值对应正透镜，是要考虑的唯一情况。当然，现实中不存在理想透镜，一种更适合的透射函数为

$$t_{\text{透镜}}(x', y') = \mathrm{e}^{-\mathrm{i}k l_{\text{透镜}} + \mathrm{i}W(x', y')} \qquad (3.266)$$

式中，W 为透镜的波像差。

现实中透镜的波像差将依赖于入射波前，包括像差的透镜波动光学模拟并不那么简单。但是，假设对于给定的复振幅 u_0，W 是已知的。对于理想透镜，只须将 W 设置为零。

因此，透镜后新的复振幅 u_0' 定义为

$$u_0'(x', y', 0) = u_0(x', y', 0) t_{\text{透镜}}(x', y') \qquad (3.267)$$

根据菲涅耳-基尔霍夫衍射积分方程（3.237），距离 z_0 的平行平面内的复振幅为

$$u(x, y, z_0) = -i \frac{n}{\lambda} \iint_A u_0'(x', y', 0) \frac{z_0}{l} \frac{e^{ikl}}{l} dx' dy' \qquad （3.268）$$

其中，l 被方程（3.233）定义为

$$l = \sqrt{(x-x')^2 + (y-y')^2 + z_0^2}$$

现在，只对透镜位于 $(0, 0, f)$ 的高斯焦点的邻近点感兴趣，由于孔径半径 $D/2$ 应小于透镜焦距 f 数倍，因此得出以下条件和近似：

$$\begin{cases} f = z_0(1 + \varepsilon) \\ |\varepsilon| \ll 1, \quad f \gg \dfrac{D}{2} \gg \dfrac{\lambda}{n} \\ x'^2 + y'^2 \leqslant \dfrac{D^2}{4} \ll z_0^2 \\ \dfrac{x}{z_0} \ll \dfrac{D/2}{z_0} \ll 1 \quad 且 \quad \dfrac{y}{z_0} \ll \dfrac{D/2}{z_0} \ll 1 \end{cases}$$

那么，类似于菲涅耳衍射积分的情况，余弦倾斜因子 z_0/l 为 1，且方程（3.268）中分母内的距离 l 可以用 z_0 代替。如果 l 的变化大于一个波长 λ/n，则指数相位因子将快速振荡，因此只有方程（3.268）的指数相位因子中的 l 需要谨慎考虑。使用方程（3.266）、（3.268）以及以上近似，中间结果为

$$u(x, y, z_0) = -i \frac{n}{\lambda z_0} \iint_A u_0(x', y', 0) e^{iW(x', y')} \times e^{ik(l - l_{透镜})} dx' dy' \qquad （3.269）$$

必须计算 $l - l_{透镜}$：

$$\begin{aligned} l - l_{透镜} &= z_0 \sqrt{1 + \frac{x^2 + y^2 + x'^2 + y'^2 - 2(xx' + yy')}{z_0^2}} - f\sqrt{1 + \frac{x'^2 + y'^2}{f^2}} + f \\ &\approx z_0 + \frac{x^2 + y^2}{2z_0} + \frac{x'^2 + y'^2}{2z_0} - \frac{xx' + yy'}{z_0} - \frac{x'^2 + y'^2}{2f} \\ &= z_0 + \frac{x^2 + y^2}{2z_0} + \frac{\Delta z}{fz_0} \frac{x'^2 + y'^2}{2} - \frac{x' + yy'}{z_0} \end{aligned} \qquad （3.270）$$

其中，

$$\Delta z := f - z_0$$

在菲涅耳衍射积分的情况下，高于二次的 x，y，x' 或 y' 的项必须忽略。应该指出的是，对透镜半孔径角 φ 正弦的限制（$\sin \varphi \approx D/2f$）在菲涅耳衍射积分的情况下不是那么严格，因为只有高斯焦点附近的点，即 x，y 和 Δz 都很小时，才需要关注。为了明确这一点，必须只考虑沿 x 和 x' 的一个截面，对较高次项进行估算。然而，如果孔径为圆形，或沿 x 和 x' 的截面直径大于沿 y，y' 的直径，则没有限制。如果靠近透镜的焦平面，则 x' 的最大值为 $D/2$，且 x 的最大关注值仅为数个波长。此外，由于 $f \approx z_0$，可以将 $D/(2z_0)$ 项替换为很好的近似 $\sin \varphi$。同样可得到 $1/z_0^3 - 1/f^3 \approx 3\Delta z/f^4$。因此 $k(l - l_{透镜})$ 的四次项为

$$k\left[\frac{(x^2 + x'^2 - 2xx')^2}{8z_0^3} - \frac{x'^4}{8f^3}\right]$$

$$= 2\pi n\left[\frac{x^4}{8\lambda z_0^3} + \left(\frac{1}{8\lambda z_0^3} - \frac{1}{8\lambda f^3}\right)x'^4 + \frac{3x^2 x'^2}{4\lambda z_0^3} - \frac{x^3 x'}{2\lambda z_0^3} - \frac{xx'^3}{2\lambda z_0^3}\right]$$

$$\leqslant \pi n\left(\frac{x_{max}^4}{4\lambda f^3} + \frac{3\Delta z}{4\lambda}\sin^4\varphi + \frac{3x_{max}^2 \sin^2\varphi}{2\lambda f} - \frac{x_{max}^3 \sin\varphi}{\lambda f^2} - \frac{x_{max} \sin^3\varphi}{\lambda}\right) \quad (3.271)$$

要忽略这些项依然必须使它们远小于π。可以使用数值算例说明这种情况：透镜波长 f=100 mm 且 $D/2$=30 mm，即 $\sin\varphi$=0.29，被波长 λ=0.5 μm 的光照射。光传播物空间的折射率为 n=1。透镜后的传播距离 z_0=99.9 mm，x 的最大值为 $x_{最大}$=10 μm。之后在方程（3.290）中，$\sin\varphi$=0.29 且 λ=0.5 μm 时透镜受衍射限制的艾里斑的半径为 ρ_0=0.61λ/NA=0.61λ/($n\sin\varphi$) ≈ 1 μm。因此，半径为 $x_{最大}$=10 μm 的区域包括所有焦点强度分布的受关注的结构。使用这些值，得出更高次项为

$$\begin{cases} \pi n \dfrac{x_{max}^4}{4\lambda f^3} = 5\times10^{-12}\pi \\[2mm] \pi n \dfrac{3\Delta z}{4\lambda}\sin^4\varphi = 1.1\pi \\[2mm] \pi n \dfrac{3x_{max}^2 \sin^2\varphi}{2\lambda f} = 2.5\times10^{-4}\pi \\[2mm] \pi n \dfrac{x_{max}^3 \sin\varphi}{\lambda f^2} = 6\times10^{-8}\pi \\[2mm] \pi n \dfrac{x_{max} \sin^3\varphi}{\lambda} = 0.49\pi \end{cases}$$

更高次的离焦项为 1.1π，且无法忽略。但是，如果直接考虑焦平面，即 z_0=f，则该项将完全消失。不能忽略的另一项是最后一项（0.49π），它与 $x_{最大}$/λ 和 $\sin\varphi$ 的三次幂成正比。但是与艾里斑直接相邻的区域，在受到衍射限制的情况下半径为 1 μm，这一项作为因子将减小 10 倍。这表示对于 0.3 的 $\sin\varphi$（以及给定的其他参数），只有在与焦点直接相邻的区域才可以忽略更高次项，在这以外对复振幅进行计算可能出现误差。但是，通过降低透镜的数值孔径可以提高计算的精确性。

这样，最后得到以下忽略更高次项后高斯焦点的直接相邻区域内的复振幅结果：

$$u(x, y, z_0) = -\mathrm{i}\frac{n}{\lambda z_0}\mathrm{e}^{\mathrm{i}kz_0}\mathrm{e}^{\mathrm{i}k\frac{x^2+y^2}{2z_0}}$$

$$\times \iint_A u_0(x', y', 0)\mathrm{e}^{\mathrm{i}W(x',y')}\mathrm{e}^{\mathrm{i}k\frac{\Delta z}{z_0 f}\frac{x'^2+y'^2}{2}}$$

$$\times \mathrm{e}^{-\mathrm{i}k\frac{xx'+yy'}{z_0}}\,\mathrm{d}x'\mathrm{d}y' \quad (3.272)$$

该积分类似于德拜积分。文献［3.1］中对理想透镜的一项稍微不同但实际上几乎相同的积分进行了计算，即 $W=0$，使用 Lommel 函数（E. Lommel 在 1868－1886 年担任埃尔朗根大学物理学教授期间发明了这些函数）。方程（3.272）将高斯焦点的相邻区域内的复振幅表达为光瞳函数 G 的傅里叶变换：

$$G(x',y')=$$

$$\begin{cases} u_0(x',y',0)\exp[iW(x',y')]\exp\left(ik\frac{\Delta z}{fz_0}\frac{x'^2+y'^2}{2}\right), (x',y')\in A \\ 0, (x',y')\notin A \end{cases} \quad （3.273）$$

式中，u_0 为入射波的复振幅；$\exp(iW)$ 项描述了透镜波像差的影响，第三项为离焦项。在焦平面本身，离焦项消失，因为这时 $z_0=f$。所以事实上，在理想透镜的焦平面内（即 $W=0$ 且 $\Delta z=0$），又一次得到了一种夫琅和费衍射，复振幅 u 通过 u_0 的傅里叶变换得出。

根据方程（3.272），对于入射轴上平面波，即 $u_0(x',y',0)=a=$ 满足 $I_0=a^2$ 的常量，焦平面内的强度分布 I 为

$$I(x,y,z_0=f)=I_0\frac{n^2}{\lambda^2 f^2}$$

$$\times\left|\iint\limits_A e^{iW(x',y')}e^{-2\pi in\frac{xx'+yy'}{\lambda f}}\,dx'dy'\right|^2 \quad （3.274）$$

式中，I_0 为入射平面波的强度。

焦平面内的强度分布称为透镜的点扩散函数（PSF）。通常将 PSF 除以高斯焦点处的同类无像差透镜的强度 I_F 以进行归一化。使用方程（3.274），设 $W=0$ 且 $(x,y)=(0,0)$，得出 I_F 如下：

$$I_F(0,0,f)=I_0\frac{n^2}{\lambda^2 f^2}\left|\iint\limits_A dx'dy'\right|^2=I_0\frac{n^2}{\lambda^2 f^2}S^2 \quad （3.275）$$

式中，$S=\iint\limits_A dx'dy'$ 为孔径 A 的表面积。那么，归一化的点扩散函数 PSF 为

$$PSF(x,y)=\frac{I(x,y,f)}{I_F(0,0,f)}$$

$$=\frac{1}{S^2}\left|\iint\limits_A e^{iW(x',y')}e^{-2\pi in\frac{xx'+yy'}{\lambda f}}\,dx'dy'\right|^2 \quad （3.276）$$

高斯焦点上的有像差透镜的无量纲数 $\sigma=$PSF（0,0）称为透镜的斯特里尔比（Strehl ratio），其定义为

$$\sigma=PSF(0,0)=\frac{1}{S^2}\left|\iint\limits_A e^{iW(x',y')}dx'dy'\right|^2 \quad （3.277）$$

本节中只计算了孔径位于透镜平面内的薄透镜的 PSF 和斯特里尔比。对于一般的光学系统使用的是相同的概念和方程，但孔径 A 为光学系统的出射光瞳，f 为系统出射光瞳到高斯焦点的距离。

4. 夫琅和费衍射的两个例子

两个可以得到解析解的简单例子是矩形孔径和圆形孔径上的夫琅和费衍射。

（1）矩形孔径上的夫琅和费衍射。计算孔径为 x 方向长度为 $2a$，y 方向长度为 $2b$ 的矩形的理想透镜焦平面内的强度分布（图 3.16）。光的波长为 λ，波在传播介质的折射率为 n。强度为 I_0 的均匀轴上平面波经过透镜本身。那么根据方程（3.274），理想透镜（即 $W=0$）焦平面上的强度为

$$I(x,y,z_0=f)$$

$$= I_0 \frac{n^2}{\lambda^2 f^2} \left| \iint_A e^{-2\pi i n \frac{xx'+yy'}{\lambda f}} \mathrm{d}x'\mathrm{d}y' \right|^2$$

$$= I_0 \frac{n^2}{\lambda^2 f^2} \left| \int_{-a}^{a} e^{-2\pi i n \frac{xx'}{\lambda f}} \mathrm{d}x' \right|^2$$

$$\times \left| \int_{-a}^{a} e^{-2\pi i n \frac{yy'}{\lambda f}} \mathrm{d}x' \right|^2 \tag{3.278}$$

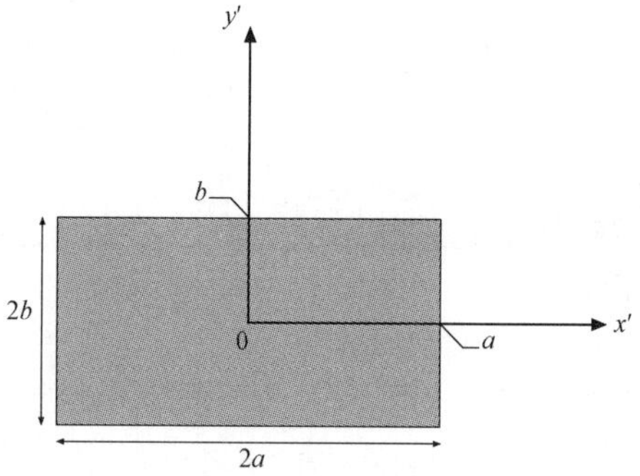

图 3.16　不透明屏幕上的矩形透明孔径的参数

第一个积分为

$$\int_{-a}^{a} e^{-2\pi i n \frac{xx'}{\lambda f}} \mathrm{d}x' = \left[\frac{-\lambda f}{2\pi i n x} e^{-2\pi i n \frac{xx'}{\lambda f}} \right]_{x'=-a}^{x'=a} = \frac{2\lambda f}{2\pi n x} \sin\left(2\pi n \frac{xa}{\lambda f} \right) \tag{3.279}$$

第二个积分类似，因此焦平面内的强度为

$$I(x,y,z_0=f) = I_0 \left[\frac{n2a2b}{\lambda f} \right]^2 \left[\frac{\sin\left(\pi \frac{nx2a}{\lambda f} \right)}{\pi \frac{nx2a}{\lambda f}} \right]^2 \times \left[\frac{\sin\left(\pi \frac{ny2b}{\lambda f} \right)}{\pi \frac{ny2b}{\lambda f}} \right]^2 \tag{3.280}$$

如图 3.17 所示，通过引入无量纲的纯数量 $\hat{x}=nx2a/(\lambda f)$ 和 $\hat{y}=ny2b/(\lambda f)$，沿一条轴（x 或 y 轴）的归一化强度分布很容易计算。沿 x 轴的强度分布的最小值为

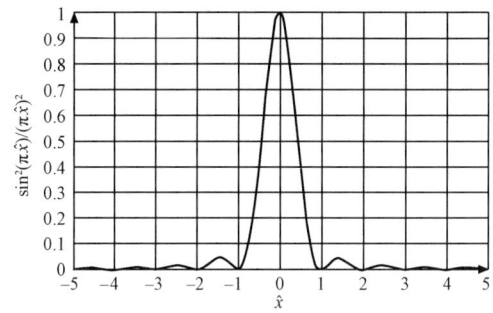

图 3.17 矩形孔径透镜焦平面沿 x 轴的归一化强度分布。

图中显示了函数 $[\sin(\pi\hat{x})/(\pi\hat{x})]^2$，沿 y 轴的函数 $[\sin(\pi\hat{y})/(\pi\hat{y})]^2$ 与之相同

$$\hat{x} = m, \, m=1, 2, 3, \cdots \Rightarrow x = m\frac{\lambda f}{2na}$$

$$\approx m\frac{\lambda}{2\mathrm{NA}_x}$$

（3.281）

这里使用了半孔径角 $\varphi \ll 1$ 的透镜在 x 方向的数值孔径 $\mathrm{NA}x := n\sin\varphi \approx na/f$。

（2）圆形孔径上的夫琅和费衍射。可以使用方程（3.274）计算孔径为半径为 a 的圆形的理想透镜（焦距 f）焦平面内的强度分布（图 3.18）。光的波长仍为 λ，波的传播介质的折射率为 n。强度为 I_0 的均匀轴上平面波仍然经过透镜本身。由于圆的对称性，可以引入极坐标：

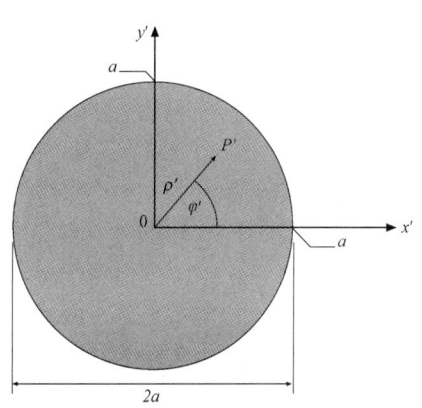

图 3.18 不透明屏幕上的圆形透明孔径的参数

$$\left.\begin{array}{l} x'=\rho'\cos\phi'; \ x = \rho\cos\phi \\ y' = \rho'\sin\phi'; \ y = \rho\sin\phi \end{array}\right\} \Rightarrow xx' + yy'$$

$$= \rho\rho'\cos(\phi' - \phi)$$

（3.282）

那么根据方程（3.274），理想透镜（即 $W=0$）焦平面内的强度在极坐标系内写作

$$I(\rho, \phi, z_0 = f)$$

$$= I_0\frac{n^2}{\lambda^2 f^2}\left|\iint_A e^{-2\pi i \, n\frac{xx'+yy'}{\lambda f}} \, \mathrm{d}x'\mathrm{d}y'\right|^2$$

$$= I_0\frac{n^2}{\lambda^2 f^2}\left|\int_0^a\int_0^{2\pi} e^{-2\pi i \, n\frac{\rho\rho'\cos(\phi'-\phi)}{\lambda f}} \, \rho'\mathrm{d}\rho'\mathrm{d}\phi'\right|^2$$

$$= I_0\frac{n^2}{\lambda^2 f^2}\left|\int_0^a\int_0^{2\pi} e^{-2\pi i \, n\frac{\rho\rho'\cos\phi'}{\lambda f}} \, \rho'\mathrm{d}\rho'\mathrm{d}\phi'\right|^2$$

（3.283）

为了解二重积分，通过积分表示引入了著名的第一类 $J_m(x)$ 的贝塞尔函数

$$J_m(x) = \frac{\mathrm{i}^{-m}}{2\pi} \int_0^{2\pi} \mathrm{e}^{\mathrm{i}x\cos\alpha} \mathrm{e}^{\mathrm{i}m\alpha} \mathrm{d}\alpha \qquad (3.284)$$

对于 $m=0$，得出

$$J_0(x) = \frac{1}{2\pi} \int_0^{2\pi} \mathrm{e}^{\mathrm{i}x\cos\alpha} \mathrm{d}\alpha \qquad (3.285)$$

因此，强度为

$$I(\rho, \phi, z_0 = f)$$
$$= I_0 \left(\frac{2\pi n}{\lambda f}\right)^2 \left| \int_0^a J_0\left(-2\pi n \frac{\rho\rho'}{\lambda f}\right) \rho' \mathrm{d}\rho' \right|^2 \qquad (3.286)$$

连接两个贝塞尔函数 J_0 和 J_1 的还有另一个积分关系，即

$$x J_1(1) = \int_0^x x' J_0(x') \mathrm{d}x' \qquad (3.287)$$

通过替换 $x' = -2\pi n\rho\rho'/(\lambda f)$ 和 $\mathrm{d}x' = -2\pi n\rho/(\lambda f)\mathrm{d}\rho'$，得到

$$I(\rho, \phi, z_0 = f)$$
$$= I_0 \left(\frac{2\pi n}{\lambda f}\right)^2 \left| \frac{\lambda^2 f^2}{4\pi^2 n^2 \rho^2} \int_0^{-2\pi n \frac{\rho a}{\lambda f}} x' J_0(x') \mathrm{d}x' \right|^2$$
$$= I_0 \left(\frac{2\pi n}{\lambda f}\right)^2 \left[-\frac{\lambda fa}{2\pi n\rho} J_1\left(-2\pi n \frac{\rho a}{\lambda f}\right) \right]^2$$
$$= I_0 \left(\frac{2\pi na^2}{\lambda f}\right)^2 \left[\frac{J_1\left(2\pi n \frac{\rho a}{\lambda f}\right)}{2\pi n \frac{\rho a}{\lambda f}} \right]^2 \qquad (3.288)$$

这里使用了贝塞尔函数的对称性 $J_1(-x)=J_1(x)$。通过定义无量纲的纯数字变量 $\hat{\rho} := 2n\rho a/(\lambda f)$，理想透镜焦平面内的强度可以写作

$$I(\hat{\rho}, z_0 = f) = I_0 \left(\frac{n\pi a^2}{\lambda f}\right)^2 \left[2\frac{J_1(\pi\hat{\rho})}{\pi\hat{\rho}} \right]^2 \qquad (3.289)$$

图 3.19 给出了函数 $[2J_1(\pi\hat{\rho})/(\pi\hat{\rho})]^2$。第一个最小量出现在 $\hat{\rho}_0 = 1.22$ 时，即半径 ρ_0 满足

$$\rho_0 = 1.22 \frac{\lambda f}{2na} = 0.61 \frac{\lambda f}{na} = 0.61 \frac{\lambda}{\mathrm{NA}} \qquad (3.290)$$

这里再一次使用了透镜的数值孔径 $\mathrm{NA} \approx na/f$。受衍射限制的焦点的第一个最小量内的区域称为艾里斑。将焦点的中央峰最大强度 $I(\hat{\rho} = 0, z_0 = f)$ 与入射波强度 I_0 比价也是令人关注的。比值为

$$\frac{I(\hat{\rho} = 0, z_0 = f)}{I_0} = \left(\frac{n\pi a^2}{\lambda f}\right)^2 \qquad (3.291)$$

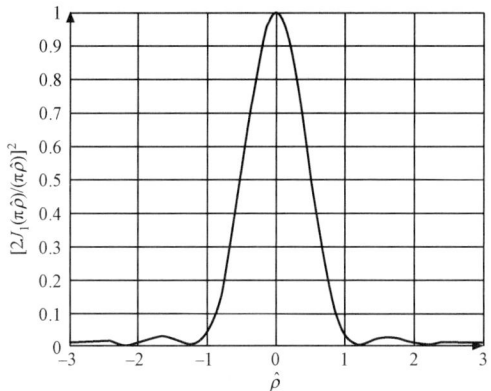

图 3.19 透镜焦平面内的归一化强度分布。给出了函数 $[2J_1(\pi\hat{\rho})/(\pi\hat{\rho})]^2$

对于 f=10 mm 且孔径半径 a=1 mm 的聚焦透镜，波长 λ=0.5 μm 且 n=1 时，得到 $I(\hat{\rho}=0,z_0=f)/I_0=(200\pi)^2\approx4\times10^5$。量 $na^2/(\lambda f)$ 也称为透镜的菲涅耳数，是近轴情况下透镜菲涅耳区的数量。通过计算从透镜中心到焦点的光线和从透镜边缘到焦点的光线的光程差（OPD），很容易看到这一点。

$$\text{OPD}=n\left(\sqrt{a^2+f^2}-f\right)=n\left(f\sqrt{1+\frac{a^2}{f^2}}-f\right)$$

$$\approx\frac{na^2}{2f}=F\frac{\lambda}{2}$$

$$\Rightarrow F=\frac{na^2}{\lambda f} \tag{3.292}$$

这说明理想透镜焦点的中央峰强度与透镜菲涅耳数的平方成正比。

3.4.4 不同衍射方法的数值实现

衍射积分有许多可以通过进行一或两次傅里叶变换求解（表 3.2）。对于数值实现，需要进行离散傅里叶变换，为了加快计算速度，使用快速傅里叶变换（FFT）[3.52]是明智的。当然，必须检查是否满足采样定理，且场的规模足够大。实际情况下，较大的场，例如超过 2 048×2 048 的样本需要大量计算机内存和计算时间。为了使用 FFT，复振幅为 u_0 的场在空间方向 x 和 y 上统一取 $N_x\times N_y$ 个点，N_x 和 N_y 为 2 的幂。空间域内的场在 x 方向上的直径称为 D_x，在 y 方向上的直径称为 D_y。多数情况下，场为二次项，采样按照同样的点数进行，即 $N_x=N_y$ 且 $D_x=D_y$。但是，有些情况下（例如含有圆柱或环面光学元件的系统）有必要沿 x 和 y 方向采用不同的采样率和采样点数。这样，x 和 y 方向上两个相邻采样点之间的采样区间 Δx 和 Δy 为（图 3.20）

表 3.2　计算不同衍射积分的共轭变量和 FFT 的次数

衍射方法	平面波频谱	菲涅耳（傅里叶域）	菲涅耳（卷积）	夫琅和费，德拜积分
方程	（3.227）	（3.256）	（3.249）	（3.263），（3.272）
共轭变量	$(x,y) \leftrightarrow (v_x, v_y)$	$(x,y) \leftrightarrow (v_x, v_y)$	$(x',y') \leftrightarrow \left(\dfrac{nx}{\lambda z_0}, \dfrac{ny}{\lambda z_0}\right)$	$(x',y') \leftrightarrow \left(\dfrac{n\alpha}{\lambda}, \dfrac{n\beta}{\lambda}\right)$, $(x',y') \leftrightarrow \left(\dfrac{nx}{\lambda z_0}, \dfrac{ny}{\lambda z_0}\right)$
FFT 的次数	2	2	1	1

$$\begin{cases} \Delta x = \dfrac{D_x}{N_x} \\[2mm] \Delta y = \dfrac{D_y}{N_y} \end{cases} \tag{3.293}$$

将傅里叶域中的共轭变量称作 v_x 和 v_y，它们实际上可以是方程（3.220）中定义的空间频率或其他变量，例如在菲涅耳衍射积分中，它们正好具有空间频率的物理量纲。表 3.2 显示了不同衍射积分的共轭变量。傅里叶域中沿 x 和 y 方向场的直径称为 D_x 和 D_y。傅里叶域内相应的两个相邻采样点之间的采样区间为

$$\begin{cases} \Delta v_x = \dfrac{D_{vx}}{N_x} \\[2mm] \Delta v_y = \dfrac{D_{vy}}{N_y} \end{cases} \tag{3.294}$$

对于一次 FFT，空间域和傅里叶域内的各个直径的乘积等于采样点数。因此，以下两个关系成立：

$$\begin{cases} D_x D_{vx} = N_x \\[2mm] D_y D_{vy} = N_y \end{cases} \tag{3.295}$$

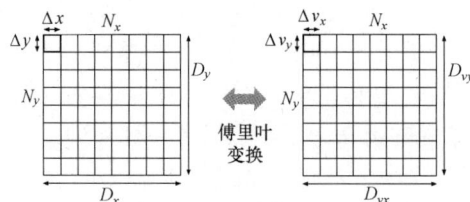

图 3.20　使用 FFT 解衍射积分的离散场

使用方程（3.293）和（3.294）可以清楚地看到，对于空间域和傅里叶域内的采样区间的乘积，以下方程成立：

$$\begin{cases} \Delta x \Delta v_x = \dfrac{1}{N_x} \Rightarrow \Delta v_x = \dfrac{1}{D_x}, \Delta x = \dfrac{1}{D_{vx}} \\[4mm] \Delta y \Delta v_y = \dfrac{1}{N_y} \Rightarrow \Delta v_y = \dfrac{1}{D_y}, \quad \Delta y = \dfrac{1}{D_{vy}} \end{cases} \tag{3.296}$$

由于离散傅里叶变换具有周期性边界条件，左边界的函数值等于右边界的函数值，因此只需要存储一个边界的函数值，有必要对采样点选取以下最小和最大空间坐标或空间频率坐标：

$$\begin{cases} x_{\min} = -\dfrac{D_x}{2} \\[4mm] x_{\max} = \dfrac{D_x}{2} - \Delta x \\[4mm] y_{\min} = -\dfrac{D_y}{2} \\[4mm] y_{\max} = \dfrac{D_y}{2} - \Delta y \\[4mm] v_{x,\min} = -\dfrac{N_x}{2} \Delta v_x = -\dfrac{N_x}{2D_x} \\[4mm] v_{x,\max} = \left(\dfrac{N_x}{2} - 1 \right) \Delta v_x = \dfrac{N_x - 2}{2D_x} \\[4mm] v_{y,\min} = -\dfrac{N_y}{2} \Delta v_y = -\dfrac{N_y}{2D_y} \\[4mm] v_{y,\max} = \left(\dfrac{N_y}{2} - 1 \right) \Delta v_y = \dfrac{N_y - 2}{2D_y} \end{cases} \tag{3.297}$$

使用这样的不对称采样，场的中心（即 $x=0$ 或 $v_x=0$）总是位于像素数 $N_x/2+1$ 处（如果从像素 1 开始计数）。类似的公式当然也适用于 y 方向。如果场的大小或取样有误，离散傅里叶变换的周期性边界条件将产生混叠效应。下面给出了能够使用一或两次 FFT 计算的不同衍射积分的一些特别的方面。

1. 平面波角谱和傅里叶域中的菲涅耳衍射的数值实现

求解衍射积分方程（3.227）和（3.256）需要两次 FFT。第一次使用空间频率 v_x 和 v_y 将复振幅 u_0 变换到傅里叶域内。为了表示所有传播的波，最大空间频率必须满足

$$\begin{cases} v_{x,\max} \geqslant \dfrac{n}{\lambda} \Rightarrow N_x \geqslant \dfrac{2nD_x}{\lambda} \\[4mm] v_{y,\max} \geqslant \dfrac{n}{\lambda} \Rightarrow N_y \geqslant \dfrac{2nD_y}{\lambda} \end{cases} \tag{3.298}$$

这里使用了方程（3.220）和（3.297）。但是一般来说，不必表示传播的波的所有空间频率。特别是对于在傅里叶域内表示的菲涅耳衍射积分方程（3.256），由于方程

依赖于传播距离 z_0，只对较小的空间频率方程（3.258）成立，多数情况下不允许高空间频率。假设平面波角谱的最大倾斜角 φ 对 u_0 的傅里叶变换 $\tilde{u}_0$ 有明显不同于零的函数值。那么，以下条件足够替代方程（3.298）：

$$\begin{cases} v_{x,\max} \geq \dfrac{n}{\lambda}\sin\varphi \Rightarrow N_x \geq \dfrac{2nD_x}{\lambda}\sin\varphi \\ v_{y,\max} \geq \dfrac{n}{\lambda}\sin\varphi \Rightarrow N_y \geq \dfrac{2nD_y}{\lambda}\sin\varphi \end{cases} \qquad (3.299)$$

如果不满足这些条件，将出现混叠效应并导致数值结果错误。很清楚只有对于微光学元件，即允许 $\sin\varphi$ 为 1，条件（3.298）才能满足。例如，对于波长 $\lambda=0.5\ \mu m$，折射率 $n=1$，x 方向的场直径 $D_x=2\ mm$，可以得出 $N_x \geq 2nD_x/\lambda=8\,000$。对于二维FFT，$8\,192 \times 8\,192$ 样本的场规模是现代个人计算机的上限。

同样，对于使用方程（3.227）或（3.256）计算 u 的第二个（逆）FFT，也可能出现混叠效应。从图形上看，这表示一部分发散传播的波离开了场边界。由于周期性边界条件，波的这些部分将进入相反边界的场。图 3.21 显示了这种在初始平面上直径为 D_0，经过距离 z_0 后直径为 $Dz_0 > D_x$ 的发散球面波的效应。如果该球面波的半孔径角为 φ，假设 φ 很小，以至于 $\sin\varphi \approx \tan\varphi$，则直径 Dz_0 为

$$Dz_0 \approx D_0 + 2z_0\sin\varphi \qquad (3.300)$$

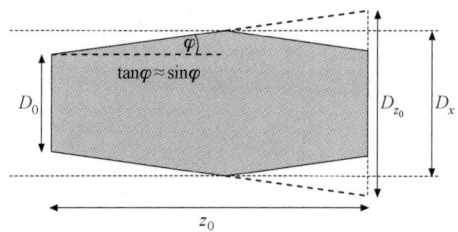

图 3.21 混叠效应图示。在边界上离开场的部分波进入相反边界的场，并与波的其他部分发生干涉

如果 $Dz_0 > D_x$，将出现混叠效应。这种效应可用于对无限延伸的周期性结构的自成像泰伯效应（Talbot effect）进行数值模拟[3.53]。但是，多数情况下混叠效应是干扰性的，必须予以避免。对于会聚波，只要传播距离不是太大，波能够经过焦点形成发散波，就不会出现混叠效应。实践中，采样数量的限制将限制使用平面波角谱的波的传播的应用。在使用平面波角谱或傅里叶域内的菲涅耳积分形式传播的情况下，到场直径 D_x 和 D_y 通常在两个平面 $z=0$ 和 $z=z_0$ 之间不发生改变。只有对傅里叶域内场的大小进行控制，空间域内场的大小才会改变。只有每第二个采样点取一次，并在新的场中嵌入多个零，才可能保持采样点总数不变。这样，傅里叶域内的有效直径 D_{vx} 和 D_{vy} 加倍，而根据方程（3.295），空间域内的直径 D_x 和 D_y 将减半。但是，这种处理降低了傅里叶域内的采样密度，因此是一种抑制了长周期性空间结构的高通过滤操作。

还必须提到，由于采取的数值计算次数近乎相等，傅里叶域内的菲涅耳积分

形式相比平面波角谱在数值上几乎没有优势。只有方程（3.227）中的平方根计算对于菲涅耳积分是不需要的。但是，这种方法相比 FFT 一般不会花费太多时间。由于平面波的角谱比菲涅耳积分更精确，后者在数值上并不那么令人关注。

2. 菲涅耳（卷积公式）和夫琅和费衍射的数值实现

使用平面波角频谱的方法确保了只要不在傅里叶域内操作，场的大小 D_x 和 D_y 在传播中就不会改变。其原因是使用了两次 FFT，即一次普通和一次反 FFT。如果使用方程（3.249）的菲涅耳衍射积分，或方程（3.263）或（3.272）的夫琅和费衍射积分，只须应用一次 FFT。因此，根据表 3.2，现在的共轭变量为 (x',y') 和 $[nx/(\lambda z_0), ny/(\lambda z_0)]$（或 $[(n\alpha/\lambda, n\beta/\lambda)]$），场的大小发生了改变。这说明根据方程（3.295），如果在第一个平面内引入场直径 $D_{x,0}=D_x$ 和 $D_{y,0}=D_y$，在第二个平面内引入场直径 D_{x,z_0} 和 D_{y,z_0}，其中 $D_{vx}=nD_{x,z_0}/(\lambda z_0)$ 且 $D_{vy}=nD_{y,z_0}/(\lambda z_0)$，以下关系成立：

$$\begin{cases} D_x D_{vx} = N_x \Rightarrow D_{x,z_0} = N_x \dfrac{\lambda z_0}{nD_{x,0}} \\ D_y D_{vy} = N_y \Rightarrow D_{y,z_0} = N_y \dfrac{\lambda z_0}{nD_{y,0}} \end{cases} \tag{3.301}$$

当然，这时第二个平面内的采样密度 Δx_{z0} 和 Δy_{z0} 为

$$\begin{cases} \Delta x_{z_0} = \dfrac{\lambda z_0}{nD_{x,0}} \\ \Delta y_{z_0} = \dfrac{\lambda z_0}{nD_{y,0}} \end{cases} \tag{3.302}$$

使用方程（3.272）计算焦距为 $f(z_0=f)$ 的透镜焦平面内的强度分布。在直径 $2a=2b$ 的情况下，透镜孔径为二次函数。那么只考虑一个维度就够了，例如 x 方向。如果场的大小 $D_{x,0}$ 现在只有 $2a$，则采样区间为

$$\Delta x_{z_0} = \frac{\lambda f}{n 2a} \approx \frac{\lambda}{2NA} \tag{3.303}$$

其中使用了透镜的数值孔径 $NA:=n\sin\varphi \approx na/f$。然而，将这个结果与方程（3.281）比较，采样密度显然很低，由于采样只在中心最大值和各最小值处进行，无法观测到第二个最大值。因此，有必要将透镜孔径嵌入到含多个零的场，使有效场直径至少加倍到 $D_{x,0} \geq 4a$。通过在透镜孔径中嵌入越来越多的零，焦平面的有效采样密度提高。场的大小以因子 m 增加，并在新区域内填满零，将使采样区间按因子 m 减小到 $\Delta x_{z0}=\lambda/(2mNA)$。换句话说：场在焦平面内的总大小 $D_{x,z0}$ 与透镜孔径的采样数 Nx/m 成正比，而采样密度与嵌入零的因子 m 成正比。

当然，在透镜孔径中嵌入零还有另一个原因，称为混叠效应。由于周期性边界条件，$D_{x,0}=2a$ 的二次透镜意味着孔径周期性地重复，之间没有空隙，且充满整个空间。因此根本不会出现衍射，并且焦点会成为几何光学中的 delta 峰。

3.4.5　焦点附近偏振效应对强度分布的影响

在之前的衍射中，只考虑了标量波，而本节中要讨论偏振效应对透镜焦点区域的强度分布的影响。只讨论一种简单的数值模拟方法，这实际上相当于文献[3.34, 54]讨论的解析矢量德拜积分公式。Richards 和 Wolf[3.34]是第一批计算出对于高数值孔径透镜、线偏振平面波经过的透镜焦点上的光分布不对称的研究人员。

1. 一些基本定性说明

偏振效应在焦点上的影响如图 3.22 所示。假设用透镜聚焦线偏振（电矢量在 y 方向）的平面波。那么，存在一个平面（xz 平面），在该平面上电矢量垂直于光线的折射平面[图 3.22（a）]。这时，焦点上的电矢量像标量一样相加，得到一个相当大的横向分量。但是，也存在 yz 平面，使电矢量在经透镜折射后改变方向。这样，它们在焦点处的相加为实矢量相加，并得到小于 xz 平面的横向分量[图 3.22（b）]。特别是对于相当于高数值孔径光线的非常陡斜的光线，电矢量几乎在焦点处互相抵消。由于这个问题破坏了对称性，焦点处的强度分布也将是非旋转对称的。当然，这种效应只有在数值孔径很高时才能看到，否则电场的矢量特性不会那么明显。这对于环形孔径和高数值孔径透镜尤其明显。

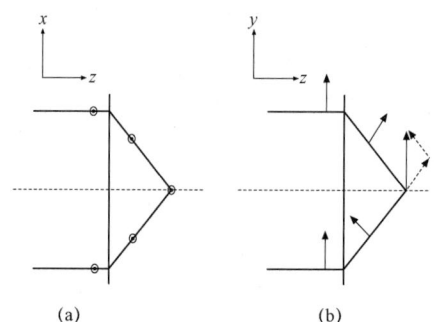

图 3.22　线偏振光在透镜焦点的电矢量相加

（a）电矢量垂直于 xz 平面，即像标量一样算数相加；

（b）电矢量在 yz 平面内且矢量相加为横向分量

但是，存在旋转对称的偏振图样，即径向偏振的环状模式[3.33]，这时电矢量的方向局部改变，因此总是沿径向指向光轴外。图 3.23（a）显示了线偏振光某一时间在透镜孔径内的电矢量，即所有电矢量都指向同一方向。图 3.23（b）绘出了某一时间上径向偏振环状模式的电矢量。所有电矢量径向指向光轴外。当然，径向偏振的情况下，由于这个问题的对称性，光轴上密度必然为零。因此，在径向偏振环状模式的情况下，透镜孔径内的强度分布是不均匀的，实际上是相对相位差为零且线偏振互相垂直的厄米特－高斯 TEM_{10} 和 TEM_{01} 模式的叠加（图 3.34）。这样，与时间无关的透镜前的复值电矢量 $\hat{\boldsymbol{E}}_{径}$ 为

$$\hat{E}_{\text{rad}}(x, y, z = 0) = E_0 \begin{pmatrix} x \\ y \\ 0 \end{pmatrix} e^{-(x^2 + y^2)/w_0^2} \qquad (3.304)$$

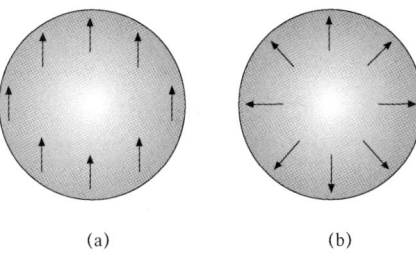

(a)　　　　　　　　(b)

图 3.23　透镜前的孔径内的局部偏振矢量

（a）线偏振光；（b）径向偏振环状模式

式中，w_0 为高斯函数的光束束腰；E_0 为常量。很容易计算电矢量的振幅为 $\sqrt{x^2 + y^2} = w_0 / \sqrt{2}$。

但是现在，对于所有包含光轴的平面内的径向偏振环状模式，电矢量的指向如图 3.24 所示。那么，电矢量在焦点处相加为纵向分量，对于所有包含光轴的平面都是如此。因此，焦点完全符合旋转对称。

2. 数值计算方法

计算透镜焦点区域的电能密度可以使用的矢量德拜积分[3.34]或文献［3.55］

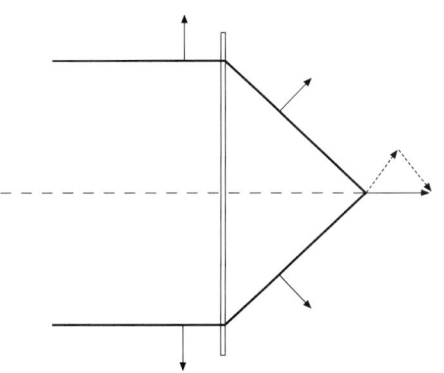

图 3.24　径向偏振环状模式下透镜前后的电矢量方向。这些电矢量相加得到平行于光轴的纵向分量

中介绍的方法。两种方法都说明，焦点区域的电矢量可以写作沿光线方向从透镜出射光瞳传播到几何焦点的平面波电矢量的叠加。这种模式中，如同德拜积分的标量公式一样，忽略了孔径边缘的衍射效应。但是只要透镜孔径直径相比波长较大（ $2r_{孔径} \gg \lambda$ ），且透镜的数值孔径足够高（这里出现的总是这种情况，因为只有对高孔径，偏振效应才是有意义的），这就是一种很好的近似。

为了进行数值计算，对透镜的平面入射光瞳内的光线进行统一采样。例如，按正交图形取 $N \times N$ 条光线，这时孔径外的光线（例如，圆形或环形孔径）振幅为零。光轴为 z 轴。每个入射光瞳内的坐标（ x_i, y_j, z_0 ）上的光线数（ i, j ）有波矢量 $\boldsymbol{k}_{i,j}$=(0, 0, k)=(0, 0, 2π/λ)以及一般来说为复值的偏振矢量 $\boldsymbol{P}_{i,j}$=($P_{x,i,j}$, $P_{y,i,j}$, 0)，如果采样统一，该偏振矢量实际上在这一点上与电矢量 $\hat{\boldsymbol{E}}$ 成正比。当然，由于平面波的正交条件（参见 3.1.1 节均匀介质中的平面波的正交条件），$\boldsymbol{P}_{i,j}$ 正交于 $\boldsymbol{k}_{i,j}$。不同偏振态的例子可参见（3.2.4 节）：

- 线偏振均匀平面波（在 y 方向上偏振），偏振矢量 $\boldsymbol{P}_{i,j} = (0, P_0, 0)$ 的恒定实值为 P_0。
- 左旋圆偏振均匀平面波，偏振矢量为 $\boldsymbol{P}_{i,j} = (P_0 / \sqrt{2}, \mathrm{i}P_0 / \sqrt{2}, 0)$，其中引入了因子 $1/\sqrt{2}$ 使 $|\boldsymbol{P}_{i,j}|^2 = P_0^2$。
- 径向偏振环状模式，偏振矢量根据方程（3.304）计算。

透镜本身满足正弦条件，因此对透镜后的折射光线有

$$h = \sqrt{x^2 + y^2} = f \sin \vartheta \Rightarrow \sin \vartheta = \frac{\sqrt{x^2 + y^2}}{f} \qquad (3.305)$$

式中，f 为透镜焦距；ϑ 为极角（图 3.25）。通过定义方位角 φ，可得到透镜前后的光线存在以下关系：

$$\begin{aligned} x &= h\cos\varphi \\ y &= h\sin\varphi \end{aligned} \Rightarrow \varphi = \arctan\left(\frac{y}{x}\right) \qquad (3.306)$$

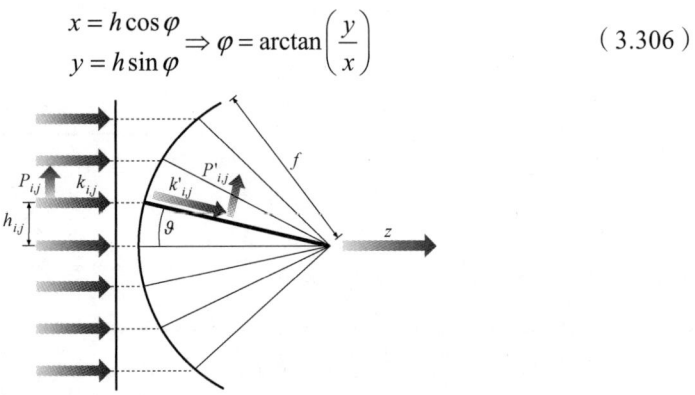

图 3.25 用于计算焦点处的电能密度的光线分布示意主图。
透镜必须满足正弦条件以使光线高度 $h = \sqrt{x^2 + y^2}$ 为 $h = f\sin\vartheta$

以及

$$\boldsymbol{k}' = k \begin{pmatrix} -\cos\varphi\sin\vartheta \\ -\sin\varphi\sin\vartheta \\ \cos\vartheta \end{pmatrix} \qquad (3.307)$$

每条光线的偏振矢量 $\boldsymbol{P}$ 必须分为折射平面内的分量和垂直于折射平面的分量。透镜前沿折射平面内的分量的单位矢量 $\boldsymbol{e}_{\parallel}$ 为

$$\boldsymbol{e}_{\parallel} = \begin{pmatrix} \cos\varphi \\ \sin\varphi \\ 0 \end{pmatrix} \qquad (3.308)$$

透镜后沿折射平面内的分量的新单位矢量 $\boldsymbol{e}'_{\parallel}$ 为

$$\boldsymbol{e}'_{\parallel} = \begin{pmatrix} \cos\varphi\cos\vartheta \\ \sin\varphi\cos\vartheta \\ \sin\vartheta \end{pmatrix} \qquad (3.309)$$

因此，可以通过记住垂直于折射平面的分量保持不变，折射平面内的分量振幅不变，但是现在平行于 $e'_\parallel$，来计算透镜后的偏振矢量 P'。总的来说，P' 为：

$$P' = g(\vartheta)[P - (P \cdot e_\parallel)e_\parallel + (P \cdot e_\parallel)e'_\parallel]$$

$$= g(\vartheta)\left[P - (P_x \cos\varphi + P_y \sin\varphi) \times \begin{pmatrix} \cos\varphi(1-\cos\vartheta) \\ \sin\varphi(1-\cos\vartheta) \\ -\sin\vartheta \end{pmatrix}\right] \quad (3.310)$$

为了使倾斜平面波的能量守恒，这里需要用到变迹因子 $g(\vartheta)$[3.56]。变迹因子对消球差透镜为 $g(\vartheta)=1/\sqrt{\cos\vartheta}$，为了进行计算，需要进行进一步考虑。

一般来说，波的数值离散采样振幅（即电矢量的模 E）可以用离散采样偏振矢量的模 $|P|$ 的变化或光线/平面波的密度变化表示，即与每束光线/平面波相关的面积元的倒数 $1/\mathrm{d}f$ 的变化。

$$E := \frac{|P|}{\mathrm{d}f} \quad (3.311)$$

为了使能量守恒，入射光瞳中呈半径为 h、无穷小的厚度 $\mathrm{d}h$ 的光能在出射光瞳呈环形（假设没有发生吸收）。

（1）消球差透镜。对于满足正弦条件的消球差透镜，出射光瞳为曲率半径为 f 的球面［图 3.26（a）］。因此，平面入射光瞳内的圆环转换为出射光瞳内球面内的环形，极角为 ϑ，无穷小的角度为 $\mathrm{d}\vartheta$。两种情况下环形表面积和强度的乘积必须一致。因此，入射光瞳内平面环 $\mathrm{d}F$ 的表面积和焦球面（焦球面为环绕焦点、曲率半径等于焦距的球面）上的圆台面 $\mathrm{d}F'$，以及相关强度 I（入射光瞳）和 I'（焦球面）有如下关系：

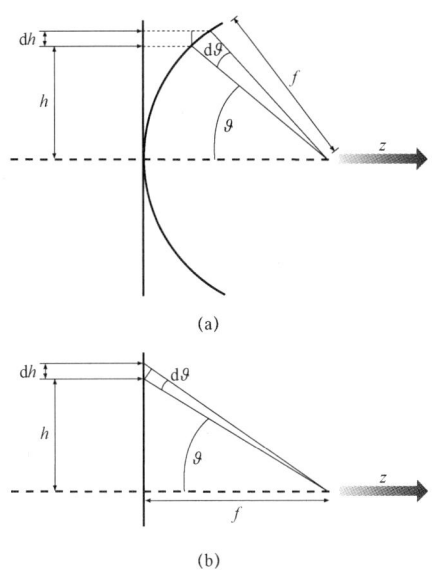

(a)

(b)

图 3.26 使用高数值孔径光学系统聚焦时能量守恒推导示意图

（a）满足正弦条件的消球差透镜；（b）理想 DOE

$$\mathrm{d}F = 2\pi h \mathrm{d}h \tag{3.312}$$

$$\mathrm{d}F' = 2\pi f^2 \sin\vartheta \mathrm{d}\vartheta \tag{3.313}$$

$$I\mathrm{d}F = I'\mathrm{d}F' \tag{3.314}$$

强度 I 与振幅 E 的平方成正比，振幅由偏振矢量 $\boldsymbol{P}$ 的模的表面密度得出。这说明

$$I\mathrm{d}F = I'\mathrm{d}F' \Rightarrow \frac{|P|^2}{\mathrm{d}F^2}\mathrm{d}F = \frac{|P'|^2}{\mathrm{d}F'^2}\mathrm{d}F' \Rightarrow \tag{3.315}$$

$$|\boldsymbol{P}'| = g\,|\boldsymbol{P}| = \sqrt{\frac{\mathrm{d}F'}{\mathrm{d}F}\,|\boldsymbol{P}|} \Rightarrow g = \sqrt{\frac{\mathrm{d}F'}{\mathrm{d}F}} \tag{3.316}$$

g 称为变迹因子，取决于实际的聚焦光学元件。此外，变迹因子不同于大多数科技文献中定义的变迹因子，文献中变迹因子直接指的就是电场。在我们的情况中考虑了离散采样偏振矢量，且电场是通过其表面密度表示的。因此，变迹因子描述的是考虑到能量守恒，焦球面上的偏振矢量模的变化。相反，文献中变迹因子描述的是平面入射光瞳和焦球面之间的电场强度变化。因此，文献中的变迹因子是我们的变迹因子的倒数，即

$$I\mathrm{d}F = I'\mathrm{d}F' \Rightarrow E^2\mathrm{d}F = E'^2\mathrm{d}F' \Rightarrow g_{\text{文献}}$$

$$= \frac{E'}{E} = \sqrt{\frac{\mathrm{d}F}{\mathrm{d}F'}} = \frac{1}{g} \tag{3.317}$$

消球差透镜的变迹因子 g 很容易计算，这说明透镜满足正弦条件

$$h = f\sin\vartheta \tag{3.318}$$

这说明

$$\mathrm{d}h = f\cos\vartheta \mathrm{d}\vartheta \quad \Rightarrow$$

$$g = \sqrt{\frac{\mathrm{d}F'}{\mathrm{d}F}} = \sqrt{\frac{f^2 \sin\vartheta \mathrm{d}\vartheta}{f^2 \sin\vartheta \cos\vartheta \mathrm{d}\vartheta}} \Rightarrow$$

$$g(\vartheta) = \frac{1}{\sqrt{\cos\vartheta}} \tag{3.319}$$

最终结果为

$$|\boldsymbol{P}'| = g\,|\boldsymbol{P}| = |\boldsymbol{P}|\,/\sqrt{\cos\vartheta} \tag{3.320}$$

式中，表面积 $\mathrm{d}f$ 和 $\mathrm{d}f'$ 为采样点的实际面积元，即实际采样的光线/平面波；$\mathrm{d}F$ 和 $\mathrm{d}F'$ 为平面入射光瞳内和球面出射光瞳上圆环的表面积。但是，两者的比值相等，即 $\mathrm{d}f/\mathrm{d}f'=\mathrm{d}F/\mathrm{d}F'$。因此，在我们的计算中这些量可以互换。

必须强调变迹因子不依赖于偏振，但由于其只依存于能量守恒的概念，作为一种效应在标量计算时应予以考虑。但是，由于点扩散函数只有对于满足 $\sin\vartheta_{\text{最大}} \leqslant 0.5$（孔径角 $\vartheta_{\text{最大}}$）的值才能精确成立，很容易估算对消球差透镜，假设 g 为恒定且等于 1 造成的误差在孔径边缘只有 $1/\sqrt{\cos\vartheta_{\max}} = 1.075$。由于小振幅的变化只会轻微影响 PSF 的强度分布，在标量计算的有效范围内可以忽略。

方程（3.319）中的变迹因子 g 对消球差透镜有效。对于其他光学元件/系统，g 当然是不同的。为了计算其他情况下的 g，我们在下一段中考虑一个理想平面透镜。

（2）理想平面 DOE。现在进一步以理想衍射光学透镜（DOE）为例，演示计算变迹因子 g 的概念。假设理想 DOE 为无像差的平面衍射透镜，衍射效率为 100%，独立于偏振。当然这是一种理想化，因为现实中的高数值孔径 DOE，也就是在边缘会存在小的局部周期，衍射效率既不会为 100%，甚至也不会恒定，也不独立于偏振。此外，只有少数波长的小的局部周期存在小的相位位移，即像差，这也取决于偏振。但是，本段中我们还是假设这样一种理想平面衍射透镜/DOE 存在。

图 3.26（b）显示，对于焦距为 f 的平面透镜，透镜前高度为 h 的光线在透镜后成为呈角 ϑ 的光线，有以下方程：

$$h = \sqrt{x^2 + y^2} = f \tan\vartheta \qquad (3.321)$$

对于平面透镜，这个方程完全可以替代正弦条件式（3.318）。

因此透镜前半径为 h，厚度为 dh 的圆环内的光能就转换为焦球面上半径为 f 的圆环。为此必须使用方程（3.312）和（3.313）计算方程（3.316）定义的变迹因子：

$$g = \sqrt{\frac{\mathrm{d}F'}{\mathrm{d}F}} = \sqrt{\frac{f^2 \sin\vartheta \mathrm{d}\vartheta}{f^2 \sin\vartheta \cos^{-3}\vartheta \mathrm{d}\vartheta}} = \sqrt{\cos^3\vartheta} \qquad (3.322)$$

对于高数值孔径 DOE，因子必须插入方程（3.310）以获取焦球面上偏振矢量的正确缩放比例。此外用正弦条件（3.318）替换方程（3.321），可以使用偏振效应对焦点附近的强度分布的影响一节中的所有其他方程计算高数值孔径 DOE 焦点上的电能密度。

（3）焦点上的电场。对于理想透镜，沿光线的平面波在焦点上必须相位全部一致。因此，可以把焦点的坐标设为 $r' = (x'=0, y'=0, z'=0)$。为了计算焦点附近的点 r' 上的电矢量 $\hat{E}_{焦点}$，根据文献［3.34］，

$$\hat{E}_{焦点}(r') = \frac{1}{\mathrm{i}\lambda f} \int_{焦球} \hat{E}' \mathrm{d}f' \qquad (3.323)$$

该方程的离散化形式可以通过使用方程（3.311）获得，并考虑到这里 $\hat{E}'$ 为焦球面上的矢量：

$$\hat{E}_{焦点}(r') = \frac{1}{\mathrm{i}\lambda f} \sum_{i,j} P'_{i,j} \mathrm{e}^{\mathrm{i}k'_{i,j} \cdot r'} \qquad (3.324)$$

当然，最后一个等号只有在连续函数替换为离散求和时才成立。因此，事实上这只是一种近似。但是，实践中这种近似性相当好，例如对从焦球面到焦点的传播取 100×100 采样点/光线时。

通过直接加入每束平面波的相位项，还可以考虑透镜的微小波像差 $W(x,y)$，即将 $W_{i,j} := W(x_i, y_i)$ 加入 $k'_{i,j} \cdot r' \rightarrow k'_{i,j} \cdot r' + W_{i,j}$。那么可以得到

$$\hat{E}_{\text{焦点}}(r') = \frac{1}{i\lambda f}\sum_{i,j} \boldsymbol{P}'_{i,j}\, e^{ik'_{i,j}\cdot r' + iW_{i,j}} \qquad (3.325)$$

可以看到，对于焦平面 $z'=0$ 和小数值孔径的线偏振光，这个求和计算简化为计算透镜焦点附近的光分布的方程（3.272）的标量衍射积分的离散化形式。

只要改变透镜前场分布的偏振矢量，就可以对焦点上任意偏振态的效应进行研究。电场 $\hat{E}_{\text{焦点}}$ 的 x，y，或 z 分量也可以单独计算。当然，通常由光探测器探测的物理量 – 时均电能密度 $\bar{w}_e$，这时可以计算为

$$\bar{w}_e(r') = \frac{1}{4}\varepsilon_0 \left|\hat{E}_{\text{焦点}}\right|^2 = \frac{1}{4}\varepsilon_0 \hat{E}_{\text{焦点}}\cdot \hat{E}^*_{\text{焦点}} \qquad (3.326)$$

这里只考虑了真空（或空气）中的聚焦，即 $n=1$ 且 $\varepsilon=1$。相比方程（3.17）的因子 $1/2$ 来自 w_e 的时间平均值，并使用了复电矢量。如果我们只对相对能量分布而不是绝对值感兴趣，比例因子 $\varepsilon_0/4$ 可以省略。

必须提到，通过将所有沿从出射光瞳到焦点的几何光线传播的平面波的磁场矢量加在一起，焦点上的磁场也可以用相同的方法计算。由于每束平面波的磁场都垂直于其电场，并垂直于其传播方向，这个任务很容易完成［参见式（3.37）］。

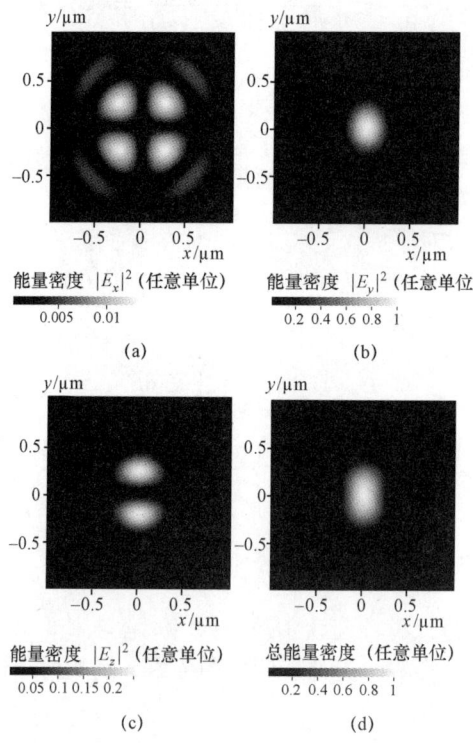

图 3.27　NA=1.0 的理想透镜的焦平面内的电矢量分量的平方，
通过 $\lambda=632.8$ nm 的平面线偏振（y 方向）波表示
（a）x 分量；（b）y 分量；（c）z 分量；（d）所有分量的和，即总电能密度

3. 一些模拟结果

图 3.27 – 3.29 显示了一些理想透镜焦平面（ xy 平面）内的电能密度的模拟结果。所有情况下都假设透镜的数值孔径 NA=1.0，照射光的波长为 λ=632.8 nm。平面波用于透镜孔径采样的典型数为 $N \times N$=100×100（或 200×200），在圆孔径的情况下（通常情况），特别是在环形孔径的情况下（参见下文），由于采样按正交的统一的 xy 图样进行，且孔径外的平面波振幅为零，平面波的有效数更小（圆形孔径的因子 $\pi/4$ 更小）。焦平面内的采样点数为 200×200，如果使用现代的 2.66 GHz 奔腾个人电脑（PC）的话需要花费 30 s 左右。

图 3.27 中，线偏振平面波射入透镜（沿 y 方向偏振）。图中显示了焦平面内电矢量不同分量的平方。图 3.27（a）中的 x 分量非常小，且在几何焦点的中心消失（注意尺寸）。最大的分量为图 3.27（b）中沿透镜前光的偏振方向的 y 分量。该分量是造成总电能密度不对称形状的主要原因，参见图 3.27（d）。图 3.28 显示了总电能密度沿 x 和 y 轴的截面。可以看到沿 y 轴中心最大值直径在增加，而沿 x 轴的直径甚至稍微小于标量计算的值 $d_{焦点}$=1.22λ/NA=0.77μm。对所有量归一化，使总能量密度的最大值为 1。

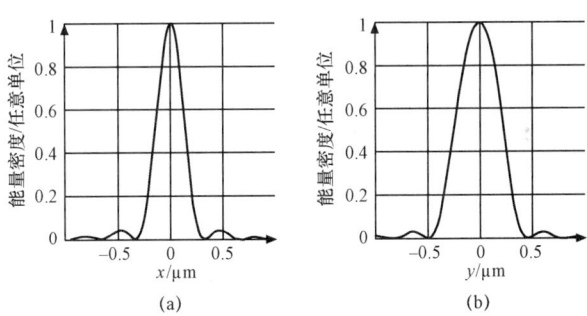

(a)　　　　　　　　　　(b)

图 3.28　λ=632.8 nm 的线偏振（y 方向）波射入的 NA=1.0 的理想透镜焦平面内的总电能密度沿（a）x 轴和（b）y 轴的截面［参见图 3.27（d）］

图 3.29 中，透镜上为径向偏振环状模式，其中光束束腰 w_0 为透镜孔径半径的 95%。因此图 3.29（a）中有电场的径向，即横向分量，由于场的对称性这些分量当然是旋转对称的。但是，最大的分量是图 3.29（b）中的纵向 z 分量，该分量也是旋转对称的，且中央最大值的直径略小于标量计算的值，甚至略小于线偏振下该点的小轴直径。图 3.29（c）中的总电能密度也呈旋转对称，但由于电场的横向分量，中央最大值的直径有所增加。但是，超过最大值 1/2 的总电能密度覆盖的焦点表面积 S 在线偏振的情况下为 S=0.29λ^2，相比而言径向偏振环状模式下只有 S=0.22λ^2。因此，如果使用光点写入到一个只对某个阈值以上的总电能密度敏感的非线性介质，使用径向偏振环状模式可得到一个更缩小的点。

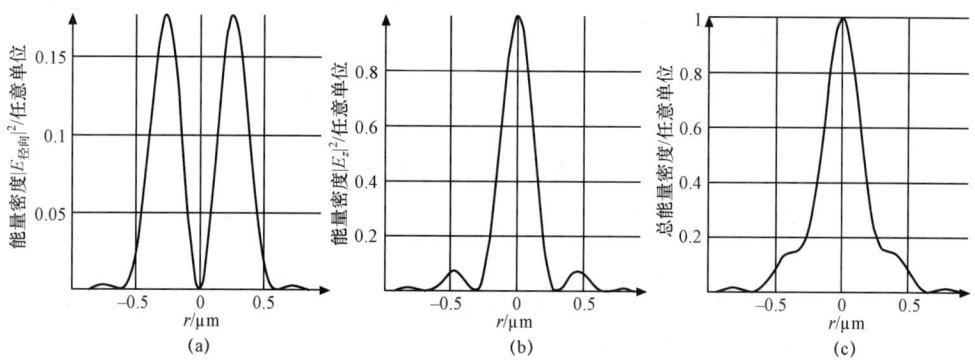

图 3.29 λ=632.8 nm 的径向偏振环状模式射入的 NA=1.0 的理想透镜焦平面内的电矢量分量的平方。高斯函数的束腰 w_0=0.95$r_{孔径}$，$r_{孔径}$ 为透镜被照射的孔径的半径

（a）径向分量，即 $|E_x|^2+|E_y|^2$；（b）z 分量；（c）所有分量的和，即总电能密度

　　图 3.30 显示了与图 3.28 和图 3.29 相同的参数，即包含光轴（z 轴）的平面内焦点附近的电能密度，以及一个横向坐标。在图 3.30（a），（b）中显示了线偏振均匀光（y 方向偏振）射入透镜时的 xz 平面和 yz 平面。图 3.30（c）显示了径向偏振环状模式下的同样内容，这时焦点区域完全呈旋转对称，因此只显示了一个截面。可以再一次看到，线偏振的情况下，焦点在 yz 平面的横向直径大于 xz 平面。径向偏振环状模式的焦点的横向直径接近于线偏振情况下焦点的小轴。

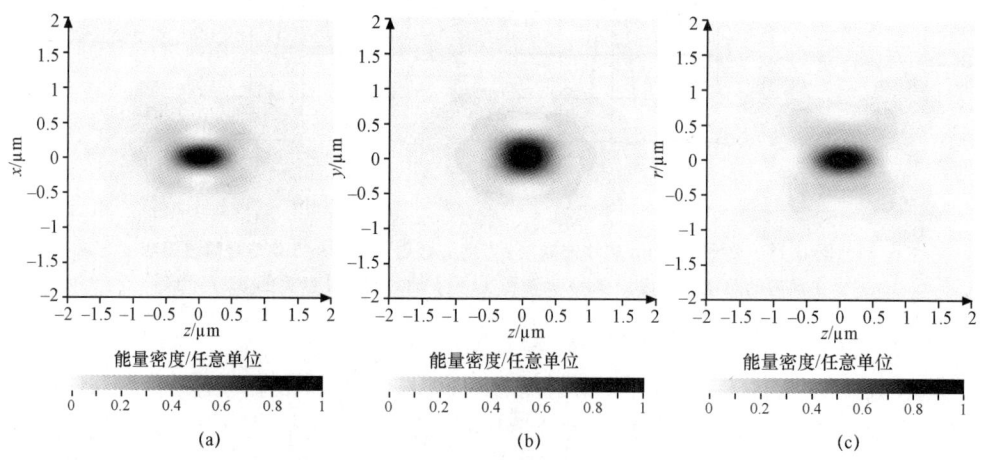

图 3.30 圆形孔径的焦点区域电能密度模拟（NA=1.0，λ=632.8 nm）

（a）线偏振均匀光（xz 平面）；（b）线偏振均匀光（yz 平面）；

（c）径向偏振环状模式，w_0=0.95$r_{孔径}$（由于旋转对称，xz 平面或 yz 平面均可）

　　根据标量理论，如果使用环形孔径取代圆形，焦点中央最大值的直径将降低。这种情况下第二最大值相比圆形孔径时将增加。因此使用环形孔径可以达到更小的焦点，特别对于径向环状模式更是如此。原因是这种情况下，径向环状模式的焦点横向分量下降，因此总能量密度受小直径的纵向 z 分量的支配更大。因此使用径向环状模式、环形孔径（例如 $r_{环形}=0.9r_{孔径}$）和高数值孔径透镜（NA>0.9），将得到非常紧凑的旋转对称的小面积光点。这种效应可以用于实现光学数据存储或使用激光图形生成器逐点刻写的光掩模光刻中的更高分辨率。图 3.31 显示了 $r_{环形}=0.9r_{孔径}$ 的环形孔径焦点区域电能密度的模拟结果。在前面的情况下，数值孔径本身为 NA=1.0，波长为 $\lambda=632.8$ nm。图 3.31（a）和（b）分别显示了线偏振情况下的 xz 平面和 yz 平面；图 3.31（c）显示了径向环状模式（$w_0=0.95r_{孔径}$），这时结果为旋转对称，因此只显示了一个截面。可以看到在环形孔径的情况下，焦点的横向直径下降，但沿光轴的焦点深度相比全孔径的情况增加了。除了中央最大值，和预期一样存在一些高度增加的第二最大值。但是，线偏振和径向环状模式的比较显示焦点的横向直径在径向环状模式中下降，特别是在 yz 平面。再次计算超过最大值一般的总光能密度覆盖焦点内的表面积 S，线偏振光下的结果为 $S=0.29\lambda^2$，相比而言径向环状模式下只有 $S=0.12\lambda^2$。并且，径向环状模式第二最大值的高度不及线偏振。在一些应用中，第二最大值可能产生干扰，但是在必须达到某个能量密度阈值以实现某种效果的应用中，这些第二最大值没有影响。因此环形孔径，特别是与径向环状模式结合使用时，可以达到高横向分辨率。实验验证了线偏振光[3.57]和径向环状模式[3.33, 54]的模拟结果。

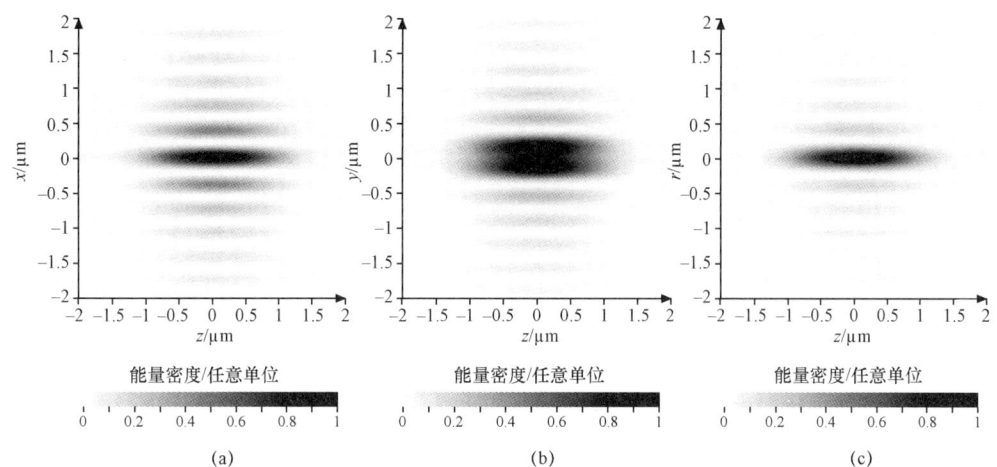

图 3.31 内径为全孔径 90% 的环形孔径的焦点区域总电能密度模拟（NA=1.0，λ=632.8 nm）
（a）线偏振均匀光（xz 平面）；（b）线偏振均匀光（yz 平面）；
（c）径向偏振环状模式，$w_0=0.95r_{孔径}$（由于旋转对称，xz 平面或 yz 平面均可）

|3.5 高斯光束|

高斯光束是标量亥姆霍兹方程的一个近轴解，适用于描述相干激光束的传播[3.10, 11, 58]。如果已知一个平面内的复振幅分布，当然也可以使用 3.4.3 节推导的近轴菲涅耳衍射积分描述光束的传播。但是，到目前为止，不知道哪些复振幅是有效的近轴本征模。因此，应用近轴近似更改标量亥姆霍兹方程，再找到新近轴亥姆霍兹方程的本征模是有意义的。当然，两种方法得到的结果是一样的（3.5.2 节）。由于孔径一般会干扰高斯光束，本书在任何情况下都不考虑孔径对激光束的影响，只考虑在近轴的情况下激光束在透镜上的转化处理，而不考虑透镜像差。

3.5.1 基本方程的推导

平行激光束的典型特征是在均匀介质中沿直线传播。但是由于衍射效应，激光束在传播中会发散。根据激光束的直径，这种效应可能很小或很大。然而，激光束沿传播方向（z 轴）会表现得近于平面波，但不像平面波那样具有恒定振幅，激光的振幅是横向坐标（x 和 y）的函数，也是沿 z 轴的传播距离的慢化函数。在数学上这表示激光束的标量复振幅 $u(x,y,z)$ 可以用只沿 z 轴缓慢变化的（一般是）复函数 $\Psi(x,y,z)$ 和沿 z 轴传播的平面波的复振幅 $\exp(ikz)$ 的积描述，因此，

$$u(x,y,z) = \Psi(x,y,z)e^{ikz} \tag{3.327}$$

仍然定义常量 $k=2\pi n/\lambda$。n 为高斯光束传播的均匀介质的折射率，λ 为真空中的波长。为了简化符号，以下使用介质中的波长 $\lambda_n = \lambda/n$。

使用标量亥姆霍兹方程（3.218）

$$(\nabla^2 + k^2)u(x,y,z) = 0 \tag{3.328}$$

得到以下 u 的方程：

$$\begin{cases} \dfrac{\partial u}{\partial x} = \dfrac{\partial \Psi}{\partial x}e^{ikz} \\[2mm] \dfrac{\partial^2 u}{\partial x^2} = \dfrac{\partial^2 \Psi}{\partial x^2}e^{ikz} \\[2mm] \dfrac{\partial u}{\partial z} = \dfrac{\partial \Psi}{\partial z}e^{ikz} + ik\Psi e^{ikz} \\[2mm] \dfrac{\partial^2 u}{\partial z^2} = \dfrac{\partial^2 \Psi}{\partial z^2}e^{ikz} + 2ik\dfrac{\partial \Psi}{\partial z}e^{ikz} - k^2\Psi e^{ikz} \\[2mm] \Rightarrow (\nabla^2 + k^2)u = \left(\dfrac{\partial^2 \Psi}{\partial x^2} + \dfrac{\partial^2 \Psi}{\partial y^2}\right)e^{ikz} + \dfrac{\partial^2 \Psi}{\partial z^2}e^{ikz} + 2ik\dfrac{\partial \Psi}{\partial z}e^{ikz} = 0 \end{cases} \tag{3.329}$$

根据我们假设的 Ψ 只沿 z 轴缓慢变化，假设 $\partial^2\psi/\partial z^2$ 项非常小，因此可以忽略。这种情况在 $\partial\psi/\partial z$ 在传播中一个波长的相对变化远小于 1 时成立。用数学公式可

表示为

$$\left|\frac{\partial^2\Psi}{\partial z^2}\right| \ll \left|2k\frac{\partial\Psi}{\partial z}\right| = \frac{4\pi}{\lambda_n}\left|\frac{\partial\Psi}{\partial z}\right| \Rightarrow \left.\frac{|\Delta(\partial\Psi/\partial z)|}{|\partial\Psi/\partial z|}\right|_{\Delta z=\lambda_n} \ll 4\pi \qquad （3.330）$$

使用这种简化形式，得到以下 Ψ 的方程：

$$\frac{\partial^2\Psi}{\partial x^2} + \frac{\partial^2\Psi}{\partial y^2} + 2ik\frac{\partial\Psi}{\partial z} = 0 \qquad （3.331）$$

由于对应菲涅耳衍射的情况（3.4.3 和 3.5.2 节），该方程称为近轴亥姆霍兹方程。为了求解，首先对 Ψ 使用一种非常简单的方法，其对应于基模高斯光束：

$$\Psi(x,y,z) = \Psi_0\exp\left[iP(z) + i\frac{k(x^2+y^2)}{2q(z)}\right] \qquad （3.332）$$

其中有两个复函数 P 和 q，都是 z 的函数。ψ_0 是依赖于高斯光束振幅的常量，由边界条件决定。使用符号 $P' := dP/dz$ 和 $q' := dq/dz$，通过我们的方法得出

$$\frac{\partial\Psi}{\partial z} = \left(iP' - \frac{ik(x^2+y^2)}{2q^2}q'\right)\Psi$$

$$\frac{\partial\Psi}{\partial x} = i\frac{kx}{q}\Psi$$

$$\frac{\partial^2\Psi}{\partial x^2} = \frac{ik}{q}\Psi - \frac{k^2x^2}{q^2}\Psi$$

将这些方程插入方程（3.331），得到以下 P 和 q 的条件：

$$\frac{2ik}{q} - \frac{k^2(x^2+y^2)}{q^2} - 2kP' + \frac{k^2(x^2+y^2)}{q^2}q' = 0 \qquad （3.333）$$

该方程必须满足 x 和 y 的任意值。因此，通过该方程最终得出两个方程：

$$P' = \frac{i}{q} \quad 且 \quad q' = 1 \qquad （3.334）$$

通过积分得到

$$q(z) = q_0 + z \qquad （3.335）$$

$$P(z) = i\ln\left(1 + \frac{z}{q_0}\right) \qquad （3.336）$$

由于会在 Ψ 中引入常量相位因数，设 P 的积分常数为零。

如果将 q 理解为一种复曲率半径，方程（3.332）的形式类似于近轴球面波，即一个抛物线形波。因此，有必要将 $1/q$ 分为实部和虚部：

$$\frac{1}{q(z)} = \frac{1}{R(z)} + i\frac{\lambda_n}{\pi w^2(z)} \qquad （3.337）$$

实部为波的曲率，R 为实曲率半径。将方程（3.337）代入（3.332），结果显示实函

数 w 描述了与 z 轴的距离 $\sqrt{x^2+y^2}$，在其上振幅下降到最大值的 $1/e$，这样 $1/q$ 虚部的选取就变得很明显。w 称为光束半径，w 和 R 均为 z 的实函数。

通过选取虚数 $q_0=q(0)$ 可以进一步简化。这意味着曲率半径 R 在 $z=0$ 时为无限大，即波的曲率在 $z=0$ 时为零。

$$\frac{1}{q_0}=\mathrm{i}\frac{\lambda_n}{\pi w_0^2}\Rightarrow q_0=-\mathrm{i}\frac{\pi w_0^2}{\lambda_n} \tag{3.338}$$

传播常数 w_0，对应于曲率 $1/R_0=0$，称为光束束腰。稍后方程（3.346）将证明光束束腰是高斯光束在传播中的最小光束半径。

总之，使用方程（3.332）、（3.335）、（3.336）、（3.337）和（3.338），基模高斯光束的函数 Ψ 可以写作

$$\Psi(x,y,z)=\Psi_0\frac{1}{1+\mathrm{i}\dfrac{\lambda_n z}{\pi w_0^2}}\mathrm{e}^{-\frac{x^2+y^2}{w^2(z)}}\mathrm{e}^{\mathrm{i}\frac{k(x^2+y^2)}{2R(z)}} \tag{3.339}$$

3.5.2 菲涅耳衍射积分和近轴亥姆霍兹方程

3.4.3 节将菲涅耳衍射积分作为菲涅耳－基尔霍夫衍射积分的一个近轴解进行了推导。本节，我们将看到菲涅耳衍射积分描述了复振幅的波的传播满足近轴亥姆霍兹方程（3.331）。

菲涅耳衍射积分是根据方程（3.252）确定的，因为该方程不仅在平面中成立，将其中的自变量 z_0 用 z 替代，且像通常一样将 k 定义为 $k=2\pi n/\lambda$。

$$u(x,y,z)=-\frac{\mathrm{i}k}{2\pi z}\mathrm{e}^{\mathrm{i}kz}$$
$$\times\iint\limits_A u_0(x',y',0)\mathrm{e}^{\mathrm{i}k\frac{(x-x')^2+(y-y')^2}{2z}}\mathrm{d}x'\mathrm{d}y'$$
$$=\Psi(x,y,z)\mathrm{e}^{\mathrm{i}kz};$$
$$\Rightarrow\Psi(x,y,z)=-\frac{\mathrm{i}k}{2\pi z}$$
$$\times\iint\limits_A u_0(x',y',0)\mathrm{e}^{\mathrm{i}k\frac{(x-x')^2+(y-y')^2}{2z}}\mathrm{d}x'\mathrm{d}y' \tag{3.340}$$

这样，根据方程（3.327）定义函数 Ψ，必须证明，该函数是近轴亥姆霍兹方程（3.331）的一个解。对于 Ψ 的偏导数有以下方程：

$$\frac{\partial\Psi}{\partial x}=\frac{k^2}{2\pi z^2}\iint\limits_A u_0(x',y',0)(x-x')\times\mathrm{e}^{\mathrm{i}k\frac{(x-x')^2+(y-y)^2}{2z}}\mathrm{d}x'\mathrm{d}y'$$

$$\frac{\partial^2 \Psi}{\partial x^2} = \mathrm{i}\frac{k^3}{2\pi z^3}\iint_A u_0(x',y',0)(x-x')^2$$

$$\times \mathrm{e}^{\mathrm{i}k\frac{(x-x')^2+(y-y)^2}{2z}}\mathrm{d}x'\mathrm{d}y'$$

$$+\frac{k^2}{2\pi z^2}\iint_A u_0(x',y',0)$$

$$\times \mathrm{e}^{\mathrm{i}k\frac{(x-x')^2+(y-y)^2}{2z}}\mathrm{d}x'\mathrm{d}y'$$

$$\frac{\partial^2 \Psi}{\partial y^2} = \mathrm{i}\frac{k^3}{2\pi z^3}\iint_A u_0(x',y',0)(y-y')^2$$

$$\times \mathrm{e}^{\mathrm{i}k\frac{(x-x')^2+(y-y)^2}{2z}}\mathrm{d}x'\mathrm{d}y'$$

$$+\frac{k^2}{2\pi z^2}\iint_A u_0(x',y',0)$$

$$\times \mathrm{e}^{\mathrm{i}k\frac{(x-x')^2+(y-y)^2}{2}}\mathrm{d}x'\mathrm{d}y'$$

$$\frac{\partial \Psi}{\partial z} = \frac{\mathrm{i}k}{2\pi z^2}\iint_A u_0(x',y',0)\times \mathrm{e}^{\mathrm{i}k\frac{(x'-x')^2+(y-y)^2}{2}}\mathrm{d}x'\mathrm{d}y'$$

$$-\frac{k^2}{4\pi z^3}\iint_A u_0(x',y',0)\times[(x-x')^2+(y-y')^2]\times \mathrm{e}^{\mathrm{i}k\frac{(x-x')^2+(y-y)^2}{2z}}\mathrm{d}x'\mathrm{d}y' \quad（3.341）$$

很明显，方程（3.340）的函数 ψ 满足近轴亥姆霍兹方程：

$$\frac{\partial^2 \Psi}{\partial x^2}+\frac{\partial^2 \Psi}{\partial y^2}+2\mathrm{i}k\frac{\partial \Psi}{\partial z}=0$$

因此，菲涅耳衍射积分和近轴亥姆霍兹方程产生了相同的结果。如果给定的复振幅 u_0 位于平面内，高斯光束的传播可以通过计算菲涅耳衍射积分得到，或者本征模及它们的传播规律可以像得到方程（3.335）和（3.336）那样直接从近轴亥姆霍兹方程推导出来[3.10]。

3.5.3　高斯光束的传播

一个高斯光束的参数 w 和 R 在光束传播中沿 z 轴变化。将方程（3.335）、（3.337）和（3.338）联立可以得到 w 和 R 的显式表示：

$$\frac{1}{R}+\mathrm{i}\frac{\lambda_n}{\pi w^2}=\frac{1}{z-\mathrm{i}\frac{\pi w_0^2}{\lambda_n}}=\frac{z+\mathrm{i}\frac{\pi w_0^2}{\lambda_n}}{z^2+\left(\frac{\pi w_0^2}{\lambda_n}\right)^2}$$

为了简化符号，定义瑞利长度为

$$z_R := \frac{\pi w_0^2}{\lambda_n} \qquad (3.342)$$

因此，将实部和虚部分开，得到两个方程：

$$\frac{1}{R} = \frac{z}{z^2 + z_R^2} \qquad (3.343)$$

$$\frac{\lambda_n}{\pi w^2} = \frac{z_R}{z^2 + z_R^2} \qquad (3.344)$$

$$R(z) = z + \frac{z_R^2}{z} = z + \frac{\pi^2 w_0^4}{\lambda_n^2 z} \qquad (3.345)$$

$$\Rightarrow \quad w^2(z) = \frac{\lambda_n}{\pi} \frac{z^2 + z_R^2}{z_R} = w_0^2 + \frac{\lambda_n^2 z^2}{\pi^2 w_0^2} \qquad (3.346)$$

后一个方程说明光束束腰 w_0 确实是光束半径 w 的最小值，并可在 $z=0$ 时得到。同时，曲率半径在 $z=0$ 时为无限大。方程还显示，高斯光束的光束半径在距离 $z=z_R$（瑞利长度）处的值为 $w = \sqrt{2} w_0$。

另一个有意思的极限情况是远场，即 $z \to \pm \infty$。这时有

$$R(z) = z \qquad (3.347)$$

$$w(z) = \frac{\lambda_n |z|}{\pi w_0} \qquad (3.348)$$

高斯光束的远场角 θ 为

$$\theta \approx \tan \theta = \frac{w(z)}{|z|} = \frac{\lambda_n}{\pi w_0} \qquad (3.349)$$

因此，如果假设基本高斯光束很好地描述了激光二极管的波前，通过测量激光二极管的远场角 θ 和波长 λ_n，可以计算出其光束束腰 w_0。

使用方程（3.346），函数 Ψ（3.339）可以写成如下更清楚的公式：

$$\frac{1}{1 + i\frac{\lambda_n z}{\pi w_0^2}} = \frac{w_0}{w_0 + i\frac{\lambda_n z}{\pi w_0}} = \frac{w_0\left(w_0 - i\frac{\lambda_n z}{\pi w_0}\right)}{w_0^2 + \frac{\lambda_n^2 z^2}{\pi^2 w_0^2}}$$

分子括号内的项可以表达为

$$w_0 - i\frac{\lambda_n z}{\pi w_0} = A e^{i\Phi} = A\cos\Phi + iA\sin\Phi$$

其中，

$$A = \sqrt{w_0^2 + \frac{\lambda_n^2 z^2}{\pi^2 w_0^2}} = w(z)$$

且

$$\cos \Phi = \frac{w_0}{w(z)}$$

$$\sin \Phi = -\frac{\lambda_n z}{\pi w_0 w(z)}$$

$$\Rightarrow \quad \tan \Phi = -\frac{\lambda_n z}{\pi w_0^2}$$

总之，我们有

$$\frac{1}{1 + \mathrm{i} \dfrac{\lambda_n z}{\pi w_0^2}} = \frac{w_0}{w(z)} \mathrm{e}^{\mathrm{i}\Phi(z)} \ , \ \tan \Phi(z) = -\frac{\lambda_n z}{\pi w_0^2} \tag{3.350}$$

使用方程（3.327）、（3.339）和（3.350），高斯光束的复振幅 u 可以表达为

$$u(x, y, z) = \Psi_0 \frac{w_0}{w(z)} \mathrm{e}^{-\frac{x^2 + y^2}{w^2(z)}} \mathrm{e}^{\mathrm{i}\Phi(z)} \mathrm{e}^{\mathrm{i}\frac{k(x^2 + y^2)}{2R(z)}} \mathrm{e}^{\mathrm{i}kz} \tag{3.351}$$

这说明高斯光束具有恒定值 z 的高斯分布曲线（参见图 3.32）。$w_0 / w(z)$ 项确保光束总能量 P_G 在沿 z 轴传播时守恒。

$$\begin{aligned}
P_\mathrm{G}(z) &= \int_{-\infty}^{+\infty} \int_{-\infty}^{+\infty} |u(x, y, z)|^2 \, \mathrm{d}x\mathrm{d}y \\
&= \int_{-\infty}^{+\infty} \int_{-\infty}^{+\infty} \Psi_0^2 \frac{w_0^2}{w^2(z)} \mathrm{e}^{-\frac{2x^2 + y^2}{w^2(z)}} \, \mathrm{d}x\mathrm{d}y \\
&= \Psi_0^2 \frac{w_0^2}{w^2(z)} \frac{\pi w^2(z)}{2} = \Psi_0^2 \frac{\pi w_0^2}{2} = \mathrm{const}
\end{aligned} \tag{3.352}$$

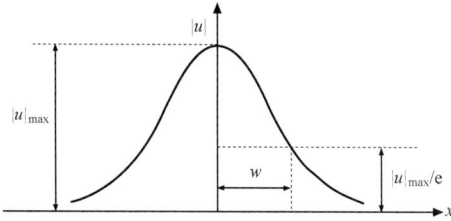

图 3.32　高斯光束在常值 z 上的振幅

将光束半径 w 解释为高斯光束的横向延伸，如图 3.33 所示。在光束束腰处，高斯光束的局部曲率为零。在远场中，像球面波的曲率半径一样，曲率半径 R 与 z 呈正比例增长。

3.5.4 高斯光束的高阶模

方程（3.332）为函数 Ψ 选取了一种简单的方法，主要描述了高斯光束的横向

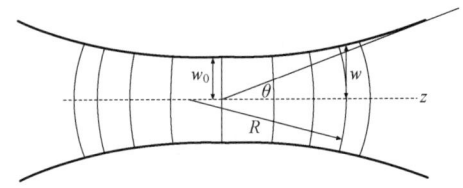

图 3.33　高斯光束沿 z 轴传播的图示。高斯光束在横向上
受光束半径 w 的限制，其波前的曲率半径为 R

变化。这种方法是旋转对称情况下的基模式。以下将使用更具一般性的方法。现在光束沿局部 x 和 y 方向可以具有两种不同的主曲率，并且将高阶模考虑进来。不同的主曲率可用于描述激光二极管（例如，边缘发射器）的辐射，其在 x 和 y 方向常常具有不同的光束半径和曲率半径。因此，对 Ψ[3.58]采用以下公式：

$$\Psi(x,y,z) = g\left(\sqrt{2}\,\frac{x}{w_x(z)}\right) h\left(\sqrt{2}\,\frac{y}{w_y(z)}\right) \times e^{i\left[P(z)+\frac{kx^2}{2qx(z)}+\frac{ky^2}{2qy(z)}\right]} \tag{3.353}$$

函数 g 和 h 必须描述不同模式振幅的横向变化，因此需要对 x/w_x 和 y/w_y 做归一化处理，其均为没有物理单位的纯数字。其中，w_x 和 w_y 仍分别为 x 和 y 方向的光束半径。g 和 h 自变量中的 $\sqrt{2}$ 现在看来是任意的。以下将展示其将引出 g 和 h 的著名微分方程，必须满足这种用于 ψ 的方法［方程（3.331）］。此外，函数 $f(\eta)$ 的关于自变量 η 的一阶和二阶导数分别写作 f' 和 f''。但是应该记住，g 实际上是 x 和 z 的函数（由于 w_x 是 z 的函数），因此 $\eta := \sqrt{2}x/w_x(z)$ 的导数 $g'(\eta) := dg(\eta)/d\eta$ 仍然是 x 和 z 的函数。另外，q_x 只是 z 的函数，因此导数 $q_x'(z)$ 定义为 $dq_x(z)/dz$。使用这些符号，有

$$\frac{\partial \Psi}{\partial z} = \left[gh\left(iP' - \frac{ikx^2}{2q_x^2}q_x' - \frac{iky^2}{2q_y^2}q_y'\right) + \left(-gh'\sqrt{2}\,\frac{y}{w_y^2}w_y' - g'h\sqrt{2}\,\frac{x}{w_x^2}w_x'\right)\right] \times e^{i\left(P+\frac{kx^2}{2qx}+\frac{ky^2}{2qy}\right)}$$

$$\frac{\partial \Psi}{\partial x} = \left(gh\frac{ikx}{q_x} + \sqrt{2}\,\frac{g'}{w_x}h \right) e^{i\left(P+\frac{kx^2}{2qx}+\frac{ky^2}{2qy}\right)}$$

$$\frac{\partial^2 \Psi}{\partial x^2} = \left(\frac{ik}{q_x}gh - \frac{k^2x^2}{q_x^2}gh + \sqrt{2}\,\frac{ikx}{q_xw_x}g'h + 2\frac{g''}{w_x^2}h + \sqrt{2}\,\frac{ikx}{q_xw_x}g'h \right) \times e^{i\left(P+\frac{kx^2}{2qx}+\frac{k^2}{2q_y}\right)}$$

$$\frac{\partial^2 \Psi}{\partial y^2} = \left(\frac{ik}{q_y}gh - \frac{k^2y^2}{q_y^2}gh + \sqrt{2}\,\frac{iky}{q_yw_y}gh' + 2\frac{h''}{w_y^2}g + \sqrt{2}\,\frac{iky}{q_yw_y}gh' \right) \times e^{i\left(P+\frac{kx^2}{2qx}+\frac{ky^2}{2q_y}\right)}$$

将这些函数代入方程（3.331）并除以 gh，得到以下方程：

$$\frac{ik}{q_x} + \frac{ik}{q_y} - 2kP' + \frac{k^2 x^2}{q_x^2}(q_x' - 1) + \frac{k^2 y^2}{q_y^2}(q_y' - 1)$$

$$+ 2\frac{g''}{gw_x^2} - 2\sqrt{2}\frac{ikx}{w_x^2}\frac{g'}{g}\left(w_x' - \frac{w_x}{q_x}\right)$$

$$+ 2\frac{h''}{hw_y^2} - 2\sqrt{2}\frac{iky}{w_y^2}\frac{h'}{h}\left(w_y' - \frac{w_y}{q_y}\right) = 0 \qquad (3.354)$$

该方程也必须满足 $x \to \infty$ 和 $y \to \infty$ 的情况。因此，与 x^2 和 y^2 成正比的项相比其他项十分大，类似于基模，必须满足以下两个条件：

$$q_x' = 1 \quad \Rightarrow \quad q_x = q_{x,0} + z$$

和

$$q_y' = 1 \quad \Rightarrow \quad q_y = q_{y,0} + z \qquad (3.355)$$

此外，q_x 和 q_y 类似于分成实部和虚部的基模。

$$\frac{1}{q_x} = \frac{1}{R_x} + i\frac{\lambda_n}{\pi w_x^2} \quad , \quad \frac{1}{q_y} = \frac{1}{R_y} + i\frac{\lambda_n}{\pi w_y^2} \qquad (3.356)$$

针对第一个方程计算关于 z 的导数

$$-\frac{q_x'}{q_x^2} = -\frac{1}{q_x^2} = -\frac{R_x'}{R_x^2} - 2i\frac{\lambda_n w_x'}{\pi w_x^3} \qquad (3.357)$$

将该方程与方程（3.356）的平方相加。这样就分开了实部和虚部，得到两个方程：

$$R_x' = 1 - \frac{\lambda_n^2 R_x^2}{\pi^2 w_x^4} \ , \ w_x' = \frac{w_x}{R_x} \qquad (3.358)$$

对 R_y' 和 w_y' 求出类似的结果。将这些结果代入方程（3.354）最终得出

$$\frac{ik}{q_x} + \frac{ik}{q_y} - 2kP' + 2\frac{g''}{gw_x^2} - 4\sqrt{2}\frac{x}{w_x^3}\frac{g'}{g} + 2\frac{h''}{hw_y^2} - 4\sqrt{2}\frac{y}{w_y^3}\frac{h'}{h} = 0 \qquad (3.359)$$

现在，前三项只依赖于 z，而第四和第五项依赖于 x 和 z，第六和第七项依赖于 y 和 z。因此，使用分离的方法：

$$\frac{ik}{q_x} + \frac{ik}{q_y} - 2kP' = -f_x(z) - f_y(z) \qquad (3.360)$$

$$2\frac{g''}{gw_x^2} - 4\sqrt{2}\frac{x}{w_x^3}\frac{g'}{g} = f_x(z) \qquad (3.361)$$

$$2\frac{h''}{hw_y^2} - 4\sqrt{2}\frac{y}{w_y^3}\frac{h'}{h} = f_y(z) \qquad (3.362)$$

式中，f_x 和 f_y 为只依赖于 z 的函数。对 g（类似地还有 h）的微分方程的求解将简单地描述，因为这是在光学和物理学中经常应用十分普遍的求解方案。首先，使用

$n = \sqrt{2}x/w_x$ 和简写 $\alpha := f_x w_x^2$ 将微分方程写作

$$\frac{\mathrm{d}^2 g(\eta)}{\mathrm{d}\eta^2} - 2\eta\frac{\mathrm{d}g(\eta)}{\mathrm{d}\eta} - \frac{1}{2}\alpha g(\eta) = 0 \tag{3.363}$$

求解这样的微分方程的通常方法是将 g 写作多项式：

$$\begin{cases} (\eta) = \sum_{m=0}^{\infty} a_m \eta^m \\ \dfrac{\mathrm{d}g(\eta)}{\mathrm{d}\eta} = \sum_{m=1}^{\infty} m a_m \eta^{m-1} \\ \dfrac{\mathrm{d}^2 g(\eta)}{\mathrm{d}\eta^2} = \sum_{m=2}^{\infty} m(m-1) a_m \eta^{m-2} \end{cases} \tag{3.364}$$

将这个结果代入微分方程（3.363）并合并 η 的相同次幂得到

$$\sum_{m=2}^{\infty} m(m-1) a_m \eta^{m-2} - 2\sum_{m=1}^{\infty} m a_m \eta^m - \frac{1}{2}\alpha \sum_{m=0}^{\infty} a_m \eta^m$$

$$= \sum_{m=0}^{\infty} \left[(m+2)(m+1)a_{m+2} - \left(2m+\frac{1}{2}\alpha\right)a_m \right]\eta^m = 0 \tag{3.365}$$

该方程要对 η 的所有值成立，η^m 前的每个系数都必须为零，即

$$(m+2)(m+1)a_{m+2} - \left(2m+\frac{1}{2}\alpha\right)a_m = 0$$

$$\Rightarrow \quad a_{m+2} = \frac{2m+\dfrac{1}{2}\alpha}{(m+2)(m+1)} a_m \tag{3.366}$$

现在，如果没有针对系数 a_m 级数的停止准则，由于 a 为有限值，该方程对很大的 m 值趋向于

$$\lim_{m\to\infty} a_{m+2} = \frac{2}{m} a_m \tag{3.367}$$

但是，对 $\exp(\eta^2)$ 也有相同的系数级数：

$$\begin{cases} \mathrm{e}^{\eta^2} = \sum_{m=0}^{\infty} \dfrac{(\eta^2)^m}{m!} = \sum_{m=0}^{\infty} \dfrac{\eta^{2m}}{m!} \\ \quad = \sum_{m=0,2,4,\cdots} \dfrac{1}{\left(\dfrac{m}{2}\right)!}\eta^m = \sum_{m=0,2,4,\cdots} b_m \eta^m \end{cases} \tag{3.368}$$

这种情况下，系数级数为

$$b_m = \frac{1}{\left(\dfrac{m}{2}\right)!} \Rightarrow b_{m+2} = \frac{1}{\left(\dfrac{m+2}{2}\right)!} = \frac{2}{m+2} b_m \tag{3.369}$$

因此，如果 m 值很大，系数 b_m 的级数表现得与系数 a_m 相同，由于补偿项[方

程（3.353），（3.356）] 只有 $\exp(-x^2/w_x^2)=\exp(-\eta^2/2)$ 的形式，高阶模的高斯光束的振幅$|\Psi|$对很大的 η 值趋于无穷大。但是由于物理学的原因，$|\Psi|$对很大的 η 值必须趋于零。因此，必须有系数级数的停止准则，这就意味着变量 α 必须满足以下方程：

$$\alpha = f_x w_x^2 = -4j;\ j=0,1,2,\cdots \Rightarrow \quad f_x = -\frac{4j}{w_x^2} \tag{3.370}$$

将这个方程代入方程（3.363），得到著名的厄米特多项式的微分方程 H_j。

$$\frac{\mathrm{d}^2 g(\eta)}{\mathrm{d}\eta^2} - 2\eta \frac{\mathrm{d}g(\eta)}{\mathrm{d}\eta} + 2jg(\eta) = 0 \tag{3.371}$$

根据方程（3.366）和（3.370），厄米特多项式的系数级数满足

$$\begin{aligned} a_{m+2} &= \frac{2m+\frac{1}{2}\alpha}{(m+2)(m+1)}a_m \\ &= \frac{2(m-j)}{(m+2)(m+1)}a_m \end{aligned} \tag{3.372}$$

但是，我们有两种系数级数，一个适用于奇数 m，一个适用于偶数 m。因此如果 j 为奇数，只有奇数系数级数会停止，反之对 j 的偶值也是如此。因此，二次微分方程的积分常数 a_0 和 a_1 中有一个必须为零。这样，计算作为 g 和 h 的解的厄米特多项式 H_j。多数教科书对厄米特多项式进行了归一化，但使用方程（3.372）只可能计算未归一化的厄米特多项式。但这不是问题，因为不需要归一化的多项式。

如果我们对偶厄米多特项式 H_j 取 $a_0 \neq 0$ 且 $a_1=0$，对奇厄米特多项式取 $a_0=0$ 且 $a_1 \neq 0$，得到（除了归一化常数，直到三次多项式）

$$\begin{cases} H_0(\eta) = 1 \\ H_1(\eta) = \eta \\ H_2(\eta) = -2\eta^2 + 1 \\ H_3(\eta) = -\frac{2}{3}\eta^3 + \eta \end{cases} \tag{3.373}$$

由 P' 的方程（3.360），连同（3.370）（用 m 取代 j）和类似的 f_y 的方程（用 n 取代 j），得到

$$\begin{aligned} \frac{\mathrm{d}P}{\mathrm{d}z} &= \frac{\mathrm{i}}{2}\left(\frac{1}{q_x}+\frac{1}{q_y}\right) - m\frac{\lambda_n}{\pi w_x^2} - n\frac{\lambda_n}{\pi w_y^2} \\ &= \frac{\mathrm{i}}{2}\left(\frac{1}{q_x}+\frac{1}{q_y}\right) - m\,\mathrm{lm}\left(\frac{1}{q_x}\right) - n\,\mathrm{lm}\left(\frac{1}{q_y}\right) \end{aligned} \tag{3.374}$$

使用方程（3.355）以及

$$\frac{1}{q_x} = \frac{1}{q_{x,0}+z} = \frac{1}{\mathrm{Re}(q_{x,0})+\mathrm{i}\,\mathrm{Im}(q_{x,0})+z}$$

$$= \frac{z+\mathrm{Re}(q_{x,0})-\mathrm{i}\,\mathrm{Im}(q_{x,0})}{z^2+2z\,\mathrm{Re}(q_{x,0})+|q_{x,0}|^2} \qquad (3.375)$$

最后得到

$$P(z) = \mathrm{i}\ln\left(\sqrt{1+\frac{z}{q_{x,0}}}\sqrt{1+\frac{z}{q_{y,0}}}\right)$$

$$-m\arctan\left(\frac{z+\mathrm{Re}(q_{x,0})}{-\mathrm{Im}(q_{x,0})}\right)$$

$$-n\arctan\left(\frac{z+\mathrm{Re}(q_{x,0})}{-\mathrm{Im}(q_{x,0})}\right) \qquad (3.376)$$

注意使用了 $-\mathrm{Im}(q_{x,0})$ 和 $-\mathrm{Im}(q_{y,0})$，因为将在方程（3.378）中看到，这些量为正值。总结一下，笛卡儿坐标系中高阶模高斯光束（厄米特 – 高斯模式）的函数 ψ 可以使用方程（3.353）–（3.376）写作

$$\Psi(x,y,z) = H_m\left(\sqrt{2}\,\frac{x}{w_x(z)}\right)H_n\left(\sqrt{2}\,\frac{y}{w_y(z)}\right) \times \frac{1}{\sqrt{\left(1+\frac{z}{q_{x,0}}\right)\left(1+\frac{z}{q_{y,0}}\right)}}$$

$$\times \mathrm{e}^{-\mathrm{i}\left[m\arctan\left(\frac{z+\mathrm{Re}(q_{x,0})}{-\mathrm{Im}(q_{x,0})}\right)+n\arctan\left(\frac{z+\mathrm{Re}(q_{x,0})}{-\mathrm{Im}(q_{x,0})}\right)\right]}$$

$$\times \mathrm{e}^{\mathrm{i}\pi\left(\frac{x^2}{\lambda_n R_x(z)}+\frac{y^2}{\lambda_n R_{y(z)}}\right)} \times \mathrm{e}^{-\left(\frac{x^2}{w_x^2(z)}+\frac{y^2}{w_y^2(z)}\right)} \qquad (3.377)$$

比较方程（3.356）和（3.375）的实部和虚部，得到函数 w_x 和 R_x：

$$w_x^2(z) = \frac{\lambda_n}{\pi}\frac{z^2+2z\,\mathrm{Re}(q_{x,0})+|q_{x,0}|^2}{-\mathrm{Im}(q_{x,0})} \qquad (3.378)$$

$$R_x(z) = \frac{z^2+2z\,\mathrm{Re}(q_{x,0})+|q_{x,0}|^2}{z+\mathrm{Re}(q_{x,0})} \qquad (3.379)$$

将指数 x 替换为 y，类似的方程当然对 w_y 和 R_y 也成立。

图 3.34 显示了一些满足以下较低次厄米特 – 高斯模的典型强度分布 $|\Psi|^2$：

$$|\Psi(x,y,z)|^2 = \left[H_m\left(\sqrt{2}\,\frac{x}{w_x(z)}\right) H_n\left(\sqrt{2}\,\frac{y}{w_y(z)}\right) \right]^2 \times \left| \frac{1}{\sqrt{\left(1+\dfrac{z}{q_{x,0}}\right)\left(1+\dfrac{z}{q_{y,0}}\right)}} \right|^2 \times e^{-2\left(\frac{x^2}{w_x^2(z)}+\frac{y^2}{w_y^2(z)}\right)}$$

（3.380）

它们称为 TEM_{mn}，其中 m 为自变量为 $\sqrt{2}x/w_x$ 的厄米特多项式 H_m 的指数，n 为自变量为 $\sqrt{2}y/w_y$ 的厄米特多项式 H_n 的指数。零的数量等于模数，模覆盖的区域随着模数增加。

　　因此如果已知平面 $z=0$ 上的复数量 $q_{x,0}$ 和 $q_{y,0}$，更高次高斯光束的完整表现定义良好。已知波前在平面 $z=0$ 上的光束半径 $w_{x,0}$ 和 $w_{y,0}$，以及曲率半径 $R_{x,0}$ 和 $R_{y,0}$ 时，就是这种情况。就此而言，x 和 y 方向上的光束束腰可以位于不同的平面。如果两个光束束腰在同一个平面，坐标系的选取可以使光束束腰在平面 $z=0$ 内且 $q_{x,0}=-\mathrm{i}\pi w_{x,0}^2/\lambda_n$，使光束束腰 $w_{x,0}$ 在 x 方向。这样可以进行类似于高斯光束基模式的简化，且方程（3.378）和（3.379）简化为方程（3.345）和（3.346）。这样方程（3.377）也可以简化。

　　必须提到，厄米特 – 高斯模不是高斯光束更高次模的唯一解。如果激光腔圆柱对称，就得到拉盖尔 – 高斯模（Laguerre-Gaussian modes）[3.58]。除此之外，实际情况下还有其他不太重要的解。

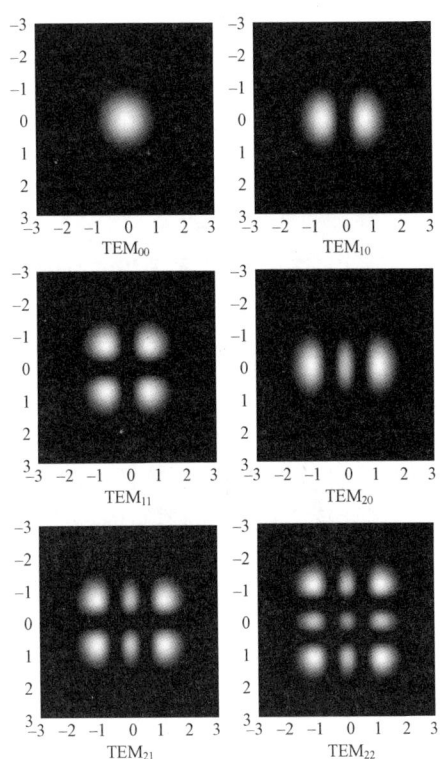

图 3.34　使用归一化坐标 x/w_x 和 y/w_y 的一些厄米特-高斯模的强度分布模拟

3.5.5　基本高斯光束在透镜上的变换

　　使用近轴近似进行基本高斯光束在（薄）透镜上的变换。这意味着，根据能量守恒，假设紧靠透镜前的光束半径等于紧靠透镜后的光束半径。此外，高斯光束的曲率半径和球面波以同样的方式变化。符号规约为正透镜的焦距为正，即 $f>0$，一个来自负的 z 方向（即按照光学的惯例来自左边）发散球面波具有正的曲率半径

$R > 0$。R_1 为紧靠透镜前的曲率半径，R_2 为紧靠透镜后的曲率半径。因此，焦距为 f 的透镜根据几何光学的近轴成像方程变换曲率半径（参见图 3.35）：

$$\frac{1}{R_2} = \frac{1}{R_1} - \frac{1}{f}$$

（3.381）

由于光束半径保持恒定，紧靠透镜前的光束复参数 q_1 和紧靠透镜后的 q_2 也按照以下变换：

$$\frac{1}{q_2} = \frac{1}{q_1} - \frac{1}{f}$$

（3.382）

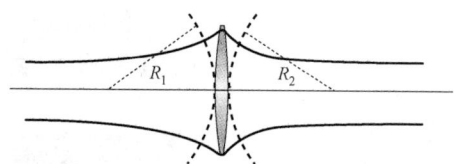

图 3.35　高斯光束在理想薄透镜上的变换

对于厚透镜或一个透镜系统的情况，根据近轴几何光学，透镜系统的两个主平面必须作为 q_1 和 q_2 的参考平面。如果 q 参数如方程（3.356）一样在 x 和 y 方向不同，则使用方程（3.382）分开处理两组参数。

为了计算焦距为 f 的透镜前距离 d_1 处的 q 参数 q_1，以及透镜后距离 d_2 处的 q_2，必须结合方程（3.335）和（3.382）。q_L 为紧靠透镜前的高斯光束参数，q_R 为紧靠透镜后的光束参数，在图 3.36 中显示。这样有

$$\begin{cases} q_L = q_1 + d_1 \\ \dfrac{1}{q_R} = \dfrac{1}{q_L} - \dfrac{1}{f} = \dfrac{1}{q_1 + d_1} - \dfrac{1}{f} \\ \Rightarrow q_R = \dfrac{f(q_1 + d_1)}{f - q_1 - d_1} \\ q_2 = q_R + d_2 = \dfrac{fq_1 + fd_1 + fd_2 - d_2 q_1 - d_1 d_2}{f - q_1 - d_1} \\ \Rightarrow q_2 = \dfrac{q_1\left(1 - \dfrac{d_2}{f}\right) + \left(d_1 + d_2 - \dfrac{d_1 d_2}{f}\right)}{-\dfrac{q_1}{f} + \left(1 - \dfrac{d_1}{f}\right)} \end{cases}$$

（3.383）

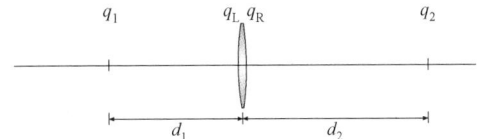

图 3.36　从透镜（焦距为 f）前距离 d_1 的平面到透镜后距离为 d_2 的
平面的高斯光束变换的光束复参数示意图

3.5.6　适用于高斯光束的 *ABCD* 矩阵法则

在近轴几何光学中，经过光学系统的传播可以描述为 *ABCD* 矩阵（参见第 2 章几何光学或[3.11, 58 – 60]）。将方程（3.383）的项与从焦距为 f 的透镜前距离 d_1 的平面到透镜后距离为 d_2 的平面的传播的近轴 *ABCD* 矩阵进行比较。

$$\begin{pmatrix} A & B \\ C & D \end{pmatrix} = \begin{pmatrix} 1 - \dfrac{d_2}{f} & d_1 + d_2 - \dfrac{d_1 d_2}{f} \\ -\dfrac{1}{f} & 1 - \dfrac{d_1}{f} \end{pmatrix} \qquad (3.384)$$

高斯光束参数变换为

$$q_2 = \frac{A q_1 + B}{C q_1 + D} \qquad (3.385)$$

可以看到，只要近轴近似成立，*ABCD* 矩阵法则的成立就具有很好的普遍性。下文将展示一列（薄透镜）和自由空间传播的情况。

1. 自由空间传播

方程（3.335）将折射率为 n 的均匀介质中的自由空间传播描述为：$q_2 = q_1 + z$。另外，距离为 z 的两个平面之间的自由空间传播近轴矩阵为

$$\begin{pmatrix} A & B \\ C & D \end{pmatrix} = \begin{pmatrix} 1 & z \\ 0 & 1 \end{pmatrix}$$

$$\Rightarrow q_2 = q_1 + z = \frac{1 \cdot q_1 + z}{0 \cdot q_1 + 1} = \frac{A q_1 + B}{C q_1 + D} \qquad (3.386)$$

因此，自由空间传播满足高斯光束的 *ABCD* 矩阵法则。

2. 薄透镜

方程（3.382）适用于高斯光束在薄透镜上的变换。焦距为 f 的薄透镜的近轴矩阵为

$$\begin{pmatrix} A & B \\ C & D \end{pmatrix} = \begin{pmatrix} 1 & 0 \\ -\dfrac{1}{f} & 1 \end{pmatrix}$$

$$\Rightarrow q_2 = \frac{fq_1}{f - q_1} = \frac{1 \cdot q_1 + 0}{-\dfrac{q_1}{f} + 1} = \frac{Aq_1 + B}{Cq_1 + D} \qquad (3.387)$$

因此，高斯光束在薄透镜上的变换满足方程（3.385）的 *ABCD* 矩阵法则。

3. 一列透镜和自由空间传播

假设 M_1 和 M_2 为两次相继操作的参数矩阵，例如自由空间传播或薄透镜上的变换。q 参数在第一次操作前为 q_0，第一次操作后为 q_1，第二次操作后为 q_2。方程（3.386）和（3.387）都满足方程（3.385）。因此，存在以下关系：

$$q_1 = \frac{A_1 q_0 + B_1}{C_1 q_0 + D_1} \quad , \quad q_2 = \frac{A_2 q_1 + B_2}{C_2 q_1 + D_2} \qquad (3.388)$$

将 q_1 替换成 q_2，得到

$$q_2 = \frac{A_2 \dfrac{A_1 q_0 + B_1}{C_1 q_0 + D_1} + B_2}{C_2 \dfrac{A_1 q_0 + B_1}{C_1 q_0 + D_1} + D_2}$$

$$= \frac{(A_2 A_1 + B_2 C_1)q_0 + (A_2 B_1 + B_2 D_1)}{(C_2 A_1 + D_2 C_1)q_0 + (C_2 B_1 + D_2 D_1)} \qquad (3.389)$$

两次操作的近轴矩阵 M 为

$$M = \begin{pmatrix} A & B \\ C & D \end{pmatrix} = M_2 M_1$$

$$= \begin{pmatrix} A_2 & B_2 \\ C_2 & D_2 \end{pmatrix} \cdot \begin{pmatrix} A_1 & B_1 \\ C_1 & D_1 \end{pmatrix}$$

$$= \begin{pmatrix} A_2 A_1 + B_2 C_1 & A_2 B_1 + B_2 D_1 \\ C_2 A_1 + D_2 C_1 & C_2 B_1 + D_2 D_1 \end{pmatrix} \qquad (3.390)$$

最后，q_2 和 q_0 之间的关系为

$$q_2 = \frac{Aq_0 + B}{Cq_0 + D} \qquad (3.391)$$

这表示 *ABCD* 矩阵法则对自由空间传播或薄透镜上的变换的两次连续操作是适用的。因此，对于任意次数这样的操作都应该成立。几何光学证明厚透镜可以用薄透镜或自由空间传播替代。因此，*ABCD* 矩阵法则也可以应用于厚透镜和包含许多透镜的系统。假设其间用这样一个系统描述两个平面间的传播的近轴 *ABCD* 矩阵是已知的。这样，高斯光束在第一个平面上的参数 q_1 到第二个平面上的参数 q_2 的变换可以用方程（3.385）描述。当然，我们总是假设系统中没有孔径，因此近轴

近似成立；即光学系统是理想的，不会引起像差。

3.5.7 一些高斯光束传播的例子

1. 几何成像情况下的变换

在透镜第二个主平面后距离 d_2 处，研究焦距为 f 的透镜（或透镜系统）第一个主平面前距离 d_1 处光束参数为 q_1 的高斯光束。这里，高斯光束的光束参数为 q_2。此外，假设距离 d_1 和 d_2 以及透镜焦距满足近轴几何光学的成像方程

$$\frac{1}{d_1} + \frac{1}{d_2} = \frac{1}{f} \Rightarrow \qquad (3.392)$$

$$1 - \frac{d_2}{f} = -\frac{d_2}{d_1} = \beta \qquad (3.393)$$

$$d_1 + d_2 - \frac{d_1 d_2}{f} = 0 \qquad (3.394)$$

$$1 - \frac{d_1}{f} = -\frac{d_1}{d_2} = \frac{1}{\beta} \qquad (3.395)$$

使用方程（3.383），可以得到

$$q_2 = \frac{\beta q_1}{-\dfrac{q_1}{f} + \dfrac{1}{\beta}} \Rightarrow \frac{1}{q_2} = -\frac{1}{\beta f} + \frac{1}{\beta^2 q_1} \qquad (3.396)$$

使用方程（3.337）将复值 q 参数分成解成实数变量，得到

$$\frac{1}{R_2} + i\frac{\lambda_n}{\pi w_2^2} = -\frac{1}{\beta f} + \frac{1}{\beta^2 R_1} + i\frac{\lambda_n}{\beta^2 \pi w_1^2}$$

$$\Rightarrow \quad \frac{1}{R_2} = \frac{1}{\beta^2 R_1} - \frac{1}{\beta f} \quad , \quad w_2 = |\beta| w_1 \qquad (3.397)$$

如果这两个平面都满足成像方程，即第一个平面通过透镜成像到第二个平面上，则结果是从一个平面向另一个平面以横向放大率 β 变换的光束半径。

2. 透镜后的光束束腰位置和尺寸

假设高斯光束的光束束腰 w_0 在焦距为 f 的透镜前距离 d_1 处，因此根据方程（3.338），第一个平面的光束参数为 $q_1 = -i\pi w_0^2 / \lambda_n$。计算透镜后光束束腰的位置和尺寸。要求的参数为光束束腰大小 w_2 及其和透镜的距离 d_2（参见图 3.37）。

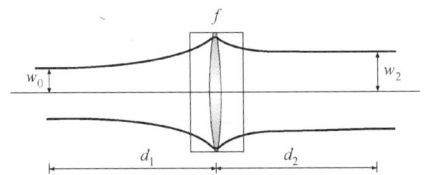

图 3.37 计算高斯光束在透镜后的光束束腰位置和尺寸的参数示意图

使用方程（3.337）和（3.383），得到

$$\frac{1}{q_2} = \frac{1}{R_2} + i\frac{\lambda_n}{\pi w_2^2}$$

$$= \frac{i\frac{\pi w_0^2}{\lambda_n f} + \left(1 - \frac{d_1}{f}\right)}{-i\left(1 - \frac{d_2}{f}\right)\frac{\pi w_0^2}{\lambda_n} + \left(d_1 + d_2 - \frac{d_1 d_2}{f}\right)}$$

$$\Rightarrow \frac{1}{R_2} + i\frac{\lambda_n}{\pi w_2^2} = \frac{\left\{ \begin{array}{c} i\frac{\pi w_0^2}{\lambda_n} - \left(1 - \frac{d_2}{f}\right)\frac{\pi^2 w_0^4}{\lambda_n^2 f} + \\ \left[\left(1 - \frac{d_1}{f}\right)\left(d_1 + d_2 - \frac{d_1 d_2}{f}\right)\right] \end{array} \right\}}{\left(1 - \frac{d_2}{f}\right)^2 \frac{\pi^2 w_0^4}{\lambda_n^2} + \left(d_1 + d_2 - \frac{d_1 d_2}{f}\right)^2} \tag{3.398}$$

光束束腰的位置上，该方程的实部 $1/R_2$ 必须消失。这就给出了计算 d_2 的条件：

$$-\left(1 - \frac{d_2}{f}\right)\frac{\pi^2 w_0^4}{\lambda_n^2 f}$$
$$+ \left(1 - \frac{d_1}{f}\right)\left(d_1 + d_2 - \frac{d_1 d_2}{f}\right) = 0;$$

$$\Rightarrow d_2 = \frac{\frac{\pi^2 w_0^4}{\lambda_n^2 f} - d_1\left(1 - \frac{d_1}{f}\right)}{\frac{\pi^2 w_0^4}{\lambda_n^2 f^2} + \left(1 - \frac{d_1}{f}\right)^2} \tag{3.399}$$

在几何光学的极限情况下，即 $w_0 \to 0$，该方程等于近轴成像方程。

可以使用方程（3.398）的虚部确定光束束腰 w_2，然后借助方程（3.399）的第一部分替代 $d_1 + d_2 - d_1 d_2/f$ 项：

$$\frac{\lambda_n}{\pi w_2^2} = \frac{\frac{\pi w_0^2}{\lambda_n}}{\left(1 - \frac{d_2}{f}\right)^2 \frac{\pi^2 w_0^4}{\lambda_n^2}\left(1 + \frac{\frac{\pi^2 w_0^4}{\lambda_n^2 f^2}}{\left(1 - \frac{d_1}{f}\right)^2}\right)}$$

$$\Rightarrow w_2^2 = w_0^2\left(1 - \frac{d_2}{f}\right)^2\left(1 + \frac{\frac{\pi^2 w_0^4}{\lambda_n^2 f^2}}{\left(1 - \frac{d_1}{f}\right)^2}\right) \tag{3.400}$$

从方程（3.399）得到

$$1-\frac{d_2}{f}=\frac{1-\dfrac{d_1}{f}}{\dfrac{\pi^2 w_0^4}{\lambda_n^2 f^2}+\left(1-\dfrac{d_1}{f}\right)^2}\qquad(3.401)$$

因此 w_2 的最终结果为

$$w_2^2=\frac{w_0^2}{\dfrac{\pi^2 w_0^4}{\lambda_n^2 f^2}+\left(1-\dfrac{d_1}{f}\right)^2}\qquad(3.402)$$

特别有意思的情况是透镜前的光束束腰 w_0 位于透镜的前焦平面内，即 $d_1=f$。在这种特殊情况下，方程（3.399）和（3.402）简化为

$$d_2=f\quad,\quad w_2=\frac{\lambda_n f}{\pi w_0}\qquad(3.403)$$

因此，如果入射高斯光束的光束束腰位于透镜的前焦平面内，则变换后的高斯光束的光束束腰位于透镜的后焦平面内（参见图 3.38）。此外，光束束腰尺寸 w_2 为透镜焦距 f 和入射高斯光束在方程（3.349）中的远场角的乘积。该结果说明高斯光束的变换不能与几何光学中近轴球面波的变换相混淆。

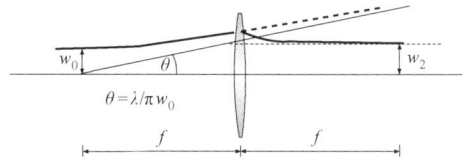

图 3.38　光束束腰位于透镜前焦平面内时的高斯光束在透镜上的变换的特殊情况

┃ 参 考 文 献 ┃

［3.1］ M. Born, E. Wolf: *Principles of Optics*, 6th edn. (Cambridge Univ. Press, Cambridge 1997)

［3.2］ R.W. Boyd: *Nonlinear Optics* (Academic, San Diego 2003)

［3.3］ A. Yariv, P. Yeh: *Optical Waves in Crystals* (Wiley, New York 1984)

［3.4］ A.E. Siegman: Propagating modes in gain－guided optical fibers, J. Opt. Soc. Am. A **20**, 1617－1628 (2003)

［3.5］ J.W. Goodman: *Introduction to Fourier Optics*, 2nd edn. (McGraw－Hill, New York 1996)

［3.6］ H. Haferkorn: *Optik*, 4th edn. (Wiley－VCH, Weinheim 2003)

［3.7］ E. Hecht: *Optics*, 3rd edn. (Addison – Wesley, Reading 1998)

［3.8］ M.V. Klein, T.E. Furtak: *Optics*, 2nd edn. (Wiley, New York 1986)

［3.9］ V.N. Mahajan: *Optical Imaging and Aberrations, Part II: Wave Diffraction Optics* (SPIE Press, Bellingham 2001)

［3.10］ D. Marcuse: *Light Transmission Optics*, 2nd edn. (Van Nostrand, New York 1982)

［3.11］ A.E. Siegman: *Lasers* (Univ. Science Books, Mill Valley 1986)

［3.12］ R.A. Chipman: Polarization analysis of optical systems, Opt. Eng. **28**, 90 – 99 (1989)

［3.13］ R.A. Chipman: Mechanics of polarization ray tracing, Opt. Eng. **34**, 1636 – 1645 (1995)

［3.14］ E. Waluschka: Polarization ray trace, Opt. Eng. **28**, 86 – 89 (1989)

［3.15］ R.C. Jones: A new calculus for the treatment of optical systems, J. Opt. Soc. Am. **31**, 488 – 5003 (1941)

［3.16］ J.W. Goodman: *Statistical Optics* (Wiley, New York 1985)

［3.17］ M. Françon: *Optical Interferometry* (Academic, New York 1984)

［3.18］ P. Hariharan: *Optical Interferometry* (Academic, Sydney 1985)

［3.19］ D. Malacara (Ed.): *Optical Shop Testing*, 2nd edn. (Wiley, New York 1991)

［3.20］ D.W. Robinson, G.T. Reid (Eds.): *Interferogram Analysis* (IOP, Bristol 1993)

［3.21］ C.M. Haaland: Laser electron acceleration in vacuum, Opt. Commun. **114**, 280 – 284 (1995)

［3.22］ Y.C. Huang, R.L. Byer: A proposed high – gradient laser – driven electron accelerator using crossed cylindrical laser focusing, Appl. Phys. Lett. **69**, 2175 – 2177 (1996)

［3.23］ R. Dändliker: Two – Reference – Beam Holographic Interferometry. In: *Holographic Interferometry*, ed. by P.K. Rastogi (Springer, Berlin, Heidelberg 1994), pp. 75 – 108

［3.24］ R. Dändliker: Heterodyne Holographic Interferometry, Prog. Opt. **17**, 1 – 84 (1980)

［3.25］ G. Schulz, J. Schwider: Interferometric Testing of Smooth Surfaces, Prog. Opt. **13**, 93 – 167 (1976)

［3.26］ J. Schwider: Advanced Evaluation Techniques in Interferometry, Prog. Opt. **28**, 271 – 359 (1990)

［3.27］ W.H. Steel: Two – Beam Interferometry, Prog. Opt. **5**, 145 – 197 (1966)

［3.28］ H.J. Tiziani: Optical metrology of engineering surfaces – scope and trends. In: *Optical Measurement Techniques and Applications*, ed. by P.K. Rastogi (Artech House, Norwood 1997) pp. 15 – 50

［3.29］ O. Bryngdahl: Applications of Shearing Interferometry, Prog. Opt. **4**, 37 – 83 (1965)

［3.30］ H. Sickinger, O. Falkenstörfer, N. Lindlein, J. Schwider: Characterization of microlenses using a phaseshifting shearing interferometer, Opt. Eng. **33**, 2680 – 2686 (1994)

［3.31］ K. Creath: Phase – Mesurement Interferometry Techniques, Prog. Opt. **26**, 349 – 393 (1988)

［3.32］ A. Hettwer, J. Kranz, J. Schwider: Three channel phase – shifting interferometer using polarizationoptics and a diffraction grating, Opt. Eng. **39**, 960 – 966 (2000)

［3.33］ S. Quabis, R. Dorn, M. Eberler, O. Glöckl, G. Leuchs: Focusing light to a tighter spot, Opt. Commun. **179**, 1 – 7 (2000)

［3.34］ B. Richards, E. Wolf: Electromagnetic diffraction in optical systems II. Structure of the image field in an aplanatic system, Proc. R. Soc. A **253**, 358 – 379 (1959)

［3.35］ M. Françon: *Diffraction* (Pergamon, Oxford 1966)

［3.36］ J.E. Harvey: Fourier treatment of near – field scalar diffraction theory, Am. J. Phys. **47**, 974 – 980 (1979)

［3.37］ E. Lalor: Conditions for the validity of the angular spectrum of plane waves, J. Opt. Soc. Am. **58**, 1235 – 1237 (1968)

［3.38］ U. Vokinger: Propagation, modification. analysis of partially coherent light fields. Dissertation (Univ. of Neuchatel (UFO), Allensbach 2000)

［3.39］ J.J. Stamnes: *Waves in Focal Regions* (Hilger, Bristol 1986)

［3.40］ H.J. Caulfield: *Handbook of Optical Holography* (Academic, New York 1979)

［3.41］ P. Hariharan: *Basics of Holography* (Cambridge Univ. Press, Cambridge 2002)

［3.42］ E.N. Leith, J. Upatnieks: Recent Advances in Holography, Prog. Opt. **6**, 1 – 52 (1967)

［3.43］ G. Saxby: *Practical Holography* (Prentice Hall, New York 1988)

［3.44］ B.R. Brown, A.W. Lohmann: Computer generated binary holograms, IBM J. **13**, 160 – 168 (1969)

［3.45］ O. Bryngdahl, F. Wyrowski: Digital holography – Computer – Generated Holograms, Prog. Opt. **28**, 1 – 86 (1990)

［3.46］ H.P. Herzig: *Micro – Optics* (Taylor and Francis, London 1997)

［3.47］ B. Kress, P. Meyrueis: *Digital Diffractive Optics* (Wiley, Chichester 2000)

［3.48］ W. – H. Lee: Computer – Generated Holograms: Techniques, Applications, Prog. Opt. **16**, 119 – 232 (1978)

［3.49］ D. Maystre: Rigorous Vector Theories of Diffraction Gratings, Prog. Opt. **11**,

1 – 67 (1984)

[3.50] S. Sinzinger, J. Jahns: *Microoptics* (Wiley – VCH, Weinheim 1999)

[3.51] I.N. Bronstein, K.A. Semendjajew: *Taschenbuch der Mathematik*, 23rd edn. (Thun, Frankfurt 1987), in German

[3.52] W.H. Press, B.P. Flannery, S.A. Teukolsky, W.T. Vetterling: *Numerical Recipes in C* (Cambridge Univ. Press, Cambridge 1991) pp. 398 – 470

[3.53] B. Besold, N. Lindlein: Fractional Talbot effect for periodic microlens arrays, Opt. Eng. **36**, 1099 – 1105 (1997)

[3.54] S. Quabis, R. Dorn, M. Eberler, O. Glöckl, G. Leuchs: The focus of light – theoretical calculation and experimental tomographic reconstruction, Appl. Phys. B **72**, 109 – 113 (2001)

[3.55] M. Mansuripur: Distribution of light at and near the focus of high – numerical – aperture objectives, J. Opt. Soc. Am. A **3**, 2086 – 2093 (1986)

[3.56] M. Mansuripur: Distribution of light at and near the focus of high – numerical – aperture objectives: Erratum, J. Opt. Soc. Am. A **10**, 382 – 383 (1993)

[3.57] R. Dorn, S. Quabis, G. Leuchs: The focus of light – linear polarization breaks the rotational symmetry of the focal spot, J. Mod. Opt. **50**, 1917 – 1926 (2003)

[3.58] H. Kogelnik, T. Li: Laser beams and resonators, Appl. Opt. **5**, 1550 – 1567 (1966)

[3.59] W. Brouwer: *Matrix Methods in Optical Instrument Design* (Benjamin, New York 1964)

[3.60] A. Gerrard, J.M. Burch: *Introduction to Matrix Methods in Optics* (Wiley, London 1975)

第 4 章

非线性光学

本章将对非线性光学现象进行简单的介绍，并对非线性光学近期的一些最重要的进展和突破，以及非线性光学过程和设备的新应用进行讨论。

非线性光学是研究当介质系统对施加的电磁场的响应对于该场的振幅为非线性的情况下，光与物质的相互作用的光学领域。在非激光光源的典型弱光强度下，介质的性质仍与照射强度无关。这种情况下叠加原理适用，光波可以经过介质或从边界或界面上反射，且相互不发生作用。另外，激光光源能够提供足够高的光强度，从而改变介质的光学性质。光波这时可以相互作用，交换动量和能量，叠加原理不再有效。光波的相互作用可以导致在新频率下产生光场，包括入射辐射的光谐波或和频或差频信号，甚至可以引起阿秒（10^{-18} s）域内超短光脉冲的产生。

本章首先给出了获取高阶谐波所需的实验装置，随后讨论了阿秒脉冲序列和单个阿秒脉冲生成的微观和宏观物理学基础。对阿秒科学领域进行了评述，描述了不同的测量技术，并讨论了一些应用。

尽管对多数非线性光学现象的观测需要激光辐射，在激光发明前很早就知道了一些类别的非线性光学效应，这些现象中最突出的例子包括泡克耳斯（Pockels）效应和克尔（Kerr）电光效应[4.1]，以及 Vavilov[4.2, 3]描述的光诱导共振吸收饱和。但是，只有激光技术出现后，对光学非线性的系统研究以及对种类繁多的壮观的非线性光学现象的观测才成为可能。

激光时代开始于弗兰肯（Franken）等人 1961 年进行的激光时代的第一次非线性光学实验[4.4]，实验中波长为 694.2 nm 的红宝石激光辐射被用于在石英晶体内生成波长为 347.1 nm 的二次谐波。这项开创性工作之后，发现了很多种类丰富的非线性光学效应，包括和频产生、受激拉曼散射、自聚焦、光学纠正、四波混频及许多其他效应。弗兰肯的开创性工作中，二次谐波产生（SHG）效率的量级为 10^{-8}，而 1963 年年初发明的光学倍频器提供的变频效率达到了 20%～30%[4.5, 6]。布隆伯根（Bloembergen）[4.7]以及 Akhmanov 和 Khokhlov[4.8]在 20 世纪 60 年代中期出版的经典著作中，以最具启发性的方式，回顾了非线性光学发展的早期阶段和基本原理。

接下来的 40 年中，非线性光学领域经历了巨大的发展，引起了对新的物理现象的观测，并产生了很多新概念和新应用。关于这些效应的系统介绍以及非线性光学概念和设备的全面综述可以参阅 Shen[4.9]、Boyd[4.1]、Butcher 和 Cotter[4.10]、Reintjes[4.11]以及其他作者的精彩教科书。最新的对非线性光学领域的最新评论和对非线性光学反应背后的基础物理学的深入探讨之一来自 Flytzanis[4.12]。本章简单介绍了主要的非线性光学现象，并讨论了近期非线性光学的一些最重要的进展，以及非线性光学过程和光学器件的新应用。

|4.1 非线性极化和非线性极化率|

非线性光学效应属于在宏观麦克斯韦方程组的一般框架下描述的更广泛的一类电磁现象。麦克斯韦方程组不仅可以根据相关非线性光学极化率，或者更一般地，根据感应极化中的非线性项，对非线性现象进行识别和分类，还可控制非线性光学传播效应。假设不存在外来电荷和电流，并将电场 $E(r,t)$ 和磁场 $H(r,t)$ 的麦克斯韦方程写作以下形式：

$$\nabla \times E = -\frac{1}{c}\frac{\partial B}{\partial t} \tag{4.1}$$

$$\nabla \times B = \frac{1}{c}\frac{\partial D}{\partial t} \tag{4.2}$$

$$\nabla \cdot D = 0 \tag{4.3}$$

$$\nabla \cdot B = 0 \tag{4.4}$$

式中，$B = H + 4\pi M$，M 为磁偶极极化；c 为光速；

$$D = E + 4\pi \int_{-\infty}^{t} J(\zeta)\mathrm{d}\zeta \tag{4.5}$$

式中，J 为感应电流密度。一般来说，必须求解电磁场驱动的电荷的运动方程，以定义感应电流 J 和电场、磁场的关系。对于量子系统来说，这可以通过求解薛定谔方程实现。本章 4.5 节中，在一个二能级模型系统中给出了这样的非线性光学现象自洽分析的例子。基于引入场独立或局部场校正非线性光学极化率的现象学方法常常能够为非线性光学过程提供充分的描述。

一般来说，电流密度 J 可以表示为多极的级数展开：

$$J = \frac{\partial}{\partial t}(P - \nabla \cdot Q) + c(\nabla \times M) \tag{4.6}$$

式中，P 和 Q 分别为电偶极极化和电四极极化。在电偶极近似中，只保留方程（4.6）右边的第一项。基于方程（4.5）可得出矢量 D、E 和 P 的以下关系：

$$D = E + 4\pi P \tag{4.7}$$

现在将极化 P 表示为和的形式：

$$P = P_L + P_{nl} \tag{4.8}$$

式中，P_L 为电偶极极化在场振幅中的线性部分；P_{nl} 为极化的非线性部分。

线性极化支配了线性光学现象，也就是说其符合介质的光学性质独立于场强度的情况。P_L 和电场 E 的关系通过线性光学的标准公式给出：

$$P_L = \int \chi^{(1)}(t - t')E(t')\mathrm{d}t' \tag{4.9}$$

式中，$\chi^{(1)}(t)$ 为时域线性极化率张量。以基本单色平面波的形式将场 E 和极化

P_L 表示为

$$E = E(\omega)\exp(\mathrm{i}\mathbf{k}\mathbf{r} - \omega t) + \text{c.c} \qquad (4.10)$$

和

$$P_L = P_L(\omega)\exp(\mathrm{i}\mathbf{k}\mathbf{r} - \omega t) + \text{c.c.} \qquad (4.11)$$

通过方程（4.9）的傅里叶变换得到

$$P_L(\omega) = \chi^{(1)}(\omega)E(\omega) \qquad (4.12)$$

其中，

$$\chi^{(1)}(\omega) = \int \chi^{(1)}(t)\exp(\mathrm{i}\omega t)\mathrm{d}t \qquad (4.13)$$

在弱场情况下，极化的非线性部分 P_{nl} 可以表示为场 E 的幂级数展开：

$$\begin{aligned}
P_{nl} &= \iint \chi^{(2)}(t - t_1, t - t_2) : E(t_1)E(t_2)\mathrm{d}t_1\mathrm{d}t_2 \\
&+ \iiint \chi^{(3)}(t - t_1, t - t_2, t - t_3) \\
&\vdots E(t_1)E(t_2)E(t_3)\mathrm{d}t_1\mathrm{d}t_2\mathrm{d}t_3 + \cdots
\end{aligned} \qquad (4.14)$$

式中，$\chi^{(2)}$ 和 $\chi^{(3)}$ 分别为二阶和三阶非线性极化率。

以平面单色波和的形式将电场表示为

$$E = \sum_i E_i(\omega_i)\exp(\mathrm{i}\mathbf{k}_i\mathbf{r} - \omega_i t) + \text{c.c.} \qquad (4.15)$$

取方程（4.14）的傅里叶变换得到

$$P_{nl}(\omega) = P^{(2)}(\omega) + P^{(3)}(\omega) + \cdots \qquad (4.16)$$

其中，

$$P^{(2)}(\omega) = \chi^{(2)}(\omega; \omega_i, \omega_j) : E(\omega_i)E(\omega_j) \qquad (4.17)$$

$$P^{(3)}(\omega) = \chi^{(3)}(\omega; \omega_i, \omega_j, \omega_k) : E(\omega_i)E(\omega_j)E(\omega_k) \qquad (4.18)$$

$$\begin{aligned}
\chi^{(2)}(\omega; \omega_i, \omega_j) &= \chi^{(2)}(\omega = \omega_i + \omega_j) \\
&= \iint \chi^{(2)}(t_1, t_2)\exp[\mathrm{i}(\omega_i t_1 + \omega_j t_2)]\mathrm{d}t_1\mathrm{d}t_2
\end{aligned} \qquad (4.19)$$

为二阶非线性光学极化率，且

$$\begin{aligned}
\chi^{(3)}(\omega; \omega_i, \omega_j, \omega_k) &= \chi^{(3)}(\omega = \omega_i + \omega_j + \omega_k) \\
&= \iint \chi^{(3)}(t_1, t_2, t_3)\exp[\mathrm{i}(\omega_i t_1 + \omega_j t_2 + \omega_k t_3)]\mathrm{d}t_1\mathrm{d}t_2\mathrm{d}t_3
\end{aligned} \qquad (4.20)$$

为三阶非线性光学极化率。

方程（4.17）所定义的二阶非线性极化引起了三波混频过程、光学纠正和线性电光效应。特别是，设方程（4.17）和（4.19）中 $\omega_i = \omega_j = \omega_0$，得到 $\omega = 2\omega_0$，对应非线性极化率 $\chi^{(2)}_{SHG} = \chi^{(2)}(2\omega_0; \omega_0, \omega_0)$ 所控制的二次谐波产生。在更一般的三波混频过程 $\omega_i = \omega_1 \neq \omega_j = \omega_2$ 的情况下，方程（4.17）所定义的二阶极化可以描述分别由非线性极化率 $\chi^{(2)}_{SFG} = \chi^{(2)}(\omega_{SF}; \omega_1, \omega_2)$ 和 $\chi^{(2)}_{DFG} = \chi^{(2)}(\omega_{DF}; \omega_1, -\omega_2)$ 支配的和频产生（SFG）$\omega_{SF} = \omega_1 + \omega_2$（图4.1）和差频产生（DFG）$\omega_{DF} = \omega_1 - \omega_2$。

方程（4.18）所定义的三阶非线性极化造成了四波混频（FWM）、受激拉曼散射、双光子吸收以及克尔效应相关的现象，包括自相位调制（SPM）和自聚焦。对于三次谐波产生的特殊情况，设方程（4.18）和（4.20）中 $\omega_i=\omega_j=\omega_k=\omega_0$，得到 $\omega=3\omega_0$。根据方程（4.18）和（4.20），这类非线性光学相互作用受到三阶极化率 $\chi_{THG}^{(3)}=\chi^{(3)}(3\omega_0;\omega_0,\omega_0,\omega_0)$ 的控制。更一般的频率非简并的情况可以对应于 FWM 过程的一般类型。以下几节将更详细地考虑这些和其他基本非线性光学过程。

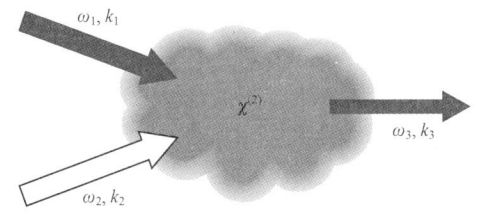

图 4.1　在具有二次非线性的介质中的和频产生 $\omega_1+\omega_2=\omega_3$。
二阶非线性介质中的和频产生 $\omega_1+\omega_2=\omega_3$。$\omega_1=\omega_2$ 的情况对应二次谐波产生

|4.2　非线性光学的波动|

在电偶极近似中，麦克斯韦方程（4.1）–（4.4）产生了以下支配光波在弱非线性介质中传播的方程：

$$\nabla\times(\nabla\times \boldsymbol{E})-\frac{1}{c^2}\frac{\partial^2 \boldsymbol{E}}{\partial t^2}-\frac{4\pi}{c^2}\frac{\partial^2 \boldsymbol{P}_L}{\partial t^2}=\frac{4\pi}{c^2}\frac{\partial^2 \boldsymbol{P}_{nl}}{\partial t^2} \tag{4.21}$$

出现在方程（4.21）右边的非线性极化起到了驱动源的作用，通过与非线性极化波 $\boldsymbol{P}_{nl}(\boldsymbol{r},t)$ 具有相同频率 ω 诱发电磁波。这样，非线性波动过程的动力可以看作感应波和驱动（泵浦）波干涉的结果，受到介质的色散控制。

假设场具有沿 z 轴传播的准单色平面波的形式，则方程（4.21）中的场 $\boldsymbol{E}$ 可表示为

$$\boldsymbol{E}(\boldsymbol{r},t)=\mathrm{Re}[eA(z,t)\exp(ikz-\omega t)] \tag{4.22}$$

并将非线性极化写作

$$\boldsymbol{P}_{nl}(\boldsymbol{r},t)=\mathrm{Re}[e_p P_{nl}(z,t)\exp(ik_p z-\omega t)] \tag{4.23}$$

式中，k 和 $A(z,t)$ 分别为电场的波矢量和包络；k_p 和 $P_{nl}(z,t)$ 分别为极化波的波矢量和包络。

如果包络 $A(z,t)$ 为波长上的慢化函数，$|\partial^2 A/\partial z^2|\ll|k\partial A/\partial z|$ 且 $\partial^2 \boldsymbol{P}_{nl}/\partial t^2\approx-\omega^2 \boldsymbol{P}_{nl}$，方程（4.21）可简化为[4.9]

$$\frac{\partial A}{\partial z}+\frac{1}{u}\frac{\partial A}{\partial t}=\frac{2\pi i\omega^2}{kc^2}P_{nl}\exp(i\Delta kz) \tag{4.24}$$

式中， $u = (\partial k / \partial \omega)^{-1}$ 为群速度； $\Delta k = k_p - k$ 为波矢量失配。

以下几节中，将使用这个慢变包络近似（SVEA）的一般方程，对基本的二阶和三阶非线性光学现象的波动性进行分析。

|4.3 二阶非线性过程|

4.3.1 二次谐波产生

二次谐波产生中，频率为 ω 的泵浦波在具有二阶非线性的介质内传播时生成频率为 2ω 的信号（图 4.1）。由于在轴对称介质中所有偶数阶非线性极化率 $\chi^{(n)}$ 消失，SHG 只能在不具有反演对称性的介质中出现。

假设衍射和二阶色散效应可以忽略，使用方程（4.24）具有非线性 SHG 极化率 $\chi_{SHG}^{(2)} = \chi^{(2)}(2\omega; \omega, \omega)$ 的二阶非线性介质，写出泵浦场和二阶谐波场的慢变包络 $A_1 = A_1(z,t)$ 和 $A_2 = A_2(z,t)$ 的一对耦合方程：

$$\frac{\partial A_1}{\partial z} + \frac{1}{u_1}\frac{\partial A_1}{\partial t} = i\gamma_1 A_1^* A_2 \exp(i\Delta kz) \tag{4.25}$$

$$\frac{\partial A_2}{\partial z} + \frac{1}{u_2}\frac{\partial A_2}{\partial t} = i\gamma_2 A_1^2 \exp(-i\Delta kz) \tag{4.26}$$

其中，

$$\gamma_1 = \frac{2\pi\omega_1^2}{k_1 c^2}\chi^{(2)}(\omega; 2\omega, -\omega) \tag{4.27}$$

$$\gamma_2 = \frac{4\pi\omega_1^2}{k_2 c^2}\chi_{SHG}^{(2)} \tag{4.28}$$

为非线性系数； u_1 和 u_2 分别为泵浦脉冲和二次谐波脉冲的群速度； $\Delta k = 2k_1 - k_2$ 为 SHG 过程的波矢量失配。

对于给定长度的非线性介质，如果泵浦脉冲和二次谐波脉冲群速度的差可以忽略，且 SHG 过程中泵浦场的强度始终比二次谐波场的强度高很多，那么我们假设在方程（4.25）和（4.26）中有 $u_1 = u_2 = u$ 且 $|A_1|^2 = |A_{10}|^2 =$ 常量，在 $z' = z$ 且 $\eta = t - z/u$ 的延迟参照系中推导出

$$A_2(L) = i\gamma_2 A_{10}^2 \frac{\sin\left(\dfrac{\Delta kL}{2}\right)}{\dfrac{\Delta kL}{2}} L \exp\left(\dfrac{i\Delta kL}{2}\right) \tag{4.29}$$

式中， L 为非线性介质的长度。

这样，二次谐波场的强度由下式得出：

$$I_2(L) \propto \gamma_2^2 I_{10}^2 \left(\frac{\sin\left(\dfrac{\Delta k L}{2}\right)}{\dfrac{\Delta k L}{2}} \right)^2 L^2 \qquad (4.30)$$

式中，I_{10} 为泵浦场的强度。

从方程（4.30）可以看出，二次谐波强度 I_2 作为 L 的函数以周期 $L_c = \pi / |\Delta k| = \lambda_1$ $(4|n_1 - n_2|)^{-1}$ 振荡（图 4.2），其中 λ_1 为泵浦波长，n_1 和 n_2 分别为泵浦场及其二次谐波频率下的折射率的值。参数 L_c 定义了使 SHG 效率为最大值的非线性介质长度，称为相干长度。

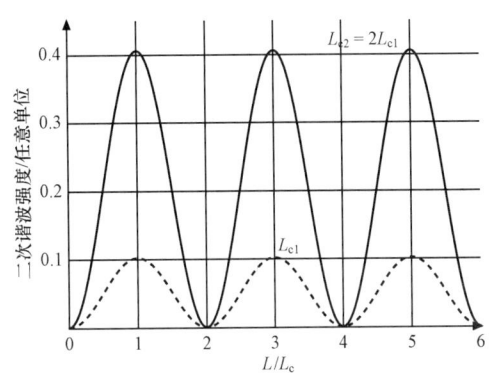

图 4.2　作为非线性介质长度 L 函数的二次谐波强度，
对 L_c 的两个值：（虚线）L_{c1} 和（实线）$L_{c2}=2L_{c1}$ 归一化至相干长度 L_c

尽管求解方程（4.29）描述的是 SHG 最简单的情况，它使得减小波矢量失配 Δk 对高效 SHG 的重要性一目了然，因此具有十分重要的指导性。由于波矢量 k_1 和 k_2 与泵浦场和二次谐波场的动量 $p_1 = \hbar k_1$ 和 $p_2 = \hbar k_2$ 有关，其中 $\hbar$ 为普朗克常数，非线性光学中称为相位匹配条件的 $\Delta k = 0$ 实际上表示 SHG 过程的动量守恒，其中生成二次谐波的一个光子要求泵浦场的两个光子。

为了解决 SHG 的相位匹配问题，开发了几种策略。实际上最重要的解决方法包括使用双折射非线性晶体[4.13, 14]、周期性极化非线性材料中的准相位匹配[4.15, 16]和与材料色散有关的相位失配受到波导色散补偿的非线性相互作用的波导情况[4.7]。Miles 和 Harris 演示的气相中的谐波产生[4.17]，通过优化气体混合物成分可以达到相位匹配。图 4.3 显示了双折射晶体中的相位匹配。其中的圆表示泵浦频率 ω 下寻常波的折射率球 $n_0(\omega)$ 的横截面。椭圆为具有二次谐波频率 2ω 的非寻常波的折射率椭球 $n_e(2\omega)$ 的横截面。相位匹配在满足 $n_0\omega = n_e(2\omega)$ 的方向上实现，对应图 4.3 中与

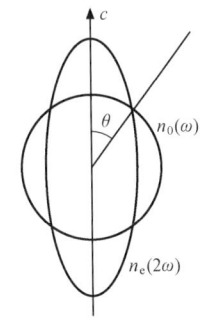

图 4.3　一个双折射晶体中相位匹配的二次谐波产生

晶体的光轴 c 所成的角 θ_{pm}。

当相位匹配条件 $\Delta k=0$ 满足时，方程（4.29）和（4.30）预言二次谐波强度作为非线性介质长度 L 的函数将成二次增长。但是这个比例法则只是在二次谐波强度保持远小于泵浦强度时成立。随着 $|A_2|$ 对于 $|A_1|$ 变得具有可比性，必须考虑泵浦场的损耗。为此引入泵浦场和二次谐波场的真振幅 ρ_j 和相位 φ_j，有 $A_j=\rho_j\exp(\mathrm{i}\varphi_j)$，其中 $j=1$，2。然后，假设 $u_1=u_2=u$ 且 $\gamma_1=\gamma_2=\gamma$，从方程（4.25）和（4.26）推出

$$\rho_1(\eta,z)=\rho_{10}(\eta)\,\mathrm{sech}[\gamma\rho_{10}(\eta)z] \tag{4.31}$$

$$\rho_2(\eta,z)=\rho_{10}(\eta)\,\tanh[\gamma\rho_{10}(\eta)z] \tag{4.32}$$

求解方程（4.31）和（4.32）说明，相位匹配情况下泵浦场的全部能量可以转移到二次谐波。由于泵浦场被消耗（图 4.4），二次谐波场的增长饱和。

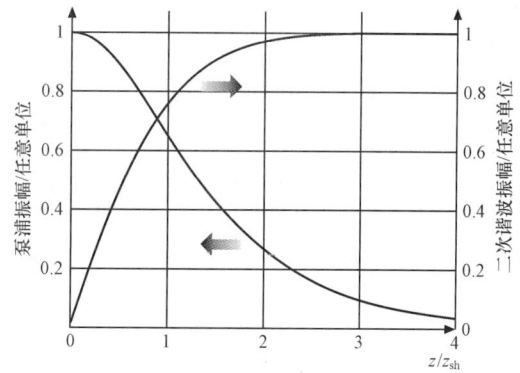

图 4.4　泵浦场和二次谐波场振幅作为归一化的
传播距离 z/z_{sh}（$z_{sh}=[\gamma\rho_{10}(0)]^{-1}$）的函数

当非线性介质的长度 L 超过 $L_g=\tau_1/|u_2^{-1}-u_1^{-1}|$ 时，其中 τ_1 为泵浦场的脉冲宽度，群速度失配的相关效应开始变得重要。长度 L_g 标志着群速度失配引起的泵浦脉冲和二次谐波脉冲的离散。在这样的 SHG 非稳态情况下，恒定泵浦场近似中的二次谐波振幅由下式得出：

$$A_2(z,t)=\mathrm{i}\gamma_2\int_0^z A_{10}^2\left[t-z/u_2+\xi\left(u_2^{-1}-u_1^{-1}\right)\right]\times\exp(-\mathrm{i}\Delta k\xi)\mathrm{d}\xi \tag{4.33}$$

群速度失配可能引起二次谐波脉冲宽度 τ_2 的明显增长。对于 $L\gg L_g$，二次谐波脉冲宽度 $\tau_2\approx|u_2^{-1}-u_1^{-1}|z$ 与非线性介质长度成线性比例，且与泵浦脉冲宽度无关。

4.3.2　和频、差频产生和参量放大

在和频产生中（图 4.1），两个频率为 ω_1 和 ω_2 的激光场在具有非线性极化率 $\chi_{SFG}^{(2)}=\chi^{(2)}(\omega_3;\omega_1,\omega_2)$ 的二阶非线性介质中生成频率为 $\omega_3=\omega_1+\omega_2$ 的非线性信号。在一阶色散理论中，激光场的慢变包络 $A_1=A_1(z,t)$ 和 $A_2=A_2(z,t)$ 以及非线性信号的慢变包络 $A_3=A_3(z,t)$ 的耦合方程写作

$$\frac{\partial A_1}{\partial z} + \frac{1}{u_1}\frac{\partial A_1}{\partial t} = \mathrm{i}\gamma_1 A_3 A_2^* \exp(\mathrm{i}\Delta kz) \tag{4.34}$$

$$\frac{\partial A_2}{\partial z} + \frac{1}{u_2}\frac{\partial A_2}{\partial t} = \mathrm{i}\gamma_2 A_3 A_1^* \exp(\mathrm{i}\Delta kz) \tag{4.35}$$

$$\frac{\partial A_3}{\partial z} + \frac{1}{u_3}\frac{\partial A_3}{\partial t} = \mathrm{i}\gamma_3 A_1 A_2 \exp(-\mathrm{i}\Delta kz) \tag{4.36}$$

其中,

$$\gamma_1 = \frac{2\pi\omega_1^2}{k_1 c^2}\chi^{(2)}(\omega_1; \omega_3, -\omega_2) \tag{4.37}$$

$$\gamma_2 = \frac{2\pi\omega_2^2}{k_2 c^2}\chi^{(2)}(\omega_2; \omega_3, -\omega_1) \tag{4.38}$$

$$\gamma_3 = \frac{2\pi\omega_3^2}{k_3 c^2}\chi^{(2)}_{\mathrm{SFG}} \tag{4.39}$$

为非线性系数; u_1, u_2, u_3 以及 k_1, k_2, k_3 分别为频率为 ω_1, ω_2, ω_3 的场的群速度和波矢量, $\Delta k = k_1 + k_2 - k_3$ 为 SFG 过程的波矢量失配。

只要和频场的强度远小于激光场的强度,就可以假设激光场的振幅可以从 t 的函数 $A_1(z,t) = A_{10}(t)$ 和 $A_2(z,t) = A_{20}(t)$ 得出,从方程(4.36)的解得到

$$A_3(z,t) = \mathrm{i}\gamma_3 \int_0^z A_{10}\left[t - z/u_3 + \xi\left(u_3^{-1} - u_1^{-1}\right)\right]$$
$$\times A_{20}\left[t - z/u_3 + \xi\left(u_3^{-1} - u_2^{-1}\right)\right]$$
$$\times \exp(-\mathrm{i}\Delta k\xi)\mathrm{d}\xi \tag{4.40}$$

从式(4.40)可以看出,频率变换的效率由 SFG 过程中涉及的脉冲的群延迟 $\Delta_{21} \approx \left|u_2^{-1} - u_1^{-1}\right| L$、$\Delta_{31} \approx \left|u_3^{-1} - u_1^{-1}\right| L$ 和 $\Delta_{32} \approx \left|u_3^{-1} - u_2^{-1}\right| L$ 控制。特别是当群延迟 Δ_{21} 开始超过更快的激光脉冲的脉冲宽度时,激光场停止相互作用。

在差频产生(DFG)中,两个频率为 ω_1 和 ω_2 的输入场生成频率为 $\omega_3 = \omega_1 - \omega_2$ 的非线性信号。由于造成了红外区域的强相干辐射,这个过程在实践中具有相当重要的意义。在极限情况下($\omega_1 \approx \omega_2$),这类非线性光学相互作用相当于光学纠正,过去 20 年中光学纠正频繁用于太赫兹辐射的生成。

如果频率为 ω_1 时场很强,且在非线性光学相互作用的过程中一直未出现损耗,$A_1(z,t) = A_{10}(t)$,支配稳态情况下剩余的两个场的振幅的耦合方程组写作

$$\frac{\partial A_2}{\partial z} + \frac{1}{u_2}\frac{\partial A_2}{\partial t} = \mathrm{i}\gamma_2 A_1 A_3^* \exp(\mathrm{i}\Delta kz) \tag{4.41}$$

$$\frac{\partial A_3}{\partial z} + \frac{1}{u_3}\frac{\partial A_3}{\partial t} = \mathrm{i}\gamma_3 A_1 A_2^* \exp(-\mathrm{i}\Delta kz) \tag{4.42}$$

其中,

$$\gamma_2 = \frac{2\pi\omega_2^2}{k_2 c^2} \chi^{(2)}(\omega_2;\omega_1,-\omega_3) \tag{4.43}$$

$$\gamma_3 = \frac{2\pi\omega_3^2}{k_3 c^2} \chi^{(2)}(\omega_3;\omega_1,-\omega_2) \tag{4.44}$$

为非线性系数；$\Delta k = k_1 - k_2 - k_3$ 为 DFG 过程的波矢量失配。

如果在非线性介质的输入端没有应用频率为 ω_3 的信号，$A_3(0,t)=0$，稳态情况下方程（4.41）和（4.42）的解由下式得出[4.12]：

$$A_2(z) = A_2(0)\left[\cosh(\kappa z) + \mathrm{i}\frac{\Delta k}{2\kappa}\sinh(\kappa z)\right] \tag{4.45}$$

$$A_3(z) = \mathrm{i}A_2(0)\sinh(\kappa z) \tag{4.46}$$

其中，

$$\kappa^2 = 4\gamma_2\gamma_3^*|A_1|^2 - (\Delta k)^2 \tag{4.47}$$

抛开相位匹配条件，弱信号的放大只能在泵浦场强度超过阈值时实现：

$$I_1 > I_{\mathrm{th}} = \frac{n_1 n_2 n_3 c^3 (\Delta k)^2}{32\pi^3 \left|\chi_{\mathrm{DFG}}^{(2)}\right|^2 \omega_2\omega_3} \tag{4.48}$$

其中，

$$\chi^{(2)}(\omega_2;\omega_1,-\omega_3) \approx \chi^{(2)}(\omega_3;\omega_1,-\omega_2) = \chi_{\mathrm{DFG}}^{(2)}$$

在这个阈值以上，弱输入信号强度 I_2 的增长受下式控制：

$$I_2(z) = I_2(0)\left[\frac{\gamma_2\gamma_3^*|A_{10}|^2}{\kappa^2}\sin^2(\kappa z) + 1\right] \tag{4.49}$$

这类三波混频通常称为光学参量放大。在这类过程中，称为信号场的弱输入场（在这种情况下是振幅为 A_2 的场）通过与强泵浦场（这种情况下是未发生损耗的振幅为 A_1 的场）的非线性相互作用得到放大。在这样的光学参量放大方案中，第三个场（振幅为 A_3 的场）称为闲频光场。

现在考虑光学参量放大 $\omega_1 = \omega_2 + \omega_3$ 的情况，其中泵浦脉冲、信号脉冲和闲频脉冲的波矢量和群速度匹配。引入泵浦场、信号场和闲频光场的真振幅 ρ_j 和相位 φ_j，有 $A_j = \rho_j \exp(\mathrm{i}\varphi_j)$，其中 $j = 1, 2, 3$，假设方程（4.35）和（4.36）中 $\gamma_2 = \gamma_3 = \gamma$，$A_1(z,t) = A_{10}(t)$ 且 $A_3(0,t) = 0$，将信号场振幅的解写作[4.18]

$$A_2(\eta,z) = A_{20}(\eta)\cosh[\gamma\rho_{10}(\eta)z] \tag{4.50}$$

这样，可以根据下式建立闲频光场：

$$A_3(\eta,z) = A_{20}^*(\eta)\exp[\mathrm{i}\varphi_{10}(\eta)]\sinh[\gamma\rho_{10}(\eta)z] \tag{4.51}$$

从方程（4.50）可以看出，光学参量放大保留了信号脉冲的相位。光学参量放大的这种性质是光学参量啁啾脉冲放大原理的核心[4.19]，使超短激光脉冲能够放大到相对论强度。其还提出了一种周期量级场波形高效频率变换的方法，不用改变载波频率和时域包络间的相位偏移，使周期量级激光脉冲成为研究原子和分子系统中超快电子动力学的一个有力工具。

在光学参量放大的非稳态情况下，当泵浦场、信号场和闲频光场以不同的群速度传播时，通过能量守恒 $\omega_1=\omega_2+\omega_3$ 和动量守恒 $k_1=k_2+k_3$ 可以对泵浦脉冲、信号脉冲和闲频脉冲的相位关系获得重要而有用的定性的深入理解。这些等式决定了泵浦场、信号场和闲频光场（$j=1$，2，3）频率偏移 $\delta_{\omega j}$ 之间的以下关系：

$$\delta_{\omega 1} = \delta_{\omega 2} + \delta_{\omega 3} \tag{4.52}$$

和

$$\frac{\delta_{\omega 1}}{u_1} = \frac{\delta_{\omega 2}}{u_2} + \frac{\delta_{\omega 3}}{u_3} \tag{4.53}$$

根据方程（4.52）和（4.53），求出

$$\delta_{\omega 2} = q_2 \delta \omega_1 \tag{4.54}$$

和

$$\delta_{\omega 3} = q_3 \delta \omega_1 \tag{4.55}$$

式中，$q_2 = (u_1^{-1} - u_3^{-1})/(u_2^{-1} - u_3^{-1})$；$q_3 = 1 - q_2$。

在线性啁啾泵浦的情况下，$\varphi_1(t) = \alpha_1 t^2/2$，信号脉冲和闲频脉冲的相位由 $\varphi_m(t) = \alpha_m t^2/2$ 得出，其中，$\alpha_m = q_m \alpha_1$，$m=2$，3。当 $q_m \gg 1$ 时，信号脉冲和闲频脉冲的啁啾可以明显地超过泵浦场的啁啾。

|4.4　三阶非线性过程|

三阶光学非线性是一种在任何介质中都可以发现的普遍性质，与介质的空间对称性无关。这种非线性对于种类广泛的轴对称介质是最低阶的非零非线性，在这些介质中由于对称原因所有偶数阶非线性极化率都等于零。三阶非线性过程包括种类繁多的四波混频过程，其广泛用于激光辐射的频率变换，并且用作非线性光谱学的有力方法。频率简并的克尔效应构成了另一类重要的三阶非线性过程。这些效应是光学压缩器、锁模飞秒激光和多种光子器件的核心，这些设备中一束激光脉冲被用于开关、调制或选通另一束激光脉冲。本节将简单地介绍主要的三阶非线性光学现象并对一些实际应用进行讨论。

4.4.1　自相位调制

三阶非线性使折射率中增加了依赖于强度的部分：

$$n = n_0 + n_2 I(t) \tag{4.56}$$

式中，n_0 为没有光场时介质的折射率；$n_2 = (2\pi/n_0)^2 \chi^{(3)}(\omega, \omega, \omega, -\omega)$ 为非线性折射率；

$\chi^{(3)}(\omega, \omega, \omega, -\omega)$为三阶非线性光学极化率，称为克尔型非线性极化率；$I(t)$为激光辐射的强度。那么，距离 L 处的脉冲的非线性（依赖于强度）相移由下式得出：

$$\Phi(t) = \frac{\omega}{c} n_2 I(t) L \tag{4.57}$$

由于光脉冲内的辐射强度依赖于时间，非线性相移也依赖于时间，由此产生了一种一般来说依赖于时间的频率偏移：

$$\Delta\omega(t) = \frac{\omega}{c} n_2 L \frac{\partial I}{\partial t} \tag{4.58}$$

产生的脉冲光谱增宽可以通过下式进行估算：

$$\Delta\omega = \frac{\omega}{c} n_2 L \frac{I_0}{\tau} \tag{4.59}$$

式中，I_0 为光脉冲的峰值强度；τ 为脉冲持续时间。

在具有克尔型非线性介质中传播的激光脉冲的慢变包络 $A(t,z)$ 的一阶色散理论方程写作[4.9]

$$\frac{\partial A}{\partial z} + \frac{1}{u} \frac{\partial A}{\partial t} = \mathrm{i}\tilde{\gamma} |A|^2 A \tag{4.60}$$

式中，u 为激光脉冲的群速度；

$$\tilde{\gamma} = \frac{3\pi\omega}{2n_0^2 c} \chi^{(3)}(\omega, \omega, -\omega, \omega) \tag{4.61}$$

为非线性系数。

在 $z' = z$ 且 $\eta = t - z/u$ 的延迟参照系中，方程（4.60）的解写作

$$A(\eta, z) = A_0(\eta) \exp\left[\mathrm{i}\tilde{\gamma} |A_0(\eta)|^2 z \right] \tag{4.62}$$

式中，$A_0(\eta)$ 为初始场包络。

由于群速度色散不包括在方程（4.60）中，脉冲包络的形状在脉冲经过非线性介质传播时保持不变。依赖于强度的折射率变化导致了非线性相移。

$$\varphi_{\mathrm{nl}}(\eta, z) = \gamma_{\mathrm{SPM}} I_0(\eta) z \tag{4.63}$$

式中，$\gamma_{\mathrm{SPM}} = 2\pi n_2/\lambda$；$I_0(\eta)$ 为初始强度包络。

脉冲的瞬时频率偏移由下式得出：

$$\delta\omega(\eta, z) = -\frac{\partial \varphi_{\mathrm{nl}}(\eta, z)}{\partial t} = -\gamma_{\mathrm{SPM}} \frac{\partial I_0(\eta)}{\partial \eta} z \tag{4.64}$$

脉冲包络的二次近似为

$$I_0(\eta) \approx I_0(0) \left(1 - \frac{\eta^2}{\tau_0^2} \right) \tag{4.65}$$

式中，τ_0 为脉冲宽度。在激光脉冲的最大值附近成立，引起脉冲的线性啁啾。

$$\delta\omega(\eta,z)\approx-2\gamma_{\mathrm{SPM}}\frac{I_0(0)}{\tau_0^2}\eta z \tag{4.66}$$

自相位调制脉冲的光谱由下式得出：

$$S(\omega)=\left|\int_0^\infty I(\eta)\exp\left[\mathrm{i}\omega\eta+\mathrm{i}\varphi_{\mathrm{nl}}(\eta)\right]\mathrm{d}\eta\right|^2 \tag{4.67}$$

图 4.5 显示了非线性折射率为 $n_2=3.2\times10^{-16}$ cm²/W 的熔融石英光纤内，SPM 诱导的中心波长为掺镱光纤激光的典型值 1.03 μm 的短激光脉冲的光谱增宽。

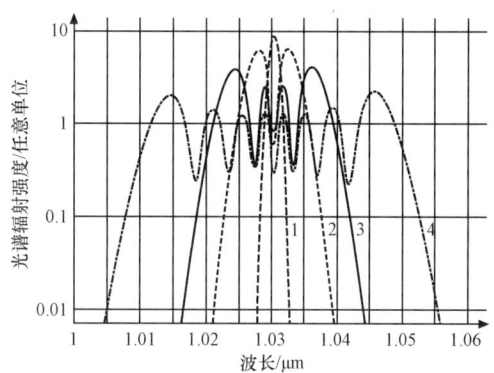

图 4.5　中心波长为 1.03 μm 的激光脉冲在 $n_2=3.2\times10^{-16}$ cm²/W 的熔融石英光纤中的自相位调制诱导光谱增宽（曲线 1 表示输入光谱）：$\gamma_{\mathrm{SPM}}I_0(0)z=1.25$（曲线 2）、2.50（曲线 3）和 6.25（曲线 4）

这样，自相位调制导致经空心光纤传播的光脉冲的光谱增宽。这种效应使得光脉冲压缩可以通过对空心光纤中脉冲发生的相移的补偿进行。线性啁啾的补偿对应瞬时频率对时间的线性依赖，从技术角度看是直接的。这样的啁啾出现在光脉冲最大值附近，此时的时域脉冲包络可以用时间的二次函数进行近似［式（4.65，4.66）］。

考虑时域中的啁啾光脉冲压缩在物理上具有启发性。由于啁啾脉冲的频率从前沿到后沿发生了变化，压缩器色散的设计应使脉冲前沿相对后沿减缓。换句话说，随脉冲前沿传播的频率的群速度应该低于随脉冲后沿传播的频率的群速度。这可以通过设计具有要求的色散正负和适当的色散关系的色散元件来实现。衍射光栅系统和多层膜啁啾反射镜[4.20]现在已经广泛用于脉冲压缩。脉冲传播的某些情况下，自相位调制和脉冲压缩可能在同一介质中发生。

4.4.2　时间光孤子

克尔型非线性介质中传播的激光脉冲发生的非线性相移可以用群速度色散进行平衡，产生经非线性色散介质传播的形状不变或周期性变化的脉冲：光孤子。

光孤子是非线性薛定谔方程（NLSE）的一类特殊解：

$$i\frac{\partial q}{\partial \xi}+\frac{1}{2}\frac{\partial^2 q}{\partial \tau^2}+|q|^2 q=0 \tag{4.68}$$

NLSE 可以通过幂级数展开描述光波包的演化，包括光波在散状物料或波导结构中的色散 $\beta(\omega)$：

$$\beta(\omega)\approx \beta(\omega_0)+\frac{1}{u}(\omega-\omega_0)+\frac{1}{2}\beta_2(\omega-\omega_0)^2+\cdots \tag{4.69}$$

式中，ω_0 为波包的中心频率；$u=(\partial\beta/\partial\omega|_{\omega=\omega_0})^{-1}$ 为群速度；$\beta_2=\partial^2\beta/\partial\omega^2|_{\omega=\omega_0}$。这样，将 NLSE 方程（4.68）投射到非线性介质内传播的激光脉冲上，则 q 被看作归一化的脉冲包络，且 $q=A/(P_0)^{1/2}$，ξ 为归一化的传播坐标 $\xi=z/L_d$，$L_d=\tau_0^2/|\beta_2|$ 为色散长度，P_0 和 τ_0 分别定义为脉冲宽度和脉冲峰值功率，且 $\tau=(t-z/u)/\tau_0$。

方程（4.68）的基本光孤子解的标准形式为

$$q(\xi,\tau)=\mathrm{sech}(\tau)\exp\left(i\frac{\xi}{2}\right) \tag{4.70}$$

支持这样一个光孤子所需的辐射峰值功率由下式得出：

$$P_0=\frac{|\beta_2|}{\gamma\tau_0^2} \tag{4.71}$$

只要光孤子光谱离开介质中所能传播的色散波的光谱，光孤子就能保持形状稳定。高阶色散会扰动光孤子，诱导光孤子和色散波之间的切伦科夫（Cherenkov）型波匹配共振[4.21, 22]。在这些条件下，光孤子倾向于以蓝移色散波发射的形式丧失部分能量。对于低泵浦场功率，这样的光孤子–色散波共振的一般波匹配条件写作[4.22] $\Omega=1/2\varepsilon$，其中，Ω 为光孤子和共振色散波的频率差，ε 为控制非线性薛定谔方程扰动的微小性的参数，对于具有二阶色散 $\beta_2=\partial^2\beta/\partial\omega^2$ 和三阶色散 $\beta_3=\partial^3\beta/\partial\omega^3$ 的光子晶体光纤（PCF）可以表示为 $\varepsilon=|\beta_3/6\beta_2|$。光孤子的色散波发射是非线性光纤中超连续光谱生成的重要部分，包括光子晶体光纤。

4.4.3 交叉相位调制

交叉相位调制（XPM）是至少两个物理上有区别的光脉冲（即频率、偏振、模结构等不同的脉冲）的非线性光学作用的结果，与一束脉冲（一个探测脉冲）由于另一束脉冲（一个泵浦脉冲）诱导的介质折射率变化而发生的相位调制有关。

频率为 ω_1 的泵浦脉冲与频率为 ω_2 的探测脉冲的相互作用产生了探测脉冲的相移，可以写作[4.23]

$$\Phi_{\mathrm{XPM}}(\eta,z)=\frac{3\pi\omega_2^2}{c^2 k_2}\chi^{(3)}(\omega_s;\omega_s,\omega_p,-\omega_p)\times\int_0^z\left|A_p\left(\eta-\frac{\zeta}{\sigma},0\right)\right|^2 d\zeta \tag{4.72}$$

式中，$\chi^{(3)}(\omega_s;\omega_s,\omega_p,-\omega_p)$ 为介质的三阶非线性光学极化率；$1/\sigma=11/u_1-1/u_2$，u_1 和 u_2 分别为泵浦脉冲和探测脉冲的群速度；k_2 为泵浦脉冲的波数。取非线性相移的时间导数，可以得到以下探测脉冲频率偏移的表达式：

$$\delta\omega_{\text{XPM}}(\eta,z) = -\frac{3\pi\omega_2^2}{c^2 k_2}\chi^{(3)}(\omega_s;\omega_s,\omega_p,-\omega_p)\times$$

$$\sigma\left[\left|A_p(\eta,0)\right|^2 - \left|A_p\left(\eta-\frac{z}{\sigma},0\right)\right|^2\right] \tag{4.73}$$

　　类似于自相位调制，交叉相位调制可用于脉冲压缩。探测脉冲啁啾对泵浦脉冲强度的依赖可以用于控制超短脉冲的参数[4.24]。交叉相位调制还为包括多光子电离的超快非线性过程的动力学研究，以及通过短探测脉冲的相位测量对超短光脉冲特性的描述开辟了道路[4.25]。

4.4.4　自聚焦

　　自聚焦是空间中的自相位调制。SPM 产生于强度包络 $I(t)$ 随时间变化的激光脉冲诱导的折射率依赖于时间的变化，而自聚焦与具有非均匀空间强度分布 $I(r)$ 的激光束诱导的非线性透镜有关。给定横向强度分布 $I(r)$，折射率的非线性增加量写作

$$n(r) = n_0 + n_2 I(r) \tag{4.74}$$

　　如果场强度在光束中心 $r=0$ 处达到峰值，折射率的非线性变化也在 $r=0$ 处达到最大值，根据 n_2 的符号产生聚焦或离焦透镜。

　　自聚焦的稳态情况由下式确定[4.9]：

$$2ik\frac{\partial A}{\partial z} + \Delta_\perp A = -2k^2\frac{\Delta n}{n_0}A \tag{4.75}$$

式中，$\Delta n = n_2 I = \tilde{n}_2 |E|^2$；$\Delta_\perp$ 为拉普拉斯算子的横向部分。

　　考虑高斯光束，并假设该光束经过非线性介质传播时轮廓保持不变，有

$$A(r,z) = \frac{A_0}{f(z)}\exp\left[-\frac{r^2}{2a_0^2 f^2(z)} + i\psi(z)\right] \tag{4.76}$$

式中，a_0 为初始光束大小；$f(z)$ 描述光束大小沿传播坐标 $z[f(0)=1]$ 的演化；函数 $\psi(z)$ 描述场的空间相位调制。

　　在近轴近似中，$r \ll a_0 f(z)$，从方程（4.75）和（4.76）得出[4.18]

$$\frac{d^2 f}{dz^2} = \frac{(L_{\text{df}}^{-2} - L_{\text{nl}}^{-2})}{f^3(z)} \tag{4.77}$$

式中，$L_{\text{df}} = 2\pi a_0^2/\lambda$ 和 $L_{\text{nl}} = a_0[2n_0/(n_2|A|^2)]^{1/2}$ 分别为衍射和非线性的特征长度。

　　求解方程（4.77），得到

$$f^2(z) = 1 + \left(\frac{z}{L_{\text{df}}}\right)^2\left(1-\frac{P_0}{P_{\text{cr}}}\right) \tag{4.78}$$

式中，P_0 为激光束的总功率；

$$P_{\text{cr}} = \frac{c\lambda^2}{16\pi^2 n_2} \tag{4.79}$$

为自聚焦的临界功率。非线性透镜的焦距由下式得出：

$$L_{sf} = \frac{L_{df}}{\left(\dfrac{P_0}{P_{cr}} - 1\right)^{1/2}} \qquad (4.80)$$

如果 $P_0 > P_{cr}$，非线性透镜引起光束塌陷。现实中，高场强度下出现的光学非线性饱和能够阻止光束塌陷。

近轴近似以外，自聚焦的情形要复杂得多。由于非线性透镜对于外围光束的焦距不同于近轴光束，光束不会整个塌陷。在准稳态情况下，即脉冲持续时间 τ_0 远大于光学非线性的特征响应时间 τ_{nl} 时，自聚焦的长度为时间的函数，并产生移动焦点[4.26]。在非稳态情况下，即当时间尺度小于 τ_{nl}，脉冲前沿不发生聚焦，而是诱导聚焦脉冲后沿的非线性透镜。结果是光束发生畸变，演化为角状[4.27]。

自聚焦方程（4.75）可以有波导解[4.28]，对应的是非线性透镜正好补偿激光束衍射的情况。但是这个解对于无限小的起伏不稳定，无限小的起伏或者引起衍射发散，或者导致光束塌陷。Fibich 和 Gaeta 的研究显示，通过反射来自光波导边界的光线，这样的非线性波导可以稳定下来[4.29]。为了描述这种非线性光束动力学的情况，我们考虑一根圆柱形的充满气体的空心波导，且定义无量纲的柱面坐标 r 和 z 为 $r = R/R_0$（R 是有量纲的径向坐标，R_0 为空心光纤的内径）和 $z = Z/L_{df}$（Z 为有量纲的纵向坐标）。NLSE 支配的自聚焦的波导解 $\psi \propto \exp(i\beta z) Q_\beta(r)$（即沿 z 轴具有圆对称性的有界域上克尔型非线性诱导的波导）中的光强度分布的径向分布 $Q_\beta(r)$[4.29, 30]通过常微分方程 $\Delta_\perp Q_\beta - \beta Q_\beta + Q_\beta^3 = 0$ [$\Delta_\perp = \partial^2/\partial r^2 + (1/r)\partial/\partial r$] 的解进行描述，服从边界条件 $dQ_\beta(0)/dr = 0$，$Q_\beta(1) = 0$。尽管这个模型忽略了纤芯以外的场（例如辐射模），但它对空心 PCF 内的空间自作用提供了有用的物理理解。该微分方程具有无穷多个解 $Q_\beta^{(n)}$，$n = 0, 1, 2, \cdots$。所有导模 $Q_\beta^{(n)}$ 的哈密尔顿量均为正，以防止出现小的起伏时分布 $Q_\beta^{(n)}$ 的放大，使空心光纤中的非线性波导保持稳定。基态解 $Q_\beta^{(0)}$ 为 r 的单调下降函数，在低场振幅的情况下趋向于零阶的贝塞尔函数 $Q_\beta^{(0)} \propto \varepsilon J_0(2.4r)$，其中，$\varepsilon$ 为受到场强度和光纤内充满的气体的非线性控制的小参数。

尽管模 $Q_\beta^{(n)}$ 对于小的扰动来说是稳定的，但这些解在保守系统中是针对中心区域的而不是吸引子[4.30]。但是，对应克尔型非线性诱导的波导的模解在有损耗的系统中可能成为吸引子，例如有损耗的空心波导。这时在空心波导的输出端形成圆对称场分布，与初始光束轮廓无关[4.31]。根据 Moll 等人的演示[4.32]，塌陷光束倾向于在散状物料内的无限域上发生自聚焦的同时，形成普遍存在的 Townesian 轮廓[4.28]。不同于在自由空间中不稳定的 Townesian 光束轮廓，空心光子晶体光纤中观测到的基态波导模[4.31]对于小的起伏保持稳定，符合有界域上的自聚焦理论[4.29, 30]，在达到光束塌陷的临界功率前不会发生放大。

4.4.5　四波混频

一般类型的四波混频中［图 4.6（a）］，频率为 ω_1，ω_2 和 ω_3 的三个激光场生成第四个频率为 $\omega_{FWM}=\omega_1\pm\omega_2\pm\omega_3$ 的场。如果三个激光场的频率相同（例如当所有三个泵浦光子来自同一激光场），则 $\omega_{FWM}=3\omega$［图 4.6（b）］，处理的就是三次谐波产生（THG），4.4.9 节将就短脉冲相互作用对其进行更详细的考虑。如果其中两个激光场的频率差 $\omega_1-\omega_2$ 调谐至与非线性介质的拉曼活性模共振［图 4.6（c）］，FWM 过程 $\omega_{FWM}=\omega_1-\omega_2+\omega_3=\omega_{CARS}$ 称为相干反斯托克斯 – 拉曼散射（CARS）。四个场的频率相同的 FWM 过程［图 4.6（d）］$\omega_{DFWM}=\omega=\omega-\omega+\omega$ 对应简并四波混频（DFWM）。这种非线性光学过程中的 FWM 场与其中一个激光场相位共轭，由此产生了这一类 FWM 的另一个名称：光学相位共轭。

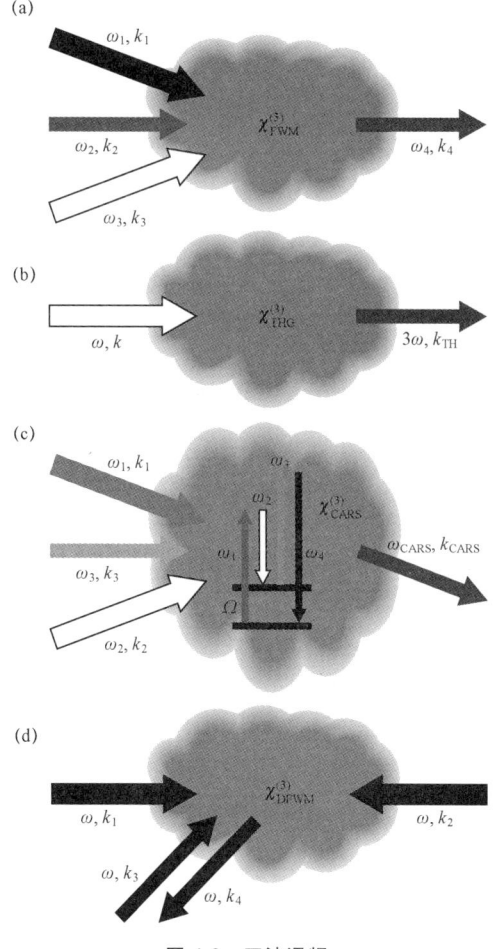

图 4.6　四波混频
（a）一般类型的 FWM；（b）三次谐波产生；（c）相干反斯托克斯拉曼散射；（d）简并四波混频

对于一般类型的 FWM $\omega_{\mathrm{FWM}}=\omega_1+\omega_2+\omega_3$，将泵浦场表示为

$$\boldsymbol{E}_j = \boldsymbol{A}_j \exp[\mathrm{i}(\boldsymbol{k}_j r - \omega_j t)] + \text{c.c.} \tag{4.81}$$

式中，$j=1,2,3$；$\boldsymbol{k}_j = \boldsymbol{k}_j' + \mathrm{i}\alpha_j$ 为泵浦场的复波矢量。

FWM 信号写作

$$\boldsymbol{E}_{\mathrm{FWM}} = \boldsymbol{A}_{\mathrm{FWM}} \exp[\mathrm{i}(\boldsymbol{k}_{\mathrm{FWM}} r - \omega_{\mathrm{FWM}} t)] + \text{c.c.} \tag{4.82}$$

式中，$\boldsymbol{k}_{\mathrm{FWM}} = \boldsymbol{k}_{\mathrm{FWM}}' + \mathrm{i}\alpha_{\mathrm{FWM}}$ 为 FWM 场的复波矢量。

FWM 过程的三阶非线性极化为

$$\begin{aligned} \boldsymbol{P}_{\mathrm{FWM}}^{(3)} &= \chi^{(3)}(\omega_{\mathrm{FWM}};\omega_1,\omega_2,\omega_3) \\ &\quad \vdots \boldsymbol{E}(\omega_1)\boldsymbol{E}(\omega_2)\boldsymbol{E}(\omega_3) \end{aligned} \tag{4.83}$$

如果泵浦场没有损耗，从 SVEA 方程得到以下 FWM 场的 i 次笛卡儿分量包络的表达式[4.9]：

$$\begin{aligned} [A_{\mathrm{FWM}}(z)]_i &= -\frac{2\pi\omega_{\mathrm{FWM}}^2}{k_{\mathrm{FWM}}c^2}\chi^{(3)}(\omega_{\mathrm{FWM}};\omega_1,\omega_2,\omega_3) \\ &\quad \times A_{1j}A_{2k}A_{3l}\exp\left(\frac{\mathrm{i}\Delta kz}{2}\right) \times \exp(-\alpha_{\mathrm{FWM}}z)\frac{\sin\left(\dfrac{\Delta kz}{2}\right)}{\dfrac{\Delta kz}{2}}z \end{aligned} \tag{4.84}$$

其中，

$$\Delta k = k_1' + k_2' + k_3' - k_{\mathrm{FWM}}' + \mathrm{i}(\alpha_1 + \alpha_2 + \alpha_3 - \alpha_{\mathrm{FWM}}) \tag{4.85}$$

为波矢量失配的 z 分量。

从方程（4.84）可以看出，相位匹配是 FWM 高效频率变换的关键要求。可以通过选取激光场波矢量和非线性信号波矢量之间适当的角度，或使用具有与受到波导色散分量补偿的材料色散相关的相位失配的波导情况，使 FWM 中涉及的场相位匹配。

4.4.6　光学相位共轭

光学相位共轭一般可理解成具有时间反演波前或共轭相位的光场的产生。这种效应可用于校正某些类型的光学问题和系统中的像差[4.33]。假设光束起初具有平面波前，通过像差介质传播，例如湍流大气或折射率不均匀的介质。经过这样的介质传输的光束的波前发生了畸变。现在使用光学相位共轭过程生成一个场，其波前对于经像差系统传输的波前成时间反演。由于相位共轭光束在像差介质中反向传播，其波前将恢复。

一个相位共轭场可以通过光场的简并四波混频产生：

$$\boldsymbol{E}_j(\boldsymbol{r},t) = A_j(\boldsymbol{r},t)\exp[\mathrm{i}(\boldsymbol{k}_j r - \omega t)] + \text{c.c.} \tag{4.86}$$

式中，$j=1,2,3,4$。

图 4.6（d）显示了 DFWM 的相位共轭布置。在该方案中，两个频率均为 ω、波矢量为 $\boldsymbol{k}_1$ 和 $\boldsymbol{k}_2 = -\boldsymbol{k}_1$ 的强对向传播泵浦场 $\boldsymbol{E}_1$ 和 $\boldsymbol{E}_2$ 照射具有三阶非线性 $\chi_{\text{DFWM}}^{(3)} = \chi^{(3)}$（$\omega, \omega, -\omega, \omega$）的介质。这两个泵浦场与具有相同频率 ω 和任意波矢量 $\boldsymbol{k}_3$ 的弱信号的 DFWM 相互作用生成了频率为 ω、沿信号光束的相反方向传播且与信号场相位共轭的场。可以利用启发性思维将通过 DFWM 生成的共轭相位场看作向前的泵浦场在向后的泵浦场和信号场诱导的光栅上散射的结果，或者向后的泵浦场在向前的泵浦场和信号场诱导的光栅上散射的结果。

在 DFWM 中负责相位共轭的非线性极化为

$$P_{\text{DFWM}}^{(3)} = 6\chi_{\text{DFWM}}^{(3)} \vdots \boldsymbol{E}_1 \boldsymbol{E}_2 \boldsymbol{E}_3^* \tag{4.87}$$

如果泵浦场的损耗可以忽略，则这里考虑的 DFWM 过程的非线性传播方程（4.24）可简化为以下两个信号场振幅及其相位共轭的方程[4.1]：

$$\frac{\mathrm{d}A_3}{\mathrm{d}z} = \mathrm{i}\kappa_3 A_3 + \mathrm{i}\kappa_4 A_4^* \tag{4.88}$$

$$\frac{\mathrm{d}A_4}{\mathrm{d}z} = -\mathrm{i}\kappa_3 A_4 - \mathrm{i}\kappa_4 A_3^* \tag{4.89}$$

其中，

$$\kappa_3 = \frac{12\pi\omega}{cn} \chi_{\text{DFWM}}^{(3)} \left(|A_1|^2 + |A_2|^2 \right) \tag{4.90}$$

$$\kappa_4 = \frac{12\pi\omega}{cn} \chi_{\text{DFWM}}^{(3)} A_1 A_2 \tag{4.91}$$

通过引入

$$A_3 = B_3 \exp(\mathrm{i}\kappa_3 z) \tag{4.92}$$

$$A_4 = B_4 \exp(-\mathrm{i}\kappa_3 z) \tag{4.93}$$

将方程（4.88）和（4.89）简化为

$$\frac{\mathrm{d}B_3}{\mathrm{d}z} = \mathrm{i}\kappa_4 B_4^* \tag{4.94}$$

$$\frac{\mathrm{d}B_4}{\mathrm{d}z} = -\mathrm{i}\kappa_4 B_3^* \tag{4.95}$$

现在，解可以写作

$$B_3^*(z) = -\frac{\mathrm{i}|\kappa_4|}{\kappa_4} \frac{\sin(|\kappa_4|z)}{\cos(|\kappa_4|L)} B_4(L) + \frac{\cos[|\kappa_4|(z-L)]}{\cos(|\kappa_4|L)} B_3^*(0) \tag{4.96}$$

$$B_4(z) = \frac{\cos(|\kappa_4|z)}{\cos(|\kappa_4|L)} B_4(L) - \frac{\mathrm{i}\kappa_4}{|\kappa_4|} \frac{\sin[|\kappa_4|(z-L)]}{\cos(|\kappa_4|L)} B_3^*(0) \tag{4.97}$$

式中，B_3（0）和 B_4（L）为信号场和 DFWM 场的边界条件。如果 B_4（L）=0，从方程（4.97）得到

$$B_4(0) = \frac{i\kappa_4}{|\kappa_4|}\tan(|\kappa_4|L)B_3^*(0) \tag{4.98}$$

这个表达式使通过 DFWM 生成的相位共轭场的结构一目了然。作为相位共轭镜的 DFWM 介质的强度反射系数通过下式得出：

$$R_{DFWM} = \tan^2(|\kappa_4|L) \tag{4.99}$$

从方程（4.99）可以看出，基于 DFWM 的相位共轭镜的反射率可以超过 100%。由于强泵浦场提供的能量，这是可能的。

4.4.7　光学双稳态和光开关

在光学双稳态或多稳态中，光学系统具有两个或两个以上的稳定态，通常用来表示输入为强度函数的系统，输出也是强度。输出强度的水平由对光束进行的某个操作决定，双稳态或多稳态系统将决定在哪个状态下运作，从而成为光通信或光学数据处理的开关。

作为光学双稳态系统的一个例子，通过克尔型非线性介质内部，来考虑法布里–珀罗腔（Fabry–Pérotcavity）。假设谐振腔腔镜都相同，振幅反射率为 r，透射率为 t。设 A_1，A_2 和 A_3 分别为入射、反射和透射场振幅。腔内向前和向后的波的振幅分别表示为 B_1 和 B_2。腔内和腔外场振幅关系的表达为

$$B_2 = rB_1\exp(2ikL - \alpha L) \tag{4.100}$$

$$B_1 = tA_1 + rB_2 \tag{4.101}$$

式中，k 为波数；α 为强度吸收系数。

求解方程（4.100）和（4.101），得到

$$B_1 = \frac{tA_1}{1 - r^2\exp(2ikL - \alpha L)} \tag{4.102}$$

方程［（4.102）］称为艾里方程。当 k 或 α 为光强度的强非线性函数时，从方程（4.102）得到系统在透射场内的双稳特性。

假设吸收可以忽略，将方程（4.102）改写为

$$B_1 = \frac{tA_1}{1 - R\exp(i\delta)} \tag{4.103}$$

式中，$R = \rho^2\exp(-i\varphi)$ 为谐振腔腔镜的强度反射率。对应腔内一次完整往返的相移 δ 由下式得出：

$$\delta = \delta_0 + \delta_{nl} \tag{4.104}$$

其中，

$$\delta_0 = \varphi = 2n_0\frac{\omega}{c}L \tag{4.105}$$

为线性相移；

$$\delta_{nl} = 2n_2I\frac{\omega}{c}L \tag{4.106}$$

为非线性相移，有 $I = [cn/(2\pi)](|B_1|^2+|B_2|^2) \approx [cn/(\pi)]|B_1|^2$。

那么，腔内场强度 $I_2 = [cn/(2\pi)]|B_1|^2$ 与入射场强度 $I_1 = [cn/(2\pi)]|A_1|^2$ 的比如下：

$$\frac{I_2}{I_1} = F(I_2) \tag{4.107}$$

其中，

$$F(I_2) = \frac{1}{T + \dfrac{4R}{T}\sin^2\left(\dfrac{\delta}{2}\right)} \tag{4.108}$$

式中，T 为谐振腔腔镜的强度透射率；

$$\delta = \delta_0 + \frac{4n_2\omega L}{c}I_2 \tag{4.109}$$

图 4.7 显示了函数 $F(I_2)$ 和 I_2/I_1 比，即方程（4.107）的左右两边，对于不同的输入场强度 I_1 绘制了强度 I_2 的函数。代表方程（4.107）左边的直线与艾里型函数 $F(I_2)$ 的交点定义了非线性法布里－珀罗腔的操作点。艾里函数曲线上的圆圈表示操作不稳定时的输入强度范围。随着输入强度 I_1 的增加，系统表现出双稳态特性和迟滞。从图 4.7 可以看出，随着 I_1 的进一步增长，能够观测到更多的迟滞回线和多稳态特性。

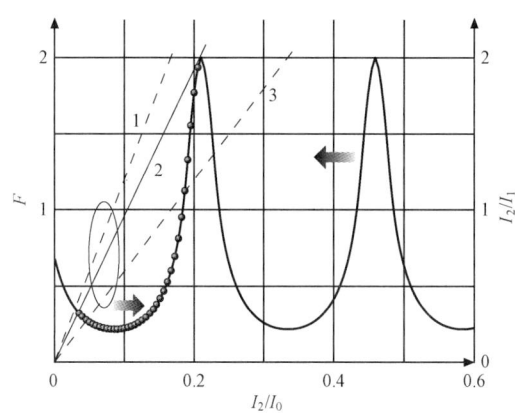

图 4.7 分别出现在方程（4.107）右边和左边的函数 $F(I_2)$ 和 I_2/I_1 比，对不同的输入场强度 I_1，
绘制为归一化至 $I_0 = \lambda/(n_2L)$ 的强度 I_2 的函数：（1）$I_1 = I'$，（2）$I_1 = I''$ 以及
（3）$I_1 = I'''$，$I''' > I'' > I'$。艾里函数曲线上的圆圈表示法布里－珀罗腔运作
不稳定时的输入强度范围

这样，可以通过在马赫－曾德干涉仪的一条臂内加入非线性介质（图 4.8）实现光开关[4.1]。输出端口 1 和 2 的强度由经过干涉仪臂透射的光场的干涉决定。如果对

具有对称分束器 BS1 和 BS2 的系统只使用一束输入光束,输出强度作为干涉仪其中一条臂内光场获得的非线性相移 $\boldsymbol{\Phi}_{nl}$ 的函数表现出振荡特性。当 $\boldsymbol{\Phi}_{nl}=0$,输出端口 1 的强度为最大值,而输出端口 2 的强度为最小值。当 $\boldsymbol{\Phi}_{nl} = \pi$ 时,输出强度之间表现为相反关系。$\boldsymbol{\Phi}_{nl} = \pi$ 是一大类全光开关设备的典型要求。

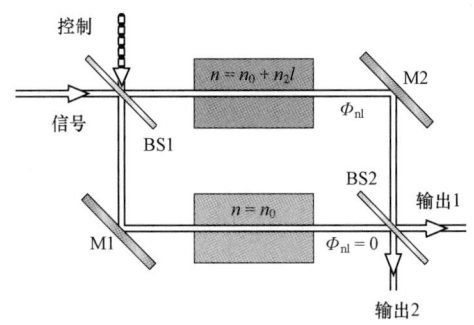

图 4.8　其中一条臂内含非线性介质的马赫-曾德干涉仪,用作全光开关设备
BS1、BS2 – 分束器;M1、M2 – 镜面

4.4.8　受激拉曼散射

　　分子的振动或旋转、原子内的电子运动或物质的集体激发都可以与光相互作用,通过非弹性散射过程使光发生等于拉曼活性运动［图 4.6(c)］的频率 Ω 的频移。拉曼和克利希南(krishnan)[4.34],以及 Mandelstam 和 Landsberg[4.35]在 1928 年几乎同时发现了这种现象。在强激光场中,泵浦激光光子和频移光子的行为相干,共振地驱动分子运动,引起拉曼频移信号的放大。这种效应称为受激拉曼散射(SRS)。在 SRS 的情况下,介质的拉曼活性模起到光学调制器的作用,迫使驱动激光场以新的频率振荡。这些条件下的强激光场不仅通过与拉曼活性模的相互作用产生新频率的光子,还放大了这些光子构成的光。

　　在连续波的条件下,泵浦场与频移(斯托克斯)信号之间的相互作用由以下泵浦场和斯托克斯场的强度 I_p 和 I_s 的耦合方程组决定[4.23]:

$$\frac{dI_s}{dz} = g_R I_p I_s - \alpha_s I_s \tag{4.110}$$

$$\frac{dI_p}{dz} = -\frac{\omega_p}{\omega_s} g_R I_p I_s - \alpha_p I_p \tag{4.111}$$

式中,α_p 和 α_s 分别为泵浦场和斯托克斯场频率下的损失;ω_p 和 ω_s 分别为泵浦场和斯托克斯场的频率;g_R 为拉曼增益,其与相关三阶极化率的虚部有关[4.9]。

$$g_R \propto \text{Im}[\chi^{(3)}(\omega_s; \omega_p, -\omega_p, \omega_s)] \tag{4.112}$$

　　忽略斯托克斯场对泵浦的作用,即省略方程(4.111)右边的第一项,可得到以下长度为 L 的拉曼活性介质输出端的斯托克斯场强度的解:

$$I_\text{s}(L) = I_\text{s}(0)\exp(g_\text{R}I_0 L_\text{eff} - \alpha_\text{s}L) \tag{4.113}$$

式中，I_0 为 $z=0$ 时的入射泵浦强度；

$$L_\text{eff} = \frac{1}{\alpha_\text{p}}[1 - \exp(-\alpha_\text{p}L)] \tag{4.114}$$

因此，泵浦吸收将非线性相互作用的长度限制为 L_eff。

如果拉曼活性介质的输入端没有斯托克斯场，即 $I_\text{s}(0)=0$，斯托克斯场通过介质内的自发拉曼散射形成。长度为 L 的介质输出端的斯托克斯信号的功率由下式得出：

$$P_\text{s}(L) = \bar{P}_0 \exp[g_\text{R}(\omega_\text{s})I_0 L_\text{eff} - \alpha_\text{s}L] \tag{4.115}$$

其中，

$$\bar{P}_0 = \hbar\omega_\text{s}B_\text{eff}$$
$$B_\text{eff} = (2\pi)^{1/2}[|g_2(\omega_\text{s})|I_0 L_\text{eff}]^{-1/2}$$

且

$$g_2(\omega_\text{S}) = \left(\frac{\partial^2 g_\text{R}}{\partial\omega^2}\right)\bigg|_{\omega=\omega_\text{s}}$$

假设存在洛伦兹–拉曼增益带，对应 SRS 效应阈值的临界泵浦功率通过以下近似公式得出：

$$P_\text{cr} \approx \frac{16 S_\text{eff}}{g_\text{R}L_\text{eff}} \tag{4.116}$$

式中，S_eff 为泵浦场的有效模面积。

4.6.3 节将更详细地考虑 SRS 对超短激光脉冲在非线性介质内的传播的影响。特别是我们将看到，光纤中的拉曼效应将造成光纤内传播的光孤子的连续频率下移。

4.4.9　通过超短激光脉冲的第三谐波产生

三次谐波产生（THG）是基本非线性光学过程之一，自非线性光学早期就被不断地研究并用于多种应用[4.7-9]。Miles 和 Harris 的开创性工作[4.17]展示了与气体的三阶光学非线性$\chi^{(3)}$相关的直接 THG 对激光辐射的高效频率变换和气相诊断的巨大潜力。另外，频率变换的固态策略主要依赖于非轴对称晶体的二阶非线性$\chi^{(2)}$，其中三倍频通过级联二阶非线性光学过程常规地进行，相位匹配通过晶体的各向异性[4.13,14]或非线性材料的周期性极化[4.16]进行。

光子晶体光纤（PCF）[4.36,37]是一种使用平行于纤芯沿光纤通过的气孔阵列微结构取代标准光纤的固体连续包层的新型光纤（图 4.9），开创了非线性光学的新阶段[4.38,39]。导模的受控色散[4.40]以及这些光纤对严格限定在微小纤芯中的光场提供的巨大的相互作用长度[4.41]使激光辐射通过自相位调制和交叉相位调制（SPM 和

XPM）的光谱变换[4.38]、超连续谱发生[4.42-44]、四波混频（FWM）[4.45]、三次谐波产生[4.42-52]、调制不稳定性[4.53]以及光孤子频移[4.54]进行的非线性光学频率变换和光谱变换[4.38]得到了根本性的增强。如今，PCF 中加强的三阶非线性光学过程对使用 $\chi^{(2)}$ 非线性晶体的频率变换方案提供了有用的替代。

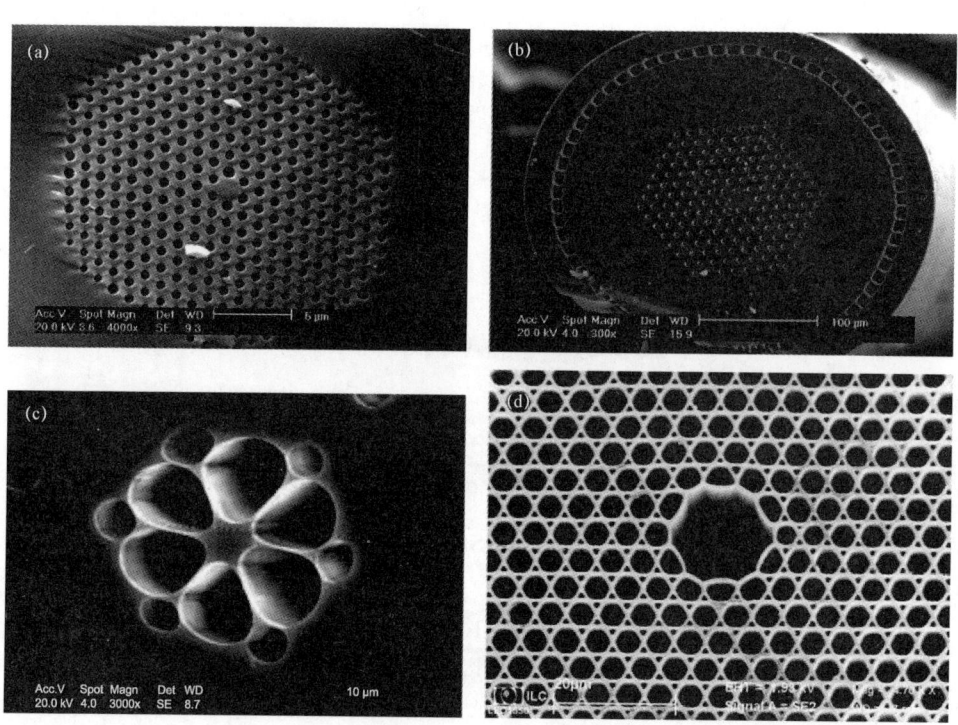

图 4.9　光子晶体光纤的扫描电子显微镜（SEM）图像
（a）周期性和（b）双包层石英玻璃 PCF；（c）高折射率阶跃 PCF 和（d）空芯 PCF

最近在石英玻璃[4.46-50]和多成分玻璃 PCF[4.51]，以及锥形光纤[4.52]中观测到了高效 THG。这些实验不仅演示了 THG 对飞秒激光脉冲的高效导波三倍频的重要性，也揭示了一些新的有趣的非线性光学现象。研究显示，三次谐波信号表现出不对称的光谱增宽[4.51, 52]，甚至大幅频移。这里将演示这样的行为是多模导波 THG 普遍具有的本质特征。基于慢变包络近似（SVEA）的参数，我们将展示，许多 PCF 实验中观测到的三次谐波频移的符号和绝对值受到相互作用的成对泵浦模和三次谐波模的相位以及群折射率失配控制。通过改变群速度失配调谐三次谐波光谱的主谱峰频率的可能性是 THG 型过程的独特性质，而对于一阶色散项抵消了场动量平衡的标准参量 FWM 过程则并不典型。THG 的新情况的识别特征是三次谐波的中心频率 $3\omega_0$ 上不产生信号，泵浦能量高效转化为光谱孤立的窄带频率分量，在与 $3\omega_0$ 相差数十太赫兹的光谱范围内可以进行调谐。

从描述三次谐波产生的相位匹配的定性自变量开始，对其一般化处理，将泵浦场和三次谐波场的相位和群速失配，并且通过 SPM 展宽泵浦光谱的克尔效应包括

进来。将泵浦场和三次谐波频率下的波数（或波导情况下导模的传播常数）k_p 和 k_h 表示为

$$k_p(\omega) \approx k(\omega_0) + \frac{v_p^{-1}\Omega}{3} + \kappa_{SPM}P \tag{4.117}$$

$$k_h(3\omega) \approx k(3\omega_0) + v_h^{-1}\Omega + 2\kappa_{XPM}P \tag{4.118}$$

式中，ω_0 为泵浦场的中心频率；$v_p=(\partial k/\partial \omega)_{\omega_0}^{-1}$，$v_h=(\partial k/\partial \omega)_{3\omega_0}^{-1}$ 为泵浦及其三次谐波的群速度；$\Omega=3\omega-3\omega_0$，$\kappa_{SPM}=\omega_0 n_2/(cS_{eff})$ 和 $\kappa_{XPM}=3\omega_0\bar{n}_2/cS_{eff}$ 分别为 SPM 和 XPM 的非线性因数（S_{eff} 为有效光束或模面积，n_2 及 $\bar{n}_2$ 分别为 ω_0 和 $3\omega_0$ 下的非线性折射率）；P 为泵浦场功率。写出方程（4.117）和（4.118）时，忽略群速度色散和更高阶色散的效应，以及三次谐波场的 SPM。由于 $n_2 \approx \tilde{n}_2$，相位失配可表示为

$$\Delta k = k_h - 3k_p \approx \Delta k_0 + \xi\Omega + 3\kappa_{SPM}P \tag{4.119}$$

式中，$\Delta k_0=k(3\omega_0)-3k(\omega_0)$ 为这些场的中心频率下泵浦和三次谐波波数的相位失配；$\xi=v_h^{-1}-v_p^{-1}$ 为群速度失配。

从方程（4.119）可以看出，泵浦脉冲和三次谐波脉冲的群延迟是 THG 动量守恒的重要因素。就此而言，THG 的动量平衡在根本上不同于一阶色散项抵消而使 FWM 动量平衡简化为群速色散（GVD）的相关问题参量 FWM 过程的标准相位匹配条件[4.23]。

相位匹配条件［方程（4.119）］表明大幅度频移在三次谐波光谱内达到最大值的可能性。但是，三次谐波光谱内位移为 Ω 的光谱分量的振幅由泵浦场的光谱决定，因而位移为 Ω 的谱峰发生的高效性也是如此。为了说明这种依赖性，我们继续进行 SPM 展宽泵浦场内的 THG 的 SVEA 分析，写出泵浦场和三次谐波场包络 $A(t,z)$ 和 $B(t,z)$ 的 SVEA 耦合方程组：

$$\left(\frac{\partial}{\partial t} + \frac{1}{v_p}\frac{\partial}{\partial z}\right)A = i\gamma_1 A|A|^2 \tag{4.120}$$

$$\left(\frac{\partial}{\partial t} + \frac{1}{v_h}\frac{\partial}{\partial z}\right)B = i\beta(A)^3\exp(-i\Delta k_0 z) + 2i\gamma_2 B|A|^2 \tag{4.121}$$

式中，v_p 和 v_h 分别为泵浦脉冲和三次谐波脉冲的群速度；γ_1，γ_2 和 β 分别为造成 SPM，XPM 和 THG 的非线性因数；$\Delta k_0 = k_h-3k_p$ 为泵浦场和三次谐波场不发生非线性相移时的相位失配（或导波情况下传播常数的差）。

求解方程（4.120）和（4.121）得到：

$$A(t_p,z) = A_0(t_p)\exp[i\varphi_{SPM}(t_p,z)] \tag{4.122}$$

$$B(t_h,z) = i\sigma\int_0^z dz' A_0^3(t_h+\xi z') \tag{4.123}$$
$$\times \exp[-i\Delta\beta_0 z' + 3i\varphi_{SPM}(t_h+\xi z',z') + i\varphi_{XPM}(t_h,z',z')]$$

式中，当 l=p 或 h 时，用 $t_l=t-z/v_l$ 分别表示泵浦及谐波场；$A_0(t)$ 为泵浦脉冲的初始

条件包络；

$$\varphi_{\text{SPM}}(t_p,z)=\gamma_1\left|A_0(t_p)\right|^2 z \tag{4.124}$$

为 SPM 诱导的泵浦场相移；

$$\varphi_{\text{XPM}}(t_h,z',z)=2\gamma_2\int_{z'}^{z}\left|A_0(t_h+\xi z')\right|^2 dz' \tag{4.125}$$

为 XPM 诱导的三次谐波场相移。

在方程（4.124）和（4.125）得出的非线性相移很小的情况下，方程（4.123）的傅里叶变换得出以下三次谐波强度光谱的表达式：

$$I(\Omega,z)\propto\beta^2\frac{\sin^2\left[(\Delta k_0+\Omega\xi)\dfrac{z}{2}\right]}{(\Delta k_0+\Omega\xi)^2}$$

$$\times\left|\int_{-\infty}^{\infty}\int_{-\infty}^{\infty}A(\Omega-\Omega')A(\Omega'-\Omega'')\times A(\Omega'')d\Omega'd\Omega''\right|^2 \tag{4.126}$$

式中，$A(\Omega)$ 为输入泵浦场的光谱。由于允许从泵浦场光谱的影响中消除相位匹配效应，对非线性位移很小的情况进行的分析很能说明问题。相位匹配用方程（4.126）右边第一个因子指数的自变量表示，从这个表达式中出现的卷积积分可以清楚地看到泵浦光谱的重要性。根据相位和群速失配 Δk_0 和 ξ 的符号，三次谐波光谱的谱峰可以相对频率 $3\omega_0$ 被红移或蓝移。从方程（4.126）可以看出，该谱峰的光谱宽度可以由 $\delta\approx 2\pi(|\xi|z)^{-1}$ 得出，随着传播坐标 z 的增长减少为 z^{-1}（图 4.10 中的小图）。

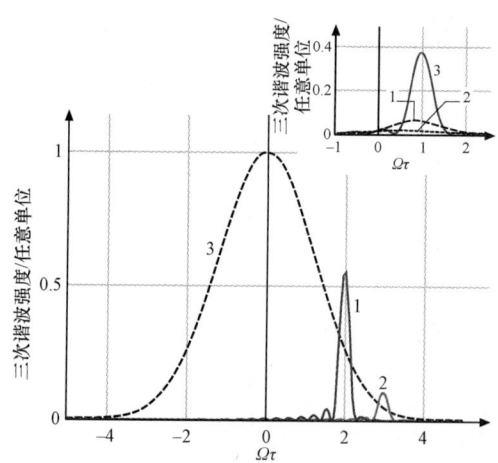

图 4.10　$\Delta k_0\tau/\xi=-2$（曲线 1），-3（2）和 0（3）时泵浦场弱自相位调制情况下生成的三次谐波光谱。小图描绘了 $\Delta k_0\tau/\xi=-1$ 且 $\xi L/\tau=2$（1），4（2）和 10（3）时三次谐波光谱主谱峰的缩窄

低泵浦功率下，可以从方程（4.126）的指数因子看出，一般化的相位匹配条件（4.119）定义了三次谐波谱峰的中心频率 $3\omega_0+\Omega_{\max}$，$\Omega_{\max}=-\Delta k_0/\xi$。如方程（4.126）

所示，该谱峰的振幅由频率为 $\omega_1 = \omega_0 + \Omega_{max} - \Omega'$，$\omega_2 = \omega_0 + \Omega' - \Omega''$ 和 $\omega_3 = \omega_0 + \Omega''$ 的泵浦场分量的振幅决定，这些分量可以进行相加，通过过程 $\omega_1 + \omega_2 + \omega_3 = 3\omega_0 + \Omega_{max}$ 将能量传递至三次谐波光谱的 $3\omega_0 + \Omega_{max}$ 分量。因此泵浦场的光谱应足够宽，为这个谱峰提供高振幅。在 SPM 诱导的泵浦光光谱增宽很小的情况下，三次谐波的可调谐范围（即频率偏移 Ω 的范围）主要受到输入泵浦场带宽的限制。图 4.10 描绘了 THG 的这种情况。随着比值 $\Delta k_0 \tau / \xi$ 从 -2（曲线 1）变化到 -3（曲线 2），三次谐波的谱峰必然从 $\Omega_{max} = 2/\tau$ 变化到 $3/\tau$。Akhmanov 等人早期预测了一个类似的光谱位移，这个光谱位移受非扰动泵浦光光谱的限制[4.56]。然而对于很大的 $|\Delta k_0/\xi|$，光谱两翼的泵浦功率密度过低，无法在三次谐波光谱中产生能够察觉的 $\Omega_{max} = -\Delta k_0/\xi$ 的谱峰（参见图 4.10 中的曲线 2 和 3）。

在非线性相移不可忽略的一般情况下，无法从泵浦光谱的影响中消除相位匹配效应，采用近似积分法识别 THG 过程的主要特征。对于具有高斯包络 $A_0(t_p) = \tilde{A} \exp[-t_p^2/(2\tau^2)]$ 的泵浦脉冲，其中 $\tilde{A}$ 和 τ 为泵浦脉冲的振幅和初始持续时间，根据方程（4.123），三次谐波的光谱可通过下式得出：

$$B(\Omega,z) = i\beta\tilde{A}^3 \int_{-\infty}^{\infty} dt_h \int_0^z dz'$$

$$\times \exp\left[-\frac{3(t_h + \xi z')^2}{2\tau^2} - i\Delta k_0 z' + 3i\gamma_1 |\tilde{A}|^2 \times \exp\left(-\frac{(t_h + \xi z')^2}{\tau^2}\right)z'\right]$$

$$\times \exp\left[2i\gamma_2 |\tilde{A}|^2 \int_{z'}^z dz'' \times \exp\left(-\frac{(t_h + \zeta z'')^2}{\tau^2}\right) + i\Omega t_h\right] \tag{4.127}$$

通过改变方程（4.127）中积分的次序，采用鞍点法估算 dt_h 中的积分：

$$B(\Omega,z) \propto i\beta\tilde{A}^3\tau \int_0^z dz'$$

$$\times \exp\left\{-i(\Delta k_0 + \Omega\xi - 3\gamma_1 |\tilde{A}|^2)z' + 2i\gamma_2 |\tilde{A}|^2 \frac{\tau}{\xi}\Phi\left[(z-z')\frac{\xi}{\tau}\right]\right\} \tag{4.128}$$

式中，$\Phi(x) = \int_0^x \exp(-x^2)dx$。

在 $\zeta z/\tau \gg 1$ 且 $\Phi[(z-z')\zeta]$ 为常量的情况下，相位匹配受到以下因数控制：

$$F(\Omega,z) = \frac{\sin^2\left[(\Delta k + \Omega\xi + 3\gamma_1 |\tilde{A}|^2)\frac{z}{2}\right]}{(\Delta k + \Omega\xi + 3\gamma_1 |\tilde{A}|^2)^2} \tag{4.129}$$

因此，三次谐波场 SVEA 积分的鞍点估计以方程（4.119）的形式还原了一般化的相位匹配条件。这样，提供的 THG 的最大效率的频率偏移 Ω_{max} 由介质的色散、其非线性性质和泵浦场强度决定。

由于 SPM 的泵浦场光谱增宽彻底地扩大了三次谐波的可调谐范围（图 4.11）。$\gamma I_0 L = 1$（L 为相互作用的长度，I_0 为泵浦场峰值强度）时，泵浦场光谱具有足够的宽度，产生$\Omega_{\max}=-6/\tau$的高振幅谱峰。随着非线性介质长度的增加，谱峰缩窄（参见图4.11的曲线2、3），这提示了一种光谱学和计量学应用上的光谱控制良好的短波长辐射高效发生的便利方法。在时域中，三次谐波倾向于分成两个脉冲，如图4.11中小图所示的$\xi L\tau=20$时的$\gamma I_0 L=1$（曲线1）和2（曲线2）。$t_h\tau=-20$处的第一个峰值表示与泵浦脉冲一起传播的三次谐波脉冲，从方程（4.119）的意义上讲，其与泵浦场相位匹配。第二个脉冲以三次谐波的群速度传播，相对泵浦场群延迟。由于相位匹配，第一和第二个峰值振幅的比随着$\gamma I_0 L$的增长而增加（参见图4.11小图中的曲线1、2）。

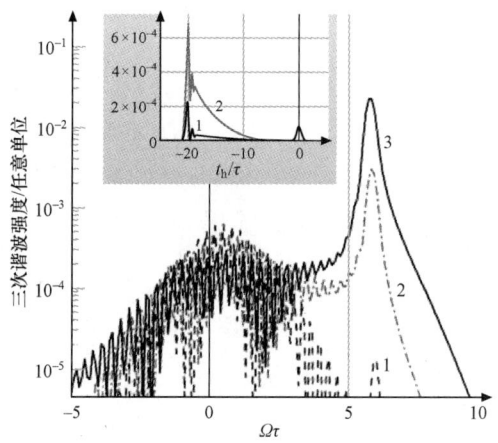

图4.11　泵浦未发生SPM（曲线1）和泵浦受到SPM的增宽（曲线2，3）时生成的三次谐波光谱，有$\gamma I_0 L=1$（1）和2（2）；且$\Delta k_0\tau/\xi=-6$，$\xi L=20$。小图显示了$\gamma I_0 L=1$（1）和2（2）且$\xi L/\tau=20$时的三次谐波的时间结构

　　频移THG的例子可以在最新的关于PCF和锥形光纤的非线性光学的文献中找到[4.48-52]，主要研究了有趣的共线切伦科夫型模间相位匹配选项[4.50, 51]。文献[4.57, 58]确定了频移的本质。非对称展宽和光谱位移的三次谐波产生是在使用PCF[4.49-51]和锥形光纤[4.52]的非线性光学实验中观测到的最常见的情况。最近的两个最引人注目的实验发现包括对掺钛蓝宝石激光脉冲在高折射率差PCF中发生的260 nm光谱分量的观测[4.49]，以及1.25 μm掺铬镁橄榄石激光辐射的飞秒脉冲发生的光谱孤立的380 nm频率分量[4.59]。第一个例子中，紫外（UV）分量的中心波长在中心泵浦波长由770 nm调至830 nm时保持稳定[4.49]（看起来非常符合方程（4.119）的相位匹配条件）。第二个例子中，蓝移三次谐波的发生使540 THz以外的频率区间上的泵浦辐射的高效频率变换成为可能[4.59]。在这些实验中，可见蓝光发射的谱峰从频率$3\omega_0$偏移了34 nm（图4.12中小图展示了典型光谱），$3\omega_0$下无信号产生。

　　为了确定图4.12中小图显示的光谱中的急剧频移的主要特征，将空气包层石英玻璃光纤中的导模色散看作PCF色散的一般例子。图4.12绘出了纤芯半径为0.9 μm

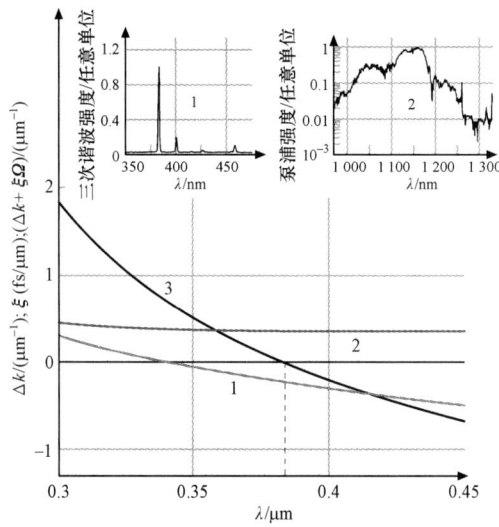

图 4.12　纤芯半径为 0.9 μm 的空气包层石英玻璃光纤中的三次谐波产生的相位失配 Δk_0（1）、群速度失配 ξ（2）和有效相位失配 $\Delta k_0 + \xi\Omega$（3）。泵浦波长为 1.25 μm。垂直虚线显示了 $\Delta k_0 + \xi\Omega = 0$ 时的波长 $\lambda = 383$ nm。小图显示了长度为 10 cm 的光子晶体光纤输出端的可见蓝光发射的典型实验光谱（1）和掺铬镁橄榄石激光泵浦场的光谱（2）（根据文献［4.57］）

的空气包层石英玻璃光纤中的模间 THG 的相位和群速失配 Δk_0 和 ξ，以及有效相位失配 $\Delta k_{\text{eff}} = \Delta k_0 + \xi\Omega$。假设泵浦场耦合为光纤的基模，且会在其中一种高阶 HE_{13} 型模下发生三次谐波。有效相位失配 Δk_{eff} 在波长 383 nm 处经过零，相当于相对 $3\omega_0$ 的 63 THz 的频移，非常符合图 4.12 小图 1 显示的 PCF 蓝光发射的典型光谱[4.59]。方程（4.119）和（4.127）充分描述了三次谐波光谱的主要特征和主导倾向。对泵浦（图 4.12 中小图 2）和图 4.11 显示的三次谐波光谱进行的比较也显示，由于泵浦场的强展宽，三次谐波光谱中主谱峰超过 60 THz 的蓝移变为可能，这当然不只是由于 PCF 实验现实条件中的 SPM。

　　前文已经证明了光谱增宽的短泵浦脉冲场中可以产生三次谐波且在实践中具有重要性的新特征。一个基于自相位调制展宽的短脉冲泵浦场可以在较宽的光谱范围内生成其三次谐波。但是，为了将泵浦场和三次谐波场的相位和群速失配包括进来而进行了一般化的相位匹配条件，以及克尔型非线性诱导的泵浦场光谱增宽，倾向于选取狭窄的高效 THG 光谱区。通过群速失配的变化对三次谐波光谱的主谱峰频率进行调谐的可能性是 THG 型过程的独特性质，而对于标准的参量 FWM 过程并不典型，其中一阶色散项与场动量平衡相抵消。对于非线性频率偏移较大的泵浦场，这个光谱区可能与三次谐波的中心频率 $3\omega_0$ 相差数十太赫兹。研究显示，这种在 $3\omega_0$ 下没有信号产生的非 3ωTHG 过程，在光子晶体光纤中产生了有趣的且在实践中具有重要性的光谱变换现象。

|4.5 谐振二能级介质中的超短光脉冲：
自感应透明和脉冲面积定理|

4.5.1 光与二能级介质的相互作用

基于非线性极化率的现象学方法不包括与激光场对非线性介质的动态调制相关的非稳态现象。共振激光场与二能级系统的相互作用是一种在物理上有趣且在方法论上具有重要性的情况，其中支配激光场在非线性介质中演化的方程能够与和场相互作用的量子系统的运动方程自洽地求解。这样的自洽分析表明，存在一种值得注意的非线性光学相互作用的情况。振幅和脉冲宽度与二能级系统仔细匹配的共振激光脉冲能够在二能级系统中传播，而不发生吸收所致的脉冲振幅衰减，这种现象称为自感应透明。

激光辐射与二能级系统的相互作用是激光物理学的经典问题[4.60]。过去 40 年中，通过使用多种近似分析方法和数值步骤对其进行了广泛的研究，揭示了激光辐射与二能级系统的相互作用以及一般性的激光与物质的相互作用的重要方面。基于慢化包络近似（SVEA）和旋波近似的标准方法给出了二能级原子情况下的麦克斯韦 – Bloch 方程组[4.60, 61]。这些方程对共振介质内激光辐射的传播进行了大量参数上的充分描述，并提供了理解 2π 光孤子和自感应透明形成的这类基本共振光学现象的关键所在[4.60-63]。

如 McCall 和 Hahn 的经典著作[4.62, 63]中所述，脉冲面积为 π 的整数倍的光脉冲能够在二能级介质中传播，形状不发生变化，而其他脉冲面积的脉冲倾向于在二能级介质内的传播中改变面积，演化为面积为 p 的整数倍的脉冲。过去 10 年中进行了许多分析和数值工作，将这个 SVEA 结果扩展到超短脉冲。Eberly[4.64]在短光脉冲的情况下重新推导了面积定理，将其修改为包括脉冲啁啾和均匀阻尼。Ziolkowski 等人[4.65]应用时域有限差分法（FDTD）[4.66]半经典麦克斯韦 – Bloch 方程组进行了数值求解。这种方法显示了二能级介质中短脉冲传播的一些重要特性，从而能够对自感应透明效应进行更详尽的分析。Hughes[4.67, 68]使用 FDTD 方法演示了在二能级介质中生成亚飞秒瞬态的可能性。

Tarasishin 等人[4.69]应用时域有限差分法对二能级介质中传播的超短光脉冲的麦克斯韦和薛定谔方程进行了积分。下一节将讲解基于时域有限差分法的求解麦克斯韦和薛定谔方程的算法[4.69]，对超短激光脉冲与二能级原子系综的相互作用进行建模。以下呈现的 FDTD 模拟显示了关于短脉冲传播和二能级介质中的放大的有趣方案，包括脉冲向 2π 光孤子的演化、共振跃迁偶极矩成空间调制分布的介质中单周期脉冲的放大，以及啁啾光脉冲的放大。

4.5.2　二能级介质的麦克斯韦和薛定谔方程

首先将标准时域有限差分法扩展到二能级介质中传播的短脉冲的情况，这时对场的麦克斯韦方程和波动函数的薛定谔方程进行求解不需要采用 SVEA 方法中通常使用的假设。在一维情况下，FDTD 算法涉及两个麦克斯韦旋度方程的逐步积分：

$$\frac{\partial D_z(x,t)}{\partial t} = \frac{\partial H_y(x,t)}{\partial x} \tag{4.130}$$

$$\frac{\partial H_y(x,t)}{\partial t} = \frac{\partial E_z(x,t)}{\partial x} \tag{4.131}$$

为了进行积分，必须定义电磁感应和电磁场分量的关系，这可以通过介质极化方程进行。在所述二能级介质的情况下，这涉及能级波动函数的薛定谔方程的解。

考虑一个不发生相互作用的二能级原子或分子，其波动函数可表示为两个基态 1 和 2 的叠加：

$$\psi(t) = a(x,t)\psi_1 + b(x,t)\psi_2 \tag{4.132}$$

式中，ψ_1 和 ψ_2 为未受扰动的系统的本征函数，分别对应能量为 E_1 和 E_2 的能态（为了明确，假设 $E_1 > E_2$）；$a(x,t)$ 和 $b(x,t)$ 为复系数。那么，从波动函数的薛定谔方程得出以下微分方程组：

$$i\hbar \frac{da(x,t)}{dt} = E_1 a(x,t) - \mu E_z(x,t)b(x,t) \tag{4.133}$$

$$i\hbar \frac{db(x,t)}{dt} = E_2 b(x,t) - \mu E_z(x,t)a(x,t) \tag{4.134}$$

式中，μ 为能级 1 和 2 之间的跃迁偶极矩。根据费曼等人[4.68]的研究，我们采用复数量 $a(x,t)$ 和 $b(x,t)$ 的真实组合：

$$r_1(x,t) = a(x,t)b^*(x,t) + a^*(x,t)b(x,t) \tag{4.135}$$

$$r_2(x,t) = i[a(x,t)b^*(x,t) - a^*(x,t)b(x,t)] \tag{4.136}$$

$$r_3(x,t) = a(x,t)a^*(x,t) - b(x,t)b^*(x,t) \tag{4.137}$$

$$r_4(x,t) = a(x,t)a^*(x,t) + b(x,t)b^*(x,t) \tag{4.138}$$

通过相干光学的经典教科书[4.60, 61]，方程（4.135）-（4.138）所定义的参数的物理内容已广为人知。使用方程组（4.133）和（4.134）很容易证明 $r_4(x,t)$ 独立于时间，且可以阐释为系统处于能态 1 或 2 的概率。$r_1(x,t)$ 和 $r_3(x,t)$ 的作用格外重要。根据 $r_3(x,t)$ 的符号，共振电磁辐射不是被二能级系统放大，就是被其吸收。$r_1(x,t)$ 控制线偏振光场的情况下介质的极化为

$$P_z(x,t) = 4\pi\mu r_1(x,t)N \tag{4.139}$$

式中，N 为二能级原子或分子的体积密度。因此，$r_1(x,t)$ 定义了我们寻找的电磁感应和电磁场分量的关系。

使用方程（4.133）和（4.134），得到以下关于方程（4.135）-（4.137）所定义的量的方程组：

$$\frac{dr_1(x,t)}{dt} = -\omega_0 r_2(x,t) \qquad (4.140)$$

$$\frac{dr_2(x,t)}{dt} = \omega_0 r_1(x,t) + 2(\mu/\hbar)E_z(x,t)r_3(x,t) \qquad (4.141)$$

$$\frac{dr_3(x,t)}{dt} = -2(\mu/\hbar)E_z(x,t)r_2(x,t) \qquad (4.142)$$

式中，$\omega_0 = (E_1 - E_2)/\hbar$。求方程（4.141）的微分，对 $dr_1(x,t)/dt$ 使用方程（4.140），且考虑到 $r_1(x,t) = P_z(x,t)/(\mu N) = [D_z(x,t) - E_z(x,t)]/(4\pi\mu N)$，得到

$$\frac{d^2 D_z(x,t)}{dt^2} - \frac{d^2 E_z(x,t)}{dt^2} + \omega_0^2[D_z(x,t) - E_z(x,t)]$$
$$+ 2\frac{4\pi\mu^2\omega_0 N}{\hbar}E_z(x,t)r_3(x,t) = 0 \qquad (4.143)$$

$$\frac{dr_3(x,t)}{dt} = \frac{2}{4\pi\hbar\omega_0 N}E_z(x,t) \times \left(\frac{dD_z(x,t)}{dt} - \frac{dE_z(x,t)}{dt}\right) \qquad (4.144)$$

时域有限差分法涉及方程（4.130）和（4.131）中涉及的时间和空间导数的差分近似[4.66]。

$$D_{z,i}^{n+1} = D_{z,i}^n + \frac{\Delta t}{\Delta x}\left(H_{y,i+1/2}^{n+1/2} - H_{y,i-1/2}^{n+1/2}\right) \qquad (4.145)$$

$$H_{y,i+1/2}^{n+3/2} = H_{y,i+1/2}^{n+1/2} + \frac{\Delta t}{\Delta x}\left(E_{z,i+1}^{n+1} - E_{z,i}^{n+1}\right) \qquad (4.146)$$

式中，i 和 n 分别表示离散空间和时间变量；$x = i\Delta x$，$t = n\Delta t$，Δx 和 Δt 分别为空间和时间变量离散化的步长。通过这种方法得出以下差分方程组：

$$E_{z,i}^{n+1} = D_{z,i}^{n+1} + D_{z,i}^{n-1} - E_{z,i}^{n-1} + \frac{4E_{z,i}^n - 4D_{z,i}^n + 4\Delta t^{2\frac{4\pi\mu^2\omega_0 N}{\hbar}}E_{z,i}^{n-1}r_{3,i}^{n-1}}{2 + \Delta t^2\omega_0^2} \qquad (4.147)$$

$$r_{3,i}^{n+1} = r_{3,i}^{n-1} + 0.5\frac{2}{4\pi\hbar\omega_0 N}\left(E_{z,i}^{n+1} + E_{z,i}^n\right) \times \left(D_{z,i}^{n+1} - D_{z,i}^{n-1} - E_{z,i}^{n+1} + E_{z,i}^{n-1}\right) \qquad (4.148)$$

因此，得到以下数值解的封闭算法：

（1）在方程组（4.147）和（4.148）中，将方程（4.145）确定的 $D_{z,i}^{n+1}$ 替换为离散时间变量的当前值，然后确定 $r_{3,i}^{n+1}$ 和 $E_{z,i}^{n+1}$ 的值；

（2）将确定的值代入方程（4.146），然后确定磁场 $H_{y,i}^{n+3/2}$ 的值；

（3）将磁场的这些值代入方程（4.145），重复上述步骤，求出下一个离散时间变量的值。

4.5.3　脉冲面积定理

为了测试 4.5.2 节描述的基于 FDTD 的模拟步骤,对二能级介质中光脉冲的传播进行建模:

$$E(x,t) = A(x,t)\mathrm{e}^{\mathrm{i}\phi+\mathrm{i}kz-\mathrm{i}\omega t} + \mathrm{c.c.} \tag{4.149}$$

式中,$A(x,t)$ 为二能级介质中的脉冲包络。将模拟的结果与 McCall – Hahn 面积定理[4.62, 63]的预测比较。可以通过追踪脉冲面积完成这个方案:

$$\theta(x) = \int_{-\infty}^{\infty} \Omega(x,t)\mathrm{d}\tau \tag{4.150}$$

式中,$\Omega(x,t) = \dfrac{2\mu}{\hbar}A(x,t)$ 为真实拉比频率(Rabi frequency)。

脉冲包络 $A(x,t)$ 的 SVEA 方程可以表示为

$$\frac{\partial A(x,t)}{\partial x} + \frac{n}{c}\frac{\partial A(x,t)}{\partial t} = \mathrm{i}\frac{2\pi\omega}{nc}P(x,t) \tag{4.151}$$

式中,n 为介质的折射率;$P(x,t)$ 为介质中诱导的极化的慢变振幅。如同 McCall 和 Hahn 在文献 [4.62, 63] 中所示,对于精确共振,$P(x,t) = \mathrm{i}\mu N \sin[\theta(x,t)]$,其中 $\theta(x,t) = \int_{-\infty}^{t} \Omega(x,\tau)\mathrm{d}\tau$。因此,从方程(4.151)得出

$$\frac{\partial A(x,t)}{\partial x} + \frac{n}{c}\frac{\partial A(x,t)}{\partial t} = -\frac{2\pi\omega\mu N}{nc}\sin[\theta(x,t)] \tag{4.152}$$

方程(4.152)著名的解为双曲正切形脉冲,在共振二能级介质中传播,包络不变。

$$A(x,t) = \frac{\hbar}{\mu\tau}\,\mathrm{sech}\left(\frac{t-x/V}{\tau}\right) \tag{4.153}$$

式中,V 为介质中的脉冲速度:

$$V = \left(\frac{4\pi\mu^2\omega N\tau^2}{\hbar nc} + \frac{n}{c}\right)^{-1} \tag{4.154}$$

弱吸收的情况下(脉冲面积仅轻微偏离其稳定值),脉冲面积的演化受以下方程控制:

$$\frac{\partial \theta(x)}{\partial x} = -\frac{2\pi\omega\mu N}{ncE_0}\theta(x)\sin\theta(x) \tag{4.155}$$

式中,E_0 为初始脉冲振幅。当 $\theta \approx 2\pi$ 时,得到

$$\frac{\partial \theta(x)}{\partial x} = -\frac{\alpha}{2}\sin\theta(x) \tag{4.156}$$

式中,$\alpha = 8\pi^2\omega\mu N/(ncE_0)$。

根据方程(4.156),面积 $\theta(x_0)$ 为 π 的整数倍的脉冲在二能级介质中传播,包络不变(光孤子传播的情况)。但是,脉冲面积等于 π,3π,5π,$\cdots$ 的光孤子不稳定。因此,任意初始面积的脉冲在二能级介质中传播时,波形将发生改变,直到脉冲面

积为 2π 的整数倍。这种过程的特有的空间尺度估计为 α^{-1}。

研究已对双曲正切脉冲进行了数值模拟[4.69]：

$$E(x_0,t) = E_0 \frac{2\cos[\omega(t-t_0)]}{\exp[-(t-t_0)/T] + \exp[(t-t_0)/T]} \tag{4.157}$$

选取以下介质和脉冲的参数： $\Omega = 2\mu E_0/2\hbar = 0.056\,5\omega$ ， $4\pi\mu Nr_3(0) = -0.12E_0$ 且 $\omega = \omega_0$ （精确谐振）。

根据面积定理，满足这些特定参数时，持续时间为 $T = 5.631\,2\pi/\omega$ 的脉冲在二能级介质中传播，包络不会发生变化。FDTD 模拟[4.69]显示 100λ 的距离内这样的脉冲的波形和振幅不会变化，精确度高于 0.1%。

现在，我们来检验任意光脉冲如何在二能级介质中演化为 2π 脉冲。满足以上特定参数值时，对持续时间为 $T = 7.039\,2\pi/\omega$ 的脉冲在二能级介质中的传播进行 FDTD 模拟。当这个脉冲经过介质传播时，振幅增加了 15% 时，脉冲的持续时间下降的因数约为 2。对这些传播坐标的值进行的 FDTD 模拟得到的脉冲面积等于 2.5π，2.33π，2.24π 和 2.1π，而根据方程（4.156）计算的 x 的相等值下的脉冲面积等于 2.5π，2.35π，2.22π 和 2.09π。因此，FDTD 模拟的结果非常符合面积定理的预测，说明了数值方法的充分性。

4.5.4　二能级介质中超短光脉冲的放大

由于基于 FDTD 的数值算法的目的是模拟很短的脉冲演化，这让我们能够探索二能级介质中短脉冲放大的许多重要的方面，为短脉冲放大中产生的问题提供了更深的理解以及可以用于解决这些问题的方法。

π 脉冲的传播似乎为二能级系统中的放大提供了最佳条件，原因是这些脉冲将初始反转介质中的原子（或分子）转换到了较低的能态。但是，当光脉冲在介质内传播时，拉比频率增加，且脉冲振幅由于放大而增加。由于拉比频率的变化，这时脉冲无法将反转的原子或分子转换到较低的能态，而是在介质内留下了一些激发，这使增益减少，且由于脉冲后沿在带有残余粒子数反转的介质中放大，导致了脉冲延长。因此，必须采取一些预防措施，使脉冲面积在介质中的脉冲放大过程中保持恒定。下面，我们使用 FDTD 技术探索两种可能解决这个问题的方法：① 调制二能级系统中共振跃迁偶极矩的空间分布；② 放大频率失谐的啁啾脉冲。

1. 偶极矩空间分布的调制

首先解释为什么认为调制偶极矩的空间分布会提高二能级介质中超短光脉冲放大的效率。为此，将式（4.152）乘以 $A(x,t)$，并按时间对得到的表达式进行积分。然后，引入脉冲能量 $\Phi(x) = \int_{-\infty}^{\infty} A^2(x,t)\mathrm{d}t$ ，考虑到如果 $\theta(x_0) = 0, 2\pi, \cdots$ ，脉冲能量将保持恒定，这样就得到了以下脉冲能量和面积的相关方程。

$$\frac{\partial \Phi(x)}{\partial x} = \frac{2\pi \omega N \hbar}{nc}[\cos \theta(x) - 1] \qquad (4.158)$$

因此，如果脉冲面积始终等于π，由于脉冲在反转二能级介质中传播，这样一个脉冲的能量将作为距离的函数成线性增长。

$$\Phi(x) = (1 + \beta x)\Phi(0) \qquad (4.159)$$

式中，$\beta = 4\pi \omega N \hbar / [\Phi(0)nc]$ 为脉冲的初始能量。

观察方程（4.150）和（4.159），并考虑到对于双曲正切脉冲方程（4.157）有 $\Phi(0) = 2\tau E_0^2 = 2E_0 \hbar / \mu(0)$，可以得出如果根据以下调制偶极矩的空间分布，脉冲面积可以始终等于π：

$$\mu(x) = \frac{\mu_0}{\sqrt{1 + \beta x}} \qquad (4.160)$$

这样的偶极矩空间分布调制可以实现，例如，通过介质中的初步定向分子。

根据面积定理，具有方程（4.160）描述偶极矩空间分布的反转二能级介质中传播的π脉冲的振幅的演化受以下方程控制：

$$E(x) = E_0 \sqrt{1 + \beta x} \qquad (4.161)$$

脉冲振幅的增长正好由二能级介质中跃迁偶极矩的减少抵消。净效应为脉冲面积恒等于π。

图 4.13（a）–（d）显示了持续时间为 $T = 2\pi / \omega$ 的光脉冲的放大的 FDTD 模拟结果，分别对应偶极矩均匀分布的反转二能级介质中［图 4.13（a），（b）］和共振跃迁偶极矩的空间分布根据方程（4.160）调制的反转二能级介质中［图 4.13（c），（d）］的一个光学周期。进行模拟的条件为 $\Omega = 2\mu_0 E_0 / 2\hbar = 0.159\omega$，$4\pi \mu N r_3(0) = 0.12E_0$ 且 $\omega = \omega_0$。图中的时间从脉冲中心经过介质入口边界开始测量。

图 4.13（a），（b）展示了距离 0，$3\beta^{-1}$ 和 $6\beta^{-1}$ 处的π脉冲在反转均匀二能级介质中的演化和该介质中的粒子数差。这些图显示了跃迁偶极矩均匀分布的二能级介质无法确保变换极限共振π脉冲的高效放大。图 4.13（c），（d）展示了具有方程（4.160）所描述的偶极矩的空间演化的介质中传播的π脉冲的 FDTD 模拟结果。这些模拟说明了这样的介质中单周期脉冲高效放大的可能性。注意图 4.13（c），（d）中的脉冲振幅随着传播坐标 x 线性增长（对线性关系的偏离不超过 10^{-4}）。该结果非常符合面积定理的预言，并且可以被视为对这种发展成熟的算法的可靠性的又一次测试。

2. 频率失谐啁啾脉冲

保持放大的脉冲面积不变的另一个理念是使用频率与精确共振失谐的啁啾脉冲，这样的脉冲在二能级介质中传播时将发生压缩。选取适当的脉冲参数，这种脉冲持续时间的减少可以用于保持放大的光脉冲的面积。

这种情况下的拉比频率写作

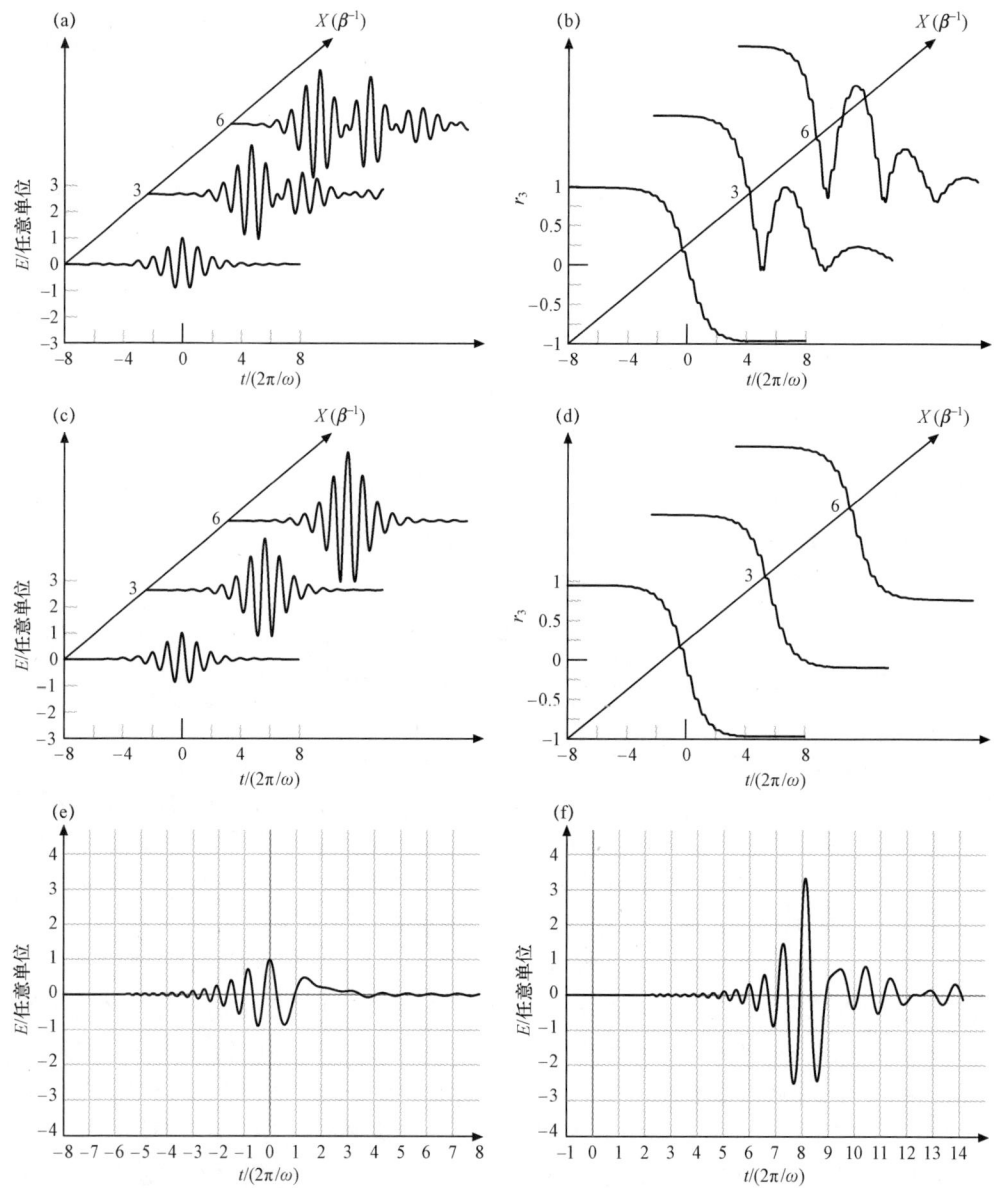

图 4.13　$\Omega = 2\mu_0 E_0 / 2\hbar = 0.159\omega$，$4\pi\mu Nr_3(0) = 0.12E_0$ 且 $\omega = \omega_0$ 的条件下使用 FDTD[4.69]模拟的（a），（b）偶极矩均匀分布和（c），（d）共振跃迁偶极矩的空间分布根据方程（4.160）调制的反转二能级介质中传播的单周期光脉冲的（a），（c）脉冲波形演化和（b），（d）粒子数差。图中的时间从脉冲中心经过介质输入端边界开始测量。（e），（f）二能介质中单周期啁啾激光脉冲的放大方程（4.163）：使用 FDTD 技术模拟的 $\Omega = 2\mu_0 E_0 / 2\hbar = 0.159\omega$，$4\pi\mu Nr_3(0) = 0.12 \times 10^0$ 且 $\omega = \omega_0$ 时的（e）输入脉冲和（f）输出脉冲

$$\Omega = \frac{1}{2}\sqrt{\Delta^2 + \left(\frac{2\mu_0 E_0}{\hbar}\right)^2} \tag{4.162}$$

式中，$\Delta=\omega-\omega_0$ 为脉冲中心频率对共振的失谐。

图 4.13（e），（f）显示了在与图 4.13（a），（b）相同的参数下在均匀二能级介质中传播的具有二次初始啁啾的单周期脉冲的 FDTD 模拟结果。

$$E(0,t)=E_0\frac{2\cos(\omega t+kt^2/T^2)}{\exp(-t/T)+\exp(-t/T)} \qquad (4.163)$$

式中，$k=1.4$。脉冲在介质中覆盖的距离为 $6\beta^{-1}$，频率失谐为 $\Delta=\omega-\omega_0=-0.02\omega_0$。从图 4.13（e），（f）可以看出，尽管更高阶的色散效应明显使脉冲波形发生了畸变，初始啁啾的脉冲在放大均匀介质输出端的峰值强度接近变换极限脉冲输出能量的 2 倍。并且，比较图 4.13（a），（b），（e），（f）可以发现，通过使光脉冲发生啁啾，可以避免不想要的脉冲延长效应。

4.5.5　二能级介质中的少周期光脉冲

Tarasishin 等人[4.70]展示的 FDTD 模拟结果，结果非常符合 McCall 和 Hahn 的理论[4.62, 63]，即关于光脉冲在二能级介质中传播直到脉冲持续时间 T 小于单个光学周期的时间 T_0 的预言。按照 McCall 和 Hahn 的一般预言，例如 $T=T_0$，$2\mu E_0\pi T/\hbar=2.9\pi$，$\mu N/E_0=0.001\,16$ 的 2.9π 脉冲将发生变换直到其面积等于 2π。这些条件下，脉冲的峰值振幅以因数 1.31 增加，而其持续时间减少到 $0.55T_0$。

从持续时间短于单场周期的脉冲可以观测到对 McCall–Hahn 情况的明显偏离。特别是，半周期 2π 脉冲在经过二能级介质传播时变得不对称［图 4.14（a）］，基于 FDTD 模拟估算的对应于 π 的相移的特有长度［式（4.9）］等于 9.4λ，明显不同于 SVEA 估算的 π 相移特有的长度，即 $L=(\hbar nc)/(4\omega^2\mu^2 T^2 N)=(E_0^2 nc)/(4\omega^2 N\hbar)$。1/4 周期 2π 脉冲在经过二能级介质传播的过程中表现出明显的畸变和延长［图 4.14（b）］。

在 McCall–Hahn 情形下非常短的 2π 脉冲的特性中观察到的偏离是由于这样一个事实，即尽管形式上这些脉冲的面积为 2π，由于其不包括场的一个完整周期，这种情况下光和二能级系统相互作用的周期仍然不完整［图 4.14（a），（b）］。结果是这些脉冲在二能级介质中留下了一些激发［图 4.14（d）］，而不是像更长的 2π 脉冲的情况，将激发态粒子数转换回基态［图 4.14（c）］。

脉冲前沿的振幅变得高于其后沿振幅，脉冲波形明显变得不对称［图 4.14（a）］。这些非常短的脉冲的群速度由于光和二能级系统相互作用的周期不完整而增加，导致 π 相移特有长度的 SVEA 估算和 FDTD 结果的差异。介质中的残余粒子数和脉冲波形的不对称性随着脉冲缩短而增加。

因此，本节展示的 FDTD 模拟的结果显示，一般来说，McCall 和 Hahn 关于二能级介质中短脉冲振幅和相位演化的一般预言非常符合数值模拟的结果，除非脉冲持续时间小于单个光学周期的时间。数值分析显示了分裂二能级介质中传播的单周期脉冲导致的 2π 光孤子形成中的几个有趣的物理特征。特别是，产生的脉冲可能具有不同的振幅、持续时间和群速度，因而能够形成亚飞秒级脉冲，并减慢二能级介质中的光。对持续时间小于单个场周期持续时间的脉冲，能够观测到对

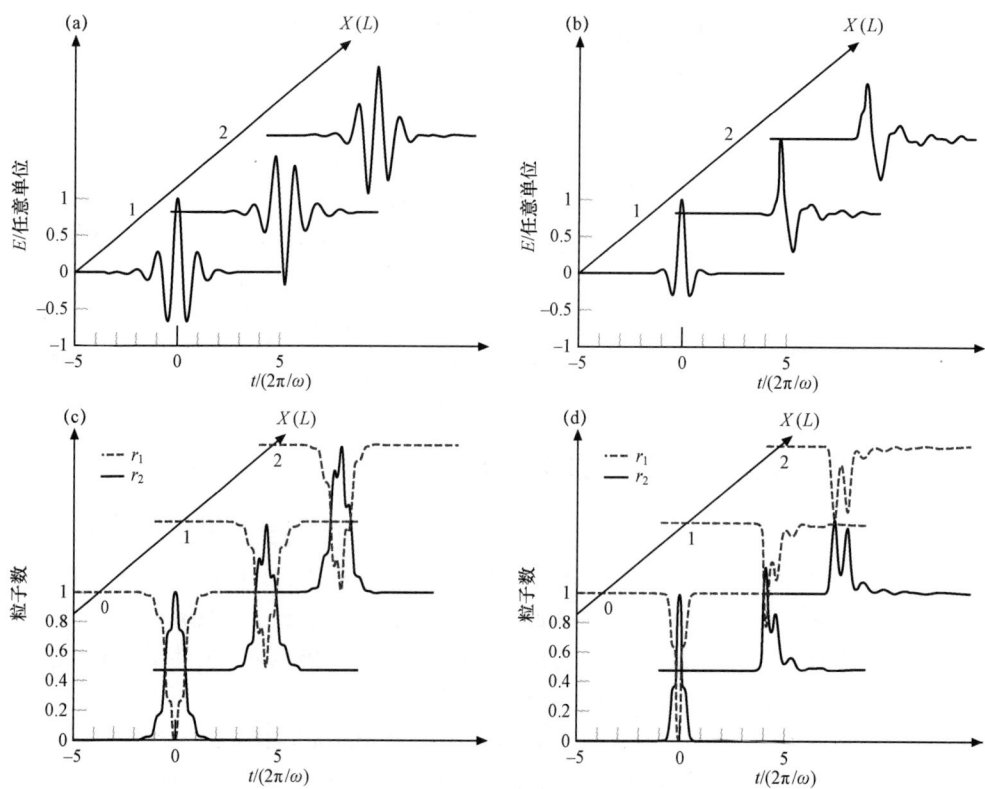

图 4.14 （a）$T = 0.5T_0, 2\mu E_0 \pi T / \hbar = \pi$ 且 $\mu N/E_0 = 0.0016$ 时，半周期 2π 脉冲在二能级介质中的演化；（b）$T=0.25T_0$，$2\mu E_0 \pi T / \hbar = \pi$ 且 $\mu N/E_0 = 0.0032$ 时，1/4 周期 2π 脉冲在二能级介质中的演化；（c）半周期 2π 脉冲和（d）1/4 周期 2π 脉冲的行为下二能级介质中激发态和基态粒子数的演化：（虚线）基态粒子数 r_1 和（实线）激发态粒子数 r_2。使用 FDTD 进行模拟[4.70]

McCall–Hahn 情况的明显偏离。半周期 2π 脉冲在经过二能级介质内传播时变得不对称，而 1/4 周期 2π 脉冲在经过二能级介质传播的过程中表现出明显的畸变和延长。观测到非常短的 2π 脉冲的行为对 McCall–Hahn 情形的偏离是由于光和二能级系统相互作用的周期在这种情况下仍然不完整的事实，并且光脉冲在二能级介质中留下了一些激发，而不是将激发态粒子数转换回基态。

|4.6 白光：超连续谱产生|

超连续谱（SC）产生，即引起非线性介质中传播的激光脉冲发生急剧光谱增宽的物理现象，最早在 20 世纪 70 年代早期进行了演示[4.71, 72]（超连续谱发生的早期实验概述参见文献［4.73］）。目前，在发现超连续谱（SC）超过 30 年后，超连续谱发生仍然是激光物理学和非线性光学中最令人兴奋的课题之一[4.44]，在这个领域中，高场科学与低能量非放大超短脉冲物理以最惊人的方式相遇。能够使用非放大纳焦甚至是亚纳焦飞秒脉冲生成超连续谱发射的光子晶体光纤的发明[4.36, 37]，引起了频率计量学革命性的变化[4.74-77]，为超高速科学打开了新视野[4.78, 79]，使新的波长可调谐和宽带光纤能够为光谱学[4.80]和生物医学[4.81]应用而发明。图 4.15 中激光束生成的色彩的彩虹已经成为一种光学仪器和实用工具。

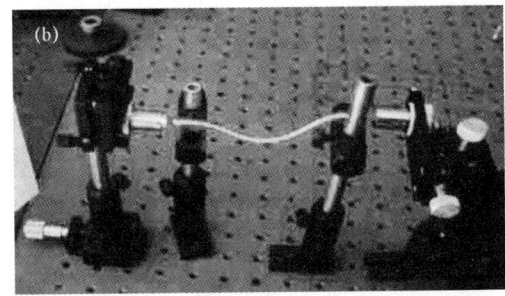

图 4.15　光子晶体光纤中的超短脉冲光谱变换
（a）超连续谱产生；（b）三次谐波产生；（c）频移

作为一种物理现象，超连续谱产生涉及所有种类的经典非线性光学效应，例如自相位调制和交叉相位调制、四波混频、受激拉曼散射、光孤子现象和许多其他现象，这些相加在一起产生了光谱非常宽的发射，跨度有时达数个倍频。以下将更详细地讨论造成超连续谱生成的基本物理过程，着重探究自相位调制、四波混频和调制不稳定性（4.6.1 节），交叉相位调制（4.6.2 节），以及光孤子现象和受激拉曼散射（4.6.3 节）。

4.6.1 超连续谱产生光子晶体光纤中的自相位调制、四波混频和调制不稳定性

激光脉冲在 PCF 中的传播总是伴随着 SPM 诱导的光谱增宽。4.4.1 节中讨论了 SPM 的基本特性。对于非常短的激光脉冲和宽带场波形，SPM 可以看作来自激光场光谱的频率分量 ω_{p1} 和 ω_{p2} 作为泵浦光子生成新的频率分量 ω_3 和 ω_4 的四波混频 $\omega_{p1}+\omega_{p2}=\omega_3+\omega_4$。频率简并泵浦的情况下，$\omega_{p1}=\omega_{p2}=\omega_p$，通过 FWM 生成的新的频率分量在输出场光谱中表现为频率为 ω_s 和 ω_a 的斯托克斯和反斯托克斯边带。如同 4.4.4 节所强调的，当非线性光学相互作用中涉及的场实现相位匹配时，这样的 FWM 过程变得特别高效。在某些条件下，泵浦场会改变 FWM 过程中涉及的导模的有效折射率，诱导 FWM 的相位匹配，并引起代表斯托克斯和反斯托克斯场的光谱边带的快速增长。这种四波混频的情况称为调制不稳定性（MI），在 PCF 中的超短脉冲的非线性光学谱变换中起到了格外重要的作用。

在最简单的调制不稳定性标量情况下，频率为 ω_p 的泵浦场的两个光子生成频率为 $\omega_s=\omega_p-\Omega$ 和 $\omega_a=\omega_p+\Omega$ 的斯托克斯和反斯托克斯边带。为了描述 MI 的这种情况，我们将斯托克斯和反斯托克斯边带的传播常量表示为 ω_p 的泰勒级数展开：

$$\beta(\omega_p+\Omega) \approx \beta_0(\omega_p) + \frac{1}{u_p}\Omega + \frac{1}{2}\beta_2(\omega_p)\Omega^2 + 2\gamma P \tag{4.164}$$

$$\beta(\omega_p-\Omega) \approx \beta_0(\omega_p) - \frac{1}{u_p}\Omega + \frac{1}{2}\beta_2(\omega_p)\Omega^2 + 2\gamma P \tag{4.165}$$

式中，P 为泵浦场的峰值功率；$\beta_0(\omega_p)$ 为泵浦场模式的无克尔效应传播常量（即 $P=0$ 时的泵浦场传播常量）；$u_p = (\partial\beta/\partial\omega|_{\omega=\omega_p})^{-1}$ 为泵浦脉冲的群速度；$\beta_2(\omega_p) = \partial^2\beta/\partial\omega^2|_{\omega} = \omega_p$；$\gamma=(n_2\omega_p)/(cS_{\text{eff}})$ 为非线性因数，$S_{\text{eff}} = \left[\int_{-\infty}^{\infty}\int_{-\infty}^{\infty}|F(x,y)|^2\,\mathrm{d}x\mathrm{d}y\right]^2 / \int_{-\infty}^{\infty}\int_{-\infty}^{\infty}|F(x,y)|^4$，$\mathrm{d}x\,\mathrm{d}y$ 为横场分布为 $F(x,y)$ 的导模的有效面积。

将泵浦场的传播常量写作

$$\beta(\omega_p) = \beta_0(\omega_p) + \gamma P \tag{4.166}$$

FWM 过程中涉及的场的传播常量失配为

$$\Delta\beta_{\text{FWM}} = \beta(\omega_p+\Omega) + \beta(\omega_p+\Omega) - 2\beta(\omega_p) \approx \beta_2(\omega_p)\Omega^2 + 2\gamma P \tag{4.167}$$

因此，对于这种类型的 FWM 可以实现下述情况的相位匹配：

$$\Omega = \pm\left(\frac{2\gamma P}{|\beta_2(\omega_p)|}\right)^{1/2} \tag{4.168}$$

仅当泵浦场的中心频率处于反常群速色散的范围内，即 $\beta_2(\omega_p)<0$ 时，这类 FWM 的相位失配才能实现。

图 4.16 展示了 Fedotov 等人观测到的 PCF 中的标量 MI 的典型特征[4.82]。在这

些实验中，重复率为 10 MHz 且能量为 0.1～1.4 nJ 的 790～810 nm 掺钛蓝宝石激光
辐射的非放大 50 fs 脉冲耦合进入 PCF（图 4.16 中的小图）中心纤芯外的微波导通
道。考虑到泵浦场的反常群速度色散（GVD），用于观测 MI 的微波导通道的零群速
度色散波长估计为 $\lambda_0 \approx 720$ nm。通过特意选取泵浦场功率，可以使用 SPM 相移诱导
高效四波混频的相位匹配（图 4.16）。这个过程可以理解为 SPM 诱导的调制不稳定
性，其导致了与泵浦场相位匹配的光谱边带的指数增长。在图 4.16 所示的输出光谱
中，795 nm 泵浦场生成的边带中心为 700 nm 和 920 nm。为了理解这个结果，我们
对最大 MI 增益的频移再次使用 MI 理论的标准结果［方程（4.168）］。根据 $\gamma \approx$
50 W^{-1}/km，$D \approx 30$ ps/（nm·km），脉冲能量 $E \approx 0.5$ nJ，初始脉冲持续时间 $\tau \approx 50$ fs，
可以得到 $\Omega_{max}/2\pi \approx 50$ THz，十分符合图 4.16 展示的输出光谱中观测到的边带的频移，
足以植入我们考虑的 MI 型 FWM 过程的 SPM 诱导展宽在光纤长度 $z \approx (2 L_d L_{nl})^{1/2}$
内实现，其中 $L_d = \tau^2/|\beta_2|$ 及 $L_{nl} = (\gamma P)^{-1}$ 分别为色散长度和非线性长度。对于以上规
定的激光脉冲和 PCF 参数，可得到 $L_d \approx 25$ cm 和 $L_{nl} \approx 0.2$ cm。这样，SPM 诱导的展
宽可以在 Ω_{max} 下，在长度超过 3.2 cm 的 PCF 内为边带发生提供种子。实验中 PCF
长度等于 8 cm，满足这个条件。因此实验结果演示了 PCF 微通道波导内 SPM 诱导
的 MI 的高效情况，这为参量频率变换和光子对发生提供了许多保证。

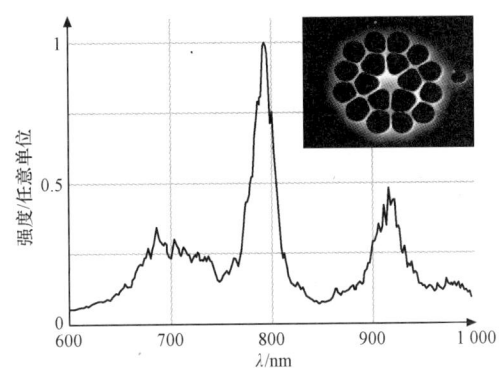

图 4.16　通过经光子晶体光纤（小图）传播的超短脉冲光谱中的调制不稳定性进行的边带发生。
激光脉冲的输入能量为 0.5 nJ。小图显示了光子晶体光纤的扫描电子显微镜（SEM）图像

4.6.2　交叉相位调制引发的不稳定性

　　研究显示，PCF 中的自感应 MI[4.53, 82]可以提供宽带参量放大的便利方法，因而
可以制造便利的小型光学参量振荡器。另外，交叉相位调制引发的 MI 不要求反常
色散[4.23]，表示其可作为 PCF 中超短脉冲频率变换的实用且便利的控制按钮，使
探测场输出光谱边带的频移和振幅可以通过泵浦场振幅的变化进行调谐。

　　实验[4.83]使用横截面具有某种几何结构，且纤芯直径为 4.3 μm 的高折射率阶跃
石英玻璃 PCF 进行（如图 4.17 中的小图所示）。图 4.17 展示了使用多项式展开计算

的该 PCF 的群速度和 GVD[4.84]。阿戈沃（Agrawal）的研究显示[4.85]，XPM 引发的 MI 的标准理论被用于分析关于在具有上述结构的 PCF 中同向传播的掺铬镁橄榄石激光的基波波长和二次谐波飞秒脉冲这一现象的主要特征。该理论预测，对于包括直到二阶为止的色散的泵浦场和探测场的慢变包络近似方程的稳态解相对波矢量为 K、频率为 Ω 的小的谐波扰动将变得不稳定，条件是 K 具有非零虚部。这种不稳定性的区域可以通过分析色散关系得出：

$$\left[\left(K-\frac{\Omega\delta g}{2}\right)^2-h_1\right]\left[\left(K+\frac{\Omega\delta g}{2}\right)^2-h_2\right]=C^2 \qquad (4.169)$$

式中，

$$h_j=\beta_{2j}^2\Omega^2\frac{\Omega^2+4\gamma_jP_jg/\beta_{2j}}{4} \qquad (4.170)$$

$$C=2\Omega^2\sqrt{\beta_{21}\beta_{22}\gamma_1\gamma_2P_1P_2} \qquad (4.171)$$

$\gamma_j=n_2\omega_j/(cS_j)$ 为非线性因子；$\delta=(v_{g_2})^{-1}-(v_{g_1})^{-1}$，$\beta_{2j}=(\mathrm{d}^2\beta_j/\mathrm{d}\omega^2)_{\omega=\omega_j}$，$P_j,\omega_j,v_{g_j}$ 和 β_j 分别为泵浦场（$j=1$）和探测场（$j=2$）的峰值功率、中心频率、群速度和传播常量；n_2 为非线性折射率；S_j 为泵浦场和探测场的有效模面积。波数为 K 的不稳定性的增益由 $G(\Omega)=2\,\mathrm{Im}(K)$ 得出。

对我们的实验采取 PCF 色散性质分析（图 4.17）得出 $\beta_{21}\approx-500\ \mathrm{fs}^2/\mathrm{cm}$，$\beta_{22}\approx400\ \mathrm{fs}^2/\mathrm{cm}$ 及 $\delta=150\ \mathrm{fs/cm}$。探测场的无量纲相移 $f=\Omega/\Omega_c$（其中 $\Omega_c=(4\gamma_2P_2/|\beta_{22}|)^{1/2}$）在 γ_1P_1/γ_2P_2 比值从 0.3 变化到 2.5 时，大约从 3.3 变化至 3.8。如同阿戈沃（Agrawal）所强调的[4.85]，像这样探测场频移对泵浦功率的弱依赖性对于泵浦 – 探测群速度失配情况下 XPM 引发的 MI 是典型的。当 $\gamma_2P_2\approx1.5\ \mathrm{cm}^{-1}$，频移 $f\approx3.8$ 造成了边带相对二次谐波的中心频率 ω_2 $\Omega/2\pi\approx74$ 的移动（对应波长标度上的 90 nm）。如同下面将展示的，该预言十分符合我们的实验结果。

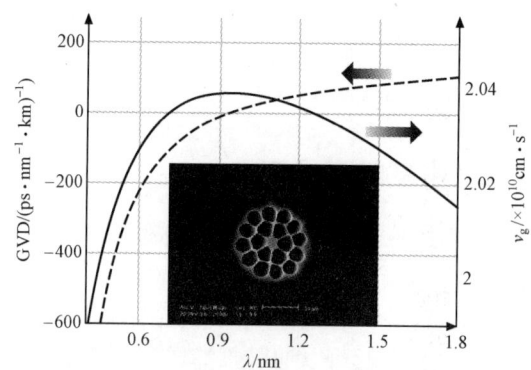

图 4.17　群速度（实曲线和右侧轴）和群速度色散（虚曲线和左侧轴）作为横截面结构如小图所示的 PCF 基模的辐射波长 λ 的函数计算结果

实验[4.83]中使用的激光系统包括一台掺四价铬镁橄榄石主振荡器、一台拉伸器、一台光频隔离器、一台再生放大器和一台压缩器。主振荡器以掺镱光纤激光作为泵浦，生成重复率为 120 MHz、波长为 1.23～1.25 μm 的 30～60 fs 辐射光脉冲。这些脉冲经过拉伸器和隔离器，在以掺钕氟化锂钇激光为泵浦的放大器内放大，并再次压缩为最大激光脉冲能量在 1 kHz 时达 40 μJ 的 170 fs 脉冲持续时间。使用 1 mm 厚的偏硼酸钡（BBO）晶体生成经放大的掺铬镁橄榄石激光辐射的二次谐波。飞秒掺铬镁橄榄石激光的 1 235 nm 基波波长辐射及其二次谐波分别作为泵浦场和探测场。从图 4.16 可以看出，泵浦波长处于 PCF 基模的反常色散的区域内，而二次谐波探测波长位于正常色散的范围内。在我们的实验中，较快的泵浦脉冲（图 4.17）相对 PCF 输入端较慢的探测脉冲按照可变延迟时间 τ 进行了延迟。

图 4.18 展示了使用能量范围为 0.2～20 nJ 和 3 nJ 的 170 fs 泵浦脉冲（掺铬镁橄榄石激光的基波辐射），及经过具有图 4.17 中小图所示的横截面结构的 5 cm PCF 传播的 180 fs 探测脉冲（掺铬镁橄榄石激光的二次谐波输出）的实验测量结果。对于零附近的延迟时间 τ，较慢的探测脉冲只能看见移动较快的泵浦脉冲的后沿。这样的情况下，XPM 主要引发探测场的蓝移。对于 $\tau \approx \delta L \approx 750$ fs，其中 $L=5$ cm 为 PCF

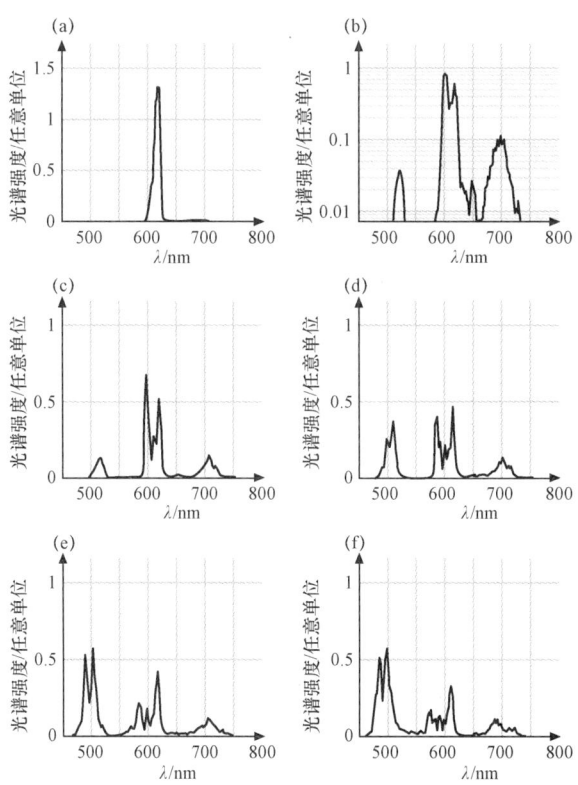

图 4.18 经一个 5 cm PCF 传播的二次谐波场的输出光谱。泵浦脉冲的功率为（a）3 kW，（b）7 kW，（c）30 kW，（d）42 kW，（e）70 kW 和（f）100 kW。探测脉冲功率为 8 kW

的长度，泵浦脉冲的前沿在更靠近光纤输出端的位置追上探测场，引发探测场主要发生红移。为了使泵浦场和探测场之间的相互反应关于 XPM 引发的频移对称，选取延迟时间 $\tau = \delta L/2 \approx 375$ fs。在低泵浦峰值功率的情况下（低于 3 kW），由于自相位调制，探测场的输出光谱只表现出了轻微的展宽［图 4.18（a）］。峰值功率较高的泵浦脉冲引起探测场输出光谱的彻底改变，分裂探测场的中心光谱分量，并引起中心频率 ω_2 周围的强对称边带［图 4.18（b）–（d）］。

作为泵浦功率的函数，探测场输出光谱特性的一般倾向非常符合 XPM 引发 MI 的理论预言。考虑到探测场中心谱分量的分裂和轻微蓝移［图 4.18（b）–（d）］，将泵浦展宽探测光谱的有效中心波长定义为 605 nm。在实验中，当泵浦功率从 5 kW 变化到 42 kW 时，二次谐波输出光谱中的短波长边带的位移从 80 nm 增加到约 90 nm。理论预言的波长位移分别为 76 nm 和 90 nm，显示了 XPM 诱导的 MI 在观测到的探测场光谱变换中的主导地位。从图 4.18(d)可以看到，峰值功率约为 40 kW 的泵浦脉冲生成的边带的振幅，对于探测光谱中心部分的光谱分量的振幅，变得能够与之相比，甚至可能超过。实验中，使用 45 kW 泵浦脉冲实现的探测场边带的最大频移估计为 80 THz，比传统光纤中的 XPM 诱导的 MI 引起的典型频移有大幅提高[4.23]。当泵浦功率高于 50 kW，探测场中心光谱分量及其边带都表现出显著的展宽［图 4.18（e），（f）］，且倾向于融合，这似乎是由于泵浦场诱导的交叉相位调制。

这样，XPM 引发的不稳定性打开了光子晶体光纤中参量 FWM 频率变换的一条高效途径。实验采用了掺铬镁橄榄石激光的基波波长飞秒脉冲作为在 PCF 内通过 XPM 诱导的 MI 生成同一激光的同向传播二次谐波脉冲中心频率附近的强边带的泵浦场。这种效应引起了高效的泵浦场控制的二次谐波探测场输出光谱中的边带发生。

4.6.3　具有延迟非线性的介质中的光孤子现象

由于拉曼效应，在具有非瞬时非线性响应的介质中传播的光孤子会出现整形和连续频率下移，称为光孤子自频移（SSFS）[4.86, 87]。由于小尺寸纤芯内的强场约束和通过改变光纤结构定制导模色散的可能性，光子晶体光纤大幅加强了这种非线性光学过程。Liu 等人的研究[4.54]显示，通过锥形 PCF 内的 SSFS，1.3 μm 激光辐射的 200 fs 输入脉冲可以生成中心波长可调谐至最低 1.65 μm 的亚 100 fs 光孤子脉冲。零群速度色散（GVD）波长向较短波长位移的光子晶体光纤被用于 800～1 050 nm 激光脉冲的光孤子频率下移[4.88, 89]。Abedin 和 Kubota[4.90]使用 PCF 演示了重复率为 10 GHz 的皮秒脉冲的 120 nm 的 SSFS。最近的实验[4.91, 92]显示，具有特殊色散分布的 PCF 通过 SSFS 进行了啁啾亚 6 fs 掺钛蓝宝石激光脉冲高效光谱变换，生成中心位于 1.06 μm 的高分辨率光孤子谱分量。使用 PCF 中的亚 6 fs 激光脉冲形成的红移光孤子信号已经经过演示，能够进行皮秒掺钕钇铝石榴石激光的同步加入，使少周期光学参量啁啾脉冲放大（OPCPA）方案得到明显简化。

已有大量文献对 PCF 中超短脉冲演化的许多关键趋势进行了分析，这里我们集中于探讨将 SSFS 现象用于少周期激光脉冲宽可调谐频移的可能性。理论分析基于一般非线性薛定谔方程[4.93]的数值解：

$$\frac{\partial A}{\partial z} = \mathrm{i}\sum_{k=2}^{6}\frac{(\mathrm{i})^k}{k!}\beta^{(k)}\frac{\partial^k A}{\partial \tau^k} + \mathrm{i}\gamma\left(1+\frac{\mathrm{i}}{\omega_0}\frac{\partial}{\partial \tau}\right)$$

$$\times\left[A(z,\tau)\int_{-\infty}^{\infty}R(\eta)\,|\,A(z,\tau-\eta)|^2\,\mathrm{d}\eta\right] \tag{4.172}$$

式中，A 为场振幅；$\beta^{(k)}=\partial^k\beta/\partial\omega^k$ 为传播常量 β 的泰勒级数展开的因数；ω_0 为载波频率；τ 为延迟时间；$\gamma=(n_2\omega_0)/(cS_{\mathrm{eff}})$ 为非线性因数；n_2 为 PCF 材料的非线性折射率；

$$S_{\mathrm{eff}} = \frac{\left[\int_{-\infty}^{\infty}\int_{-\infty}^{\infty}|\,F(x,y)|^2\,\mathrm{d}x\mathrm{d}y\right]^2}{\int_{-\infty}^{\infty}\int_{-\infty}^{\infty}|\,F(x,y)|^4\,\mathrm{d}x\mathrm{d}y} \tag{4.173}$$

为有效模面积（$F(x,y)$ 为 PCF 模的横场分布）；$R(t)$ 为延迟非线性响应函数。对石英玻璃，可取 $n_2\approx3.2\times10^{-16}$ cm^2/W，$R(t)$ 函数以标准形式表示[4.93, 94]：

$$R(t)=(1-f_{\mathrm{R}})\delta(t)+f_{\mathrm{R}}\Theta(t)\frac{\tau_1^2+\tau_2^2}{\tau_1\tau_2^2}\mathrm{e}^{-\frac{t}{\tau_2}}\sin\left(\frac{t}{\tau_1}\right) \tag{4.174}$$

式中，f_{R}=0.18 为拉曼响应的贡献率；$\delta(t)$ 和 $\Theta(t)$ 分别为狄拉克 δ 函数和赫维赛德（Heaviside）阶跃函数；τ_1=12.5 fs 和 τ_2=32 fs 为石英玻璃拉曼响应的特征时间。

现在应用方程（4.172）和（4.174）计算超短脉冲在两类 PCF 中的演化（图 4.19，图 4.20）。第一类 PCF 由两圈气孔围绕的直径为 1.6 μm 的石英玻璃纤芯构成（图 4.20（a）中的小图）。为了求出这些光纤的参数 $\beta^{(k)}$，使用局部函数多项式展开的修正方法，数值求解 PCF 横截面内的电场横向分量的麦克斯韦方程组[4.84]。在波长 580～1 220 nm 的范围内，使用这种精确性高于 0.1% 的数值过程计算 PCF 基模传播常量 β 的频率依赖性的多项式近似，得到以下中心波长 800 nm 的 $\beta^{(k)}$ 因数：$\beta^{(2)}\approx$ −0.029 3 ps^2/m，$\beta^{(3)}\approx9.316\times10^{-5}$ ps^3/m，$\beta^{(4)}\approx-9.666\times10^{-8}$ ps^4/m，$\beta^{(5)}\approx1.63\times10^{-10}$ ps^5/m，$\beta^{(6)}\approx-3.07\times10^{-13}$ ps^6/m。对于这些 PCF 的基模，GVD 定义为 $D=-2\pi c\lambda^{-2}\beta^{(2)}$，在 $\lambda_z\approx690$ nm 时消失。第二类光纤为商用 NL–PM–750 PCF（来自 Crystal Fibre 公司）。这些 PCF 的纤芯直径等于 1.8 μm。其参数 $\beta^{(k)}$ 定义为这些制造商提供的光纤的基模色散分布的多项式展开因数。这类 PCF 的群速度色散在 $\lambda_z\approx750$ nm 时消失。

研究案例中，PCF 输出端的激光场为少周期脉冲（图 4.19（a）的顶部图表）的形式，具有宽谱（图 4.19（b）的顶部图表）和复杂啁啾[4.79, 92]。对于两类 PCF，光谱的短波长部分处于正常色散的范围内，而 λ_z 以上的波长发生反常色散。图 4.19（a），（b）描绘了这里考虑的 PCF 类型中周期量级激光脉冲的光谱和时间演化的典型情况。周期量级脉冲非线性光学变换的初始阶段涉及自相位调制，可以看作经过光纤传播的辐射宽光谱的不同频率分量的四波混频。这样，如非线性光纤的经典文献所述[4.23]，PCF 零 GVD 波长周围的频率分量可以作为相位匹配 FWM 的泵浦。这样的相位匹配 FWM 过程涉及频率简并和频率非简并的泵浦光子，消耗了零 GVD 波长周围的辐射光谱，且将辐射能量转移到反常色散区域（图 4.19（b）中 z=2 cm 时920 nm 附近的谱分量）。接着这种降频变换辐射部分耦合进光孤子，由于拉曼效应[图 4.19（b）]，其发生持续频率下移，称为光孤子自频移[4.23,85,86]。在时域中，由于光纤的反常 GVD，辐射场红移光孤子部分相对场的其余部分发生延迟[图 4.19（a）]。这些过程的结果是，红移光孤子在时域和频域内都更加孤立于光场的其余部分，因此尤其降低了辐射的光孤子和非光孤子部分之间的干涉，如图 4.19（b）所示。

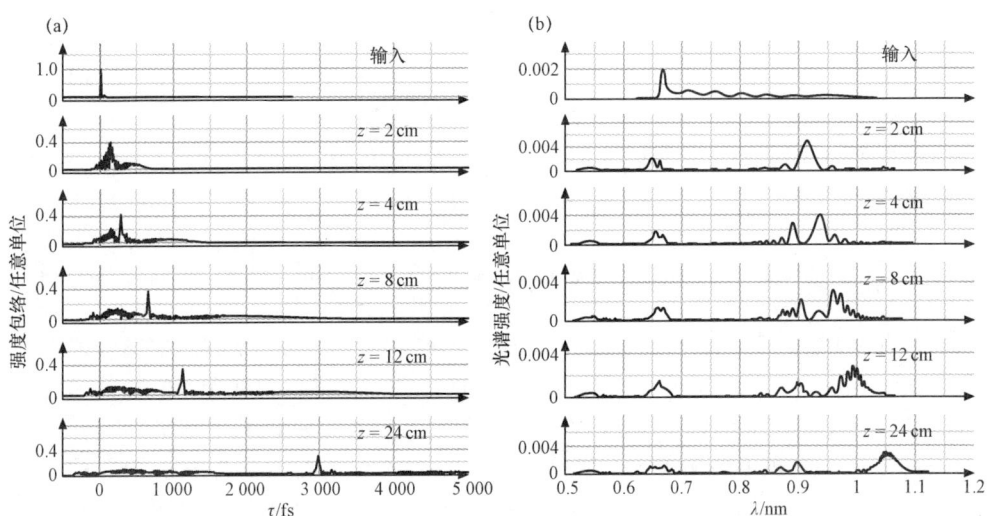

图 4.19　初始能量为 0.25 nJ 的图 4.1（b）所示的通过第二类 PCF 传播的
输入时域包络和啁啾的激光脉冲的时间（a）和光谱（b）演化

如同大量文献中所讨论的[4.95, 96]，高阶光纤色散诱导光孤子的不稳定性，引起与光孤子相位匹配的色散波的切伦科夫型发射[4.21, 22]。这种共振色散波发射产生图 4.19（b）中的中心在 540 nm 附近的光谱带。上述非线性光学变换使特征长度为20 cm 的 PCF 的辐射场光谱具有 4 条独立的谱带，代表 FWM 变换泵浦场的残余（图 4.19（b）中中心为 670 nm 和 900 nm 的谱带）、红移光孤子部分（图 4.19（b）中 z=24 cm 时达到 1.06 μm）以及与可见光谱中的色散波的切伦科夫发射有关的蓝移带。从图 4.19（a）可以看到，在时域中只有辐射场的光孤子部分以短光脉冲的形式保持很好的局域性，场的剩余部分分布在几皮秒上。

图4.20 通过呈现初始脉冲宽度为 6 fs 且具有高斯脉冲型的理想输入脉冲的模拟结果，描绘了通过 PCF 中的 SSFS 造成的少周期激光脉冲的可调谐频移。对于第一类光纤（如图 4.20（a）中的小图所示），入射脉冲的几乎整个光谱都属于反常色散的范围，且脉冲倾向于形成光孤子，观测为时域中的高分辨率的显著尖峰[图 4.20

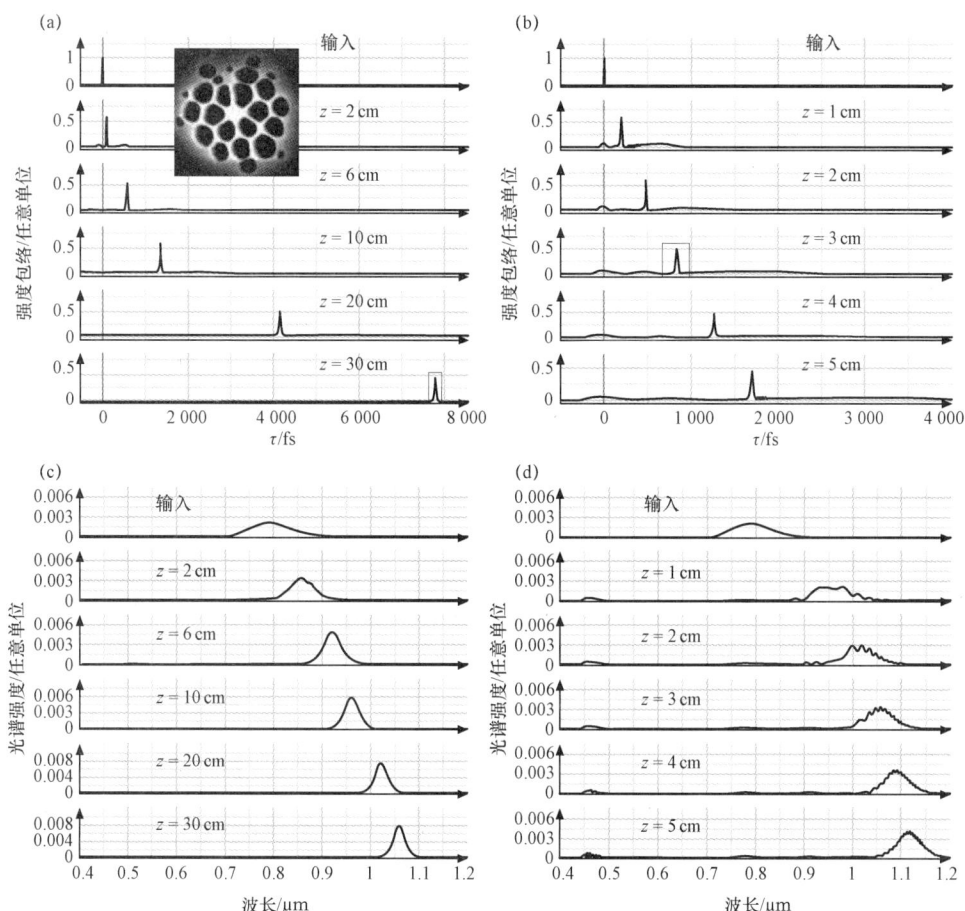

图 4.20　第一类 PCF（如小图所示）中初始能量为（a），（c）0.15 nJ 和（b），（d）0.5 nJ 且初始脉冲宽度为 6 fs 的激光脉冲的时间（a），（b）和光谱（c），（d）演化。假设输入脉冲为变换极限脉冲（如小图所示）

（a），（b）]。在频域中，拉曼效应引起光孤子的持续频率下移 [图 4.20（c），（d）]，频移变化率 $\mathrm{d}\nu/\mathrm{d}z$，$\nu$ 为载波频率，z 为传播坐标，随着脉冲持续时间 τ_0 的下降快速增长。Gordon 的研究显示[4.97]，通过对作为频率函数的拉曼增益的线性近似，非线性薛定谔方程的积分得到 $\mathrm{d}\nu/\mathrm{d}z \propto \tau_0^{-4}$。尽管高阶色散和拉曼增益曲线对线性函数的偏差一般会使 $\mathrm{d}\nu/\mathrm{d}z$ 与 τ 在光孤子动力学中的关系复杂许多[4.98]，光孤子脉冲宽度仍然是控制给定的拉曼增益分布的光孤子频移的关键参数。在这里考虑的情况下，6 fs 输入脉冲的短持续时间为脉冲在 PCF 中传播的初始阶段提供了光孤子的高频移变化率。由于光孤子光谱向着 GVD 值更高的光谱范围移动，脉冲宽度增加，减慢了频移。

使用对理想光孤子，即非线性薛定谔方程 [4.4.2 节方程（4.68）] 支配的光孤子的分析结果描述 PCF 中少周期激光脉冲的光谱和时间演化的主要倾向很具有启

发性。通过设 $k \geqslant 3$ 时 $\beta^{(k)}=0$，取 $f_R=0$，且只保留方程非线性部分代表克尔效应的项，即与 $i\gamma A|A|^2$ 成正比的项，从方程（4.172）恢复 NLSE［方程（4.68）］。按照归一化的光孤子单位，光孤子 j 所携带的能量为[4.98] $E_j=4\xi_j$，其中 $\xi_j=W-j+0.5$ 为光孤子的特征值，由输入脉冲能量 $2W^2$ 控制。光孤子脉冲宽度通过 $\tau_j=\tau_0/2\xi_j$ 得出，其中 τ_0 为输入脉冲宽度。因此可以通过增加输入脉冲能量，减小光孤子脉冲宽度，引起更高的 SSFS 变化率。

在具有高阶色散和延迟非线性的光纤内演化的孤立波的情况下，光孤子能量和光孤子脉冲宽度的 NLSE 分析结果不再适用。特别是当光孤子光谱向着 GVD 的更大值移动，光孤子脉冲宽度必然增加，同时光孤子振幅下降［图 4.20（a），（b）］。光孤子脉冲宽度和振幅的这些变化由色散和非线性的平衡决定，是光孤子的存在所需的。但是在定性层面上，这些简单的关系应用于一个光纤的一小部分时，为 PCF 中拉曼频移光孤子的演化的物理上的理解提供了重要的线索。的确，比较相同初始脉冲宽度（6 fs）、不同能量的输入脉冲的模拟结果可以看到，脉冲能量较高的情况下 SSFS 变化率大大超过了能量较低的脉冲产生的光孤子的频移变化率。从图 4.20（c）可以看到，输入能量为 0.15 nJ 的脉冲，耦合为经光纤传播时发生永久红移的光孤子。当 $z=30$ cm 时，该光孤子的光谱在 1.06 μm 时到达峰值。初始能量为 0.5 nJ 的类似输入脉冲形成的光孤子展现出的频率下移要快得多。该光孤子的中心波长在 $z=5$ cm 时已达到 1.12 μm。

为了对观测到的 PCF 中作为输入脉冲能量的函数的红移光孤子的特性提供具有启发性的物理上的理解，在图 4.21 中绘出了输入能量 0.15 nJ（曲线 1）和 0.5 nJ（曲线 2）下，场的光孤子部分的时域包络的快照。这些光孤子的快照表示的是图 4.20（a），（b）中方框标出的强度包络段的特写，具有两种不同的传播坐标值，0.15 nJ 的输入脉冲下为 $z=30$ cm，0.5 nJ 的输入脉冲下为 $z=3$ cm。由于两种情况下红移光孤子的光谱中心都位于 1.06 μm 附近［图 4.20（c），（d）］，使用传播坐标的这些值可以进行很好的关于频移变化率对光孤子脉冲宽度的依赖性的 SSFS 动力学比较。从图 4.21 可以看到，SSFS 变化率与脉冲宽度关系紧密。初始能量为 0.15 nJ 的脉冲产生的光孤子脉冲宽度约为 50 fs（图 4.21，曲线 1），而 0.5 nJ 的激光脉冲生成的光孤子脉冲宽度约为 20 fs。图 4.20（b），（d）中较短的光孤子相比图 4.20（a），（c）中较长的光孤子表现出较快的下移，定性上十分符合 Gordon[4.97]以及 Lucek 和 Blow[4.98]的预言。下一节中，SSFS 变化率对进入光纤的脉冲能量的依赖性将用于掺钛蓝宝石振荡器生成的 6 fs 脉冲的宽可调谐光孤子频移的实验演示。

在更高的输入功率下，FWM，SSFS 和光孤子的色散波发射产生的光谱特征由于 SPM 和 XPM 效应发生展宽，融合在一起并产生宽带白光发射（图 4.15，图 4.22）。过去数年中，这种 PCF 内生成的超连续谱辐射频繁用于测量和控制超短激光脉冲载波和包络相位之间的偏移，以及非线性光谱学、生物化学应用和光化学的新宽带光源的制造。4.9 节将给出基于导模的加强非线性光学相互作用的 PCF 光源的应用实例。

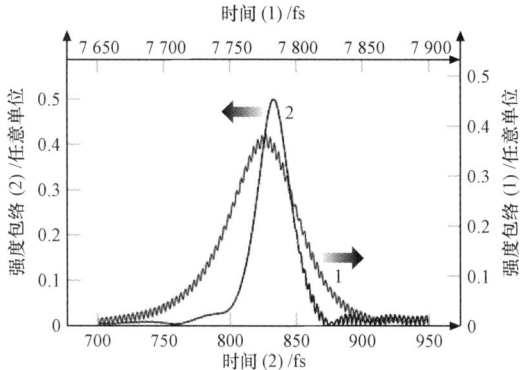

图 4.21　在一个 PCF 中，当 z=30 cm（1）和 3 cm（2）时，初始脉冲宽度为 6 fs，初始能量为（1）0.15 nJ 和（2）0.5 nJ 的激光脉冲生成的红移光孤子的时域包络（图 4.20（a），（b）方框内标出的峰值的特征）

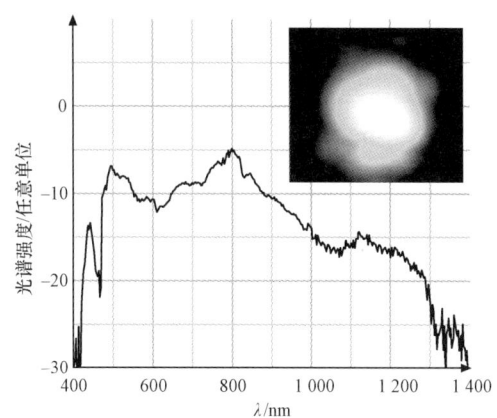

图 4.22　长度为 30 cm 且具有图 4.20（a）中小图所示的横截面结构的微结构光纤内，初始持续时间为 35 fs 且输入功率为 320 mW 的 820 nm 泵浦脉冲生成的超连续谱发射光谱

4.7　非线性拉曼光谱学

　　非线性拉曼光谱学是非线性光谱学最有力的技术之一，大量应用于凝聚相和气相分析、等离子体诊断、分子弛豫过程研究、温度和浓度测量、凝聚相研究和飞秒化学。虽然许多改进后的非线性拉曼光谱学方法已经成为现代光学实验的常规工具，带来了许多成功的工程应用，过去 10 年中进行的一些非线性拉曼实验显示，这种技术对于研究许多典型的、有时是跨学科的现代物理、化学和生物学问题的潜力还远没有被完全认识。类似于相干辐射的频率可调谐光源在出现的早期引起了非线性光学的革命，使得许多精密的光谱学实验，包括非线性光谱学研究能够进行，

20 世纪 90 年代飞秒激光令人惊叹的进步使非线性拉曼光谱学突破到了未曾探索过的新领域，产生了一些精妙的新理念和新方法，使得对更复杂的系统和问题能够进行攻关，并带来了具有根本上的重要性的测量。这个非线性拉曼光谱学的新阶段还推动了新光谱学概念的发展，包括时间分辨方案、宽带光谱学、偏振测量，以及基于更高阶非线性过程的 CARS 推广。过去 10 年中达到的概念和技术进步向我们展现了不久的将来非线性拉曼光谱学的一些十分重要的特征，鼓励了光谱学的这个领域中对新的理念、技术和方法的应用。

本节对非线性拉曼光谱学的主要原理进行了简单介绍，对于测量如何进行以及怎样从这些测量结果中提取光谱学数据做出了概括说明。按照这个计划，我们首先简单介绍非线性拉曼光谱学的基本概念。然后考虑相干拉曼四波混频（FWM）光谱学的多种修正方法，包括标准 CARS 方案、拉曼诱导克尔效应、简并四波混频（DFWM），以及相干超拉曼散射。我们还将简单描述非线性拉曼光谱学和相干椭圆偏振法的偏振技术，它们使多分量分子和原子系统的研究能够有选择地进行，并使非线性拉曼光谱学的敏感性得到彻底的改善。最后，在短脉冲光谱学应用于超快过程研究受到的关注日益增长的背景下，介绍时间分辨非线性拉曼光谱。

4.7.1 基本原理

非线性拉曼光谱学基于拉曼活性媒介中的非线性光学相互作用。光与介质相互反应的非光学特性表明介质中的分子、原子或离子振动不再独立于光场。相反，频率为 ω_1 和 ω_2 的泵浦光波将介质中的拉曼活性振动调制在频率 $\Omega \approx \omega_1 - \omega_2$，接着使用频率一般为 ω_3 的另一光束对其进行探测［图 4.6（c）］。这种涉及分子振动引起的探测波非弹性散射的混频过程产生相干斯托克斯和反斯托克斯频移信号，其振幅 I、偏振（偏振椭圆主轴的椭圆率 χ 和倾斜角 ψ）和相位 φ 携带了所研究介质的相关光谱学信息。这就是图 4.6（c）描绘的非线性拉曼光谱学的一般理念。

实际上，为了进行简单的三色 CARS 实验，一般需要三台激光光源生成频率符合上述要求的辐射。在最常用的双色 CARS 方案中，反斯托克斯信号通过混频方案 $\omega_a = 2\omega_1 - \omega_2$ 生成，所要求的激光器数量下降为二。为了在介质中激发拉曼活性跃迁并生成反斯托克斯信号，必须使光束在空间内重合。在泵浦脉冲和探测脉冲之间引入延迟时间，还可以通过进行时间分辨 CARS 测量，跟踪研究的系统中激发的时间动态。

自发拉曼散射通常量子产出率低，因而最终导致失去灵敏度；而相干拉曼散射能够生成强很多的信号，从而达到很高的灵敏度。由于信号的相干特性，相干拉曼散射还具有其他一些十分重要的优势，包括平行度好和在已知方向精确地生成。

一般来说，对拉曼共振介质中的非线性混频过程所产生信号的振幅、相位和偏振进行分析涉及对介质非线性响应关于相关非线性极化率和信号场的麦克斯韦方程组的求解。下面，对非线性拉曼过程的理论的简介将仅限于描述基本概念和术语，以后用到这些对多种非线性拉曼方法的概念时会进行讲解，包括频域和时域 CARS、相干椭圆偏振法以及拉曼诱导克尔效应（RIKE）。

1. 拉曼模的激发

在包含具有频率为 Ω 的拉曼活性振动且不发生相互作用的分子的非线性介质的简单但在物理上具有启发意义的半经典模型框架内，光与分子（原子或离子）的相互作用可以通过依赖于广义简正坐标 Q（例如，定义为分子内原子核间的距离）的分子电子极化率 α 进行描述[4.99]：

$$\alpha(Q) = \alpha_0 + \left(\frac{\partial \alpha}{\partial Q}\right)_0 Q + \cdots \tag{4.175}$$

式中，α_0 为分子的平衡极化性；$(\partial \alpha / \partial Q)_0$ 为电子极化在原子核平衡位置上对简正坐标的导数，并且将考虑范围限制在该展开式中对 Q 成线性的项。由于在系统的感应极化中产生了新的频率分量，其频移由分子振动的频率决定，方程（4.175）中的 $(\partial \alpha / \partial Q)_0 Q$ 项造成了分子振动引起的光调制。这可以从介质极化的表达式中看出：

$$P = Np \tag{4.176}$$

式中，N 为拉曼活性分子的数量密度；

$$p = \alpha(Q)E = \alpha_0 E + \left(\frac{\partial \alpha}{\partial Q}\right)_0 QE + \cdots \tag{4.177}$$

为分子的偶极矩；E 为电场强度。光场中一个分子的能量写作

$$H = -pE = -\alpha(Q)E^2 \tag{4.178}$$

因此，光感应驱动分子振动由下式得出：

$$F = -\frac{\partial H}{\partial Q} = \frac{\partial \alpha}{\partial Q}E^2 \tag{4.179}$$

从式（4.179）可以看出，如果场涉及的频率分量 ω_1 和 ω_2 满足 $\omega_1 - \omega_2 \approx \Omega$，光场中作用于分子的力可能引起频率为 Ω 的拉曼活性振动的共振激发。

2. 拉曼活性媒介中的混频

光波在非线性介质中的传播由以下波动方程控制：

$$\Delta E - \frac{n^2}{c^2}\frac{\partial^2 E}{\partial t^2} = \frac{4\pi}{c^2}\frac{\partial^2 P_{nl}}{\partial t^2} \tag{4.180}$$

式中，E 为光波的场；n 为折射率；c 为光速；P_{nl} 为介质的非线性极化。

将 CARS 作为非线性拉曼过程的一个例子进行考虑，假设其涉及平面单色波：

$$
\begin{aligned}
E(\boldsymbol{r},t) = &\; \boldsymbol{E}_1 \exp(-\mathrm{i}\omega_1 t + \mathrm{i}\boldsymbol{k}_1 \boldsymbol{r}) \\
&+ \boldsymbol{E}_2 \exp(-\mathrm{i}\omega_2 t + \mathrm{i}\boldsymbol{k}_2 \boldsymbol{r}) \\
&+ \boldsymbol{E} \exp(-\mathrm{i}\omega t + \mathrm{i}\boldsymbol{k}\boldsymbol{r}) \\
&+ \boldsymbol{E}_a \exp(-\mathrm{i}\omega a t + \mathrm{i}\boldsymbol{k}_a \boldsymbol{r}) + \mathrm{c.c.}
\end{aligned}
\tag{4.181}
$$

式中，ω_1 和 ω_2 为泵浦波的频率；ω 为探测波的频率，$\omega_a = \omega + \omega_1 - \omega_2$；$E$ 为场包络；$\boldsymbol{E}_1$，$\boldsymbol{E}_2$ 和 $\boldsymbol{E}_a$ 为坐标 $\boldsymbol{r}$ 和时间 t 的慢化函数；$\boldsymbol{k}$，$\boldsymbol{k}_1$，$\boldsymbol{k}_2$ 和 $\boldsymbol{k}_a$ 分别为频率为 ω，ω_1，ω_2 和 ω_a 的光波的波矢量；c.c. 代表复共轭。那么，通过将介质的非线性极化表示为平面波的叠加，可以将反斯托克斯波的振幅方程写作

$$
\frac{n_a}{c}\frac{\partial E_a}{\partial t} + \frac{\partial E_a}{\partial z} = \mathrm{i}\frac{2\pi\omega_a}{cn_a}P_{\mathrm{nl}}(\omega_a)\exp(\mathrm{i}k_a z)
\tag{4.182}
$$

式中，$P_{\mathrm{nl}}(\omega_a)$，$n_a$ 和 k_a 分别为非线性极化在频率 ω_a 下的振幅、折射率和波矢量的 z 分量。假设泵浦波振幅为恒定。现在，必须通过使用非线性介质的某个模型得出介质的非线性极化。

3. 拉曼共振非线性极化和非线性极化率

在非线性介质模型框架内，反斯托克斯频率 ω_a 下介质的三阶非线性极化由下式得出[4.99]：

$$
P^{(3)}(\omega_a) = \frac{N}{4MD(\Omega,\omega_1-\omega_2)}\left(\frac{\partial\alpha}{\partial Q}\right)_0^2 EE_1 E_2^*
\tag{4.183}
$$

式中，

$$
D(\Omega,\omega_1-\omega_2) = \Omega^2 - (\omega_1-\omega_2)^2 - 2\mathrm{i}\Gamma(\omega_1-\omega_2)
\tag{4.184}
$$

在平衡位置取导数；Γ 为从现象学角度引入的阻尼常数；M 为分子的约化质量；N 为分子的数密度；星号表示复共轭；Q 为拉曼活性分子振动的振幅，可以通过分子系综的密度矩阵 ρ 表示为

$$
Q = \mathrm{Sp}(\rho q) = \rho_{ab}q_{ba}
\tag{4.185}
$$

式中，Sp 为迹算子；q 为振动坐标的算子。

引入介质的三阶非线性光学极化率

$$
\chi^{(3)R} = \frac{N}{24MD(\Omega,\omega_1-\omega_2)}\left(\frac{\partial\alpha}{\partial Q}\right)_0^2
\tag{4.186}
$$

并且求解方程（4.182），得到以下 CARS 信号 I_a 强度的表达式：

$$
I_a \propto \left|\chi^{(3)}(\omega_a;\omega,\omega_1,-\omega_2)\right|^2 \times II_1 I_2 l^2 \left(\frac{\sin\left(\dfrac{\Delta kl}{2}\right)}{\dfrac{\Delta kl}{2}}\right)^2
\tag{4.187}
$$

式中，I，I_1，I_2 为泵浦和探测光束的强度；l 为非线性介质的长度；$\Delta k = |\Delta \boldsymbol{k}| =$

$|\boldsymbol{k}_a - \boldsymbol{k} - \boldsymbol{k}_1 + \boldsymbol{k}_2|$ 为波矢量失配。从方程（4.187）可以看出，反斯托克斯波在相位匹配方向的生成特别高效，其中$\Delta k=0$。

介质的三阶非线性极化率 $\chi^{(3)}_{ijkl}$ 是一种四阶张量。关于张量形式的知识很重要，特别是对于理解非线性拉曼散射信号的偏振性质来说。$\chi^{(3)}_{ijkl}$ 张量的形式是由介质的对称性质决定的。对于各向同性介质，$\chi^{(3)}_{ijkl}$ 的 81 个张量分量只有 21 个为非零。由于以下关系对各向同性介质成立，这些分量中只有 3 个互相独立[4.9, 99]：

$$\chi^{(3)}_{1111} = \chi^{(3)}_{2222} = \chi^{(3)}_{3333} \tag{4.188}$$

$$\chi^{(3)}_{1122} = \chi^{(3)}_{1133} = \chi^{(3)}_{2211} = \chi^{(3)}_{2233} = \chi^{(3)}_{3311} = \chi^{(3)}_{3322} \tag{4.189}$$

$$\chi^{(3)}_{1212} = \chi^{(3)}_{2121} = \chi^{(3)}_{1313} = \chi^{(3)}_{3131} = \chi^{(3)}_{2323} = \chi^{(3)}_{3232} \tag{4.190}$$

$$\chi^{(3)}_{1221} = \chi^{(3)}_{2112} = \chi^{(3)}_{1331} = \chi^{(3)}_{3113} = \chi^{(3)}_{2332} = \chi^{(3)}_{3223} \tag{4.191}$$

$$\chi^{(3)}_{1111} = \chi^{(3)}_{1122} = \chi^{(3)}_{1212} = \chi^{(3)}_{1221} \tag{4.192}$$

在许多非线性光学的教科书中都可以找到所有晶体类的 $\chi^{(3)}_{ijkl}$ 张量的形式[4.9, 10]。

4. 聚焦光束的相位匹配

一般来说，在聚焦光束的情况下会使用相位匹配积分对非线性拉曼散射的相位匹配效应进行考虑。特别是对高斯光束，根据方案 $\omega_a = 2\omega_1 - \omega_2$ 产生的双色 CARS 信号总功率表达为[4.11, 100, 101]

$$P_a = \left(\frac{3\pi^2 \omega_a}{c^2 n_a}\right)^2 |\chi^{(3)}|^2 \times P_1^2 P_2 \frac{32}{\pi^3}\left(\frac{b}{w_0^3}\right)^2 \int_0^\infty 2\pi r\, |J|^2 \, \mathrm{d}r \tag{4.193}$$

这种情况下，P_1 和 P_2 分别为频率为 ω_1 和 ω_2 的泵浦光束的功率；w_0 为聚焦泵浦光束的束腰大小；b 为共焦参数；

$$J = \int_{-C_1}^{C_2} \frac{\exp\left(-\dfrac{r^2}{bH}\right)}{(1+\mathrm{i}\xi')(k''-\mathrm{i}k'\xi')H} \mathrm{d}\xi' \tag{4.194}$$

式中，C_1 和 C_2 为非线性介质边界的坐标；

$$H = \frac{1+\xi'^2}{k''-\mathrm{i}k'\xi'} - \mathrm{i}\frac{\xi'-\zeta}{k'} \tag{4.195}$$

$k'' = 2k_1 + k_2$，$k' = 2k_1 - k_2$，$\zeta = 2(z-f)/b$ 为沿 z 轴的归一化坐标（f 为束腰沿 z 轴的坐标）。

方程（4.193）–（4.195）显示，CARS 信号中关于非线性三阶极化率的信息可能由于相位匹配效应失真。对这个问题在不同的非线性拉曼光谱学修正方法下已经从理论和实验上进行了分析[4.102]。可以通过将相关波矢量的虚部包括进来，对泵浦波和探测波波长以及 FWM 信号频率上吸收的影响进行考虑。对于几个特定的情况，方程（4.194）中的积分可以通过分析的形式进行计算，为相位匹配和吸收效应在相干 FWM 光谱学和成像中的作用提供清晰的物理学上的理解[4.103]。

4.7.2　非线性拉曼光谱学的方法

本节将简单地考虑非线性拉曼光谱学广泛使用的标准方案（图 4.2），包括相干拉曼散射、受激拉曼散射和拉曼诱导克尔效应，并对 DFWM 的广阔领域进行简单介绍。

1. 受激拉曼散射

使用受激拉曼散射（SRS）作为光谱学技术的理念基于对 SRS 小信号增益频率依赖性的测量，其与拉曼活性介质非线性三阶极化率的虚部成正比[4.9, 99]。在这样的测量中，泵浦波功率的选取必须避免不可控的不稳定性，并获取明显的 SRS 增益。基于 SRS 的方法得到了成功的使用，特别是对于拉曼跃迁的高分辨率光谱学[4.104]。

SRS 作为光谱学技术的局限性是由于超过阈值 SRS 强度的光强度引起的不稳定性。在几种非线性过程，包括自聚焦和自相位调制相互对抗的条件下，不稳定性出现，常常使 SRS 方法对于光谱学应用变得不实用。

2. 相干反斯托克斯拉曼散射

不同于像 SRS 那样测量两束波之一的增益，Maker 和 Terhune[4.105]演示了一种基于测量在选取频率 ω_1 和 ω_2 满足条件介质中与拉曼活性跃迁发生拉曼共振 $\omega_1 - \omega_2 \approx \Omega$ ［图 4.6（c）］的两束光波下生成的反斯托克斯频率为 $\omega_a = 2\omega_1 - \omega_2$ 的新波的强度对频率的依赖性的光谱学技术。这种方法称为相干反斯托克斯拉曼散射，已经成为使用最广泛的非线性拉曼方法之一，使得许多迫切等待解答的光谱学问题成功解决，并激发了大量非线性激光光谱学的工程应用（满足 $\omega_a = \omega_1 - \omega_2 + \omega_3$ 的三色 CARS 如图 4.6（c）所示）。类似于之前一节中描述的 SRS 过程，CARS 涉及光在拉曼活性介质中的受激散射。但是，与生成或放大斯托克斯波的标准 SRS 方案不同，CARS 过程引起了一个新的频率分量的产生，表示这种光谱学方法不会出现 SRS 中由于不同非线性过程的对抗而产生的典型的不稳定性。

由于高空间、时间和光谱分辨率，研究高亮物体的可能性，以及丰富的极化方法，CARS 技术在激发气体、燃烧和火焰中的温度及浓度测量[4.99, 106-108]，气相分析[4.99, 109, 110]，高分辨分子光谱学[4.111, 112]上得到了广泛的认可。短脉冲 CARS 使得对分子系统超快过程和波包动力学能够进行研究[4.113]。CARS 的非线性本质和光谱选择性使这种方法成为一种理想的非线性光谱学工具[4.114, 115]。非线性拉曼技术的最新进展包括相干控制 CARS[4.116]、CARS 显微术潜力的提高[4.117]，以及光子晶体光纤中的 CARS[4.118, 119]。

广泛使用的非线性拉曼测量几何学意味着共线聚焦激光束的使用。聚焦使强度足以确保达到对非线性拉曼信号的可靠检测，混频的共线几何学增加了非线性相互作用的长度。但是，这种方法只有在沿传播坐标的空间分辨率不重要时才是合理的。只要用一束非共线光束替代共线光束，非线性拉曼光谱学方案沿传播坐标就变得可分辨 [图 4.6（c）]。CARS 中的这种技术称为 BoxCARS 几何学[4.120]。这种情况下相互作用的区域约束在光束相交的区域内，使高空间分辨率得以实现。

在宽光束 CARS 几何学中（图 4.23），宽光束或平面状光束取代了聚焦激光束。这种方法使非线性拉曼信号能够使非线性介质的整个面积在感光耦合元件（CCD）相机中成像。1973 年 Regnier 和 Taran[4.121]讨论的宽光束 CARS 成像理念，之后被证明对于解决气相和等离子体诊断的许多问题是高效的[4.102, 122, 123]。随着双宽带 CARS 方案[4.124, 125]和角分辨 CARS 的发展[4.126]，在提取气体介质的有关参数方面取到了显著的进展，使对来自不同类型的分子的 CARS 信号能够同时进行探测。

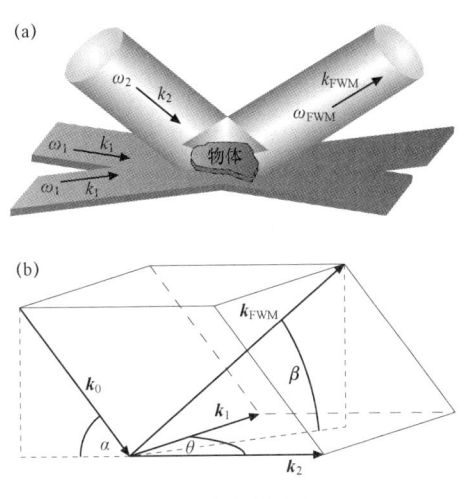

图 4.23　宽光束折叠 CARS
（a）光束排布；（b）波矢量示意图

图 4.23 描绘了宽光束折叠 CARS 几何学在激发和电离气体研究中的应用 [4.122, 123]。这种方案中，一对频率为 ω_1 和 ω_2、波矢量为 k_1 和 k_2 的圆柱聚焦共面宽光束成小的角度 θ，照射在平行于目标平面的平面内的等离子体薄层 [图 4.23（a）]。一束频率为 ω_3、波矢量为 k_3 的圆柱聚焦或准直非聚焦激光束，与 k_1 和 k_2 矢量的平面所成角为 α[图 4.23（b）]，从上方照射激光产生的火花。FWM 信号在相位匹配条件决定的 k_{FWM} 方向上生成，与目标平面成 β 角 [图 4.23（a），（b）]。将一维 FWM 信号成像到 CCD 阵列，就能一列列地绘出等离子体内共振粒子的空间分布。准直非聚焦光束 ω_3 的使用实现了等离子体的分层成像[4.102]。

3. 拉曼诱导克尔效应

拉曼诱导克尔效应（RIKE）[4.9]被看作由于介质的各向异性拉曼共振三阶极化，在初始为各向同性的介质内诱导的光学双折射。在这个方案中，根据探测拉曼活性振动的一般理念,使用一对频率为 ω_1 和 ω_2 的差调谐至与介质中的拉曼活性跃迁共振的光束照射非线性介质。接着,频率为 ω_1 的探测波的偏振由于拉曼活性介质内诱导产生的各向异性非线性极化受到扰动,这可以使用一台检偏器和一台探测器进行探测。RIKE 技术提供了一种测量拉曼共振附近的三阶极化率 $\chi_{ijkl}^{(3)}$ 频率相关性的便利方法。调整为在没有泵浦光束的情况下阻挡探测光束的检偏器的传输系数 T 在线偏振泵浦的情况下可参见文献 [4.99]。

$$T_1(\omega_1-\omega_2) \propto \sin^2 2\gamma \, | \chi_{1122}^{(3)}(\omega_1;\omega_2,\omega_1,-\omega_2) + \chi_{1221}^{(3)}(\omega_1;\omega_2,\omega_1,-\omega_2)|^2 \, I_2^2 \quad (4.196)$$

(式中,I_2 为泵浦光束强度;γ 为泵浦波与探测波偏振矢量所成的角)。在圆偏振泵浦的情况下为

$$T_c(\omega_1-\omega_2) \propto | \chi_{1122}^{(3)R}(\omega_1;\omega_2,\omega_1,-\omega_2) - \chi_{1221}^{(3)R}(\omega_1;\omega_2,\omega_1,-\omega_2)|^2 \, I_2^2 \quad (4.197)$$

从方程(4.197)可以看出,在圆偏振泵浦的情况下,相干背景完全被抑制。

重要的是,由于这种情况下相位匹配条件 $k_1=k_2+k_1-k_2$ 成为一种特征,RIKE 是一种无关泵浦波和探测波矢量排布,自动满足相位匹配条件的四波混频。

4. 简并四波混频

尽管严格来说,简并四波混频不会用到拉曼跃迁,且用于描述 DFWM 的模型有时可能不同于 CARS 描述的标准方法[4.9, 10],但由于其通常为 CARS 提供了有用的替代方法,使有价值的介质数据能够通过便利且在物理上清晰的方法获得,这里将 DFWM 作为非线性技术进行简单介绍是合理的。由于两种过程都与介质的三阶非线性相关,DFWM 与 CARS 联系紧密。这两种方法的主要不同是 CARS 意味着双光子拉曼型共振的使用[图 4.6(c)],而 DFWM 是一种频率简并过程[图 4.6(d)],涉及四个单光子共振或一对双光子共振。由于现代激光能够生成非常短的脉冲,且光谱宽度很大,DFWM 信号可以使同一分子系统在一实验构型中使用相干斯托克斯-拉曼散射(CSRS)和 CARS 同时进行探测,只需调谐探测波长[4.127]。这些非线性光学方法的组合使得对分子弛豫和光化学过程能够进行更周密的研究,为超快分子和波包动力学加深了许多的了解[4.127, 128]。

DFWM 作为光谱学技术的主要优势是技术上的简单性,只要求一台激光光源且无关所研究介质的色散,自动满足相位匹配条件。宽带 DFWM[4.129]使激发气体的温度能够使用单一激光脉冲测量,包括原子气体[4.130]。折叠宽光束 DFWM 方案被用于气体参数空间分布的二维成像的一些简便而优美的方法[4.131, 132]。

4.7.3 偏振非线性拉曼技术

偏振敏感四光子光谱学方法为拉曼共振研究中产生的许多问题的解决提供了一种高效的工具。特别是,偏振技术是抑制 CARS 测量相干背景的标准方法[4.99, 106],使光谱学测量敏感性的显著改善成为可能[4.99],并提高了 CARS 显微术的对比度[4.115]。

FWM 光谱学中的偏振技术可以分别测量相关的三阶非线性光学极化率的实部和虚部[4.133, 134]，分辨分子[4.99, 135]和原子[4.102]的 FWM 光谱中紧密排列的谱线，并改善了接近拉曼共振的三阶极化率色散曲线的对比度[4.136, 137]。利用非线性拉曼光谱学中的偏振方法[4.138-140]有助于分析 CARS 光谱中振动拉曼共振与单或双光子电子共振的干涉，且能用于确定原子和分子拉曼及超拉曼散射张量的不变量[4.102]并进行复杂有机分子的构象分析[4.141]。Akhmanov 和 Koroteev[4.99]对分子光谱学使用的偏振技术进行了全面的评述。

1. 相干 FWM 信号的偏振特性

分析 FWM 信号的偏振性质时，必须考虑与介质中的多种（分子或原子）跃迁相关的 FWM 共振分量和非共振相干背景的干涉。特别是，共振 FWM 分量与非共振相干背景的干涉确保了能够记录与研究的共振相关的完整光谱信息，包括共振 FWM 的相位数据。

描述拉曼共振 FWM 信号的偏振椭圆特征的是它的椭圆率 χ（定义为 $\chi = \pm \arctan(b/a)$，其中 a 和 b 分别为偏振椭圆的长短半轴）和长轴的倾斜角 ψ［图 4.24（a）］。这些参数与介质的三阶极化的笛卡儿分量 P_x 和 P_y 的关系由下式表达[4.99]：

$$\tan(2\psi) = \tan(2\beta)\cos(\delta) \tag{4.198}$$

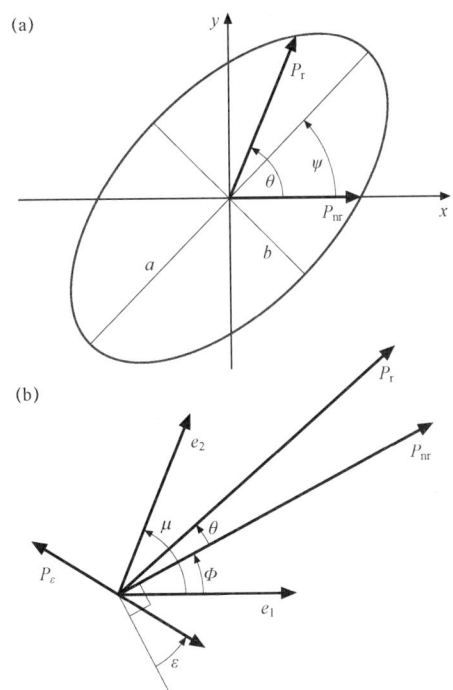

图 4.24　非线性拉曼光谱学的偏振技术
（a）相干椭圆偏振法；（b）CARS 光谱学中非共振背景的偏振抑制

$$\sin(2\chi) = \sin(2\beta)\sin(\delta) \tag{4.199}$$

式中，β 和 δ 定义为

$$\tan(\beta) = \left| \frac{P_y}{P_x} \right| \tag{4.200}$$

$$\delta = \arg(P_y) - \arg(P_x) \tag{4.201}$$

从式（4.198）和（4.199）可以看出，FWM 偏振椭圆参数的频率依赖性提供了共振 FWM 分量相位的相关信息，使得种类广泛的相位测量可以通过非线性拉曼光谱学的方法进行。

2. 抑制非共振背景

CARS 中非共振背景的偏振抑制是非线性拉曼光谱学中用处最大、最实用、使用最广泛的偏振技术之一。物理上，抑制相干拉曼光谱学中非共振背景的可能性是由于事实上拉曼活性介质内诱导的非线性极化的共振和非共振分量一般以不同的方式偏振。我们来描述 CARS 过程 $\omega_a = 2\omega_1 - \omega_2$ 的这种技术，其中各向同性介质的情况下，ω_a 为反斯托克斯信号的频率，ω_1 和 ω_2 为泵浦波的频率。这样，引起频率为 ω_a 的信号发生的三阶极化写作

$$P^{(3)} = [P_r + P_{nr}]E_1^2 E_2^* \tag{4.202}$$

式中，E_1 和 E_2 为光场的振幅；P_r 和 P_{nr} 分别为拉曼活性介质内诱导的三阶极化的共振和非共振分量。

在各向同性介质的情况下，方程（4.188）–（4.192）满足非线性光学极化率的共振和非共振分量。但是，只有三阶极化率的非共振部分满足 Kleinman 关系[4.9, 99]：

$$\chi_{1111}^{(3)nr} = 3\chi_{1122}^{(3)nr} = 3\chi_{1221}^{(3)nr} = 3\chi_{1212}^{(3)nr} \tag{4.203}$$

而三阶极化率的共振部分的特征通常是拉曼共振附近的显著色散，这表示共振三阶极化率张量分量不是关于其频率自变量排列的不变量。考虑到关于立方晶系磁化率的非谐振部分的方程（4.203），可得出拉曼活性介质的三阶极化的非谐振和谐振分量的以下表达式：

$$P_{nr} = \chi_{1111}^{(3)nr}[2e_1(e_1 e_2^*) + e_2^*(e_1 e_1)] \tag{4.204}$$

$$P_r = 3\chi_{1111}^{(3)r}[(1-\bar{\rho})e_1(e_1 e_2^*) + \bar{\rho}e_2^*(e_1 e_1)] \tag{4.205}$$

式中，$\bar{\rho} = \chi_{1221}^{(3)r}/\chi_{1111}^{(3)r}$ 和 e_1 以及 e_2 分别为具有频率 ω_1 和 ω_2 的光场的单位偏振矢量 [图 4.24（b）]。

假设频率为 ω_1 和 ω_2 的泵浦场为线偏振且其偏振矢量 e_1 和 e_2 的方向互相成 μ 角，如图 4.24（b）所示。根据方程（4.204）和（4.205），矢量 P_{nr} 和 P_r 一般在空间具有不同的方向，因而互相成非零角 θ。因此，通过将检偏器指向抑制 CARS 信号非共振分量的方向 [使从垂直于矢量 P_{nr} 的方向测量的角 ε 为零，图 4.24（b）]，能够对无背景的 CARS 光谱进行分析。

许多情况下，如果没有这种技术，对拉曼活性介质的非线性拉曼研究就不可能进行。例如，如果正在进行研究的共振气体的 CARS 信号太弱，在气体电池窗口的非共振 CARS 信号下则无法进行可靠的探测。另一个例子是低浓度复杂生物分子的 CARS 光谱学，溶剂分子造成的相干背景可能太强，不进行非共振拉曼信号的偏振抑制就无法探测研究的分子的 CARS 信号。检偏器的指向与背景抑制位置的偏离即使很小也很关键，这会引起信噪比的急剧变化。可以从方程（4.204）和（4.205）得到的另一个重要结论是，测量不同偏振布置下 CARS 信号的比率是一种确定非线性极化率张量性质的便利方法，并因此体现了研究的分子跃迁的对称性。

3. 相干椭圆偏振法

相干椭圆偏振法，即测量 FWM 信号相应的偏振椭圆参数，是偏振敏感四光子光谱学中一种广泛使用的修正方法。下面将考虑相干椭圆偏振法的主要物理原理并讨论其主要理念。

将一个介质的非线性光学极化率的实部和虚部重建为频率和时间的函数的可能性来自共振 FWM 分量与非共振相干背景的干涉，其确保了研究的共振相位信息得到记录。对于一大类问题，造成相干 FWM 过程的介质的非线性极化可以表示为分别由实矢量 $\boldsymbol{P}_{nr}$ 和复矢量 $\boldsymbol{P}_r$ 描述的非共振和共振分量的和。选取沿矢量 $\boldsymbol{P}_{nr}$ 的方向为 x 轴 [图 4.24（b）]，可以将外场中介质三阶总极化的笛卡儿分量写作

$$P_x = P_{nr} + P_r e^{i\varphi} \cos(\theta) \tag{4.206}$$

$$P_y = P_r e^{i\varphi} \sin(\theta) \tag{4.207}$$

式中，φ 为非线性极化共振分量的相位；θ 为共振和非共振分量所成的角。

通过椭圆偏振测量已知偏振椭圆的参数，通过使用方程（4.198），（4.199），（4.206），（4.207），可以通过相干椭圆偏振法的实验数据，将共振非线性极化的实部和虚部重建为频率和时间的函数。

FWM 信号的共振分量可以看作对非共振分量的微小修正的重要的特定情况下，将介质非线性极化实部和虚部分开的一般过程，变得特别简单。很容易确定方程[4.99]

$$\psi = \beta \cos(\varphi) \propto \mathrm{Re}(P) \tag{4.208}$$

$$\chi = \beta \sin(\varphi) \propto \mathrm{Im}(P) \tag{4.209}$$

在这种情况下成立，显示了 FWM 偏振椭圆的参数 ψ 和 χ 的频谱或时间依赖性分别再现了介质非线性极化实部和虚部的频谱或时间依赖性。

因此，通过相干椭圆偏振法获取的数据可以提取有关介质非线性极化共振分量的完整信息，包括其相位信息[4.134]。应注意，我们未考虑进行关于非线性拉曼光谱中观测到的谱线形状假设，这意味着这种方法可以应用于很多种类的谱线。这一方法还可以延伸到时域，从而重建介质非线性极化实部和虚部的时间依赖性，而不仅仅是频谱依赖性。最后，在某些情况下，通过使用相干非线性频谱中存储的

相位信息，可以对振幅非线性拉曼光谱中不可分辨的接近的分子和原子谱线进行解析。

4.7.4　时间分辨 CARS

时间分辨 FWM 光谱学方法意味着原子或分子系统参数的有关信息是从相干激发系统的脉冲响应提取的，而不是像频域 FWM 光谱学那样，从非线性极化率的频率色散提取。时间分辨 CARS 的原始理念是持续时间短于特征横向弛豫时间 T_2 的光脉冲诱导振幅为 $Q(t)$ 的相干分子振动，这些振动的衰减动力学使用时间上相对泵浦脉冲延迟的另一束探测光脉冲进行分析。支配时域 CARS 相关过程的完整方程组包括 SVEA 波动方程（4.182）和根据方程（4.185）定义的相干分子振动振幅 $Q(t)$ 的方程，以及拉曼共振涉及的能级归一化粒子数差，即 $n=\rho_{aa}-\rho_{aa}$。

$$\frac{\partial^2 Q}{\partial t^2}+\frac{2}{T_2}\frac{\partial Q}{\partial t}+\Omega^2 Q=\frac{1}{2M}\frac{\partial\alpha}{\partial Q}nE^2 \qquad (4.210)$$

$$\frac{\partial n}{\partial t}+\frac{n-1}{T_1}=\frac{1}{2\hbar\Omega}\frac{\partial\alpha}{\partial Q}E^2\frac{\partial Q}{\partial t} \qquad (4.211)$$

式中，T_1 为布居弛豫时间。

许多情况下，方程（4.182），（4.210）和（4.211）可以通过使用慢变包络近似进行简化。在这种近似中，作为时间分辨 CARS 短光脉冲和 $\Delta k=0$ 方案中探针脉冲的延迟时间 τ 的 CARS 信号的能量由下式得出[4.99]：

$$W_a(\tau)\propto\int_{-\infty}^{\infty}|Q(t)A(t-\tau)|^2\,\mathrm{d}t \qquad (4.212)$$

由于这种方案中 CARS 信号的强度由方程（4.212）决定，使用足够短的探测脉冲能够对 $Q(t)$ 的动力学进行测量。Alfano 和 Shapiro[4.142]以及 von der Linde 等人[4.143]验证了使用时域 CARS 技术直接测量晶体和有机液体中拉曼活性模的时间 T_2 的可能性。

式（4.185）–（4.187）和（4.212）显示了能够从频域和时域 CARS 光谱学中获取的信息的相互关系。实际上，这些信息本质上是相同的，频域和时域 CARS 方法在复杂非均匀展宽谱带的研究中能够很好地相互补充。例如，在频域 CARS 光谱学中，分子共振的相位信息可以通过偏振测量和相干椭圆测量法（参见以上的讨论）提取，相干非共振背景的水平可以通过相关偏振技术［方程（4.204），（4.205）和图 4.24（b）］抑制。另外，在时域 CARS 中，非共振背景只有在泵浦和探测脉冲的延迟时间为零时才会出现，对瞬态信号没有影响，而脉冲响应测量不只可以直接提供分子或原子共振的振幅，还有相位的信息。飞秒激光系统的开发引起了时域 FWM 光谱学技术和概念上的令人印象深刻的进步，使对光化学过程和分子动力学能够进行实时监测（参见文献［4.109，110，113］的评述）。

|4.8　波导相干反斯托克斯−拉曼散射|

4.8.1　增强空心光子晶体纤维中的波导 CARS

波导 CARS[4.144-149]的主要目的是通过增加相互作用长度和加强在规定泵浦功率下的泵浦波强度（通过减小平面型波导内波导层的横向尺寸或者光纤的纤芯直径来实现）来提高四波混频的效率。气相的 CARS 光谱使得中空波导和中空纤维变得无法取代。由于这种波导的芯部折射率低于镀层的折射率，因此空芯中引导的波模总是具有非零损失。这些损失达到了 λ^2/a^3 的量级[4.150, 151]，从而使得小内径纤维无法在非线性光学实验中使用，而这也限制了这些纤维可达到的波导 CARS 增强因子。在由于光子带隙的存在而能够导光的空芯光子晶体纤维[4.36, 152, 153]中，光损耗通常被控制得很低，甚至当纤芯直径很小时也如此。Benabid 等人在文献［4.154］中演示的、内径约为 15μm 的中空 PCF 会产生 1～3 dB/m 的光学损失。下面将说明空芯显微结构纤维的这种特性如何使得这些纤维对于波导 CARS 光谱来说极具吸引力。

我们首先从三色 CARS 信号的功率表达式[4.11]着手，这种信号是由频率为 ω_0、ω_1、ω_2 的三个泵浦场在频率 $\omega_s=\omega_0+\omega_1-\omega_2$ 下产生的：

$$P_{\mathrm{CARS}} = 1.755 \times 10^{-5} \frac{\omega_s^4 k_0 k_1 k_2}{c^4 k_S^2 k'} D^2 \times \left| \chi_{\mathrm{eff}}^{(3)} \right|^2 P_0 P_1 P_2 F_2 \qquad (4.213)$$

式中，k_0，k_1，k_2，k_s 分别为频率为 ω_0、ω_1、ω_2、ω_s 的四个光场的波数；P_0，P_1，P_2 分别为频率为 ω_0、ω_1、ω_2 的三个光场的功率；$\chi_{\mathrm{eff}}^{(3)}$ 为与所选的泵浦场和信号场的极化矢量组对应的立方非线性光学极化率张力分量的有效组合；D 为 Maker 和 Terhune 定义的四波混频过程的频率简并因子[4.105]；

$$F_2 = \frac{2k'}{\pi b} \int_0^\infty 2\pi R dR \times \left| \int_{-\zeta}^{\xi} d\xi' \frac{\exp\left(\dfrac{ib\Delta k \xi'}{2}\right)}{(1+i\xi')(k''-ik'\xi')H} \exp\left(-\frac{R^2}{bH}\right) \right|^2 \qquad (4.214)$$

为相位匹配积分；$\Delta k=k_s-（k_0+k_1-k_2）$，$k'=k_0+k_1-k_2$，$k''=k_0+k_1+k_2$，$\xi=2（z-f）/b$，$\zeta=2f/b$，$b=n_j\omega_j w_0^2/c$ 为共焦参数，w_0 为光束腰直径；

$$H = \frac{(1+\xi')^2}{(k''-ik'\xi')} - i\frac{\xi'-\xi}{k'} \qquad (4.215)$$

在限定紧聚焦的情况下，当共焦参数 b 比非线性介质的长度 l 小得多时，即 $b \ll l$ 时，CARS 功率不会因泵浦光束腰半径减小而增加，因为相互作用长度也同时减小了。在数学上，这个众所周知的结果是与相位匹配积分有关的紧聚焦极限造成的［方程（4.214）］。当相位失配较小时，即，$\Delta kl \ll \pi$ 时，在这种限定情况下相位匹配积分

可写成

$$F_2 = \frac{4\pi^2}{\left(1 + \dfrac{k''}{k'}\right)^2} \tag{4.216}$$

在松聚焦泵浦光束的相反限定情况下，即 $b \gg l$、弱吸收和相位失配可忽略不计时，相位匹配积分简化为

$$F_2 = \frac{k'}{k''} \frac{4l^2}{b^2} \tag{4.217}$$

由于后一种情况恰好是波导 CARS 情况，因此我们可以利用方程（4.216）和（4.217）来估算波导 CARS 相对于紧聚焦机制的增强效果。波导 CARS 中的相位失配应当理解为光波混频过程中相关波导模的传播常数之差。模式重叠积分通常应当计入，以将波导效应的影响包括在内，尤其是高阶波导模的影响。

假设聚焦泵浦波光束的光束腰半径与空心光纤的内径 a 相匹配，从方程（4.216）和（4.217）中可以得出波导 CARS 的增强因子值为 $\lambda^2 l^2/a^4$。纤维长度 l 可以很大，但空心光纤中波导 CARS 受到的根本性限制是由光损耗造成的，光损耗的大小为 λ^2/a^3。在松聚焦机制中，光损耗和相位失配效应对 CARS 过程的影响可通过下列因子来计入：

$$M \propto \exp[-(\Delta\alpha + \alpha_4)l] \times \left(\frac{\sinh^2\left(\dfrac{\Delta\alpha l}{2}\right) + \sin^2\left(\dfrac{\Delta k l}{2}\right)}{\left(\dfrac{\Delta\alpha l}{2}\right)^2 + \left(\dfrac{\Delta k l}{2}\right)^2} \right) l^2 \tag{4.218}$$

式中，$\Delta\alpha = (\alpha_1 + \alpha_2 + \alpha_3 - \alpha_4)/2$；$\alpha_1$、$\alpha_2$、$\alpha_3$、$\alpha_4$ 分别为在频率 ω_0、ω_1、ω_2、ω_s 下的光损耗值。

从方程 [（4.218）] 可以看出，在有耗波导中 CARS 信号的振幅在某个最佳长度 l_{opt}^{CARS} 下达到最大值。l_{opt}^{CARS} 的计算公式为

$$l_{opt}^{CARS} = \frac{1}{\Delta\alpha} \ln\left(\frac{\alpha_1 + \alpha_2 + \alpha_3}{\alpha_4} \right) \tag{4.219}$$

当 $\alpha_1 \approx \alpha_2 \approx \alpha_3 \approx \alpha_4 = \alpha$ 时，从方程（4.219）中可得出

$$l_{opt}^{CARS} = \frac{\ln 3}{\alpha} \tag{4.220}$$

然后，假定相位匹配时，$\Delta k = 0$，输入光束与纤维模半径之间匹配最佳时，$w_0 = 0.73a$。假设纤芯中空气的折射率近似等于 1，并考虑到 $M = (3^{1/2} - 3^{-1/2})^2/(3\ln 3)^2 \approx 0.123$（$\Delta k = 0$，$l = l_{opt}^{CARS} = \ln 3 / \alpha$），于是得到波导 CARS 增强因子的下列表达式：

$$\mu = 1.3 \times 10^{-3} \frac{(k' + k'')^2}{k'k''} \frac{\lambda^2}{\alpha^2 a^4} \tag{4.221}$$

从方程（4.221）可以看到，波导 CARS 增强因子的数值为 $\lambda^2/\alpha^2 a^4$，并受到光纤

损耗的限制。在下一节将介绍：由于光导背后的机制存在实质性差异，中空显微结构纤维相对于标准固体包层空心光纤而言其 CARS 增强因子大幅增加。我们还将评估 CARS 增强因子与这两种纤维的纤芯半径之间的函数关系，并研究相位失配的影响。

从标准固体包层空心光纤案例入手，在这些纤维中，EH_{mn} 模的光损耗值由文献［4.150］求出：

$$\alpha = \left(\frac{u_{mn}}{2\pi}\right)^2 \frac{\lambda^2}{a^3} \frac{n^2+1}{\sqrt{n^2-1}} \tag{4.222}$$

式中，u_{mn} 为相关空心光纤模态（模态参数）特征方程的特征值；n 为光纤包层的折射率，并且设定空气填充纤芯的折射率为 1。

如果将 u_n=2.4 的空心光纤的 EH_{11} 模态极限特征值以及方程（4.222）代入方程（4.221），可将光损耗代入 CARS 增强因子中。由此可推导出固体包层空心光纤在精确相位匹配情况下 CARS 增强因子相对于紧聚焦机制的表达式：

$$\rho = 6.1 \times 10^{-2} \frac{(k'+k'')^2}{k'k''} \left(\frac{a}{\lambda}\right)^2 \frac{n^2-1}{(n^2+1)^2} \tag{4.223}$$

随内径 a 的减小而增加的光损耗限制了 CARS 增强作用。当纤维内径 a 减小为较小的值时，增强因子 ρ 会快速降低。对于显微结构纤维，这种情形会发生根本性变化。当纤维的空芯直径为大约 15 μm 时，这些纤维的光损耗值范围（如上所述）可能为 1～3 dB/m[4.154]。小内径显微结构纤维能够提供比实芯空心光纤高得多的 CARS 增强因子。当光损耗值为 0.1～0.01 cm^{-1} 时以及在纤芯半径小于 20～45 μm 时，中空显微结构纤维的 CARS 增强因子开始超过固体包层空心光纤的 CARS 增强因子。对于具有小纤芯半径的空心光纤来说，其因子 μ 可能比增强因子 ρ 高好几个数量级。

空心光纤中的另一个辐射损失源与高阶波导模的辐射能量转移有关。这种非线性光模串音过程的效率取决于辐射强度以及能量交换过程中波导模传播常数的错配度 Δk_c。我们从空心光纤中 EH_{mn} 模传播常数的标准表达式着手，推导出了模态串音过程的相干长度（$l_c = \pi(2|\Delta k_c|)^{-1}$）公式，如下所示：

$$l_c = \frac{2\pi^2}{\lambda} \frac{a^2}{|u_2^2 - u_1^2|} \tag{4.224}$$

式中，u_2 和 u_1 为串音光纤模式的参数。对于高阶导模来说，相干长度 l_c（由方程（4.224）中可看到）变得很小，使得从基阶模态到极高阶模态的能量转换效率可以忽略不计。对于最低阶 EH_{11} 模和 EH_{12} 模之间的串音，当 $u_1 \approx 2.4$ 且 $u_2 \approx 5.5$ 时，相干长度可估算为 $l_c \approx 0.8a^2/\lambda$。此串音过程的相干长度通常远远小于光波混频过程的最佳长度［方程（4.220）］。但对于高强度泵浦光束来说，此串音过程的效率会提高[4.155]，在基模下由高阶模激发造成的能量损失可能与方程（4.222）中特征长度的辐射能泄漏相当。

重要的是，与光损耗值、纤维内径和辐射波长成函数关系的波导 CARS 增强因子的比例法则不同于波导 SRS 增强因子的类似比例法则[4.23]，即 $\eta=\lambda/\alpha a^2$。从物理学来看，这种差异源于 SRS 和 CARS 所涉及的散射机理不同。SRS 和 CARS 信号以不同的方式增强，并且与相互作用长度和泵浦场幅值成函数关系。SRS 和 CARS 的波导增强因子不同，表明它们为增强这些过程而设计的纤维优化战略是不同的。

在空心光纤中，由 CARS 过程中导模传播常数的差异造成的相位失配是另一个限制 CARS 效率的重要因素。在非零相位失配 Δk 的情况下，CARS 过程的最佳长度可从由方程（4.218）推导出的超越方程中得到：

$$\Delta\alpha\sinh(\Delta\alpha l_{最佳}^{CARS}) + \Delta k\sin(\Delta k l_{最佳}^{CARS}) + (\Delta\alpha+\alpha_4)$$
$$\times[\cos(\Delta k l_{最佳}^{CARS}) - \cosh(\Delta\alpha l_{最佳}^{CARS})] = 0 \tag{4.225}$$

相位失配使得用中空显微结构纤维可获得的最大波导 CARS 增强因子减小，CARS 信号的功率成为光纤长度的一个振荡函数。这些振荡的特征周期由相干长度决定。随着光损耗增强，振荡会变得不那么显著，然后完全趋于平缓。当衰减长度小于相干长度时，不会观察到振荡。由中空显微结构纤维提供的一个可选的重要解决办法是通过适当地选择波导参数，可能补偿与气体弥散有关的、由波导色散分量（对于空心光纤为 a^{-2}）造成的相位失配。

在本节，我们阐明了中空显微结构纤维提供了一个关于实施波导模（在气体介质中横向尺寸为几微米）的非线性光学相互作用的极难得机会，打开了提高非线性光学过程（包括四波混频、相干反斯托克斯–拉曼散射）效率的大门，提出了基于非线性分光技术的高灵敏度气相传感器的创建原理。与标准固体包层空心光纤相比，空芯显微结构纤维经证明能够大大提高波导 CARS 效率。在内径为 a、长度为 l 的空心光纤中，波导 CARS 过程的 l^2/a^4 增强因子定理已扩展，包含了由显微结构纤维提供的新解。空芯显微结构纤维的最大 CARS 增强因子为 $\lambda^2/\alpha^2 a^4$，其中 λ 为辐射波长，α 为辐射损失，a 为纤维内径。因此，在这样的纤维中，CARS 效率能大幅提高。此 $\lambda^2/\alpha^2 a^4$ CARS 增强因子与 $\lambda/\alpha a^2$ 比率不同，其特点是中空显微结构纤维中存在波导 SRS 增强。这与 SRS 和 CARS 信号的物理性质不同有关，表明采用了不同的策略来优化纤维，从而增强 CARS 和 SRS 过程。

4.8.2　在空芯光子晶体纤维中的四波混频和 CARS

空芯光子晶体纤维（PCF）[4.36, 152, 153]为强场物理学和非线性光学提供了新的选择方案。这些纤维的波导损耗与标准固体包层空心光纤相比大大降低，这是因为在光子带隙（PBG）内周期性结构光纤包层的反射率较高[4.152, 153, 156]，使高强度激光脉冲能够在典型横向尺寸为 $10\sim20\ \mu m$ 的孤立导模中穿透中空纤芯。由于这种独特的特性，中空 PCF 能显著增强非线性光学过程[4.157]，包括受激拉曼散射[4.154, 158, 159]、四波混频（FWM）[4.160]、相干反斯托克斯–拉曼散射（CARS）[4.118]和自相位调制[4.161]。中空 PCF 中的空气导模可支持大功率光孤子[4.162, 163]，使科技[4.68, 164]和生物医学[4.165]

领域中的高能激光脉冲得以传输。

本节将探讨光子晶体包层约为 5 μm、纤芯直径约为 50 μm 的一个周期与中空 PCF 中毫焦耳纳秒脉冲的相位匹配 FWM。我们将阐明大芯径中空 PCF 中的拉曼共振 FWM 能增加空心光纤中波导 CARS 的可能性，为内纤维壁和痕量气体检测器上吸收的凝相物质提供一种方便的感应工具。

在实验[4.119, 166]中使用的大芯径中空 PCF 是用一种标准流程制成的，其中包括将玻璃毛细管堆叠成一个周期性阵列，然后通过一个拉丝塔来拉制这种预成型件。同时，将叠层中心部分的几根毛细管抽去，形成光纤的空芯结构。虽然在标准的中空 PCF 中被省去的毛细管数量为 7 根，但我们在实验中采用的 PCF 有一个正六边形空芯，每一边相当于 5 个管径。图 4.25 中的插图显示了一个中空 PCF，其包层周期大约为 5 μm，纤芯直径大约为 50 μm。通过焙烧构成光子晶体结构的毛细管（如图所示），可以得到中空波导，而且波导具有近理想的、直径为 50 μm 的六边形纤芯。这种方法是否能够按比例放大至具有更大芯径的中空 PCF 仍有待探索。在我们的实验中使用的中空 PCF 的透射光谱具有显著的通带（图 4.25），表明在光纤的空气模中存在辐射 PBG 制导。

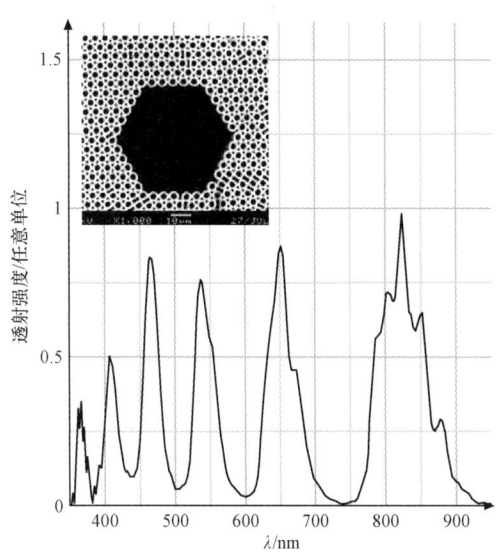

图 4.25 空芯 PCF 的透射谱。插图显示了在包层结构周期为大约 5 μm 时 PCF 的截面图

实验[4.119, 166]中使用的激光系统由一个使用 Q 开关的 Nd:YAG 主振荡器、Nd:YAG 放大器、倍频晶体、一个染料激光器以及一组为适于 CARS 实验而调整过的完全反射型分色镜和透镜组成。使用 Q 开关的 Nd:YAG 主振荡器产生 15 ns 的 1.064 μm 辐射脉冲，这些脉冲通过 Nd:YAG 放大器放大到大约 30 mJ。磷酸二氢钾（KDP）晶体被用于基本辐射的倍频。这种二次谐波辐射可用作染料激光器的泵浦，在 540～560 nm 和 630～670 nm 的波长范围内产生可调频辐射线，具体要视此激光

器中被用作活性介质的染料类型而定。激光系统的所有三种输出，即基本辐射、二次谐波和可调频染料激光辐射，在 FWM 中用作泵浦场，如下所述。频率与在不同 FWM 过程中生成的反斯托克斯信号之间的相关性是用逐点法通过扫描染料激光辐射线的频率来测量的。在我们的实验中，这些泵浦场的能量变化范围在基本波长下为 0.5～10 mJ，在二次谐波下为 0.5～8 mJ，在染料激光辐射下为 0.05～0.7 mJ。为了将激光场耦合到 PCF 的基谐模中，在光纤的输入端将激光束聚焦到直径为 35 μm 的光斑中。PCF 能够承受高达 10 mJ 的基本辐射能量——相当于大约 630 J/cm² 的激光能量密度——而不会因为光学击穿导致光纤性能产生不可逆转的退化。由激光诱发的 PCF 壁击穿是通过光纤传输的大幅不可逆减少以及激光辐射线的强烈侧向散射（通过光纤包层可明显看到）来判定的。在我们的实验中，虽然所达到的输入能量水平足以产生能可靠检测到的 FWM 信号，但通过更谨慎地优化耦合几何形状，耦合到 PCF 中的激光辐射能量可能进一步增强。

在实验中针对两组不同的泵浦频率和信号频率，研究了具有 CARS 型混频方案 $\omega_a=2\omega_1-\omega_2$（$\omega_1$ 和 ω_2 是泵浦场的频率，ω_a 是通过 FWM 生成的反斯托克斯信号的频率）的 FWM 过程。在实验的第一个 FWM 过程中，我们测试了相位匹配，评估了波导损耗的影响。在此过程，由染料激光器提供的、波长（$\lambda_1=2\pi c/\omega_1$）范围为 630～665 nm 的两个波与 $\lambda_2=1\,064$ nm 时基本辐射线的固定频率场混合，在 445～485 nm 的波长（λ_a）范围内生成了一个反斯托克斯信号。第二个 FWM 过程用于演示具有中空 PCF 的 CARS 光谱的可能性，采用的是当 $\lambda_1=532$ nm、$\lambda_2=645～670$ nm 时标准 Nd:YAG 激光器的 CARS 布置。

为评估相位匹配和辐射损失对中空 PCF 中生成的 FWM 信号强度的影响，我们利用方程（4.213）、（4.218）和（4.225），把反斯托克斯信号的功率写成 $P_a\propto|\chi_{\rm eff}^{(3)}|^2 P_1 P_2^2 M$，其中 P_1 和 P_2 分别是频率为 ω_1 和 ω_2 的泵浦场功率；$\chi_{\rm eff}^{(3)}$ 是立方晶系非线性光学极化率张量分量的有效组合；因子 M 包括光损耗和相位失配效应：$M(\Delta\alpha l,\alpha_a l,\delta\beta l)=\exp[(\Delta\alpha+\alpha_a)l][\sinh^2(\Delta\alpha l/2)+\sin^2(\delta\beta l/2)][(\Delta\alpha l/2)^2+(\delta\beta l/\delta\beta l/2)^2]^{-1}l^2$，其中 $\Delta\alpha=(2\alpha_1+\alpha_2-\alpha_a)/2$，$\alpha_1$、$\alpha_2$ 和 α_a 分别是在频率 ω_1、ω_2、ω_a 下光损耗的大小，$\delta\beta$ 是在过程中波导模传播常数的失配度。为估算在中空 PCF 中 FWM 过程的典型相干长度 $l_c=\pi/(2|\delta\beta|)$ 的数量级，并为我们的实验选择符合相位匹配要求的 PCF 长度 $L(L\leqslant l_c)$，在计算中用覆有固体包层的标准空心光纤的色散代替了 PCF 模的色散。以前的 PBG 波导研究[4.167]显示，这种近似法能在 PBG 的中心部分提供合理的模式色散精确度，但未能更接近通带边缘。对于当 $\lambda_1=532$ nm、$\lambda_2=660$ nm 时涉及泵浦场基模的波导 FWM 过程，若在纤芯半径为 25 μm 的空心光纤中生成反斯托克斯场的基模，则相干长度估算为 $l_c\approx10$ cm。根据此估算结果，故选择 8 cm 的光纤长度来做 FWM 实验。通过选择 PCF 长度，相位失配的影响与辐射损失的影响相比可忽略不计。

通过扫描所有拉曼共振（λ_1 范围 630～665 nm，$\lambda_2=1\,064$ nm）的激光频率差 $\omega_1-\omega_2$ 并且使用上述表达式 $M(\Delta\alpha l,\alpha_a l,\delta\beta l)$ 与 $\delta\beta L\approx0$ 来修正 FWM 信号的频

率相关性实验测试了 PCF 中的波导 CARS 的相位匹配。图 4.26 中带误差线（线 1）的点反映了中空 PCF 中作为染料激光器频率的函数的反斯托克斯信号的强度。此图中的虚线 2 和 3 分别表示染料激光器辐射和反斯托克斯信号在 PCF 中的透射。实线 4 表示因子 $M(\Delta\alpha L,\alpha_a L,0)$ 的计算谱线轮廓。在实验中，频率与 FWM 信号之间的相关性——由图 4.26 中线 1 和线 4 的对比可看出——通过 PCF 通带的谱线轮廓（线 2 和线 3）完全受控，表明相位失配效应对于所选的 PCF 长度来说远不如辐射损失变化量重要。

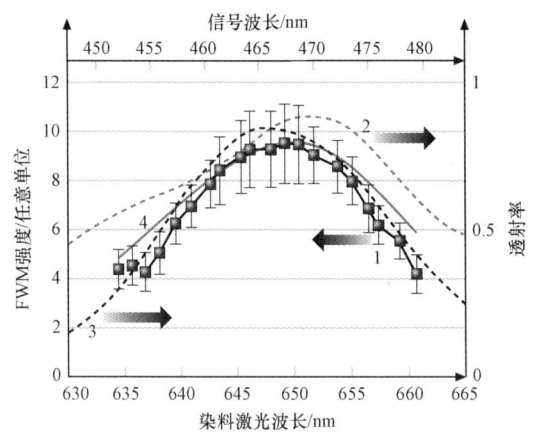

图 4.26　长度为 8 cm 的中空 PCF 发出的 $\omega_a=2\omega_1-\omega_2$ 四波混频信号的强度与染料激光辐射波长（$\lambda_1=630\sim665$ nm、$\lambda_2=1\,064$ nm）之间的关系

（1）所测得的 FWM 信号谱；（2）染料激光辐射的光纤传输；（3）FWM 信号的光纤传输；（4）因子 M 的谱线轮廓

　　第二个系列实验的目的是，演示中空 PCF 中波导 CARS 感应拉曼活性物质的潜力。为达到此目的，通过拉曼共振，利用在 PCF 内壁上吸收的水分子的 O－H 伸缩振动，扫描了二次谐波场和染料激光泵浦场之间的频率差，即 $\omega_1-\omega_2=2\pi c\Omega$。水分子 O－H 伸缩振动的频率 Ω 通常在 3 200～3 700 cm^{-1} 的宽频带内。频率与 PCF 发出的 FWM 信号之间的相关性严重偏离了因子 $M(\Delta\alpha L,\alpha_a L,0)$（图 4.27 中的线 1 和线 4）的谱线轮廓，清晰地表明了拉曼活性物质对 FWM 信号的影响。为区分与 PCF 壁上吸收的水分子有关的 CARS 信号和 PCF 包层的 OH 污染物，我们测量了由燃烧器上方被加热的 PCF 发出的 CARS 信号频谱。在 30 min 内加热 30 K 下，CARS 信号频谱中拉曼共振的振幅减小为大约 1/7。然后，高能级的 CARS 信号可在几天内恢复。从正常条件下在中空 PCF 的输出端记录的 CARS 频谱中减去由干态发出的 CARS 信号频谱，再将差光谱归一化为因子 $M(\Delta\alpha L,\alpha_a L,0)$ 的谱线轮廓。归一化的结果如图 4.27 中的线 5 所示。

　　值得注意的是，图 4.26 中 FWM 强度与实验室波长之间的相关性对比度（带误差线的方块）高于图 4.27 中 CARS 信号的类似相关性的对比度。这种在非线性信号的最大幅值比方面的变化与染料激光辐射和非线性信号的透射特性高度相关，如这两张图中的曲线 2、3 所示。当染料激光辐射波长设置为大约 650 nm 时，图 4.26 中的泵浦信号波长 λ_1 和非线性信号波长 λ_a 接近于 PCF 透射的相应最大值。另外，CARS 信号被检测到与染料激光辐射和非线性信号的最大透射率相差甚远（图 4.27）。因此，将所测得的 CARS 频谱归一化为波长与 M 因子之间的相关性并考虑到由 PCF 带来的、与波长有关的损失是很重要的。这种标准程序大大提高了 CARS 频谱的对比度，如图 4.27 中的曲线 5 所示。

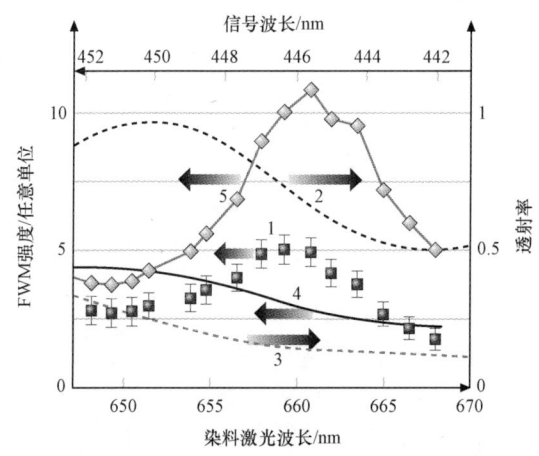

图 4.27 长度为 8 cm 的中空 PCF 发出的 $\omega_a=2\omega_1-\omega_2$ 四波混频信号的强度与 λ_1=532 nm、λ_2=645～670 nm 时染料激光辐射线的波长之间的相关性

（1）所测得的 FWM 信号谱；（2）染料激光辐射线的光纤传输；（3）FWM 信号的光纤传输；（4）因子 M 的谱线轮廓；（5）在减去由加热中空 PCF 发出的 CARS 信号谱之后用因子 M 修正过的 FWM 信号谱

上述实验证明了 PCF 中的波导 CARS 检测痕量浓度拉曼活性物质的潜力，表明 PCF CARS 是一种方便的诊断技术。但在这些实验中探测到的 CARS 信号无法可靠地确定光纤中拉曼活性物质的来源，因为由空芯和 PCF 壁提供的 CARS 信号并非总是能够区分开。作为更易量化的拉曼介质的一个例子，我们选择了在 PCF 空芯内的大气压空气中包含的气相分子氮——它能够将 PCF 芯发出的 CARS 信号与 PCF 壁发出的信号分开，从而更易量化。在这些实验中使用的双色拉曼共振泵浦场由波长为 532 nm 的 Nd: YAG 激光辐射（ω_1）和波长为 607 nm 的染料激光辐射（ω_2）产生的 15 ns 二次谐波脉冲组成。所选的染料激光频率能够满足拉曼共振的条件 $\omega_1-\omega_2=\Omega$，在中心频率 $\Omega=2\,331\ \mathrm{cm^{-1}}$ 下 N_2 会出现 Q 支拉曼活性跃迁。然后，N_2 的相干激发 Q 支振动使二次谐波探测场散射，在 $\omega_{CARS}=2\omega_1-\omega_2$ 的频率（相当于 473 nm 的波长）下产生一个 CARS 信号。中空 PCF（如图 4.28 中的插图 1 所示）已设计成能同时为二次谐波、染料激光辐射和 CARS 信号的空气导模提供高透射率的形式。在合适的光纤结构下（如图 4.28 中的插图 2 所示），PCF 透射率峰值可能以输入光场和 CARS

信号的载波波长为中心（如图 4.28 插图 2 中的垂直线所示）。通过对 Poladian 等人开发的场拓展方法进行修改后得到的 PCF 色散进行数值分析，有关人员已确认了在所选系列波长下 CARS 的相位匹配[4.168]（图 4.28 中的插图 3）[4.169]。

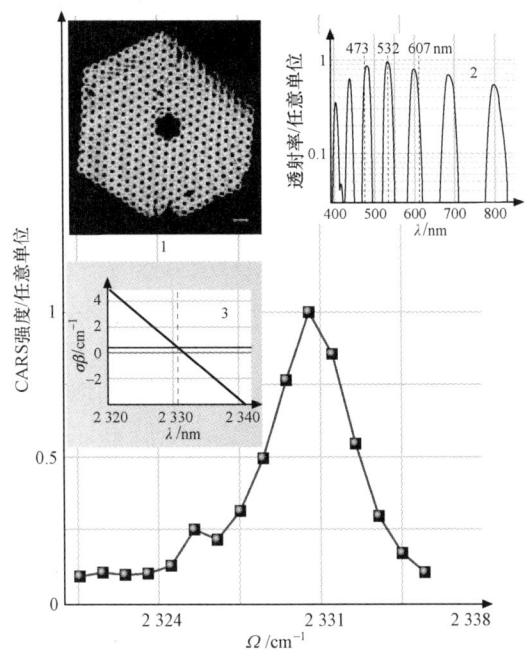

图 4.28　在 PCF 空芯内大气压下空气中所包含 N_2 分子的 Q 支拉曼活性振动 CARS 谱。插图中显示了：（1）PCF 截面图像；（2）中空 PCF 的透射谱，用于同时支持光纤空芯中泵浦场、探测场和 CARS 信号场（它们的波长用垂直线表示）的空气导模；（3）为中空 PCF 基本空气导模中的 $\omega_a = 2\omega_1 - \omega_2$ CARS 过程计算出的传播常数 $\delta\beta = 2\beta_1 - \beta_2 - \beta_a$ 的失谐，其中 β_1、β_2 和 β_a 分别为中空 PCF 中 Nd:YAG-激光二次谐波（ω_1）泵浦场和染料激光（ω_2）泵浦场以及 CARS 信号（ω_a）的传播常数

　　在这些实验中，与 N_2 的 Q 支振动有关的共振 CARS 信号能够与 PCF 壁发出的 CARS 信号的非共振部分分开。在图 4.28 中，PCF 输出端的 CARS 信号频谱与紧聚焦机制中测得的大气的 N_2 Q 支 CARS 频谱[4.99]相同。根据此研究结果，CARS 信号是完全由纤芯中气体的相干拉曼散射造成的，而与 PCF 壁的非线性无明显的相关性。

　　在此提供的结果表明，具有较大纤芯面积的中空 PCF 缩小了标准固体包层中空光纤和中空 PCF 在有效导模面积上的差距，从而能够对激光脉冲相位匹配波导四波混频的能量注量进行标定。利用纤芯直径大约为 50 μm 的中空 PCF 来演示毫焦耳纳秒激光脉冲的相位匹配 FWM。我们从中空纤芯内部水分子的伸缩振动中观察到了很强的 CARS 信号，这表明中空 PCF 中的 CARS 是用于监测污染和探测微量气体的一种很方便的传感技术。中空 PCF 已经显示出其在生物医学拉曼领域中作为光纤探头的广大前景，它能大大减少与标准生物医学光纤探头芯部中的拉曼散射有关的背景[4.170]。

|4.9 具有光子晶体光纤光源的非线性光谱|

4.9.1 波长可调光源和非线性光谱的发展

在过去几十年里波长可调光源取得的进展给非线性激光光谱的开发提供了强大的动力。尤其是，在 30 多年前，非线性拉曼光谱学从可调激光辐射源的应用中极大地受益，因为光学参数振荡器[4.171]和染料激光器[4.172]大大简化了基于相干反斯托克斯–拉曼散射（CARS）的测量活动，使得这种技术更具信息量、更加高效和方便。后来，宽带激光源促进了非线性拉曼光谱学的概念性进展[4.99,106-110]，使单发 CARS 测量成为可能。在飞秒激光器时代，我们在非线性拉曼光谱学领域的激光源发展过程中观察到了几个平行的趋势[4.113]。这些趋势之一是调整宽带飞秒脉冲[4.113,173,174]，以达到分光目的，并利用不同的空间相位匹配几何尺寸来同时生成相干斯托克斯和反斯托克斯，以及简并四波混频信号[4.113,127,128]。另外，非线性材料的快速进展导致非线性光谱学领域中光学参数振荡器和放大器（OPO 和 OPA）的复兴[4.175]。啁啾脉冲[4.176,177]用于探测宽光谱区和较大的延迟时间范围，这表明单发非线性光谱学方法很高效[4.178-180]。

在本节，我们将集中探讨光子晶体纤维[4.36,37]用作非线性光谱学的新型高效光源的可能性。PCF 是独特的波导结构，使色散[4.40]和空间场[4.181]分布能够通过修改光纤结构来设计。在过去几年里，非线性光学 PCF 部件和基于 PCF 的新型光源已大量用于频率测量[4.74,77]、生物医学光学[4.81]、超快光子学[4.78,79]和光化学[4.182]中。

相干非线性光谱学和显微镜学开辟了 PCF 光源和频移器的广泛应用领域。PCF 中的高效变频和超连续光谱生成，经证明能增强啁啾脉冲 CARS[4.183]和相干反拉曼光谱[4.184]的能力。最近还利用专门为超短激光脉冲设计的 PCF 变频器演示了互相关频率分辨光门控 CARS（XFROG CARS）[4.80]。基于 PCF 频率漂移的新型光源为有机材料[4.185]中的二阶光学非线性测量提供了一种有用的工具，并在 CARS 显微镜检查领域中提供了值得注意的新的选择方案[4.186]。PCF 中具有超短脉冲和经过精心设计的色散分布[4.42-44]的高效频谱展宽使得这些光纤成为泵浦超连续光谱探头在时频分辨非线性光学测量时的理想光源[4.187]。

在本节的后面部分，我们将讲述 PCF 光源在啁啾脉冲 CARS 和非线性吸收光谱学中的应用。我们将讲述 PCF 能提供飞秒 Cr:镁橄榄石激光脉冲的高效非线性光学变换，并提供中心波长在 400～900 nm 范围内的线性啁啾频移宽带光脉冲。在我们的实验中，这些脉冲与甲苯溶液中 Cr:镁橄榄石激光器的飞秒二次谐波输出交叉相关（甲苯溶液被作为测试对象），以矩形波串形状来测量甲苯分子的 CARS 频谱

（XFROG CARS）。实验结果表明，在 530～680 nm 光谱范围内的光子晶体纤维的蓝移啁啾脉冲输出非常适于在受 Cr:镁橄榄石激光器的飞秒二次谐波脉冲激发的聚合物膜中硫碳菁 J 聚合物的单/双激子带的非线性吸收光谱。

4.9.2　光子晶体光纤移频器

光谱测量是利用由标准 PCF 技术制造的多组分玻璃[4.51,188]进行的[4.36,37]。在我们的实验中，所用 PCF［图 4.29（a）］的实心纤芯周围是一个薄壁毛细管单环，这些毛细管的外径等于 PCF 纤芯的直径。PCF 显微结构包层的外面部分由 11 个毛细管环组成，毛细管的外径大约为 PCF 纤芯直径的 3 倍，而且充气比例较高。PCF 的色散和非线性是通过缩放 PCF 结构的几何尺寸来控制的。从技术角度来看，这可用相同的预成型件来制造具有相同类型的结构但不同放大因子的 PCF 来实现。此工艺能够缩放 PCF 结构的尺寸，而不会改变其几何形状。

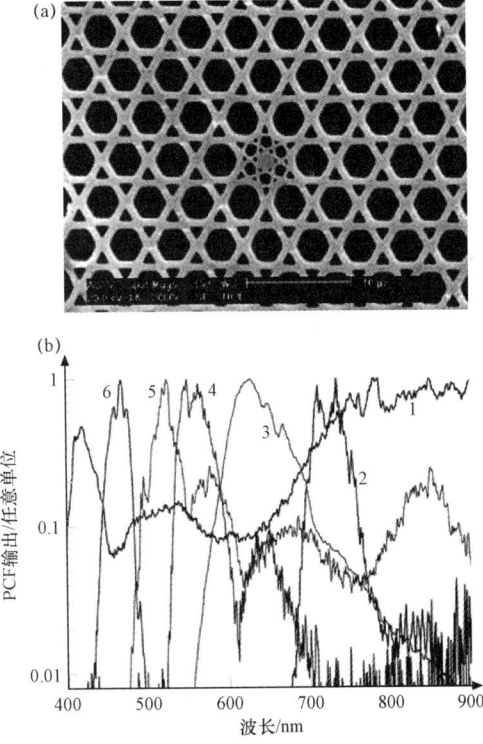

图 4.29　（a）软玻璃光子晶体纤维的 SEM 图像；（b）软玻璃 PCF 的色散管理蓝移输出的强度谱。波长偏移量 δ 分别为：50 nm（1），110 nm（2），150 nm（3），190 nm（4），220 nm（5），300 nm（6）

实验中采用的激光系统由 Cr^{4+}：镁橄榄石主振荡器、扩展器、光学隔离器、再生式放大器和压缩器组成[4.189]。光纤镱激光器泵浦主振荡器在 120 MHz 的重复频率下可生成波长为 1.23～1.25 μm 的 30～60 fs 光辐射波长。这些脉冲通过扩展器和隔离器传输，在 Nd:YLF－激光泵浦式放大器中放大，当最大激光脉冲能量达到 20 μJ@1 kHz 时再压缩到 200 fs 的脉冲持续时间。本书实验中使用的激光脉冲能量范围为 0.5～200 nJ。

对于在实验中使用的 PCF, Cr:镁橄榄石激光脉冲的中心波长在反常色散的范围内，因此，这些脉冲会在光纤内形成孤波。高阶色散会诱发孤波和分散波之间的波匹配共振[4.21,22]，产生强烈的蓝移发射，在 PCF 输出谱中可以观察到其显著特征形式 [图 4.29（b）]。PCF 基谐模式下所引导的分散波相位与 Cr:镁橄榄石激光脉冲产生的孤波相位匹配时的波长可与蓝移发射的中心波长很好地相干。输入激光脉冲生成的孤波和分散波之间的相位匹配决定着在 PCF 输出谱中主峰值的频率，并由光纤的色散控制。因此，PCF 输出谱中蓝移信号的中心频率可通过修改光纤的色散分布图来调节。在我们的实验中，波导模的 GVD 分布图是通过缩放光纤的几何尺寸而不改变图 4.29（a）所示结构的类型来修改的。为这些实验制造的 PCF 的纤芯直径可在 0.9～3.8 μm 范围内改变。图 4.29（b）显示了 PCF 光纤的蓝移输出谱——这是通过改变输入激光场的中心波长 λ_0 和零 GVD 波长 λ_z 之间的偏移量 $\delta = \lambda_0 - \lambda_z$ 来调节的。当 PCF 长度保持不变（10 cm）时，通过增加偏移量 δ（参见图 4.29（b）中的曲线 1-6），可以得到更大的蓝移。要想让这些实验中的 δ 增大，需要提高输入激光场的功率，使蓝移信号幅度保持不变。在这些实验中，色散管理软玻璃 PCF 用作飞秒 Cr:镁橄榄石激光脉冲的频移器，提供在 400～900 nm 波长范围内可调的反斯托克斯输出。

本节的实验表明，多组元玻璃光子晶体纤维的结构色散和非线性管理使得飞秒 Cr:镁橄榄石激光脉冲的波长可调谐频移和白光谱转换成为可能。我们针对非二氧化硅 PCF 的飞秒 Cr:镁橄榄石激光脉冲，研究了优化频移和白光谱超展宽的方法，确定了多组元玻璃 PCF 相对于二氧化硅显微结构纤维而言在 1.2～1.3 μm 光谱范围内实现激光脉冲谱转换的重要优势。通过将 1.24 μm Cr:镁橄榄石激光辐射线的 200 fs 脉冲耦合到不同类型的多组元玻璃 PCF（通过缩放光纤结构的尺寸来调节零 GVD 波长）中，我们已证实了光谱定制超连续光谱的产生和频率上移能提供在 400～900 nm 波长范围内可调的蓝移输出。

4.9.3 具有 PCF 源的 CARS 光谱

在本节中，我们将证明 PCF 频移器可被用作 CARS 光谱的啁啾波长可调谐脉冲的方便来源。在 CARS 实验中，我们将初始持续时间为大约 90 fs 的亚微焦 Cr:镁橄榄石激光脉冲射入 PCF 的中央纤芯（图 4.30），从而高效地生成蓝移信号（图 4.31）。蓝移信号的中心波长由色散波发射的相位匹配决定，并通过光纤色散来控制。由于纤芯折射率的非线性变化和泵浦脉冲的光谱展宽，蓝移信号的波长可通过更改泵浦脉冲的强度来微调（图 4.31）。

XFROG[4.190,191]可用于确定 PCF 的蓝移输出特征。通过将光纤产生的蓝移信号 E_a 与 BBO 晶体中 Cr:镁橄榄石激光器的 620 nm 90 fs 二次谐波输出 E_{SH} 相混合，可以

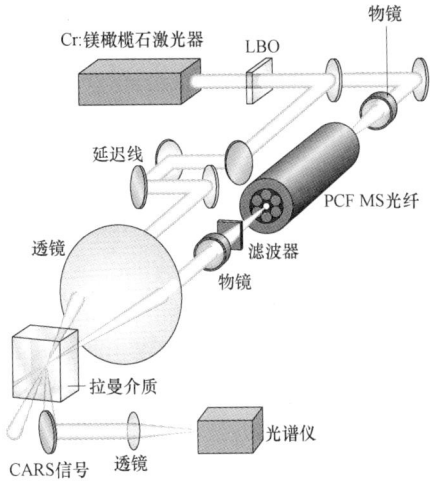

图 4.30　飞秒 CARS 光谱学简图，采用了在光子晶体纤维中升频并调频的超短脉冲。
插图部分显示了光子晶体纤维中心部分的截面图

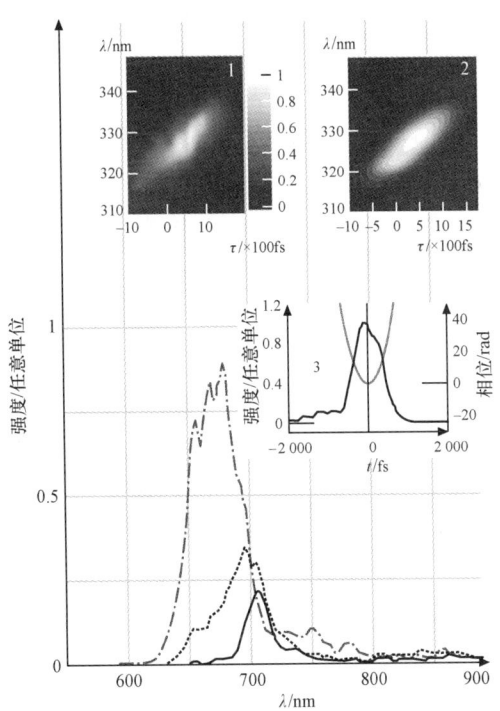

图 4.31　利用输入能量为（实线）170 nJ、（虚线）220 nJ、（点划线）270 nJ 的 1.24 μm 90 fs Cr:镁
橄榄石激光脉冲进行泵浦的光子晶体纤维的蓝移输出谱。插图中显示：（1）由 Cr:镁橄榄石激光器的二
次谐波脉冲在 BBO 晶体中产生的和频信号强度以及蓝移 PCF 输出与波长和二次谐波脉冲-反斯托克斯
脉冲之间的延迟时间 τ 成函数关系；（2）XFROG 迹线的理论拟合；（3）脉冲包线和能提供最佳拟合线
的反斯托克斯脉冲相位

得到 XFROG 信号。通过测量与二次谐波脉冲和 PCF 蓝移输出之间的延迟时间 τ 成函数关系的 XFROG 信号以及从光谱角度分散 XFROG 信号，绘制了二维 XFROG 光谱图

$$S(\omega,\tau) \propto \left| \int_{-\infty}^{\infty} E_a(t) E_{SH}(t-\tau) \exp(-i\omega t) dt \right|^2$$。图 4.31 中插图 1 所示的 XFROG 光谱图直

观地显示了时域包络、光谱以及蓝移 PCF 输出的线性调频脉冲。实验 XFROG 包络的合理拟合（图 4.31 插图 2）是利用持续时间为大约 1 ps 的蓝移脉冲以及与 $\phi(t)=\alpha t^2$ 和 $\alpha = 110$ ps^{-2} 相对应的线性正啁啾获得的。图 4.31 插图 3 显示了用这种方法重建的蓝移脉冲的光谱和相位 ϕ。

线性啁啾决定着蓝移 PCF 输出的瞬时频率和延迟时间 τ 之间的简单线性映射，因此通过改变泵浦脉冲之间的延迟时间就可以进行光谱测定。我们用 Cr:镁橄榄石激光器的 90 fs 二次谐波脉冲（在 ω_1 的频率下）和 PCF 产生的线性啁啾脉冲（在 ω_2 的频率下）做了实验，后者是甲苯溶液的 CARS 光谱的双谐波泵浦。频率差 $\omega_1 - \omega_2$ 是通过调节泵浦脉冲之间的延迟时间并利用甲苯分子的拉曼主动模式频率来扫描的[图 4.32（a）]。在 CARS 方案中，二次谐波脉冲还充当着探测器，在 $\omega_{CARS}=2\omega_1 - \omega_2$ 频率下通过由拉曼主动振动（受泵浦场相干激发）造成的散射产生 CARS 信号。将频率为 ω_1 和 ω_2 的光束以较小的夹角聚焦到含有甲苯溶液的晶胞中（图 4.30）。在这

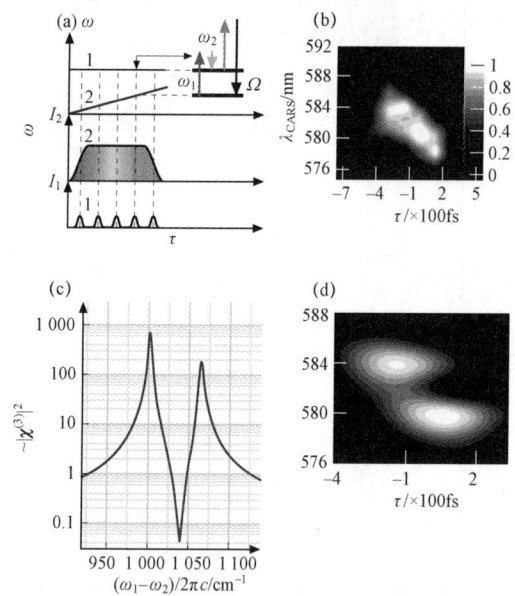

图 4.32 （a）左图是具有啁啾脉冲的飞秒 CARS 光谱图。第一个脉冲（频率 ω_1）有变换极限。第二个脉冲（频率 ω_2）有线性啁啾。第二个脉冲的线性啁啾映射了频率脉冲之间的延迟时间，使得频差 $\omega_1-\omega_2$ 可以通过调节延迟时间 τ 利用拉曼共振 Ω 来扫描。（b）在甲苯溶液的非共面矩形波串几何体内产生的 CARS 信号强度，与波长和二次谐波脉冲-蓝移 PCF 输出脉冲（用作双谐波泵浦）之间的延迟时间 τ 成函数关系。（c）拉曼光谱模型，包括一个洛伦兹线偶极子和在理论拟合中使用的一个与频率无关的非共振背景。（d）XFROG CARS 光谱的理论拟合

个非共面矩形波串几何体的光束相互作用区内产生的 CARS 信号具有锐定向光束的形式，其发散角较低，受相位匹配控制。CARS 光束在空间上与泵浦光束是分开的（图 4.30）。图 4.32（b）显示了当双谐波泵浦脉冲之间的延迟时间 τ 不同时测得的甲苯溶液中的 CARS 光谱图。事实上，此测量程序采用了 XFROG 法[4.190,191]。虽然通常用基于 FROG 的方法[4.192]来描述超短脉冲，但是目标是以甲苯为测试对象利用 CARS 光谱探测甲苯分子的拉曼主动模。

对于 PCF 发出的正啁啾脉冲（图 4.31 中的插图 2、3），延迟时间 τ 短，相当于低频拉曼主动模的激发时间（在图 4.32（b）中，$\tau \approx -200$ fs）。尤其要提的是，甲苯的 1 004 cm^{-1} 拉曼模在所显示的 XFROG CARS 光谱中能够被很好地分辨。此模是用 Cr:镁橄榄石激光辐射线的二次谐波以及波长 $\lambda_2 \approx 661$ nm 的光谱切片来激发的。这个光谱切片是通过可产生波长为 $\lambda_{CARS} \approx 584$ nm 的 CARS 信号的相应延迟时间 τ ［图 4.32（a）］从正啁啾蓝移 PCF 输出中拾取的。拉曼模的频率越高，探测时的延迟时间就越长（在图 4.32（b）中，$\tau \approx 100 \sim 200$ fs）。

现在利用与相干非共振背景发生干扰的一个洛伦兹线偶极子，作为在所研究的光谱范围内甲苯分子拉曼光谱的一个简单模型［图 4.32（c）］。在这些光谱中，峰值的频率被用作拟合参数。CARS 极化率 $\bar{\chi}^{(3)}$ 的共振部分峰值与非共振极化率 $\chi^{(3)nr}$ 之比是通过测量拉曼共振开/关时的 CARS 信号强度来估算的，得到 $|\chi^{(3)nr}|/|\bar{\chi}^{(3)}| \approx 0.05$。当拉曼峰值集中在 1 004 $\sim$ 1 102 cm^{-1} 时，达到最佳拟合 ［图 4.32（d）］，这与早期的甲苯 CARS 研究结果非常吻合[4.99]。

虽然 XFROG CARS 迹线的斜率和拉曼峰值的位置可利用这种简单模型来适当地描述，但实验性 XFROG CARS 迹线的一些光谱特征偏离了理论拟合。这些偏差可能源于与频率成函数关系的相干背景变化。对于定量光谱分析，应当认真测量在相干背景和频率之间的相关性中的这些偏差并在拟合时加以考虑。另外，通过利用 CARS 配置中的三个输入脉冲（而不是两个）以及引入第三脉冲（探测器）和双色泵浦（调谐到所研究的拉曼共振状态）之间的延迟时间，可以高效地抑制非共振对 CARS 谱线轮廓的影响[4.99,106]。

4.9.4　泵浦探测非线性吸收光谱——采用了由光子晶体纤维发出的啁啾频移光脉冲

分子动力学过程和快速激发转移过程的时间分辨非线性光波分光涉及专门设计的泵浦序列和探测光脉冲，探测光脉冲具有可变的延迟时间和可平滑调谐的探测场频率。在室内实验中，这些脉冲串可通过飞秒光参数放大器（OPA）来生成。但飞秒 OPA 不可避免地增加了激光实验的成本，使得激光系统更加复杂、笨重、难以调准。泵浦探测光谱学的另一种值得注意的策略是采用一种宽带辐射（超连续光谱）形式的、具有精确描述线性调频脉冲的泵浦场。通过调节变换极限泵浦脉冲和啁啾超连续光谱脉冲之间的延迟时间，由这种超连续光谱脉冲的啁啾决定的时间－频率图可使时间分辨测量和频率分辨测量得以实施[4.176,193]。泵浦探测实验的超连续光谱探测脉冲通常是通过将放大的飞秒脉冲聚焦到二氧化硅板或蓝宝石板内来生成的。在这种配置中，探测脉冲的啁啾由非线性材料的非线性光谱转换和色散机制决定，使探测场的相位定制没有多少空间。

本节将证实 PCF 可能成为有成本效益的小型探测脉冲光纤源，它在分子聚合体的时间分辨非线性光谱中有可调谐的频率和定制相位。我们将证实 PCF 能提供飞秒 Cr:镁橄榄石激光脉冲的高效非线性光学变换，能发射已针对分子聚合体的泵浦探测非线性吸收光谱进行优化的线性啁啾频移宽带光脉冲。光谱范围在 530～680 nm 的光子晶体纤维的蓝移输出将用于探测聚合物膜中被 Cr:镁橄榄石激光器的飞秒二次谐波脉冲激发的硫碳菁 J 聚合物的单/双激子带。

分子聚合体是在很多物理、化学、生物系统中遇到的值得注意的、实际很重要的物体[4.194]。聚合物中分子之间的相互作用导致集合电子状态形成，这些分子在大分子链上可不受位置限制，从而改变系统的光学响应[4.195]。分子聚合体具体的类型（称为"J"和"H"聚合物）导致吸收带出现明显的谱移和急剧变窄，表明分子聚合体的光学响应具有合作性质[4.196]。在自然系统中，分子聚合体要参与极其重要的过程和功能，因为它们在光合作用的集光和主要电荷分离中起着关键作用[4.197]。在光学共振中，分子聚合体的非线性极化率显示了分子的集体增强作用[4.195]，达到 N^2 水平——N 是构成聚合体的粒子数。光学非线性的显著增强作用以及受激态的可用超速弛豫途径[4.194]表明分子聚合体有各种值得注意的用途，例如：光信号的太赫兹多路分解[4.198]、光学数据存储和摄影中的光谱增感作用[4.199]、在人工光合作用中捕光天线和复合体的能量转移[4.197]、激光腔中的锁模以及超快光子学中新型装置的制造。

在强耦合分子聚合体中，集合电子本征态归合为激子带[4.194-196]。当这个能带结构为基态时，聚合体的所有 N 分子都处于基态。在最低受激能带中，耦合成一个聚合体的那些分子共享一次激发。这个第一受激能带的本征态（单激子或夫伦克耳（Frenkel）激子）可用基态的线性组合来表示，即一个受激分子和 $N-1$ 个基态分子的组合。从基态经过两次光跃迁之后可达到的本征态使得一个聚合体中的分子共享两次激发，形成双激子能带。导致四波混频（FWM）过程形成的三阶极化率 $\chi^{(3)}$ 可能只涉及单激子和双激子。虽然三激子态可通过三次跃迁来实现，但不会导致三阶偏振，因为没有跃迁偶极子将三激子态与基态耦合。基于 $\chi^{(3)}$ 过程的时间分辨非线性光谱法，例如：非线性吸收光谱学、简并四波混频和三次谐波生成，经证明能用大量信息方便地描述聚合体的单激子态和双激子态，提供与聚合体中分子之间的偶极子–偶极子相互作用强度以及聚合体中的无序典型弛豫–激子湮灭时间有关的数据[4.194]。

实验[4.200]是利用硫碳菁染料 J 聚合体的薄膜样品进行的。J 聚合体的薄膜样品是通过在薄衬底上旋涂硫碳菁染料的溶液来制备的。硫碳菁染料的浓度为 5×10^{-3} mol/L。旋涂速度的范围为 1 000～3 000 r/min。我们用氰化甲烷、二氯乙烷和三氯甲烷以 2∶2∶1 的体积比混合，作为溶剂。涂在衬底上的染料层厚度据估算为 30 nm，样品的总厚度大约为 1 μm。

　　J 聚合体的吸收谱（图 4.33（a）中的曲线 1）显示有两个明显的峰值。在 595 nm 波长下的峰值较宽，是硫碳菁单体的；而在 660 nm 波长下的峰值较窄，代表着 J 聚合体的激子吸收。为了粗略估计聚合体中激子的移位长度 N_d，我们采用了公式 $N_d^W \approx (3\pi^2 \,|\, J \,|\, 3\pi^2 \,|\, J \,|\, W)^{1/2} - 1$ [4.201]。这个公式通过在吸收光谱中聚合体峰值的半峰半宽 W 以及在聚合体中最近邻分子之间偶极子–偶极子相互作用的能量 J（对于 J 聚合体，$J < 0$）来表达 N_d。当由图 4.33（a）中吸收峰的聚集诱导红移造成的 J 参数据估算为 $J \approx 900$ cm^{-1} 时，可以发现 $N_d \approx 6$。

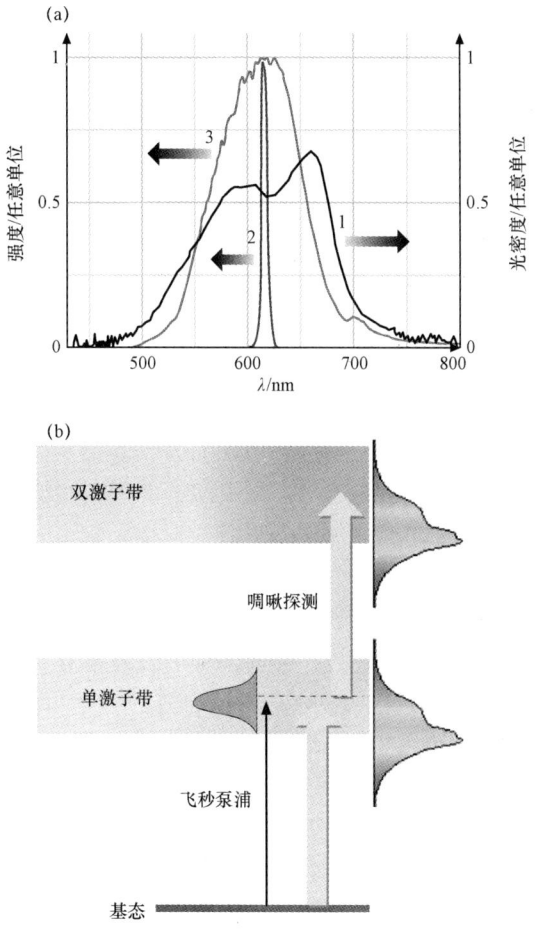

图 4.33　J 聚合物吸收谱

（a）硫碳菁薄膜的吸收光谱（1），Cr:镁橄榄石激光器的二次谐波输出谱（2），蓝移 PCF 输出谱（3）；
（b）在分子聚合体中激子带的泵浦探测非线性吸收光谱图，
采用了飞秒泵浦脉冲和宽带啁啾探测场

下文中显示的实验结果表明，当分子聚合体中的激子具有这样的移位长度时，非线性吸收谱显示出显著的不重叠特征，表明[4.194-196]通过基态和单激子态之间的跃迁出现漂白，以及通过分子聚合体的单激子态和双激子态之间的跃迁出现诱导吸收。

实验中使用的激光系统[4.200]基于具有再生放大作用的 Cr⁴⁺:镁橄榄石激光源，如4.9.2 节中所述。利用 1 mm 厚的 BBO 晶体来放大 Cr:镁橄榄石激光辐射线的二次谐波。Cr:镁橄榄石激光器的二次谐波输出谱集中在 618 nm 波长范围内（图 4.33（a）中的曲线 2）。在我们针对分子聚合体的非线性光谱所做的实验中，将脉宽大约为120 fs、能量范围为 10～80 nJ 的二次谐波脉冲用作泵浦场。

基波波长 Cr:镁橄榄石激光脉冲的升频转换是通过这些脉冲在软玻璃 PCF 中的非线性光学光谱转换来实施的，PCF 的截面结构如图 4.29（a）所示。我们已经在4.9.2 节中探讨了这些光纤的特性以及在这些 PCF 中 Cr:镁橄榄石激光脉冲的频率变换方法。图 4.33（a）的曲线 3 描绘了最适于在 J 聚合体的时间分辨非线性吸收光谱中用作探测场的 PCF 频移输出强度谱。蓝移 PCF 输出在 20%最大值时的强度谱范围为 530～680 nm。我们在实验中采用的 PCF 频移器的色散提供了输出脉冲的线性啁啾（4.9.3 节），其脉冲调频率受光纤长度控制。

Cr:镁橄榄石激光器的 120 fs 二次谐波脉冲谱与分子聚合体的吸收光谱重叠［图 4.33（a）］。我们在实验中利用这些脉冲来激发聚合体，使其从基态跃迁到单激子能带［图 4.33（b）］。经泵浦场改变的吸收谱是利用 PCF 发出的啁啾蓝移脉冲来测量的［图 4.33（b）］。图 4.34（a）–（c）给出了在减去无泵浦脉冲时测得的吸收谱以及归一化为探测场谱之后的实验测量结果。图 4.34（a）–（c）中所示的非线性吸收谱显示了在 665 nm 波长下的显著最小值和在 640 nm 波长下的蓝移峰值。这些特征是 J 聚合体的非线性吸收谱的特点，这里的吸收谱用泵浦探测法测得（见文献［4.194］中的综述）。负特征表明通过基态和单激子能带之间的泵浦诱发跃迁出现了漂白，同时蓝移峰值源于由分子聚合体的单激子带和双激子带之间的跃迁导致的诱导吸收［图 4.34（a）–（c）］。

对于高阶聚合体，非线性吸收谱通过基态和最低单/双激子态之间的跃迁来控制[4.195,196]。然后，可利用以下公式，根据诱导吸收峰相对于漂白最小值的谱移量Δ来估算激子的移位长度[4.202]：$N_d^A \approx (3\pi^2|J|/\Delta)^{1/2} - 1$。当估算的谱移量$\Delta \approx 470$ cm^{-1}时，我们发现$N_d^A \approx 6$，与根据聚合体吸收谱得到的N_d^W值高度吻合。

非线性吸收谱的正负特征幅值在亚皮秒时标内随着泵浦脉冲和探测脉冲之间的延迟时间［图 4.34（a）–（c）］增加而衰减，表明在我们的实验中分子聚合体的单激子态具有亚皮秒级的弛豫速率。此次研究表明，与以前研究的在分子聚合体中的超快激发能传递过程相一致的是，在我们的实验条件下主要通过用激子–激子湮灭法抑制聚合体的受激态来控制聚合体的弛豫动态[4.194]。

因此，光子晶体纤维具有专门设计的色散，提供了为相干非线性光谱生成高效超短脉冲源的方式。这些纤维提供了高效的飞秒激光脉冲升频转换，能够生成非常

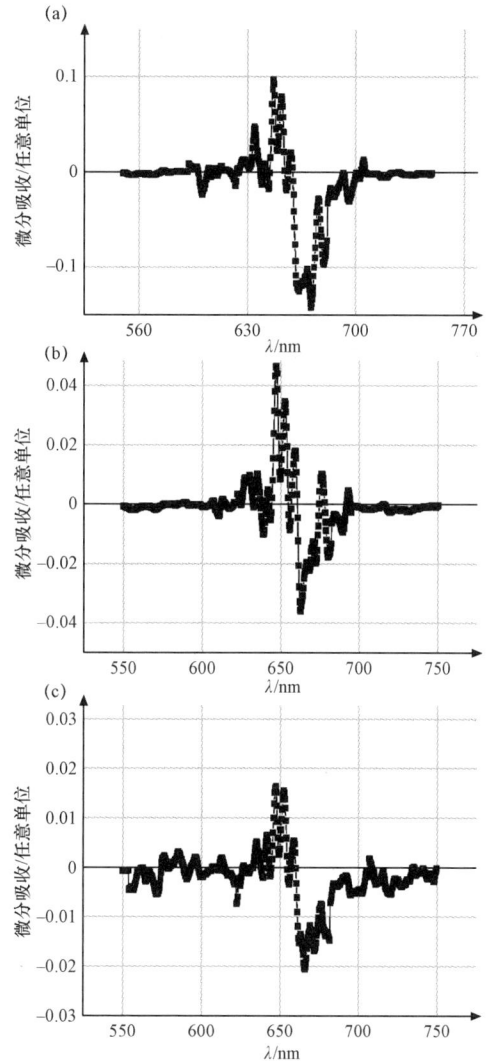

图 4.34　当探测脉冲和泵浦脉冲之间的延迟时间等于（a）100 fs、（b）500 fs 和
（c）1 100 fs 时，用泵浦探测法为聚合物膜中的硫碳菁 J 聚合体测得的非线性吸收差光谱

适于飞秒相干反斯托克斯–拉曼散射光谱的亚皮秒线性啁啾反斯托克斯脉冲。实验研究证实，PCF 能提供已针对泵浦探测非线性吸收光谱优化过的线性啁啾频移宽带光脉冲。

|4.10　表面非线性光学、光谱学和成像|

本节将详细阐述非线性光学方法在研究表面和界面方面的潜力。SHG、SFG（4.3节）等二阶非线性光学过程在研究表面和界面方面的能力在轴对称材料中能够最明显地看到。在这种情况下，此类材料体积内的电偶极子 SHG 和 SFG 响应会消失。在表面或界面处，体积对称性破裂，允许有电偶极子二阶非线性光学效应。表面特有的这些 SHG 和 SFG 过程使表面和界面的高灵敏度无损局部光学诊断成为可能［图 4.35（a），（b）］。在关于非线性光学的经典文献中，可以找到这种方法的启发性深入探讨[4.9,203]。

但由表面或界面发出的 $\chi^{(2)}$ 信号并非完全无背景，因为二阶非线性光学过程未被严格禁止——甚至在轴对称介质中也是如此。除电偶极子近似法之外，二阶非线性信号——由方程（4.6）-（4.8）和方程（4.14）可看到——可通过电四极和磁偶极效应来生成。通常很难（常常也不可能）完全区分表面和体积对非线性信号的影响。不过，足够幸运的是，非线性光学响应中的电四极分量和磁偶极分量通常不如偶极子容许部分显著，后者的显著性比前者强 ka 倍[4.9]，其中 $k=2\pi/\lambda$，a 是晶体中原子或晶胞的典型尺寸。表面偶极子容许极化率 $\chi_s^{(2)}$ 与体积极化率 $\gamma_b^{(2)}$ 之比可估算为 $|\chi_s^{(2)}|/|\gamma_b^{(2)}| \sim d/(ka)$，其中 d 是表面层的厚度。在反射 SHG［图 4.35（a）］中，体积贡献通常在厚度为 $d\sim\chi/(2\pi)$ 的次表层内生成。在这种情况下，总反射 SHG 信号的表面部分与体积贡献之比可达到 d^2/a^2 级，很容易变得比 1 个单位大得多。通过频率谐振或选择合适的偏振排列方式，可以大幅提高此比率。

较高空间/时间分辨率与光谱选择度的结合使得 $\chi^{(2)}$ 方法成为对表面和埋入式界面进行时间分辨和物种选择研究（关于最新结果的全面评估，见文献［4.204］）、探测及分析表面吸附化学种、纳米粒子和离子簇的尺寸和形状[4.205,206]以及对生物种进行成像和显微镜检查[4.207]时的一种有效方法。当其中一个激光场的频率（图 4.35（b）插图中的 ω_1）调节到与表面或界面物质典型振动频率之一发生共振时，$\chi^{(2)}$ 方法的灵敏度和选择能力能增强［图 4.35（b）］。这种表面分析法称为"和频表面振动光谱学"。这种方法的能力已通过蒸汽－液体界面和液体－固体界面以令人难忘的方式得到证实[4.205]。

在和频表面振动光谱学[4.207]中，频率为 ω_1 的红外线激光脉冲 E_1 在样品表面上与频率通常为 ω_2（在可见光中）的第二个激光脉冲 E_2 重叠，在和频 $\omega_{SF}=\omega_1+\omega_2$ 下诱发二阶偏振：

$$P_{SF}^{(2)}(\omega_{SF}) = \hat{\chi}^{(2)}(\omega_{SF};\omega_1,\omega_2):E_1E_2 \qquad (4.226)$$

在和频下，光信号的强度为

$$I_{SF} \propto \left|\chi_{eff}^{(2)}\right|^2 I_1 I_2 \qquad (4.227)$$

式中，I_1 和 I_2 为激光束的强度；

$$\chi_{eff}^{(2)} = (\hat{L}_{SF} \cdot e_{SF}) \cdot \hat{\chi}_s^{(2)} : (\hat{L}_2 \cdot e_2)(\hat{L}_1 \cdot e_1) \qquad (4.228)$$

式中，$\hat{L}_1$、$\hat{L}_2$、$\hat{L}_3$ 分别为在 ω_1、ω_2 和 ω_{SF} 频率下的菲涅耳因子；e_1、e_2、e_{SF} 为激光场与和频场的单位偏振矢量；表面二次极化率 $\hat{\chi}_s^{(2)}$ 写成

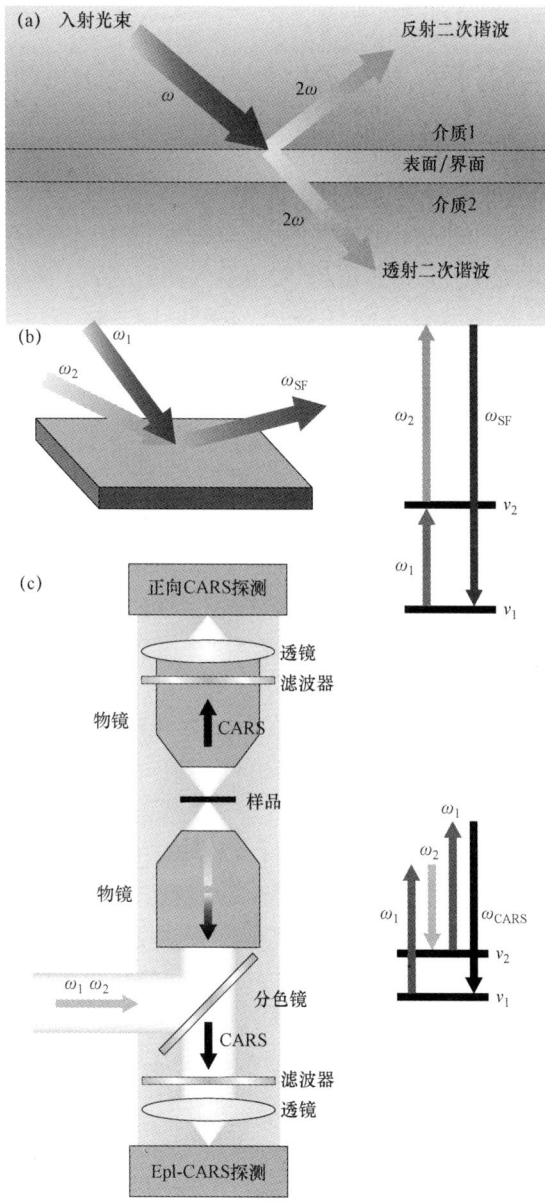

图 4.35 表面和表面下结构的非线性光学、光谱学和成像

（a）利用二次谐波生成进行表面和界面的非线性光学探测；（b）采用了和频的表面振动光谱，
右图是用 SFG 探测振动跃迁；（c）基于相干反斯托克斯拉曼散射的非线性显微镜检查，左图
是通过 CARS 选择性地处理拉曼主动跃迁

$$\hat{\chi}_s^{(2)} = \hat{\chi}^{(2)\text{非谐振的}} + \sum_q \frac{\hat{a}_q}{\omega_1 - \omega_q + \mathrm{i}\Gamma_q} \qquad (4.229)$$

式中，$\hat{\chi}^{(2)\text{非谐振的}}$ 为非共振二次极化率；$\hat{a}_q$、ω_q、Γ_q 分别为第 q 个振动模的强度、频率和阻尼常数。

当在第 q 个振动模的频率下扫描红外场时，SFG 信号会以共振方式增强，其频谱就是振动模的频谱。可调谐染料激光器[4.204]、光学参数振荡器和放大器[4.205]或者PCF 频移器[4.185,208]被用作频率可调谐辐射源，可以对分子和分子聚合体中的振动跃迁（以及电子跃迁和激子跃迁）进行选择性探测。

在过去几年里，表面光谱学的非线性光学法已广泛推进了基于 $\chi^{(2)}$ 和 $\chi^{(3)}$ 过程的非线性显微镜检查法的快速发展。尤其是，SHG 和 THG 过程已证实能对生物体[4.207,209]以及由激光生成的等离子体和微爆[4.210]进行方便的高分辨率三维显微镜检查。在SHG 显微镜学的早期实验验证中，薄膜表面上的晶粒结构和缺陷是利用透射中的SHG 实现可视化的[4.211]，而表面单层则通过反射几何 SHG 显微镜检查来成像[4.212]。近年来，激光技术的进展以及新一代成像与扫描系统的出现使得将非线性显微镜法延伸到三维结构、埋入体和生物组织中成为可能[4.207,209]。在非线性显微镜法的这种改进形式中，非线性信号是在样品体积内激光束的聚焦区中产生的，原因是光学微观不均匀性打破了介质的点群对称性或改变了相位匹配条件。在两个横向尺寸中，非线性显微镜法的高空间分辨率受此过程的非线性性质控制，将信号生成区域严格局限在聚焦区。在探测方向上的分辨率通过两种方式来实现：一是对称性破坏，与非线性光学表面成像法类似；二是相位配合修正。

在 CARS 显微镜检查中[4.207,209,213,214]，当两个激光场之间的频差调节到所研究的分子拉曼活性模时，非线性信号会以共振方式增强，如 4.4.8 节所述［图 4.35（c）］。这使得显微镜检查法也同样具有物质选择性，因为拉曼共振可作为某一类分子或分子聚合体的"指纹"。研究人员已开发了正向 CARS 和反向 CARS（又称为"外 CARS"）几何结构［图 4.35（c）］。在正向 CARS 显微镜检查法中，波混频中涉及的波矢失配量 $|\Delta k|$（4.7 节）通常比 $2\pi/\chi_{\text{CARS}}$ 小得多，其中 λ_{CARS} 是 CARS 信号的波长。对于外 CARS，$|\Delta k| > 2\pi/\chi_{\text{CARS}}$。因此，仅对于满足 $|\Delta k|d < \pi$ 且厚度为 d 的薄样品而言，外 CARS 信号的强度能比得上正向 CARS 信号的强度。CARS 显微镜法已成为非线性光学显微镜领域中最成功的最新发展成果之一。除空间分辨率较高之外，这种方法与基于自发拉曼散射的显微术相比还有其他很多种重要优势。尤其要提的是，在 CARS 显微镜检查中，可以使用中等强度的激光束，以减小对生物组织的损伤风险。CARS 显微镜检查中的反斯托克斯信号在光谱上与激光束和荧光是分离的，因为反斯托克斯波长比激光束波长更短。在透明材料中，CARS 显微镜检查法可用于给样品内部埋入的微小物体进行三维成像。由于CARS 的相干性质，CARS 显微能力可通过相干性控制来增强，就像 Dudovich 等人最近证实的那样[4.117]。

|4.11   高阶谐波生成|

4.11.1   历史背景

另一个研究领域是强激光领域中的原子研究，其始于 20 世纪 60 年代晚期，由激光的发明引起。这种基础性研究的目的只是了解处于强电磁场中的原子和分子特性。另外，这个领域还涉及开发脉冲激光器，以增加峰值功率和重复频率以及缩短脉冲持续时间。激光 – 原子的相互作用特性是从对激光强度低于 10^{13} W/cm² 的基本微扰演变到对高强度、短激光脉冲和低频率的强非微扰。多年来，这个课题只是通过观察电离过程来讨论的。现在已可通过实验来检查所生成的离子数量和电荷以及电子能量和发射角度，并与理论预测值进行了比较。

在 20 世纪 80 年代末，人们意识到通过观察发射的光子，可以提供与所发生的物理过程有关的补充信息。确实，在 1987 年，人们首次在芝加哥[4.215]（KrF 激光器的 17 次谐波）和萨克雷[4.216]（Nd:YAG 激光器的 33 次谐波）观察到远紫外线（XUV）范围内以基本激光场的高阶谐波形式呈现的高效光子发射。谐波谱的特征是一次谐波的效率降低，之后是近恒定转化效率的宽平直段，最后是突然截止。这个平直段的存在很明显是激光 – 原子相互作用的非微扰特征。大多数的早期研究工作集中于延伸这个平直段，也就是高频率（短波长）谐波的生成[4.217,218]。在 20 世纪 90 年代末[4.219,220]，有人利用飞秒 800 nm 辐射线，发射到水窗（在 4.4 nm 波长下低于碳 K – 边缘）。如今，已可利用超短（几周期）基本激光脉冲来生成能量高于 1 keV 的谐波辐射[4.221]。当采用长波长激光器时，可获得最短的波长，这促进了对中红外激光器的积极研究[4.222-224]。

Krause 及其同事率先在高阶谐波生成过程的理论认识上取得突破[4.225]。他们证实，谐波谱中的截止位置遵循普遍关系式 I_p+3U_p，其中 I_p 是电离电位，$U_p=e^2E^2/4m\omega^2$ 是有质动力势，即一个在激光场中振荡的电子所获得的平均动能，其中，e 是电子电荷，m 是其质量，E 和 ω 分别是激光电场及其频率。没过多久，就有人在简单半经典理论框架下解释了这个普遍规律[4.226,227]，并通过量子力学计算加以证实[4.228]。

在实验方法和理论认识上取得的进展激发了人们对高阶谐波生成（HHG）展开大量研究。这种谐波发射的规格（超短脉冲持续时间、高亮度和良好的相干性）使其成为独特的 XUV 辐射源，在从原子[4.229]和分子波谱学[4.230,231]到固态物理学[4.232]、等离子物理学的很多应用领域中使用[4.233]。另外，研究人员还证实，低阶谐波的强度足以在 XUV 范围内诱发非线性光学过程[4.234]。

在首次观察到谐波平直段之后，研究人员几乎马上意识到：如果谐波以同相方式（即锁相）发射，则由介质发射出的辐射线的时间结构将由间隔为半个激光周期的一列阿秒脉冲组成[4.235,236]。这种情况很明显与锁模激光器相似。在后一种激光器中，在激光腔中振荡的轴向模被锁相，导致几列短脉冲产生。但阿秒脉冲仍只是理论预测，直到 2001 年 5 个连续谐波在氩气中出现锁相，这表明形成了数列 250 as 的脉冲[4.239]。在维也纳进行的一系列实验中，研究人员通过利用超短（5 fs）激光脉冲以及光谱过滤滤掉截止光谱区里的一些谐波，演示了持续时间为几百阿秒的单个脉冲[4.240,241]。这些实验结果标志着一个新研究领域（阿托物理学）的开始。在这个领域，原子和分子的过程可在史无前例的时间尺度内进行研究。

本节及后面章节（4.12 节）的目的是向非专业读者简单描述高阶谐波生成和阿秒物理学。在 4.11 节，我们描述了高阶谐波生成过程的最重要方面。我们将首先简短说明在获得高阶谐波时所需要的实验设备。然后，我们将探讨在高阶谐波生成过程背后的微观和宏观物理学[4.242,243]。我们将集中讲述对于阿秒脉冲串和单个阿秒脉冲来说重要的物理现象。4.12 节回顾了相对较新但快速发展的阿秒科学领域。我们描述了不同的测量方法，简要提及了阿秒脉冲一些用途。我们向读者推荐了几篇评论文章，以便他们能够更全面地了解这个研究主题[4.244,245]。

4.11.2 实验方法

高阶谐波生成过程在实验上很简单。图 4.36 为典型的实验设备。将激光脉冲聚焦到一个装有小型气体靶的真空室中，气体靶有至少几毫巴的原子压力。谐波（由于反对称性，仅为奇数阶）沿着激光传播轴发射。人们用很多种激光器来生成谐波，例如：Nd:YAG 激光器、Nd:玻璃激光器、Ti:蓝宝石激光器、染料激光器和准分子激光器。从 20 世纪 90 年代中期起，采用了啁啾脉冲放大技术[4.246]、以 kHz 级重复频率提供高功率和超短脉冲的 Ti:蓝宝石激光系统已成为这个研究领域中的主力。如今使用的最短激光脉冲只有几飞秒长（小于 2 个光学周期）。利用短脉冲实现 HHG 的优势是原子在离子化之前处于更高的激光强度中，由此得到更高阶的谐波。此外，研究人员还经常利用这些激光器的二次谐波以及由和频或差频混合过程发出的辐射线来进入中红外范围[4.247-250]。

气体介质是由一个气体喷嘴、中空纤维或（小）气室提供的[4.252-254]。图 4.36 显示了这个气体靶的照片，气体靶中含有经强激光脉冲辐照过的原子。出于明显的技术原因，稀有气体通常是最受欢迎的物质。早期的研究是用离子[4.255]、分子[4.256] 和离子簇[4.257]完成的。因为可通过谐波谱重现分子结构和动态，由分子产生的 HHG 经证明本身就是一个被称为"高次谐波光谱"的研究领域[4.258-260]。有人最近做过一个有趣的实验，通过由蝴蝶结形纳米结构阵列产生的等离激元场来增强用于 HHG 用途的基本场[4.261]。这可能为在 MHz 重复频率下仅利用 nJ 能级的激光振荡器实现 HHG 铺平道路。

所发射的光子通常在能量上是分离的，并通过 XUV 分光仪来探测。分光仪包括一个光栅，有时是一个再聚焦镜和一个探测器（电子倍增器、微通道板等）。图 4.36 给出了典型的实验光谱。这个结果是在氩气中利用 100 fs、800 nm Ti:蓝宝石激光器获得的。此图显示了高达 53 阶的奇次谐波峰值，在超过 49 次谐波时快速减小——

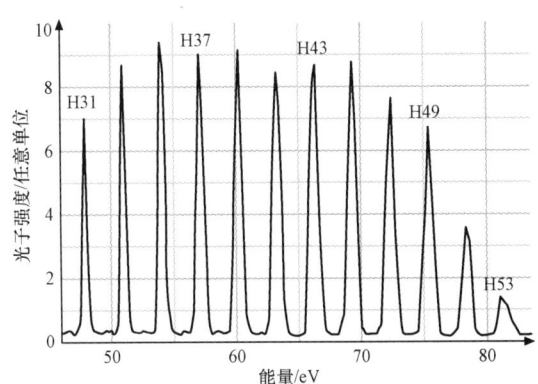

图 4.36　高阶谐波生成的典型实验装置示意图（上图）。将高强度短脉冲激光器聚焦到含有气体介质的一个真空室中。谐波沿着激光传播轴发射。中间是气体靶的照片。下图是在氖气中获得的光谱，显示了以锐截止结束的特性平直段

这是截止区的特性。谐波发射的频谱范围以及转换效率在很大程度上取决于气体介质。由图 4.37（a）可看到，在重原子 Ar、Xe 和 Kr 中转换效率最高，但在 He 和 Ne 中可获得最高的光子能。图 4.37（b）比较了当用超短激光脉冲（持续时间为 5 fs）进行激发时，三种稀有气体 Ar、Ne、He 的谐波生成效率[4.243]。

　　如图 4.38 所示，要观察到高效的谐波发射，必须满足两个条件。首先，每个单个原子必须按这些频率发光，需要对辐照场做出高度非线性响应。其次，谐波场源

于介质中所有发光原子的相干叠加。仅当相位匹配时，谐波生成效率才会高，要求生成的谐波场与非线性极化同相，而且在介质的长度方向上生成。在下面的小节中，将更详细地探讨这两个方面。

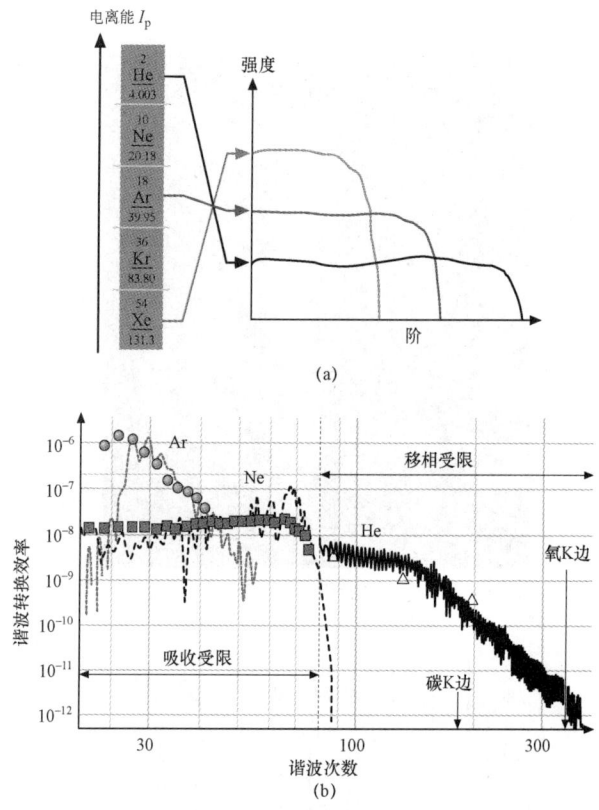

图 4.37 频谱范围及转换效率和气体介质的关系

（a）气体种类对谐波生成效率的影响；（b）中给出的结果是利用 5 fs、800 nm 激光脉冲获得的（根据文献 [4.251]）

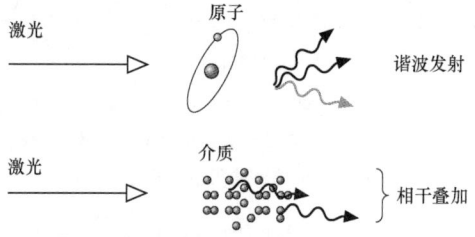

图 4.38 高阶谐波产生过程的两个方面：单个原子的谐波发射（上图），以及非线性介质中的相位匹配（下图）

4.11.3 微观物理学

当一个原子中的电子处于时间相关辐照场中时，会出现振荡。这可通过偶极矩

$d(t)=\langle \Phi(t)|er|\Phi(t) \rangle$来描述，其中$|\Phi(t)\rangle$是时间相关电子波函数，也是薛定谔方程式的解。当辐照场很弱时，主要有一个振荡频率，即入射场的振荡频率。在强辐照场中，振荡运动变得失真，偶极矩现在包括一系列高阶频率，即基波的奇次谐波。因此，单个原子的谐波发射可通过分析时变偶极矩的傅里叶分量来计算。理论家们常常利用单个激活电子近似法，在假设与激光场之间的相互作用实质上只涉及一个电子的情况下描述原子对强激光场的响应。人们提出了很多方法来解决这个问题，但本章无意回顾所有这些方法。最现实的方法或许是在 20 世纪 80 年代末提出的时间相关薛定谔方程（TDSE）的数值解[4.262]。很多重要的结果，例如：在 1992 年确定高阶谐波的截止定律[4.225]以及在 20 世纪 90 年代末建议利用几个周期激光脉冲来生成单个阿秒脉冲[4.263,264]，都是通过数值计算直接得到的。由 Lewenstein 及其合作者在 HHG 环境[4.228,265]下开发的半经典强场近似法（SFA）已成为广泛应用的理论模型。

Corkum 等人为 HHG 开发的一种简单得多的半经典模型提供了关于原子和强激光场之间相互作用的很多物理认识[4.226,227]。按照图 4.39（下图）中描绘的这种模型，电子会穿过库仑能垒。激光电场（假定为线式偏振）的出现改变了库仑能垒。然后，这个电子在激光电场中经受（经典的）振荡，在此期间原子核的库仑力影响实际上可忽略不计。如果该电子回到原子核附近，则可能会被原子核重新散射一次或若干次，因此获得高动能，有时还会将第二个或第三个电子"踢出去"。该电子还可能重组回到基态，从而产生一个具有（能量 I_p +电离势+在振荡运动期间获得的动能）的光子。图 4.39（上图）中还显示了作为比较的基于（几乎未被微扰的）原子电位中多光子吸收的更传统的谐波产生过程。

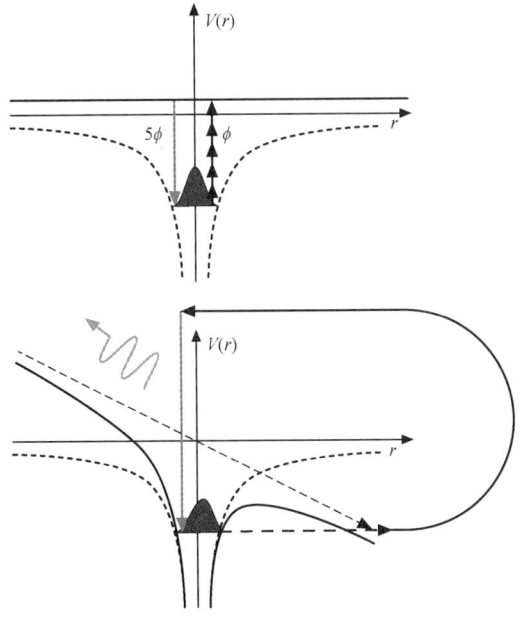

图 4.39 不同的谐波产生机制。上图描绘了多光子微扰机制，下图则描绘了半经典强场近似法

通过对束缚势之外的电子运动进行基本经典计算，可以直观地了解到谐波产生过程的一些特性。假设该电子在 $t=t_0$ 时间穿过位垒之后立即拥有零速度，而且激光场可用 $E=E_0\sin(\omega t)$ 来简单描述，那么将得到

$$v = -v_0\cos(\omega t) + v_0\cos(\omega t_0) \tag{4.230}$$

$$x = -\frac{v_0}{\omega}\sin(\omega t) + \frac{v_0}{\omega}\sin(\omega t_0) + (t-t_0)v_0\cos(\omega t_0) \tag{4.231}$$

式中，$v_0=eE_0/m\omega$。根据该电子被释放到连续介质中的时间（t_0）不同，该电子会遵循不同的轨迹，如图 4.40 所示。仅当该电子在时间 $T/4\sim T/2$（其中 T 是激光周期）之间释放时，才会对谐波产生过程有意义。当激光场正负号改变时，该电子以一定的动能返回到纤芯（$x=0$ 时）。这个能量决定着所发射的谐波级次，而且与电子穿过时间轴（图 4.40（a）中的空心圈）时轨迹斜率的平方成正比。除在大约 $0.3\ T$ 时开始的轨迹之外，其动能最高（截止），还有两个（主要）轨迹也会得到相同的动能，这从图 4.40（b）中可以看出。此图显示了当电子返出到纤芯（实线）时的动能以及在连续介质（点划线）中所花的时间与释放时间之间的函数关系。如图所示，对于每个能量（虚线）以及由其所带来的每个谐波阶数，主要存在两个轨迹，即一个短轨迹和一个长轨迹，它们都有助于谐波发射。这个过程的周期性（一个脉冲的周期有几个循环）表明，光发射不是连续的，而是在离散（奇次谐波）频率下发射的。这是因为在每个半激光循环中发射的光爆相互干涉[4.266]，就像在多缝衍射实验[图 4.40（c）]中那样。

在激光强度与量子力学偶极矩的谐波分量之间的相关性中，可以明显地看到谐波产生过程中固有的复杂电子动态的影响。例如，图 4.41 显示了在氖气中产生的、在 SFA 内部计算出的 35 次谐波。此谐波的强度和相位（分别用黑细色线和黑粗色线表示）与激光强度成函数关系。在低强度下有规律的强度和相位变化与截止区相对应。在平直段，当谐波的强度和相位发生变化时，可明显看到振荡。这些振荡源于多个轨迹的贡献之间的干涉效应。这个令人神往的结论激励着人们去开发可行的方法，希望从 SFA[4.265]乃至 TDSE 结果[4.267]中提取有贡献的电子轨迹（或者相关的量子路径）。图 4.41（c）显示了在氩气中 19 次谐波的短轨迹和长轨迹的相位随强度而变化的情形[4.268]。这种相位变化与强度大致呈线性关系，其负系数取决于过程序列（q）和轨迹，在文献［4.268］中通常写成

$$\Phi = -\alpha_q^{\text{traj}}I \tag{4.232}$$

图 4.41（c）针对这两种轨迹，显示了在 1.5×10^{14} Wcm^{-2} 的强度[4.268]下在氩气中 α_q^{traj} 系数的变化。

在一系列用于研究谐波空间特性及其时间相干性的实验中，揭示了高阶谐波产生现象背后的微观物理学（量子轨道）[4.269,270]。图 4.42 描绘了空间测量和时间测量的原理以及一些结果。谐波发射的远场分布通常呈现出两个区域，即由短轨迹的贡献造成的一个准直射区域，以及由长轨迹的空间相关相位 $\alpha_q^{\text{traj}}I(r)$ 影响造成的一个

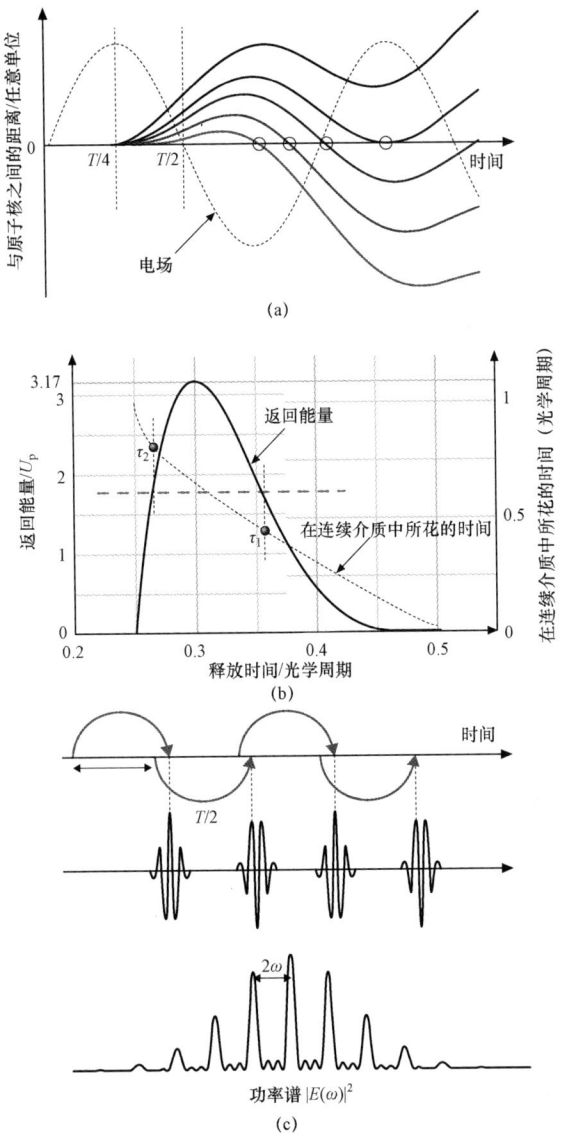

图 4.40 多缝干涉

（a）与不同释放时间相对应的、在连续介质中的电子轨迹，激光电场用虚线表示；

（b）动能（实线）和在连续介质中所花的时间（虚线）与释放时间之间的函数关系；

（c）在每个半激光循环中此过程的重复会得到奇次谐波分量的频谱

更加发散的区域。通过考察辐射谱[4.271]或相应的时间相干性特性，可以观察到类似的效应[4.270]。图 4.42（b）显示了谐波时间相干性的测量方式，是通过复制两份延迟时间可变的谐波源实现的。所产生的谐波通过一个光栅隔开，并在远场中发生干涉。在图 4.42（b）（右）中，当延迟时间为 15 fs 时，中间区域仍存在干涉条纹，但外部区域则没有，因此表明轨迹越长，相干时间越短。根据条纹对比度的变化（与延迟时间成函数关系），可求出相干时间。这两种轨迹的相干时间均不同，并取决于过程序列。

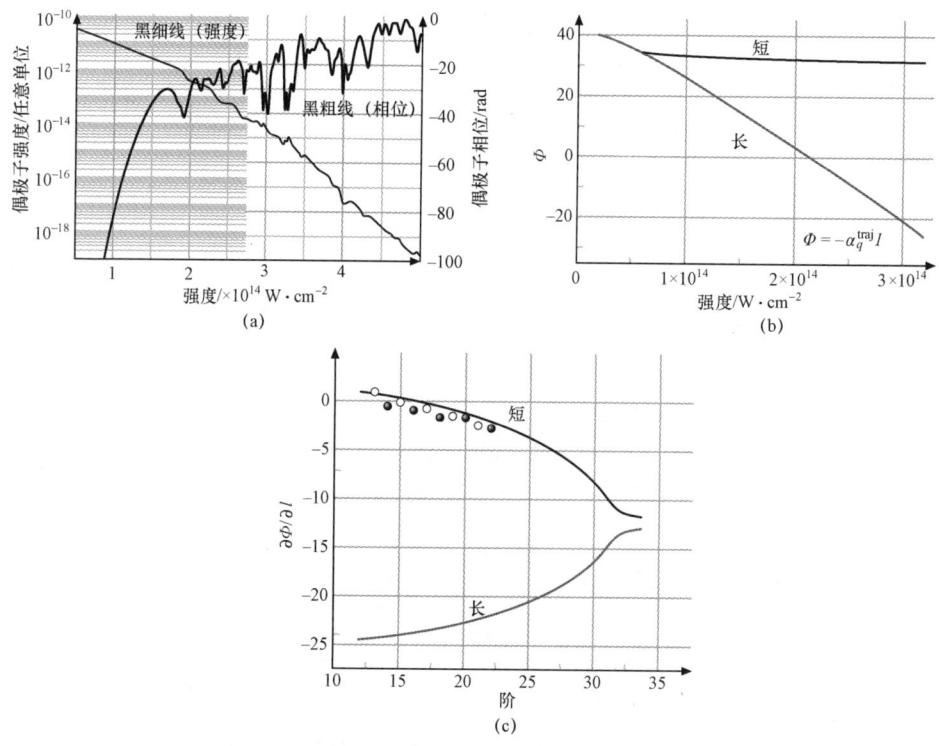

图 4.41　谐波强度和相位的关系

（a）在强场近似条件下的单原子响应。在氖气中 35 次谐波的强度（黑细线）和相位（黑粗线）与激光强度之间的函数关系。（b）在氩气中 19 次谐波的短量子路径（黑色线）和长量子路径（浅色线）的相位变化。
（c）短轨迹（黑色线，实验结果[4.268]）和长轨迹（浅色线）的 α_q^{traj} 系数变化

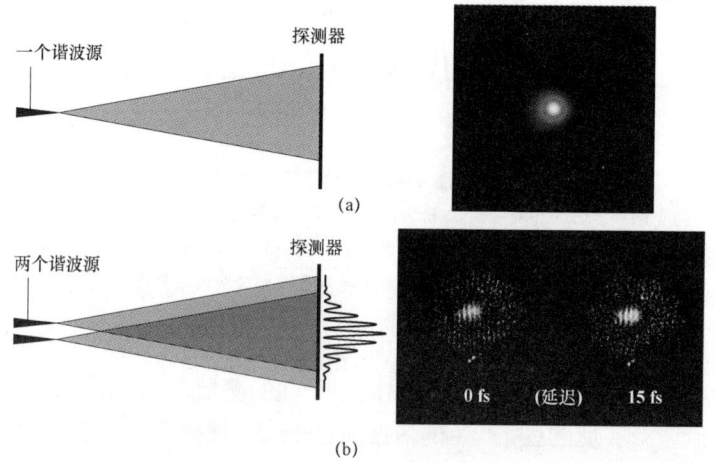

图 4.42　高阶谐波的远场空间分布（a）和相干时间（b）测量。上图是氩气中几个谐波之和；下图是当两个谐波源的脉冲之间存在两个不同的延迟时间（0 和 15 fs）时在氩气中获得的 13 次谐波

4.11.4　宏观物理学

本节探讨谐波产生过程的第二个方面，即整个介质的响应[4.272]。为实现相位匹配，即确保有效转换，谐波和偏振之间的波矢差（传统上称为"相位失配"）必须降到最低，以使相位差在介质长度上的变化量尽可能地小。对于 HHG，导致相位失配的几个因素可确定为

$$\Delta k = k_q - qk_1 = \underbrace{\Delta k_{中性}}_{<0} + \underbrace{\Delta k_{自由}}_{>0} + \underbrace{\Delta k_{焦点}}_{>0} + \underbrace{\Delta k_{量子}}_{\text{正负号函数sign}(z)}$$

第一项是在中性介质中在基本频率和第 q 次谐振频率下的色散差：

$$\Delta k_{中性} = \frac{q\omega}{c}[n(q\omega) - n(\omega)] = \frac{q\omega}{2\varepsilon_0 c}N(t)[\alpha_{极化}(q\omega) - \alpha_{极化}(\omega)]$$

式中，$N(t)$ 为在介质中的中和密度，由于离子化的原因可能随时间而稍有减小；$\alpha_{极化}$ 为原子极化率，与电容率有关，即 $\varepsilon = N\alpha_{极化}$。因此，在光谱范围 HHG $n(q\omega) < n(\omega)$ 中，此项为负。第二项的符号相反，是由自由电子的出现造成的：

$$\Delta k_{自由} = \frac{qe^2}{2\varepsilon_0 cm\omega}N_e(t)$$

这两项常常大于最后两项（尤其是对于松散的聚焦几何形状和短轨迹而言）。这两项必须互相抵消，以实现相位匹配。这决定着要达到相位匹配所必需的离化度，离化度等于百分之几（在氩气中当采用 30 fs 的激光脉冲时通常为 4%，或在氖气中为 6%～7%）。第三项是由穿过焦点的一个聚焦激光束发生相位移时产生的一个几何项。对于瑞利长度为 z_0 的高斯光束：

$$\Delta k_{焦点} = q\frac{\partial \arctan(z/z_0)}{\partial z} \approx \frac{q}{z_0}$$

对于紧密的聚焦几何形状来说，这个项很重要。对于在中空纤维中传播的基频光束，此项被替代为[4.224]

$$\Delta k_{光纤} = q\frac{u_{11}^2 c}{2\omega a^2}$$

式中，a 为中空纤维的内径；u_{11} 为 EH_{11} 模的特征值（$=2.4$）[4.221]（当然，这可推广到更高阶的光纤模）。由于古伊（Gouy）相位的原因，此项的符号与相位失配相同，当考虑到松散的聚焦几何形状（具有几厘米的瑞利长度）时甚至数量级也相同。第四项源于上面描述的量子力学（或偶极子）相位。根据前面的探讨，从物理的角度来看，正确的做法是分别考虑不同量子路径对波矢的贡献。某个轨迹对波矢的贡献为

$$\Delta k_{量子}^{\text{traj}} = \alpha_q^{\text{traj}}\frac{\partial I(z)}{\partial z} \approx -\alpha_q^{\text{traj}}\frac{2zI_0}{z_0^2} \tag{4.233}$$

探讨上述四项的具体特性是有意思的。第二项和第四项取决于激光强度，因此与时间相关。当以这两项为主时，相位匹配是瞬态的，有助于及时限制激光发射[4.273]。有人甚至建议利用瞬态相位匹配来实现单个阿秒脉冲[4.274,275]。开头两项取决于压力，而最后两项则与压力无关。前三项相对于焦点是对称的，而最后一项为反对称。当最后一项为实现相位匹配做出贡献时，该项在焦点位于介质前后时会导致谐波发射不对称[4.276]。研究人员已开发了能直观显示相位匹配最好在何时（在激光脉冲期间）何处（在非线性介质中）实现的方法[4.277]。由于波导中强度是恒定的，利用波导还能减小量子力学相位效应。准相位匹配方法可利用多个气体喷嘴、已调制的中空纤维或反向传播光束来实施[4.278,279]。准相位匹配相当于给上面的方程式添加了另一个贡献因子 Δk_{quasi}，这可能有助于在一定条件下增加谐波产额。

在长介质及/或高压力情况下，吸收开始起作用。在不同的波长范围内，已达到所谓的"吸收极限"，这是因为转换效率因吸收——而非相干长度（Δk 的倒数）——而受到限制[4.243,254,273]。最近，极长聚焦几何形状（使偶极子相位效应和古伊相移效应最小化）的使用已导致转换效率高达 10^{-5} 的好几倍，且使能量在 μJ 级内[4.243,280,281]。高阶谐波产生过程的相位匹配问题并没有解决，因为这是一个复杂的三维问题，涉及很多参数（激光聚焦、压力、介质的长度和几何形状、激光强度）。此外，这个问题对于能量为几十 eV 的低阶谐波和能量为至少 100 eV 的高阶谐波来说是很不一样的[4.222]。

最后得到一个重要结论：总的来说，对谐波产生过程有贡献的不同量子路径在相同条件下并非相位匹配。根据几何形状、离子化和压力条件的不同，相位匹配将会增强其中一个有贡献的轨迹，而对其他轨迹不利。这种结果对于阿秒脉冲串的产生来说很重要。如图 4.43（a）中所示，对单原子响应中的谐波产生过程有贡献的电子轨迹会在激光半周期中在不同的时间导致光爆。连续谐波之间的相位同步尚未实现。但在一些条件下，相位匹配会导致这些贡献因子中只有一个能有效地起作用［图 4.43（c）］，因此生成一列阿秒脉冲[4.238]。另一种可能性是通过选用一个光圈从空间角度过滤谐波光束来选择最短的轨迹，其间要利用贡献性轨迹的不同空间特性。最后，我们可以利用一个分光滤光器在截止区中选谐波。在截止区，电子动态要简单得多，在一次单原子响应中只有一条电子轨迹。

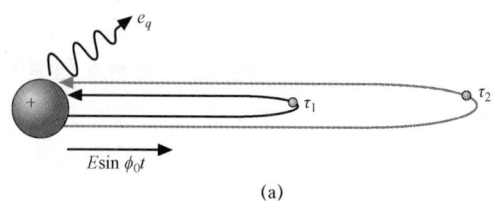

(a)

图 4.43　在单原子响应中几个谐波的时间结构图（a），（b）。在一些条件下，相位匹配在每个半周期中只选择一次光爆，导致锁相（c）

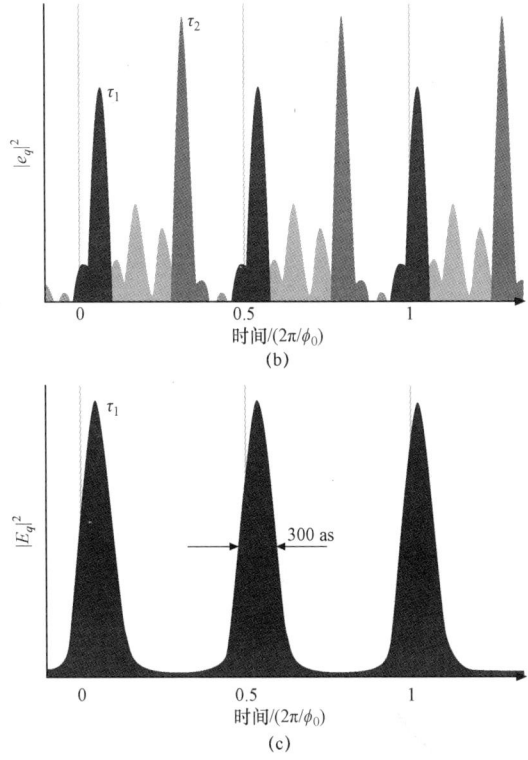

图 4.43　在单原子响应中几个谐波的时间结构图（a），（b）。在一些条件下，
相位匹配在每个半周期中只选择一次光爆，导致锁相（c）（续）

│4.12　阿秒脉冲：测量和应用│

4.12.1　阿秒脉冲串和单个阿秒脉冲

　　2001 年，研究人员获得了一组谐波共同形成 XUV 脉冲序列的第一个结论性证据[4.239]。在完美的锁相状态下，由 800 nm 激光器产生的、强度相等的 5（$N=5$）个谐波组合起来，可形成一列间隔半个激光周期（$T_0/2=1.35$ fs）的脉冲，脉冲持续时间很短，只有 $T_0/2N$。在文献［4.239］描述的实验中，谐波的相对相位经发现相当恒定，对这 5 个谐波而言相当于一个由 250 as 脉冲组成的阿秒脉冲串（APT），脉冲的间隔为激光场的半个振荡周期。更详细的研究发现，实际上，由短轨迹导致的一串阿秒脉冲为正啁啾状态[4.282]，由此确认了三步模型和 SFA 的预测结果。确实，在这种轨迹下，电子波包的低频分量形成得最晚，却最早返回纤芯，因此其偏移时间比高频分量短（图 4.40）。因此，阿秒光爆为啁啾态。APT 可实现分光过滤，啁啾也可利用金属过滤器[4.283,284]或多层反射镜[4.285]来补偿。APT 还可以由在一定条件下

导致形成，在每个周期中只有一个脉冲 APT 的双色激光场生成[4.286,287]。此外，这些脉冲是相同的。与之相反，普通的 APT 在每个周期中有两个脉冲，而且电场相反。

早在 1995 年就有人提出，可以通过一个偏振态的驱动激光脉冲，从阿秒脉冲串中选出一个脉冲。驱动脉冲的偏振态随时间快速变化，当脉冲处于峰值时将纯线性偏振（谐波发射的前提条件）限制到只有一个激光周期[4.288-290]。一种更简单的观点是通过在截止区实现由少周期驱动的高阶谐波产生过程来生成 SAP，就像数值研究所预测的那样[4.264,291]。通过利用仅由几个振荡周期组成的一个激光脉冲，在最高光子能量（靠近截止区）下脉冲峰值附近的谐波发射可限制在振动周期的 1/2。通过在截止区附近选择一个界限清晰、需要最高驱动场强度的光子能带，预计就有可能隔离一次亚飞秒光爆，如图 4.44 所示。此图还显示了孤立脉冲生成对基本激光脉冲的绝对（或载波包络）相位 φ 的敏感性：

$$E_L(t) = E_a(t)\cos(\omega_L t + \varphi) \tag{4.234}$$

只有 $\varphi \approx 0$ 的脉冲才有可能产生一次光爆。对于具有余弦波形的这样一个基本脉冲，激光脉冲的峰值强度可调节，以便在预选的频带（图 4.44 中的横向灰色带）内产生一次光爆。最近，由载波包络相位控制的少周期脉冲为单个亚飞秒 XUV 脉冲的可再现生成提供了机会[4.292]。偏振门控技术已在几个实验中成功地实施[4.293-296]。但这要利用少周期脉冲，并选择在 2001 年就已观察到最初孤立阿秒脉冲（SAP）的截止光谱范围[4.240,241,297]。下一节将描述阿秒脉冲时间特性的方案。

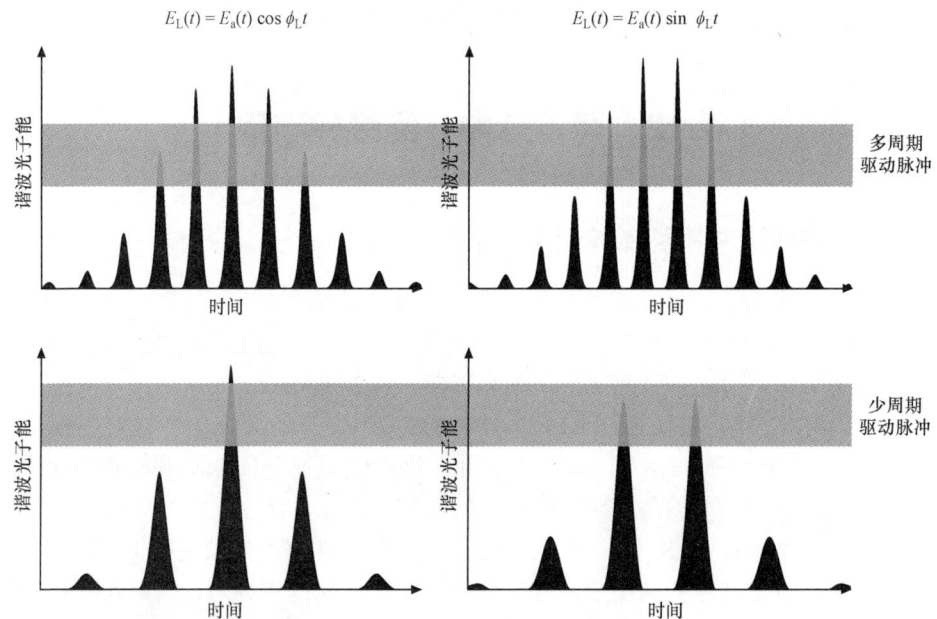

图 4.44　对比不同载波包络相位值下的多周期脉冲谐波或少周期脉冲谐波瞬态结构。峰值示意性地描绘了所发射的 XUV 辐射线的瞬态结构（横轴）与 XUV 光子能量（竖轴）之间的函数关系

4.12.2　XUV 脉冲测量的基本方案

抽象地讲，用于描述短脉冲的最直接的办法是利用脉冲进行自我测量，例如，利用自相关作用。就 XUV 脉冲而论，这需要有合适的 XUV 非线性[4.298]。当没有在 XUV 范围内透明的非线性晶体时，多光子离子化似乎是唯一的选择。当 XUV 光子能小于原子电离电势时，通过测量双光子电离产额（与两个复制的 XUV 脉冲之间的延迟时间成函数关系），得到 XUV 脉冲的二阶自相关函数[4.234,299,300]。通过探测双电荷（而不是单电荷）氦，这种方法的光子能量范围延伸到了 ≈ 79 eV[4.251]。已可通过周期平均（强度）自相关作用[4.301,302]以及条纹分辨（干涉测量）自相关作用来描述 APT[4.303]。研究人员已探测了在双光子超阈值离子化（ATI）中生成的光电子[4.304,305]，并将探测结果用于测量单个亚飞秒脉冲的自相关作用和频率分辨光学门（FROG）[4.306,307]。令人遗憾的是，相关的双光子截面在短波长下低得离谱，阻止了这种方法向软 X 射线频率领域的直接扩展[4.308]。

由此得到两种方法。在一类实验中，研究人员通过测量构成脉冲串的高阶谐波之间的相对相位来描述阿秒脉冲串[4.239,282,283,309]。在另一类实验中，研究人员利用波形受控类少周期激光脉冲的电场[4.292]，以一种称为"阿秒条纹"的方法通过操纵 XUV 光电子来测量单个亚飞秒 XUV 脉冲[4.240]，这样可以检索阿秒脉冲[4.310,311]和激光场[4.297]的时间分布图。这两种表面上不同的方法却有着共同的理论基础（见下文）。

从实验的观点来看，这两种方法都利用了 SAP 或 APT 和飞秒激光脉冲之间的互相关性。相互作用介质是一种由原子组成的气体。在存在强激光场的情况下，XUV 脉冲从这种气体中喷出光电子（图 4.45）。由于相同的激光场以前曾用于产生亚飞秒 XUV 脉冲，因此这两个场从本质上看是同步的。当没有共振时，由 XUV 诱发的光电发射率的时间分布遵循入射 XUV 脉冲的强度分布 $|aX(t)|^2$。激光场将调制最终的电子动量和能量分布。通过测量与 XUV 脉冲和激光脉冲之间的延迟时间成函数关系的调制电子谱，可以提供对激光场和 XUV 脉冲进行完全检索所需要的信息[4.312,313]。与自相关大不相同的是，这种方法很容易缩放至更短的波长，因为强激光场省却了对强短波长脉冲的需求。

通过在激光场存在的情况下对 XUV 光致电离进行量子分析，我们发现这种多用途阿秒度量法有一个共同点，即：在由亚飞秒脉冲释放的电子波包上，激光的振荡场起着阿秒相位门或相位调制器的作用。在下节，我们将看到在特定的情况下，电子相位调制的一般性方案是如何实现亚飞秒电子波包的条纹化、剪切和进行频谱干涉测量的，从而，在正常状态下产生条纹图像[4.277,314]、FROG[4.189,315]、用于直接电场重建的谱相位干涉测量（SPIDER）[4.316]以及将层析成像方法[4.317]延伸到阿秒机制中。因此，利用振荡光场作为"门控"的终极光基超快度量法自然而然地将表面上迥然不同的时间分辨科学测量方案统一起来。简言之，如今探讨的是用于描述 APT 和 SAP 的最初方法。

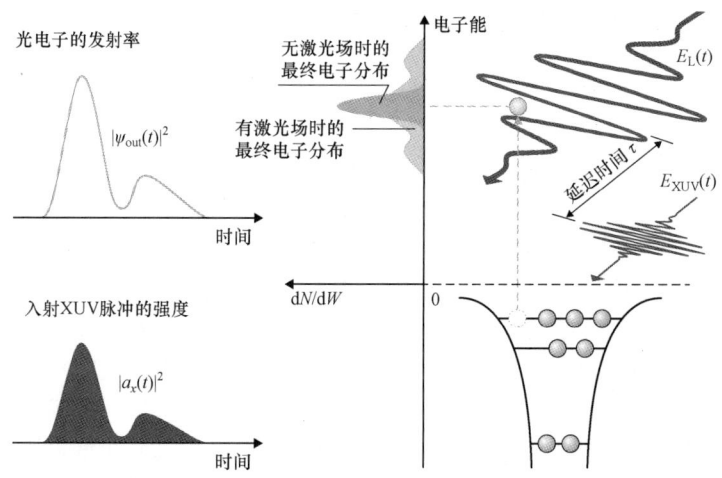

图 4.45 光场控制阿秒计量学方案。在强激光场存在的情况下，超短 XUV 脉冲会生成光电子。这个光电子的瞬间发射分布图与 XUV 脉冲的相同。激光场将修改已发射光电子的最终能量分布。测量这个作为 XUV 脉冲和激光场之间的延迟函数的修正为以阿秒分辨率对两个过程（XUV 强度和激光场）进行采样提供了可能性

4.12.3　利用 RABBITT 方法测量阿秒脉冲串

　　一串阿秒脉冲可用一种在技术上称为"通过双光子跃迁干涉重建阿秒光爆"（RABBITT）的方法来描述，如图 4.46 所示。用于研究谐波锁相的信号是光电子谱中的边带，边带是由两个过程的相干叠加造成的。这两个过程是谐波和红外线（IR）激光光子的联合吸收，以及下一个谐波的吸收和激光光子的发射。RABBITT 是一种干涉测量方法，能通过在谐振频率中间的频率下对脉冲串中的（平均）阿秒脉冲进行采样来描述该脉冲[4.318-320]。

　　第一个过程（包括基本场的吸收）的相位可写成 $\phi_a = \omega\tau + \phi_{q-1} + \varphi_{q-1}^{\mathrm{ion}}$，其中延迟时间 τ 是 APT 和激光场之间的延迟时间，ϕ_{q-1} 是谐波 $q-1$ 的相位，$\varphi_{q-1}^{\mathrm{ion}}$ 是在促使边带形成的双光子电离过程中形成的一个相位［图 4.46（c）］。第二个过程（包括激光光子的发射）的相位可写成 $\varphi_e = -\omega\tau + \varphi_{q+1} + \varphi_{q+1}^{\mathrm{ion}}$。延迟时间的改变会导致边带信号振荡，依据的公式是

$$S_q(\tau) = A + B\cos\big(2\omega\tau - \varphi_{q+1} + \varphi_{q-1} - \varphi_{q+1}^{\mathrm{ion}} + \varphi_{q-1}^{\mathrm{ion}}\big)$$

式中，A 和 B 为与延迟时间无关的量。当光子能量较高时（$\gg I_p$），由电离过程导致的相位较小（4.12.4 节），可忽略不计。通过测量与能量成函数关系的边带振荡，可得到

$$\frac{\varphi_{q+1} - \varphi_{q-1}}{2\omega} \approx \left.\frac{\partial\varphi}{\partial\Omega}\right|_{q\omega}$$

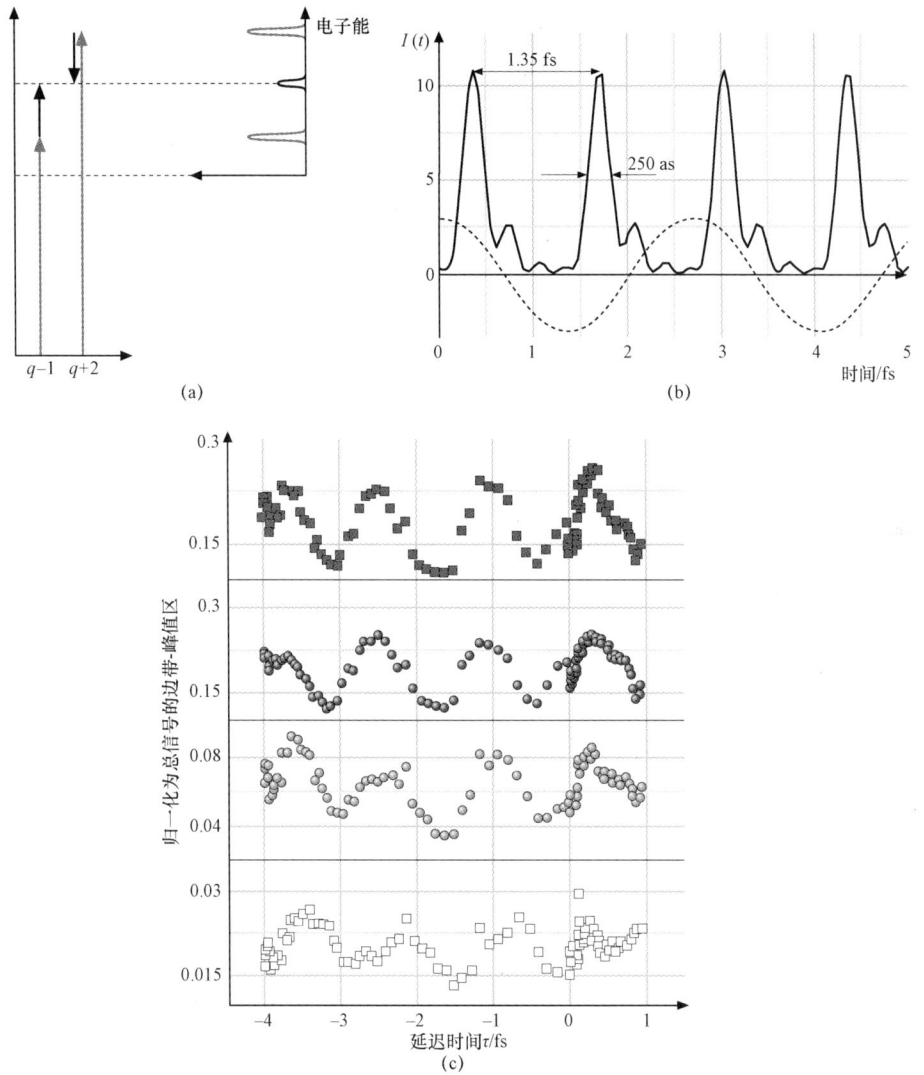

图 4.46　高阶谐波锁相的实验证据；测量原理（a），实验结果（c），
重建的时间强度分布图（b）（根据文献［4.239］，经许可）

这是阿秒电场的谱相位导数（即群延迟）。通过将这些信息与能谱（$|E(\Omega)|^2$）结合，我们就可以重建阿秒电场（在一个恒定相位内）。

4.12.4　利用超高速扫描照相机技术测量单个阿秒脉冲

如果我们对强激光场进行计时，就可使 XUV 脉冲恰好位于激光电场的中心半周期时窗内，如图 4.47 所示。激光场弱到不足以电离原子，但强到足以将大量的动量传递给被 XUV 脉冲释放的光电子。我们假设光电子产生且具有较大的初始动能，$W_0 = m_e v_0^2 / 2 = \hbar\Omega - I_p \gg I_p$，其中 Ω 是入射 XUV 脉冲的载波频率，

$E_X(t) = a_X(t)e^{-ih\Omega t} + \text{c.c.}$，$m_e$ 是电子质量。因此，电子很快便离开原子，合理的近似法是忽略离子化之后的库仑电位。在 t 时刻被射出的电子若初速度为 v_0，最终速度将是 $\boldsymbol{v}_f = \boldsymbol{v}_0 - e\boldsymbol{\varepsilon}_x A_L(t)/m_e$，其中激光场在 x 方向上呈线性偏振，ε_x 是相应的单位向量，e 是电子电荷。在 x 方向上电子速度的变化量为 $\Delta v(t) = -eA_L(t)/m_e$。在负最大值和正最大值之间的任何一个半周期内，$A_L(t)$ 都是时间的单调函数（图 4.47）。因此，外逸电子波包的时间分布记录了亚飞秒 XUV 脉冲的时间分布，并一一对应地映射到光电子的相应最终速度分布上。合成的条纹图像提供了关于电子波包发射时间的直接时域信息，因此也提供了 XUV 脉冲的持续时间[4.321-323]。当把光场驱动超高速扫描照相机与其前身微波驱动照相机进行对比时，最引人注目的是前者的条纹化速度大大增加。但两者还有一个更加深层次的差别。与其前身不同的是，超高速扫描照相机的条纹场实际上无抖动，直接在电子放射位置和时刻起作用，因此阻止了初速度扩展度妨碍分辨率——而传统的超高速扫描照相机就是这样的。此外，能够与时间发射分布图一起测量初速度（动量）分布，因此可得到与 XUV 脉冲的持续时间和啁啾有关的信息。光场驱动超高速扫描照相机能提供更多的自由度。当与激光偏振成一定角度时，可以观察到电子。假设 $|m_e v_0| > |eA_L|$，则可得到[4.313,321,322]

$$\frac{m_e v_f^2}{2} = \frac{m_e v_0^2}{2} + \frac{e^2 A_L^2(t)}{2m_e}\cos 2\theta - eA_L(t)\cos\theta\sqrt{v_0^2 - \frac{e^2 A_L^2(t)}{m_e^2}\sin^2\theta}$$

$$\approx W_0 + 2U_p(t)\cos 2\theta\sin^2(\omega_L t + \varphi) + \alpha\sqrt{8W_0 U_p(t)}\cos\theta\sin(\omega_L t + \varphi)$$

其中，

$$\alpha = \sqrt{1 - [2U_p(t)/W_0]\sin^2\theta\sin^2(\omega_L t + \varphi)}$$

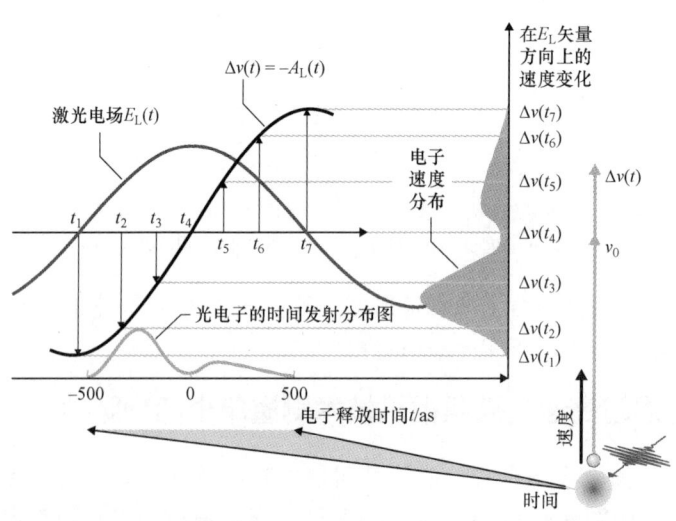

图 4.47 光场驱动阿秒条纹化方案。在与电场方向平行的激光场中释放的光电子其初速度发生变化，变化量与光电子释放瞬间的场向量势（黑线）成比例。在激光场的半波周期内，此函数为单调函数，可将亚飞秒 XUV 脉冲的强度分布映射到光电子的相应终速度（或能量）分布图上

观察角 θ 就是最终速度与 x 方向之间的夹角。在缓变包络的极限情况下，这个近似表达式是有效的。这个表达式让我们能够为各种用途选择最佳的检波几何体。

沿着激光偏振方向观察电子被称为"平行检波几何体"，$\theta \approx 0$ [图 4.48（a）]。当 $W_0 \gg U_p$ 时（常用情形），由于上面方程中的第三项，又因为条纹图像直接对应着近变换限制脉冲的波包时间分布图，因此这种几何形状能提供最大程度的条纹化。这些好处与收集角可能较大是分不开的。事实上，在 $\pm 30°$ 的探测锥体内，$\cos\theta$ 并没有很大变化。这种几何体的缺点是由激光诱发的能移 ΔW 取决于初始电子能。如果电子波包的带宽与其平均能量相当，则这种相关性将变得很重要。在这种情况下，垂直检波几何体 $\theta \approx \pi/2$ [图 4.48（b）] 可能更有利，因为第三项消失了，随之条纹与初始能量之间的相关性也不存在了。

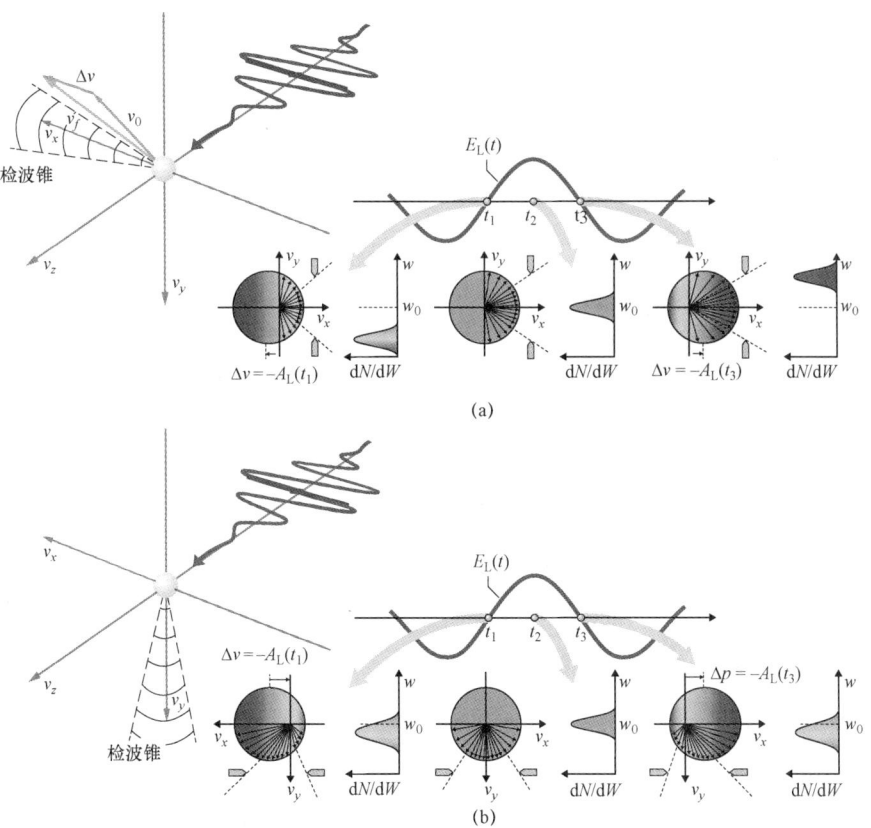

图 4.48　阿秒条纹。平行的（a）和垂直的（b）检波几何体。在三个代表性电子释放瞬间在少周期条纹光场的中心半振荡周期内，最终电子速度的分布以及在检波锥体内收集的电子的相应能量分布。图中针对持续时间比条纹场的半周期短得多的 XUV 脉冲假想案例，描绘了激光条纹化电子谱

阿秒条纹化将亚飞秒脉冲的时间分布图映射到最终电子能的分布图上。因此，分辨率极限 Δt 由下述条件决定：由激光场诱发的电子能变化应当与波包的初始能量

扩展度 $\hbar/\Delta t$ 相当。在最有利的条件下，在激光场峰值附近的平行检波几何体内由这些考虑因素可得到 $\Delta t \approx \sqrt{\hbar/\omega_L \Delta W_{max}}$，其中 $\Delta W_{max} = v_0 e E_L / \omega_L$ 是由图 4.48（a）中 t_1 和 t_3 时刻的条纹场诱发的最大能移[4.310]。

图 4.49 示意性地说明了在千禧年来临之际开发的第一个孤立亚飞秒脉冲发生与测量装置。用少周期驱动的高阶谐波是在氖气中生成的，少周期驱动器的峰值强度经调节后在接近 100 eV 的能量下导致截止发射。在发散度远远小于聚焦激光光束的准直激光类光束中发射的 XUV 辐射线穿过一个用于阻挡激光的金属滤光器。这两个共线光束被一个多用途的双组分 Mo/Si 多层镜反射。这个滤光器约在 90～100 eV 能带中滤掉 XUV 光子，把可调延迟时间引入激光场和 XUV 脉冲之间，并将这两个光束聚焦到原子的第二目标中，在那里 XUV 脉冲将在激光场存在的情况下释放电子。光电子的最终能量分布是在飞行时间（TOF）分光仪中分析的。

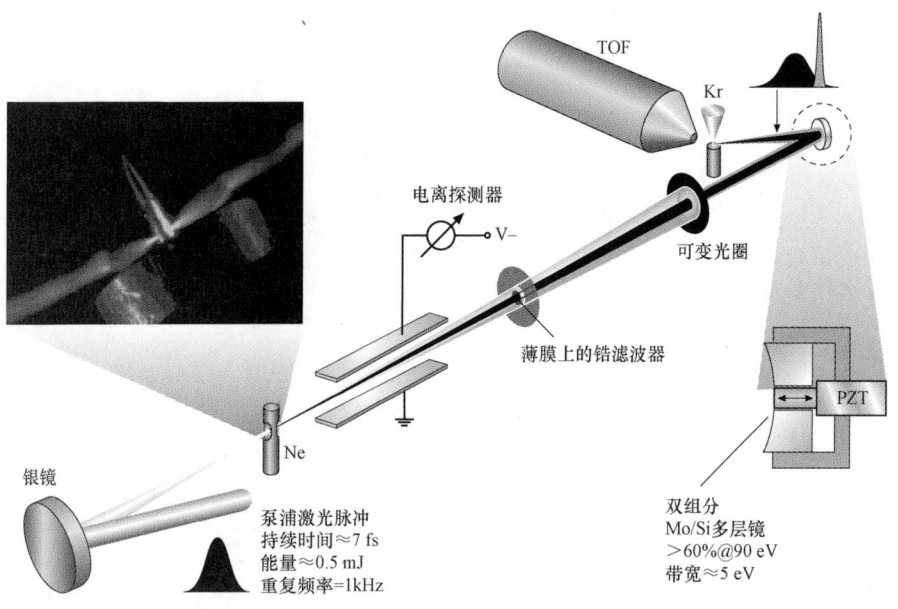

图 4.49　阿秒脉冲测量的实验装置。聚焦的 7 fs 激光束与氖原子相互作用，产生高谐波辐射。激光束和高度准直的 XUV 波束线，并共同传播穿过一条通往测量装置的 2 m 光束线。在光束线中，激光束和谐波波束穿过一张 200 nm 厚、直径为 3 mm 的锆箔。锆箔放置在一张 5 µm 厚的硝化纤维薄膜上，用于盖住一个直径为 2 mm 的孔。形成的环形光束所传输的能量可通过从几分之一到几十微焦的电动可变光圈来调节。Mo/Si 多层镜由一个外径为 10 mm 的环形件组成。环形件有一个直径为 3 mm 的同心孔，里面装有一个直径略小些的微型镜。这两个零件共同拥有一个相同的衬底，以确保曲率半径相同（R=70 mm）。微型中央镜安装在一个宽量程纳米精度压电驱动镜台上，可以相对于外部环件保持对齐及平移

第一个阿秒条纹化实验[4.240]是利用正交检波几何体［图 4.48（b）］进行的。虽然少周期驱动器脉冲的载波包络（C–E）相位并不稳定，但由于传播效应，加之远场空间滤光

有效地隔离了单个阿秒光爆，从而得到大量的 C–E 相位值，因此研究人员在实验中观察到了单个亚飞秒 XUV 脉冲[4.324,325]。后续实验是在图 4.48（a）所示的平行检波几何体中利用具有稳定的 C–E 相位、波形受控的脉冲[4.292]来实施的。实验结果揭示了单/双亚飞秒 XUV 脉冲的受控发射，并证实了半经典理论的相关预测。图 4.50 显示了典型的阿秒条纹化光谱图[4.297]。

FROG 型算法可以完整地重建亚飞秒 XUV 脉冲的复杂振幅包络 $a_X(t)$，以及少周期激光场 $E_L(t)$。鉴于由图 4.50 中总结的测量值获得的 XUV 脉冲轮廓既短又简单，因此可以直接重建 $A_L(t)$ 和 $a_X(t)$，不需要迭代步骤，随之得到 0.25 fs 的近变换限制 XUV 脉冲持续时间（半最大值全宽度，FWHM）[4.310]。

无啁啾谐波发射仅限于相对较窄的带宽，只有截止能量的 10%～15%。低于截止能量的谐波由沿着短轨迹和长轨迹方向返回到纤芯的电子造成。这些谐波在不同的动量下形成发射，需要选择轨迹及控制色散[4.283,284]。这些谐波与少周期偏振门控一起，可以产生持续时间为 130 as 的孤立 36 eV 脉冲[4.294]。通过利用波形受控的、少于 1.5 个周期的近红外（NIR）激光脉冲，并利用啁啾 XUV 多层镜进行光谱过滤及色散控制，研究人员还演示了在 ≈85 eV 光子能量下的孤立脉冲（少于 100 as）[4.311]。这些脉冲是在极好的通量（≈10^9 个光子/s）下提供的，为电子过程（分辨率趋近时间的原子单位，即 ≈24 as）的时间分辨测量大开方便之门。

4.12.5　阿秒科学

阿秒脉冲的应用建议已被提出，并在实验上得到证实，内容涉及很多主题。但本书不会详述这些不同的用途。相反，我们更愿意引导读者了解用于获得瞬时信息的不同方法。这些方法是从那些特性描述方法中自然而然地推导出的。

1. 阿秒泵浦，阿秒探测器

泵浦–探测方法提供了最直接的实验方法来追踪微观动态。目前，从时间分辨光谱到发生在原子内部深处的超快电子过程的扩展计划已经被短波长（即高光子能量）和亚飞秒脉冲持续时间的同时性要求挫败。图 4.50 显示了 XUV 泵浦/XUV 探测实验的原理。在这个从方案上看最直接的阿秒光谱实施方法中，亚飞秒 XUV 脉冲用于触发及探测原子或分子中的束缚–束缚跃迁或束缚–自由跃迁。

但目前可用的亚飞秒 XUV 脉冲还没有足够的通量来实现 XUV 泵浦/XUV 探测光谱。这是因为：在这种实验中，与泵浦脉冲和探测脉冲之间的延迟时间成函数关系的实测物理量取决于双 XUV 光子跃迁，后者的发生概率与 $\sigma I_{泵浦} I_{探测}$ 成比例，其中，σ 是吸收过程中的原子横截面，$I_{泵浦}$ 和 $I_{探测}$ 分别是泵浦 XUV 光爆的强度和探测 XUV 光爆的强度。$I_{泵浦}$ 和 $I_{探测}$ 比在光学波段中获得的强度低很多个数量级。此外，σ 也减小了很多个数量级，因为此参数与 λ^6 成比例。不过，最近在强谐波产生方面取得的进展使科学家们能够进行 APT 的自相关[4.251,297,304,305]，这表明阿秒泵浦–阿秒探测光谱时代即将来临。

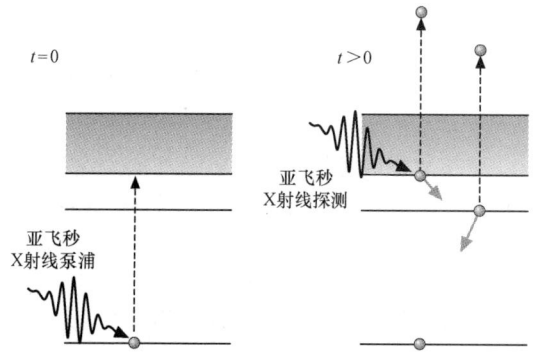

图 4.50 通过 XUV 泵浦/XUV 探测光谱，追踪内壳层弛豫过程。我们分析了在 XUV 泵浦脉冲激发之后因探测脉冲而与原子分离的光电子的动能——与泵浦和探测脉冲之间的延迟时间成函数关系

2. 阿秒泵浦，激光探测

Krausz 及其同事已探究过将条纹化方案扩展，用于研究因阿秒 XUV 脉冲的吸收而被发射的直接电子和二次电子[4.326-329]。图 4.51 说明了与氖气中的俄歇衰减有关的第一次演示[4.326]。亚飞秒 XUV 脉冲激发了一个芯电子，因此形成短暂的内壳层空位。这个空位被一个更高能级的电子（外壳层）快速填充。经历此跃迁的电子所损失的能量被高能（XUV/X 射线）光子或二次（俄歇）电子带走。这种俄歇电子的发射时间与内壳层空位的使用寿命恰好一致。因此，研究人员通过在振荡激光场中利用与一次光电子发射相同的方法进行俄歇电子发射采样，能够直接进入内壳层原子过程的时域，且达到阿秒分辨率。虽然在本实验中测量的衰减时间也可从能量域测量值中推导出来，但此过程是用于检测上述阿秒时间分辨光谱方法可行性的一个基

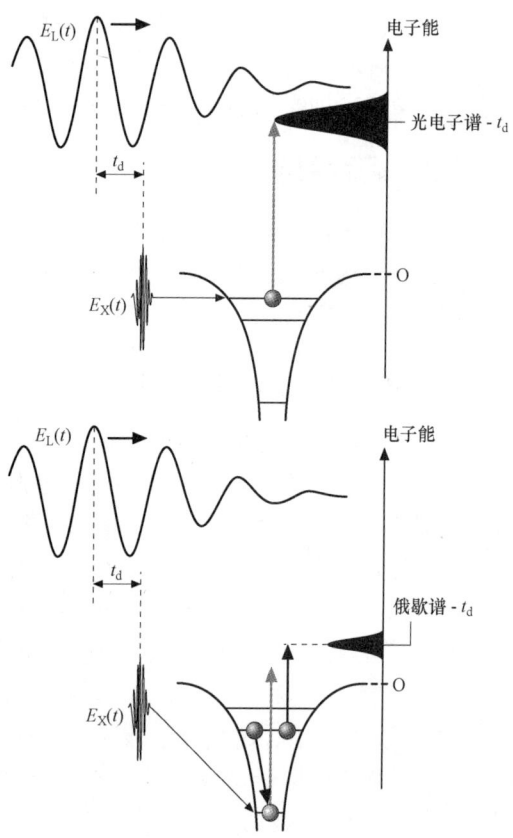

图 4.51 俄歇过程及其时间演化的示意图显示了内壳层空位的衰变

准过程。

上述条纹化方法还可用于测量隧穿时间[4.327]，以及固体和原子中的光电子发射延迟时间[4.328,329]。最近，研究人员利用一种将 SAP 和红外（IR）激光场结合起来的泵浦 – 探测方法，观察到了 H_2 中的电子局域化[4.330]。将阿秒脉冲泵浦和红外探测相结合（请注意泵浦和探测的角色无疑是可以交换的）的其他方法包括瞬态吸收光谱学[4.331]以及利用延时红外探测器进行干涉测量[4.332]。

3. APT 泵浦，激光探测

在 RABBITT 特性描述过程中采用的干涉测量法也已广泛应用[4.333-335]。图 4.52 描述了两种不同的用途。在图 4.52（a）中，双光子共振电离过程的相位变化（通过氦气中的 $1s3p\ ^1P_1$ 态）是通过测量第 16 个边带的振荡相对于其他边带相位的相位偏移量来研究的[4.333]。第 18 和 20 个边带的振荡构成了此次测量的阿秒时钟。相位的变化可在不同的激光场强度下在共振过程中测定。相关的测量已在 N_2 中实施[4.335]。在另一种应用情形中［图 4.52（b）］[4.334]，在氩气中从 3s 和 3p 状态开始的光电子发射延迟时间差值已求出，仍是通过测量由相同谐波产生但始于不同初始状态的不同边带之间的相位偏移。因此，可以求出（4.12.2 节）

$$\left.\frac{\varphi_{q+1}^{\text{ion}}-\varphi_{q-1}^{\text{ion}}}{2\omega}\right|_{3s}-\left.\frac{\varphi_{q+1}^{\text{ion}}-\varphi_{q-1}^{\text{ion}}}{2\omega}\right|_{3p}\approx\left.\frac{\partial\varphi^{\text{ion}}}{\partial\Omega}\right|_{q\omega,3s}-\left.\frac{\partial\varphi^{\text{ion}}}{\partial\Omega}\right|_{q\omega,3p}$$

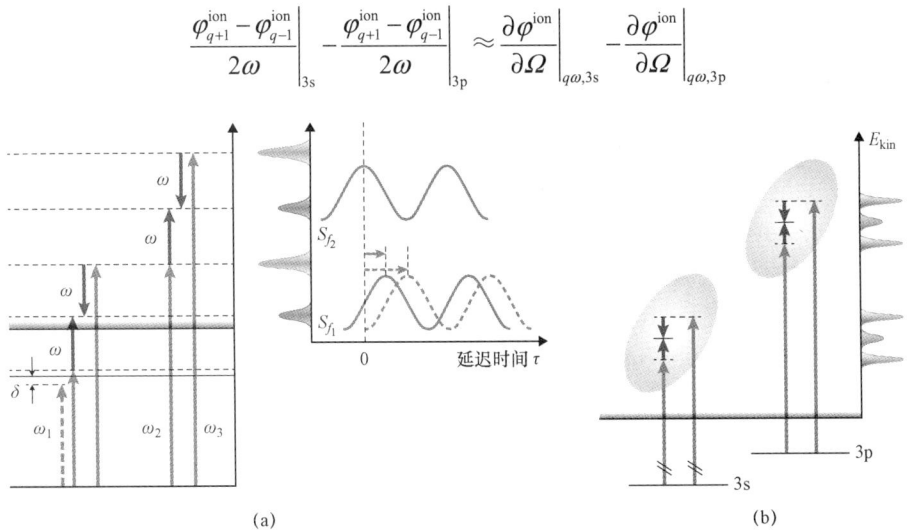

图 4.52　用 RABBITT 方法（根据文献［4.333,334]）的干涉测量装置所做的原子物理实验。在氦气中经过 3s3p 状态的共振双光子电离过程的相位（a），以及从 3s 状态开始发射和从 3p 状态开始发射之间的延迟时间差值（b）

这种延迟时间差值 $\tau_{\text{离子}}=\partial\phi^{\text{ion}}/\partial\Omega$ 包括两个贡献因子[4.334]，由单次光致电离导致的魏格纳延迟时间差值，以及由测量导致的延迟时间差值，后者涉及连续介质 – 连续介质跃迁。

人们正在开发新的用途，利用更先进的电子光谱仪来测量电子能及其三维动量。在红外激光场存在的情况下[4.287,336,337]通过吸收阿秒脉冲而发射的电子波包的三维速度分布可记录为 APT 和红外激光之间延迟时间的函数。在某些情况下，通过检查在相互作用期间生成的离子，还能获得很多有趣的信息[4.338]。

4. 基于少周期激光脉冲的 HHG 干涉测量法和阿秒物理学

最后，我们要简单提及其他两个不直接使用阿秒脉冲但要利用激光－原子之间强相互作用来形成隧穿电离、二次散射和 HHG 从而获得阿秒时间尺度信息的当前研究领域[4.339-345]。第一个领域是利用当强激光场与原子相互作用时生成的返回波包来探测遗留的原子或分子。这种返回波包可利用不同的波长、多色域或者具有一定椭圆率的场来控制。分子可取向，分子相对于激光偏振的角度可变，以实现层析成像。通过观察 HHG 谱（可能与取向度成函数关系），可获得相关信息。这称为 "HHG 光谱学" 或 "HHG 干涉测量法"。相关信息还可通过研究二次散射现象的结果来提取。还可以利用相位稳定的少周期激光场，以及研究电离或离解过程的结果与载波包络相位之间的函数关系[4.346]。例如，最近的研究工作包括利用椭圆极化少周期光与 COLTRIMS 测量值相结合，求出隧穿时间[4.347]。

阿秒科学是一个快速发展的研究领域。在这个领域中，不存在首选的工具或技术，而是有各种各样的可能性方法。这些可能性方法与阿秒光源以及用于观察（由超短阿秒脉冲触发的）现象的显微镜或分光仪一起进化。

┃参 考 文 献┃

[4.1]　R.W. Boyd: *Nonlinear Optics*, 2nd edn. (Academic, San Diego 2003)

[4.2]　S.I. Wawilow, W.L. Lewschin: Die Beziehungen zwischen Fluoreszenz und Phosphoreszenz in festen und flüssigen Medien, Z. Phys. **35**, 920－936 (1926)

[4.3]　S.I. Vavilov: *Microstructure of Light* (USSR Acad. Sci., Moscow 1950)

[4.4]　P.A. Franken, A.E. Hill, C.W. Peters, G. Weinrich: Generation of optical harmonics, Phys. Rev. Lett. **7**, 118 (1961)

[4.5]　R. Terhune, P. Maker, C. Savage: Observation of saturation effects in optical harmonic generation, Phys. Rev. Lett. **2**, 54 (1963)

[4.6]　A.I. Kovrigin, A.S. Piskarskas, R.V. Khokhlov: On the generation of UV radiation by cascaded frequency conversion, Pis'ma Zh. Eksp. Teor. Fiz. **2**, 223 (1965)

[4.7]　N. Bloembergen: *Nonlinear Optics* (Benjamin, New York 1964)

[4.8]　S.A. Akhmanov, R.V. Khokhlov: *Problems of Nonlinear Optics* (VINITI, Moscow 1964), Engl. transl. Gordon Breach, New York 1972

[4.9]　Y.R. Shen: *The Principles of Nonlinear Optics* (Wiley, New York 1984)

[4.10] D. Cotter, P.N. Butcher: *The Elements of Nonlinear Optics* (Cambridge Univ. Press, Cambridge 1990)

[4.11] J.F. Reintjes: *Nonlinear Optical Parametric Processes in Liquids and Gases* (Academic, Orlando 1984)

[4.12] T.G. Brown, K. Creath, H. Kogelnik, M.A. Kriss, J. Schmit, M.J. Weber: Nonlinear optics. In: *The Optics Encyclopedia*, ed. by T.G. Brown, K. Creath, H. Kogelnik, M.A. Kriss, J. Schmit, M.J. Weber (Wiley-VCH, Weinheim 2004) p. 1617

[4.13] R.W. Terhune, M. Nisenoff, C.M. Savage: Mixing of dispersion and focusing on the production of optical harmonics, Phys. Rev. Lett. **8**, 21 (1962)

[4.14] J.A. Giordmaine: Mixing of light beams in crystals, Phys. Rev. Lett. **8**, 19 (1962)

[4.15] N. Bloembergen, J. Ducuing, P.S. Pershan: Interactions between light waves in a nonlinear dielectric, Phys. Rev. **1217**, 1918 (1962)

[4.16] M.M. Feier, G.A. Magel, D.H. Jundt, R.L. Byer: Quasi-phase-matched second-harmonic generation: Tuning and tolerances, IEEE J. Quantum Electron. **28**, 2631 (1992)

[4.17] R.B. Miles, S.E. Harris: Optical third-harmonic generation in alkali metal vapors, IEEE J. Quantum Electron. **9**, 470 (1973)

[4.18] S.A. Akhmanov, V.A. Vysloukh, A.S. Chirkin: *Optics of Femtosecond Laser Pulses* (Nauka, Moscow 1988)

[4.19] A. Dubietis, G. Jonušaskas, A. Piskarskas: Powerful femtosecond pulse generation by chirped and stretched ulse parametric amplification in BBO crystal, Opt. Commun. **88**, 437 (1992)

[4.20] T. Brabec, F. Krausz: Intense few-cycle laser fields: Frontiers of nonlinear optics, Rev. Mod. Phys. **72**, 545 (2000)

[4.21] H.H. Chen, Y.C. Lee: Radiations by solitons at the zero group-dispersion wavelength of single-mode optical fibers, Phys. Rev. A **41**, 426 − 439 (1990)

[4.22] N. Akhmediev, M. Karlsson: Cherenkov radiation emitted by solitons in optical fibers, Phys. Rev. A **51**, 2602 − 2607 (1995)

[4.23] G.P. Agrawal: *Nonlinear Fiber Optics* (Academic, Boston 1989)

[4.24] N.I. Koroteev, A.M. Zheltikov: Chirp control in third-harmonic generation due to cross-phasemodulatio, Appl. Phys. B **67**, 53 − 57 (1998)

[4.25] S.P. Le Blanc, R. Sauerbrey: Spectral, temporal, and spatial characteristics of plasma-induced spectral blue shifting and its application to femtosecond pulse measurement, J. Opt. Soc. Am. B **13**, 72 (1996)

[4.26] M.M.T. Loy, Y.R. Shen: Theoretical interpretation of small-scale filaments of light originating from moving focal spots, Phys. Rev. A **3**, 2099 (1971)

［4.27］ S.A. Akhmanov, A.P. Sukhorukov, R.V. Khokhlov: Self-focusing and diffraction of light in a nonlinear medium, Sov. Phys. Usp. **93**, 19 (1967)

［4.28］ R.Y. Chiao, E. Garmire, C.H. Townes: Self-trapping of optical beams, Phys. Rev. Lett. **13**, 479 (1964)

［4.29］ G. Fibich, A.L. Gaeta: Critical power for self-focusing in bulk media and in hollow waveguides, Opt. Lett. **25**, 335 (2000)

［4.30］ G. Fibich, F. Merle: Self-focusing on bounded domains, Physica D **155**, 132 (2001)

［4.31］ S.O. Konorov, A.M. Zheltikov, A.P. Tarasevitch, P. Zhou, D. von der Linde: Self-channeling of subgigawatt femtosecond laser pulses in a ground-state waveguide induced in the hollow core of a photonic crystal fiber, Opt. Lett. **29**, 1521 (2004)

［4.32］ K.D. Moll, A.L. Gaeta, G. Fibich: Self-similar optical wave collapse: Observation of the townes profile, Phys. Rev. Lett. **90**, 203902 (2003)

［4.33］ R.A. Fisher: *Optical Phase Conjugation* (Academic, New York 1983)

［4.34］ C.V. Raman, K.S. Krishnan: A new type of secondary radiation, Nature **121**, 501 (1928)

［4.35］ G. Landsberg, L. Mandelstam: Eine neue Erscheinung bei der Lichtzertreuung, Naturwissenschaft **16**, 557 (1928)

［4.36］ P.S.J. Russell: Photonic crystal fibers, Science **299**, 358 – 362 (2003)

［4.37］ J.C. Knight: Photonic crystal fibers, Nature **424**, 847 – 851 (2003)

［4.38］ C.M. Bowden, A.M. Zheltikov: Nonlinear optics of photonic crystals, J. Opt. Soc. Am. B **19**, 9 (2002), feature issue

［4.39］ A.M. Zheltikov: Nonlinear optics of microstructure fibers, Phys. Usp. **47**, 69 – 98 (2004)

［4.40］ W.H. Reeves, D.V. Skryabin, F. Biancalana, J.C. Knight, P.S.J. Russell, F.G. Omenetto, A. Efimov, A.J. Taylor: Transformation and control of ultra-short pulses in dispersion-engineered photonic crystal fibres, Nature **424**, 511 – 515 (2003)

［4.41］ D.A. Akimov, E.E. Serebryannikov, A.M. Zheltikov, M. Schmitt, R. Maksimenka, W. Kiefer, K.V. Dukel' skii, V.S. Shevandin, Y.N. Kondrat' ev: Efficient anti-Stokes generation through phase-matched four wave mixing in higher-order modes of a microstructure fiber, Opt. Lett. **28**, 1948 – 1950 (2003)

［4.42］ J.K. Ranka, R.S. Windeler, A.J. Stentz: Visible continuum generation in air-silica microstructure optical fibers with anomalous dispersion at 800 nm, Opt. Lett. **25**, 25 – 27 (2000)

［4.43］ W.J. Wadsworth, A. Ortigosa-Blanch, J.C. Knight, T.A. Birks, T.P.M. Mann,

P.S.J. Russell: Supercontinuum generation in photonic crystal fibers and optical fiber tapers: A novel light source, J. Opt. Soc. Am. B **19**, 2148–2155 (2002)

[4.44] A.M. Zheltikov: Supercontinuum generation, Appl. Phys. B **77**, 2 (2003), special issue ed. by A. M. Zheltikov

[4.45] S. Coen, A.H.L. Chau, R. Leonhardt, J.D. Harvey, J.C. Knight, W.J. Wadsworth, P.S.J. Russell: Supercontinuum generation by stimulated Raman scattering and parametric four-wave mixing in photonic crystal fibers, J. Opt. Soc. Am. B **19**, 753–764 (2002)

[4.46] J.K. Ranka, R.S. Windeler, A.J. Stentz: Optical properties of high-delta air-silica microstructure optical fiber, Opt. Lett. **25**, 796–798 (2000)

[4.47] F.G. Omenetto, A.J. Taylor, M.D. Moores, J. Arriaga, J.C. Knight, W.J. Wadsworth, P.S.J. Russell: Simultaneous generation of spectrally distinct third harmonics in a photonic crystal fiber, Opt. Lett. **26**, 1158–1160 (2001)

[4.48] F.G. Omenetto, A. Efimov, A.J. Taylor, J.C. Knight, W.J. Wadsworth, P.S.J. Russell: Polarization dependent harmonic generation in microstructured fibers, Opt. Express **11**, 61–67 (2003)

[4.49] A. Efimov, A.J. Taylor, F.G. Omenetto, J.C. Knight, W.J. Wadsworth, P.S.J. Russell: Nonlinear generation of very high-order UV modes in microstructured fibers, Opt. Express **11**, 910–918 (2003)

[4.50] A. Efimov, A.J. Taylor, F.G. Omenetto, J.C. Knight, W.J. Wadsworth, P.S.J. Russell: Phase-matched third harmonic generation in microstructured fibers, Opt. Express **11**, 2567–2576 (2003)

[4.51] A.N. Naumov, A.B. Fedotov, A.M. Zheltikov, V.V. Yakovlev, L.A. Mel'nikov, V.I. Beloglazov, N.B. Skibina, A.V. Shcherbakov: Enhanced $X^{(3)}$ interactions of unamplified femtosecond Cr: Forsterite laser pulses in photonic-crystal fibers, J. Opt. Soc. Am. B **19**, 2183–2191 (2002)

[4.52] D.A. Akimov, A.A. Ivanov, A.N. Naumov, O.A. Kolevatova, M.V. Alfimov, T.A. Birks, W.J. Wadsworth, P.S.J. Russell, A.A. Podshivalov, A.M. Zheltikov: Generation of a spectrally asymmetric third harmonic with unamplified 30-fs Cr:forsterite laser pulses in a tapered fiber, Appl. Phys. B **76**, 515–519 (2003)

[4.53] J.D. Harvey, R. Leonhardt, S. Coen, G.K.L. Wong, J.C. Knight, W.J. Wadsworth, P.S.J. Russell: Scalar modulation instability in the normal dispersion regime by use of a photonic crystal fiber, Opt. Lett. **28**, 2225–2227 (2003)

[4.54] X. Liu, C. Xu, W.H. Knox, J.K. Chandalia, B.J. Eggleton, S.G. Kosinski, R.S. Windeler: Soliton self-frequency shift in a short tapered air-silica microstructure fiber, Opt. Lett. **26**, 358–360 (2001)

[4.55] A.N. Naumov, A.M. Zheltikov: Asymmetric spectral broadening and temporal evolution of cross-phase-modulated third harmonic pulses, Opt. Express **10**, 122 – 127 (2002)

[4.56] S.A. Akhmanov, A.P. Sukhorukov, A.S. Chirkin: Second-harmonic generation in nonlinear crystals by group-delayed ultrashort pulses, Zh. Eksp. Teor. Fiz. **55**, 1430 – 1435 (1968)

[4.57] A.M. Zheltikov: Third-harmonic generation with no signal at 3ω, Phys. Rev. A **72**, 043812 (2005)

[4.58] A.M. Zheltikov: Multimode guided-wave non -3ω third-harmonic generation by ultrashort laser pulses, J. Opt. Soc. Am. B **22**, 2263 (2005)

[4.59] S.O. Konorov, A.A. Ivanov, M.V. Alfimov, A.M. Zheltikov: Polarization-sensitive non -3ω third-harmonic generation by femtosecond Cr: Forsterite laser pulses in birefringent microchannel waveguides of photonic-crystal fibers, Appl. Phys. **81**, 219 – 223 (2005)

[4.60] L. Allen, J.H. Eberly: *Optical Resonance and Two-Level Atoms* (Wiley, New York 1975)

[4.61] M. Sargent III, M.O. Scully, W.E. Lamb Jr.: *Laser Physics* (Addison-Wesley, London 1974)

[4.62] S.L. McCall, E.L. Hahn: Self-induced transparency by pulsed coherent light, Phys. Rev. Lett. **18**, 908 – 911 (1967)

[4.63] S.L. McCall, E.L. Hahn: Self-induced transparency, Phys. Rev. **183**, 457 – 485 (1969)

[4.64] J.H. Eberly: Area theorem rederived, Opt. Express **2**, 173 – 176 (1998)

[4.65] R.W. Ziolkowski, J.M. Arnold, D.M. Gogny: Ultrafast pulse interactions with two-level atoms, Phys. Rev. A **52**, 3082 – 3094 (1995)

[4.66] A. Taflove: *Computational Electrodynamics: The Finite-Difference Time-Domain Method* (Artech House, Norwood 1995)

[4.67] S. Hughes: Subfemtosecond soft-x – ray generation from a two-level atom: Extreme carrier-wave Rabi flopping, Phys. Rev. A **62**, 055401 – 055405 (2000)

[4.68] S. Hughes: Breakdown of the area theorem: Carrier-wave Rabi flopping of femtosecond optical pulses, Phys. Rev. Lett. **81**, 3363 – 3366 (1998)

[4.69] A.V. Tarasishin, S.A. Magnitskii, A.M. Zheltikov: Propagation and amplification of ultrashort light pulses in a resonant two-level medium: Finite-difference time-domain analysis, Opt. Commun. **193**, 187 (2001)

[4.70] A.V. Tarasishin, S.A. Magnitskii, V.A. Shuvaev, A.M. Zheltikov: Evolution of ultrashort light pulses in a two-level medium visualized with the finite-difference time domain technique, Opt. Express **8**, 452 – 457 (2001)

[4.71] R.R. Alfano, S.L. Shapiro: Emission in the region 4000 to 7000 Å via four-photon coupling in glass, Phys. Rev. Lett. **24**, 584 (1970)

[4.72] R.R. Alfano, S.L. Shapiro: Observation of self-phase modulation and small-scale filaments in crystals and glasses, Phys. Rev. Lett. **24**, 592 (1970)

[4.73] R. Alfano (Ed.): *The Supercontinuum Laser Source* (Springer, Berlin, Heidelberg 1989)

[4.74] D.J. Jones, S.A. Diddams, J.K. Ranka, A. Stentz, R.S. Windeler, J.L. Hall, S.T. Cundiff: Carrier-envelope phase control of femtosecond mode-locked lasers and direct optical frequency synthesis, Science **288**, 635 – 639 (2000)

[4.75] R. Holzwarth, T. Udem, T.W. Hänsch, J.C. Knight, W.J. Wadsworth, P.S.J. Russell: Optical frequency synthesizer for precision spectroscopy, Phys. Rev. Lett. **85**, 2264 – 2267 (2000)

[4.76] S.A. Diddams, D.J. Jones, S.T. Cundiff, J. Ye, J.L. Hall, J.K. Ranka, R.S. Windeler, R. Holzwarth, T. Udem, T.W. Hänsch: Direct link between microwave and optical frequencies with a 300 THz femtosecond laser comb, Phys. Rev. Lett. **84**, 5102 (2000)

[4.77] T. Udem, R. Holzwarth, T.W. Hänsch: Optical frequency metrology, Nature **416**, 233 (2002)

[4.78] A. Baltuška, T. Fuji, T. Kobayashi: Self-referencing of the carrier-envelope slip in a 6 – fs visible parametric amplifier, Opt. Lett. **27**, 1241 – 1243 (2002)

[4.79] C.Y. Teisset, N. Ishii, T. Fuji, T. Metzger, S. Köhler, R. Holzwarth, A.M. Zheltikov, F. Krausz: Soliton-based pump-seed synchronization for few-cycle OPCPA, Opt. Express **13**, 6550 – 6557 (2005)

[4.80] S.O. Konorov, D.A. Akimov, E.E. Serebryannikov, A.A. Ivanov, M.V. Alfimov, A.M. Zheltikov: Cross-correlation FROG CARS with frequency- converting photonic-crystal fibers, Phys. Rev. E **70**, 057601 (2004)

[4.81] I. Hartl, X.D. Li, C. Chudoba, R.K. Rhanta, T.H. Ko, J.G. Fujimoto, J.K. Ranka, R.S. Windeler: Ultrahigresolution optical coherence tomography using continuum generation in an air-silica microstructure optical fiber, Opt. Lett. **26**, 608 – 610 (2001)

[4.82] A.B. Fedotov, S.O. Konorov, E.E. Serebryannikov, D.A. Sidorov-Biryukov, V.P. Mitrokhin, K.V. Dukel'skii, A.V. Khokhlov, V.S. Shevandin, Y.N. Kondrat'ev, M. Scalora, A.M. Zheltikov: Assorted nonlinear optics in microchannel waveguides of photonic-crystal fibers, Opt. Commun. **255**, 218 – 224 (2005)

[4.83] E.E. Serebryannikov, S.O. Konorov, A.A. Ivanov, M.V. Alfimov, M. Scalora, A.M. Zheltikov: Crossphase-modulation-induced instability in photonic- crystal fibers, Phys. Rev. E **72**, 027601 (2005)

[4.84] T.M. Monro, D.J. Richardson, N.G.R. Broderick, P.J. Bennet: Holey optical fibers: An efficient modal method, J. Lightwave Technol. **17**, 1093-1102 (1999)

［4.85］ G.P. Agrawal: Modulation instability induced by cross-phase modulation, Phys. Rev. Lett. **59**, 880 (1987)

［4.86］ F.M. Mitschke, L.F. Mollenauer: Discovery of the soliton self-frequency shift, Opt. Lett. **11**, 659－661 (1986)

［4.87］ E.M. Dianovand, A.Y. Karasik, P.V. Mamyshev, A.M. Prokhorov, V.N. Serkin, M.F. Stel'makh, A.A. Fomichev: Stimulated-Raman conversion of multisoliton pulses in quartz optical fibers, JETP Lett. **41**, 294 (1985)

［4.88］ B.R. Washburn, S.E. Ralph, P.A. Lacourt, J.M. Dudley, W.T. Rhodes, R.S. Windeler, S. Coen: Tunable near-infrared femtosecond soliton generation in photonic crystal fibers, Electron. Lett. **37**, 1510－1512 (2001)

［4.89］ J.H. Price, K. Kurosawa, T.M. Monro, L. Lefort, D.J. Richardson: Tunable, femtosecond pulse source operating in the range 1061.33μmbased on an Yb^{3+}-doped holey fiber amplifier, J. Opt. Soc. Am. B **19**, 1286－1294 (2002)

［4.90］ K.S. Abedin, F. Kubota: Widely tunable femtosecond soliton pulse generation at a 10 GHz repetition rate by use of the soliton self-frequency shift in photonic crystal fiber, Opt. Lett. **28**, 1760－1762 (2003)

［4.91］ E.E. Serebryannikov, A.M. Zheltikov, N. Ishii, C.Y. Teisset, S. Köhler, T. Fuji, T. Metzger, F. Krausz: Soliton self-frequency shift of 6-fs pulses in photonic-crystal fibers, Appl. Phys. B **81**, 585 (2005)

［4.92］ E.E. Serebryannikov, A.M. Zheltikov, N. Ishii, C.Y. Teisset, S. Köhler, T. Fuji, T. Metzger, F. Krausz, A. Baltuška: Nonlinear-optical spectral transformatin of few-cycle laser pulses in photonic-crystal fibers, Phys. Rev. E **72**, 056603 (2005)

［4.93］ K.J. Blow, D. Wood: Theoretical description of transient stimulated Raman scattering in optical fibers, IEEE J. Quantum Electron. **25**, 2665－2673 (1989)

［4.94］ R.H. Stolen, J.P. Gordon, W.H. Tomlinson, H.A. Haus: Raman response function of silica-core fibers, J. Opt. Soc. Am. B **6**, 1159－1169 (1989)

［4.95］ J. Herrmann, U. Griebner, N. Zhavoronkov, A. Husakou, D. Nickel, J.C. Knight, W.J. Wadsworth, P.S.J. Russell, G. Korn: Experimental evidence for supercontinuum generation by fission of higher-order solitons in photonic fibers, Phys. Rev. Lett. **88**, 173901 (2002)

［4.96］ D.V. Skryabin, F. Luan, J.C. Knight, P.S.J. Russell: Soliton self-frequency shift cancellation in photonic crystal fibers, Science **301**, 1705－1708 (2003)

［4.97］ P.J. Gordon: Theory of the soliton self-frequency shift, Opt. Lett. **11**, 662－664 (1986)

［4.98］ J.K. Lucek, K.J. Blow: Soliton self-frequency shift in telecommunications fiber,

Phys. Rev. A **45**, 6666 (1992)

［4.99］ S.A. Akhmanov, N.I. Koroteev: *Methods of Nonlinear Optics in Light Scattering Spectroscopy* (Nauka, Moscow 1981)

［4.100］ J.F. Ward, G.H.C. New: Optical third harmonic generation in gases by a focused laser beam, Phys. Rev. **185**, 57 (1969)

［4.101］ G.C. Bjorklund: Effects of focusing on third-order nonlinear process in isotropic media, IEEE J. Quantum Electron. **11**, 287 (1975)

［4.102］ A.M. Zheltikov, N.I. Koroteev: Coherent four-wave mixing in excited and ionized gas media, Phys. Usp. **42**, 321 (1999)

［4.103］ A.M. Zheltikov, N.I. Koroteev, A.N. Naumov: Phase matching for hyper-Raman-resonant coherent four-wave mixing, Quantum Electron. **24**, 1102 (1994)

［4.104］ A. Owyoung, E.D. Jones: Stimulated Raman spectroscopy using low-power cw lasers, Opt. Lett. **1**, 152 – 154 (1977)

［4.105］ P.D. Maker, R.W. Terhune: Study of optical effects due to an induced polarization third order in the electric field strength, Phys. Rev. A **137**, 801 (1965)

［4.106］ G.L. Eesley: *Coherent Raman Spectroscopy* (Pergamon, Oxford 1981)

［4.107］ A.C. Eckbreth: *Laser Diagnostics for Combustion Temperature and Species* (Abacus, Cambridge 1988)

［4.108］ S.A.J. Druet, J.-P.E. Taran: CARS spectroscopy, Prog. Quantum Electron. **7**, 1 (1981)

［4.109］ P. Radi, A.M. Zheltikov: Nonlinear Raman spectroscopy, J. Raman Spectrosc. **33**, 11 – 12 (2002), special issue

［4.110］ P. Radi, A.M. Zheltikov: Nonlinear Raman spectroscopy II, J. Raman Spectrosc. **34**, 12 (2003), special issue

［4.111］ D.N. Kozlov, A.M. Prokhorov, V.V. Smirnov: The methane $v_1(a_1)$ vibrational state rotational structure obtained from high-resolution CARS- spectra of the Q-branch, J. Mol. Spectrosc. **77**, 21 (1979)

［4.112］ W. Kiefer: Active Raman spectroscopy: High resolution molecular spectroscopical methods, J. Mol. Struct. **59**, 305 (1980)

［4.113］ W. Kiefer: Femtosecond coherent Raman spectroscopy, J. Raman Spectrosc. **1/2**, 31 (2000), Special Issue

［4.114］ A. Zumbusch, G.R. Holtom, X. Sunney Xie: Three-dimensional vibrational imaging by coherent anti-Stokes Raman scattering, Phys. Rev. Lett. **82**, 4142 (1999)

［4.115］ E.O. Potma, X. Sunney Xie: CARS microscopy for biology and medicine, Opt.

Photon. News **15**, 40 (2004)

[4.116] D. Oron, N. Dudovich, D. Yelin, Y. Silberberg: Quantum control of coherent anti-Stokes Raman processes, Phys. Rev. A **65**, 043408 (2002)

[4.117] N. Dudovich, D. Oron, Y. Silberberg: Single-pulse coherently controlled nonlinear Raman spectroscopy and microscopy, Nature **418**, 512 (2002)

[4.118] A.B. Fedotov, S.O. Konorov, V.P. Mitrokhin, E.E. Serebryannikov, A.M. Zheltikov: Coherent anti-Stokes Raman scattering in isolated air-guided modes of a hollow-core photonic-crystal fiber, Phys. Rev. A **70**, 045802 (2004)

[4.119] S.O. Konorov, A.B. Fedotov, A.M. Zheltikov, R.B. Miles: Phase-matched four-wave mixing and sensing of water molecules by coherent anti-Stokes Raman scattering in large-core-area hollow photonic-crystal fibers, J. Opt. Soc. Am. B **22**, 2049 (2005)

[4.120] A.C. Eckbreth: BOXCARS: Crossed-beam phase-matched CARS generation in gases, Appl. Phys. Lett. **32**, 421 (1978)

[4.121] P.R. Regnier, J.P.-E. Taran: On the possibility of measuring gas concentrations by stimulated anti-Stokes scattering, Appl. Phys. Lett. **23**, 240 (1973)

[4.122] D.A. Akimov, A.B. Fedotov, N.I. Koroteev, A.N. Naumov, D.A. Sidorov-Biryukov, A.M. Zheltikov: Application of coherent four-wave mixing for two-dimensional mapping of spatial distribution of excited atoms in a laser-produced plasma, Opt. Commun. **140**, 259 (1997)

[4.123] D.A. Akimov, A.B. Fedotov, N.I. Koroteev, A.N. Naumov, D.A. Sidorov-Biryukov, A.M. Zheltikov, R.B. Miles: One-dimensional coherent four-wave mixing as a way to image the spatial distribution of atoms in a laser-produced plasma, Opt. Lett. **24**, 478 (1999)

[4.124] A.C. Eckbreth, T.J. Anderson: Dual broadband CARS for simultaneous, multiple species measurements, Appl. Opt. **24**, 2731 (1985)

[4.125] M. Alden, P.–E. Bengtsson, H. Edner: Rotational CARS generation through a multiple four-color interaction, Appl. Opt. **25**, 4493 (1986)

[4.126] G. Laufer, R.B. Miles: Angularly resolved coherent Raman spectroscopy (ARCS), Opt. Commun. **28**, 250 (1979)

[4.127] M. Schmitt, G. Knopp, A. Materny, W. Kiefer: Femtosecond time-resolved four-wave mixing spectroscopy in iodine vapour, Chem. Phys. Lett. **280**, 339 (1997)

[4.128] T. Chen, V. Engel, M. Heid, W. Kiefer, G. Knopp, A. Materny, S. Meyer, R. Pausch, M. Schmitt, H. Schwoerer, T. Siebert: Femtosecond pump-probe abd four-wave mixing spectroscopies applied to simple molecules, Vib. Spectrosc. **19**, 23 (1999)

［4.129］ D.R. Meacher, A. Charlton, P. Ewart, J. Cooper, G. Alber: Degenerate four-wave mixing with broad-bandwidth pulsed lasers, Phys. Rev. A **42**, 3018 (1990)

［4.130］ P. Ewart, P. Snowdon: Multiplex degenerate four-wave mixing in a flame, Opt. Lett. **15**, 1403 (1990)

［4.131］ P. Ewart, P.G.R. Smith, R.B. Williams: Imaging of trace species distributions by degenerate four-wave mixing: Diffraction effects, spatial resolution, and image referencing, Appl. Opt. **36**, 5959 (1997)

［4.132］ D.J. Rakestraw, R.L. Farrow, T. Dreier: Two-dimensional imaging of OH in flames by degenerate four-wave mixing, Opt. Lett. **15**, 709 (1990)

［4.133］ J.-L. Oudar, R.W. Smith, Y.R. Shen: Polarization-sensitive coherent anti-Stokes Raman spectroscopy, Appl. Phys. Lett. **34**, 758 (1979)

［4.134］ N.I. Koroteev: Interference phenomena in coherent active spectroscopy of light scattering and absorption: Holographic multidimensional spectroscopy, Sov. Phys. Usp. **30**, 628 (1987)

［4.135］ N.I. Koroteev, M. Endemann, R.L. Byer: Resolved structure within the broad-band vibrational Raman line of liquid H_2O from polarization coherent anti-Stokes Raman spectroscopy, Phys. Rev. Lett. **43**, 398 (1979)

［4.136］ H. Lotem, R.T. Lynch, N. Bloembergen: Interference between Raman resonances in four-wave difference mixing, Phys. Rev. B **14**, 1748 (1976)

［4.137］ L.S. Aslanyan, A.F. Bunkin, N.I. Koroteev: Coherentellipsometry determination of the complex third-order nonlinear polarizabilities of dye molecules, Sov. Tech. Phys. Lett. **4**, 473 (1978)

［4.138］ M.D. Levenson, N. Bloembergen: Dispersion of the nonlinear optical susceptibility tensor in centrosymmetric media, Phys. Rev. B **10**, 4447 (1974)

［4.139］ M.D. Levenson, N. Bloembergen: Dispersion of the nonlinear optical susceptibilities of organic liquids and solutions, J. Chem. Phys. **60**, 1323 (1974)

［4.140］ A.F. Bunkin, S.G. Ivanov, N.I. Koroteev: Coherent polarization spectroscopy of Raman scattering of light, Sov. Phys. Dokl. **22**, 146 (1977)

［4.141］ A.F. Bunkin, S.G. Ivanov, N.I. Koroteev: Observation of resonant interference of nonlinear optical susceptibilities of molecules in a solution, JETP Lett. **24**, 429 (1976)

［4.142］ R.R. Alfano, S.L. Shapiro: Optical phonon lifetime measured directly with picosecond pulses, Phys. Rev. Lett. **26**, 1247 (1971)

［4.143］ D. von der Linde, A. Laubereau, W. Kaiser: Molecular vibrations in liquids: Direct measurement of the molecular dephasing time; determination of the shape of picosecond light pulses, Phys. Rev. Lett. **26**, 854 (1971)

［4.144］R.B. Miles, G. Laufer, G.C. Bjorklund: Coherent anti-Stokes Raman scattering in a hollow dielectric waveguide, Appl. Phys. Lett. **30**, 417 (1977)

［4.145］G.I. Stegeman, R. Fortenberry, C. Karaguleff, R. Moshrefzadeh, W.M.I. Hetherington II., N.E. Van Wyck, J.E. Sipe: Coherent anti-Stokes Raman scattering in thin-film dielectric waveguides, Opt. Lett. **8**, 295 (1983)

［4.146］W.P. de Boeij, J.S. Kanger, G.W. Lucassen, C. Otto, J. Greve: Waveguide CARS spectroscopy: A new method for background suppression, using dielectric layers as a model, Appl. Spectrosc. **47**, 723 (1993)

［4.147］J.S. Kanger, C. Otto, J. Greve: Waveguide CARS: A method to determine the third-order polarizability to thin layers applied to a sioxny waveguide, Appl. Spectrosc. **49**, 1326 (1995)

［4.148］A.B. Fedotov, F. Giammanco, A.N. Naumov, P. Marsili, A. Ruffini, D.A. Sidorov-Biryukov, A.M. Zheltikov: Four-wave mixing of picosecond pulses in hollow fibers: Expanding the possibilities of gas-phase analysis, Appl. Phys. B **72**, 575 (2001)

［4.149］S.O. Konorov, D.A. Akimov, A.N. Naumov, A.B. Fedotov, R.B. Miles, J.W. Haus, A.M. Zheltikov: Bragg resonance-enhanced coherent anti-Stokes Raman scattering in a planar photonic band-gap waveguide, J. Raman Spectrosc. **33**, 955 (2002)

［4.150］E.A.J. Marcatili, R.A. Schmeltzer: Hollow metallic and dielectric waveguides for long distance optical transmission and lasers, Bell Syst. Tech. J. **43**, 1783 (1964)

［4.151］M.J. Adams: *An Introduction to Optical Waveguides* (Wiley, New York 1981)

［4.152］R.F. Cregan, B.J. Mangan, J.C. Knight, T.A. Birks, P.S.J. Russell, D. Allen, P.J. Roberts: Single-mode photonic bandgap guidance of light in air, Science **285**, 1537 – 1539 (1999)

［4.153］S.O. Konorov, A.B. Fedotov, O.A. Kolevatova, V.I. Beloglazov, N.B. Skibina, A.V. Shcherbakov, A.M. Zheltikov: Guided modes of hollow photonic-crystal fibers, JETP Lett. **76**, 341 (2002)

［4.154］F. Benabid, J.C. Knight, G. Antonopoulos, P.S.J. Russell: Stimulated Raman scattering in hydrogen-filled hollow-core photonic crystal fiber, Science **298**, 399 – 402 (2000)

［4.155］O.A. Kolevatova, A.N. Naumov, A.M. Zheltikov: Guiding high-intensity laser pulses through hollow fibers: Self-phase modulation and cross-talk of guided modes, Opt. Commun. **217**, 169 (2003)

［4.156］C.M. Smith, N. Venkataraman, M.T. Gallagher, D. Muller, J.A. West, N.F. Borrelli, D.C. Allan, K. Koch: Low-loss hollow-core silica/air photonic band-gap fibre, Nature **424**, 657 (2003)

［4.157］ A.M. Zheltikov: Isolated waveguide modes of high-intensity light fields, Phys. Usp. **47**(12), 1205 – 1220 (2004)

［4.158］ F. Benabid, F. Couny, J.C. Knight, T.A. Birks, P.S.J. Russell: Compact, stable and efficient all-fibre gas cells using hollow-core photonic crystal fibres, Nature **434**(7032), 488 – 491 (2005)

［4.159］ A.M. Zheltikov: The friendly gas phase, Nat. Mater. **4**(4), 267 – 268 (2005)

［4.160］ S.O. Konorov, A.B. Fedotov, A.M. Zheltikov: Enhanced four-wave mixing in a hollow-core photonic-crystal fiber, Opt. Lett. **28**, 1448 – 1450 (2003)

［4.161］ S.O. Konorov, D.A. Sidorov-Biryukov, I. Bugar, D. Chorvat Jr., D. Chorvat, E.E. Serebryannikov, M.J. Bloemer, M. Scalora, R.B. Miles, A.M. Zheltikov: Limiting of microjoule femtosecond pulses in airguided modes of a hollow photonic-crystal fiber, Phys. Rev. A **70**, 023807 (2004)

［4.162］ D.G. Ouzounov, F.R. Ahmad, D. Muller, N. Venkataraman, M.T. Gallagher, M.G. Thomas, J. Silcox, K.W. Koch, A.L. Gaeta: Generation of megawatt optical solitons in hollow-core photonic band-gap fibers, Science **301**, 1702 – 1704 (2003)

［4.163］ F. Luan, J.C. Knight, P.S.J. Russell, S. Campbell, D. Xiao, D.T. Reid, B.J. Mangan, D.P. Williams, P.J. Roberts: Femtosecond soliton pulse delivery at 800 nm wavelength in hollow-core photonic bandgap fibers, Opt. Express **12**, 835 – 840 (2004)

［4.164］ S.O. Konorov, A.B. Fedotov, O.A. Kolevatova, V.I. Beloglazov, N.B. Skibina, A.V. Shcherbakov, E. Wintner, A.M. Zheltikov: Laser breakdown with millijoule trains of picosecond pulses transmitted through a hollow-core photonic-crystal fibre, J. Phys. D **36**, 1375 – 1381 (2003)

［4.165］ S.O. Konorov, A.B. Fedotov, V.P. Mitrokhin, V.I. Beloglazov, N.B. Skibina, A.V. Shcherbakov, E. Wintner, M. Scalora, A.M. Zheltikov: Laser ablation of dental tissues with picosecond pulses of 1.06μm radiation transmitted through a hollow-core photonic-crystal fiber, Appl. Opt. **43**, 2251 – 2256 (2004)

［4.166］ S.O. Konorov, E.E. Serebryannikov, A.B. Fedotov, R.B. Miles, A.M. Zheltikov: Phase-matched waveguide four-wave mixing scaled to higher peak powers with large-core-area hollow photonic-crystal fibers, Phys. Rev. E **71**, 057603 (2005)

［4.167］ S.G. Johnson, M. Ibanescu, M. Skorobogatiy, O. Weisberg, T.D. Engeness, M. Soljacic, S.A. Jacobs, J.D. Joannopoulos, Y. Fink: Low-loss asymptotically single-mode propagation in large-core OmniGuide fibers, Opt. Express **9**, 748 – 779 (2001)

［4.168］ S.O. Konorov, A.B. Fedotov, E.E. Serebryannikov, V.P. Mitrokhin, D.A.

Sidorov-Biryukov, A.M. Zheltikov: Phase-matched coherent anti-Stokes Raman scattering in isolated air-guided modes of hollow photonic-crystal fibers, J. Raman Spectrosc. **36**, 129 (2005)

[4.169] L. Poladian, N.A. Issa, T.M. Monro: Fourier decomposition algorithm for leaky modes of fibres with arbitrary geometry, Opt. Express **10**, 449－454 (2002)

[4.170] J.T. Motz, M. Hunter, L.H. Galindo, J.A. Gardecki, J.R. Kramer, R.R. Dasari, M.S. Feld: Optical fiber probe for biomedical Raman spectroscopy, Appl. Opt. **43**, 542 (2004)

[4.171] S.A. Akhmanov, V.G. Dmitriev, A.I. Kovrigin, N.I. Koroteev, V.G. Tunkin, A.I. Kholodnykh: Active spectroscopy of coherent anti-Stokes Raman scattering using an optical parametric oscillator, JETP Lett. **15**, 425 (1972)

[4.172] M.D. Levenson, C. Flytzanis, N. Bloembergen: Interference of resonant and nonresonant three-wave mixing in diamond, Phys. Rev. B **6**, 3962 (1972)

[4.173] R. Leonhardt, W. Holzapfel, W. Zinth, W. Kaiser: Terahertz quantum beats in molecular liquids, Chem. Phys. Lett. **133**, 373 (1987)

[4.174] M. Motzkus, S. Pedersen, A.H. Zewail: Femtosecond real-time probing of reactions: Nonlinear (DFWM) techniques for probing transition states of uni－ and bi-molecular reactions, J. Phys. Chem. **100**, 5620 (1996)

[4.175] D. Brüggemann, J. Hertzberg, B. Wies, Y. Waschke, R. Noll, K.－F. Knoche, G. Herziger: Test of an optical parametric oscillator (OPO) as a compact and fast tunable stokes source in coherent anti-stokes Raman spectroscopy (CARS), Appl. Phys. B **55**, 378 (1992)

[4.176] E.T.J. Nibbering, D.A. Wiersma, K. Duppen: Ultrafast nonlinear spectroscopy with chirped optical pulses, Phys. Rev. Lett. **68**, 514 (1992)

[4.177] T. Lang, M. Motzkus: Single-shot femtosecond coherent anti-Stokes Raman-scattering thermometry, J. Opt. Soc. Am. B **19**, 340 (2002)

[4.178] A.M. Zheltikov, A.N. Naumov: High-resolution four-photon spectroscopy with chirped pulses, Quantum Electron. **30**, 606 (2000)

[4.179] A.N. Naumov, A.M. Zheltikov: Frequency-time and time-space mappings for single-shot coherent four-wave mixing with chirped pulses and broad beams, J. Raman Spectrosc. **32**, 960－970 (2000)

[4.180] A.N. Naumov, A.M. Zheltikov: Frequency-time and time-space mappings with broadband and supercontinuum chirped pulses in coherent wave mixing and pump-probe techniques, Appl. Phys. B **77**, 369－376 (2003)

[4.181] A.N. Naumov, A.M. Zheltikov, A.P. Tarasevitch, D. von der Linde: Enhanced spectral broadening of short laser pulses in high-numerical- aperture holey fibers, Appl. Phys. B **73**, 181 (2001)

［4.182］ S.O. Konorov, A.M. Zheltikov: Frequency conversion of subnanojoule femtosecond laser pulses in a microstructure fiber for photochromism initiation, Opt. Express **11**, 2440 – 2445 (2003)

［4.183］ S.O. Konorov, D.A. Akimov, A.A. Ivanov, M.V. Alfimov, A.M. Zheltikov: Microstructure fibers as frequency-tunable sources of ultrashort chirped pulses for coherent nonlinear spectroscopy, Appl. Phys. B **78**, 565 – 567 (2004)

［4.184］ H. Kano, H. Hamaguchi: Characterization of a supercontinuum generated from a photonic crystal fiber and its application to coherent Raman spectroscopy, Opt. Lett. **28**, 2360 – 2362 (2003)

［4.185］ S.O. Konorov, D.A. Akimov, A.A. Ivanov, M.V. Alfimov, A.V. Yakimanskii, A.M. Zheltikov: Probing resonant nonlinearities in organic materials using photonic-crystal fiber frequency converters, Chem. Phys. Lett. **405**, 310 – 313 (2005)

［4.186］ H.N. Paulsen, K.M. Hilligsøe, J. Thøgersen, S.R. Keiding, J.J. Larsen: Coherent anti-Stokes Raman scattering microscopy with a photonic crystal fiber based light source, Opt. Lett. **28**, 1123 – 1125 (2003)

［4.187］ A.M. Zheltikov: Limiting temporal and spectral resolution in spectroscopy and microscopy of coherent Raman scattering with chirped ultrashort laser pulses, JETP **100**, 833 – 843 (2005)

［4.188］ S. Konorov, A. Ivanov, D. Ivanov, M. Alfimov, A. Zheltikov: Ultrafast photonic-crystal fiber light flash for streak-camera fluorescence measurements, Opt. Express **13**, 5682 – 5688 (2005)

［4.189］ A.A. Ivanov, M.V. Alfimov, A.M. Zheltikov: Femtosecond pulses in nanophotonics, Phys. Usp. **47**, 687 (2004)

［4.190］ S. Linden, J. Kuhl, H. Giessen: Amplitude and phase characterization of weak blue ultrashort pulses by downconversion, Opt. Lett. **24**, 569 – 571 (1999)

［4.191］ X. Gu, L. Xu, M. Kimmel, E. Zeek, P. O'Shea, A.P. Shreenath, R. Trebino, R.S. Windeler: Frequencyresolved optical gating and single-shot spectral measurements reveal fine structure in microstructure fiber continuum, Opt. Lett. **27**, 1174 – 1176 (2002)

［4.192］ R. Trebino: *Frequency-Resolved Optical Gating: The Measurement of Ultrashort Laser Pulses* (Kluwer, Boston 2002)

［4.193］ S.A. Kovalenko, A.L. Dobryakov, J. Ruthmann, N.P. Ernsting: Femtosecond spectroscopy of condensed phases with chirped supercontinuum probing, Phys. Rev. A **59**, 2369 – 2384 (1999)

［4.194］ T. Kobayashi (Ed.): *J-Aggregates* (World Scientific, Singapore 1996)

［4.195］ F.C. Spano, S. Mukamel: Nonlinear susceptibilities of molecular aggregates:

Enhancement of $X^{(3)}$ by size, Phys. Rev. A **40**, 5783 – 5801 (1989)

[4.196] J. Knoester: Nonlinear-optical susceptibilities of disordered aggregates: A comparison of schemes to account for intermolecular interactions, Phys. Rev. A **47**, 2083 – 2098 (1993)

[4.197] O. Kuhn, V. Sundstrom: Pump-probe spectroscopy of dissipative energy transfer dynamics in photosynthetic antenna complexes: A density matrix approach, J. Chem. Phys. **104**, 4154 – 4164 (1997)

[4.198] M. Furuki, M. Tian, Y. Sato, L.S. Pu, S. Tatsuura, O. Wada: Terahertz demultiplexing by a single-shot time-to-space conversion using a film of squarylium dye *J* aggregates, Appl. Phys. Lett. **77**, 472 – 474 (2000)

[4.199] T. Tani: J-aggregates in spectral sensitization of photographic materials. In: *J-Aggregates*, ed. by T. Kobayashi (World Scientific, Singapore 1996)

[4.200] A.A. Ivanov, D.A. Akimov, P.V. Mezentsev, A.I. Plekhanov, M.V. Alfimov, A.M. Zheltikov: Pump-probe nonlinear absorption spectroscopy of molecular aggregates using chirped frequency-shifted light pulses from a photonic-crystal fiber, Laser Phys. **16**, 6 (2006)

[4.201] L.D. Bakalis, J. Knoester: Linear absorption as a tool to measure the exciton delocalization length in molecular assemblies, J. Lumin. **87 – 89**, 66 – 70 (2000)

[4.202] L.D. Bakalis, J. Knoester: Can the exciton delocalization length in molecular aggregates be determined by pump-probe spectroscopy?, J. Lumin. **83/84**, 115 – 119 (1999)

[4.203] G.I. Stegeman, H. – E. Ponath (Eds.): *Nonlinear Surface Electromagnetic Phenomena* (North-Holland, Amsterdam 1991)

[4.204] J.F. McGilp: A review of optical second-harmonic and sum-frequency generation at surfaces and interfaces, J. Phys. D **29**, 1812 – 1821 (1996)

[4.205] Y.R. Shen: Surface studies by optical second harmonic generation: An overview, J. Vac. Sci. Technol. B **3**, 1464 (1985)

[4.206] T. Götz, F. Träger, M. Buck, C. Dressler, F. Eisert: Optical second harmonic generation of supported metal clusters: Size and shape effects, Appl. Phys. **607**, 60 (1995)

[4.207] F.L. Labarthet, Y.R. Shen: Nonlinear Optical Microscopy. In: *Optical Imaging and Spectroscopy: Techniques and Advanced Systems*, Ser. Opt. Sci., Vol. 87, ed. by P. Török, F. – J. Kao (Springer, Berlin, Heidelberg 2003) pp. 169 – 196

[4.208] A.M. Zheltikov: Nanoscale nonlinear optics in photonic-crystal fibres, J. Opt. A **8**, 1 – 26 (2006)

[4.209] M. Müller, G.J. Brakenhoff: Parametric nonlinear optical techniques in microscopy. In: *Optical Imaging and Spectroscopy: Techniques and Advanced*

Systems, Ser. Opt. Sci., Vol.87, ed. by P. Török, F. J. Kao (Springer, Berlin, Heidelberg 2003) pp. 197－218

[4.210] A.N. Naumov, D.A. Sidorov-Biryukov, A.B. Fedotov, A.M. Zheltikov: Third-harmonic generation in focused beams as a method of three-dimensional microscopy of laser-produced plasma, Opt. Spectrosc. **90**, 863 (2001)

[4.211] R. Hellwarth, P. Christensen: Rapid communications: Nonlinear optical microscope using second harmonic generation, Appl. Opt. **14**, 247 (1975)

[4.212] G.T. Boyd, Y.R. Shen, T.W. Hänsch: Continuous-wave second-harmonic generation as a surface microprobe, Opt. Lett. **11**, 97－99 (1986)

[4.213] M.D. Duncan, J. Reintjes, T.J. Manuccia: Scanning coherent anti-Stokes Raman microscope, Opt. Lett. **7**, 350－352 (1982)

[4.214] A. Zumbusch, G.R. Holtom, X.S. Xie: Vibrational microscopy using coherent anti-Stokes Raman scattering, Phys. Rev. Lett. **82**, 4142 (1999)

[4.215] A. McPherson, G. Gibson, H. Jara, U. Johann, T.S. Luk, I. McIntyre, K. Boyer, C.K. Rhodes: Studies of multiphoton production of vacuum- ultraviolet radiation in the rare gases, J. Opt. Soc. Am. B **4**, 595 (1987)

[4.216] M. Ferray, A. L'Huillier, X.F. Li, L.A. Lompré, G. Main-fray, C. Manus: Multiple-harmonic conversion of 1064 nm radiation in rare gases, J. Phys. B **21**, 31 (1988)

[4.217] J.J. Macklin, J.D. Kmetec, C.L.I. Gordon II.: High-order harmonic generation using intense femtosecond pulses, Phys. Rev. Lett. **70**, 766 (1993)

[4.218] A. L'Huillier, P. Balcou: High-order harmonic generation in rare gases with an intense short-pulse laser, Phys. Rev. Lett. **70**, 774 (1993)

[4.219] Z. Chang, A. Rundquist, H. Wang, M.M. Murnane, H.C. Kapteyn: Generation of coherent soft x rays at 2.7 nm using high harmonics, Phys. Rev. Lett. **79**, 2967 (1997)

[4.220] C. Spielmann, N. Burnett, S. Sartania, R. Koppitsch, M. Schnurer, C. Kan, M. Lenzner, P. Wobrauschek, F. Krausz: Generation of coherent x-rays in the water window using 5 femtosecond laser pulses, Science **278**, 661 (1997)

[4.221] J. Seres, E. Seres, A.J. Verhoef, G. Tempea, C. Streli, P. Wobrauschek, V. Yakovlev, A. Scrinzi, C. Spielmann, F. Krausz: Source of coherent kiloelectronvolt x-rays, Nature **433**, 596 (2005)

[4.222] M.－C. Chen, P. Arpin, T. Popmintchev, M. Gerrity, B. Zhang, M. Seaberg, D. Popmintchev, M.M. Murnane, H.C. Kapteyn: Bright, coherent, ultrafast soft x-ray harmonics spanning the water window from a tabletop light source, Phys. Rev. Lett. **105**, 173901 (2010)

[4.223] P. Agostini, L.F. DiMauro: Atoms in high intensity mid-infrared pulses,

Contemp. Phys. **49**, 179 (2008)

[4.224] T. Popmintchev, M.−C. Chen, P. Arpin, M.M. Murnane, H.C. Kapteyn: The attosecond nonlinear optics of bright coherent radiation, Nat. Photon. **4**, 822 (2010)

[4.225] J.L. Krause, K.J. Schafer, K.C. Kulander: High-order harmonic generation from atoms and ions in the high intensity regime, Phys. Rev. Lett. **68**, 3535 (1992)

[4.226] K.J. Schafer, B. Yang, L.F. DiMauro, K.C. Kulander: Above threshold ionization beyond the high harmonic cutoff, Phys. Rev. Lett. **70**, 1599 (1993)

[4.227] P.B. Corkum: Plasma perspective on strong-field multiphoton ionization, Phys. Rev. Lett. **71**, 1994 (1993)

[4.228] M. Lewenstein, P. Balcou, M.Y. Ivanov, A. L'Huillier, P. Corkum: Theory of high-order harmonic generation by low-frequency laser fields, Phys. Rev. A **49**, 2117 (1994)

[4.229] M. Gisselbrecht, D. Descamps, C. Lynga, A. L'Huillier, C.G. Wahlström, M. Meyer: Absolute photoionization cross sections of excited He states in the near-threshold region, Phys. Rev. Lett. **82**, 4607 (1999)

[4.230] L. Nugent-Glandorf, M. Scheer, D.A. Samuels, A.M. Mulhisen, E.R. Grant, X. Yang, V.M. Bierbaum, S.R. Leone: Ultrafast time-resolved soft x-ray photoelectron spectroscopy of dissociating Br_2, Phys. Rev. Lett. **87**, 193002 (2001)

[4.231] N. Wagner, A. Wuest, I. Christov, T. Popmintchev, X. Zhou, M.M. Murnane, H.C. Kapteyn: Monitoring molecular dynamics using coherent electrons from high-harmonic generation, Proc. Natl. Acad. Sci. **103**, 13279 (2006)

[4.232] R. Haight, D.R. Peale: Antibonding state on the Ge(111):As surface: Spectroscopy and dynamics, Phys. Rev. Lett. **70**, 3979 (1993)

[4.233] W. Theobald, R. Hässner, C. Wülker, R. Sauerbrey: Temporally resolved measurement of electron densities ($> 10^{23}$ cm^{-3}) with high harmonics, Phys. Rev. Lett. **77**, 298 (1996)

[4.234] Y. Kobayashi, T. Sekikawa, Y. Nabekawa, S. Watanabe: 27 fs extreme ultraviolet pulse generation by high-order harmonics, Opt. Lett. **23**, 64 (1998)

[4.235] G. Farkas, C. Toth: Proposal for attosecond light pulse generation using laser induced multiple-harmonic conversion processes in rare gases, Phys. Lett. A **168**, 447 (1992)

[4.236] S.E. Harris, J.J. Macklin, T.W. Hänsch: Atomic scale temporal structure inherent to high-order harmonic generation, Opt. Commun. **100**, 487 (1993)

[4.237] P.B. Corkum, N.H. Burnett, M.Y. Ivanov: Subfemtosecond pulses, Opt. Lett. **19**, 1870 (1994)

［4.238］ P. Antoine, A. L'Huillier, M. Lewenstein: Attosecond pulse trains using high-order harmonics, Phys. Rev. Lett. **77**, 1234 (1996)

［4.239］ P.M. Paul, E.S. Toma, P. Breger, G. Mullot, F. Augé, P. Balcou: Observation of a train of attosecond pulses from high harmonic generation, Science **292**, 1689 – 1692 (2001)

［4.240］ M. Hentschel, R. Kienberger, C. Spielmann, G.A. Reider, N. Milosevic, T. Brabec, P.B. Corkum, U. Heinzmann: Attosecond metrology, Nature **414**, 509 – 513 (2001)

［4.241］ R. Kienberger, M. Hentschel, M. Uiberacker, C. Spielmann, M. Kitzler, A. Scrinzi, M. Wieland, T. Westerwalbesloh, U. Kleineberg, U. Heinzmann: Steering attosecond electron wave packets with light, Science **297**, 1144 (2002)

［4.242］ P. Salières, A. L'Huillier, P. Antoine, M. Lewenstein: Study of the spatial and temporal coherence of high-order harmonics, Adv. At. Mol. Opt. Phys. **41**, 83 (1999)

［4.243］ T. Brabec, F. Krausz: Intense few-cycle laser fields: Frontiers of nonlinear optics, Rev. Mod. Phys. **72**, 545 (2000)

［4.244］ P. Agostini, L.F. DiMauro: The physics of attosecond pulses, Rep. Prog. Phys. **67**, 813 (2004)

［4.245］ F. Krausz, M. Ivanov: Attosecond physics, Rev. Mod. Phys. **81**, 163 (2009)

［4.246］ D. Strickland, G. Mourou: Compression of amplified chirped optical pulses, Opt. Commun. **56**, 219 (1985)

［4.247］ M.D. Perry, J.K. Crane: High-order harmonic emission from mixed fields, Phys. Rev. A **48**, R4051 (1993)

［4.248］ S. Watanabe, K. Kondo, Y. Nabekawa, A. Sagisaka, Y. Kobayashi: Two-color phase control in tunneling ionization and harmonic generation by a strong laser field and its third harmonic, Phys. Rev. Lett. **73**, 2692 (1994)

［4.249］ H. Eichmann, S. Meyer, K. Riepl, C. Momma, B. Wellegehausen: Generation of short-pulse tunable XUV radiation by high-order frequency mixing, Phys. Rev. A **50**, R2834 (1994)

［4.250］ B. Sheehy, J.D.D. Martin, L.F. DiMauro, P. Agostini, K.J. Schafer, M.B. Gaarde, K.C. Kulander: High harmonic generation at long wavelengths, Phys. Rev. Lett. **83**, 5270 (1999)

［4.251］ Y.H. Nabekawa, Y.H. Hasegawa, E.J. Takahashi, K. Midorikawa: Nonlinear multiphoton process of He at 42 eV by high-order harmonics, Phys. Rev. Lett. **94**, 043001 (2005)

［4.252］ C.I. Durfee II., A. Rundquist, S. Backus, C. Herne, M. Murnane, H.C. Kapteyn: Phase matching of high-order harmonics in hollow waveguides, Phys. Rev. Lett.

83, 2187 (1999)

[4.253] E. Takahashi, Y. Nabekawa, M. Nurhuda, K. Midorikawa: Generation of high-energy high-order harmonics by use of a long interaction medium, J. Opt. Soc. Am. A **20**, 158 (2003)

[4.254] M. Schnürer, Z. Cheng, M. Hentschel, G. Tempea, P. Kálmán, T. Brabec, F. Krausz: Absorption-limited generation of coherent ultrashort soft-x – ray pulses, Phys. Rev. Lett. **83**, 722 (1999)

[4.255] C.G. Wahlström, S. Borgström, J. Larsson, S.G. Pettersson: High-order harmonic generation in laser-produced ions using a near-infrared laser, Phys. Rev. A **51**, 585 (1995)

[4.256] Y. Liang, S. August, S.L. Chin: High harmonic generation in atomic and diatomic molecular gases using intense picosecond laser pulses-a comparison, Phys. Rev. B **27**, 5119 (1994)

[4.257] T.D. Donnelly, T. Ditmire, K. Neumann, M.D. Perry, R.W. Falcone: High-order harmonic generation in atom clusters, Phys. Rev. Lett. **76**, 2472 (1996)

[4.258] J. Itatani, J. Levesque, D. Zeidler, H. Niikura, H. Pepin, J.C. Kieffer, P.B. Corkum, D.M. Villeneuve: Tomographic imaging of molecular orbitals, Nature **432**, 867 (2004)

[4.259] J.P. Marangos, S. Baker, N. Kajumba, J.S. Robinson, J.W.G. Tisch, R. Torres: Dynamic imaging of molecules using high order harmonic generation, Phys. Chem. Chem. Phys. **10**, 35 (2007)

[4.260] W. Li, X. Zhou, R. Lock, S. Patchkovskii, A. Stolow, H.C. Kapteyn, M.M. Murnane: Time-resolved dynamics in N_2O_4 probed using high harmonic generation, Science **322**, 1207 (2008)

[4.261] S. Kim, J. Jin, Y. – J. Kim, I. – Y. Park, Y. Kim, S. – W. Kim: High-harmonic generation by resonant plasmon field enhancement, Nature **453**, 757 (2008)

[4.262] K.C. Kulander, B.W. Shore: Calculations of multiple-harmonic conversion of 1064nm radiation in Xe, Phys. Rev. Lett. **62**, 524 (1989)

[4.263] K.J. Schafer, K.C. Kulander: High harmonic generation from ultrafast pump lasers, Phys. Rev. Lett. **78**, 638 (1997)

[4.264] I.P. Christov, M.M. Murnane, H.C. Kapteyn: Highharmonic generation of attosecond pulses in the single cycle regime, Phys. Rev. Lett. **78**, 1251 (1997)

[4.265] M. Lewenstein, A. L' Huillier: Principles of single atom physics. In: *Strong Laser Field Physics*, Ser. Opt. Phys., Vol. 134, ed. by T. Brabec, H.C. Kapteyn (Springer, Berlin, Heidelberg 2008) pp. 147 – 183

[4.266] X. He, J.M. Dahlström, R. Rakowski, C.M. Heyl, A. Persson, J. Mauritsson, A. L'Huillier: Interference effects in two-color high-order harmonic generation,

Phys. Rev. A **82**, 033410 (2010)

〔4.267〕 M.B. Gaarde, K.J. Schafer: Quantum path distributions for high-order harmonics in rare gas atoms, Phys. Rev. A **65**, R031406 (2002)

〔4.268〕 K. Varjú, Y. Mairesse, B. Carré, M.B. Gaarde, P. Johnsson, S. Kazamias, R. López-Martens, J. Mauritsson, K.J. Schafer, P. Balcou, A. L'Huillier, P. Salières: Frequency chirp of harmonic and attosecond pulses, J. Mod. Opt. **52**, 379 (2005)

〔4.269〕 M. Bellini, A. Tozzi, M.B. Gaarde, C. Delfin, T.W. Hänsch, A. L'Huillier, C.G. Wahlström: Temporal coherence of ultrashort high-order harmonic pulses, Phys. Rev. Lett. **81**, 297 (1998)

〔4.270〕 M. Gaarde, F. Salin, E. Constant, P. Balcou, K.J. Schafer, K.C. Kulander, A. L'Huillier: Spatiotemporal separation of high harmonic radiation into two quantum path components, Phys. Rev. A **59**, 1367 (1999)

〔4.271〕 P. Salières, B. Carré, L. Le Déroff, F. Grasbon, G.G. Paulus, H. Walther, R. Kopold, W. Becker, A. Sanpera, M. Lewenstein: Feynman's pathintegral approach for intense-laser-atom interactions, Science **292**, 902 (2001)

〔4.272〕 P. Balcou, A.S. Dederichs, M.B. Gaarde, A. L'Huillier: Quantum-path analysis and phase-matching of high-order harmonic generation and high-order frequency mixing processes in strong laser fields, J. Phys. B **32**, 2973 (1999)

〔4.273〕 S. Kazamias, D. Douillet, F. Weihe, C. Valentin, A. Rousse, S. Sebban, G. Grillon, F. Augé, D. Hulin, P. Balcou: Global optimization of high harmonic generation, Phys. Rev. Lett. **90**, 193901 (2003)

〔4.274〕 V.V. Strelkov, E. Mével, E. Constant: Generation of isolated attosecond pulses by spatial shaping of a femtosecond laser beam, New J. Phys. **10**, 083040 (2008)

〔4.275〕 I. Thomann, A. Bahabad, R. Trebino, M.M. Murnane, H.C. Kapteyn: Characterizing isolated attosecond pulses from hollow-core waveguides using multicycle driving pulses, Opt. Express **17**, 4611 (2009)

〔4.276〕 P. Salières, A. L'Huillier, M. Lewenstein: Coherence control of high-order harmonics, Phys. Rev. Lett. **74**, 3776 (1995)

〔4.277〕 D.J. Bradley, B. Liddy, W.E. Sleat: Direct linear measurement of ultrashort light pulses with a picosecond streak camera, Opt. Commun. **2**, 391 (1971)

〔4.278〕 A. Paul, R.A. Bartels, R. Tobey, H. Green, S. Weiman, I.P. Christov, M.M. Murnane, H.C. Kapteyn, S. Backus: Quasi-phase-matched generation of coherent extreme-ultraviolet light, Nature **421**, 51 (2003)

〔4.279〕 X. Zhang, A.L. Lytle, T. Popmintchev, X. Zhou, H.C. Kapteyn, M.M. Murnane, O. Cohen: Quasiphase-matching and quantum path control of high-harmonic generation using counterpropagating light, Nat. Phys. **3**, 270 (2007)

〔4.280〕 J.–F. Hergott, M. Kovacev, H. Merdji, C. Hubert, Y. Mairesse, E. Jean, P.

Breger, P. Agostini, B. Carré, P. Salières: Extreme-ultraviolet high-order harmonic pulses in the microjoule range, Phys. Rev. A **66**, 021801 (2002)

[4.281] E. Takahashi, Y. Nabekawa, K. Midorikawa: Generation of 10 μJ coherent extreme-ultraviolet light by use of high-order harmonics, Opt. Lett. **27**, 1920 (2002)

[4.282] Y. Mairesse, A. De Bohan, L.J. Frasinski, H. Merdji, L.C. Dinu, P. Monchicourt, P. Bréger, M. Kovacev, R. Taieb, B. Carré, H.G. Muller, P. Agostini, P. Salieres: Attosecond synchronization of highharmonic soft x-rays, Science **302**, 1540 (2003)

[4.283] R. López-Martens, K. Varjú, P. Johnsson, J. Mauritsson, Y. Mairesse, P. Salières, M.B. Gaarde, K.J. Schafer, A. Persson, S. Svanberg, C. – G. Wahlström, A. L'Huillier: Amplitude and phase control of attosecond light pulses, Phys. Rev. Lett. **94**, 033001 (2005)

[4.284] D.H. Ko, K.T. Kim, J. Park, J. Lee, C.H. Nam: Attosecond chirp compensation over broadband high-order harmonics to generate near transform-limited 63 as pulses, New J. Phys. **12**, 063008 (2010)

[4.285] A. – S. Morlens, R. López-Martens, O. Boyko, P. Zeitoun, P. Balcou, K. Varjú, E. Gustafsson, T. Remetter, A. L'Huillier, S. Kazamias, J. Gautier, F. Delmotte, M. – F. Ravet: Design and Characterization of extreme ultraviolet broadband mirrors for attosecond science, Opt. Lett. **31**, 1558 (2006)

[4.286] J. Mauritsson, P. Johnsson, E. Gustafsson, A. L'Huillier, K.J. Schafer, M.B. Gaarde: Attosecond pulse trains generated using two-color laser fields, Phys. Rev. Lett. **97**, 013001 (2006)

[4.287] J. Mauritsson, E. Mansten, P. Johnsson, M. Swoboda, T. Ruchon, A. L'Huillier, K.J. Schafer: Coherent electron scattering captured by an attosecond quantum stroboscope, Phys. Rev. Lett. **100**, 073003 (2008)

[4.288] N. Milosevic, A. Scrinzi: Ab initio numerical calculation of attosecond pulse generation, Phys. Rev. Lett. **88**, 093905 (1996)

[4.289] M. Ivanov, P.B. Corkum: Routes to control of intense-field atomic polarizability, Phys. Rev. Lett. **74**, 2933 – 2936 (1995)

[4.290] P. Antoine, D.B. Milosevic, A. L'Huillier, M.B. Gaarde, P. Salières, M. Lewenstein: Generation of attosecond pulses in macroscopic media, Phys. Rev. A **56**, 4960 (1997)

[4.291] V.T. Platonenko, V.V. Strelkov: Generation of a single attosecond x-ray pulse, Quantum Electron. **28**, 749 (1998)

[4.292] A. Baltuška, T. Udem, M. Uiberacker, M. Hentschel, E. Goulielmakis, C. Gohle, R. Holzwarth, V.S. Yakovlev, A. Scrinzi, T.W. Hänsch, F. Krausz: Attosecond control of electronic processes by intense light fields, Nature **421**, 611 (2003)

〔4.293〕 I.J. Sola, E. Mével, L. Elouga, E. Constant, V. Strelkov, L. Poletto, P. Villoresi, E. Benedetti, J.－P. Caumes, S. Stagira, C. Vozzi, G. Sansone, M. Nisoli: Controlling attosecond electron dynamics by phase-stabilized polarization gating, Nat. Phys. **2**, 319 (2006)

〔4.294〕 G. Sansone, E. Benedetti, F. Calegari, C. Vozzi, L. Avaldi, R. Flammini, L. Poletto, P. Villoresi, C. Altucci, R. Velotta, S. Stagira, S. De Silvestri, M. Nisoli: Isolated single-cycle attosecond pulses, Science **314**, 443 (2006)

〔4.295〕 S. Gilbertson, S.D. Khan, Y. Wu, M. Chini, Z. Chang: Isolated attosecond pulse generation without the need to stabilize the carrier-envelope phase of driving lasers, Phys. Rev. Lett. **105**, 093902 (2010)

〔4.296〕 P. Tzallas, E. Skantzakis, C. Kalpouzos, E.P. Benis, G.D. Tsakiris, D. Charalambidis: Generation of intense continuum XUV radiation by many cycle laser fields, Nat. Phys. **3**, 846 (2007)

〔4.297〕 E. Goulielmakis, M. Uiberacker, R. Kienberger, A. Baltuška, V. Yakovlev, A. Scrinzi, T. Wester-walbesloh, U. Kleineberg, U. Heinzmann, M. Drescher, F. Krausz: Direct measurement of light waves, Science **305**, 1267 (2004)

〔4.298〕 Y. Kobayashi, D. Yoshitomi, K. Iwata, H. Takada, K. Torizuka: Ultrashort pulse characterization by ultra-thin ZnO, GaN, and AlN crystals, Opt. Express **15**, 9748 (2007)

〔4.299〕 Y. Kobayashi, T. Ohno, T. Sekikawa, Y. Nabekawa, S. Watanabe: Pulse width measurement of high-order harmonics by autocorrelation, Appl. Phys. B **70**, 389－394 (2000)

〔4.300〕 T. Sekikawa, T. Katsura, S. Miura, S. Watanabe: Measurement of the intensity-dependent atomic dipole phase of a high harmonic by frequency-resolved optical gating, Phys. Rev. Lett. **88**, 193902 (2002)

〔4.301〕 P. Tzallas, D. Charalambidis, N.A. Papadogiannis, K. Witte, G.D. Tsakiris: Direct observation of attosecond light bunching, Nature **426**, 267 (2003)

〔4.302〕 L.A.A. Nikolopoulos, E.P. Benis, P. Tzallas, D. Charalambidis, K. Witte, G.D. Tsakiris: Second order autocorrelation of an XUV attosecond pulse train, Phys. Rev. Lett. **94**, 113905 (2005)

〔4.303〕 Y. Nabekawa, Y.T. Shimizu, T. Okino, K. Furusawa, H. Hasegawa, K. Yamanouchi, D.K. Midorikawa: Conclusive evidence of an attosecond pulse train observed with the mode-resolved autocorrelation technique, Phys. Rev. Lett. **96**, 153904 (2006)

〔4.304〕 N. Miyamoto, M. Kamei, D. Yoshitomi, T. Kanai, T. Sekikawa, T. Nakajima, S. Watanabe: Observation of two-photon above-threshold ionization of rare gases by XUV harmonic photons, Phys. Rev. Lett. **93**, 083903 (2004)

[4.305] H. Hasegawa, E.J. Takahashi, Y. Nabekawa, K.L. Ishikawa, K. Midorikawa: Multiphoton ionization of He by using intense high-order harmonics in the soft-x – ray region, Phys. Rev. A **71**, 023407 (2005)

[4.306] T. Sekikawa, A. Kosuge, T. Kanai, S. Watanabe: Nonlinear optics in the extreme ultraviolet, Nature **432**, 605 (2004)

[4.307] A. Kosuge, T. Sekikawa, X. Zhou, T. Kanai, S. Adachi, S. Watanabe: Frequency-resolved optical gating of isolated attosecond pulses in the extreme ultraviolet, Phys. Rev. Lett. **97**, 263901 (2006)

[4.308] L.A.A. Nikolopoulos, P. Lambropoulos: Multichannel theory of two-photon single and double ionization of Helium, J. Phys. B **34**, 545 (2001)

[4.309] S.A. Aseyev, Y. Ni, L.J. Frasinski, H.G. Muller, M.J.J. Vrakking: Attosecond angle resolved photo-electron spectroscopy, Phys. Rev. Lett. **91**, 223902 (2003)

[4.310] R. Kienberger, E. Goulielmakis, M. Uiberacker, A. Baltuška, V. Yakovlev, F. Bammer, A. Scrinzi, T. Westerwalbesloh, U. Kleineberg, U. Heinzmann, M. Drescher, F. Krausz: Atomic transient recorder, Nature **427**, 817 (2004)

[4.311] E. Goulielmakis, M. Schultze, M. Hofstetter, V. Yakovlev, J. Gagnon, M. Uiberacker, A.L. Aquila, E.M. Gullikson, D.T. Attwood, R. Kienberger, F. Krausz, U. Kleineberg: Single-cycle nonlinear optics, Science **320**, 1614 (2008)

[4.312] Y. Mairesse, F. Quéré: Frequency-resolved optical gating for complete reconstruction of attosecond bursts, Phys. Rev. A **71**, 0011401 (2005)

[4.313] F. Quéré, Y. Mairesse, J. Itatani: Temporal characterization of attosecond xuv fields, J. Mod. Opt. **52**, 339 (2005)

[4.314] M.Y. Schelev, M.C. Richardson, A.J. Alcock: Image-converter streak camera with picosecond resolution, Appl. Phys. Lett. **19**, 307 (1971)

[4.315] R. Trebino, D.J. Kane: Using phase retrieval to measure the intensity and phase of ultrashort pulses: Frequency-resolved optical gating, J. Opt. Soc. Am. A **10**, 1101 (1993)

[4.316] C. Iaconis, I. Walmsley: Self-referencing spectral interferometry formeasuring ultrashort optical pulses, Opt. Lett. **23**, 792 (1998)

[4.317] I.A. Walmsley, V. Wong: Characterization of the electric field of ultrashort optical pulses, J. Opt. Soc. Am. B **13**, 2453 (1996)

[4.318] H.G. Muller: Reconstruction of attosecond harmonic beating by interference of two-photon transitions, Appl. Phys. B **74**, S17 (2002)

[4.319] E.S. Toma, H.G. Muller: Calculation of matrix elements for mixed extreme-ultraviolet-infrared two-photon above-threshold ionization of argon, J. Phys. B **35**, 3435 (2002)

［4.320］K. Varjú, P. Johnsson, J. Mauritsson, A. L'Huillier, R. Lopez-Martens: Physics of attosecond pulses produced via high harmonic generation, J. Am. Phys. **77**, 389 (2009)

［4.321］M. Drescher, M. Hentschel, R. Kienberger, G. Tempea, C. Spielmann, G.A. Reider, P.B. Corkum, F. Krausz: X-ray pulses approaching the attosecond frontier, Science **291**, 1923 (2001)

［4.322］J. Itatani, F. Quéré, G.L. Yudin, M.Y. Ivanov: Attosecond streak camera, Phys. Rev. Lett. **88**, 173903 (2002)

［4.323］M. Kitzler, N. Milosevic: Theory of attosecond streak camera, Phys. Rev. Lett. **88**, 173904 (2002)

［4.324］M.B. Gaarde, M. Murakami, R. Kienberger: Spatial separation of large dynamical blue shift and harmonic generation, Phys. Rev. A **74**, 053401 (2006)

［4.325］M.B. Gaarde, K.J. Schafer: Generating single attosecond pulses via spatial filtering, Opt. Lett. **31**, 3188 (2006)

［4.326］M. Drescher, M. Hentschel, R. Kienberger, M. Uiberacker, V. Yakovlev, A. Scrinzi, T. Westerwalbesloh, U. Kleineberg, U. Heinzmann, F. Krausz: Timeresolved atomic inner-shell spectroscopy, Nature **419**, 803 (2002)

［4.327］M. Uiberacker, T. Uphues, M. Schultze, A.J. Verhoef, V. Yakovlev, M.F. Kling, J. Rauschenberger, N.M. Kabachnik, H. Schröder, M. Lezius, K.L. Kompa, H.–G. Muller,M.J.J. Vrakking, S. Hendel, U. Kleineberg, U. Heinzmann, M. Drescher, F. Krausz: Attosecond real-time observation of electron tunnelling in atoms, Nature **446**, 627 (2007)

［4.328］A.L. Cavalieri, N. Müller, T. Uphues, V.S. Yakovlev, A. Baltuška, B. Horvath, B. Schmidt, L. Blümel, R. Holzwarth, S. Hendel, M. Drescher, U. Kleineberg, P.M. Echenique, R. Kienberger, F. Krausz, U. Heinzmann: Attosecond spectroscopy in condensed matter, Nature **449**, 1029 (2007)

［4.329］M. Schultze, M. Fieß, N. Karpowicz, J. Gagnon, M. Korbman, M. Hofstetter, S. Neppl, A.L. Cavalieri, Y. Komninos, T. Mercouris, C.A. Nicolaides, R. Pazourek, S. Nagele, J. Feist, J. Burgdörfer, A.M. Azzeer, R. Ernstorfer, R. Kienberger, U. Kleineberg, E. Goulielmakis, F. Krausz, V.S. Yakovlev: Delay in photoemission, Science **328**, 1658 (2010)

［4.330］G. Sansone, F. Kelkensberg, J.F. Pérez-Torres, F. Morales, M.F. Kling, W. Siu, O. Ghafur, P. Johnsson, M. Swoboda, E. Benedetti, F. Ferrari, F. Lépine, J.L. Sanz-Vicario, S. Zherebtsov, I. Znakovskaya, A. L'Huillier, M.Y. Ivanov, M. Nisoli, F. Martín, M.J.J. Vrakking: Electron localization following at-tosecond molecular photoionization, Nature **465**, 763 (2010)

［4.331］E. Goulielmakis, Z.–H. Loh, A. Wirth, R. Santra, N. Rohringer, V.S. Yakovlev,

S. Zherebtsov, T. Pfeifer, A.M. Azzeer, M.F. Kling, S.R. Leone, F. Krausz: Realtime observation of valence electron motion, Nature **466**, 739 (2010)

[4.332] J. Mauritsson, T. Remetter, M. Swoboda, K. Klünder, A. L'Huillier, K.J. Schafer, O. Ghafur, F. Kelkensberg, W. Siu, P. Johnsson, M.J.J. Vrakking, I. Znakovskaya, T. Uphues, S. Zherebtsov, M.F. Kling, F. Lépine, E. Benedetti, F. Ferrari, G. Sansone, M. Nisoli: Attosecond electron spectroscopy using a novel interferometric pump-probe technique, Phys. Rev. Lett. **105**, 053001 (2010)

[4.333] M. Swoboda, T. Fordell, K. Klünder, J.M. Dahlström, M. Miranda, C. Buth, K.J. Schafer, J. Mauritsson, A. L'Huillier, M. Gisselbrecht: Phase measurement of resonant two-photon ionization in helium, Phys. Rev. Lett. **104**, 103003 (2010)

[4.334] K. Klünder, J.M. Dahlström, M. Gisselbrecht, T. Fordell, M. Swoboda, D. Guénot, P. Johnsson, J. Caillat, J. Mauritsson, A. Maquet, R. Taïeb, A. L'Huillier: Probing single-photon ionization on the attosecond time scale, Phys. Rev. Lett. **106**, 143002 (2011)

[4.335] S. Haessler, B. Fabre, J. Higuet, J. Caillat, T. Ruchon, P. Breger, B. Carré, E. Constant, A. Maquet, E. Mével, P. Salières, R. Taïeb, Y. Mairesse: Phase-resolved attosecond near-threshold photoionization of molecular nitrogen, Phys. Rev. A **80**, 011404 (2009)

[4.336] T. Remetter, P. Johnsson, J. Mauritsson, K. Varjú, Y. Ni, F. Lépine, M. Kling, J. Khan, E. Gustafsson, R. López-Martens, K.J. Schafer, M.J.J. Vrakking, A. L'Huillier: Attosecond electron wavepacket interferometry, Nat. Phys. **2**, 323 (2006)

[4.337] P. Ranitovic, X.M. Tong, B. Gramkow, S. De, B. De-Paola, K.P. Singh, W. Cao, M. Magrakvelidze, D. Ray, I. Bocharova, H. Mashiko, A. Sandhu, E. Gagnon, M.M. Murnane, H.C. Kapteyn, I. Litvinyuk, C.L. Cocke: IR-assisted ionization of helium by attosecond extreme ultraviolet radiation, New J. Phys. **12**, 013008 (2010)

[4.338] P. Johnsson, J. Mauritsson, T. Remetter, A. L'Huillier, K.J. Schafer: Attosecond control of ionization by wave-packet interference, Phys. Rev. Lett. **99**, 233001 (2007)

[4.339] M. Lein, N. Hay, R. Velotta, J.P. Marangos, P.L. Knight: Role of the intramolecular phase in high-harmonic generation, Phys. Rev. Lett. **88**, 183903 (2002)

[4.340] S. Haessler, J. Caillat, W. Boutu, C. Giovanetti-Teixeira, T. Ruchon, T. Auguste, Z. Diveki, P. Breger, A. Maquet, B. Carré, R. Taieb, P. Salières: Attosecond imaging of molecular electronic wavepackets, Nat. Phys. **6**, 200 (2010)

[4.341] H.J. Wörner, J.B. Bertrand, D.V. Kartashov, P.B. Corkum, D.M. Villeneuve:

Following a chemical reaction using high-harmonic interferometry, Nature **466**, 604 (2010)

[4.342] O. Smirnova, Y. Mairesse, S. Patchkovskii, N. Dudovich, D. Villeneuve, P. Corkum, M.Y. Ivanov: High harmonic interferometry of multielectron dynamics in molecules, Nature **460**, 972 (2009)

[4.343] T. Kanai, S. Minemoto, H. Sakai: Quantum interference during high-order harmonic generation from aligned molecules, Nature **435**, 470 (2005)

[4.344] S. Baker, J.S. Robinson, C. – A. Haworth, H. Teng, R.A. Smith, C.C. Chirila, M. Lein, J.W.G. Tisch, J.P. Marangos: Probing proton dynamics in molecules on an attosecond timescale, Science **312**, 4242 (2006)

[4.345] N.L. Wagner, A. Wüest, I.P. Christov, T. Popmintchev, X. Zhou, M.M. Murnane, H.C. Kapteyn: Monitoring molecular dynamics using coherent electrons from high harmonic generation, Proc. Natl. Acad. Sci. **103**, 13279 (2006)

[4.346] M.F. Kling, C. Siedschlag, A.J. Verhoef, J.I. Khan, M. Schultze, T. Uphues, Y.F. Ni, M. Uiberacker, M. Drescher, F. Krausz, M.J.J. Vrakking: Control of electron localization in molecular dissociation, Science **312**, 246 (2006)

[4.347] P. Eckle, M. Smolarski, P. Schlup, J. Biegert, A. Staudte, M. Schöffler, H.G. Muller, R. Dörner, U. Keller: Attosecond angular streaking, Nat. Phys. **4**, 565 (2008)